北京理工大学“十四五”（2022 年）规划教材

空间解析几何

李同柱　编

科 学 出 版 社

北　京

内 容 简 介

本书是大学几何学的基础课程教材，是作者在北京理工大学数学系讲授解析几何课程的讲稿基础上编写而成的．它的内容既包含传统解析几何的基本内容和方法，也包含经典几何学的初步内容．传统解析几何的主要内容包含：仿射空间与向量代数，仿射坐标系，空间中平面和直线，空间中的旋转面、柱面和锥面，二次曲线和二次曲面的方程化简，二次曲面的圆纹性和直纹性等．经典几何学的初步内容主要包含：欧氏几何、仿射几何和射影几何．欧氏几何主要介绍二维和三维空间中的欧氏几何，相应的仿射几何主要介绍二维和三维空间中的仿射几何．而射影几何主要介绍二维射影平面上的射影几何．为了内容完备性和概念上的统一，本书将所需要的代数内容作为补充放在相应的章节后，便于没有学习过相应代数知识的读者查阅．本书突出几何学的直观性，强调形与数的结合，既有代数推导又有几何直观，且配有大量的例子和习题．

本书可作为各类综合性大学和师范类大学等高校理科专业的解析几何教材，也可作为对几何学有兴趣的读者的参考书．

图书在版编目(CIP)数据

空间解析几何 / 李同柱编. -- 北京 : 科学出版社, 2024. 11. -- (北京理工大学“十四五”(2022年)规划教材). -- ISBN 978-7-03-079459-8

Ⅰ. O182.2

中国国家版本馆 CIP 数据核字第 2024EL7515 号

责任编辑：胡海霞　贾晓瑞／责任校对：杨聪敏

责任印制：赵　博／封面设计：无极书装

科学出版社 出版

北京东黄城根北街 16 号

邮政编码: 100717

http://www.sciencep.com

三河市骏杰印刷有限公司印刷

科学出版社发行　各地新华书店经销

*

2024 年 11 月第　一　版　开本: 720×1000　1/16

2025 年 1 月第二次印刷　印张: 26

字数: 524 000

定价: 89.00 元

(如有印装质量问题，我社负责调换)

前　言

几何学作为数学体系的主要分支, 其重要性不言而喻. 几何学的直观和可实验性的特点开启了许多数学领域中的新思想和新原理, 这些新思想推动了数学向前发展.

解析几何课程是大学几何学的基础课程, 它对于数学类专业大学生的综合素质的培养是十分重要的. 解析几何课程可培养学生几何思想, 加强他们的几何观念, 同时也为后续的几何学或其他相应课程的学习提供必要的数学基础. 加强综合大学数学系几何学课程的教学, 现在已经成为数学界的一种共识.

党的二十大报告指出, 坚持为党育人、为国育才, 全面提高人才自主培养质量, 着力造就拔尖创新人才, 聚天下英才而用之. 在这种精神指导下, 为适应北京理工大学的大类招生等教学改革的需要, 同时根据北京理工大学基础学科拔尖学生培养计划和强基培养计划的教学大纲要求, 作者结合多年教学经验编写了本教材. 同时, 也考虑到综合大学和师范大学的教学情况, 尽量使本教材有比较广泛的适应性. 本教材主要有如下特点.

第一, 突出几何和几何直观, 淡化代数繁琐计算和技巧. 教材中所有几何概念都基于几何图形本身的含义而定义. 例如有些概念需要利用代数关系式定义, 本教材证明了这些概念的定义与坐标系的旋转无关, 这些概念是图形的几何性质, 是几何概念. 本教材突出几何直观, 给出更多几何图形的例子, 展现出理论产生的背景. 本教材更多地展示代数只是研究几何问题的手段, 同时更多地给出这些代数关系背后的几何含义.

第二, 内容上尽量做到完备化, 使本书也可以作为参考书查阅. 即使在思想方法上有重叠, 也力求内容完整呈现. 例如二次曲线和二次曲面的内容, 从研究方法上看, 它们是一样的, 但内容不一样, 本教材也分别将二次曲线和二次曲面单独呈现. 同时本教材的经典几何学——射影几何的内容是为以后进一步学习更高深的几何课程做准备的.

第三, 本教材强调图形的对称性定义和研究. 在不同章节中定义了关于点、线和面的对称, 同时在欧氏几何、仿射几何和射影几何中突出变换群的重要性. 重点给出了等距变换群、仿射变换群和射影变换群的重要性质以及分解. 根据对称的属性, 给出了图形的度量性质、仿射性质和射影性质的分类.

第四, 几何概念的提出尽量做到深入浅出, 让学生容易接受. 同时, 也适应学校大类招生的教材改革的需求, 满足数学拔尖人才培养计划和强基计划培养要求. 本教材每一节后配有丰富的习题. 教材将所需要的代数知识作为补充添加在相应的章后, 供还未学过高等代数知识的学生学习参考.

本书共六章.

第 1 章主要介绍现实空间的代数化后而成的仿射空间、向量代数和一些集合、映射等初步概念. 补充了矩阵、行列式和向量空间等代数知识. 仿射空间的引入主要是为后面几何学相应概念作铺垫的. 向量的内积的引入直接来自于向量的长度, 这样更能体现内积的原本几何含义. 集合与映射的小节里讲解了一些常见的几何变换内容, 例如平移变换和中心投影映射等概念, 这主要为后续章节做准备.

第 2 章主要介绍直线、平面、球面、圆、旋转面、柱面和锥面等常见图形的方程, 其大部分内容属于传统解析几何的内容. 同时也介绍了关于直线和平面的对称变换、空间中关于球面的反演变换和平面上关于圆的反演变换. 最后讲解了直纹面和圆纹面的定义和例子.

第 3 章主要介绍空间和平面上的坐标系的变换、二次曲线和二次曲面方程的化简, 以及利用它们的方程定义不变量化简方程. 坐标变换主要关注坐标平移和旋转变换以及它们的变换矩阵的特点. 二次曲线和二次曲面的方程化简主要是直角坐标系下和仿射坐标系下的化简. 这部分内容属于代数的居多, 因此在本章最后列出了相应的代数知识.

第 4 章介绍二次曲线和二次曲面的几何性质, 主要包含它们的度量性质和仿射性质. 同时本章利用压缩变换和平面截线法呈现了所有的二次曲面的大致图形. 另外本章还研究了二次曲面的圆纹性和直纹性.

第 5 章介绍二维和三维空间中的欧氏几何和仿射几何. 这些几何中最重要的概念是它们的变换群, 因此本章着重介绍了这些变换群的几何性质以及它们的分解定理. 事实上, 根据克莱因的几何分类观点, 这种观点下的几何更多的关注点是图形的不同属性的对称性. 因此在本章最后一节, 简单介绍了对称与变换群的相关概念.

第 6 章介绍二维射影几何的相关概念和初步结论. 射影平面和射影变换群是二维射影几何中的核心概念, 因此本章着重介绍这两个概念以及相关性质. 射影平面不是仿射空间, 故其上不能建立仿射坐标系, 只能建立齐次坐标, 但齐次坐标不是真正意义上的坐标. 因此本章详细给出齐次坐标系的建立过程和它的变换公式. 本章最后一节中给出了高维射影几何的简单介绍.

在北京理工大学解析几何一学期共有 64 学时的课程. 根据编者的讲授经验,

许多章节可以提纲挈领地简述，许多情况都类似，只要举例其中一种情况详细讲解，例如第 3 章中，空间中直角坐标系的平移、旋转和二次曲面方程的化简，以及二次曲面的不变量；第 4 章中，二次曲面的图形、二次曲面的圆纹性和直纹性，以及二次曲面的几何性质；第 5 章中，可以详细讲解二维空间的几何，三维类似．如果是 56 学时或 48 学时的课程，建议只讲前面 5 章，第 6 章学生自己阅读．

编者在讲授该课程时，参考了尤承业编写的《解析几何》(北京大学出版社，2004) 和丘维声编写的《解析几何》(北京大学出版社，2015)，这些教材对编者的解析几何教学思路和本书的内容结构安排有很大的影响，在此对这两本书的作者表示衷心的感谢．云南师范大学的郭震教授阅读了本教材的初稿，给出了许多宝贵的意见，在此对他表示深深的感谢．北京理工大学数学系钱超副教授阅读了本教材的全部内容，提出了很多建设性意见，在此表示感谢．本书得到了北京理工大学"十四五"规划教材项目的资助，同时得到北京市高教学会数学研究分会和北京交叉科学学会教育教改课题 (SXJC-2022-003) 的资助，作者对此表示感谢．最后，作者对胡海霞编辑卓有成效的辛勤工作表示衷心的感谢．

由于时间仓促和作者水平有限，书中难免有不足与疏漏之处，欢迎广大读者批评指正．

李同柱

2023 年 7 月

目 录

第 1 章　仿射空间与向量代数

解析几何主要研究现实空间中图形的几何性质, 并且将图形的几何性质的研究从定性研究的层面提升到定量的层面, 其主要方法是把现实空间的几何结构进行代数化. 代数化后的空间在数学上称为仿射空间. 利用仿射空间中坐标系将空间中的点与有序数对 (坐标) 建立一一对应, 从而将几何的问题转化为代数的问题或分析学问题, 这是解析几何乃至现代几何学的主要研究手段之一. 有限维的仿射空间具有标准的欧氏空间结构从而成为欧氏空间. 经典几何学主要是研究欧氏空间中图形的几何性质. 但并不是所有的几何空间都可以代数化进而成为仿射空间, 例如球面. 现代几何学研究更一般几何空间中图形的几何性质, 这种更一般的几何空间是所谓的流形, 它们是一些欧氏空间片以一定的方式粘贴起来的空间. 因此仿射空间是现代几何学的一个基础性概念. 本章主要介绍三维仿射空间的相关概念, 主要包含现实空间的仿射结构和欧氏结构. 同时也介绍一些向量代数和一些必要的集合论的概念. 本章最后一节补充了向量空间的初步概念和相关知识.

1.1　仿射空间与欧氏空间

1.1.1　现实空间几何结构的代数化

现实空间中的点是空间中各种图形的最基本单元, 它表示空间中的位置. 数学上点的概念是空间中位置的抽象, 在数学上, 点是没有严格定义的. 空间中两个不同点的差异可以抽象出来一种量, 它同时描述了两点距离的大小和方向. 这种既有大小又带有方向的量称为**向量**. 数学上习惯上地用希腊字母表示一个向量, 如向量 $\boldsymbol{\alpha}, \boldsymbol{\beta}, \boldsymbol{\gamma}, \cdots$. 如果两个向量的大小相等, 方向相同, 则这两个向量是相等的. 用绝对值符号表示向量的大小, 即 $|\boldsymbol{\alpha}|$ 表示向量 $\boldsymbol{\alpha}$ 的大小.

向量的概念也是物理中矢量概念的抽象, 物理中的矢量是既有方向又有大小的量. 在数学上, 用空间中的有向线段表示一个向量. 例如用 $\overrightarrow{AB}$ 表示现实空间中以点 A 为起点, 以点 B 为终点的有向线段 (如图 1.1.1(a)), 它表示一个向量. 用 $|\overrightarrow{AB}|$ 表示有向线段的长度, 它也是向量的大小, 有向线段的方向是向量的方向. 则有向线段 $\overrightarrow{AB}$ 就表示一个向量, 即 $\boldsymbol{\alpha} = \overrightarrow{AB}$.

由于现实空间中存在与路径无关的平行移动, 将有向线段 $\overrightarrow{AB}$ 平行移动到有向线段 $\overrightarrow{A'B'}$, 明显有向线段 $\overrightarrow{AB}$ 与有向线段 $\overrightarrow{A'B'}$ 的长度相等, 并且它们的方向是相同的, 因此它们所表示的向量是相等的, 即 $\overrightarrow{AB} = \overrightarrow{A'B'}$. 如图 1.1.1(b), 四边形 $ABCD$ 是一个平行四边形, 则

$$\overrightarrow{AB} = \overrightarrow{DC}, \quad \overrightarrow{AD} = \overrightarrow{BC}.$$

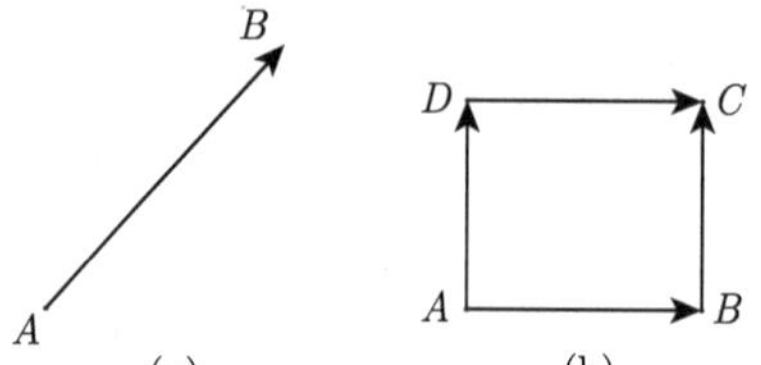

图 1.1.1

于是任意一个向量都可以用任意一点 O 作为起点的一个有向线段 $\overrightarrow{OP}$ 表示. 在此意义下, 现实空间中有向线段表示的向量就是有向线段按方向相同且长度相等这个等价关系划分的一个等价类.

大小为零的向量称为**零向量**, 仍记为 $\mathbf{0}$. 如果零向量用有向线段 $\overrightarrow{AB}$ 表示, 则 A 与 B 重合. 这样零向量的方向是不确定的. 非零向量的方向是确定的.

与向量 $\boldsymbol{\alpha}$ 大小相等, 方向相反的向量称为 $\boldsymbol{\alpha}$ 的**负向量**, 记为 $-\boldsymbol{\alpha}$. 如果用有向线段表示: 如果 $\boldsymbol{\alpha} = \overrightarrow{AB}$, 则 $-\boldsymbol{\alpha} = \overrightarrow{BA}$.

如果向量 $\boldsymbol{\alpha}$ 和 $\boldsymbol{\beta}$ 的方向相同或相反, 则称向量 $\boldsymbol{\alpha}$ 和 $\boldsymbol{\beta}$ 是**平行的**, 记为 $\boldsymbol{\alpha}//\boldsymbol{\beta}$. 规定零向量与任意向量都平行. 如果向量 $\boldsymbol{\alpha}$ 和 $\boldsymbol{\beta}$ 的方向是互相垂直的, 则称向量 $\boldsymbol{\alpha}$ 和 $\boldsymbol{\beta}$ 是**垂直的**或者**正交的**, 记为 $\boldsymbol{\alpha}\perp\boldsymbol{\beta}$. 规定零向量与任意向量都垂直.

现实空间中的平行移动给出了几何上定义向量的线性运算的方法. 向量的线性运算包含向量的加法和数乘这两种运算, 这两种运算的定义都源于物理中矢量的两种运算的定义. 向量的加法可以用所谓的三角形法则定义.

定义 1.1.1.1　两个向量 $\boldsymbol{\alpha}$ 和 $\boldsymbol{\beta}$ 的加法, 记为 $\boldsymbol{\alpha}+\boldsymbol{\beta}$, 称为 $\boldsymbol{\alpha}$ 加 $\boldsymbol{\beta}$ 的**和向量**, 规定**和向量**为: 任意取定一点 A, 作 $\overrightarrow{AB} = \boldsymbol{\alpha}$, $\overrightarrow{BC} = \boldsymbol{\beta}$, 则和向量 $\boldsymbol{\alpha}+\boldsymbol{\beta} = \overrightarrow{AB} + \overrightarrow{BC} = \overrightarrow{AC}$. 如图 1.1.2(a).

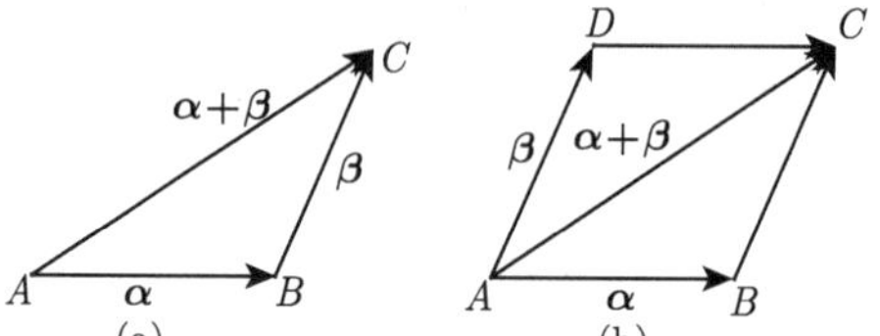

图 1.1.2

容易证明加法运算的定义不依赖于点 A 的选择, 同时满足下面性质.

性质 1.1.1.1 对于任意向量 $\boldsymbol{\alpha},\boldsymbol{\beta},\boldsymbol{\gamma}$, 向量的加法有下面运算律:

(1) $\boldsymbol{\alpha}+\boldsymbol{\beta}=\boldsymbol{\beta}+\boldsymbol{\alpha}$;

(2) $(\boldsymbol{\alpha}+\boldsymbol{\beta})+\boldsymbol{\gamma}=\boldsymbol{\alpha}+(\boldsymbol{\beta}+\boldsymbol{\gamma})$;

(3) $\boldsymbol{\alpha}+\mathbf{0}=\boldsymbol{\alpha}$;

(4) $\boldsymbol{\alpha}+(-\boldsymbol{\alpha})=\mathbf{0}$.

证明 (1) 如图 1.1.2(b) 所示, 在平行四边形 $ABCD$ 中,

$$\boldsymbol{\alpha}+\boldsymbol{\beta}=\overrightarrow{AB}+\overrightarrow{BC}=\overrightarrow{AC},\quad \boldsymbol{\beta}+\boldsymbol{\alpha}=\overrightarrow{AD}+\overrightarrow{DC}=\overrightarrow{AC},$$

故 $\boldsymbol{\alpha}+\boldsymbol{\beta}=\boldsymbol{\beta}+\boldsymbol{\alpha}$.

该性质说明向量的加法满足交换律. 由此得到向量加法的**平行四边形法则**: 任取点 A, 作 $\overrightarrow{AB}=\boldsymbol{\alpha}$, $\overrightarrow{AD}=\boldsymbol{\beta}$, 以线段 AB,AD 为边作平行四边形 $ABCD$, 则和向量 $\boldsymbol{\alpha}+\boldsymbol{\beta}=\overrightarrow{AC}$.

(2) 如图 1.1.3, 作有向线段 $\overrightarrow{AB}=\boldsymbol{\alpha}$, $\overrightarrow{BC}=\boldsymbol{\beta}$, $\overrightarrow{CD}=\boldsymbol{\gamma}$. 则 $(\boldsymbol{\alpha}+\boldsymbol{\beta})+\boldsymbol{\gamma}=\overrightarrow{AC}+\overrightarrow{CD}=\overrightarrow{AD}=\overrightarrow{AB}+\overrightarrow{BD}=\boldsymbol{\alpha}+(\boldsymbol{\beta}+\boldsymbol{\gamma})$.

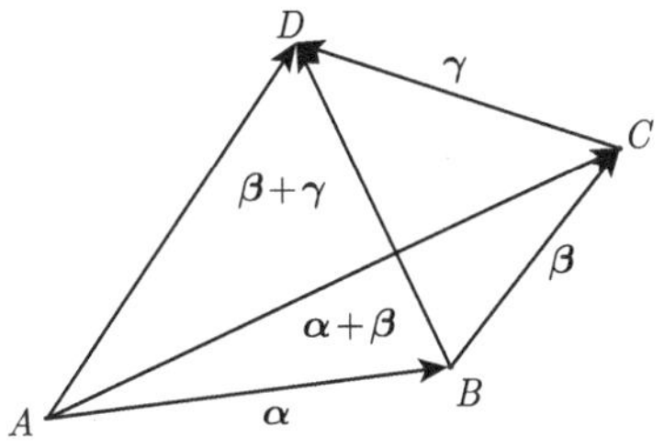

图 1.1.3

(3) 和 (4) 的证明是显然的. □

利用向量的负向量, 定义向量的**减法**: 两个向量 $\boldsymbol{\alpha}$ 和 $\boldsymbol{\beta}$ 的差是一个向量, 记为 $\boldsymbol{\alpha}-\boldsymbol{\beta}$. 差向量定义为 $\boldsymbol{\alpha}-\boldsymbol{\beta}=\boldsymbol{\alpha}+(-\boldsymbol{\beta})$. 如图 1.1.4.

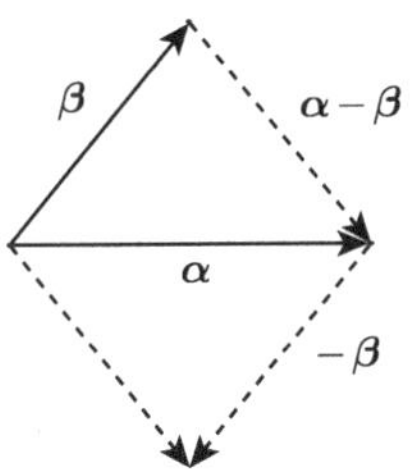

图 1.1.4

例 1.1.1.1　设 A,B,C 是空间中的任意三点, 利用向量加法的三角形法则, 容易得到下面等式:

(1) $\overrightarrow{BC}=\overrightarrow{AC}-\overrightarrow{AB}$;

(2) $\overrightarrow{BC}=\overrightarrow{BA}-\overrightarrow{CA}$.

注　在 $\overrightarrow{BC}=\overrightarrow{AC}-\overrightarrow{AB}$ 式子中, 把有向线段 $\overrightarrow{AC}$, $-\overrightarrow{AB}$ 看成向量进行相加. 如果把有向线段 $\overrightarrow{AC}$, $\overrightarrow{AB}$ 看成几何上的点集, 就没有加法的运算了. 同时对于等式 $\overrightarrow{AB}=\overrightarrow{A'B'}$, 应该理解成向量相等. 如果这两个有向线段不重合, 作为点集就不能相等. 所以这里要区别向量相等和有向线段作为点集相等的差异.

定义 1.1.1.2　向量 $\boldsymbol{\alpha}$ 与实数 k 的乘积是一个向量, 称为**数乘向量**, 简称**数乘**, 记为 $k\boldsymbol{\alpha}$. 定义数乘向量 $k\boldsymbol{\alpha}$ 的大小为 $|k\boldsymbol{\alpha}|=|k||\boldsymbol{\alpha}|$. 如果向量 $\boldsymbol{\alpha}\neq\mathbf{0}$ 且实数 $k\neq 0$, 则定义数乘向量 $k\boldsymbol{\alpha}$ 的方向为: 若 $k>0$, 则 $k\boldsymbol{\alpha}$ 与 $\boldsymbol{\alpha}$ 同方向; 若 $k<0$, 则 $k\boldsymbol{\alpha}$ 与 $\boldsymbol{\alpha}$ 的方向相反. 如果向量 $\boldsymbol{\alpha}=\mathbf{0}$ 或实数 $k=0$, 则数乘向量为零向量. 如图 1.1.5.

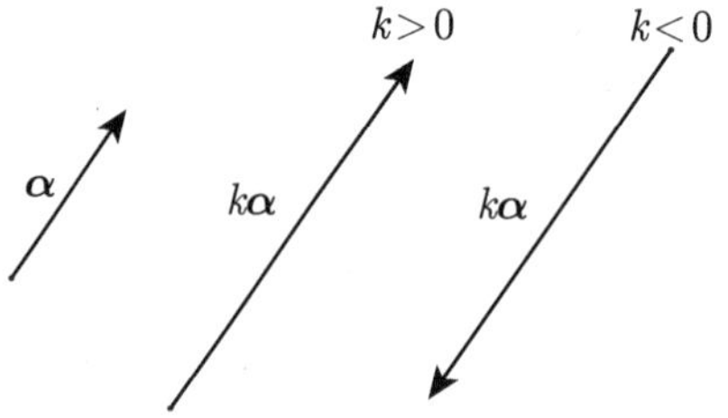

图 1.1.5

由定义知道: $k\boldsymbol{\alpha}=\mathbf{0}\Leftrightarrow$ 向量 $\boldsymbol{\alpha}=\mathbf{0}$ 或实数 $k=0$.

性质 1.1.1.2　如果向量 $\boldsymbol{\alpha}\neq\mathbf{0}$, 向量 $\boldsymbol{\beta}$ 平行于向量 $\boldsymbol{\alpha}$, 则存在唯一的实数 k 满足 $\boldsymbol{\beta}=k\boldsymbol{\alpha}$. 事实上, 如果向量 $\boldsymbol{\beta}$ 与向量 $\boldsymbol{\alpha}$ 有相同方向, 则令 $k=\dfrac{|\boldsymbol{\beta}|}{|\boldsymbol{\alpha}|}$ 即可; 如果向量 $\boldsymbol{\beta}$ 与向量 $\boldsymbol{\alpha}$ 反向, 则令 $k=\dfrac{-|\boldsymbol{\beta}|}{|\boldsymbol{\alpha}|}$.

性质 1.1.1.3　任意向量 $\boldsymbol{\alpha},\boldsymbol{\beta}$, 实数 k,l, 向量的线性运算有下面性质:

(1) $1\boldsymbol{\alpha}=\boldsymbol{\alpha}$;

(2) $k(l\boldsymbol{\alpha})=(kl)\boldsymbol{\alpha}$;

(3) $(k+l)\boldsymbol{\alpha}=k\boldsymbol{\alpha}+l\boldsymbol{\alpha}$;

(4) $k(\boldsymbol{\alpha}+\boldsymbol{\beta})=k\boldsymbol{\alpha}+k\boldsymbol{\beta}$.

证明　(1) 和 (2) 利用数乘的定义直接可以证明.

(3) 如果实数 k,l 和向量 $\boldsymbol{\alpha}$ 中出现一个为零, (3) 等式显然成立. 下面考虑它们都不等于零的情况.

如果实数 k,l 同号, 则 $k+l$ 与 k,l 也同号. 所以 $k\boldsymbol{\alpha}, l\boldsymbol{\alpha}$ 和 $(k+l)\,\boldsymbol{\alpha}$ 方向相同, 并且 $|k\boldsymbol{\alpha}+l\boldsymbol{\alpha}| = |k\boldsymbol{\alpha}|+|l\boldsymbol{\alpha}| = |k||\boldsymbol{\alpha}|+|l||\boldsymbol{\alpha}| = (|k|+|l|)|\boldsymbol{\alpha}| = |k+l||\boldsymbol{\alpha}| = |(k+l)\boldsymbol{\alpha}|$. 所以 $(k+l)\boldsymbol{\alpha} = k\boldsymbol{\alpha}+l\boldsymbol{\alpha}$.

如果 $k>0, l<0$ 并且 $k+l>0$, 则 $(k+l)\boldsymbol{\alpha} = k\boldsymbol{\alpha}+l\boldsymbol{\alpha} \Leftrightarrow (k+l)\boldsymbol{\alpha}-l\boldsymbol{\alpha} = k\boldsymbol{\alpha}$, 既然 $k+l>0$ 和 $-l>0$, 所以 $(k+l)\boldsymbol{\alpha}-l\boldsymbol{\alpha} = (k+l)\boldsymbol{\alpha}+(-l)\boldsymbol{\alpha} = k\boldsymbol{\alpha}$. 所以 $(k+l)\boldsymbol{\alpha} = k\boldsymbol{\alpha}+l\boldsymbol{\alpha}$. 同理可以证明其他情况.

(4) 如果实数 k 和向量 $\boldsymbol{\alpha},\boldsymbol{\beta}$ 中出现一个为零, (4) 等式显然成立. 下面考虑它们都不等于零的情况. 如果 $\boldsymbol{\alpha}//\boldsymbol{\beta}$, 则存在实数 l 满足 $\boldsymbol{\alpha} = l\boldsymbol{\beta}$. 这样利用向量的数乘和加法定义可以得到 $k(\boldsymbol{\alpha}+\boldsymbol{\beta}) = k(l\boldsymbol{\beta}+\boldsymbol{\beta}) = k(l+1)\boldsymbol{\beta} = kl\boldsymbol{\beta}+k\boldsymbol{\beta} = k\boldsymbol{\alpha}+k\boldsymbol{\beta}$.

如果向量 $\boldsymbol{\alpha}$ 和向量 $\boldsymbol{\beta}$ 不平行, 首先考虑 $k>0$. 作 $\overrightarrow{OA} = \boldsymbol{\alpha}, \overrightarrow{AB} = \boldsymbol{\beta}$, 于是 $\overrightarrow{OB} = \boldsymbol{\alpha}+\boldsymbol{\beta}$. 作 $\overrightarrow{OC} = k\boldsymbol{\alpha}, \overrightarrow{CD} = k\boldsymbol{\beta}$, 于是 $\triangle OAB$ 与 $\triangle OCD$ 相似, 如图 1.1.6, 利用相似三角形性质可以证明 (4) 的结论. 当 $k<0$ 时, 类似地证明. □

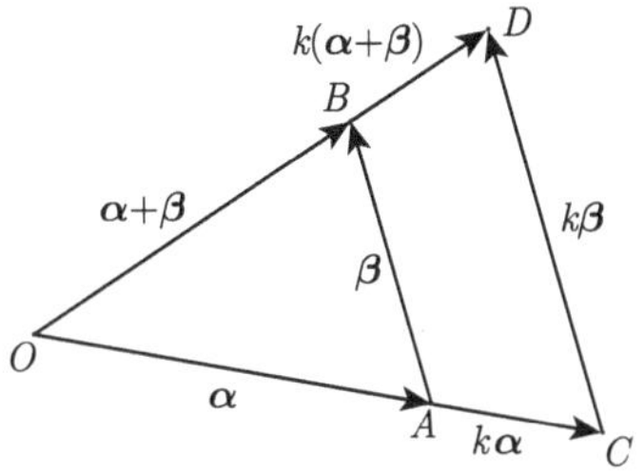

图 1.1.6

需要指出, 向量运算中的分配律 (性质 1.1.1.3(4)) 实质是相似三角形的基本性质: 两个三角形两组对应边成比例, 那么第三组边也成相同的比例. 向量加法中的交换律 (性质 1.1.1.1(1)) 实质是平行四边形定理: 一个四边形中, 若一组对边平行且相等, 则另一组对边也平行且相等.

设 W 为现实空间中所有的有向线段所表示的向量的全体构成的集合. 这样 W 中有加法运算和数乘运算, 并且这些运算满足性质 1.1.1.1 和性质 1.1.1.3 的运算律. 借助于线性代数的语言, W 构成一个实数域上的向量空间. 这样现实空间中有向线段全体代数化为向量空间 W.

1.1.2 空间中直线和平面的几何结构的代数化

现实空间中的直线和平面是最简单、最基本的图形, 它也是空间中一些图形的组成元素. 数学上直线和平面的概念是从现实空间中相应线和面图形中抽象出来的, 是没有严格定义的, 是几何学的最基本概念. 直线和平面作为空间中的子集, 其上的几何结构也可以代数化.

设 L 是空间中一条直线, 向量 $\boldsymbol{\alpha}=\overrightarrow{AB}$. 如果线段 AB 是平行于直线 L 的或者在直线 L 上, 则称向量 $\boldsymbol{\alpha}$ 是平行直线 L 的, 记为 $\boldsymbol{\alpha}//L$. 明显向量平行于直线 L 的定义不依赖于有向线段 $\overrightarrow{AB}$ 的选择. 平行于 L 直线的向量也称为直线 L 上的向量. 如果向量组 $\boldsymbol{\alpha}_1,\boldsymbol{\alpha}_2,\cdots,\boldsymbol{\alpha}_n$ 中每一向量均是直线 L 上向量, 则称向量组 $\boldsymbol{\alpha}_1,\boldsymbol{\alpha}_2,\cdots,\boldsymbol{\alpha}_n$ 是**共线的**. 如图 1.1.7 表示的共线向量.

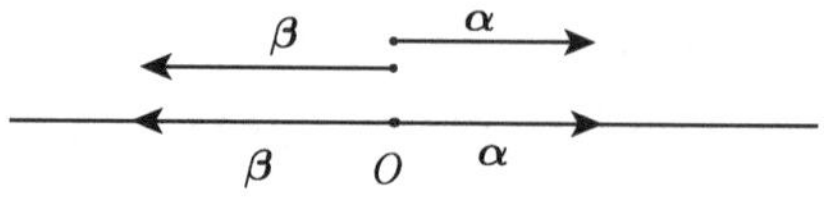

图 1.1.7

现将直线 L 上所有向量构成的集合记为 W_L, 即 $W_L=\{\boldsymbol{\alpha}|\boldsymbol{\alpha}//L\}$. 明显有下面性质.

性质 1.1.2.1　对于任意实数 k 和向量 $\boldsymbol{\alpha},\boldsymbol{\beta}\in W_L$, 有 $\boldsymbol{\alpha}+\boldsymbol{\beta}\in W_L$, $k\boldsymbol{\alpha}\in W_L$.

这性质表明 W_L 是一个向量空间. 任意取定直线 L 上两个不同点 O,P, 由于直线上任意两个向量都是平行的, 故对于直线上任意向量 $\boldsymbol{\alpha}$, 均存在唯一的实数 k, 使得 $\boldsymbol{\alpha}=k\overrightarrow{OP}$. 于是有下面性质.

命题 1.1.2.1　取非零向量 $\boldsymbol{\alpha}\in W_L$, 则对直线 L 上任意向量 $\boldsymbol{\beta}\in W_L$, 存在实数 k, 使得 $\boldsymbol{\beta}=k\boldsymbol{\alpha}$.

借助向量空间的语言, 该命题表明 W_L 是一个一维向量空间, 其上的任意一个非零向量都可以是它的一个基. 显然直线 L 上有向线段的全体所对应的向量集合就是 W_L, 因此直线几何结构代数化为向量空间 W_L.

设 π 是空间中一张平面, 设向量 $\boldsymbol{\alpha}=\overrightarrow{AB}$, 如果线段 AB 是平行于平面 π 的或者在平面 π 上, 则称向量 $\boldsymbol{\alpha}$ 是平行平面 π 的, 记为 $\boldsymbol{\alpha}//\pi$. 明显向量平行于平面 π 的定义不依赖于有向线段 $\overrightarrow{AB}$ 的选择. 平行于平面 π 的向量也称为平面 π 上的向量. 如果向量组 $\boldsymbol{\alpha}_1,\boldsymbol{\alpha}_2,\cdots,\boldsymbol{\alpha}_n$ 中每一向量均是平面 π 上的向量, 则称向量组 $\boldsymbol{\alpha}_1,\boldsymbol{\alpha}_2,\cdots,\boldsymbol{\alpha}_n$ 是**共面的**.

从几何上看, 给定向量组 $\boldsymbol{\alpha}_1,\boldsymbol{\alpha}_2,\cdots,\boldsymbol{\alpha}_n$, 任意取定点 O, 作有向线段

$$\boldsymbol{\alpha}_1=\overrightarrow{OA_1},\boldsymbol{\alpha}_2=\overrightarrow{OA_2},\cdots,\boldsymbol{\alpha}_n=\overrightarrow{OA_n},$$

向量组 $\boldsymbol{\alpha}_1,\boldsymbol{\alpha}_2,\cdots,\boldsymbol{\alpha}_n$ 是共线 (面) 的当且仅当点组 $O,A_1,A_2,\cdots,A_n$ 是共线 (面) 的. 如图 1.1.8.

现将平面 π 上所有向量构成的集合记为 W_π, 即 $W_\pi=\{\boldsymbol{\alpha}|\boldsymbol{\alpha}//\pi\}$. 明显有下面性质.

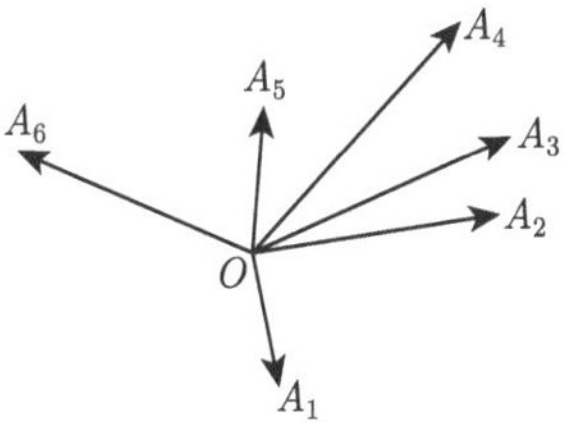

图 1.1.8

性质 1.1.2.2 对于任意实数 k 和向量 $\boldsymbol{\alpha},\boldsymbol{\beta}\in W_\pi$, 有 $\boldsymbol{\alpha}+\boldsymbol{\beta}\in W_\pi$, $k\boldsymbol{\alpha}\in W_\pi$.

这性质表明 W_π 是一个向量空间. 任意取定平面 π 上两个不共线的向量 $\boldsymbol{\alpha},\boldsymbol{\beta}$, 在平面上取定一点 O, 作向量 $\boldsymbol{\alpha}=\overrightarrow{OA}$ 和 $\boldsymbol{\beta}=\overrightarrow{OB}$. 对于平面上任意向量 $\boldsymbol{\gamma}=\overrightarrow{OC}$, 过点 C 作平行于 $\overrightarrow{OB}$ 的直线交 $\overrightarrow{OA}$ 所在直线于点 D, 如图 1.1.9. 由于 $\overrightarrow{OD}//\overrightarrow{OA}$, $\overrightarrow{DC}//\overrightarrow{OB}$, 这样所以存在实数 k_1,k_2, 使得 $\overrightarrow{OD}=k_1\overrightarrow{OA}$, $\overrightarrow{DC}=k_2\overrightarrow{OB}$, 这样有 $\boldsymbol{\gamma}=\overrightarrow{OD}+\overrightarrow{DC}=k_1\boldsymbol{\alpha}+k_2\boldsymbol{\beta}$. 即有下面结论.

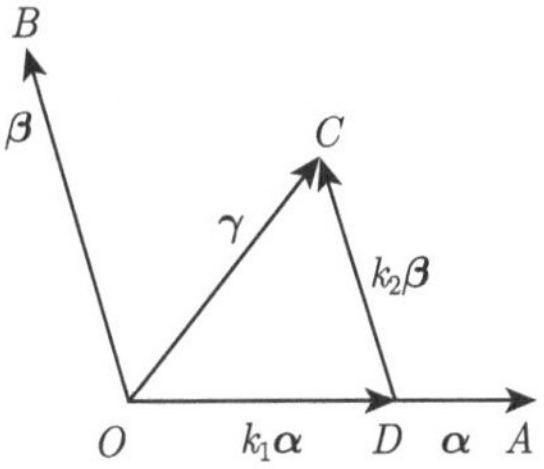

图 1.1.9

命题 1.1.2.2 取定平面上两个不共线的向量 $\boldsymbol{\alpha},\boldsymbol{\beta}\in W_\pi$, 则平面 π 上任意向量 $\boldsymbol{\gamma}\in W_\pi$, 存在实数 k_1,k_2, 使得 $\boldsymbol{\gamma}=k_1\boldsymbol{\alpha}+k_2\boldsymbol{\beta}$.

该命题表明 W_π 是一个二维向量空间, 其上的任意一组不共线的两个向量都可以是它的一个基. 显然平面 L 上有向线段的全体所对应的向量集合就是 W_π, 因此平面几何结构代数化为向量空间 W_π.

设 $\boldsymbol{\alpha},\boldsymbol{\beta},\boldsymbol{\gamma}\in W$ 是空间中不共面的三个向量. 如图 1.1.10, 取定空间一点 O, 作向量

$$\boldsymbol{\alpha}=\overrightarrow{OA},\quad \boldsymbol{\beta}=\overrightarrow{OB},\quad \boldsymbol{\gamma}=\overrightarrow{OC}.$$

设 $\boldsymbol{\delta}\in W$ 是空间中任意一个向量, 作 $\boldsymbol{\delta}=\overrightarrow{OD}$, 过点 D 作直线与 $\boldsymbol{\gamma}=\overrightarrow{OC}$ 平行, 且与 $\boldsymbol{\alpha}=\overrightarrow{OA}$ 和 $\boldsymbol{\beta}=\overrightarrow{OB}$ 决定的平面交于 E 点. 既然向量 $\overrightarrow{OE},\boldsymbol{\alpha},\boldsymbol{\beta}$ 共面, 所以存在数 k_1,k_2, 使得 $\overrightarrow{OE}=k_1\boldsymbol{\alpha}+k_2\boldsymbol{\beta}$. 既然向量 $\overrightarrow{ED}//\overrightarrow{OC}$, 所以存在实数 k_3 使得 $\overrightarrow{ED}=k_3\overrightarrow{OC}$.

从而 $\boldsymbol{\delta}=\overrightarrow{OD}=\overrightarrow{OE}+\overrightarrow{ED}=k_1\boldsymbol{\alpha}+k_2\boldsymbol{\beta}+k_3\boldsymbol{\gamma}$, 于是有下面性质.

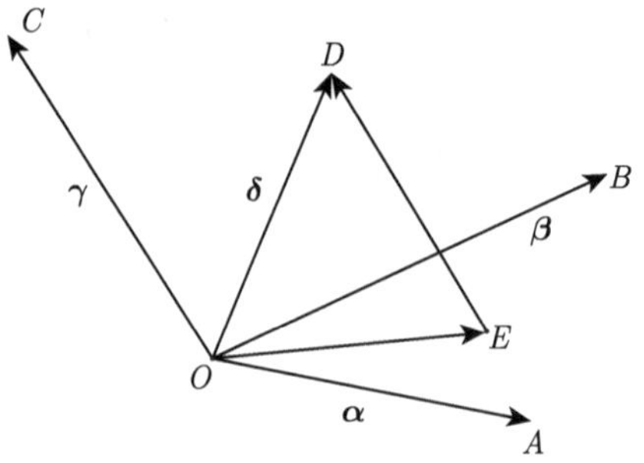

图 1.1.10

命题 1.1.2.3　如果 $\boldsymbol{\alpha},\boldsymbol{\beta},\boldsymbol{\gamma}$ 是空间中不共面的三向量, 则对于空间任意向量 $\boldsymbol{\delta}$, 存在唯一的实数 k_1,k_2,k_3, 使得等式 $\boldsymbol{\delta}=k_1\boldsymbol{\alpha}+k_2\boldsymbol{\beta}+k_3\boldsymbol{\gamma}$ 成立.

该命题表明 W 是一个三维向量空间, 其上的任意一组不共面的三个向量都可以是它的一个基. 由命题 1.1.2.1 和命题 1.1.2.2 容易得到下面结论.

推论 1.1.2.1　(1) 如果向量 $\boldsymbol{\alpha},\boldsymbol{\beta}$ 共线, 即 $\boldsymbol{\alpha}//\boldsymbol{\beta}$, 且 $\boldsymbol{\beta}\neq\mathbf{0}$, 则存在唯一实数 k, 使得 $\boldsymbol{\alpha}=k\boldsymbol{\beta}$. 反之, 如果存在不全为零的数 k,l 使得两个向量有关系 $k\boldsymbol{\alpha}+l\boldsymbol{\beta}=\mathbf{0}$, 则 $\boldsymbol{\alpha},\boldsymbol{\beta}$ 是共线的.

(2) 如果向量组 $\boldsymbol{\alpha},\boldsymbol{\beta},\boldsymbol{\gamma}$ 共面, 且 $\boldsymbol{\alpha},\boldsymbol{\beta}$ 不共线, 则存在唯一实数 k,l, 使得 $\boldsymbol{\gamma}=k\boldsymbol{\alpha}+l\boldsymbol{\beta}$.

例 1.1.2.1　证明: 空间中三点 A,B,C 共线的充分必要条件是存在实数 k_1, k_2 使得

$$\overrightarrow{OC}=k_1\overrightarrow{OA}+k_2\overrightarrow{OB},\quad 且\quad k_1+k_2=1,$$

其中点 O 是空间中任意取定的点.

证明　必要性. 如果三点 A,B,C 共线, 则 $\overrightarrow{AB},\overrightarrow{AC}$ 共线, 故存在唯一实数 k, 使得 $\overrightarrow{AC}=k\overrightarrow{AB}$. 从而对于空间中任意一点 O, 由上面式子得到 $\overrightarrow{AO}+\overrightarrow{OC}=k(\overrightarrow{AO}+\overrightarrow{OB})$, 即 $\overrightarrow{OC}=(1-k)\overrightarrow{OA}+k\overrightarrow{OB}$. 令 $k_1=1-k$, $k_2=k$, 则 $k_1+k_2=1$.

充分性. 对任一点 O, 有 $\overrightarrow{OC}=k_1\overrightarrow{OA}+k_2\overrightarrow{OB}$, 且 $k_1+k_2=1$. 于是

$$\overrightarrow{OC}=k_1\overrightarrow{OA}+k_2\overrightarrow{OB}=(1-k_2)\overrightarrow{OA}+k_2\overrightarrow{OB}=\overrightarrow{OA}+k_2(\overrightarrow{OB}-\overrightarrow{OA}),$$

即 $\overrightarrow{OC}-\overrightarrow{OA}=k_2(\overrightarrow{OB}-\overrightarrow{OA})$, 从而 $\overrightarrow{AC}=k_2\overrightarrow{AB}$, 所以 $\overrightarrow{AB},\overrightarrow{AC}$ 共线, 即三点 A,B,C 共线. □

定义 1.1.2.1　设 A,B 是空间中两个不同的点, 连接 A,B 的直线记作 L. 取直线 L 的不同于 B 的点 C, 则向量 $\overrightarrow{AC}$ 与向量 $\overrightarrow{CB}$ 共线, 并且 $\overrightarrow{CB}\neq\mathbf{0}$. 则存在唯一的实数 λ 使得 $\overrightarrow{AC}=\lambda\overrightarrow{CB}$. 数 λ 称为以 A 为起点, B 为终点, C 为分点的

单比, 记作 (A,B,C), 即

$$(A,B,C)=\lambda.$$

单比反映了直线上点 C 相对于直线上固定两点 A,B 的位置的一个数量. 下面是两个单比的简单性质.

性质 1.1.2.3 $(A,B,C)(B,A,C)=1, (A,B,C)+(A,C,B)=-1.$

性质 1.1.2.4 设 A,B,C 是共线的三个不同的点, $(A,B,C)=\lambda$. 任意取定点 O, 则

$$\overrightarrow{OC}=\frac{\overrightarrow{OA}+\lambda\overrightarrow{OB}}{1+\lambda}=\frac{1}{1+\lambda}\overrightarrow{OA}+\frac{\lambda}{1+\lambda}\overrightarrow{OB}.$$

这样, 如果 $\lambda>0$, 则点 C 在线段 $\overline{AB}$ 上; 如果 $\lambda<0$, 则点 C 在 A,B 两点之外.

1.1.3 n 维仿射空间与欧氏空间

前两节, 我们已经将空间、平面和直线的几何结构代数化了, 得到了三个向量空间: W, W_L 和 W_π. 具有这样代数化结构的几何空间抽象化之后是仿射空间. 如果没有特别指出, 本书中所提到的向量空间均指有限维实向量空间.

定义 1.1.3.1 设 E 是一个非空集合, 其元素称为点. 设 V 是 n 维向量空间. 如果存在一个映射 $\sigma: E\times E\to V$, 它把 E 中任意一对有序的点 P,Q 映射为 V 中的一个向量 $\sigma(P,Q)$, 且满足下面的条件:

(1) 对任意点 $P\in E$, $\sigma(P,P)=\mathbf{0}$ (V 中的零向量);

(2) 对任意点 $P\in E$, 任意向量 $\boldsymbol{\alpha}\in V$, 存在唯一的一点 $Q\in E$, 使得 $\sigma(P,Q)=\boldsymbol{\alpha}$;

(3) 对任意点 $A,B,C\in E$, 成立恒等式 $\sigma(A,B)+\sigma(B,C)=\sigma(A,C)$.

则称 E 是 n **维仿射空间**, 为了显示维数将 n 维仿射空间记为 E^n. 称向量空间 V 是仿射空间 E^n 的**伴随向量空间**. 一维仿射空间 E^1 称为**仿射直线**; 二维仿射空间 E^2 称为**仿射平面**.

在几何直观上, 向量 $\sigma(P,Q)\in V$ 就是空间 E 中以点 P 为起点, 点 Q 为终点的有向线段. 有向线段 $\sigma(P,Q)$ 在 (3) 的条件下可以进行线性运算, 这样有向线段具有向量的一切属性. 如果只关注有向线段的向量属性, 它是一个向量, 记作 $\overrightarrow{PQ}=\sigma(P,Q)$.

若在 n 维仿射空间 E^n 中取定点 O, 则由仿射空间的定义知, 仿射空间 E^n 中的点与其伴随的向量空间 V 中的向量是一一对应的: $P\leftrightarrow\overrightarrow{OP}$. 这样几何空间 E^n 有了代数结构, 即 E^n 代数化了.

命题 1.1.3.1 现实空间中的直线 L 是一个一维仿射空间, 它的伴随向量空间是 W_L.

命题 1.1.3.2 现实空间中的平面 π 是一个二维仿射空间, 它的伴随向量空间是 W_π.

命题 1.1.3.3 现实空间是一个三维仿射空间, 它的伴随向量空间是 W.

定义 1.1.3.2 设 E^n 是一个 n 维仿射空间, n 维向量空间 V 是它的伴随向量空间. 仿射空间中任意一点 O 和伴随向量空间中的任意一个基 $\{\boldsymbol{e}_1, \cdots, \boldsymbol{e}_n\}$ 的组合 $[O; \boldsymbol{e}_1, \cdots, \boldsymbol{e}_n]$ 称为仿射空间 E^n 的一个**仿射标架**. 点 O 称为该仿射标架的**坐标原点** (或者**原点**), 基向量 $\{\boldsymbol{e}_1, \cdots, \boldsymbol{e}_n\}$ 也称为**坐标向量**.

E^n 中有了仿射标架 $[O; \boldsymbol{e}_1, \cdots, \boldsymbol{e}_n]$, 则 E^n 中的任意点可以定义坐标. 点的坐标定义为: 任意一点 P, 设向量 $\overrightarrow{OP}$ 在基 $\{\boldsymbol{e}_1, \cdots, \boldsymbol{e}_n\}$ 下的坐标为 $(x_1, \cdots, x_n)$, 即 $\overrightarrow{OP} = x_1\boldsymbol{e}_1 + \cdots + x_n\boldsymbol{e}_n$, 则定义点 P 在仿射标架 $[O; \boldsymbol{e}_1, \cdots, \boldsymbol{e}_n]$ 的**坐标**为 $(x_1, \cdots, x_n)$. 这样利用仿射标架 $[O; \boldsymbol{e}_1, \cdots, \boldsymbol{e}_n]$, 得到仿射空间 E^n 中的点与 n 元有序数组集合 $\mathbf{R}^n$ 的一一映射:

$$P(\in E^n) \leftrightarrow (x_1, \cdots, x_n) \in \mathbf{R}^n,$$

称这样的映射为 E^n 中的一个**仿射坐标系**. 它完全由仿射标架 $[O; \boldsymbol{e}_1, \cdots, \boldsymbol{e}_n]$ 决定, 故也称仿射标架 $[O; \boldsymbol{e}_1, \cdots, \boldsymbol{e}_n]$ 为一个**仿射坐标系**.

定义 1.1.3.3 设 E^n 是一个 n 维仿射空间, n 维向量空间 V 是它的伴随向量空间, U 是 V 中 m 维向量子空间. 取定仿射空间中一点 P, 定义 E^n 中点集:

$$\Pi_U = \{Q \in E^n | \overrightarrow{PQ} \in U\},$$

称 Π_U 为经过点 P 的一个 m 维**仿射子空间**. 子空间 U 称为 Π_U 的**方向子空间**.

特别地, 当 $m = 1$ 时, Π_U 称为仿射空间 E^n 中经过点 P 的一条**仿射直线**, 此时一维子空间 U 称为仿射直线的方向; 当 $m = 2$ 时, Π_U 称为仿射空间 E^n 中经过点 P 的一条**仿射平面**; 当 $m = n-1$ 时, Π_U 称为仿射空间 E^n 中经过点 P 的一条**仿射超平面**.

利用仿射子空间的定义可以推出: $A, B \in \Pi_U \Rightarrow \overrightarrow{AB} \in U$. 这样有下面结论.

命题 1.1.3.4 在 n 维仿射空间 E^n 中, 任意一个 m 维仿射子空间本身也是一个仿射空间.

定义 1.1.3.4 设 $\Pi_U, \overline{\Pi}_{U'}$ 是仿射空间中的两个不同仿射子空间. 如果 $U \subseteq U'$, 并且这两个仿射子空间没有公共点, 即 $\Pi_U \cap \overline{\Pi}_{U'} = \varnothing$, 则称仿射子空间 Π_U 与仿射子空间 $\overline{\Pi}_{U'}$ 是**平行的**, 记为 $\Pi_U // \overline{\Pi}_{U'}$.

性质 1.1.3.1 设 $\Pi_U, \overline{\Pi}_{U'}$ 是仿射空间中的两个不同仿射子空间. 则它们的交集 $\Pi_U \cap \overline{\Pi}_{U'}$ 要么是一个空集, 要么也是一个仿射子空间. 当 $\Pi_U \cap \overline{\Pi}_{U'}$ 是一个仿射子空间时, 它的方向子空间为 $U \cap U'$.

证明 如果 $\Pi_U \cap \overline{\Pi}_{U'} \neq \varnothing$, 并且 $\Pi_U \cap \overline{\Pi}_{U'}$ 只有一个点, 显然 $U \cap U' = \{0\}$ 是零空间. 设 $\Pi_U \cap \overline{\Pi}_{U'}$ 至少有两个点 P, Q, 则 $\overrightarrow{PQ} \in U \cap U'$. 于是 $\Pi_U \cap \overline{\Pi}_{U'}$ 是一个仿射子空间, 它的方向子空间为 $U \cap U'$. □

如果仿射空间的伴随向量空间是欧氏向量空间, 则仿射空间上任意两点之间就有距离. 给定一个有限维实向量空间, 可以定义其上的一个内积结构从而使其成为欧氏向量空间, 具体构造内积的过程可以参见本章 1.4 节. 由此仿射空间可以自然地成为欧氏空间.

定义 1.1.3.5 设 $(V, \langle , \rangle)$ 是 n 维欧氏向量空间, 如果仿射空间 E^n 以 $(V, \langle , \rangle)$ 为伴随向量空间, 则仿射空间 E^n 称为 n **维欧氏空间**, 仍记作 E^n.

在 n 维欧氏空间 E^n 中, 向量内积 $\langle \overrightarrow{AB}, \overrightarrow{CD} \rangle$ 一般简记为 $\overrightarrow{AB} \cdot \overrightarrow{CD}$. 则向量 $\overrightarrow{AB}$ 的大小 $\left|\overrightarrow{AB}\right| = \sqrt{\overrightarrow{AB} \cdot \overrightarrow{AB}}$. 于是欧氏空间 E^n 任意两点 P, Q 之间距离 $d(P, Q)$ 定义为

$$d(P, Q) = \sqrt{\overrightarrow{PQ} \cdot \overrightarrow{PQ}}.$$

明显有下面性质.

性质 1.1.3.2 (1) $d(A, B) = d(B, A)$;

(2) $d(A, B) = 0 \Leftrightarrow A = B$;

(3) $d(A, B) + d(B, C) \geqslant d(A, C)$.

定义 1.1.3.6 欧氏空间中非零向量 $\overrightarrow{AB}$ 和向量 $\overrightarrow{AC}$ 的夹角 θ 的余弦定义为

$$\cos\theta = \frac{\overrightarrow{AB} \cdot \overrightarrow{AC}}{|\overrightarrow{AB}||\overrightarrow{AC}|}.$$

明显向量 $\overrightarrow{AB}$ 和向量 $\overrightarrow{AC}$ 是垂直的当且仅当 $\overrightarrow{AB} \cdot \overrightarrow{AC} = 0$.

定义 1.1.3.7 设 E^n 是一个 n 维欧氏空间, $[O; \boldsymbol{e}_1, \cdots, \boldsymbol{e}_n]$ 是它的一个仿射坐标系. 如果基向量 $\{\boldsymbol{e}_1, \cdots, \boldsymbol{e}_n\}$ 是欧氏向量空间中的标准正交基, 即基 $\{\boldsymbol{e}_1, \cdots, \boldsymbol{e}_n\}$ 是两两垂直并且是单位向量, 则称 $[O; \boldsymbol{e}_1, \cdots, \boldsymbol{e}_n]$ 为一个**直角坐标系**.

最后我们指出, 仿射空间、欧氏空间是一个几何对象, 是点的集合. 点与点之间是没有代数运算的. 向量空间、欧氏向量空间是一个代数对象, 是向量的集合. 向量之间有代数运算.

1.1.4 三维欧氏空间

现实空间中的向量包含了长度和方向这两种几何量, 利用这两种几何量可以定义现实空间中向量间的内积, 即可以定义了向量空间 W 上的内积结构, 从而现实空间是欧氏空间.

首先对于一个向量, 利用其方向和大小我们可以定义投影向量的概念. 对于空间中任意向量 $\boldsymbol{\alpha},\boldsymbol{\gamma}\neq\mathbf{0}$, 取定点 O, 作 $\boldsymbol{\alpha}=\overrightarrow{OA},\boldsymbol{\gamma}=\overrightarrow{OB}$, 过点 A 作有向线段 $\overrightarrow{OB}$ 的垂线, 交 $\overrightarrow{OB}$ 所在直线于点 C, 如图 1.1.11. 向量 $\overrightarrow{OC}$ 记作 $p_{\gamma}\boldsymbol{\alpha}$, 向量 $\overrightarrow{CA}$ 记作 $p_{\gamma}^{\perp}\boldsymbol{\alpha}$. 从几何作图可以知道, 给定向量 $\boldsymbol{\alpha},\boldsymbol{\gamma}\neq\mathbf{0}$, 向量 $\overrightarrow{OC}$ 和向量 $\overrightarrow{CA}$ 是唯一的, 它们只与向量 $\boldsymbol{\alpha}$ 以及向量 $\boldsymbol{\gamma}$ 的方向有关, 但与向量 $\boldsymbol{\gamma}$ 的大小无关. 同时也与表示向量 $\boldsymbol{\alpha},\boldsymbol{\gamma}$ 的有向线段的选择无关.

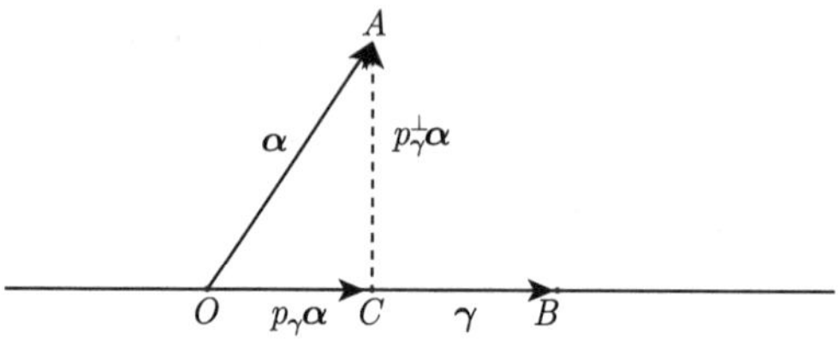

图 1.1.11

定义 1.1.4.1 向量 $p_{\gamma}\boldsymbol{\alpha}$ 称为向量 $\boldsymbol{\alpha}$ 在向量 $\boldsymbol{\gamma}$ 上的**内投影**. 向量 $p_{\gamma}^{\perp}\boldsymbol{\alpha}$ 称为向量 $\boldsymbol{\alpha}$ 在向量 $\boldsymbol{\gamma}$ 上的**外投影**.

向量 $\boldsymbol{\alpha}$ 在向量 $\boldsymbol{\gamma}$ 上的内投影 $p_{\gamma}\boldsymbol{\alpha}$ 平行于向量 $\boldsymbol{\gamma}$, 向量 $\boldsymbol{\alpha}$ 在向量 $\boldsymbol{\gamma}$ 上的外投影垂直于向量 $\boldsymbol{\gamma}$. 明显有下面的分解式:

$$\boldsymbol{\alpha}=p_{\gamma}\boldsymbol{\alpha}+p_{\gamma}^{\perp}\boldsymbol{\alpha},$$

该分解式称为向量 $\boldsymbol{\alpha}$ 关于向量 $\boldsymbol{\gamma}$ 的**正交分解**.

定理 1.1.4.1 对任意向量 $\boldsymbol{\alpha},\boldsymbol{\beta},\boldsymbol{\gamma}\neq\mathbf{0}$ 和任意数 k,l, 向量的正交分解有如下性质:

(1) $|\boldsymbol{\alpha}|^2=|p_{\gamma}\boldsymbol{\alpha}|^2+|p_{\gamma}^{\perp}\boldsymbol{\alpha}|^2$;

(2) $p_{\gamma}(k\boldsymbol{\alpha}+l\boldsymbol{\beta})=kp_{\gamma}\boldsymbol{\alpha}+lp_{\gamma}\boldsymbol{\beta},\ p_{\gamma}^{\perp}(k\boldsymbol{\alpha}+l\boldsymbol{\beta})=kp_{\gamma}^{\perp}\boldsymbol{\alpha}+lp_{\gamma}^{\perp}\boldsymbol{\beta}$.

证明 (1) 直接来源于勾股定理.

(2) 由于 $\boldsymbol{\alpha}=p_{\gamma}\boldsymbol{\alpha}+p_{\gamma}^{\perp}\boldsymbol{\alpha},\ \boldsymbol{\beta}=p_{\gamma}\boldsymbol{\beta}+p_{\gamma}^{\perp}\boldsymbol{\beta}$, 则

$$\boldsymbol{\alpha}+\boldsymbol{\beta}=p_{\gamma}\boldsymbol{\alpha}+p_{\gamma}^{\perp}\boldsymbol{\alpha}+p_{\gamma}\boldsymbol{\beta}+p_{\gamma}^{\perp}\boldsymbol{\beta}.$$

利用正交分解的唯一性, 我们有

$$p_{\gamma}(\boldsymbol{\alpha}+\boldsymbol{\beta})=p_{\gamma}\boldsymbol{\alpha}+p_{\gamma}\boldsymbol{\beta},\quad p_{\gamma}^{\perp}(\boldsymbol{\alpha}+\boldsymbol{\beta})=p_{\gamma}^{\perp}\boldsymbol{\alpha}+p_{\gamma}^{\perp}\boldsymbol{\beta}.$$

于是

$$p_\gamma(\boldsymbol{\alpha}+\boldsymbol{\beta})=p_\gamma\boldsymbol{\alpha}+p_\gamma\boldsymbol{\beta},\quad p_\gamma^\perp(\boldsymbol{\alpha}+\boldsymbol{\beta})=p_\gamma^\perp\boldsymbol{\alpha}+p_\gamma^\perp\boldsymbol{\beta}.$$

利用向量数乘的性质容易得到

$$p_\gamma(k\boldsymbol{\alpha}+l\boldsymbol{\beta})=kp_\gamma\boldsymbol{\alpha}+lp_\gamma\boldsymbol{\beta},\quad p_\gamma^\perp(k\boldsymbol{\alpha}+l\boldsymbol{\beta})=kp_\gamma^\perp\boldsymbol{\alpha}+lp_\gamma^\perp\boldsymbol{\beta}.$$ □

向量空间 W 是现实空间的伴随向量空间, 现实空间中的向量有长度 $|\boldsymbol{\alpha}|$, 下面利用向量的长度可以定义 W 中向量的内积. 对于 W 中向量 $\boldsymbol{\alpha},\boldsymbol{\beta}$, 定义实数 $\boldsymbol{\alpha}\cdot\boldsymbol{\beta}$ 为

$$\boldsymbol{\alpha}\cdot\boldsymbol{\beta}=\frac{1}{2}\left\{|\boldsymbol{\alpha}+\boldsymbol{\beta}|^2-|\boldsymbol{\alpha}|^2-|\boldsymbol{\beta}|^2\right\}.$$

下面证明 $\boldsymbol{\alpha}\cdot\boldsymbol{\beta}$ 是 W 中的一个内积, 即满足下面内积的 4 条性质.

(1) 对任意 $\boldsymbol{\alpha},\boldsymbol{\beta}$, 则 $\boldsymbol{\alpha}\cdot\boldsymbol{\beta}=\boldsymbol{\beta}\cdot\boldsymbol{\alpha}$.

(2) 对任意 $\boldsymbol{\alpha}$, 则 $\boldsymbol{\alpha}\cdot\boldsymbol{\alpha}\geqslant 0$, $\boldsymbol{\alpha}\cdot\boldsymbol{\alpha}\Leftrightarrow\boldsymbol{\alpha}=0$.

(3) 对任意 $\boldsymbol{\alpha},\boldsymbol{\beta},\boldsymbol{\gamma}$, 则 $(\boldsymbol{\alpha}+\boldsymbol{\beta})\cdot\boldsymbol{\gamma}=\boldsymbol{\alpha}\cdot\boldsymbol{\gamma}+\boldsymbol{\beta}\cdot\boldsymbol{\gamma}$.

(4) 对于任意实数 λ 和向量 $\boldsymbol{\alpha},\boldsymbol{\beta}$, 有 $(\lambda\boldsymbol{\alpha})\cdot\boldsymbol{\beta}=\lambda\boldsymbol{\alpha}\cdot\boldsymbol{\beta}$ 成立.

性质 (1) 可以直接利用定义证明.

性质 (2) 的证明: $\boldsymbol{\alpha}\cdot\boldsymbol{\alpha}=\dfrac{1}{2}\left\{|\boldsymbol{\alpha}+\boldsymbol{\alpha}|^2-|\boldsymbol{\alpha}|^2-|\boldsymbol{\alpha}|^2\right\}=|\boldsymbol{\alpha}|^2\geqslant 0$, 并且 $\boldsymbol{\alpha}\cdot\boldsymbol{\alpha}=0\Leftrightarrow\boldsymbol{\alpha}=\mathbf{0}$.

性质 (3) 的证明: 设 $p_\gamma\boldsymbol{\alpha}=k\boldsymbol{\gamma}$, $p_\gamma\boldsymbol{\beta}=l\boldsymbol{\gamma}$. 则

$$\begin{aligned}
(\boldsymbol{\alpha}+\boldsymbol{\beta})\cdot\boldsymbol{\gamma}&=\frac{1}{2}\left\{|\boldsymbol{\alpha}+\boldsymbol{\beta}+\boldsymbol{\gamma}|^2-|\boldsymbol{\alpha}+\boldsymbol{\beta}|^2-|\boldsymbol{\gamma}|^2\right\}\\
&=\frac{1}{2}\left\{\left|p_\gamma^\perp\boldsymbol{\alpha}+p_\gamma^\perp\boldsymbol{\beta}+(1+k+l)\boldsymbol{\gamma}\right|^2-\left|p_\gamma^\perp\boldsymbol{\alpha}+p_\gamma^\perp\boldsymbol{\beta}+(k+l)\boldsymbol{\gamma}\right|^2-|\boldsymbol{\gamma}|^2\right\}\\
&=\frac{1}{2}\left\{|(1+k+l)\boldsymbol{\gamma}|^2+\left|p_\gamma^\perp\boldsymbol{\alpha}+p_\gamma^\perp\boldsymbol{\beta}\right|^2-\left|p_\gamma^\perp\boldsymbol{\alpha}+p_\gamma^\perp\boldsymbol{\beta}\right|^2-|(k+l)\boldsymbol{\gamma}|^2-|\boldsymbol{\gamma}|^2\right\}\\
&=\frac{1}{2}\left\{2(k+l)\,|\boldsymbol{\gamma}|^2\right\},
\end{aligned}$$

$$\begin{aligned}
\boldsymbol{\alpha}\cdot\boldsymbol{\gamma}&=\frac{1}{2}\left\{|\boldsymbol{\alpha}+\boldsymbol{\gamma}|^2-|\boldsymbol{\alpha}|^2-|\boldsymbol{\gamma}|^2\right\}\\
&=\frac{1}{2}\left\{\left|p_\gamma^\perp\boldsymbol{\alpha}+(1+k)\boldsymbol{\gamma}\right|^2-\left|p_\gamma^\perp\boldsymbol{\alpha}+k\boldsymbol{\gamma}\right|^2-|\boldsymbol{\gamma}|^2\right\}\\
&=\frac{1}{2}\left\{|(1+k)\boldsymbol{\gamma}|^2+\left|p_\gamma^\perp\boldsymbol{\alpha}\right|^2-\left|p_\gamma^\perp\boldsymbol{\alpha}\right|^2-|k\boldsymbol{\gamma}|^2-|\boldsymbol{\gamma}|^2\right\}
\end{aligned}$$

$$
\begin{aligned}
&= \frac{1}{2}\left\{2k\left|\boldsymbol{\gamma}\right|^2\right\}, \\
\boldsymbol{\beta}\cdot\boldsymbol{\gamma} &= \frac{1}{2}\left\{|\boldsymbol{\beta}+\boldsymbol{\gamma}|^2-|\boldsymbol{\beta}|^2-|\boldsymbol{\gamma}|^2\right\} \\
&= \frac{1}{2}\left\{\left|p_{\boldsymbol{\gamma}}^{\perp}\boldsymbol{\beta}+(1+l)\boldsymbol{\gamma}\right|^2-\left|p_{\boldsymbol{\gamma}}^{\perp}\boldsymbol{\beta}+l\boldsymbol{\gamma}\right|^2-|\boldsymbol{\gamma}|^2\right\} \\
&= \frac{1}{2}\left\{|(1+l)\boldsymbol{\gamma}|^2+\left|p_{\boldsymbol{\gamma}}^{\perp}\boldsymbol{\beta}\right|^2-\left|p_{\boldsymbol{\gamma}}^{\perp}\boldsymbol{\beta}\right|^2-|l\boldsymbol{\gamma}|^2-|\boldsymbol{\gamma}|^2\right\} \\
&= \frac{1}{2}\left\{2l\left|\boldsymbol{\gamma}\right|^2\right\},
\end{aligned}
$$

这样 $(\boldsymbol{\alpha}+\boldsymbol{\beta})\cdot\boldsymbol{\gamma}=\boldsymbol{\alpha}\cdot\boldsymbol{\gamma}+\boldsymbol{\beta}\cdot\boldsymbol{\gamma}$. 性质 (3) 证明完.

性质 (4) 的证明:

$$
\begin{aligned}
(\lambda\boldsymbol{\alpha})\cdot\boldsymbol{\gamma} &= \frac{1}{2}\left\{\left|\lambda p_{\boldsymbol{\gamma}}^{\perp}\boldsymbol{\alpha}+(1+\lambda k)\boldsymbol{\gamma}\right|^2-\left|\lambda p_{\boldsymbol{\gamma}}^{\perp}\boldsymbol{\alpha}+\lambda k\boldsymbol{\gamma}\right|^2-|\boldsymbol{\gamma}|^2\right\} \\
&= \frac{1}{2}\left\{\left|\lambda p_{\boldsymbol{\gamma}}^{\perp}\boldsymbol{\alpha}\right|^2+|(1+\lambda k)\boldsymbol{\gamma}|^2-\left|\lambda p_{\boldsymbol{\gamma}}^{\perp}\boldsymbol{\alpha}\right|-|\lambda k\boldsymbol{\gamma}|^2-|\boldsymbol{\gamma}|^2\right\} \\
&= \lambda\frac{1}{2}\left\{2k\left|\boldsymbol{\gamma}\right|^2\right\}=\lambda\boldsymbol{\alpha}\cdot\boldsymbol{\gamma}.
\end{aligned}
$$
□

定理 1.1.4.2　现实空间是一个三维欧氏空间, 记作 E^3, 它的内积结构定义为: 对任意向量 $\boldsymbol{\alpha},\boldsymbol{\beta}$, 内积 $\boldsymbol{\alpha}\cdot\boldsymbol{\beta}$ 定义为

$$
\boldsymbol{\alpha}\cdot\boldsymbol{\beta}=\frac{1}{2}\left\{|\boldsymbol{\alpha}+\boldsymbol{\beta}|^2-|\boldsymbol{\alpha}|^2-|\boldsymbol{\beta}|^2\right\}.
$$

特别地, 现实空间的直线是一个一维欧氏空间, 现实空间中的平面是一个二维欧氏空间.

本书中以后提到的空间均指三维现实空间. 既然现实空间中的向量可以用有向线段表示, 因此现实空间中向量的夹角可以从几何上定义.

定义 1.1.4.2　如果向量 $\boldsymbol{\alpha},\boldsymbol{\beta}$ 都不是零向量, 任意取一点 O, 作 $\boldsymbol{\alpha}=\overrightarrow{OA},\boldsymbol{\beta}=\overrightarrow{OB}$, 则有向线段 $\overrightarrow{OA}$ 和有向线段 $\overrightarrow{OB}$ 所构成角中较小的角称为向量 $\boldsymbol{\alpha}$ 与向量 $\boldsymbol{\beta}$ 的**夹角**, 记作 $\angle(\boldsymbol{\alpha},\boldsymbol{\beta})$.

容易证明上述两个非零向量的夹角的定义与点 O 的选择无关.

推论 1.1.4.1　对于任意非零向量 $\boldsymbol{\alpha},\boldsymbol{\beta}$, 它们夹角的余弦为 $\cos\angle(\boldsymbol{\alpha},\boldsymbol{\beta})=\dfrac{\boldsymbol{\alpha}\cdot\boldsymbol{\beta}}{|\boldsymbol{\alpha}||\boldsymbol{\beta}|}$.

证明 在平面上作有向线段 $\boldsymbol{\alpha}=\overrightarrow{OA}$, $\boldsymbol{\beta}=\overrightarrow{OB}$, $\boldsymbol{\alpha}+\boldsymbol{\beta}=\overrightarrow{OA}+\overrightarrow{OB}=\overrightarrow{OC}$. 所以

$$\boldsymbol{\alpha}\cdot\boldsymbol{\beta}=\frac{1}{2}\left\{|\boldsymbol{\alpha}+\boldsymbol{\beta}|^2-|\boldsymbol{\alpha}|^2-|\boldsymbol{\beta}|^2\right\}=\frac{1}{2}\left\{|\overrightarrow{OC}|^2-|\overrightarrow{OA}|^2-|\overrightarrow{AC}|^2\right\},$$

由三角形的余弦定理得到

$$\boldsymbol{\alpha}\cdot\boldsymbol{\beta}=|\overrightarrow{OA}||\overrightarrow{OB}|\cos\angle(\boldsymbol{\alpha},\boldsymbol{\beta}),$$

所以

$$\cos\angle(\boldsymbol{\alpha},\boldsymbol{\beta})=\frac{\boldsymbol{\alpha}\cdot\boldsymbol{\beta}}{|\boldsymbol{\alpha}||\boldsymbol{\beta}|}.$$ □

这样内积 $\boldsymbol{\alpha}\cdot\boldsymbol{\beta}$ 也可以等价定义如下:

如果 $\boldsymbol{\alpha},\boldsymbol{\beta}$ 都是非零向量, 则定义 $\boldsymbol{\alpha}\cdot\boldsymbol{\beta}=|\boldsymbol{\alpha}||\boldsymbol{\beta}|\cos\angle(\boldsymbol{\alpha},\boldsymbol{\beta})$;

如果 $\boldsymbol{\alpha},\boldsymbol{\beta}$ 中有零向量, 则定义 $\boldsymbol{\alpha}\cdot\boldsymbol{\beta}=0$.

由内积定义容易得到下面性质.

性质 1.1.4.1 (1) $\boldsymbol{\alpha}\perp\boldsymbol{\beta}\Leftrightarrow\boldsymbol{\alpha}\cdot\boldsymbol{\beta}=0$; (2) $|\boldsymbol{\alpha}|=\sqrt{\boldsymbol{\alpha}\cdot\boldsymbol{\alpha}}$.

利用向量加法的定义容易得到下面的三角不等式: 对任意向量 $\boldsymbol{\alpha},\boldsymbol{\beta}$,

$$||\boldsymbol{\alpha}|-|\boldsymbol{\beta}||\leqslant|\boldsymbol{\alpha}+\boldsymbol{\beta}|\leqslant|\boldsymbol{\alpha}|+|\boldsymbol{\beta}|.$$

直角三角形的勾股定理可以陈述为: 任意两个垂直的向量 $\boldsymbol{\alpha},\boldsymbol{\beta}$, 即 $\boldsymbol{\alpha}\perp\boldsymbol{\beta}$, 则

$$|\boldsymbol{\alpha}+\boldsymbol{\beta}|^2=|\boldsymbol{\alpha}|^2+|\boldsymbol{\beta}|^2.$$

长度等于 1 的向量称为**单位向量**. 如果 $\boldsymbol{\alpha}\neq\boldsymbol{0}$, 则向量 $\dfrac{1}{|\boldsymbol{\alpha}|}\boldsymbol{\alpha}$ 是单位向量, 该向量称为向量 $\boldsymbol{\alpha}$ 的**单位化**.

推论 1.1.4.2 设 $\boldsymbol{\beta}$ 是非零向量, 它的单位化记为 $\boldsymbol{\beta}_0=\dfrac{\boldsymbol{\beta}}{|\boldsymbol{\beta}|}$. 则对于任意向量 $\boldsymbol{\alpha}$, 它在向量 $\boldsymbol{\beta}$ 的内投影向量可以写成 $p_{\boldsymbol{\beta}}\boldsymbol{\alpha}=|\boldsymbol{\alpha}|\cos\angle(\boldsymbol{\alpha},\boldsymbol{\beta})\boldsymbol{\beta}_0=\dfrac{\boldsymbol{\alpha}\cdot\boldsymbol{\beta}}{|\boldsymbol{\beta}|}\boldsymbol{\beta}_0$.

例 1.1.4.1 设 CD 是 $\triangle ABC$ 的角 $\angle C$ 的角平分线, BC 边长为 a, AC 边长为 b, 如图 1.1.12. 证明: $(A,B,D)=\dfrac{b}{a}$.

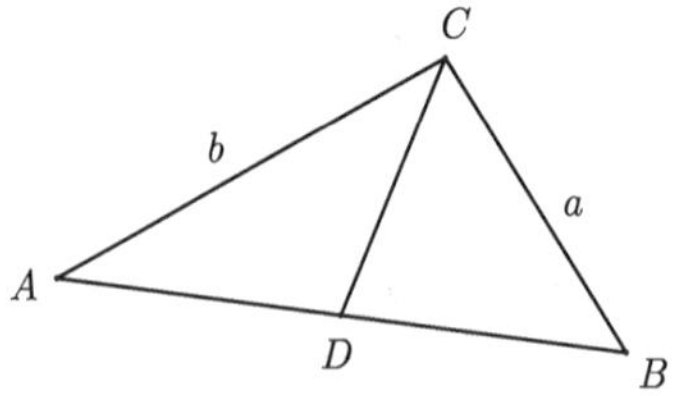

图 1.1.12

证明　设 $\angle C=\theta$, 则 $\overrightarrow{CA}\cdot\overrightarrow{CD}=b|\overrightarrow{CD}|\cos\dfrac{\theta}{2}$, $\overrightarrow{CB}\cdot\overrightarrow{CD}=a|\overrightarrow{CD}|\cos\dfrac{\theta}{2}$, 从而 $a\,\overrightarrow{CA}\cdot\overrightarrow{CD}=b\,\overrightarrow{CB}\cdot\overrightarrow{CD}$.

设 $(A,B,D)=k$, 则 $\overrightarrow{CD}=\dfrac{\overrightarrow{CA}+k\overrightarrow{CB}}{1+k}$. 组合上面的式子我们得到

$$\frac{a}{1+k}\left(\overrightarrow{CA}^2+k\overrightarrow{CA}\cdot\overrightarrow{CB}\right)=\frac{b}{1+k}\left(\overrightarrow{CA}\cdot\overrightarrow{CB}+k\overrightarrow{CB}^2\right),$$

即

$$a\left(b^2+k\overrightarrow{CA}\cdot\overrightarrow{CB}\right)=b\left(\overrightarrow{CA}\cdot\overrightarrow{CB}+ka^2\right),$$

即

$$ka\left(\overrightarrow{CA}\cdot\overrightarrow{CB}-ab\right)=b\left(\overrightarrow{CA}\cdot\overrightarrow{CB}-ab\right),$$

因为

$$\overrightarrow{CA}\cdot\overrightarrow{CB}<ab,$$

所以

$$(A,B,D)=k=\frac{b}{a}.$$

□

1.1.5　空间中仿射坐标系及其几何应用

如图现实空间是一个三维仿射空间 E^3, 在现实空间中取定点 O 和不共面的向量 $\boldsymbol{\alpha},\boldsymbol{\beta},\boldsymbol{\gamma}$ 一起构成空间中的一个**仿射坐标系** $[O;\boldsymbol{\alpha},\boldsymbol{\beta},\boldsymbol{\gamma}]$, 如图 1.1.13. 对于空间中任一点 A, 把向量 $\overrightarrow{OA}$ 称为点 A 在仿射标架 $[O;\boldsymbol{\alpha},\boldsymbol{\beta},\boldsymbol{\gamma}]$ 下的**定位向量**. 设定位向量 $\overrightarrow{OA}$ 关于坐标向量 $\boldsymbol{\alpha},\boldsymbol{\beta},\boldsymbol{\gamma}$ 的分解 $\overrightarrow{OA}=a\boldsymbol{\alpha}+b\boldsymbol{\beta}+c\boldsymbol{\gamma}$, 则三元有序数组 (a,b,c) 称为点 A 在仿射坐标系 $[O;\boldsymbol{\alpha},\boldsymbol{\beta},\boldsymbol{\gamma}]$ 下的**坐标**.

在仿射坐标系 $[O;\boldsymbol{\alpha},\boldsymbol{\beta},\boldsymbol{\gamma}]$ 下, 把经过原点 O, 平行于坐标向量的, 并以该坐标向量的方向为正向, 以该坐标向量的长度为单位的数轴称为**坐标轴**. 三条坐标轴分别称为 x 轴、y 轴和 z 轴, 它们分别平行于坐标向量 $\boldsymbol{\alpha},\boldsymbol{\beta}$ 和 $\boldsymbol{\gamma}$. 两个坐标轴

所决定的平面称为**坐标平面**. 比如由 x 轴和 z 轴决定的平面称为 xOz 平面. 这样三张坐标平面将现实空间分割成八个连通的部分, 每一个连通的部分称为**卦限**. 在每一卦限内, 点的坐标的符号是不变的. 规定卦限的顺序如图 1.1.14.

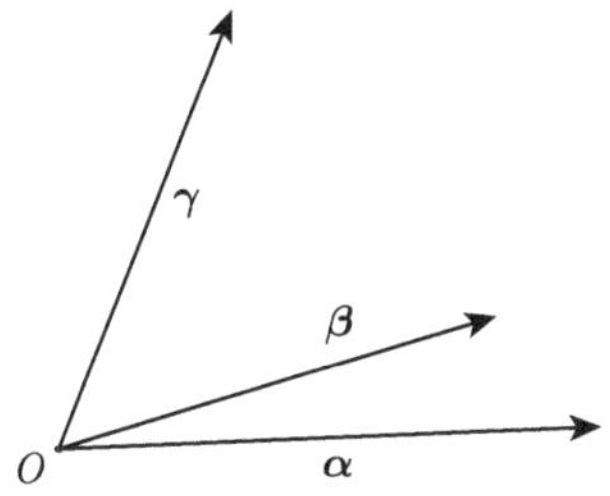

图 1.1.13

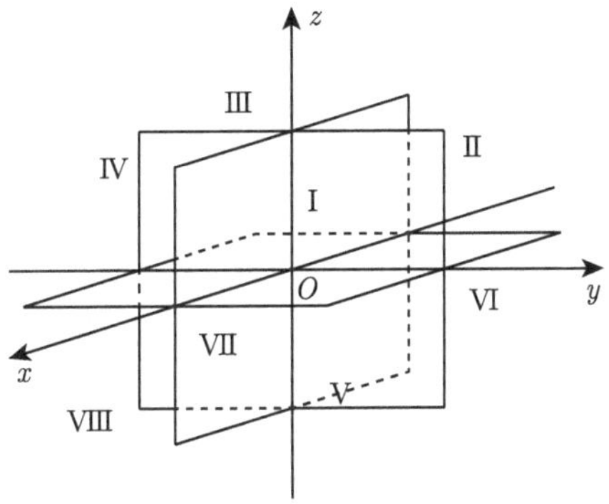

图 1.1.14

取定仿射标架 $[O;\boldsymbol{\alpha},\boldsymbol{\beta},\boldsymbol{\gamma}]$, 空间中向量也有坐标, 即向量在坐标向量 $\boldsymbol{\alpha},\boldsymbol{\beta},\boldsymbol{\gamma}$ 下的坐标. 这样坐标向量 $\boldsymbol{\alpha},\boldsymbol{\beta},\boldsymbol{\gamma}$ 的坐标分别是 $(1,0,0),(0,1,0)$ 和 $(0,0,1)$. 经常为了方便, 把一个点 P 或一个向量 $\boldsymbol{\alpha}$ 在某个仿射坐标系下的坐标 (x,y,z) 记为 $P(x,y,z)$ 或 $\boldsymbol{\alpha}(x,y,z)$.

如果仿射标架 $[O;\boldsymbol{\alpha},\boldsymbol{\beta},\boldsymbol{\gamma}]$ 的坐标向量组 $\boldsymbol{\alpha},\boldsymbol{\beta},\boldsymbol{\gamma}$ 是单位正交组, 即 $\boldsymbol{\alpha},\boldsymbol{\beta},\boldsymbol{\gamma}$ 两两正交并且均是单位向量, 则仿射标架 $[O;\boldsymbol{\alpha},\boldsymbol{\beta},\boldsymbol{\gamma}]$ 决定的仿射坐标系称为**空间直角坐标系**.

在空间直角坐标系中, 空间中任意一点 A 的坐标的绝对值依次是点 A 到坐标 yOz 平面、xOz 平面、xOy 平面的距离, 符号由该点所在的卦限决定.

取定现实空间中一个有序向量组 $\boldsymbol{\alpha},\boldsymbol{\beta},\boldsymbol{\gamma}$, 且它们不共面. 取得空间中任意一点 O, 作 $\boldsymbol{\alpha}=\overrightarrow{OA},\boldsymbol{\beta}=\overrightarrow{OB},\boldsymbol{\gamma}=\overrightarrow{OC}$. 如果右手四指 (拇指除外) 弯曲的方向是从 $\overrightarrow{OA}$ 的方向旋转向 $\overrightarrow{OB}$ 的方向 (旋转角小于 180 度), 且右手的拇指所指方向与

$\overrightarrow{OC}$ 的方向一致, 则称有序向量组 $\boldsymbol{\alpha},\boldsymbol{\beta},\boldsymbol{\gamma}$ 为**右手系**, 否则称为**左手系** (图 1.1.15). 可以证明不共面有序向量组是右手系还是左手系与点 O 的选取无关. 事实上不管是右手系还是左手系, 空间中有序向量组都是一组基, 它给出了空间中的某种定向.

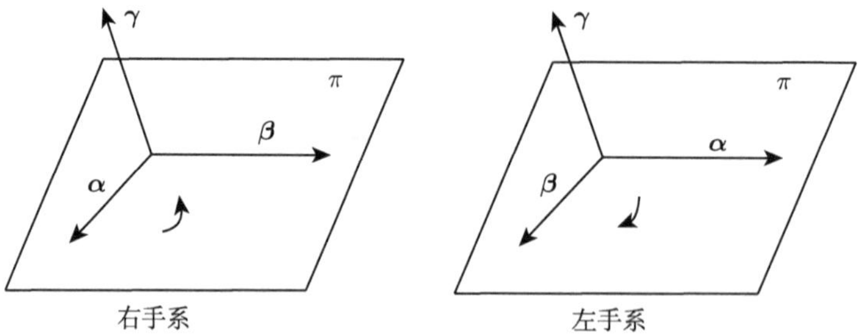

图 1.1.15

命题 1.1.5.1　设 $\boldsymbol{\alpha}_1,\boldsymbol{\beta}_1,\boldsymbol{\gamma}_1$ 和 $\boldsymbol{\alpha}_2,\boldsymbol{\beta}_2,\boldsymbol{\gamma}_2$ 是空间中的两个基, 从基 $\boldsymbol{\alpha}_1,\boldsymbol{\beta}_1,\boldsymbol{\gamma}_1$ 到基 $\boldsymbol{\alpha}_2,\boldsymbol{\beta}_2,\boldsymbol{\gamma}_2$ 的过渡矩阵是 $\boldsymbol{A}$, 即 $(\boldsymbol{\alpha}_2,\boldsymbol{\beta}_2,\boldsymbol{\gamma}_2)=(\boldsymbol{\alpha}_1,\boldsymbol{\beta}_1,\boldsymbol{\gamma}_1)\boldsymbol{A}$. 如果 $|\boldsymbol{A}|>0$, 则基 $\boldsymbol{\alpha}_1,\boldsymbol{\beta}_1,\boldsymbol{\gamma}_1$ 和基 $\boldsymbol{\alpha}_2,\boldsymbol{\beta}_2,\boldsymbol{\gamma}_2$ 有相同的手系, 即它们要么同时为右手系, 要么同时为左手系; 如果 $|\boldsymbol{A}|<0$, 则基 $\boldsymbol{\alpha}_1,\boldsymbol{\beta}_1,\boldsymbol{\gamma}_1$ 和基 $\boldsymbol{\alpha}_2,\boldsymbol{\beta}_2,\boldsymbol{\gamma}_2$ 有相反的手系.

命题 1.1.5.1 说明空间中基向量只有两个定向, 它的证明将在下节中给出. 基向量顺序改变时也会影响基的定向. 如果基 $\boldsymbol{\alpha},\boldsymbol{\beta},\boldsymbol{\gamma}$ 是右手系, 则 $\boldsymbol{\beta},\boldsymbol{\alpha},\boldsymbol{\gamma}$ 是左手系. 这说明把一个基中两个向量对换时, 定向要改变.

定义 1.1.5.1　空间中取定仿射坐标系 $[O;\boldsymbol{\alpha},\boldsymbol{\beta},\boldsymbol{\gamma}]$, 如果有序向量组 $\boldsymbol{\alpha},\boldsymbol{\beta},\boldsymbol{\gamma}$ 为右手系, 则仿射坐标系 $[O;\boldsymbol{\alpha},\boldsymbol{\beta},\boldsymbol{\gamma}]$ 称为**右手仿射坐标系**; 否则仿射坐标系 $[O;\boldsymbol{\alpha},\boldsymbol{\beta},\boldsymbol{\gamma}]$ 称为**左手仿射坐标系**. 相应地, 空间中**右手直角坐标系**和**左手直角坐标系**类似地定义.

取定空间中仿射坐标系, 向量的线性运算可以用其坐标表示出来.

例 1.1.5.1　在空间仿射坐标系 $[O;\boldsymbol{e}_1,\boldsymbol{e}_2,\boldsymbol{e}_3]$ 下, 设向量 $\boldsymbol{\alpha},\boldsymbol{\beta}$ 的坐标分别是 (a_1,a_2,a_3) 和 (b_1,b_2,b_3), 则

(1) $\boldsymbol{\alpha}+\boldsymbol{\beta}$ 的坐标是 $(a_1+b_1,a_2+b_2,a_3+b_3)$;

(2) 对任意数 k, $k\boldsymbol{\alpha}$ 的坐标是 (ka_1,ka_2,ka_3), 特别地, $-\boldsymbol{\alpha}$ 的坐标是 $(-a_1,-a_2,-a_3)$.

例 1.1.5.2　在空间仿射坐标系 $[O;\boldsymbol{e}_1,\boldsymbol{e}_2,\boldsymbol{e}_3]$ 下, 设点 A,B 的坐标分别是 (a_1,a_2,a_3) 和 (b_1,b_2,b_3), 则向量 $\overrightarrow{AB}$ 的坐标是 $(b_1-a_1,b_2-a_2,b_3-a_3)$.

证明　由点 A,B 的坐标得到向量 $\overrightarrow{OA},\overrightarrow{OB}$ 的坐标分别是 (a_1,a_2,a_3) 和 $(b_1,b_2,$

b_3). 由于 $\overrightarrow{AB} = \overrightarrow{OB} - \overrightarrow{OA}$, 故向量 $\overrightarrow{AB}$ 的坐标是 $(b_1 - a_1, b_2 - a_2, b_3 - a_3)$. □

例 1.1.5.3 设点 A, B, C 是共线的三个不同点, 且 $(A, B, C) = \lambda$. 在空间仿射坐标系 $[O; \boldsymbol{e}_1, \boldsymbol{e}_2, \boldsymbol{e}_3]$ 下, 设点 A, B 的坐标分别是 (a_1, a_2, a_3) 和 (b_1, b_2, b_3), 则点 C 的坐标是 $\left(\dfrac{a_1 + \lambda b_1}{1+\lambda}, \dfrac{a_2 + \lambda b_2}{1+\lambda}, \dfrac{a_3 + \lambda b_3}{1+\lambda}\right)$.

证明 由 $(A, B, C) = \lambda$ 和性质 1.1.2.4 得到 $\overrightarrow{OC} = \dfrac{1}{1+\lambda}\overrightarrow{OA} + \dfrac{\lambda}{1+\lambda}\overrightarrow{OB}$. 于是得到点 C 的坐标是 $\left(\dfrac{a_1 + \lambda b_1}{1+\lambda}, \dfrac{a_2 + \lambda b_2}{1+\lambda}, \dfrac{a_3 + \lambda b_3}{1+\lambda}\right)$. □

例 1.1.5.4 在空间仿射坐标系 $[O; \boldsymbol{e}_1, \boldsymbol{e}_2, \boldsymbol{e}_3]$ 下, 向量 $\boldsymbol{\alpha}, \boldsymbol{\beta}, \boldsymbol{\gamma}$ 的坐标分别是 $(a_1, a_2, a_3), (b_1, b_2, b_3)$ 和 (c_1, c_2, c_3). 求证: 向量 $\boldsymbol{\alpha}, \boldsymbol{\beta}, \boldsymbol{\gamma}$ 共面的充分必要条件是

$$\begin{vmatrix} a_1 & a_2 & a_3 \\ b_1 & b_2 & b_3 \\ c_1 & c_2 & c_3 \end{vmatrix} = 0.$$

证明 必要性. 若向量 $\boldsymbol{\alpha}, \boldsymbol{\beta}, \boldsymbol{\gamma}$ 共面, 则存在不全为零的数 x_1, x_2, x_3 使得 $x_1\boldsymbol{\alpha} + x_2\boldsymbol{\beta} + x_3\boldsymbol{\gamma} = \boldsymbol{0}$. 由于向量 $\boldsymbol{\alpha}, \boldsymbol{\beta}, \boldsymbol{\gamma}$ 的坐标分别是 $(a_1, a_2, a_3), (b_1, b_2, b_3)$ 和 (c_1, c_2, c_3), 这样我们得到齐次线性方程组

$$\begin{cases} a_1x_1 + b_1x_2 + c_1x_3 = 0, \\ a_2x_1 + b_2x_2 + c_2x_3 = 0, \\ a_3x_1 + b_3x_2 + c_3x_3 = 0 \end{cases}$$

有非零解, 故它的系数行列式

$$\begin{vmatrix} a_1 & b_1 & c_1 \\ a_2 & b_2 & c_2 \\ a_3 & b_3 & c_3 \end{vmatrix} = 0,$$

从而

$$\begin{vmatrix} a_1 & a_2 & a_3 \\ b_1 & b_2 & b_3 \\ c_1 & c_2 & c_3 \end{vmatrix} = 0.$$

充分性. 若

$$\begin{vmatrix} a_1 & a_2 & a_3 \\ b_1 & b_2 & b_3 \\ c_1 & c_2 & c_3 \end{vmatrix} = 0,$$

则齐次线性方程组

$$\begin{cases} a_1x_1 + b_1x_2 + c_1x_3 = 0, \\ a_2x_1 + b_2x_2 + c_2x_3 = 0, \\ a_3x_1 + b_3x_2 + c_3x_3 = 0 \end{cases}$$

有非零解. 取一个非零解 (k_1, k_2, k_3), 则

$$\begin{cases} a_1k_1 + b_1k_2 + c_1k_3 = 0, \\ a_2k_1 + b_2k_2 + c_2k_3 = 0, \\ a_3k_1 + b_3k_2 + c_3k_3 = 0 \end{cases}$$

等价于 $k_1\boldsymbol{\alpha} + k_2\boldsymbol{\beta} + k_3\boldsymbol{\gamma} = \mathbf{0}$. 因 k_1, k_2, k_3 不全为零, 故向量 $\boldsymbol{\alpha}, \boldsymbol{\beta}, \boldsymbol{\gamma}$ 共面. □

例 1.1.5.5　在空间仿射坐标系 $[O; \boldsymbol{e}_1, \boldsymbol{e}_2, \boldsymbol{e}_3]$ 下, 空间中四点 A, B, C, D 的坐标分别是 (a_1, a_2, a_3), (b_1, b_2, b_3), (c_1, c_2, c_3) 和 (d_1, d_2, d_3). 求证: 四点 A, B, C, D 共面的充分必要条件是

$$\begin{vmatrix} a_1 & a_2 & a_3 & 1 \\ b_1 & b_2 & b_3 & 1 \\ c_1 & c_2 & c_3 & 1 \\ d_1 & d_2 & d_3 & 1 \end{vmatrix} = 0.$$

证明

$$\begin{vmatrix} a_1 & a_2 & a_3 & 1 \\ b_1 & b_2 & b_3 & 1 \\ c_1 & c_2 & c_3 & 1 \\ d_1 & d_2 & d_3 & 1 \end{vmatrix} = 0 \Leftrightarrow \begin{vmatrix} b_1 - a_1 & b_2 - a_2 & b_3 - a_3 \\ c_1 - a_1 & c_2 - a_2 & c_3 - a_3 \\ d_1 - a_1 & d_2 - a_2 & d_3 - a_3 \end{vmatrix} = 0,$$

$$\begin{vmatrix} b_1 - a_1 & b_2 - a_2 & b_3 - a_3 \\ c_1 - a_1 & c_2 - a_2 & c_3 - a_3 \\ d_1 - a_1 & d_2 - a_2 & d_3 - a_3 \end{vmatrix} = 0 \Leftrightarrow \overrightarrow{AB}, \overrightarrow{AC}, \overrightarrow{AD} \text{ 共面},$$

即四点 A, B, C, D 共面. □

例 1.1.5.6 在空间仿射坐标系 $[O;\boldsymbol{e}_1,\boldsymbol{e}_2,\boldsymbol{e}_3]$ 下, 向量 $\boldsymbol{\alpha},\boldsymbol{\beta}$ 的坐标分别是 $(a_1,a_2,a_3),(b_1,b_2,b_3)$, 则向量 $\boldsymbol{\alpha},\boldsymbol{\beta}$ 共线的充分必要条件是

$$a_1:a_2:a_3=b_1:b_2:b_3\left(\text{即 }\frac{a_1}{b_1}=\frac{a_2}{b_2}=\frac{a_3}{b_3}\right).$$

证明 向量 $\boldsymbol{\alpha},\boldsymbol{\beta}$ 共线的充分必要条件是向量组 $\boldsymbol{\alpha},\boldsymbol{\beta}$ 线性相关, 即它们的坐标对应成比例, 即 $a_1:a_2:a_3=b_1:b_2:b_3$. □

下面利用坐标计算向量的内积. 取 $[O;\boldsymbol{e}_1,\boldsymbol{e}_2,\boldsymbol{e}_3]$ 为空间一个仿射坐标系. 设向量 $\boldsymbol{\alpha},\boldsymbol{\beta}$ 的坐标分别是 (a_1,a_2,a_3) 和 (b_1,b_2,b_3). 则

$$\begin{aligned}\boldsymbol{\alpha}\cdot\boldsymbol{\beta}&=(a_1\boldsymbol{e}_1+a_2\boldsymbol{e}_2+a_3\boldsymbol{e}_3)\cdot(b_1\boldsymbol{e}_1+b_2\boldsymbol{e}_2+b_3\boldsymbol{e}_3)\\&=a_1b_1\boldsymbol{e}_1\cdot\boldsymbol{e}_1+a_2b_2\boldsymbol{e}_2\cdot\boldsymbol{e}_2+a_3b_3\boldsymbol{e}_3\cdot\boldsymbol{e}_3\\&\quad+(a_1b_2+a_2b_1)\boldsymbol{e}_1\cdot\boldsymbol{e}_2+(a_1b_3+a_3b_1)\boldsymbol{e}_1\cdot\boldsymbol{e}_3+(a_2b_3+a_3b_2)\boldsymbol{e}_2\cdot\boldsymbol{e}_3.\end{aligned}$$

因此要得到 $\boldsymbol{\alpha}\cdot\boldsymbol{\beta}$ 确定的值, 就必须知道坐标向量之间的内积的值, 即 $\boldsymbol{e}_i\cdot\boldsymbol{e}_j(i,j=1,2,3)$ 的值. 上面内积的计算式用矩阵的乘法表示为

$$\boldsymbol{\alpha}\cdot\boldsymbol{\beta}=(a_1,a_2,a_3)\begin{pmatrix}\boldsymbol{e}_1\cdot\boldsymbol{e}_1&\boldsymbol{e}_1\cdot\boldsymbol{e}_2&\boldsymbol{e}_1\cdot\boldsymbol{e}_3\\\boldsymbol{e}_2\cdot\boldsymbol{e}_1&\boldsymbol{e}_2\cdot\boldsymbol{e}_2&\boldsymbol{e}_2\cdot\boldsymbol{e}_3\\\boldsymbol{e}_3\cdot\boldsymbol{e}_1&\boldsymbol{e}_3\cdot\boldsymbol{e}_2&\boldsymbol{e}_3\cdot\boldsymbol{e}_3\end{pmatrix}\begin{pmatrix}b_1\\b_2\\b_3\end{pmatrix}.$$

定义 1.1.5.2 矩阵 $\boldsymbol{G}=\begin{pmatrix}\boldsymbol{e}_1\cdot\boldsymbol{e}_1&\boldsymbol{e}_1\cdot\boldsymbol{e}_2&\boldsymbol{e}_1\cdot\boldsymbol{e}_3\\\boldsymbol{e}_2\cdot\boldsymbol{e}_1&\boldsymbol{e}_2\cdot\boldsymbol{e}_2&\boldsymbol{e}_2\cdot\boldsymbol{e}_3\\\boldsymbol{e}_3\cdot\boldsymbol{e}_1&\boldsymbol{e}_3\cdot\boldsymbol{e}_2&\boldsymbol{e}_3\cdot\boldsymbol{e}_3\end{pmatrix}$ 称为仿射坐标系 $[O;\boldsymbol{e}_1,\boldsymbol{e}_2,\boldsymbol{e}_3]$ 的**度量矩阵**.

一个仿射坐标系的度量矩阵反映了仿射标架的基向量之间的位置关系和坐标向量的长度. 如果仿射坐标系是直角坐标系, 则它的度量矩阵是 3 阶单位矩阵. 即

$$\boldsymbol{e}_i\cdot\boldsymbol{e}_i=1,\quad \boldsymbol{e}_i\cdot\boldsymbol{e}_j=0,\quad i\neq j,\quad i,j=1,2,3.$$

从而在直角坐标系下, 两个向量的内积公式如下:

$$\boldsymbol{\alpha}\cdot\boldsymbol{\beta}=a_1b_1+a_2b_2+a_3b_3.$$

定理 1.1.5.1 在空间直角坐标下, 两个向量的内积等于它们的坐标对应乘积之和.

在空间直角坐标系下, 设向量 $\boldsymbol{\alpha},\boldsymbol{\beta}$ 的坐标分别是 (a_1,a_2,a_3) 和 (b_1,b_2,b_3), 则

$$|\boldsymbol{\alpha}|=\sqrt{a_1^2+a_2^2+a_3^2},\quad \cos\angle(\boldsymbol{\alpha},\boldsymbol{\beta})=\frac{a_1b_1+a_2b_2+a_3b_3}{\sqrt{a_1^2+a_2^2+a_3^2}\sqrt{b_1^2+b_2^2+b_3^2}}.$$

在直角坐标系下, 点 A 和点 B 的坐标分别是 (x_1,x_2,x_3) 和 (y_1,y_2,y_3), 点 A 和点 B 之间的距离, 记作 $d(A,B)$. 则

$$d(A,B)=|\overrightarrow{AB}|=\sqrt{(x_1-y_1)^2+(x_2-y_2)^2+(x_3-y_3)^2}.$$

既然空间中平面是一个二维欧氏空间, 平面上的一个点 O 和平面上两个不共线的向量 $\boldsymbol{\alpha},\boldsymbol{\beta}$ 一起构成平面上的一个**仿射坐标系**, 记作 $[O;\boldsymbol{\alpha},\boldsymbol{\beta}]$. 对于平面上任一点 A, 定位向量 $\overrightarrow{OA}$ 关于坐标向量的分解 $\overrightarrow{OA}=x\boldsymbol{\alpha}+y\boldsymbol{\beta}$, 则二元有序数组 (x,y) 称为点 A 在仿射坐标系 $[O;\boldsymbol{\alpha},\boldsymbol{\beta}]$ 下的坐标. 如果坐标向量组 $\boldsymbol{\alpha},\boldsymbol{\beta}$ 是单位正交组, 则仿射坐标系 $[O;\boldsymbol{\alpha},\boldsymbol{\beta}]$ 是平面上的**直角坐标系**. 如图 1.1.16.

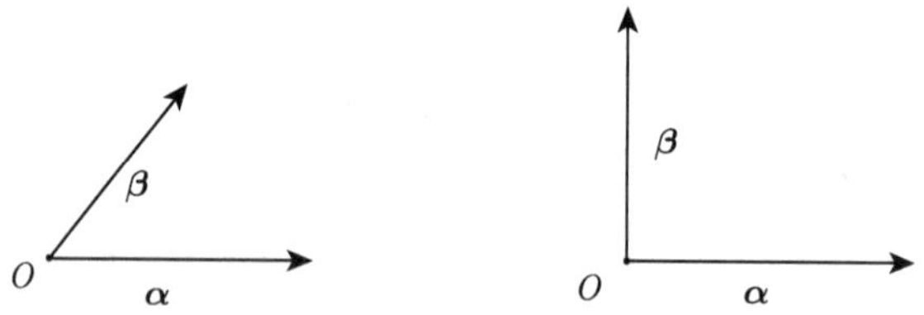

图 1.1.16

取定平面上一个有序向量组 $\boldsymbol{\alpha},\boldsymbol{\beta}$, 且它们不共线. 取得平面上任意一点 O, 作 $\boldsymbol{\alpha}=\overrightarrow{OA},\boldsymbol{\beta}=\overrightarrow{OB}$. 取定平面一侧作为正侧, 如果我们面向平面的正侧时, 右手四指 (拇指除外) 弯曲的方向是从 $\overrightarrow{OA}$ 的方向旋转向 $\overrightarrow{OB}$ 的方向 (旋转角小于 180 度), 则称不共线的有序向量组 $\boldsymbol{\alpha},\boldsymbol{\beta}$ 为**右手系**, 否则称为**左手系**. 可以证明不共线有序向量组是右手系还是左手系与点 O 的选取无关. 注意, 我们决定平面定向时, 总要选定一个正侧. 如果将正侧的方向放上一个空间向量 $\boldsymbol{\gamma}$, 则可以证明: 平面坐标向量 $\boldsymbol{\alpha},\boldsymbol{\beta}$ 是右手系的充分必要条件是空间基向量 $\boldsymbol{\alpha},\boldsymbol{\beta},\boldsymbol{\gamma}$ 是右手系, 反之亦然.

命题 1.1.5.2　设 $\boldsymbol{\alpha}_1,\boldsymbol{\beta}_1$ 和 $\boldsymbol{\alpha}_2,\boldsymbol{\beta}_2$ 是平面上的两个基, 并且矩阵 $\boldsymbol{A}$ 是从基 $\boldsymbol{\alpha}_1,\boldsymbol{\beta}_1$ 到基 $\boldsymbol{\alpha}_2,\boldsymbol{\beta}_2$ 的过渡矩阵, 即 $(\boldsymbol{\alpha}_2,\boldsymbol{\beta}_2)=(\boldsymbol{\alpha}_1,\boldsymbol{\beta}_1)\boldsymbol{A}$. 如果 $|\boldsymbol{A}|>0$, 则基 $\boldsymbol{\alpha}_1,\boldsymbol{\beta}_1$ 和基 $\boldsymbol{\alpha}_2,\boldsymbol{\beta}_2$ 有相同的手系, 即它们要么同时为右手系, 要么同时为左手系; 如果 $|\boldsymbol{A}|<0$, 则基 $\boldsymbol{\alpha}_1,\boldsymbol{\beta}_1$ 和基 $\boldsymbol{\alpha}_2,\boldsymbol{\beta}_2$ 有相反的手系.

定义 1.1.5.3 取定平面仿射坐标系 $[O;\boldsymbol{\alpha},\boldsymbol{\beta}]$. 如果有序向量组 $\boldsymbol{\alpha},\boldsymbol{\beta}$ 为右手系, 则仿射坐标系 $[O;\boldsymbol{\alpha},\boldsymbol{\beta}]$ 称为**右手仿射坐标系**; 否则仿射坐标系 $[O;\boldsymbol{\alpha},\boldsymbol{\beta}]$ 称为**左手仿射坐标系** (图 1.1.17). 相应地, 平面上的**右手直角坐标系**和**左手直角坐标系**类似的定义.

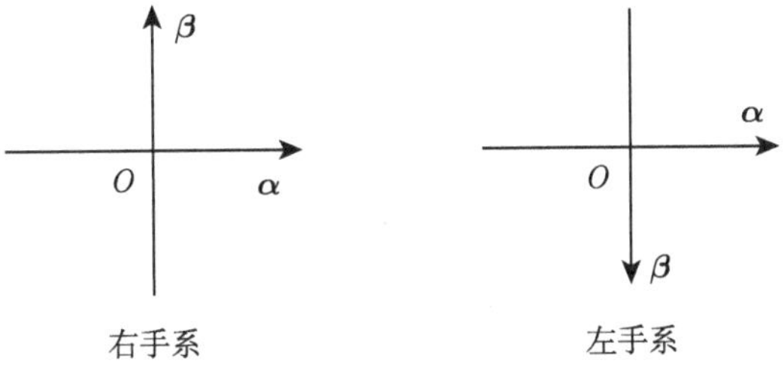

图 1.1.17

例 1.1.5.7 取定平面仿射坐标系 $[O;\boldsymbol{e}_1,\boldsymbol{e}_2]$, 三点 A,B,C 的坐标分别是 (a_1,a_2), (b_1,b_2) 和 (c_1,c_2), 则三点 A,B,C 共线的充分必要条件是

$$\begin{vmatrix} a_1 & a_2 & 1 \\ b_1 & b_2 & 1 \\ c_1 & c_2 & 1 \end{vmatrix} = 0.$$

证明 三点 A,B,C 共线的充分必要条件是向量 $\overrightarrow{AB},\overrightarrow{AC}$ 共线, 即向量组 $\overrightarrow{AB}$, $\overrightarrow{AC}$ 线性相关, 从而它们的坐标对应成比例. 向量 $\overrightarrow{AB},\overrightarrow{AC}$ 的坐标分别是 $(b_1-a_1,b_2-a_2),(c_1-a_1,c_2-a_2)$, 三点 A,B,C 共线的充分必要条件是

$$\begin{vmatrix} b_1-a_1 & b_2-a_2 \\ c_1-a_1 & c_2-a_2 \end{vmatrix} = 0,$$

即

$$\begin{vmatrix} a_1 & a_2 & 1 \\ b_1 & b_2 & 1 \\ c_1 & c_2 & 1 \end{vmatrix} = 0. \qquad \square$$

例 1.1.5.8 在三角形 ABC 的三个边 AB,BC,CA 上取定三个点 D,E,F, 如图 1.1.18. 设这些点与顶点的单比分别为 $\lambda=(A,B,D),\mu=(B,C,E),\nu=(C,A,F)$. 求证: 三条线段 CD,AE,BF 交于一点的充分必要条件是 $\lambda\mu\nu=1$.

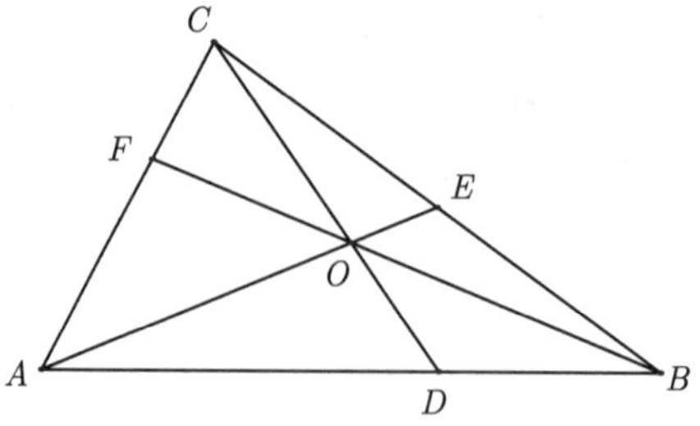

图 1.1.18

证明　设 AE 和 CD 相交于 O 点, 于是三条线段 CD, AE, BF 交于一点的充分必要条件是三点 B, O, F 共线.

由于三个点 D, E, F 在三角形的边上, 故单比 $\lambda > 0, \mu > 0, \nu > 0$. 在该平面上建立仿射坐标系 $[A; \overrightarrow{AB}, \overrightarrow{AC}]$. 则点 A, B, C 的坐标分别是 $(0,0), (1,0), (0,1)$. 利用已知的单比 $\lambda = (A, B, D), \mu = (B, C, E), \nu = (C, A, F)$, 计算得到点 D, E, F 的坐标分别是 $\left(\dfrac{\lambda}{1+\lambda}, 0\right)$, $\left(\dfrac{1}{1+\mu}, \dfrac{\mu}{1+\mu}\right)$, $\left(0, \dfrac{1}{1+\nu}\right)$. 设点 O 的坐标是 $\left(\dfrac{x}{1+\mu}, \dfrac{x\mu}{1+\mu}\right)$. 由于三点 C, O, D 是共线的, 故

$$\begin{vmatrix} 0 & 1 & 1 \\ \dfrac{x}{1+\mu} & \dfrac{x\mu}{1+\mu} & 1 \\ \dfrac{\lambda}{1+\lambda} & 0 & 1 \end{vmatrix} = 0,$$

从而 $x = \dfrac{(1+\mu)\lambda}{1+\lambda+\lambda\mu}$, 即点 O 的坐标是 $\left(\dfrac{\lambda}{1+\lambda+\lambda\mu}, \dfrac{\lambda\mu}{1+\lambda+\lambda\mu}\right)$. 于是三点 B, O, F 共线的充分必要条件是

$$\begin{vmatrix} 1 & 0 & 1 \\ \dfrac{\lambda}{1+\lambda+\lambda\mu} & \dfrac{\lambda\mu}{1+\lambda+\lambda\mu} & 1 \\ 0 & \dfrac{1}{1+\nu} & 1 \end{vmatrix} = 0,$$

即 $\lambda\mu\nu = 1$. □

习　题　1.1

1. 已知空间平行六面体 $ABCD$-$EFGH$, 其中向量 $\overrightarrow{AB} = \boldsymbol{\alpha}, \overrightarrow{AD} = \boldsymbol{\beta}, \overrightarrow{AE} = \boldsymbol{\gamma}$. 求向量 $\overrightarrow{AC}, \overrightarrow{AF}, \overrightarrow{AH}, \overrightarrow{EH}, \overrightarrow{CE}, \overrightarrow{CB}$.

2. 已知平行四边形 $ABCD$, 对角线 AC 与 BD 交于点 M. 证明: 对于空间中任意一点 O,

$$\overrightarrow{OM}=\frac{1}{4}(\overrightarrow{OA}+\overrightarrow{OB}+\overrightarrow{OC}+\overrightarrow{OD}).$$

3. 证明: 三个向量 $\boldsymbol{\alpha},\boldsymbol{\beta},\boldsymbol{\gamma}$ 共面的充分必要条件是存在不全为零的数 k_1,k_2,k_3 使得 $k_1\boldsymbol{\alpha}+k_2\boldsymbol{\beta}+k_3\boldsymbol{\gamma}=\mathbf{0}$.

4. 设 A,B,C 是不共线的三点. 设在空间中由 A,B,C 所确定的平面记作 π. 任意取定空间中一点 O. 则点 D 在平面 π 上的充分必要条件是

$$\overrightarrow{OD}=\lambda_1\overrightarrow{OA}+\lambda_2\overrightarrow{OB}+\lambda_3\overrightarrow{OC},\quad \lambda_1+\lambda_2+\lambda_3=1.$$

5. 空间中取定 n 个点 $A_1,A_2,\cdots,A_n$, 证明:

(1) 空间中存在唯一的一点 P, 使得 $\overrightarrow{PA_1}+\overrightarrow{PA_2}+\cdots+\overrightarrow{PA_n}=\mathbf{0}$. (点 P 称为点组 $A_1,A_2,\cdots,A_n$ 的重心.)

(2) 对于空间任意一点 O, $\overrightarrow{OA_1}+\overrightarrow{OA_2}+\cdots+\overrightarrow{OA_n}=n\overrightarrow{OM}$.

6. 设点 O 是平面上正 n 边形 $A_1A_2\cdots A_n$ 的中心, 证明: $\overrightarrow{OA_1}+\overrightarrow{OA_2}+\cdots+\overrightarrow{OA_n}=\mathbf{0}$, 即正 n 边形 $A_1A_2\cdots A_n$ 的中心是它的顶点的重心.

7. 设 $\Pi_1=\{A_1,A_2,\cdots,A_n\}$ 和 $\Pi_2=\{B_1,B_2,\cdots,B_n\}$ 是空间中的两个包含 n 个点的点组. 点集 Π_2 上的置换 $f:\Pi_2\to\Pi_2$ 是一个一一变换. 证明:

(1) 任意取定点集 Π_2 上的一个置换 f, 向量 $\overrightarrow{A_1f(B_1)}+\overrightarrow{A_2f(B_2)}+\cdots+\overrightarrow{A_nf(B_n)}$ 是相同的 (和置换无关);

(2) 如果向量 $\overrightarrow{A_1f(B_1)}+\overrightarrow{A_2f(B_2)}+\cdots+\overrightarrow{A_nf(B_n)}=0$, 则点组 Π_1 和 Π_2 有相同的重心.

8. 证明: 点 M 在三角形 $\triangle ABC$ 内 (不包括边) 的充分必要条件是存在正数 k_1,k_2,k_3 使得 $k_1+k_2+k_3=1$, $\overrightarrow{OM}=k_1\overrightarrow{OA}+k_2\overrightarrow{OB}+k_3\overrightarrow{OC}$, 其中点 O 是空间中任意取定的一点.

9. 设 A,B,C 是共线的三个不同的点, 证明:

(1) $(A,B,C)(B,A,C)=1$;

(2) $(A,B,C)+(A,C,B)=-1$.

10. 设 E,F,D 依次是三角形 $\triangle ABC$ 边 AC、边 AB 和边 BC 上的点, 并且 AD,BE,CF 三线交于点 O, 已知 $(A,B,F)=\dfrac{1}{3}$, $(C,F,O)=2$, 求 (A,D,O), (B,C,D), (B,E,O).

11. 设点 E 是三角形 $\triangle ABC$ 边 BC 上的点, 点 D 是线段 AE 上的点. 设点 O 不在三角形 $\triangle ABC$ 所在的平面上, 已知实数 k_1,k_2,k_3 满足 $k_1+k_2+k_3=$

1, $\overrightarrow{OD}=k_1\overrightarrow{OA}+k_2\overrightarrow{OB}+k_3\overrightarrow{OC}$, 求 (A,E,D), (B,C,E).

12. 设 E 和 F 分别是平行四边形 $ABCD$ 的边 BC 和边 CD 的中点, 取平行四边形所在平面上仿射坐标系 $I[A;\overrightarrow{AE},\overrightarrow{AF}]$. 求点 B,C,D 在此坐标系下的坐标.

13. 设 AB,AC,AD 是平行六面体的顶点 A 处的三条棱, 点 P 是此平行六面体的过顶点 A 的对角线和 B,C,D 所在平面的交点. 求点 P 在仿射坐标系 $[A;\overrightarrow{AB},\overrightarrow{AC},\overrightarrow{AD}]$ 下的坐标.

14. 已知平行四边形 $ABCD$ 中顶点 A,B,C 在某个仿射坐标系下的坐标依次是 $(1,0,2)$, $(0,3,-1)$, $(2,-1,3)$, 求顶点 D 和它的对角线交点 O 的坐标.

15. 设在空间仿射坐标系下, 点组 $A_1,A_2,\cdots,A_n$ 中点 A_i 的坐标为 (x_i,y_i,z_i), $i=1,2,\cdots,n$. 证明: 点组 $A_1,A_2,\cdots,A_n$ 的重心的坐标是 $\left(\dfrac{1}{n}\sum\limits_{i=1}^{n}x_i,\dfrac{1}{n}\sum\limits_{i=1}^{n}y_i,\dfrac{1}{n}\sum\limits_{i=1}^{n}z_i\right)$.

16. 已知 A,B,C 是共线的三个不同点, 并且 $(A,B,C)=2$. 设在某个仿射坐标系下, 点 B,C 的坐标依次是 $(2,1,0)$, $(-1,2,1)$, 求点 A 的坐标.

17. 已知 A,B,C 是共线的三个不同点, 它们在某个仿射坐标系下的坐标依次是 $(2,1,0)$, $(-1,2,1)$, $(1,x,y)$, 求 x,y 和 (A,B,C).

18. 设四面体 $ABCD$ 的棱 $|AB|=|AC|=2$, $|AD|=1$, $\angle BAC=\angle BAD=\dfrac{\pi}{3}$, $\angle DAC=\dfrac{\pi}{6}$. 设点 P 为边 BC 的中点, 点 M 为三角形 $\triangle BCD$ 的重心. 求 $\overrightarrow{AP}\cdot\overrightarrow{AQ}$.

19. 在直角坐标系中, 已知向量 $\boldsymbol{\alpha}(3,5,7),\boldsymbol{\beta}(0,4,3),\boldsymbol{\gamma}(-1,2,-4)$, 设 $\boldsymbol{\delta}_1=\boldsymbol{\alpha}+2\boldsymbol{\beta}-\boldsymbol{\gamma}$, $\boldsymbol{\delta}_2=2\boldsymbol{\alpha}-\boldsymbol{\gamma}$, 求 $\boldsymbol{\delta}_1\cdot\boldsymbol{\delta}_2,|\boldsymbol{\delta}_1|,\angle(\boldsymbol{\delta}_1,\boldsymbol{\delta}_2)$.

20. 已知三角形 $\triangle ABC$ 的顶点 A,B,C 在某个直角坐标系下的坐标依次是 $(2,5,0)$, $(11,3,8)$, $(5,11,12)$. 求三角形的面积.

21. 对于向量 $\boldsymbol{\alpha},\boldsymbol{\beta},\boldsymbol{\gamma}$, 下面等式是否正确? 说明不正确的原因.

(1) $|\boldsymbol{\alpha}|\boldsymbol{\alpha}=\boldsymbol{\alpha}\cdot\boldsymbol{\alpha}$;

(2) $\boldsymbol{\alpha}(\boldsymbol{\beta}\cdot\boldsymbol{\gamma})=(\boldsymbol{\alpha}\cdot\boldsymbol{\beta})\boldsymbol{\gamma}$;

(3) $(\boldsymbol{\alpha}\cdot\boldsymbol{\beta})^2=\boldsymbol{\alpha}^2\boldsymbol{\beta}^2$;

(4) $\boldsymbol{\alpha}(\boldsymbol{\alpha}\cdot\boldsymbol{\gamma})=(\boldsymbol{\alpha}\cdot\boldsymbol{\alpha})\boldsymbol{\gamma}$;

(5) $\boldsymbol{\alpha}(\boldsymbol{\beta}-\boldsymbol{\gamma})=(\boldsymbol{\beta}-\boldsymbol{\gamma})\boldsymbol{\alpha}$;

(6) $|\boldsymbol{\alpha}|^2=|\boldsymbol{\alpha}^2|$.

22. 设 $\boldsymbol{\alpha}\neq\mathbf{0}$, 如果 $\boldsymbol{\alpha}\cdot\boldsymbol{\beta}=\boldsymbol{\alpha}\cdot\boldsymbol{\gamma}$, 问是否 $\boldsymbol{\beta}=\boldsymbol{\gamma}$.

23. 设 $\boldsymbol{\alpha},\boldsymbol{\beta},\boldsymbol{\gamma}$ 是共面向量, 其中 $\boldsymbol{\alpha},\boldsymbol{\beta}$ 是不共线向量. 如果 $\boldsymbol{\alpha}\cdot\boldsymbol{\gamma}=\boldsymbol{\beta}\cdot\boldsymbol{\gamma}$, 证明: $\boldsymbol{\gamma}=\mathbf{0}$.

24. 设 $\boldsymbol{\alpha},\boldsymbol{\beta},\boldsymbol{\gamma}$ 是不共面向量. 如果向量 $\boldsymbol{e}$ 满足 $\boldsymbol{e}\cdot\boldsymbol{\alpha}=\boldsymbol{e}\cdot\boldsymbol{\beta}=\boldsymbol{e}\cdot\boldsymbol{\gamma}=0$, 证明: $\boldsymbol{e}=\mathbf{0}$.

25. 对于任意向量 $\boldsymbol{\alpha},\boldsymbol{\beta},\boldsymbol{\gamma}$, 证明: $(\boldsymbol{\alpha}+\boldsymbol{\beta}+\boldsymbol{\gamma})^2+\boldsymbol{\alpha}^2-\boldsymbol{\beta}^2-\boldsymbol{\gamma}^2=2(\boldsymbol{\alpha}+\boldsymbol{\beta})(\boldsymbol{\alpha}+\boldsymbol{\gamma})$.

26. 对于空间任意四个不同点 A,B,C,D, 证明:

(1) $\overrightarrow{AB}\cdot\overrightarrow{CD}+\overrightarrow{BC}\cdot\overrightarrow{AD}+\overrightarrow{CA}\cdot\overrightarrow{BD}=0$;

(2) $\overrightarrow{AB}^2+\overrightarrow{CD}^2=\overrightarrow{CA}^2+\overrightarrow{BD}^2\Leftrightarrow\overrightarrow{AD}\cdot\overrightarrow{BC}=0$.

27. 设平面上一个四边形的两条对角线互相垂直, 四边的长度依次是 a,b,c,d. 证明: 各边之长依次是 a,b,c,d 的任意一个四边形的两条对角线也互相垂直.

28. 空间中取定 n 个不同点 $A_1,A_2,\cdots,A_n$, 假设 $n\geqslant 2$. 设点 O 是点组 $A_1,A_2,\cdots,A_n$ 的重心. 证明: 对于任意一点 P, $\overrightarrow{PA_1}^2+\overrightarrow{PA_2}^2+\cdots+\overrightarrow{PA_n}^2\geqslant\overrightarrow{OA_1}^2+\overrightarrow{OA_2}^2+\cdots+\overrightarrow{OA_n}^2$, 并且等号成立的充分必要条件是 $P=O$.

29. 设 $ABCD$ 是一个空间四面体, 点 E,F,G,H 分别是四面体四个面上三角形 $\triangle ABC$, $\triangle ABD$, $\triangle BCD$, $\triangle ACD$ 的重心. 证明: 直线 ED, 直线 FC, 直线 GA, 直线 HB 交于一点.

30. 证明: 空间中三个向量 $\boldsymbol{\alpha},\boldsymbol{\beta},\boldsymbol{\gamma}$ 共面的充分必要是 $\begin{vmatrix}\boldsymbol{\alpha}\cdot\boldsymbol{\alpha} & \boldsymbol{\alpha}\cdot\boldsymbol{\beta} & \boldsymbol{\alpha}\cdot\boldsymbol{\gamma}\\ \boldsymbol{\beta}\cdot\boldsymbol{\alpha} & \boldsymbol{\beta}\cdot\boldsymbol{\beta} & \boldsymbol{\beta}\cdot\boldsymbol{\gamma}\\ \boldsymbol{\gamma}\cdot\boldsymbol{\alpha} & \boldsymbol{\gamma}\cdot\boldsymbol{\beta} & \boldsymbol{\gamma}\cdot\boldsymbol{\gamma}\end{vmatrix}=0$.

1.2 空间中向量的外积、混合积和二重外积

1.2.1 向量的外积

向量内积描述了有向线段的长度和它们之间的夹角, 夹角是方向概念的延伸. 下面定义向量的外积, 这外积描述了两个向量所构成的平行四边形面积的大小与它的定向. 向量的外积有很强的物理背景, 例如, 由力和力臂决定力矩. 数学上将这些物理运算抽象成向量的外积.

定义 1.2.1.1 空间中两个向量 $\boldsymbol{\alpha},\boldsymbol{\beta}$ 的外积是一个向量, 记作 $\boldsymbol{\alpha}\times\boldsymbol{\beta}$, 它的大小

$$|\boldsymbol{\alpha}\times\boldsymbol{\beta}|=|\boldsymbol{\alpha}|\cdot|\boldsymbol{\beta}|\sin\angle(\boldsymbol{\alpha},\boldsymbol{\beta}),$$

它的方向规定为:

(1) 当 $\boldsymbol{\alpha},\boldsymbol{\beta}$ 共线时, $\boldsymbol{\alpha}\times\boldsymbol{\beta}=\mathbf{0}$. 此时为零向量, 方向不确定.

(2) 当 $\boldsymbol{\alpha},\boldsymbol{\beta}$ 不共线时, $\boldsymbol{\alpha}\times\boldsymbol{\beta}\perp\boldsymbol{\alpha}$, $\boldsymbol{\alpha}\times\boldsymbol{\beta}\perp\boldsymbol{\beta}$ 且 $\boldsymbol{\alpha},\boldsymbol{\beta},\boldsymbol{\alpha}\times\boldsymbol{\beta}$ 是右手系 (图 1.2.1).

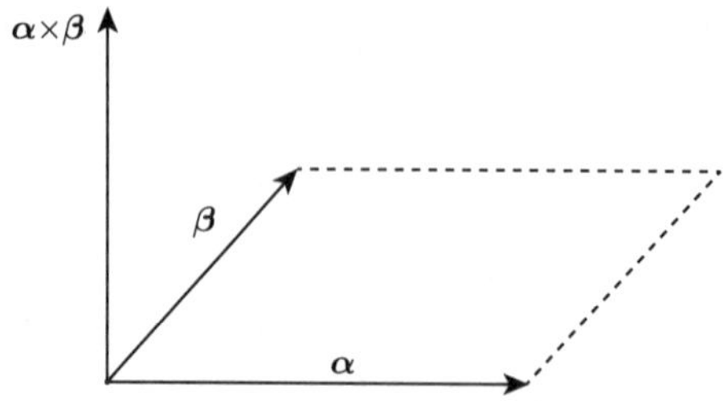

图 1.2.1

性质 1.2.1.1　(1) $\boldsymbol{\alpha}\times\boldsymbol{\beta}=\mathbf{0}\Leftrightarrow\boldsymbol{\alpha}//\boldsymbol{\beta}$;

(2) 对任意向量 $\boldsymbol{\alpha},\boldsymbol{\beta}$, $\boldsymbol{\alpha}\times\boldsymbol{\beta}=-\boldsymbol{\beta}\times\boldsymbol{\alpha}$.

证明　(1) 直接利用外积定义证明.

(2) 从外积定义知道向量 $\boldsymbol{\alpha}\times\boldsymbol{\beta}$ 和向量 $\boldsymbol{\beta}\times\boldsymbol{\alpha}$ 的长度是一样的. 当它们的长度不为零时, 向量 $\boldsymbol{\alpha}\times\boldsymbol{\beta}$ 和向量 $\boldsymbol{\beta}\times\boldsymbol{\alpha}$ 都同时垂直于向量 $\boldsymbol{\alpha}$ 和向量 $\boldsymbol{\beta}$. 另一方面, 从外积定义知道向量组 $\boldsymbol{\alpha},\boldsymbol{\beta},\boldsymbol{\alpha}\times\boldsymbol{\beta}$ 是右手系, 从而向量组 $\boldsymbol{\beta},\boldsymbol{\alpha},\boldsymbol{\alpha}\times\boldsymbol{\beta}$ 是左手系, 而 $\boldsymbol{\beta},\boldsymbol{\alpha},\boldsymbol{\beta}\times\boldsymbol{\alpha}$ 是右手系, 这样 $\boldsymbol{\alpha}\times\boldsymbol{\beta}=-\boldsymbol{\beta}\times\boldsymbol{\alpha}$. □

如果向量 $\boldsymbol{\alpha}$ 是单位向量, 并且向量 $\boldsymbol{\beta}$ 垂直于单位向量 $\boldsymbol{\alpha}$, 那么 $\boldsymbol{\alpha}\times\boldsymbol{\beta}$ 就是向量 $\boldsymbol{\beta}$ 绕单位向量 $\boldsymbol{\alpha}$ 旋转 90° 而得到的向量 (图 1.2.2).

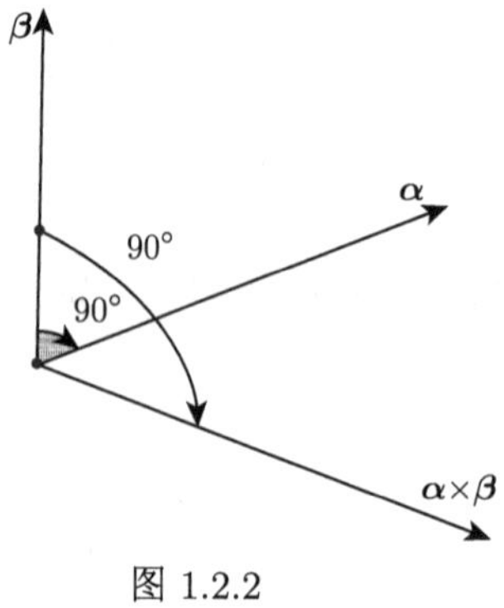

图 1.2.2

如果向量 $\boldsymbol{\alpha}\neq\mathbf{0}$, 记 $\boldsymbol{\alpha}_0=\dfrac{1}{|\boldsymbol{\alpha}|}\boldsymbol{\alpha}$, 即向量 $\boldsymbol{\alpha}$ 的单位化. 从定义知, 向量 $\boldsymbol{\alpha}\times\boldsymbol{\beta}$ 和向量 $\boldsymbol{\alpha}_0\times\boldsymbol{\beta}$ 有相同的方向, 但 $|\boldsymbol{\alpha}\times\boldsymbol{\beta}|=|\boldsymbol{\alpha}|\cdot|\boldsymbol{\beta}|\sin\angle(\boldsymbol{\alpha},\boldsymbol{\beta})=|\boldsymbol{\alpha}|\cdot|\boldsymbol{\alpha}_0\times\boldsymbol{\beta}|$, 这样有下面等式:

$$\boldsymbol{\alpha}\times\boldsymbol{\beta}=|\boldsymbol{\alpha}|(\boldsymbol{\alpha}_0\times\boldsymbol{\beta}).\tag{1.2.1}$$

如果向量 $\boldsymbol{\alpha}\neq\mathbf{0}$, 则任意向量 $\boldsymbol{\beta}$ 都有关于向量 $\boldsymbol{\alpha}$ 的正交分解 $\boldsymbol{\beta}=p_{\boldsymbol{\alpha}}\boldsymbol{\beta}+p_{\boldsymbol{\alpha}}^{\perp}\boldsymbol{\beta}$. 既然 $p_{\boldsymbol{\alpha}}\boldsymbol{\beta}//\boldsymbol{\alpha}$, $|p_{\boldsymbol{\alpha}}^{\perp}\boldsymbol{\beta}|=|\boldsymbol{\beta}|\sin\angle(\boldsymbol{\alpha},\boldsymbol{\beta})$, 从而

$$|\boldsymbol{\alpha}\times\boldsymbol{\beta}|=|\boldsymbol{\alpha}|\cdot|\boldsymbol{\beta}|\sin\angle(\boldsymbol{\alpha},\boldsymbol{\beta})=|\boldsymbol{\alpha}|\cdot|p_{\boldsymbol{\alpha}}^{\perp}\boldsymbol{\beta}|=|\boldsymbol{\alpha}\times p_{\boldsymbol{\alpha}}^{\perp}\boldsymbol{\beta}|.$$

容易看出向量 $\boldsymbol{\alpha}\times\boldsymbol{\beta}$ 与向量 $\boldsymbol{\alpha}\times p_{\boldsymbol{\alpha}}^{\perp}\boldsymbol{\beta}$ 有相同的方向. 这样有下面恒等式:

$$\boldsymbol{\alpha}\times\boldsymbol{\beta}=\boldsymbol{\alpha}\times p_{\boldsymbol{\alpha}}^{\perp}\boldsymbol{\beta}. \tag{1.2.2}$$

综合 (1.2.1), (1.2.2), 得到下面结论.

命题 1.2.1.1 如果向量 $\boldsymbol{\alpha}\neq\mathbf{0}$, 则向量 $\boldsymbol{\alpha}\times\boldsymbol{\beta}$ 就是向量 $p_{\boldsymbol{\alpha}}^{\perp}\boldsymbol{\beta}$ 绕向量 $\boldsymbol{\alpha}$ 旋转 90° 而得到的向量的 $|\boldsymbol{\alpha}|$ 倍.

命题 1.2.1.2 (1) 对任意向量 $\boldsymbol{\alpha},\boldsymbol{\beta}$ 和数 k, $(k\boldsymbol{\alpha})\times\boldsymbol{\beta}=k(\boldsymbol{\alpha}\times\boldsymbol{\beta})=\boldsymbol{\alpha}\times(k\boldsymbol{\beta})$.

(2) 对任意向量 $\boldsymbol{\alpha},\boldsymbol{\beta},\boldsymbol{\gamma}$,

$$\boldsymbol{\alpha}\times(\boldsymbol{\beta}+\boldsymbol{\gamma})=\boldsymbol{\alpha}\times\boldsymbol{\beta}+\boldsymbol{\alpha}\times\boldsymbol{\gamma},\quad (\boldsymbol{\alpha}+\boldsymbol{\beta})\times\boldsymbol{\gamma}=\boldsymbol{\alpha}\times\boldsymbol{\gamma}+\boldsymbol{\beta}\times\boldsymbol{\gamma}.$$

证明 (1) $|(k\boldsymbol{\alpha})\times\boldsymbol{\beta}|=|k\boldsymbol{\alpha}||\boldsymbol{\beta}|\sin\angle(k\boldsymbol{\alpha},\boldsymbol{\beta})=k\cdot|\boldsymbol{\alpha}|\cdot|\boldsymbol{\beta}|\sin\angle(\boldsymbol{\alpha},\boldsymbol{\beta})=|k(\boldsymbol{\alpha}\times\boldsymbol{\beta})|$, 当 $k>0$, 向量 $k\boldsymbol{\alpha}$ 与向量 $\boldsymbol{\alpha}$ 方向相同, 故向量 $(k\boldsymbol{\alpha})\times\boldsymbol{\beta}$ 与向量 $k(\boldsymbol{\alpha}\times\boldsymbol{\beta})$ 方向相同. 当 $k<0$, 向量 $(k\boldsymbol{\alpha})\times\boldsymbol{\beta}$ 与向量 $\boldsymbol{\alpha}\times\boldsymbol{\beta}$ 方向相反, 从而向量 $(k\boldsymbol{\alpha})\times\boldsymbol{\beta}$ 与向量 $k(\boldsymbol{\alpha}\times\boldsymbol{\beta})$ 方向相同. 因此 $(k\boldsymbol{\alpha})\times\boldsymbol{\beta}=k(\boldsymbol{\alpha}\times\boldsymbol{\beta})$. 利用外积的反交换律可以得到 $\boldsymbol{\alpha}\times(k\boldsymbol{\beta})=k(\boldsymbol{\alpha}\times\boldsymbol{\beta})$.

(2) 先证第一个等式. 若 $\boldsymbol{\alpha}=\mathbf{0}$, 则第一等式显然成立. 下面假定 $\boldsymbol{\alpha}\neq\mathbf{0}$, 其单位化 $\boldsymbol{\alpha}_0$. $\boldsymbol{\alpha}\times(\boldsymbol{\beta}+\boldsymbol{\gamma})=|\boldsymbol{\alpha}|\boldsymbol{\alpha}_0\times p_{\boldsymbol{\alpha}}^{\perp}(\boldsymbol{\beta}+\boldsymbol{\gamma})=|\boldsymbol{\alpha}|\boldsymbol{\alpha}_0\times(p_{\boldsymbol{\alpha}}^{\perp}\boldsymbol{\beta}+p_{\boldsymbol{\alpha}}^{\perp}\boldsymbol{\gamma})$, 它是向量 $p_{\boldsymbol{\alpha}}^{\perp}\boldsymbol{\beta}+p_{\boldsymbol{\alpha}}^{\perp}\boldsymbol{\gamma}$ 绕向量 $\boldsymbol{\alpha}$ 旋转 90° 所得到向量的 $|\boldsymbol{\alpha}|$ 倍, 也是向量 $p_{\boldsymbol{\alpha}}^{\perp}\boldsymbol{\beta}$ 和向量 $p_{\boldsymbol{\alpha}}^{\perp}\boldsymbol{\gamma}$ 分别绕向量 $\boldsymbol{\alpha}$ 旋转 90° 所得到向量之和的 $|\boldsymbol{\alpha}|$ 倍, 即 $|\boldsymbol{\alpha}|\boldsymbol{\alpha}_0\times p_{\boldsymbol{\alpha}}^{\perp}\boldsymbol{\beta}+|\boldsymbol{\alpha}|\boldsymbol{\alpha}_0\times p_{\boldsymbol{\alpha}}^{\perp}\boldsymbol{\gamma}=|\boldsymbol{\alpha}|\boldsymbol{\alpha}_0\times(p_{\boldsymbol{\alpha}}^{\perp}\boldsymbol{\beta}+p_{\boldsymbol{\alpha}}^{\perp}\boldsymbol{\gamma})$, 这样得到第一等式 $\boldsymbol{\alpha}\times(\boldsymbol{\beta}+\boldsymbol{\gamma})=\boldsymbol{\alpha}\times\boldsymbol{\beta}+\boldsymbol{\alpha}\times\boldsymbol{\gamma}$.

利用外积的反交换律可证明第二个等式. □

设 $[O;\boldsymbol{e}_1,\boldsymbol{e}_2,\boldsymbol{e}_3]$ 是空间仿射坐标系, 则 $\boldsymbol{e}_1\times\boldsymbol{e}_1=\boldsymbol{e}_2\times\boldsymbol{e}_2=\boldsymbol{e}_3\times\boldsymbol{e}_3=\mathbf{0}$.

设向量 $\boldsymbol{\alpha},\boldsymbol{\beta}$ 在此坐标系下的坐标分别是 (a_1,a_2,a_3) 和 (b_1,b_2,b_3), 则

$$\begin{aligned}\boldsymbol{\alpha}\times\boldsymbol{\beta}&=(a_1\boldsymbol{e}_1+a_2\boldsymbol{e}_2+a_3\boldsymbol{e}_3)\times(b_1\boldsymbol{e}_1+b_2\boldsymbol{e}_2+b_3\boldsymbol{e}_3)\\&=(a_1b_2-a_2b_1)\boldsymbol{e}_1\times\boldsymbol{e}_2+(a_2b_3-a_3b_2)\boldsymbol{e}_2\times\boldsymbol{e}_3+(a_3b_1-a_1b_3)\boldsymbol{e}_3\times\boldsymbol{e}_1\\&=\begin{vmatrix}a_1&a_2\\b_1&b_2\end{vmatrix}\boldsymbol{e}_1\times\boldsymbol{e}_2+\begin{vmatrix}a_2&a_3\\b_2&b_3\end{vmatrix}\boldsymbol{e}_2\times\boldsymbol{e}_3-\begin{vmatrix}a_1&a_3\\b_1&b_3\end{vmatrix}\boldsymbol{e}_3\times\boldsymbol{e}_1.\end{aligned}$$

因此要确切地计算出向量 $\boldsymbol{\alpha}\times\boldsymbol{\beta}$ 的坐标, 还需要仿射坐标系的信息来计算 $\boldsymbol{e}_i\times\boldsymbol{e}_j$, 对于一般仿射坐标系, $\boldsymbol{e}_i\times\boldsymbol{e}_j$ 是比较复杂的. 如果 $[O;\boldsymbol{e}_1,\boldsymbol{e}_2,\boldsymbol{e}_3]$ 是右手直角坐标系, 则

$$\boldsymbol{e}_1\times\boldsymbol{e}_2=\boldsymbol{e}_3,\quad \boldsymbol{e}_2\times\boldsymbol{e}_3=\boldsymbol{e}_1,\quad \boldsymbol{e}_3\times\boldsymbol{e}_1=\boldsymbol{e}_2.$$

于是

$$\boldsymbol{\alpha}\times\boldsymbol{\beta}=\begin{vmatrix} a_2 & a_3 \\ b_2 & b_3 \end{vmatrix}\boldsymbol{e}_1+\begin{vmatrix} a_3 & a_1 \\ b_3 & b_1 \end{vmatrix}\boldsymbol{e}_2+\begin{vmatrix} a_1 & a_2 \\ b_1 & b_2 \end{vmatrix}\boldsymbol{e}_3, \tag{1.2.3}$$

即向量 $\boldsymbol{\alpha}\times\boldsymbol{\beta}$ 的坐标是 $\left(\begin{vmatrix} a_2 & a_3 \\ b_2 & b_3 \end{vmatrix},\begin{vmatrix} a_3 & a_1 \\ b_3 & b_1 \end{vmatrix},\begin{vmatrix} a_1 & a_2 \\ b_1 & b_2 \end{vmatrix}\right)$.

借助于行列式计算法则, 向量的外积计算式 (1.2.3) 形式可以写成

$$\boldsymbol{\alpha}\times\boldsymbol{\beta}=\begin{vmatrix} \boldsymbol{e}_1 & \boldsymbol{e}_2 & \boldsymbol{e}_3 \\ a_1 & a_2 & a_3 \\ b_1 & b_2 & b_3 \end{vmatrix}.$$

如果 $[O;\boldsymbol{e}_1,\boldsymbol{e}_2,\boldsymbol{e}_3]$ 是左手直角坐标系, 向量 $\boldsymbol{\alpha},\boldsymbol{\beta}$ 在此坐标系下的坐标分别是 (a_1,a_2,a_3) 和 (b_1,b_2,b_3), 则

$$\boldsymbol{\alpha}\times\boldsymbol{\beta}=-\begin{vmatrix} \boldsymbol{e}_1 & \boldsymbol{e}_2 & \boldsymbol{e}_3 \\ a_1 & a_2 & a_3 \\ b_1 & b_2 & b_3 \end{vmatrix}.$$

两个向量的外积的长度 $|\boldsymbol{\alpha}\times\boldsymbol{\beta}|=|\boldsymbol{\alpha}|\cdot|\boldsymbol{\beta}|\sin\angle(\boldsymbol{\alpha},\boldsymbol{\beta})$ 就是以向量 $\boldsymbol{\alpha},\boldsymbol{\beta}$ 为邻边的平行四边形的面积. 这样, 三角形 ABC 的面积是

$$S_{\triangle ABC}=\frac{1}{2}\left|\overrightarrow{AB}\times\overrightarrow{AC}\right|.$$

推论 1.2.1.1 空间中三点 A,B,C 共线的充分必要条件是 $\overrightarrow{AB}\times\overrightarrow{AC}=\boldsymbol{0}$.

例 1.2.1.1 在平面右手直角坐标系 $[O;\boldsymbol{e}_1,\boldsymbol{e}_2]$ 下, 设三角形 ABC 的三个顶点 A,B,C 的坐标分别是 $(a_1,a_2),(b_1,b_2),(c_1,c_2)$. 求证:

$$S_{\triangle ABC}=\frac{1}{2}\left\|\begin{matrix} a_1 & a_2 & 1 \\ b_1 & b_2 & 1 \\ c_1 & c_2 & 1 \end{matrix}\right\|\text{(行列式的绝对值)}.$$

证明 在空间中取一个单位向量 $\boldsymbol{e}_3$, 使得向量组 $\boldsymbol{e}_1,\boldsymbol{e}_2,\boldsymbol{e}_3$ 是单位正交组, 并且是右手系. 这样 $[O;\boldsymbol{e}_1,\boldsymbol{e}_2,\boldsymbol{e}_3]$ 是空间右手直角坐标系, 三角形的三个顶点 A,B,C 在此空间坐标系下的坐标分别是 $(a_1,a_2,0),(b_1,b_2,0),(c_1,c_2,0)$. 向量 $\overrightarrow{AB}$

和向量 $\overrightarrow{AB}$ 在此坐标下的坐标分别是 $(a_1-b_1, a_2-b_2, 0)$ 和 $(a_1-c_1, a_2-c_2, 0)$. 这样 $\overrightarrow{AB}\times\overrightarrow{AC}=\begin{vmatrix} a_1-b_1 & a_2-b_2 \\ a_1-c_1 & a_2-c_2 \end{vmatrix}\boldsymbol{e}_3$,

$$S_{\triangle ABC}=\frac{1}{2}|\overrightarrow{AB}\times\overrightarrow{AC}|=\frac{1}{2}\left\|\begin{matrix} a_1 & a_2 & 1 \\ b_1 & b_2 & 1 \\ c_1 & c_2 & 1 \end{matrix}\right\|. \qquad \square$$

例 1.2.1.2 已知齐次线性方程组 $\begin{cases} a_1x+a_2y+a_3z=0, \\ b_1x+b_2y+b_3z=0 \end{cases}$ 的系数矩阵的秩等于 2. 求解该齐次线性方程组.

解 在空间中取定一个右手直角坐标系 $[O;\boldsymbol{e}_1,\boldsymbol{e}_2,\boldsymbol{e}_3]$. 设向量 $\boldsymbol{\alpha},\boldsymbol{\beta}$ 在此坐标系的坐标分别是 $(a_1,a_2,a_3),(b_1,b_2,b_3)$, 解向量 $\boldsymbol{X}=(x_1,x_2,x_3)$. 既然线性方程组的系数矩阵的秩等于 2, 这样向量 $\boldsymbol{\alpha}$ 与向量 $\boldsymbol{\beta}$ 不共线, 从而 $\boldsymbol{\alpha}\times\boldsymbol{\beta}\neq\boldsymbol{0}$. 由于线性方程组等价 $\begin{cases} \boldsymbol{\alpha}\cdot\boldsymbol{X}=0, \\ \boldsymbol{\beta}\cdot\boldsymbol{X}=0, \end{cases}$ 这样向量 $\boldsymbol{X}=(x_1,x_2,x_3)$ 是方程组的解向量的充分必要条件是向量 $\boldsymbol{X}\perp\boldsymbol{\alpha}$ 且 $\boldsymbol{X}\perp\boldsymbol{\beta}$. 这样解向量 $\boldsymbol{X}=(x_1,x_2,x_3)$ 与向量 $\boldsymbol{\alpha}\times\boldsymbol{\beta}$ 共线. 向量 $\boldsymbol{\alpha}\times\boldsymbol{\beta}$ 的坐标是 $\left(\begin{vmatrix} a_2 & a_3 \\ b_2 & b_3 \end{vmatrix}, \begin{vmatrix} a_3 & a_1 \\ b_3 & b_1 \end{vmatrix}, \begin{vmatrix} a_1 & a_2 \\ b_1 & b_2 \end{vmatrix}\right)$. 这样齐次线性方程组的一般解的形式为

$$(x_1,x_2,x_3)=k\left(\begin{vmatrix} a_2 & a_3 \\ b_2 & b_3 \end{vmatrix}, \begin{vmatrix} a_3 & a_1 \\ b_3 & b_1 \end{vmatrix}, \begin{vmatrix} a_1 & a_2 \\ b_1 & b_2 \end{vmatrix}\right),\quad k \text{ 是任意数}. \qquad \square$$

最后, 我们要指出, 两个向量的外积的定义是三维欧氏空间中所特有的, 其定义不能完全一模一样地推广到高维欧氏空间中.

1.2.2 向量的混合积和二重外积

向量的混合积是向量的内积和外积的组合的结果, 它有明确的几何含义, 它描述了空间中六面体的体积.

定义 1.2.2.1 空间中三个向量构成的有序向量组 $\boldsymbol{\alpha},\boldsymbol{\beta},\gamma$, 它们的混合积是一个数, 记作 $(\boldsymbol{\alpha},\boldsymbol{\beta},\boldsymbol{\gamma})$, 混合积定义为 $(\boldsymbol{\alpha},\boldsymbol{\beta},\boldsymbol{\gamma})=(\boldsymbol{\alpha}\times\boldsymbol{\beta})\cdot\boldsymbol{\gamma}$.

如果 $\boldsymbol{\alpha},\boldsymbol{\beta},\boldsymbol{\gamma}$ 共面, 则 $\boldsymbol{\alpha}\times\boldsymbol{\beta}\perp\boldsymbol{\gamma}$, 从而 $(\boldsymbol{\alpha},\boldsymbol{\beta},\boldsymbol{\gamma})=0$.

如果 $\boldsymbol{\alpha},\boldsymbol{\beta},\boldsymbol{\gamma}$ 不共面, 空间中任意取点 O, 作 $\boldsymbol{\alpha}=\overrightarrow{OA},\boldsymbol{\beta}=\overrightarrow{OB},\boldsymbol{\gamma}=\overrightarrow{OC}$, 这样以线段 OA,OB,OC 为棱的平行六面体的体积 $V_{\boldsymbol{\alpha\beta\gamma}}=|\boldsymbol{\alpha}\times\boldsymbol{\beta}|h$, 其中 h

表示底面 OAB 上的高, 从而 $h = |\boldsymbol{\gamma}| \cdot |\cos\angle((\boldsymbol{\alpha}\times\boldsymbol{\beta}),\boldsymbol{\gamma})|$. 故 $V_{\boldsymbol{\alpha}\boldsymbol{\beta}\boldsymbol{\gamma}} = |\boldsymbol{\alpha}\times\boldsymbol{\beta}| \cdot |\boldsymbol{\gamma}| \cdot |\cos\angle((\boldsymbol{\alpha}\times\boldsymbol{\beta}),\boldsymbol{\gamma})|$. 利用外积和内积定义, $(\boldsymbol{\alpha},\boldsymbol{\beta},\boldsymbol{\gamma}) = (\boldsymbol{\alpha}\times\boldsymbol{\beta})\cdot\boldsymbol{\gamma} = |\boldsymbol{\alpha}\times\boldsymbol{\beta}|\cdot|\boldsymbol{\gamma}|\cos\angle((\boldsymbol{\alpha}\times\boldsymbol{\beta}),\boldsymbol{\gamma})$. 这样 $|(\boldsymbol{\alpha},\boldsymbol{\beta},\boldsymbol{\gamma})| = V_{\boldsymbol{\alpha}\boldsymbol{\beta}\boldsymbol{\gamma}}$. 于是混合积的几何含义是: 它的绝对值 $|(\boldsymbol{\alpha},\boldsymbol{\beta},\boldsymbol{\gamma})|$ 等于以 $\boldsymbol{\alpha},\boldsymbol{\beta},\boldsymbol{\gamma}$ 为棱的平行六面体的体积. 如果 $\boldsymbol{\alpha},\boldsymbol{\beta},\boldsymbol{\gamma}$ 是右手系, 则它的混合积 $(\boldsymbol{\alpha},\boldsymbol{\beta},\boldsymbol{\gamma})$ 就是以线段 OA, OB, OC 为棱的平行六面体的体积, 即 $(\boldsymbol{\alpha},\boldsymbol{\beta},\boldsymbol{\gamma}) = V_{\boldsymbol{\alpha}\boldsymbol{\beta}\boldsymbol{\gamma}}$. 如果 $\boldsymbol{\alpha},\boldsymbol{\beta},\boldsymbol{\gamma}$ 是左手系, 则它的混合积 $(\boldsymbol{\alpha},\boldsymbol{\beta},\boldsymbol{\gamma})$ 的绝对值就是以线段 OA, OB, OC 为棱的平行六面体的体积, 即 $(\boldsymbol{\alpha},\boldsymbol{\beta},\boldsymbol{\gamma}) = -V_{\boldsymbol{\alpha}\boldsymbol{\beta}\boldsymbol{\gamma}}$ (图 1.2.3).

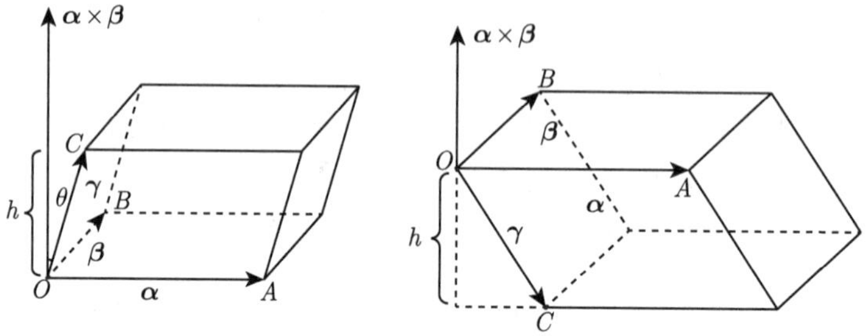

图 1.2.3

有序向量组在轮换下不改变定向, 即 $\boldsymbol{\alpha},\boldsymbol{\beta},\boldsymbol{\gamma}$ 与 $\boldsymbol{\beta},\boldsymbol{\gamma},\boldsymbol{\alpha}$ 和 $\boldsymbol{\gamma},\boldsymbol{\alpha},\boldsymbol{\beta}$ 有相同的手系, 这样有

$$(\boldsymbol{\alpha},\boldsymbol{\beta},\boldsymbol{\gamma}) = (\boldsymbol{\beta},\boldsymbol{\gamma},\boldsymbol{\alpha}) = (\boldsymbol{\gamma},\boldsymbol{\alpha},\boldsymbol{\beta}).$$

综上所述, 混合积有下面性质.

性质 1.2.2.1　(1) $(\boldsymbol{\alpha},\boldsymbol{\beta},\boldsymbol{\gamma}) = 0 \Leftrightarrow \boldsymbol{\alpha},\boldsymbol{\beta},\boldsymbol{\gamma}$ 共面.

(2) $(\boldsymbol{\alpha},\boldsymbol{\beta},\boldsymbol{\gamma}) = (\boldsymbol{\beta},\boldsymbol{\gamma},\boldsymbol{\alpha}) = (\boldsymbol{\gamma},\boldsymbol{\alpha},\boldsymbol{\beta})$.

(3) $(\boldsymbol{\beta},\boldsymbol{\alpha},\boldsymbol{\gamma}) = (\boldsymbol{\alpha},\boldsymbol{\gamma},\boldsymbol{\beta}) = -(\boldsymbol{\alpha},\boldsymbol{\beta},\boldsymbol{\gamma})$.

(4) $(k_1\boldsymbol{\alpha}_1 + k_2\boldsymbol{\alpha}_2,\boldsymbol{\beta},\boldsymbol{\gamma}) = k_1(\boldsymbol{\alpha}_1,\boldsymbol{\beta},\boldsymbol{\gamma}) + k_2(\boldsymbol{\alpha}_2,\boldsymbol{\beta},\boldsymbol{\gamma})$.

证明　(1), (2) 已证明. 利用外积和内积的双线性可以得到 (3), (4). □

利用混合积的几何含义也可以得到下面的性质.

性质 1.2.2.2　(1) $(\boldsymbol{\alpha},\boldsymbol{\beta},\boldsymbol{\gamma}) > 0 \Leftrightarrow$ 向量组 $\boldsymbol{\alpha},\boldsymbol{\beta},\boldsymbol{\gamma}$ 是右手系;

(2) $(\boldsymbol{\alpha},\boldsymbol{\beta},\boldsymbol{\gamma}) < 0 \Leftrightarrow$ 向量组 $\boldsymbol{\alpha},\boldsymbol{\beta},\boldsymbol{\gamma}$ 是左手系.

设 $[O;\boldsymbol{e}_1,\boldsymbol{e}_2,\boldsymbol{e}_3]$ 是空间仿射坐标系, 向量 $\boldsymbol{\alpha},\boldsymbol{\beta},\boldsymbol{\gamma}$ 在此仿射坐标系下的坐标分别是

$$(a_1,a_2,a_3),\quad (b_1,b_2,b_3)\quad 和\quad (c_1,c_2,c_3).$$

则

$$\boldsymbol{\alpha}\times\boldsymbol{\beta}=\begin{vmatrix}a_1 & a_2\\ b_1 & b_2\end{vmatrix}\boldsymbol{e}_1\times\boldsymbol{e}_2+\begin{vmatrix}a_2 & a_3\\ b_2 & b_3\end{vmatrix}\boldsymbol{e}_2\times\boldsymbol{e}_3-\begin{vmatrix}a_1 & a_3\\ b_1 & b_3\end{vmatrix}\boldsymbol{e}_3\times\boldsymbol{e}_1,$$

于是

$$\begin{aligned}(\boldsymbol{\alpha}\times\boldsymbol{\beta})\cdot\boldsymbol{\gamma}&=\left(c_3\begin{vmatrix}a_1 & a_2\\ b_1 & b_2\end{vmatrix}+c_1\begin{vmatrix}a_2 & a_3\\ b_2 & b_3\end{vmatrix}+c_2\begin{vmatrix}a_1 & a_3\\ b_1 & b_3\end{vmatrix}\right)(\boldsymbol{e}_1,\boldsymbol{e}_2,\boldsymbol{e}_3)\\&=\begin{vmatrix}a_1 & a_2 & a_3\\ b_1 & b_2 & b_3\\ c_1 & c_2 & c_3\end{vmatrix}(\boldsymbol{e}_1,\boldsymbol{e}_2,\boldsymbol{e}_3).\end{aligned}$$

这样在仿射坐标系 $[O;\boldsymbol{e}_1,\boldsymbol{e}_2,\boldsymbol{e}_3]$ 下, 向量 $\boldsymbol{\alpha},\boldsymbol{\beta},\boldsymbol{\gamma}$ 的混合积的计算公式是

$$(\boldsymbol{\alpha},\boldsymbol{\beta},\boldsymbol{\gamma})=\begin{vmatrix}a_1 & a_2 & a_3\\ b_1 & b_2 & b_3\\ c_1 & c_2 & c_3\end{vmatrix}(\boldsymbol{e}_1,\boldsymbol{e}_2,\boldsymbol{e}_3).$$

现在我们证明 1.1.5 节中关于定向的命题.

命题 1.2.2.1 设 $\boldsymbol{\alpha}_1,\boldsymbol{\beta}_1,\boldsymbol{\gamma}_1$ 和 $\boldsymbol{\alpha}_2,\boldsymbol{\beta}_2,\boldsymbol{\gamma}_2$ 是空间中的两个基, 并且矩阵 $\boldsymbol{A}$ 是从基 $\boldsymbol{\alpha}_1,\boldsymbol{\beta}_1,\boldsymbol{\gamma}_1$ 到基 $\boldsymbol{\alpha}_2,\boldsymbol{\beta}_2,\boldsymbol{\gamma}_2$ 的过渡矩阵, 即 $(\boldsymbol{\alpha}_2,\boldsymbol{\beta}_2,\boldsymbol{\gamma}_2)=(\boldsymbol{\alpha}_1,\boldsymbol{\beta}_1,\boldsymbol{\gamma}_1)\boldsymbol{A}$. 如果 $|\boldsymbol{A}|>0$, 则基 $\boldsymbol{\alpha}_1,\boldsymbol{\beta}_1,\boldsymbol{\gamma}_1$ 和基 $\boldsymbol{\alpha}_2,\boldsymbol{\beta}_2,\boldsymbol{\gamma}_2$ 有相同的手系, 即它们要么同时为右手系, 要么同时为左手系; 如果 $|\boldsymbol{A}|<0$, 则基 $\boldsymbol{\alpha}_1,\boldsymbol{\beta}_1,\boldsymbol{\gamma}_1$ 和基 $\boldsymbol{\alpha}_2,\boldsymbol{\beta}_2,\boldsymbol{\gamma}_2$ 有相反的手系.

证明 过渡矩阵 $\boldsymbol{A}$ 的列向量代表了向量 $\boldsymbol{\alpha}_2,\boldsymbol{\beta}_2,\boldsymbol{\gamma}_2$ 在基 $\boldsymbol{\alpha}_1,\boldsymbol{\beta}_1,\boldsymbol{\gamma}_1$ 下依次的坐标, 这样利用混合积在仿射坐标下坐标计算公式得到

$$(\boldsymbol{\alpha}_2,\boldsymbol{\beta}_2,\boldsymbol{\gamma}_2)=|\boldsymbol{A}|(\boldsymbol{\alpha}_1,\boldsymbol{\beta}_1,\boldsymbol{\gamma}_1).$$

所以利用性质 1.2.2.2 得到: 如果 $|\boldsymbol{A}|>0$, 则基 $\boldsymbol{\alpha}_1,\boldsymbol{\beta}_1,\boldsymbol{\gamma}_1$ 和基 $\boldsymbol{\alpha}_2,\boldsymbol{\beta}_2,\boldsymbol{\gamma}_2$ 有相同的手系, 即它们要么同时为右手系, 要么同时为左手系; 如果 $|\boldsymbol{A}|<0$, 则基 $\boldsymbol{\alpha}_1,\boldsymbol{\beta}_1,\boldsymbol{\gamma}_1$ 和基 $\boldsymbol{\alpha}_2,\boldsymbol{\beta}_2,\boldsymbol{\gamma}_2$ 有相反的手系. □

如果 $[O;\boldsymbol{e}_1,\boldsymbol{e}_2,\boldsymbol{e}_3]$ 是空间右手直角坐标系, 则 $(\boldsymbol{e}_1,\boldsymbol{e}_2,\boldsymbol{e}_3)=1$.

命题 1.2.2.2 设 $[O;\boldsymbol{e}_1,\boldsymbol{e}_2,\boldsymbol{e}_3]$ 是空间右手直角坐标系, 向量 $\boldsymbol{\alpha},\boldsymbol{\beta},\boldsymbol{\gamma}$ 在此坐标系下的坐标分别是 (a_1,a_2,a_3), (b_1,b_2,b_3) 和 (c_1,c_2,c_3), 则

$$(\boldsymbol{\alpha},\boldsymbol{\beta},\boldsymbol{\gamma})=\begin{vmatrix} a_1 & a_2 & a_3 \\ b_1 & b_2 & b_3 \\ c_1 & c_2 & c_3 \end{vmatrix}.$$

例 1.2.2.1　设 $[O;\boldsymbol{e}_1,\boldsymbol{e}_2,\boldsymbol{e}_3]$ 是空间右手直角坐标系, 空间中不共面的四点 A,B,C,D 的坐标分别是 $(a_1,a_2,a_3),(b_1,b_2,b_3),(c_1,c_2,c_3),(d_1,d_2,d_3)$. 求四面体 $ABCD$ 的体积.

解　混合积 $(\overrightarrow{AB},\overrightarrow{AC},\overrightarrow{AD})$ 的绝对值是以线段 AB,AC,AD 为棱的平行六面体的体积, 而四面体 $ABCD$ 的体积等于它的 $\dfrac{1}{6}$. 因此四面体的体积 V_{ABCD} 是

$$V_{ABCD}=\frac{1}{6}|(\overrightarrow{AB},\overrightarrow{AC},\overrightarrow{AD})|=\frac{1}{6}\left\|\begin{matrix} a_1-b_1 & a_2-b_2 & a_3-b_3 \\ a_1-c_1 & a_2-c_2 & a_3-c_3 \\ a_1-d_1 & a_2-d_2 & a_3-d_3 \end{matrix}\right\|.$$

于是

$$V_{ABCD}=\frac{1}{6}\left\|\begin{matrix} a_1 & a_2 & a_3 & 1 \\ b_1 & b_2 & b_3 & 1 \\ c_1 & c_2 & c_3 & 1 \\ d_1 & d_2 & d_3 & 1 \end{matrix}\right\|.$$ □

注意向量的外积没有结合律, 即等式 $(\boldsymbol{\alpha}\times\boldsymbol{\beta})\times\boldsymbol{\gamma}=\boldsymbol{\alpha}\times(\boldsymbol{\beta}\times\boldsymbol{\gamma})$ 一般是不成立的. 从而表达式 $\boldsymbol{\alpha}\times\boldsymbol{\beta}\times\boldsymbol{\gamma}$ 是没有意义的. 因此计算二重外积时, 需要加括号表明计算的次序.

命题 1.2.2.3　任意三个向量 $\boldsymbol{\alpha},\boldsymbol{\beta},\boldsymbol{\gamma}$, 有下面恒等式:

(1) $(\boldsymbol{\alpha}\times\boldsymbol{\beta})\times\boldsymbol{\gamma}=(\boldsymbol{\alpha}\cdot\boldsymbol{\gamma})\boldsymbol{\beta}-(\boldsymbol{\beta}\cdot\boldsymbol{\gamma})\boldsymbol{\alpha}$;

(2) $\boldsymbol{\alpha}\times(\boldsymbol{\beta}\times\boldsymbol{\gamma})=(\boldsymbol{\alpha}\cdot\boldsymbol{\gamma})\boldsymbol{\beta}-(\boldsymbol{\alpha}\cdot\boldsymbol{\beta})\boldsymbol{\gamma}$.

证明　只证 (1), 利用外积的反交换律和 (1) 可以得到 (2).

情形 1　如果向量 $\boldsymbol{\alpha},\boldsymbol{\beta}$ 共线, 如果 $\boldsymbol{\alpha}=\boldsymbol{\beta}=\boldsymbol{0}$, 则 (1) 明显成立. 因此不妨设 $\boldsymbol{\beta}\neq\boldsymbol{0}$, 由向量 $\boldsymbol{\alpha},\boldsymbol{\beta}$ 共线, 则存在数 k, 使得向量 $\boldsymbol{\alpha}=k\boldsymbol{\beta}$. (1) 的左端 $(\boldsymbol{\alpha}\times\boldsymbol{\beta})\times\boldsymbol{\gamma}=\boldsymbol{0}\times\boldsymbol{\gamma}=\boldsymbol{0}$, 右端 $(\boldsymbol{\alpha}\cdot\boldsymbol{\gamma})\boldsymbol{\beta}-(\boldsymbol{\beta}\cdot\boldsymbol{\gamma})\boldsymbol{\alpha}=(k\boldsymbol{\beta}\cdot\boldsymbol{\gamma})\boldsymbol{\beta}-(\boldsymbol{\beta}\cdot\boldsymbol{\gamma})k\boldsymbol{\beta}=\boldsymbol{0}$, 这样 (1) 成立.

情形 2　如果向量 $\boldsymbol{\alpha},\boldsymbol{\beta}$ 不共线, 则 $\boldsymbol{\alpha},\boldsymbol{\beta},\boldsymbol{\alpha}\times\boldsymbol{\beta}$ 不共面. 于是向量组 $\boldsymbol{\alpha},\boldsymbol{\beta},\boldsymbol{\alpha}\times\boldsymbol{\beta}$ 是空间中的一个基. 设向量 $\boldsymbol{\gamma}$ 的坐标表示是 $\boldsymbol{\gamma}=c_1\boldsymbol{\alpha}+c_2\boldsymbol{\beta}+c_3\boldsymbol{\alpha}\times\boldsymbol{\beta}$.

先处理特殊情形, 即 $(\boldsymbol{\alpha}\times\boldsymbol{\beta})\times\boldsymbol{\alpha}$ 的计算结果.

由于 $\boldsymbol{\alpha}\times\boldsymbol{\beta}\perp\boldsymbol{\alpha}$ 且 $\boldsymbol{\alpha}\times\boldsymbol{\beta}\perp\boldsymbol{\beta}$. 另一方面 $\boldsymbol{\alpha}\times\boldsymbol{\beta}\perp(\boldsymbol{\alpha}\times\boldsymbol{\beta})\times\boldsymbol{\alpha}$, 所以 $\boldsymbol{\alpha},\boldsymbol{\beta},(\boldsymbol{\alpha}\times\boldsymbol{\beta})\times\boldsymbol{\alpha}$ 共面. 于是

$$(\boldsymbol{\alpha}\times\boldsymbol{\beta})\times\boldsymbol{\alpha}=x_1\boldsymbol{\alpha}+x_2\boldsymbol{\beta}. \tag{1.2.4}$$

上式两边同时与向量 $\boldsymbol{\alpha}$ 作内积得到

$$((\boldsymbol{\alpha}\times\boldsymbol{\beta})\times\boldsymbol{\alpha})\cdot\boldsymbol{\alpha}=x_1\boldsymbol{\alpha}\cdot\boldsymbol{\alpha}+x_2\boldsymbol{\beta}\cdot\boldsymbol{\alpha},$$

注意到 $((\boldsymbol{\alpha}\times\boldsymbol{\beta})\times\boldsymbol{\alpha})\cdot\boldsymbol{\alpha}=0$, 于是得到

$$x_1\boldsymbol{\alpha}\cdot\boldsymbol{\alpha}+x_2\boldsymbol{\beta}\cdot\boldsymbol{\alpha}=0. \tag{1.2.5}$$

(1.2.4) 两边同时与向量 $\boldsymbol{\beta}$ 作内积得到

$$((\boldsymbol{\alpha}\times\boldsymbol{\beta})\times\boldsymbol{\alpha})\cdot\boldsymbol{\beta}=x_1\boldsymbol{\alpha}\cdot\boldsymbol{\beta}+x_2\boldsymbol{\beta}\cdot\boldsymbol{\beta},$$

注意到

$$((\boldsymbol{\alpha}\times\boldsymbol{\beta})\times\boldsymbol{\alpha})\cdot\boldsymbol{\beta}=(\boldsymbol{\alpha}\times\boldsymbol{\beta},\boldsymbol{\alpha},\boldsymbol{\beta})=(\boldsymbol{\alpha},\boldsymbol{\beta},\boldsymbol{\alpha}\times\boldsymbol{\beta})=(\boldsymbol{\alpha}\times\boldsymbol{\beta})\cdot(\boldsymbol{\alpha}\times\boldsymbol{\beta})=|\boldsymbol{\alpha}\times\boldsymbol{\beta}|^2,$$

于是得到

$$x_1\boldsymbol{\alpha}\cdot\boldsymbol{\beta}+x_2\boldsymbol{\beta}\cdot\boldsymbol{\beta}=-|\boldsymbol{\alpha}\times\boldsymbol{\beta}|^2. \tag{1.2.6}$$

利用恒等式 $|\boldsymbol{\alpha}\times\boldsymbol{\beta}|^2+|\boldsymbol{\alpha}\cdot\boldsymbol{\beta}|^2=|\boldsymbol{\alpha}|^2\cdot|\boldsymbol{\beta}|^2$, 从 (1.2.5) 和 (1.2.6) 得到

$$x_1=-\boldsymbol{\alpha}\cdot\boldsymbol{\beta},\quad x_2=\boldsymbol{\alpha}\cdot\boldsymbol{\alpha}.$$

这样

$$(\boldsymbol{\alpha}\times\boldsymbol{\beta})\times\boldsymbol{\alpha}=-(\boldsymbol{\alpha}\cdot\boldsymbol{\beta})\boldsymbol{\alpha}+(\boldsymbol{\alpha}\cdot\boldsymbol{\alpha})\boldsymbol{\beta}. \tag{1.2.7}$$

同理得到

$$(\boldsymbol{\alpha}\times\boldsymbol{\beta})\times\boldsymbol{\beta}=(\boldsymbol{\alpha}\cdot\boldsymbol{\beta})\boldsymbol{\beta}-(\boldsymbol{\beta}\cdot\boldsymbol{\beta})\boldsymbol{\alpha}. \tag{1.2.8}$$

利用 (1.2.7) 和 (1.2.8), (1) 的左边是

$$\begin{aligned}(\boldsymbol{\alpha}\times\boldsymbol{\beta})\times\boldsymbol{\gamma}&=(\boldsymbol{\alpha}\times\boldsymbol{\beta})\times(c_1\boldsymbol{\alpha}+c_2\boldsymbol{\beta}+c_3\boldsymbol{\alpha}\times\boldsymbol{\beta})=c_1(\boldsymbol{\alpha}\times\boldsymbol{\beta})\times\boldsymbol{\alpha}+c_2(\boldsymbol{\alpha}\times\boldsymbol{\beta})\times\boldsymbol{\beta}\\&=c_1((\boldsymbol{\alpha}\cdot\boldsymbol{\alpha})\boldsymbol{\beta}-(\boldsymbol{\alpha}\cdot\boldsymbol{\beta})\boldsymbol{\alpha})+c_2((\boldsymbol{\alpha}\cdot\boldsymbol{\beta})\boldsymbol{\beta}-(\boldsymbol{\beta}\cdot\boldsymbol{\beta})\boldsymbol{\alpha})\\&=-\left(c_1(\boldsymbol{\alpha}\cdot\boldsymbol{\beta})+c_2(\boldsymbol{\beta}\cdot\boldsymbol{\beta})\right)\boldsymbol{\alpha}+\left(c_1(\boldsymbol{\alpha}\cdot\boldsymbol{\alpha})+c_2(\boldsymbol{\alpha}\cdot\boldsymbol{\beta})\right)\boldsymbol{\beta}\\&=-\left((c_1\boldsymbol{\alpha}+c_2\boldsymbol{\beta})\cdot\boldsymbol{\beta}\right)\boldsymbol{\alpha}+\left((c_1\boldsymbol{\alpha}+c_2\boldsymbol{\beta})\cdot\boldsymbol{\alpha}\right)\boldsymbol{\beta}\end{aligned}$$

$$= -\left(\left(c_1\boldsymbol{\alpha} + c_2\boldsymbol{\beta} + c_3\boldsymbol{\alpha}\times\boldsymbol{\beta}\right)\cdot\boldsymbol{\beta}\right)\boldsymbol{\alpha} + \left(\left(c_1\boldsymbol{\alpha} + c_2\boldsymbol{\beta} + c_3\boldsymbol{\alpha}\times\boldsymbol{\beta}\right)\cdot\boldsymbol{\alpha}\right)\boldsymbol{\beta}$$

$$= -(\boldsymbol{\gamma}\cdot\boldsymbol{\beta})\,\boldsymbol{\alpha} + (\boldsymbol{\gamma}\cdot\boldsymbol{\alpha})\,\boldsymbol{\beta} = (1)\ \text{的右边}. \qquad \square$$

性质 1.2.2.3 对任意向量 $\boldsymbol{\alpha},\boldsymbol{\beta},\boldsymbol{\gamma}$, 雅可比恒等式成立:

$$(\boldsymbol{\alpha}\times\boldsymbol{\beta})\times\boldsymbol{\gamma} + (\boldsymbol{\beta}\times\boldsymbol{\gamma})\times\boldsymbol{\alpha} + (\boldsymbol{\gamma}\times\boldsymbol{\alpha})\times\boldsymbol{\beta} = \mathbf{0}.$$

直接利用双重外积可证明.

例 1.2.2.2 对任意四个向量 $\boldsymbol{\alpha},\boldsymbol{\beta},\boldsymbol{\gamma},\boldsymbol{\delta}$, 证明拉格朗日恒等式:

$$(\boldsymbol{\alpha}\times\boldsymbol{\beta})\cdot(\boldsymbol{\gamma}\times\boldsymbol{\delta}) = \begin{vmatrix} \boldsymbol{\alpha}\cdot\boldsymbol{\gamma} & \boldsymbol{\alpha}\cdot\boldsymbol{\delta} \\ \boldsymbol{\beta}\cdot\boldsymbol{\gamma} & \boldsymbol{\beta}\cdot\boldsymbol{\delta} \end{vmatrix}.$$

证明

$$\begin{aligned}(\boldsymbol{\alpha}\times\boldsymbol{\beta})\cdot(\boldsymbol{\gamma}\times\boldsymbol{\delta}) &= (\boldsymbol{\alpha},\boldsymbol{\beta},\boldsymbol{\gamma}\times\boldsymbol{\delta}) = (\boldsymbol{\beta},\boldsymbol{\gamma}\times\boldsymbol{\delta},\boldsymbol{\alpha}) = (\boldsymbol{\beta}\times(\boldsymbol{\gamma}\times\boldsymbol{\delta}))\cdot\boldsymbol{\alpha} \\ &= ((\boldsymbol{\beta}\cdot\boldsymbol{\delta})\boldsymbol{\gamma} - (\boldsymbol{\beta}\cdot\boldsymbol{\gamma})\boldsymbol{\delta})\cdot\boldsymbol{\alpha} = (\boldsymbol{\beta}\cdot\boldsymbol{\delta})\boldsymbol{\gamma}\cdot\boldsymbol{\alpha} - (\boldsymbol{\beta}\cdot\boldsymbol{\gamma})\boldsymbol{\delta}\cdot\boldsymbol{\alpha} \\ &= \begin{vmatrix} \boldsymbol{\alpha}\cdot\boldsymbol{\gamma} & \boldsymbol{\alpha}\cdot\boldsymbol{\delta} \\ \boldsymbol{\beta}\cdot\boldsymbol{\gamma} & \boldsymbol{\beta}\cdot\boldsymbol{\delta} \end{vmatrix}. \qquad \square\end{aligned}$$

例 1.2.2.3 证明: 直三棱锥的斜面面积的平方等于其他三个面的面积的平方和.

证明 如图 1.2.4, 设三棱锥 $D\text{-}ABC$ 是直三棱锥, 其中 $\angle ADB = \angle ADC = \angle BDC = 90^\circ$.

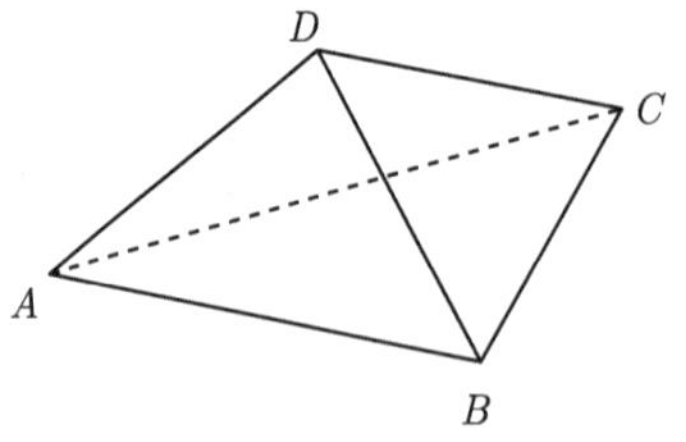

图 1.2.4

下面我们证明: $S^2_{\triangle ABC} = S^2_{\triangle ADC} + S^2_{\triangle ADB} + S^2_{\triangle BDC}$.

$$S^2_{\triangle ABC} = \frac{1}{2}|\overrightarrow{AB}\times\overrightarrow{AC}|^2 = \frac{1}{2}(\overrightarrow{AB}\times\overrightarrow{AC})\cdot(\overrightarrow{AB}\times\overrightarrow{AC})$$

$$
\begin{aligned}
&= \frac{1}{2}\begin{vmatrix} \overrightarrow{AB}\cdot\overrightarrow{AB} & \overrightarrow{AB}\cdot\overrightarrow{AC} \\ \overrightarrow{AC}\cdot\overrightarrow{AB} & \overrightarrow{AC}\cdot\overrightarrow{AC} \end{vmatrix} \\
&= \frac{1}{2}\left(|\overrightarrow{AB}|^2|\overrightarrow{AC}|^2 - (\overrightarrow{AB}\cdot\overrightarrow{AC})^2\right) \\
&= \frac{1}{2}\left(|\overrightarrow{DA}|^2+|\overrightarrow{DB}|^2\right)\left(|\overrightarrow{DA}|^2+|\overrightarrow{DB}|^2\right)-\frac{1}{2}\left((\overrightarrow{DB}-\overrightarrow{DA})\cdot(\overrightarrow{DC}-\overrightarrow{DA})\right)^2 \\
&= \frac{1}{2}\left(|\overrightarrow{DA}|^2|\overrightarrow{DB}|^2+|\overrightarrow{DA}|^2|\overrightarrow{DC}|^2+|\overrightarrow{DC}|^2|\overrightarrow{DB}|^2\right) \\
&= S^2_{\triangle ADB}+S^2_{\triangle ADC}+S^2_{\triangle BDC}.
\end{aligned}
$$

□

习　题　1.2

1. 已知向量 $\boldsymbol{\alpha},\boldsymbol{\beta}$ 满足 $|\boldsymbol{\alpha}|=1$, $|\boldsymbol{\beta}|=5$, $\boldsymbol{\alpha}\cdot\boldsymbol{\beta}=3$, 求 $|\boldsymbol{\alpha}\times\boldsymbol{\beta}|$.

2. 设空间右手直角坐标系下, 向量 $\boldsymbol{\alpha},\boldsymbol{\beta},\boldsymbol{\gamma}$ 的坐标依次是 $(1,2,0)$, $(1,2,2)$, $(2,1,1)$, 求 $(2\boldsymbol{\alpha}-\boldsymbol{\beta}+\boldsymbol{\gamma})\times(\boldsymbol{\alpha}+\boldsymbol{\beta}-2\boldsymbol{\gamma})$.

3. 在空间左手直角坐标系下, 设向量 $\boldsymbol{\alpha}(1,3,1)$, $\boldsymbol{\beta}(2,0,1)$, 求 $\boldsymbol{\alpha}\times\boldsymbol{\beta}$ 和以 $\boldsymbol{\alpha},\boldsymbol{\beta}$ 为邻边的平行四边形两个边上的高.

4. 对于任意向量 $\boldsymbol{\alpha},\boldsymbol{\beta}$, 证明: $(\boldsymbol{\alpha}\times\boldsymbol{\beta})^2+(\boldsymbol{\alpha}\cdot\boldsymbol{\beta})^2=\boldsymbol{\alpha}^2\boldsymbol{\beta}^2$.

5. 已知向量 $\boldsymbol{\alpha},\boldsymbol{\beta},\boldsymbol{\gamma}$ 满足 $\boldsymbol{\alpha}+\boldsymbol{\beta}+\boldsymbol{\gamma}=\mathbf{0}$, 证明: $\boldsymbol{\alpha}\times\boldsymbol{\beta}=\boldsymbol{\beta}\times\boldsymbol{\gamma}=\boldsymbol{\gamma}\times\boldsymbol{\alpha}$.

6. 设 A,B,C 是空间中三个不同的点, 证明: 对空间中任意一点 O, $\overrightarrow{OA}\times\overrightarrow{OB}+\overrightarrow{OB}\times\overrightarrow{OC}+\overrightarrow{OC}\times\overrightarrow{OA}=\mathbf{0}$ 成立的充分必要条件是三点共线.

7. 已知向量 $\boldsymbol{\alpha},\boldsymbol{\beta},\boldsymbol{\gamma}$ 满足 $\boldsymbol{\alpha}=\boldsymbol{\beta}\times\boldsymbol{\gamma}$, $\boldsymbol{\beta}=\boldsymbol{\gamma}\times\boldsymbol{\alpha}$, $\boldsymbol{\gamma}=\boldsymbol{\alpha}\times\boldsymbol{\beta}$, 证明: $\boldsymbol{\alpha},\boldsymbol{\beta},\boldsymbol{\gamma}$ 是单位正交组, 并且是右手系.

8. 在右手直角坐标系下, 已知三角形 $\triangle ABC$ 的顶点 A,B,C 的坐标依次是 $(5,\ 1,\ -1)$, $(0,\ -4,\ 3)$, $(1,\ -3,\ 7)$, 求三角形三条高的长度.

9. 已知向量 $\boldsymbol{\alpha}\neq\mathbf{0}$, 当下面等式成立时, 分别讨论向量 $\boldsymbol{x}$ 与 $\boldsymbol{y}$ 的关系:

(1) $\boldsymbol{\alpha}\cdot\boldsymbol{x}=\boldsymbol{\alpha}\cdot\boldsymbol{y}$;

(2) $\boldsymbol{\alpha}\times\boldsymbol{x}=\boldsymbol{\alpha}\times\boldsymbol{y}$;

(3) $\boldsymbol{\alpha}\cdot\boldsymbol{x}=\boldsymbol{\alpha}\cdot\boldsymbol{y}$ 且 $\boldsymbol{\alpha}\times\boldsymbol{x}=\boldsymbol{\alpha}\times\boldsymbol{y}$.

10. 已知向量 $\boldsymbol{\alpha},\boldsymbol{\beta},\boldsymbol{\gamma}$ 不共面, 并且构成右手系, 满足 $\angle(\boldsymbol{\alpha},\boldsymbol{\beta})=\angle(\boldsymbol{\beta},\boldsymbol{\gamma})=\angle(\boldsymbol{\alpha},\boldsymbol{\gamma})=\dfrac{\pi}{3}$. 求 $\angle((\boldsymbol{\alpha}\times\boldsymbol{\beta}),\boldsymbol{\gamma})$.

11. 求出下面混合积 $(\boldsymbol{\alpha},\boldsymbol{\beta},\boldsymbol{\gamma})$,

(1) 在空间右手直角坐标系下, 它们的坐标为 $\boldsymbol{\alpha}(1,0,1),\boldsymbol{\beta}(2,1,3),\boldsymbol{\gamma}(3,2,2)$;

(2) 在空间左手直角坐标系下, 它们的坐标为 $\boldsymbol{\alpha}(1,1,1),\boldsymbol{\beta}(1,1,3),\boldsymbol{\gamma}(0,2,2)$;

(3) 已知 $\boldsymbol{\alpha},\boldsymbol{\beta},\boldsymbol{\gamma}$ 为右手系, 并且 $|\boldsymbol{\alpha}|=|\boldsymbol{\beta}|=|\boldsymbol{\gamma}|=2$, $\angle(\boldsymbol{\alpha},\boldsymbol{\beta})=\angle(\boldsymbol{\beta},\boldsymbol{\gamma})=\angle(\boldsymbol{\alpha},\boldsymbol{\gamma})=\dfrac{\pi}{3}$.

12. 已知向量 $\boldsymbol{\alpha},\boldsymbol{\beta},\boldsymbol{\gamma}$ 都不是零向量, 向量 $\boldsymbol{x}$ 满足 $\boldsymbol{x}\cdot\boldsymbol{\alpha}=a\neq 0$, $\boldsymbol{x}\times\boldsymbol{\beta}=\boldsymbol{\gamma}$, 求向量 $\boldsymbol{x}$.

13. 在右手直角坐标系下, 已知四面体的顶点 A,B,C,D 的坐标依次是 $(1,2,0)$, $(-1,3,4)$, $(-1,-2,-3)$, $(0,-1,3)$, 求该四面体的体积.

14. 证明: $(\boldsymbol{\alpha}\times\boldsymbol{\beta},\boldsymbol{\beta}\times\boldsymbol{\gamma},\boldsymbol{\gamma}\times\boldsymbol{\alpha})=(\boldsymbol{\alpha},\boldsymbol{\beta},\boldsymbol{\gamma})^2$.

15. 设向量 $\boldsymbol{\alpha},\boldsymbol{\beta},\boldsymbol{\gamma}$ 不共面, 向量 $\boldsymbol{x}$ 满足 $\boldsymbol{x}\cdot\boldsymbol{\alpha}=a$, $\boldsymbol{x}\cdot\boldsymbol{\beta}=b$, $\boldsymbol{x}\cdot\boldsymbol{\gamma}=c$, 证明: $\boldsymbol{x}=\dfrac{a(\boldsymbol{\beta}\times\boldsymbol{\gamma})+b(\boldsymbol{\gamma}\times\boldsymbol{\alpha})+c(\boldsymbol{\alpha}\times\boldsymbol{\beta})}{(\boldsymbol{\alpha},\boldsymbol{\beta},\boldsymbol{\gamma})}$.

16. 如果向量 $\boldsymbol{\alpha},\boldsymbol{\beta}$ 与 $\boldsymbol{\alpha}\times\boldsymbol{\beta}$ 共面, 讨论向量 $\boldsymbol{\alpha}$ 和向量 $\boldsymbol{\beta}$ 的关系.

17. 证明: 对于任意向量 $\boldsymbol{\alpha},\boldsymbol{\beta},\boldsymbol{\gamma}$, $|(\boldsymbol{\alpha},\boldsymbol{\beta},\boldsymbol{\gamma})|\leqslant|\boldsymbol{\alpha}||\boldsymbol{\beta}||\boldsymbol{\gamma}|$.

18. 证明: 对于任意向量 $\boldsymbol{\alpha},\boldsymbol{\beta}$, $[\boldsymbol{\alpha}\times(\boldsymbol{\alpha}\times\boldsymbol{\beta})]\times[\boldsymbol{\beta}\times(\boldsymbol{\alpha}\times\boldsymbol{\beta})]=(\boldsymbol{\alpha}\times\boldsymbol{\beta})^2(\boldsymbol{\alpha}\times\boldsymbol{\beta})$.

19. 设 A,B,C 是空间中不共线的三点, 点 O 不在 A,B,C 所在的平面 π 上, 定义向量 $\overrightarrow{OP}=\overrightarrow{OA}\times\overrightarrow{OB}+\overrightarrow{OB}\times\overrightarrow{OC}+\overrightarrow{OC}\times\overrightarrow{OA}$, 证明: $\overrightarrow{OP}\perp\pi$.

20. 对于任意向量 $\boldsymbol{\alpha},\boldsymbol{\beta},\boldsymbol{\gamma},\boldsymbol{\delta}$, 证明:

(1) $(\boldsymbol{\alpha}\times\boldsymbol{\beta})\times(\boldsymbol{\gamma}\times\boldsymbol{\delta})=(\boldsymbol{\alpha},\boldsymbol{\beta},\boldsymbol{\delta})\boldsymbol{\gamma}-(\boldsymbol{\alpha},\boldsymbol{\beta},\boldsymbol{\gamma})\boldsymbol{\delta}$;

(2) $(\boldsymbol{\alpha}\times\boldsymbol{\beta})\times(\boldsymbol{\gamma}\times\boldsymbol{\delta})=(\boldsymbol{\alpha},\boldsymbol{\gamma},\boldsymbol{\delta})\boldsymbol{\beta}-(\boldsymbol{\beta},\boldsymbol{\gamma},\boldsymbol{\delta})\boldsymbol{\alpha}$;

(3) $(\boldsymbol{\alpha},\boldsymbol{\beta},\boldsymbol{\delta})\boldsymbol{\gamma}-(\boldsymbol{\alpha},\boldsymbol{\beta},\boldsymbol{\gamma})\boldsymbol{\delta}-(\boldsymbol{\alpha},\boldsymbol{\gamma},\boldsymbol{\delta})\boldsymbol{\beta}+(\boldsymbol{\beta},\boldsymbol{\gamma},\boldsymbol{\delta})\boldsymbol{\alpha}=\boldsymbol{0}$.

1.3 映射与关系

1.3.1 集合间的映射

集合与映射已成为现代数学的常用语言. 本书中也经常使用集合的语言阐述一些命题和概念, 为了本书的完备性, 本节列出一些必要的集合、映射和变换的概念和性质.

集合是一种最基本的数学概念, 它没有严格的数学定义, 只能给出一些描述. 集合描述为包含一些确定对象的总和, 这些对象称为集合的元素. 这种描述集合概念是直观自明的, 本书在此基础上展开集合相关概念的初步论述, 而不去进一步分析.

习惯上用大写的英文字母表示, 例如集合 $A,B,C,X,Y,\cdots$. 不包含任何元素的集合称为空集, 记作 $\varnothing$. 集合有交、并、补等概念, 在中学已经学习过, 其定义这里不再赘述. 常用的数集有自然数集 $\mathbf{N}$、整数集 $\mathbf{Z}$、有理数集 $\mathbf{Q}$、实数集 $\mathbf{R}$ 和复数集 $\mathbf{C}$.

定义 1.3.1.1 设 A, B 是任意两个非空集合, 全体有序对 (x, y) 的集合:

$$A \times B = \{(x, y) | x \in A, y \in B\}$$

称为集合 A 和 B 的**笛卡儿积**.

例如实数集 $\mathbf{R}$ 的笛卡儿积 $\mathbf{R}^2 = \mathbf{R} \times \mathbf{R}$ 就是在取定坐标系下平面上点的笛卡儿坐标的集合. 笛卡儿积可以推广到多个集合情形.

定义 1.3.1.2 设 S_1 和 S_2 是两个非空集合, 如果存在从集合 S_1 到集合 S_2 的一个对应规则 f, 满足对于 S_1 中每一个元素 a, 都规定 S_2 中唯一确定的元素 b 与它对应, 那么称规则 f 为集合 S_1 到集合 S_2 的一个**映射**, 记作

$$f : S_1 \to S_2, \quad a \to b,$$

其中元素 b 称为元素 a 在 f 下的**像**, 记为 $f(a)$. a 称为 b 在 f 下的一个**原像**.

例 1.3.1.1 在平面上取定直角坐标系, 将平面等同于 $\mathbf{R}^2 = \mathbf{R} \times \mathbf{R}$. 定义映射 η 如下:

$$\eta : \mathbf{R}^2 \to \mathbf{R}, \ \ \eta(x, y) = y.$$

容易验证 $\eta : \mathbf{R}^2 \to \mathbf{R}$ 是平面到 Y 轴的一个映射. 映射 η 其实是平面上的点向坐标系的 Y 轴的投影. 类似地可以定义向 X 轴的投影映射.

例 1.3.1.2 空间中给定两张平行平面 π_1 和 π_2, 取定夹在平面 π_1 和 π_2 之间的一点 O. 如图 1.3.1, 定义平面 π_1 到平面 π_2 的映射 $\tau_o : \pi_1 \to \pi_2$ 如下: 对于平面 π_1 上任意一点 P, 定义 $\tau_o(P)$ 为满足 $O, P, \tau_o(P)$ 共线的点. 容易验证 $\tau_o : \pi_1 \to \pi_2$ 是平面 π_1 到平面 π_2 的一个映射, 该映射称为平面 π_1 到平面 π_2 的**中心投影**, 点 O 称为**投影中心**.

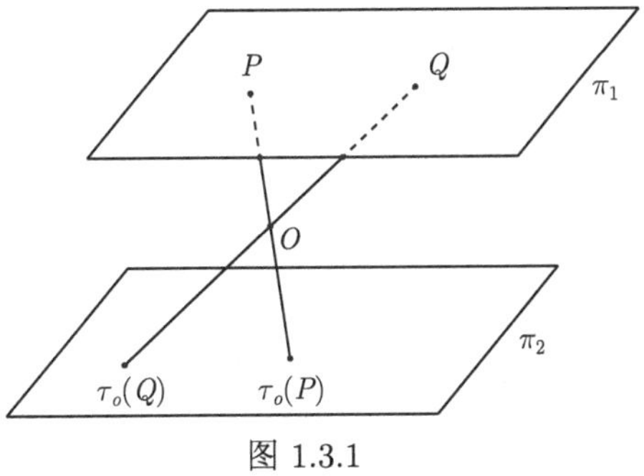

图 1.3.1

例 1.3.1.3 空间中取定一个非零向量 $\boldsymbol{\alpha}$, 定义空间 E^3 到自己的映射 $P_{\boldsymbol{\alpha}} : E^3 \to E^3$ 如下: 对空间中任意一点 A, 定义 $P_{\boldsymbol{\alpha}}(A)$ 为满足 $\overrightarrow{AP_{\boldsymbol{\alpha}}(A)} = \boldsymbol{\alpha}$ 的点. 容

易验证 $P_{\boldsymbol{\alpha}}: E^3 \to E^3$ 是一个映射, 从几何上看, 映射 $P_{\boldsymbol{\alpha}}: E^3 \to E^3$ 将空间中的点从向量 $\boldsymbol{\alpha}$ 起点平移到终点. 映射 $P_{\boldsymbol{\alpha}}: E^3 \to E^3$ 称为空间中的**平移**, 非零向量 $\boldsymbol{\alpha}$ 称为**平移向量** (图 1.3.2).

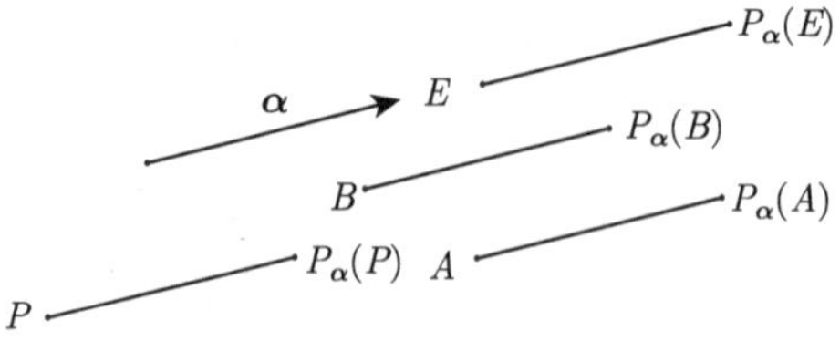

图 1.3.2

定义 1.3.1.3 设 $f: S_1 \to S_2$ 是一个映射, 对于 S_1 的子集合 A, 定义 $f(A) = \{f(a)|a \in A\}$, 它是 S_2 的一个子集, 称为集合 A 在映射 f 下的**像**. 对于 S_2 的子集 B, 定义 $f^{-1}(B) = \{a \in S_1|f(a) \in B\}$, 它是 S_1 中的一个子集合, 称为集合 B 在映射 f 下的**完全原像**. 非空集合 S_1 称为 f 映射的**定义域**, $f(S_1) = \{f(a)|a \in S_1\}$ 称为 f 的**值域**.

如果映射 f_1 与映射 f_2 有相同的定义域和相同的值域, 并且对于定义域中每一个元素 a, 都有 $f_1(a) = f_2(a)$, 那么称映射 f_1 与映射 f_2 相等, 记为 $f_1 = f_2$.

例 1.3.1.4 空间中取定一个非零向量 $\boldsymbol{\alpha}$, 设映射 $P_{\boldsymbol{\alpha}}: E^3 \to E^3$ 是以 $\boldsymbol{\alpha}$ 为平移向量的平移. 设 S 是空间中一点 O 为球心, 半径为 r 的球面, 则 $P_{\boldsymbol{\alpha}}(S)$ 是空间中以 $P_{\boldsymbol{\alpha}}(O)$ 为球心, 半径为 r 的球面.

定义 1.3.1.4 设 $f: S_1 \to S_2$ 是一个映射, D 是 S_1 的一个子集, 则对任意 $a \in D$, 都有唯一 $f(a) \in S_2$. 由此得到映射 $f: D \to f(D)$, 称为映射 f 在子集 D 上的**限制**, 记为

$$f_D: D \to f(D).$$

例 1.3.1.5 空间中取定一个非零向量 $\boldsymbol{\alpha}$, 设映射 $P_{\boldsymbol{\alpha}}: E^3 \to E^3$ 是以 $\boldsymbol{\alpha}$ 为平移向量的平移. 设 π 是空间中一张平面, 并且平移向量 $\boldsymbol{\alpha}$ 平行于平面 π. 则空间中的平移 $P_{\boldsymbol{\alpha}}: E^3 \to E^3$ 在平面 π 上的限制 $P_{\boldsymbol{\alpha}}|_{\pi}: \pi \to \pi$ 得到平面上的平移.

例 1.3.1.6 空间中给定两张平行平面 π_1 和 π_2, 取定不在平面 π_1 和 π_2 上的一点 O. 设平面 π_1 到平面 π_2 的以点 O 为投影中心的中心投影为 $\tau_o: \pi_1 \to \pi_2$. 设 L_1 是平面 π_1 上的一条直线, 容易证明它在中心投影下的像 $\tau_o(L_1)$ 为平面 π_2 的一条直线. 则空间中的中心投影在直线 L_1 的限制得到直线 L_1 到直线 $\tau_o(L_1)$ 之间的中心投影 $\tau_o|_{L_1}: L_1 \to \tau_o(L_1)$.

定义 1.3.1.5 一个集合 S_1 到自身的一个映射称为集合 S_1 上的一个**变换**.

定义 1.3.1.6 设 $f: S \to S$ 是集合 S 上的一个变换, 如果它将 S 中每一个元素对应它自身, 即对任意元素 $a \in S$, 都有 $f(a) = a$, 则称 f 是集合 S 上的**恒等变换**, 记作 id_S.

例如空间中或平面上的平移就是空间或平面上的变换, 统称为平移变换.

定义 1.3.1.7 设 $f: S_1 \to S_2$ 是一个映射, 如果 $f(S_1) = S_2$, 则称映射 f 是**满射**. 如果对于任意两个不同元素 $a \neq b$, 都有 $f(a) \neq f(b)$, 则称映射 f 是**单射**. 既是单射又是满射的映射称为**双射**, 或者**一一映射**.

定义 1.3.1.8 设 $f: S_1 \to S_2$, $g: S_2 \to S_3$ 是两个映射, 对于 S_1 中任意元素 a, 令 $h(a) = g(f(a))$, 则得到映射 $h: S_1 \to S_3$, 称该映射为映射 g 与 f 的**乘积** (或**复合**), 记作 $h = g \circ f$.

性质 1.3.1.1 映射的复合满足结合律, 即设三个映射

$$f: S_1 \to S_2, \quad g: S_2 \to S_3, \quad h: S_3 \to S_4,$$

则 $h \circ (g \circ f) = (h \circ g) \circ f$.

性质 1.3.1.2 对于任意映射 $f: S_1 \to S_2$, 都有 $\mathrm{id}_{S_2} \circ f = f$, $f \circ \mathrm{id}_{S_1} = f$.

性质 1.3.1.1 和性质 1.3.1.2 的证明留给读者.

定义 1.3.1.9 设 $f: S_1 \to S_2$ 是一个映射, 如果存在映射 $g: S_2 \to S_1$, 满足 $g \circ f = \mathrm{id}_{S_1}$, 且 $f \circ g = \mathrm{id}_{S_2}$, 则称映射 f 是**可逆映射**, 映射 g 称为 f 的一个**逆映射**.

性质 1.3.1.3 如果映射 $f: S_1 \to S_2$ 是可逆映射, 那么它的逆映射是唯一的, 这唯一的逆映射记为 $f^{-1}: S_2 \to S_1$.

证明 设 $g_1: S_2 \to S_1$ 和 $g_2: S_2 \to S_1$ 都是 $f: S_1 \to S_2$ 的逆映射, 则我们有

$$g_1 \circ f = \mathrm{id}_{S_1}, \quad f \circ g_1 = \mathrm{id}_{S_2}, \quad g_2 \circ f = \mathrm{id}_{S_1}, \quad f \circ g_2 = \mathrm{id}_{S_2}.$$

这样

$$g_1 = g_1 \circ \mathrm{id}_{S_2} = g_1 \circ (f \circ g_2) = (g_1 \circ f) \circ g_2 = \mathrm{id}_{S_1} \circ g_2 = g_2. \qquad \square$$

定理 1.3.1.1 映射 $f: S_1 \to S_2$ 是可逆映射的充分必要条件是 f 为双射.

证明 设 $f: S_1 \to S_2$ 是可逆映射, 其逆映射 $f^{-1}: S_2 \to S_1$ 满足 $f^{-1} \circ f = \mathrm{id}_{S_1}, f \circ f^{-1} = \mathrm{id}_{S_2}$, 由 $f^{-1} \circ f = \mathrm{id}_{S_1}$ 知 $f: S_1 \to S_2$ 是单射, 由 $f \circ f^{-1} = \mathrm{id}_{S_2}$ 知 $f: S_1 \to S_2$ 是满射, 这样 f 为一一映射.

反之, 设 $f: S_1 \to S_2$ 是一一映射, 则任意元素 $b \in S_2$, 在 f 下存在唯一的原像 $a \in S_1$, 于是得到映射 $g: S_2 \to S_1$ 满足 $g(b) = a$. 容易证明 $g \circ f = \mathrm{id}_{S_1}, f \circ g = \mathrm{id}_{S_2}$, 从而 f 是可逆映射. $\square$

例 1.3.1.7 空间中取定一个非零向量 $\boldsymbol{\alpha}$, 设空间中变换 $P_{\boldsymbol{\alpha}}: E^3 \to E^3$ 是以 $\boldsymbol{\alpha}$ 为平移向量的平移变换. 则平移变换 $P_{\boldsymbol{\alpha}}: E^3 \to E^3$ 是可逆的变换, 它的逆变换也是平移变换, 逆变换的平移向量为 $-\boldsymbol{\alpha}$, 即 $P_{\boldsymbol{\alpha}}^{-1} = P_{-\boldsymbol{\alpha}}$. 对于空间中两个平移变换 $P_{\boldsymbol{\alpha}}, P_{\boldsymbol{\beta}}$, 则 $P_{\boldsymbol{\alpha}} \circ P_{\boldsymbol{\beta}} = P_{\boldsymbol{\alpha}+\boldsymbol{\beta}}$.

例 1.3.1.8 空间中给定两平行平面 π_1 和 π_2, 取定不在平面 π_1 和 π_2 上的一点 O. 设平面 π_1 到平面 π_2 的以点 O 为投影中心的中心投影为 $\tau_o: \pi_1 \to \pi_2$. 则中心投影是可逆的映射, 它的逆映射也是以点 O 为投影中心的中心投影为 $\tau_o: \pi_2 \to \pi_1$.

1.3.2 等价关系与集合分类

定义 1.3.2.1 设 A, B 是两个非空集合, $A \times B$ 的任意子集 $\Phi \subset A \times B$ 称为集合 A 与集合 B 之间的一个**二元关系**. 有序对 $(x, y) \in \Phi$, 就称 x 与 y 有关系 Φ, 记为 $x\Phi y$. 如果 $A = B$, 则简称为集合 A 上的一个二元关系.

例如, 实数集 $\mathbf{R}$ 中的小于 $<$ 是 $\mathbf{R}$ 上的一个二元关系, 由实平面 $\mathbf{R}^2$ 上位于直线 $x - y = 0$ 上方的点组成.

定义 1.3.2.2 如果集合 A 上一个二元关系 $\approx$ 满足对于 A 中任意元素 a, b, c, 有下面性质.

(1) $a \approx a$ (反身性);

(2) $a \approx b \Rightarrow b \approx a$ (对称性);

(3) $a \approx b, b \approx c \Rightarrow a \approx c$ (传递性).

称关系 $\approx$ 为集合 A 上的一个**等价关系**.

例 1.3.2.1 整数集上定义关系 $\approx$: $a \approx b \Leftrightarrow a - b$ 能够被 5 整除. 容易证明它是整数集上的一个等价关系.

定义 1.3.2.3 设 $\approx$ 是集合 A 上的一个等价关系, 与给定元素 a 等价的所有元素构成的集合, 记为 $\bar{a}$: $\bar{a} = \{x \in A | x \approx a\}$, $\bar{a}$ 称为包含 a 的**等价类**.

明显 $\bar{a} = \bar{b} \Leftrightarrow a \approx b$, 于是任意元素 $c \in \bar{a}$ 都称为等价类 $\bar{a}$ 的**代表元**.

定义 1.3.2.4 设 Π 是集合 A 的子集构成的集族, 满足

(1) 任意不同 $U_1, U_2 \in \Pi$(作为 A 的子集), $U_1 \cap U_2 = \varnothing$;

(2) $A = \bigcup\limits_{U \in A} U$.

则称 Π 是集合 A 的一个**划分**.

性质 1.3.2.1 设 $\approx$ 是集合 A 上的一个等价关系. 则全体等价类集合是集合 A 的一个划分.

证明 明显 $A=\bigcup\limits_{a\in A}\overline{a}$. 如果 $\overline{a}\cap\overline{b}\neq\varnothing$, 设 $x\in\overline{a}\cap\overline{b}$, 则 $\overline{a}=\overline{x}=\overline{b}$, 这样不同的等价类是没有公共元素的, 即不相交的. 从而全体等价类是一个集合的划分. □

性质 1.3.2.2 设 Π 是集合 A 的一个划分, 则 Π 中元素是某一个等价关系所确定的等价类.

证明 由于 Π 是 A 的一个划分, 故 A 的任意一个元素均唯一包含在 Π 一个元素中. 定义集合 A 的等价关系 $\approx$ 如下: $a\approx b\Leftrightarrow$ 元素 a,b 包含在 Π 的同一个元素中. 容易验证这是一个等价关系. 其等价类就是 Π 中的一个元素. 于是 Π 是该等价类集合. □

定义 1.3.2.5 设 A 是一个非空集合. 从笛卡儿积 $A\times A$ 到 A 的一个映射 $\tau:A\times A\to A$ 称为集合 A 上的一个**二元运算**. 简称集合 A 上的一个**运算**. 经常将 $\tau(a,b)$ 记为 ab.

常见的数的加、减、乘等都是实数域上的运算. 三维向量空间上的外积是向量空间上的一个运算, 但向量的内积不是向量空间上的运算.

定义 1.3.2.6 设 A 是一个非空集合, 如果它的一个运算满足: 对于任意 $a,b,c\in A$, 都有 $(ab)c=a(bc)$, 则称该运算满足**结合律**. 如果它的一个运算满足: 对于任意 $a,b\in A$, 都有 $ab=ba$, 则称该运算满足**交换律**.

实数集上的加法运算和乘法运算既满足结合律也满足交换律. 实数集上的减法运算和除法运算既不满足结合律也不满足交换律.

习 题 1.3

1. 设集合 A,B 是非空集合, $f:A\to B$ 是集合 A 到集合 B 的一个映射. 设 $A_0\subset A$, $B_0\subset B$. 证明:

(1) $A_0\subset f^{-1}(f(A_0))$, 并且当 f 是单射时, $A_0=f^{-1}(f(A_0))$.

(2) $f(f^{-1}(B_0))\subset B_0$, 并且当 f 是满射时, $f(f^{-1}(B_0))=B_0$.

2. 设集合 A,B 是非空有限集合, 记 $A^{\#}$ 表示集合元素的个数. 证明:

(1) 如果存在集合 A 到集合 B 的单射, 则 $A^{\#}\leqslant B^{\#}$;

(2) 如果存在集合 A 到集合 B 的满射, 则 $A^{\#}\geqslant B^{\#}$;

(3) 如果存在集合 A 到集合 B 的双射, 则 $A^{\#}=B^{\#}$.

3. 设集合 A,B,C 是非空集合, $f:A\to B$ 是集合 A 到集合 B 的一个映射. $g:B\to C$ 是集合 B 到集合 C 的一个映射. 设 $C_0\subset C$. 证明:

(1) 如果映射 f 和映射 g 都是单射, 则它们的乘积 $g\circ f$ 也是单射.

(2) 如果映射 f 和映射 g 都是满射, 则它们的乘积 $g\circ f$ 也是满射.

(3) $(g\circ f)^{-1}(C_0)=f^{-1}(g^{-1}(C_0))$.

4. 如果 τ_1,τ_2 是空间上的两个变换. 如果它们的乘积 $\tau_1\circ\tau_2$ 是可逆变换, 证明: 变换 τ_1 是满射, 变换 τ_2 是单射.

5. 空间中取定一个非零向量 $\boldsymbol{\alpha}$, 设映射 $P_{\boldsymbol{\alpha}}:E^3\to E^3$ 是以 $\boldsymbol{\alpha}$ 为平移向量的平移变换. 设 π 是空间中一张平面. 平移变换 $P_{\boldsymbol{\alpha}}$ 在平面 π 上的限制而成为平面 π 上的平移变换的充分必要条件是平移向量 $\boldsymbol{\alpha}$ 平行于平面 π.

6. 在平面上取定直角坐标系, 定义平面上两个点的关系 $\approx$ 如下: 点 $P_1(x_1,y_1)$ 和点 $P_2(x_2,y_2)$ 具有 $\approx$ 关系当且仅当数 x_1-x_2 和数 y_1-y_2 都是整数. 证明: 关系 $\approx$ 是一个等价关系; 并且给出平面点集的等价类集合.

7. 设集合 A,B 是非空集合, $f:A\to B$ 是集合 A 到集合 B 的一个满映射. 定义集合 A 中元素的关系 $\approx$ 如下: 点 $a\approx b\Leftrightarrow f(a)=f(b)$. 证明:

(1) 关系 $\approx$ 是一个等价关系;

(2) 记 $\overline{A}$ 为集合 A 关于等价关系 $\approx$ 的等价类集合, 则集合 $\overline{A},B$ 之间存在一一映射.

1.4* 代数补充: 矩阵、行列式与向量空间

1.4.1 矩阵及其运算

矩阵是线性代数常用工具, 本节只列出本书涉及的有关概念和结论, 其详细证明可以参考线性代数相关教材.

定义 1.4.1.1 $m\times n$ 个数 $a_{ij}(i=1,\cdots,m;j=1,\cdots,n)$ 有序地排列成 m 行, n 列的一张表

$$\begin{pmatrix} a_{11} & a_{12} & \cdots & a_{1n}\\ a_{21} & a_{22} & \cdots & a_{2n}\\ \vdots & \vdots & & \vdots\\ a_{m1} & a_{m2} & \cdots & a_{mn}\end{pmatrix},$$

称该数表为一个 $m\times n$ **矩阵**. 数表中的数称为矩阵的元素.

矩阵通常用大写英文字母表示, 例如 $\boldsymbol{A},\boldsymbol{B},\boldsymbol{C},\boldsymbol{X},\boldsymbol{Y},\cdots$. 有时写成 $\boldsymbol{A}_{m\times n}$ 表明矩阵的形状, 或者矩阵 $\boldsymbol{A}_{m\times n}=(a_{ij})_{m\times n}$. 矩阵 $\boldsymbol{A}_{m\times n}$ 的位于第 i 行第 j 列交叉处的元素称为 $\boldsymbol{A}_{m\times n}$ 的 (i,j) 元. $n\times n$ 矩阵也称为 n 阶方阵. 元素全为零的 $m\times n$ 矩阵称为 $m\times n$ 零矩阵, 记为 $\boldsymbol{O}$.

例如 $\begin{pmatrix} 2 & 6 \\ 1 & 3 \end{pmatrix}$, $\begin{pmatrix} 1 & 2 & 1 & 0 \\ 1 & 3 & 0 & 0 \\ 4 & 2 & 4 & -1 \end{pmatrix}$ 分别是 2 阶方阵, 3×4 矩阵.

1×1 矩阵就是一个数, 为简单不用写外面的括号.

$\begin{pmatrix} a \\ b \\ c \end{pmatrix}$ 和 $\begin{pmatrix} x & y & z \end{pmatrix}$ 分别是 3×1 矩阵和 1×3 矩阵. 它们都是有序三元数对, 因此都可以表示点在某个坐标系下的坐标.

两个矩阵 $\boldsymbol{A}$ 和 $\boldsymbol{B}$ 相等 (记为 $\boldsymbol{A} = \boldsymbol{B}$), 是指它们的行数相等, 列数也相等, 并且对应的元素也都相等.

定义 1.4.1.2 设矩阵 $\boldsymbol{A}_{m\times n} = (a_{ij})_{m\times n}$, $\boldsymbol{B}_{m\times n} = (b_{ij})_{m\times n}$, 则它们的和 $\boldsymbol{A}+\boldsymbol{B}$ 定义为

$$\boldsymbol{A}+\boldsymbol{B} = \begin{pmatrix} a_{11}+b_{11} & a_{12}+b_{12} & \cdots & a_{1n}+b_{1n} \\ a_{21}+b_{21} & a_{22}+b_{22} & \cdots & a_{2n}+b_{2n} \\ \vdots & \vdots & & \vdots \\ a_{m1}+b_{m1} & a_{m2}+b_{m2} & \cdots & a_{mn}+b_{mn} \end{pmatrix}.$$

这种运算称为矩阵的**加法**. 相应地, 它们的**差** $\boldsymbol{A}-\boldsymbol{B}$ 定义为

$$\boldsymbol{A}-\boldsymbol{B} = \begin{pmatrix} a_{11}-b_{11} & a_{12}-b_{12} & \cdots & a_{1n}-b_{1n} \\ a_{21}-b_{21} & a_{22}-b_{22} & \cdots & a_{2n}-b_{2n} \\ \vdots & \vdots & & \vdots \\ a_{m1}-b_{m1} & a_{m2}-b_{m2} & \cdots & a_{mn}-b_{mn} \end{pmatrix}.$$

设 k 是一个数, 则数 k 乘以矩阵 $\boldsymbol{A}$ 定义为

$$k\boldsymbol{A} = \begin{pmatrix} ka_{11} & ka_{12} & \cdots & ka_{1n} \\ ka_{21} & ka_{22} & \cdots & ka_{2n} \\ \vdots & \vdots & & \vdots \\ ka_{m1} & ka_{m2} & \cdots & ka_{mn} \end{pmatrix},$$

这种运算称为矩阵的**数乘**. 矩阵 $(-a_{ij})_{m\times n}$ 称为矩阵 $\boldsymbol{A} = (a_{ij})_{m\times n}$ 的**负矩阵**, 记为 $-\boldsymbol{A}$.

矩阵的加法和数乘运算满足下面的运算律. 对任意 $m \times n$ 矩阵 $\boldsymbol{A}, \boldsymbol{B}, \boldsymbol{C}$, 任意数 k, l, 有下面等式:

(1) $\boldsymbol{A}+\boldsymbol{B}=\boldsymbol{B}+\boldsymbol{A}$;

(2) $(\boldsymbol{A}+\boldsymbol{B})+\boldsymbol{C}=\boldsymbol{A}+(\boldsymbol{B}+\boldsymbol{C})$;

(3) $\boldsymbol{A}+\boldsymbol{O}=\boldsymbol{A}$;

(4) $\boldsymbol{A}+(-\boldsymbol{A})=\boldsymbol{O}$;

(5) $1\boldsymbol{A}=\boldsymbol{A}$;

(6) $k(l\boldsymbol{A})=(kl)\boldsymbol{A}$;

(7) $(k+l)\boldsymbol{A}=k\boldsymbol{A}+l\boldsymbol{A}$;

(8) $k(\boldsymbol{A}+\boldsymbol{B})=k\boldsymbol{A}+k\boldsymbol{B}$.

定义 1.4.1.3 把一个 $m \times n$ 矩阵 $\boldsymbol{A}$ 的行和列互换, 得到一个 $n \times m$ 矩阵, 称为矩阵 $\boldsymbol{A}$ 的**转置**, 记为 $\boldsymbol{A}^{\mathrm{T}}$.

矩阵的转置有下面规律:

(1) $(\boldsymbol{A}^{\mathrm{T}})^{\mathrm{T}}=\boldsymbol{A}$;

(2) $(\boldsymbol{A}+\boldsymbol{B})^{\mathrm{T}}=\boldsymbol{A}^{\mathrm{T}}+\boldsymbol{B}^{\mathrm{T}}$;

(3) $(k\boldsymbol{A})^{\mathrm{T}}=k\boldsymbol{A}^{\mathrm{T}}$.

把一个 n 阶方阵的行标和列标相同的元素 a_{ii} 称为方阵的**对角元**, 也称为对角线上元素.

下面几类特殊方阵是常用的.

单位矩阵 对角元都是 1, 其他元素全是零的 n 阶方阵称为单位矩阵, 记为 $\boldsymbol{I}_n$ 或 $\boldsymbol{I}$.

对角矩阵 非对角元全是零的 n 阶方阵.

对称矩阵 满足 $\boldsymbol{A}=\boldsymbol{A}^{\mathrm{T}}$ 的 n 阶方阵.

定义 1.4.1.4 设 $\boldsymbol{A}=(a_{ij})_{m\times n}$ 是一个 $m \times n$ 矩阵, $\boldsymbol{B}=(b_{ij})_{n\times r}$ 是一个 $n \times r$ 矩阵, 则定义矩阵 $\boldsymbol{A}$ 乘以矩阵 $\boldsymbol{B}$ 得到一个 $m \times r$ 矩阵, 记为 $\boldsymbol{AB}$. $\boldsymbol{AB}$ 的 (i,j) 元是 $\boldsymbol{A}$ 的第 i 行与 $\boldsymbol{B}$ 的第 j 列的对应元素乘积之和, $\boldsymbol{AB}$ 的 (i,j) 元 $=\sum\limits_{k=1}^{n} a_{ik}b_{kj}$, 其中 $i=1,\cdots,m$; $j=1,\cdots,r$.

例如

$$\begin{pmatrix} 1 & 2 \\ 3 & 4 \\ 5 & 6 \end{pmatrix}\begin{pmatrix} a & b \\ c & d \end{pmatrix}=\begin{pmatrix} a+2c & b+2d \\ 3a+4c & 3b+4d \\ 5a+6c & 5b+6d \end{pmatrix}.$$

注意 任意给定矩阵 $\boldsymbol{A},\boldsymbol{B}$, 它们的乘积 $\boldsymbol{AB}$ 未必有意义. 如果 $\boldsymbol{AB}$ 有意义, 则矩阵 $\boldsymbol{A}$ 的列数和矩阵 $\boldsymbol{B}$ 的行数必须相等.

矩阵的乘法满足下面运算律. 对任意矩阵 $\boldsymbol{A}$, $\boldsymbol{B}$, $\boldsymbol{C}$ (满足下述乘法有意义), 任意数 k,l, 有下面等式:

(1) $(\boldsymbol{AB})\boldsymbol{C}=\boldsymbol{A}(\boldsymbol{BC})$;

(2) $\boldsymbol{A}(\boldsymbol{B}+\boldsymbol{C})=\boldsymbol{AB}+\boldsymbol{AC}$, $(\boldsymbol{A}+\boldsymbol{B})\boldsymbol{C}=\boldsymbol{AC}+\boldsymbol{BC}$;

(3) $k(\boldsymbol{AB})=(k\boldsymbol{A})\boldsymbol{B}=\boldsymbol{A}(k\boldsymbol{B})$;

(4) $(\boldsymbol{AB})^{\mathrm{T}}=\boldsymbol{B}^{\mathrm{T}}\boldsymbol{A}^{\mathrm{T}}$.

注意 矩阵的乘法没有交换律, 即 $\boldsymbol{AB}=\boldsymbol{BA}$ 一般不成立.

矩阵乘法满足结合律 (1), 所以 $\boldsymbol{ABC}$ 有意义.

例如

$$\begin{pmatrix} x & y & z \end{pmatrix}\begin{pmatrix} a_{11} & a_{12} & a_{13} \\ a_{21} & a_{22} & a_{23} \\ a_{31} & a_{32} & a_{33} \end{pmatrix}\begin{pmatrix} x \\ y \\ z \end{pmatrix}$$

$$=a_{11}x^2+a_{22}y^2+a_{33}z^2+(a_{12}+a_{21})xy+(a_{13}+a_{31})xz+(a_{32}+a_{23})yz.$$

定义 1.4.1.5 设 $\boldsymbol{A}$ 是一个 n 阶方阵, 如果存在 n 阶方阵 $\boldsymbol{B}$ 满足 $\boldsymbol{AB}=\boldsymbol{BA}=\boldsymbol{I}$, 则称矩阵 $\boldsymbol{A}$ 为**可逆矩阵**, 此时矩阵 $\boldsymbol{B}$ 是唯一的, 它称为矩阵 $\boldsymbol{A}$ 的**逆矩阵**, 记为 $\boldsymbol{A}^{-1}$.

例如 $\boldsymbol{A}$ 是一个 2 阶方阵, $\boldsymbol{A}=\begin{pmatrix} a & b \\ c & d \end{pmatrix}$, 如果 $ad-bc\neq 0$, 则矩阵 $\boldsymbol{A}$ 是可逆的, 它的逆矩阵 $\boldsymbol{A}^{-1}=\dfrac{1}{ad-bc}\begin{pmatrix} d & -b \\ -c & a \end{pmatrix}$.

显然, 当 $\boldsymbol{A}$ 是一个可逆矩阵时, $\boldsymbol{A}^{-1}$ 也是可逆矩阵, 并且 $(\boldsymbol{A}^{-1})^{-1}=\boldsymbol{A}$.

如果 $\boldsymbol{A},\boldsymbol{B}$ 是两个可逆矩阵, 则 $\boldsymbol{AB}$ 也是可逆矩阵, 并且 $(\boldsymbol{AB})^{-1}=\boldsymbol{B}^{-1}\boldsymbol{A}^{-1}$.

如果 n 阶实方阵满足 $\boldsymbol{AA}^{\mathrm{T}}=\boldsymbol{I}$, 则称为 n 阶**正交矩阵**, 简称**正交矩阵**.

例如 $\begin{pmatrix} \cos\theta & -\sin\theta \\ \sin\theta & \cos\theta \end{pmatrix}$ 是一个 2 阶正交矩阵.

定义 1.4.1.6 设 $\boldsymbol{A},\boldsymbol{B}$ 是两个 n 阶方阵, 如果存在 n 阶可逆矩阵 $\boldsymbol{P}$, 使得 $\boldsymbol{A}=\boldsymbol{PBP}^{-1}$, 则称矩阵 $\boldsymbol{A}$ 与矩阵 $\boldsymbol{B}$ 是**相似的**.

定义 1.4.1.7 设 $\boldsymbol{A},\boldsymbol{B}$ 是两个 n 阶方阵, 如果存在 n 阶可逆矩阵 $\boldsymbol{P}$, 使得 $\boldsymbol{A}=\boldsymbol{PBP}^{\mathrm{T}}$, 则称矩阵 $\boldsymbol{A}$ 与矩阵 $\boldsymbol{B}$ 是**合同的**.

矩阵的相似和合同都是 n 阶方阵之间的等价关系.

1.3.3 行列式

本节主要给出二阶和三阶行列式的定义与计算方法, 高阶行列式可以递归地进行定义. 由一个 n 行 n 列的数表加两边竖线表示一个 n **阶行列式**.

n 阶行列式:

$$\begin{vmatrix} a_{11} & a_{12} & \cdots & a_{1n} \\ a_{21} & a_{22} & \cdots & a_{2n} \\ \vdots & \vdots & & \vdots \\ a_{n1} & a_{n2} & \cdots & a_{nn} \end{vmatrix}.$$

如果 n 阶矩阵 $\boldsymbol{A}$, 则用 $|\boldsymbol{A}|$ 或 $\det(\boldsymbol{A})$ 表示该数表的行列式.

行列式是一个算式, 它将一个方阵 (数表) 按照一定的法则进行运算, 得到的数值称为这个方阵的**行列式**. 由于本书只涉及二阶和三阶行列式, 所以本节重点给出二阶和三阶行列式的计算法则和性质.

二阶行列式:

$$\begin{vmatrix} a_{11} & a_{12} \\ a_{21} & a_{22} \end{vmatrix} = a_{11}a_{22} - a_{12}a_{21}.$$

三阶行列式:

$$\begin{vmatrix} a_{11} & a_{12} & a_{13} \\ a_{21} & a_{22} & a_{23} \\ a_{31} & a_{32} & a_{33} \end{vmatrix} = a_{11}a_{22}a_{33} + a_{12}a_{23}a_{31} + a_{13}a_{21}a_{32}$$

$$- a_{11}a_{23}a_{32} - a_{13}a_{22}a_{31} - a_{12}a_{21}a_{33}.$$

定义 1.4.2.1　把 n 阶行列式中元素 a_{ij} 所在行和所在列划去得到一个 $n-1$ 阶行列式称为元素 a_{ij} 的**余子式**, 记为 M_{ij}. 称 $(-1)^{i+j}M_{ij}$ 为元素的**代数余子式**, 记为 A_{ij}.

性质 1.4.2.1　行列式的值等于某一行的各元素与其代数余子式的乘积之和. 行列式的值也等于某一列的各元素与其代数余子式的乘积之和. 即

$$\begin{vmatrix} a_{11} & a_{12} & \cdots & a_{1n} \\ a_{21} & a_{22} & \cdots & a_{2n} \\ \vdots & \vdots & & \vdots \\ a_{n1} & a_{n2} & \cdots & a_{nn} \end{vmatrix} = a_{i1}A_{i1} + a_{i2}A_{i2} + \cdots + a_{in}A_{in}, \text{任意固定某一行};$$

$$\begin{vmatrix} a_{11} & a_{12} & \cdots & a_{1n} \\ a_{21} & a_{22} & \cdots & a_{2n} \\ \vdots & \vdots & & \vdots \\ a_{n1} & a_{n2} & \cdots & a_{nn} \end{vmatrix} = a_{1j}A_{1j} + a_{2j}A_{2j} + \cdots + a_{nj}A_{nj}, \text{任意固定某一列}.$$

例如

$$\begin{vmatrix} a_{11} & a_{12} & a_{13} \\ a_{21} & a_{22} & a_{23} \\ a_{31} & a_{32} & a_{33} \end{vmatrix} = a_{11}\begin{vmatrix} a_{22} & a_{23} \\ a_{32} & a_{33} \end{vmatrix} - a_{12}\begin{vmatrix} a_{21} & a_{23} \\ a_{31} & a_{33} \end{vmatrix} + a_{13}\begin{vmatrix} a_{21} & a_{22} \\ a_{31} & a_{32} \end{vmatrix}.$$

利用此性质, 一个四阶行列式可以化为 4 个三阶行列式计算. 因此高阶行列式可以利用此性质可以递推地定义或计算.

性质 1.4.2.2 把行列式转置 (行列互换), 行列式的值不变.

例如

$$\begin{vmatrix} a_{11} & a_{12} \\ a_{21} & a_{22} \end{vmatrix} = \begin{vmatrix} a_{11} & a_{21} \\ a_{12} & a_{22} \end{vmatrix}.$$

.

性质 1.4.2.3 行列式的某一行 (列) 的公因子可以提出.

例如

$$\begin{vmatrix} a_{11} & a_{12} & a_{13} \\ 4a_{21} & 4a_{22} & 4a_{23} \\ a_{31} & a_{32} & a_{33} \end{vmatrix} = 4\begin{vmatrix} a_{11} & a_{12} & a_{13} \\ a_{21} & a_{22} & a_{23} \\ a_{31} & a_{32} & a_{33} \end{vmatrix}.$$

性质 1.4.2.4 如果行列式的某一行 (列) 可以分解为两行 (列) 之和, 则行列式等于两个行列式之和, 这两个行列式就是原行列式的该行 (列) 分别换为分解的两行 (列) 所得到的行列式.

例如

$$\begin{vmatrix} a_{11} & a_{12} & a_{13} \\ a_{21} & a_{22} & a_{23} \\ b_{31}+c_{31} & b_{32}+c_{32} & b_{33}+c_{33} \end{vmatrix} = \begin{vmatrix} a_{11} & a_{12} & a_{13} \\ a_{21} & a_{22} & a_{23} \\ b_{31} & b_{32} & b_{33} \end{vmatrix} + \begin{vmatrix} a_{11} & a_{12} & a_{13} \\ a_{21} & a_{22} & a_{23} \\ c_{31} & c_{32} & c_{33} \end{vmatrix}.$$

性质 1.4.2.5 把行列式的两个行 (列) 的对应元素互换, 行列式的值变号.

例如

$$\begin{vmatrix} a_{11} & a_{12} & a_{13} \\ a_{21} & a_{22} & a_{23} \\ a_{31} & a_{32} & a_{33} \end{vmatrix} = -\begin{vmatrix} a_{11} & a_{12} & a_{13} \\ a_{31} & a_{32} & a_{33} \\ a_{21} & a_{22} & a_{23} \end{vmatrix}.$$

性质 1.4.2.6　如果行列式某两行 (列) 对应成比例, 则行列式的值等于零. 例如

$$\begin{vmatrix} a_1 & a_2 & a_3 \\ b_1 & b_2 & b_3 \\ kb_1 & kb_2 & kb_3 \end{vmatrix} = 0.$$

性质 1.4.2.7　如果把行列式的某一行 (列) 的常数倍加到另一行 (列) 对应元素上, 则行列式的值不变.

性质 1.4.2.8　行列式某一行 (列) 的各个元素与另一行 (列) 的对应元素的代数余子式乘积之和为零.

性质 1.4.2.9　设 $\boldsymbol{A}, \boldsymbol{B}$ 是两个 n 阶方阵, 则 $|\boldsymbol{AB}| = |\boldsymbol{A}||\boldsymbol{B}|$.

性质 1.4.2.10　设 $\boldsymbol{A}$ 是 n 阶方阵, 则 $\boldsymbol{A}$ 是可逆矩阵的充分必要条件是 $|\boldsymbol{A}| \neq 0$, 并且 $|\boldsymbol{A}^{-1}| = |\boldsymbol{A}|^{-1}$.

1.3.4　向量空间

数域是一个数的集体, 它对加、减、乘、除四则运算封闭. 在本书中, 数域 $\mathbf{K}$ 均指实数域或复数域, 即实数集或复数集.

定义 1.4.3.1　设 V 是一个非空集合, 它的元素称为向量, $\mathbf{K}$ 是一个数域. 在 V 上定义了一个加法运算 $+: V \times V \to V$, 对任意 $\boldsymbol{\alpha}, \boldsymbol{\beta} \in V$, 在 V 中有唯一的一个向量 $\boldsymbol{\gamma}$ 与它们对应, 把 $\boldsymbol{\gamma}$ 称为 $\boldsymbol{\alpha}$ 和 $\boldsymbol{\beta}$ 的和, 记为 $\boldsymbol{\gamma} = \boldsymbol{\alpha} + \boldsymbol{\beta}$. 在 K 与 V 之间定义了一种数乘运算 $\cdot: \mathbf{K} \times V \to V$, 对任意 $k \in \mathbf{K}, \boldsymbol{\alpha} \in V$, 在 V 中均有唯一的一个向量 $\boldsymbol{\delta}$ 与它们对应, 把 $\boldsymbol{\delta}$ 称为 k 和 $\boldsymbol{\alpha}$ 的数乘, 记作 $\boldsymbol{\delta} = k\boldsymbol{\alpha}$. 如果加法和数乘运算满足下面 8 条运算法则: 对任意 $\boldsymbol{\alpha}, \boldsymbol{\beta}, \gamma \in V$, $k, l \in \mathbf{K}$, 有

(1) $\boldsymbol{\alpha} + \boldsymbol{\beta} = \boldsymbol{\beta} + \boldsymbol{\alpha}$.

(2) $(\boldsymbol{\alpha} + \boldsymbol{\beta}) + \boldsymbol{\gamma} = \boldsymbol{\alpha} + (\boldsymbol{\beta} + \gamma)$.

(3) V 中存在一个向量, 记作 $\mathbf{0}$, 它使得对任意 $\boldsymbol{\alpha} \in V$, 均有 $\mathbf{0} + \boldsymbol{\alpha} = \boldsymbol{\alpha}$ 成立. 该向量 $\mathbf{0}$ 称为 V 的零向量.

(4) 对于任意 $\boldsymbol{\alpha} \in V$, 存在 $\boldsymbol{\beta} \in V$, 使得 $\boldsymbol{\alpha} + \boldsymbol{\beta} = \mathbf{0}$. 该向量 $\boldsymbol{\beta}$ 称为向量 $\boldsymbol{\alpha}$ 的负向量.

(5) $1\boldsymbol{\alpha}=\boldsymbol{\alpha}$.

(6) $(kl)\boldsymbol{\alpha}=k(l\boldsymbol{\alpha})$.

(7) $(k+l)\boldsymbol{\alpha}=k\boldsymbol{\alpha}+l\boldsymbol{\alpha}$.

(8) $k(\boldsymbol{\alpha}+\boldsymbol{\beta})=k\boldsymbol{\alpha}+k\boldsymbol{\beta}$.

则称 V 是数域 $\mathbf{K}$ 上的**向量空间**.

从定义可以得到下面性质.

性质 1.4.3.1 设 V 是数域 $\mathbf{K}$ 上的向量空间, 则

(1) 零向量是唯一的;

(2) 任意向量 $\boldsymbol{\alpha}$, 它的负向量是唯一的, 它唯一的负向量记为 $-\boldsymbol{\alpha}$;

(3) $k\boldsymbol{\alpha}=\mathbf{0}\Leftrightarrow\boldsymbol{\alpha}=\mathbf{0}$ 或 $k=0$.

设 V 是数域 $\mathbf{K}$ 上的向量空间, $\boldsymbol{\alpha}_1,\boldsymbol{\alpha}_2,\cdots,\boldsymbol{\alpha}_m$ 是 V 中一组向量, 任给数域 $\mathbf{K}$ 上的一组数 $k_1,k_2,\cdots,k_m$, 向量 $k_1\boldsymbol{\alpha}_1+k_2\boldsymbol{\alpha}_2+\cdots+k_m\boldsymbol{\alpha}_m$ 称为向量组 $\boldsymbol{\alpha}_1,\boldsymbol{\alpha}_2,\cdots,\boldsymbol{\alpha}_m$ 的一个**线性组合**, 其中数组 $k_1,k_2,\cdots,k_m$ 称为**组合系数**. 对于向量 $\boldsymbol{\beta}$, 如果存在数域 $\mathbf{K}$ 中一组数 $c_1,c_2,\cdots,c_m$, 使得 $\boldsymbol{\beta}=c_1\boldsymbol{\alpha}_1+c_2\boldsymbol{\alpha}_2+\cdots+c_m\boldsymbol{\alpha}_m$, 则称 $\boldsymbol{\beta}$ 可以由 $\boldsymbol{\alpha}_1,\boldsymbol{\alpha}_2,\cdots,\boldsymbol{\alpha}_m$ **线性表出**.

定义 1.4.3.2 向量空间 V 中向量组 $\boldsymbol{\alpha}_1,\boldsymbol{\alpha}_2,\cdots,\boldsymbol{\alpha}_m$ 称为**线性相关**的, 如果数域 $\mathbf{K}$ 中存在一组不全为零的数 $c_1,c_2,\cdots,c_m$, 使得 $c_1\boldsymbol{\alpha}_1+c_2\boldsymbol{\alpha}_2+\cdots+c_m\boldsymbol{\alpha}_m=\mathbf{0}$. 否则, 向量组 $\boldsymbol{\alpha}_1,\boldsymbol{\alpha}_2,\cdots,\boldsymbol{\alpha}_m$ 称为**线性无关的**.

命题 1.4.3.1 设 $\boldsymbol{\alpha}_1,\boldsymbol{\alpha}_2,\cdots,\boldsymbol{\alpha}_m$ 是向量空间 V 中向量组, 取定向量 $\boldsymbol{\beta}$, 且 $\boldsymbol{\beta}$ 可以由 $\boldsymbol{\alpha}_1,\boldsymbol{\alpha}_2,\cdots,\boldsymbol{\alpha}_m$ 线性表出. 则向量组 $\boldsymbol{\alpha}_1,\boldsymbol{\alpha}_2,\cdots,\boldsymbol{\alpha}_m$ 线性表出 $\boldsymbol{\beta}$ 的方式是唯一的充分必要条件是向量组 $\boldsymbol{\alpha}_1,\boldsymbol{\alpha}_2,\cdots,\boldsymbol{\alpha}_m$ 是线性无关的.

证明 既然 $\boldsymbol{\beta}$ 可以由 $\boldsymbol{\alpha}_1,\boldsymbol{\alpha}_2,\cdots,\boldsymbol{\alpha}_m$ 线性表出, 设 $\boldsymbol{\beta}=c_1\boldsymbol{\alpha}_1+c_2\boldsymbol{\alpha}_2+\cdots+c_m\boldsymbol{\alpha}_m$.

必要性. 设向量组 $\boldsymbol{\alpha}_1,\boldsymbol{\alpha}_2,\cdots,\boldsymbol{\alpha}_m$ 线性表出 $\boldsymbol{\beta}$ 的方式是唯一的. 反设 $\boldsymbol{\alpha}_1,\boldsymbol{\alpha}_2,\cdots,\boldsymbol{\alpha}_m$ 是线性相关的, 则存在一组不全为零的数 $k_1,k_2,\cdots,k_m$, 使得 $k_1\boldsymbol{\alpha}_1+k_2\boldsymbol{\alpha}_2+\cdots+k_m\boldsymbol{\alpha}_m=\mathbf{0}$. 这样

$$\boldsymbol{\beta}=(c_1+k_1)\boldsymbol{\alpha}_1+(c_2+k_2)\boldsymbol{\alpha}_2+\cdots+(c_m+k_m)\boldsymbol{\alpha}_m,$$

由于 $k_1,k_2,\cdots,k_m$ 不全为零, 故它是 $\boldsymbol{\beta}$ 的另一个线性表示, 这与已知表示唯一矛盾. 从而向量组 $\boldsymbol{\alpha}_1,\boldsymbol{\alpha}_2,\cdots,\boldsymbol{\alpha}_m$ 线性无关.

充分性. 设向量组 $\boldsymbol{\alpha}_1,\boldsymbol{\alpha}_2,\cdots,\boldsymbol{\alpha}_m$ 是线性无关的. 设 $\boldsymbol{\beta}=k_1\boldsymbol{\alpha}_1+k_2\boldsymbol{\alpha}_2+\cdots+k_m\boldsymbol{\alpha}_m$ 是 $\boldsymbol{\beta}$ 的一个表示. 则得到

$$(k_1-c_1)\boldsymbol{\alpha}_1+(k_2-c_2)\boldsymbol{\alpha}_2+\cdots+(k_m-c_m)\boldsymbol{\alpha}_m=\mathbf{0},$$

由于线性无关, 从而 $k_1 - c_1 = 0, k_2 - c_2 = 0, \cdots, k_m - c_m = 0$, 即向量组 $\boldsymbol{\alpha}_1, \boldsymbol{\alpha}_2, \cdots, \boldsymbol{\alpha}_m$ 线性表出 $\boldsymbol{\beta}$ 的方式是唯一的. □

定义 1.4.3.3　设 V 向量空间, 如果 V 中存在 n 个向量 $\boldsymbol{\alpha}_1, \boldsymbol{\alpha}_2, \cdots, \boldsymbol{\alpha}_n$, 使得 V 中任意向量 $\boldsymbol{\alpha}$ 都能够表示成 $\boldsymbol{\alpha}_1, \boldsymbol{\alpha}_2, \cdots, \boldsymbol{\alpha}_n$ 的线性组合

$$\boldsymbol{\alpha} = k_1\boldsymbol{\alpha}_1 + k_2\boldsymbol{\alpha}_2 + \cdots + k_n\boldsymbol{\alpha}_n, \quad k_1, \cdots, k_n \in \mathbf{K},$$

则称向量空间 V 是**有限维向量空间**.

定义 1.4.3.4　设 V 一个有限维向量空间, 如果 V 中存在有序向量组 $\boldsymbol{\alpha}_1, \boldsymbol{\alpha}_2, \cdots, \boldsymbol{\alpha}_n$, 使得 V 中任意一个向量 $\boldsymbol{\alpha}$ 都能够唯一表示成 $\boldsymbol{\alpha}_1, \boldsymbol{\alpha}_2, \cdots, \boldsymbol{\alpha}_n$ 的线性组合:

$$\boldsymbol{\alpha} = k_1\boldsymbol{\alpha}_1 + k_2\boldsymbol{\alpha}_2 + \cdots + k_n\boldsymbol{\alpha}_n, \quad k_1, \cdots, k_n \in \mathbf{R},$$

则称有序向量组 $\boldsymbol{\alpha}_1, \boldsymbol{\alpha}_2, \cdots, \boldsymbol{\alpha}_n$ 是向量空间的一个**基** (**基底**). 对应的有序数组 $(k_1, \cdots, k_n)$ 称为向量 $\boldsymbol{\alpha}$ 关于基 $\boldsymbol{\alpha}_1, \boldsymbol{\alpha}_2, \cdots, \boldsymbol{\alpha}_n$ 的**坐标**.

命题 1.4.3.2　设 V 一个有限维向量空间, 则 V 的任意两个基所含向量的个数相等. 基中向量的个数称为向量空间的**维数**, 记为 $\dim V$.

命题 1.4.3.3　如果 $\dim V = n$, 则 V 中任意 $n+1$ 个向量构成的向量组都线性相关.

命题 1.4.3.4　如果 $\dim V = n$, 则 V 中任意 n 个线性无关的向量都是 V 的一个基.

设 V 是 n 维向量空间, $\boldsymbol{\alpha}_1, \cdots, \boldsymbol{\alpha}_n$ 是 V 的一个基, 向量 $\boldsymbol{\alpha}, \boldsymbol{\beta}$ 关于该基的坐标分别是 $(k_1, \cdots, k_n)$ 和 $(l_1, \cdots, l_n)$, 则向量 $\boldsymbol{\alpha}+\boldsymbol{\beta}$ 的坐标是 $(k_1+l_1, \cdots, k_n+l_n)$. 向量 $c\boldsymbol{\alpha}(c \in \mathbf{K})$ 的坐标是 $(ck_1, \cdots, ck_n)$. 用矩阵乘法表示为

$$\boldsymbol{\alpha} = k_1\boldsymbol{\alpha}_1 + k_2\boldsymbol{\alpha}_2 + \cdots + k_n\boldsymbol{\alpha}_n = (\boldsymbol{\alpha}_1, \boldsymbol{\alpha}_2, \cdots, \boldsymbol{\alpha}_n)\begin{pmatrix} k_1 \\ k_2 \\ \vdots \\ k_n \end{pmatrix},$$

$$\boldsymbol{\beta} = l_1\boldsymbol{\alpha}_1 + l_2\boldsymbol{\alpha}_2 + \cdots + l_n\boldsymbol{\alpha}_n = (\boldsymbol{\alpha}_1, \boldsymbol{\alpha}_2, \cdots, \boldsymbol{\alpha}_n)\begin{pmatrix} l_1 \\ l_2 \\ \vdots \\ l_n \end{pmatrix},$$

则

$$\boldsymbol{\alpha}+\boldsymbol{\beta}=(\boldsymbol{\alpha}_1,\boldsymbol{\alpha}_2,\cdots,\boldsymbol{\alpha}_n)\begin{pmatrix}k_1+l_1\\k_2+l_2\\\vdots\\k_n+l_n\end{pmatrix},\quad c\boldsymbol{\alpha}=(\boldsymbol{\alpha}_1,\boldsymbol{\alpha}_2,\cdots,\boldsymbol{\alpha}_n)\begin{pmatrix}ck_1\\ck_2\\\vdots\\ck_n\end{pmatrix}.$$

将数域 $\mathbf{K}$ 上全体 n 元有序数组的集合记作 $\mathbf{K}^n$, 即

$$\mathbf{K}^n=\{(x_1,x_2,\cdots,x_n)|x_1,x_2,\cdots,x_n\in\mathbf{K}\}.$$

并且在 $\mathbf{K}^n$ 中规定如下的加法和数乘运算:

$$(k_1,\cdots,k_n)+(l_1,\cdots,l_n)=(k_1+l_1,\cdots,k_n+l_n),$$

$$c(k_1,\cdots,k_n)=(ck_1,\cdots,ck_n),$$

则 $\mathbf{K}^n$ 称为数域 $\mathbf{K}$ 上的一个向量空间. 由此可知, n 维向量空间 V 在取定一个基之后, 可以等同于向量空间 $\mathbf{K}^n$.

设 $\boldsymbol{\alpha}_1,\cdots,\boldsymbol{\alpha}_n$ 是向量空间 V 的一个基. $\boldsymbol{\beta}_1,\cdots,\boldsymbol{\beta}_t$ 是 V 中一个向量组, 则它的每一向量均可以用基线性表示:

$$\begin{aligned}\boldsymbol{\beta}_1&=a_{11}\boldsymbol{\alpha}_1+a_{21}\boldsymbol{\alpha}_2+\cdots+a_{n1}\boldsymbol{\alpha}_n,\\\boldsymbol{\beta}_2&=a_{12}\boldsymbol{\alpha}_1+a_{22}\boldsymbol{\alpha}_2+\cdots+a_{n2}\boldsymbol{\alpha}_n,\\&\cdots\cdots\\\boldsymbol{\beta}_t&=a_{1t}\boldsymbol{\alpha}_1+a_{2t}\boldsymbol{\alpha}_2+\cdots+a_{nt}\boldsymbol{\alpha}_n.\end{aligned}$$

利用矩阵乘法可以表示为

$$(\boldsymbol{\beta}_1,\boldsymbol{\beta}_2,\cdots,\boldsymbol{\beta}_t)=(\boldsymbol{\alpha}_1,\boldsymbol{\alpha}_2,\cdots,\boldsymbol{\alpha}_n)\begin{pmatrix}a_{11}&a_{12}&\cdots&a_{1t}\\a_{21}&a_{22}&\cdots&a_{2t}\\\vdots&\vdots&&\vdots\\a_{n1}&a_{n2}&\cdots&a_{nt}\end{pmatrix}.$$

如果记矩阵

$$\boldsymbol{C}=\begin{pmatrix}a_{11}&a_{12}&\cdots&a_{1t}\\a_{21}&a_{22}&\cdots&a_{2t}\\\vdots&\vdots&&\vdots\\a_{n1}&a_{n2}&\cdots&a_{nt}\end{pmatrix},$$

则

$$(\boldsymbol{\beta}_1, \boldsymbol{\beta}_2, \cdots, \boldsymbol{\beta}_t) = (\boldsymbol{\alpha}_1, \boldsymbol{\alpha}_2, \cdots, \boldsymbol{\alpha}_n)\boldsymbol{C}.$$

设 $\boldsymbol{\beta}_1, \cdots, \boldsymbol{\beta}_n$ 是 V 中另一个向量组, 则存在可逆矩阵 $\boldsymbol{C}$, 使得

$$(\boldsymbol{\beta}_1, \boldsymbol{\beta}_2, \cdots, \boldsymbol{\beta}_n) = (\boldsymbol{\alpha}_1, \boldsymbol{\alpha}_2, \cdots, \boldsymbol{\alpha}_n)\boldsymbol{C},$$

矩阵 $\boldsymbol{C}$ 称为基 $\boldsymbol{\alpha}_1, \cdots, \boldsymbol{\alpha}_n$ 到基 $\boldsymbol{\beta}_1, \cdots, \boldsymbol{\beta}_n$ 的**过渡矩阵**.

定义 1.4.3.5 设 V 是数域 $\mathbf{K}$ 上的向量空间, U 是 V 的一个非空子集. 如果 U 中的向量关于 V 的加法和数乘运算也使得 U 是数域 $\mathbf{K}$ 上的向量空间, 则称 U 是 V 的一个**向量子空间**. 也简称为**子空间**.

明显, $\{\mathbf{0}\}$ 是 V 的一个子空间, 称为 V 的**零子空间**.V 是 V 的一个子空间. 除此以外, 还有大量的子空间.

定理 1.4.3.1 设 V 是数域 $\mathbf{K}$ 上的向量空间, U 是 V 的一个非空子集. 则 U 是 V 的一个子空间的充分必要条件是 U 对于 V 的加法和数乘运算都封闭, 即

(1) 对于任意 $\boldsymbol{\alpha}, \boldsymbol{\beta} \in U$, 都有 $\boldsymbol{\alpha} + \boldsymbol{\beta} \in U$;

(2) 任意 $\boldsymbol{\alpha} \in U$, $k \in \mathbf{K}$, 都有 $k\boldsymbol{\alpha} \in U$.

设 V 是数域 $\mathbf{K}$ 上的向量空间, $\boldsymbol{\alpha}_1, \boldsymbol{\alpha}_2, \cdots, \boldsymbol{\alpha}_t$ 是 V 中的一个向量组. 由该向量组的所有线性组合组成的向量集合 $\{k_1\boldsymbol{\alpha}_1 + k_2\boldsymbol{\alpha}_2 + \cdots + k_t\boldsymbol{\alpha}_t | k_1, k_2, \cdots, k_t \in \mathbf{K}\}$ 是 V 的一个子空间, 称为由向量 $\boldsymbol{\alpha}_1, \boldsymbol{\alpha}_2, \cdots, \boldsymbol{\alpha}_t$ **生成子空间**, 记为

$$\mathrm{Span}\{\boldsymbol{\alpha}_1, \boldsymbol{\alpha}_2, \cdots, \boldsymbol{\alpha}_t\}.$$

命题 1.4.3.5 设 V_1, V_2 是向量空间 V 的两个子空间, 则 $V_1 \cap V_2$ 也是 V 的子空间.

命题 1.4.3.6 设 V_1, V_2 是向量空间 V 的两个子空间, 则 V 的子集 $\{\boldsymbol{\alpha} + \boldsymbol{\beta} | \boldsymbol{\alpha} \in V_1, \boldsymbol{\beta} \in V_2\}$ 是 V 的一个子空间, 称为 V_1 与 V_2 的**和**, 记为 $V_1 + V_2$, 即 $V_1 + V_2 = \{\boldsymbol{\alpha} + \boldsymbol{\beta} | \boldsymbol{\alpha} \in V_1, \boldsymbol{\beta} \in V_2\}$.

命题 1.4.3.7 设 V_1, V_2 是有限维向量空间 V 的两个子空间, 则有下面等式成立:

$$\dim V_1 + \dim V_2 = \dim(V_1 + V_2) + \dim(V_1 \cap V_2).$$

1.3.5 欧氏向量空间

本节的向量空间均指实数域 $\mathbf{R}$ 上的向量空间.

定义 1.4.4.1 设 V 是 n 维实数域向量空间. V 上一个对称的、正定的双线性函数 $\langle , \rangle : V \times V \to \mathbf{R}$ 满足下面条件:

(1) 对任意 $\boldsymbol{\alpha}, \boldsymbol{\beta} \in V$, $\langle \boldsymbol{\alpha}, \boldsymbol{\beta} \rangle = \langle \boldsymbol{\beta}, \boldsymbol{\alpha} \rangle$;

(2) 对任意 $\boldsymbol{\alpha},\boldsymbol{\beta},\boldsymbol{\gamma}\in V,k,l\in R,\langle k\boldsymbol{\alpha}+l\boldsymbol{\beta},\boldsymbol{\gamma}\rangle=k\langle\boldsymbol{\alpha},\boldsymbol{\gamma}\rangle+l\langle\boldsymbol{\beta},\boldsymbol{\gamma}\rangle$;

(3) 对任意 $\boldsymbol{\alpha}\in V,\langle\boldsymbol{\alpha},\boldsymbol{\alpha}\rangle\geqslant 0$, 并且等号成立只有在 $\boldsymbol{\alpha}=\mathbf{0}$ 时成立.

则双线性函数 $\langle,\rangle$ 称为向量的**内积**, 简记为 $\boldsymbol{\alpha}\cdot\boldsymbol{\beta}=\langle\boldsymbol{\alpha},\boldsymbol{\beta}\rangle$. 给定内积的向量空间 $(V,\langle,\rangle)$ 称为 n **维欧氏向量空间**.

在欧氏向量空间中, 就会有长度、角度、垂直和距离的概念.

定义 1.4.4.2 设 V 是 n 维欧氏向量空间, 对于任意向量 $\boldsymbol{\alpha}\in V$, 非负实数 $\sqrt{\boldsymbol{\alpha}\cdot\boldsymbol{\alpha}}$ 称为向量 $\boldsymbol{\alpha}$ 的**长度**, 记为 $|\boldsymbol{\alpha}|$.

长度为 1 的向量称为**单位向量**. 如果 $\boldsymbol{\alpha}\neq\mathbf{0}$, 则 $\dfrac{1}{|\boldsymbol{\alpha}|}\boldsymbol{\alpha}$ 是一个单位向量, 它也称为 $\boldsymbol{\alpha}$ 的**单位化**.

性质 1.4.4.1 设 V 是 n 维欧氏向量空间, 对于任意向量 $\boldsymbol{\alpha},\boldsymbol{\beta}\in V$, 有 $|\boldsymbol{\alpha}\cdot\boldsymbol{\beta}|\leqslant|\boldsymbol{\alpha}||\boldsymbol{\beta}|$, 等号成立的充分必要条件是 $\boldsymbol{\alpha},\boldsymbol{\beta}$ 线性相关.

定义 1.4.4.3 设 V 是 n 维欧氏向量空间, 对于任意非零向量 $\boldsymbol{\alpha},\boldsymbol{\beta}\in V$, 它们的**夹角** $\angle(\boldsymbol{\alpha},\boldsymbol{\beta})$ 定义为 $\angle(\boldsymbol{\alpha},\boldsymbol{\beta})=\arccos\dfrac{\boldsymbol{\alpha}\cdot\boldsymbol{\beta}}{|\boldsymbol{\alpha}||\boldsymbol{\beta}|}$. 于是 $0\leqslant\angle(\boldsymbol{\alpha},\boldsymbol{\beta})\leqslant 180^\circ$.

定义 1.4.4.4 如果 $\boldsymbol{\alpha}\cdot\boldsymbol{\beta}=0$, 则称 $\boldsymbol{\alpha}$ 与 $\boldsymbol{\beta}$ **正交** (或**垂直**), 记为 $\boldsymbol{\alpha}\perp\boldsymbol{\beta}$.

性质 1.4.4.2 设 V 是 n 维欧氏向量空间, 对于任意向量 $\boldsymbol{\alpha},\boldsymbol{\beta}\in V$, 有下面性质:

(1) $|\boldsymbol{\alpha}+\boldsymbol{\beta}|\leqslant|\boldsymbol{\alpha}|+|\boldsymbol{\beta}|$;

(2) 如果 $\boldsymbol{\alpha}\perp\boldsymbol{\beta}$, 则 $|\boldsymbol{\alpha}+\boldsymbol{\beta}|^2=|\boldsymbol{\alpha}|^2+|\boldsymbol{\beta}|^2$.

定义 1.4.4.5 设 V 是 n 维欧氏向量空间, 对于任意向量 $\boldsymbol{\alpha},\boldsymbol{\beta}\in V$, 定义 $d(\boldsymbol{\alpha},\boldsymbol{\beta})=|\boldsymbol{\alpha}-\boldsymbol{\beta}|$, 称 $d(\boldsymbol{\alpha},\boldsymbol{\beta})$ 为向量 $\boldsymbol{\alpha}$ 与 $\boldsymbol{\beta}$ 的**距离**.

容易验证, 对于任意向量 $\boldsymbol{\alpha},\boldsymbol{\beta},\boldsymbol{\gamma}$, 距离有下面性质:

(1) **对称性** $d(\boldsymbol{\alpha},\boldsymbol{\beta})=d(\boldsymbol{\beta},\boldsymbol{\alpha})$;

(2) **正定性** $d(\boldsymbol{\alpha},\boldsymbol{\beta})\geqslant 0$, 等号成立当且仅当 $\boldsymbol{\alpha}=\boldsymbol{\beta}$;

(3) **三角不等式** $d(\boldsymbol{\alpha},\boldsymbol{\gamma})\leqslant d(\boldsymbol{\alpha},\boldsymbol{\beta})+d(\boldsymbol{\beta},\boldsymbol{\gamma})$.

定义 1.4.4.6 设 V 是 n 维欧氏向量空间, $\boldsymbol{\alpha}_1,\boldsymbol{\alpha}_2,\cdots,\boldsymbol{\alpha}_t$ 是 V 的一个非零向量构成的向量组, 如果 $\boldsymbol{\alpha}_1,\boldsymbol{\alpha}_2,\cdots,\boldsymbol{\alpha}_t$ 两两正交, 就称 $\boldsymbol{\alpha}_1,\boldsymbol{\alpha}_2,\cdots,\boldsymbol{\alpha}_t$ 为**正交向量组**. 如果正交向量组 $\boldsymbol{\alpha}_1,\boldsymbol{\alpha}_2,\cdots,\boldsymbol{\alpha}_t$ 的每个向量均是单位向量, 则称 $\boldsymbol{\alpha}_1,\boldsymbol{\alpha}_2,\cdots,\boldsymbol{\alpha}_t$ 为**单位正交组**. 如果单位正交组是 V 的一个基, 称该基为单位正交基.

单位正交基 $\boldsymbol{\delta}_1,\boldsymbol{\delta}_2,\cdots,\boldsymbol{\delta}_n$ 满足下面等式:

$$\boldsymbol{\delta}_i\cdot\boldsymbol{\delta}_i=1,\quad \boldsymbol{\delta}_i\cdot\boldsymbol{\delta}_j=0,\quad i\neq j,\quad i,j=1,2,\cdots,n.$$

性质 1.4.4.3 在 n 维欧氏向量空间中, 正交向量组一定线性无关.

定理 1.4.4.1　在 n 维欧氏向量空间中, 给定一个线性无关的向量组 $\boldsymbol{\alpha}_1, \boldsymbol{\alpha}_2, \cdots, \boldsymbol{\alpha}_t$, 则存在单位正交向量组 $\boldsymbol{e}_1, \boldsymbol{e}_2, \cdots, \boldsymbol{e}_t$ 满足每个 $\boldsymbol{\alpha}_k$ 都可以由 $\boldsymbol{e}_1, \boldsymbol{e}_2, \cdots, \boldsymbol{e}_k$ 线性表出, 其中 $k = 1, 2, \cdots, t$.

证明　令

$$\begin{aligned}
\boldsymbol{\beta}_1 &= \boldsymbol{\alpha}_1, \\
\boldsymbol{\beta}_2 &= \boldsymbol{\alpha}_2 - \frac{\boldsymbol{\alpha}_2 \cdot \boldsymbol{\beta}_1}{|\boldsymbol{\beta}_1|^2}\boldsymbol{\beta}_1, \\
\boldsymbol{\beta}_3 &= \boldsymbol{\alpha}_3 - \frac{\boldsymbol{\alpha}_3 \cdot \boldsymbol{\beta}_1}{|\boldsymbol{\beta}_1|^2}\boldsymbol{\beta}_1 - \frac{\boldsymbol{\alpha}_3 \cdot \boldsymbol{\beta}_2}{|\boldsymbol{\beta}_2|^2}\boldsymbol{\beta}_2, \\
&\cdots\cdots \\
\boldsymbol{\beta}_k &= \boldsymbol{\alpha}_k - \frac{\boldsymbol{\alpha}_k \cdot \boldsymbol{\beta}_1}{|\boldsymbol{\beta}_1|^2}\boldsymbol{\beta}_1 - \frac{\boldsymbol{\alpha}_k \cdot \boldsymbol{\beta}_2}{|\boldsymbol{\beta}_2|^2}\boldsymbol{\beta}_2 - \cdots - \frac{\boldsymbol{\alpha}_k \cdot \boldsymbol{\beta}_{k-1}}{|\boldsymbol{\beta}_{k-1}|^2}\boldsymbol{\beta}_{k-1}.
\end{aligned}$$

容易验证 $\boldsymbol{\beta}_1, \boldsymbol{\beta}_2, \cdots, \boldsymbol{\beta}_k$ 是正交向量组, 故 $\boldsymbol{\beta}_1, \boldsymbol{\beta}_2, \cdots, \boldsymbol{\beta}_k$ 是线性无关的向量, 既然 $\boldsymbol{\alpha}_1, \boldsymbol{\alpha}_2, \cdots, \boldsymbol{\alpha}_k$ 是线性无关的, 故 $\boldsymbol{\alpha}_k$ 可以由 $\boldsymbol{\beta}_1, \boldsymbol{\beta}_2, \cdots, \boldsymbol{\beta}_k$ 线性表出, 这对于 $k = 1, 2, \cdots, t$ 都成立. 再对正交向量组 $\boldsymbol{\beta}_1, \boldsymbol{\beta}_2, \cdots, \boldsymbol{\beta}_k$ 单位化, 即令

$$\boldsymbol{e}_1 = \frac{\boldsymbol{\beta}_1}{|\boldsymbol{\beta}_1|}, \boldsymbol{e}_2 = \frac{\boldsymbol{\beta}_2}{|\boldsymbol{\beta}_2|}, \cdots, \boldsymbol{e}_k = \frac{\boldsymbol{\beta}_k}{|\boldsymbol{\beta}_k|},$$

则 $\boldsymbol{e}_1, \boldsymbol{e}_2, \cdots, \boldsymbol{e}_k$ 是单位正交组, 并且 $\boldsymbol{\alpha}_k$ 可以由 $\boldsymbol{e}_1, \boldsymbol{e}_2, \cdots, \boldsymbol{e}_k$ 线性表出, 这对于 $k = 1, 2, \cdots, t$ 都成立. □

上面定理的证明过程中, 从一组线性无关的向量组构造与之等价的单位正交组的过程称为**施密特正交化**方法. 定理表明欧氏空间一定存在单位正交基.

定理 1.4.4.2　设 V 是 n 维向量空间, 如果 $n \geqslant 1$, 则 V 中存在基. 进一步, 如果 V 是 n 维欧氏向量空间, 则 V 中存在单位正交基.

向量空间 $\mathbf{R}^n$ 中有内积: 设 $\boldsymbol{\alpha} = (x_1, x_2, \cdots, x_n), \boldsymbol{\beta} = (y_1, y_2, \cdots, y_n)$, 定义它们内积为

$$\boldsymbol{\alpha} \cdot \boldsymbol{\beta} = x_1y_1 + x_2y_2 + \cdots + x_ny_n.$$

这样 $\mathbf{R}^n$ 便成为 n 维欧氏向量空间. 该内积称为 $\mathbf{R}^n$ 的标准内积. 以后我们提到 $\mathbf{R}^n$ 是 n 维欧氏向量空间时, 其内积均指标准内积. 在任意一个 n 维欧氏向量空间 $(V, \langle,\rangle)$ 中取定一个单位正交基, 则 $(V, \langle,\rangle)$ 和有标准内积的 $\mathbf{R}^n$ 是等距同构的.

定理 1.4.4.3 设 V 是 n 维向量空间. 则 V 中存在一个内积结构 $\langle , \rangle : V \times V \to \mathbf{R}$ 使得 $(V, \langle , \rangle)$ 是一个欧氏向量空间.

证明 设 $\boldsymbol{\alpha}_1, \boldsymbol{\alpha}_2, \cdots, \boldsymbol{\alpha}_n$ 是 V 的一组基, 对于任意向量 $\boldsymbol{\alpha}, \boldsymbol{\beta}$, 假设它们在基 $\boldsymbol{\alpha}_1, \boldsymbol{\alpha}_2, \cdots, \boldsymbol{\alpha}_n$ 下的坐标分别是 $(x_1, x_2, \cdots, x_n), (y_1, y_2, \cdots, y_n)$, 即

$$\boldsymbol{\alpha} = x_1\boldsymbol{\alpha}_1 + x_2\boldsymbol{\alpha}_2 + \cdots + x_n\boldsymbol{\alpha}_n, \quad \boldsymbol{\beta} = y_1\boldsymbol{\alpha}_1 + y_2\boldsymbol{\alpha}_2 + \cdots + y_n\boldsymbol{\alpha}_n,$$

定义 $\boldsymbol{\alpha}$ 与 $\boldsymbol{\beta}$ 的内积 $\boldsymbol{\alpha} \cdot \boldsymbol{\beta}$ 为: $\boldsymbol{\alpha} \cdot \boldsymbol{\beta} = x_1y_1 + x_2y_2 + \cdots + x_ny_n$.

容易验证 $\boldsymbol{\alpha} \cdot \boldsymbol{\beta}$ 满足内积定义的三条公理. 这样 $(V, \langle , \rangle)$ 是一个欧氏向量空间. □

第 2 章　图形的方程

空间中给定一个仿射坐标系后，点均有一个坐标与之对应. 空间中的图形是一个点集. 如果将点的坐标看成某个三元方程的解，则空间中的点集对应某个三元方程的解集；反之一个三元方程的解集也对应空间中的某个点集. 于是空间中的图形与一个三元方程联系起来，这样可以利用代数方法去研究它的方程的一些性质来了解该图形的几何性质，这正是解析几何开创者笛卡儿和费马主要贡献之一. 本章主要内容属于传统解析几何的内容，主要任务是建立一些基本图形的普通方程，为后面利用方程来研究图形的几何性质做准备. 这些几何图形主要是空间中的平面、直线、柱面、锥面、旋转面等特殊曲面. 这些图形的方程是比较简单的，其原因是这些图形具有一定的对称性. 空间中的图形多种多样，不是所有图形都可以用普通的方程来表示的. 本章最后一节列出了一些线性方程组的相关性质.

2.1　图形的一般方程与参数方程

2.1.1　图形的一般方程

本书中所讨论的空间图形主要是曲线和曲面，它们在数学上没有严格地给出定义，只能在直观上了解它们. 直观上，曲线只有一个自由度，曲线可以看成点随时间在空间中运动的轨迹. 而曲面有两个自由度，一般而言曲面可以看成平面片在空间中的形变.

图形的方程是该图形的几何性质某种表达式. 在空间中取定一个仿射坐标系，如果曲面 S 上的点坐标都满足一个三元方程 $F(x,y,z)=0$，反之满足三元方程 $F(x,y,z)=0$ 的解一定是曲面 S 上某个点的坐标，则三元方程 $F(x,y,z)=0$ 称为曲面 S 的**一般方程**. 而曲面 S 称为该三元方程 $F(x,y,z)=0$ 的**曲面**.

一般而言，一个三元方程的图形是空间中的一张曲面. 而两个三元方程构成的方程组

$$\begin{cases} F(x,y,z)=0, \\ H(x,y,z)=0 \end{cases}$$

的图形是一个曲线. 该曲线也可以理解为两张曲面的交线.

而三个三元方程构成的方程组

$$\begin{cases} F_1(x,y,z)=0, \\ F_2(x,y,z)=0, \\ F_3(x,y,z)=0 \end{cases}$$

的图形是一个点. 当然也可能出现例外. 例如在空间直角坐标系下, 三元方程组

$$\begin{cases} yz=0, \\ z=0 \end{cases}$$

的图形是 xOy 平面, 它是一个曲面.

例 2.1.1.1 如图 2.1.1, 在空间直角坐标系中, 取一个固定点 $M_0(a,b,c)$. 求空间中以定点 $M_0(a,b,c)$ 为球心, 半径为 R 的球面方程.

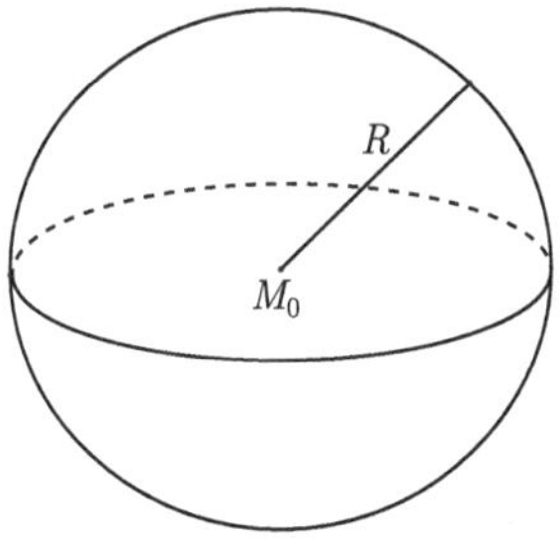

图 2.1.1

解 利用两点间距离公式, 我们得到球面方程 $(x-a)^2+(y-b)^2+(z-c)^2=R^2$. □

在空间中取定一个仿射坐标系, 一个方程或方程组的图形是唯一确定的. 但在空间中给定一个图形, 它的方程一般不唯一. 因为不同的方程或方程组可能有完全相同的解集, 从而它们的图形是一样的. 例如, 三元方程 $(x-y+1)^2+(x+y-z-1)^2=0$ 和方程组 $\begin{cases} x-y+1=0, \\ x+y-z-1=0 \end{cases}$ 有相同的解集. 这样它们的图形相同.

本书讨论平面上的图形主要是平面曲线. 在平面上建立仿射坐标系后, 如果用 (x,y) 表示平面上点的坐标, 则平面上的曲线方程是一个二元方程 $F(x,y)=0$.

最后我们约定, 当考虑空间中图形的方程时, 所有的方程均看成 x,y,z 的三元方程, 不管方程式中只显示两个或一个未知数. 例如空间中图形的方程 $x^2+y^2=0$, 该方程中只出现两个未知数, 但应该把它理解为三元方程, 其中未知数 z 没有任

何约束, 可以任意取值, 这样该方程对应的图形是空间中的直线, 它就是仿射标架的 z 轴. 但是当把这方程 $x^2+y^2=0$ 考虑为平面上图形的方程时, 这一个二元方程, 它的图形是一个点, 即原点.

2.1.2 图形的参数方程

图形的参数方程是图形的另一种常用的方程. 特别对于曲线, 常常使用它的参数方程比较方便. 曲线常常看成空间中的点随时间变化的运动轨迹. 在空间取定仿射坐标系后, 曲线上点的三个坐标 (x,y,z) 都随一个参数变化而变化, 因此它们都是参数 t 的函数, 把点的三个坐标函数写成下面方程组:

$$\begin{cases} x=f(t), \\ y=g(t), \\ z=h(t), \end{cases} \tag{2.1.1}$$

参数 t 在某个范围内变化, 方程 (2.1.1) 称为空间曲线的**参数方程**. 参数方程 (2.1.1) 也可以等价写成向量函数形式 $\boldsymbol{\alpha}(t)=(f(t),g(t),h(t))$, 此时向量是空间中点的定位向量.

类似地, 在平面上建立仿射坐标系, 平面曲线的参数方程是

$$\begin{cases} x=f(t), \\ y=g(t), \end{cases} \quad \text{或者} \quad \boldsymbol{\alpha}(t)=(f(t),g(t)).$$

例 2.1.2.1 旋轮线: 一个圆在一条直线上无滑动的滚动时, 圆周上的一点 P 的轨迹是旋轮线. 求出旋轮线的参数方程.

解 取平面直角坐标系 $[O;\boldsymbol{e}_1,\boldsymbol{e}_2]$, 我们选定圆滚动的角度 θ 为参数. 设半径为 r 的圆在 x 轴上滚动. 开始时点 P 刚好在原点 O, 如图 2.1.2.

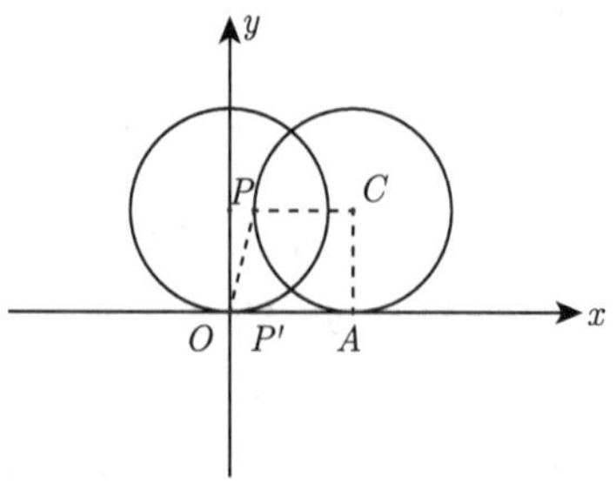

图 2.1.2

经过一段时间滚动后, 圆与 x 轴的切点为 A 点, 圆心移到点 C. 这时

$$\overrightarrow{OP}=\overrightarrow{OA}+\overrightarrow{AC}+\overrightarrow{CP},$$

由图 2.1.2 知道 $\overrightarrow{OA}=r\theta\boldsymbol{e}_1, \overrightarrow{AC}=r\boldsymbol{e}_2$.

现规定逆时针的旋转角为正角, 顺时针旋转角为负角. 设 $\theta=\angle(\overrightarrow{CP},\overrightarrow{CA})$ 表示从向量 $\overrightarrow{CP}$ 方向旋转到向量 $\overrightarrow{CA}$ 的有向角. 这样 $\angle(\boldsymbol{e}_1,\overrightarrow{CP})=-\left(\theta+\dfrac{\pi}{2}\right)$, 则

$$\overrightarrow{CP}=r\cos\left(\theta+\frac{\pi}{2}\right)\boldsymbol{e}_1-r\sin\left(\theta+\frac{\pi}{2}\right)\boldsymbol{e}_2,$$

所以 $\overrightarrow{OP}=r(\theta-\sin\theta)\boldsymbol{e}_1+r(1-\cos\theta)\boldsymbol{e}_2$, 即点 P 的轨迹的参数方程是

$$\begin{cases} x=r(\theta-\sin\theta), \\ y=r(1-\cos\theta), \end{cases} \quad -\infty\leqslant\theta\leqslant+\infty.$$

如果限制参数 $0\leqslant\theta\leqslant 2\pi$, 就得到旋轮线的一拱. 如图 2.1.3.

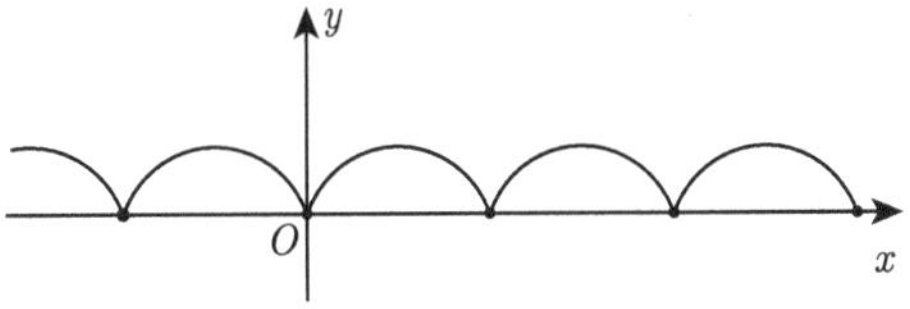

图 2.1.3

□

例 2.1.2.2 螺旋线: 一个动点绕一条固定直线做等角速度的圆周运动, 同时又做沿该直线的均速直线运动. 则动点的轨迹是螺旋线. 求出螺旋线的参数方程.

解 在空间建立空间右手直角坐标系 $[O;\boldsymbol{e}_1,\boldsymbol{e}_2,\boldsymbol{e}_3]$, 使得固定直线是该坐标系的 z 轴. 设动点的角速度是 ω, 直线运动的速度是 v. 由于都是匀速运动. 故 ω, v 都是常数.

设动点开始时的位置为 A 点, 其坐标是 $(a,0,0)$. 我们选取动点运动的时间作为参数. 如图 2.1.4.

设动点经过时间 t 后到达点 P 处. 过点 P 作 xOy 平面的垂线并交 xOy 平面于 M 点, 则

$$\angle(\boldsymbol{e}_1,\overrightarrow{OM})=\omega t, \quad \overrightarrow{MP}=vt\boldsymbol{e}_3.$$

因此 $\overrightarrow{OP}=\overrightarrow{OM}+\overrightarrow{MP}=(a\cos\omega t)\boldsymbol{e}_1+(a\sin\omega t)\boldsymbol{e}_2+vt\boldsymbol{e}_3$. 这样螺旋线的参数方程是

$$\begin{cases} x=a\cos(\omega t), \\ y=a\sin(\omega t), \qquad -\infty\leqslant t\leqslant+\infty. \\ z=vt, \end{cases}$$

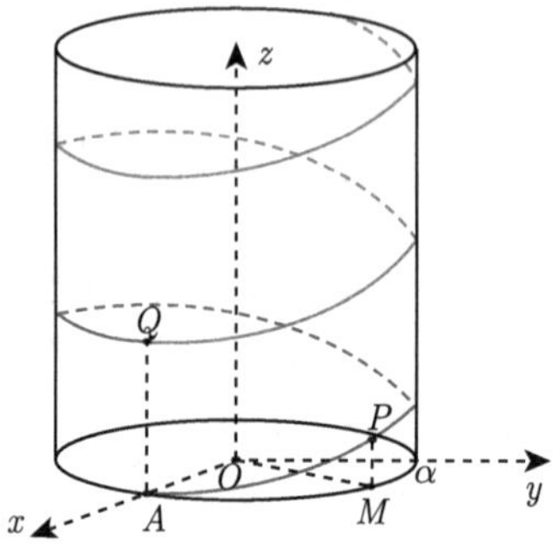

图 2.1.4

□

空间中曲面的参数方程含有两个参数. 在空间取定仿射坐标系后, 曲面上点的坐标表示为 (x,y,z), 则曲面的参数方程的一般形式是

$$\begin{cases} x=f(u,v), \\ y=g(u,v), \qquad u,v \text{ 为参数}. \\ z=h(u,v), \end{cases} \tag{2.1.2}$$

事实上, 曲面的参数方程表述的曲面是把平面片在空间中形变而得到的曲面. 在平面上取定仿射坐标系后, 平面上点的坐标用 (u,v) 表示, 用 (u,v) 的取值范围 D 表示平面片的范围. 空间曲面 S 上的坐标用 (x,y,z) 表示, 则曲面的参数方程 (2.1.2) 表示平面片 D 在空间中的形变, 其形变映射是

$$\varphi:D\to S,\quad \varphi(u,v)=(f(u,v),g(u,v),h(u,v)),\quad u,v\in D.$$

这样 $S=\varphi(D)$.

例 2.1.2.3　在空间取定右手直角坐标系 $[O;\boldsymbol{e}_1,\boldsymbol{e}_2,\boldsymbol{e}_3]$. 球面 S 的球心在原点 O, 半径是 R. 写出球面的一参数方程.

解　如图 2.1.5, 球面上任意点 M, 过点 M 作 xOy 平面的垂线交 xOy 平面于 M_0. 记

$$\varphi=\angle(\boldsymbol{e}_1,\overrightarrow{OM_0}),\quad \theta=\angle(\boldsymbol{e}_3,\overrightarrow{OM_0}).$$

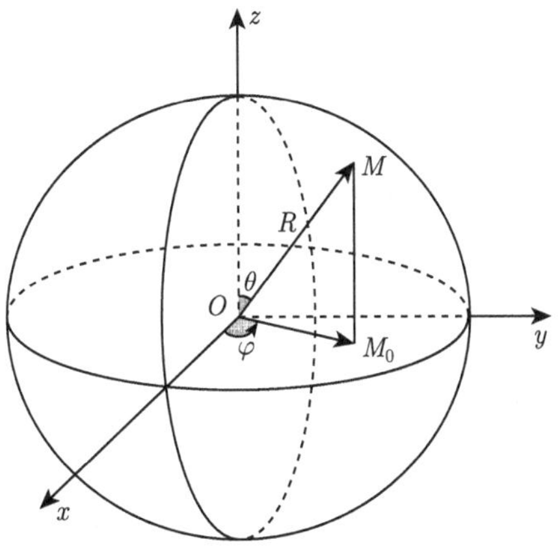

图 2.1.5

我们以 φ,θ 为参数, 则球面 S 的参数方程是

$$\begin{cases} x=R\cos\varphi\sin\theta, \\ y=R\sin\varphi\sin\theta, \qquad 0\leqslant\varphi\leqslant 2\pi, 0\leqslant\theta\leqslant\pi. \\ z=R\cos\theta, \end{cases}$$

消去参数 φ,θ 得到球面的一般方程 $x^2+y^2+z^2=R^2$. □

最后指出, 曲线或曲面的参数方程也不是唯一的. 根据仿射坐标系选择的不同和参数的选择不同, 曲线或曲面的参数方程也不同.

习 题 2.1

1. 已知平面内有一大一小的两个圆, 大圆的半径是 $2r$, 小圆的半径是 r, 设大圆固定在平面内不动, 而小圆在大圆内无滑动地滚动. 在小圆滚动一周时, 设小圆周上一固定点 M 的轨迹为 Γ, 证明: Γ 是大圆的一条直径.

2. 在空间建立适当的直角坐标系, 求出下面点的轨迹的方程.

(1) 空间中到两个定点的距离之比等于常数的点的轨迹.

(2) 空间中到两个定点的距离之和等于常数的点的轨迹.

(3) 空间中到两个定点的距离之差等于常数的点的轨迹.

3. 写出平面上椭圆、双曲线和抛物线的参数方程.

4. 在平面直角坐标系中, 双曲线 Γ 的方程是 $xy=9$. 如果平面一个圆 C 与双曲线 Γ 交于四点 $p_1\left(3t_1,\dfrac{3}{t_1}\right), p_2\left(3t_2,\dfrac{3}{t_2}\right), p_3\left(3t_3,\dfrac{3}{t_3}\right), p_4\left(3t_4,\dfrac{3}{t_4}\right)$. 证明: $t_1t_2t_3t_4=1$.

5. 在平面直角坐标系中, 曲线 Γ 的参数方程 $\begin{cases} x = t^2 + t, \\ y = t^2 - t, \end{cases}$ t 为参数, 问曲线 Γ 是什么曲线.

6. 在空间直角坐标系中, 说明下列参数方程的图形是在球面上的曲线.

(1) $\begin{cases} x = 3\sin\theta, \\ y = 4\sin\theta, \\ z = 5\cos\theta, \end{cases}$ θ 为参数. (2) $\begin{cases} x = \dfrac{t}{1+t^2+t^4}, \\ y = \dfrac{t^2}{1+t^2+t^4}, \\ z = \dfrac{t^3}{1+t^2+t^4}, \end{cases}$ t 为参数.

7. 在空间直角坐标系中, 说明方程 $\begin{cases} x^2 + 6y^2 + 5z^2 = 5, \\ 5y^2 + 4z^2 = 1 \end{cases}$ 的图形是球面上的曲线.

8. 在空间直角坐标系中, 下面方程的图形是什么.

(1) $(x^2 + y^2 + z^2 - 1)(x^2 + (y-1)^2 + z^2 - 25) = 0$.

(2) $(x^2 + y^2 + z^2 - 1)^4 + x^2 + (y+1)^2 + z^2 - 25 = 0$.

9. 在一个平面中有两个圆, 已知大圆的半径为 a, 小圆的半径为 $b(a > b)$. 设大圆固定, 而小圆在大圆内无滑动的滚动 (内切), 当小圆在滚动时, 圆周上一定点 p 在平面上的轨迹称为内旋轮线. 建立适当的平面坐标系, 求出内旋轮线方程.

10. 空间中有两条互相垂直相交的直线 L_1 和直线 L_2, 其中直线 L_2 固定, 直线 L_1 绕直线 L_2 做螺旋运动, 即直线 L_1 一方面绕直线 L_2 作匀速旋转, 另一方面又沿直线 L_2 做匀速直线运动. 在螺旋运动中, 直线 L_1 和直线 L_2 保持垂直相交. 这样由直线 L_1 生成的空间曲面称为螺旋面. 建立适当的空间坐标系, 求出螺旋面的方程.

2.2 空间中平面的方程

2.2.1 平面的方程

平面是现实空间中最基本的曲面, 它的直观形象是常见的平面, 几何上没有更基本的概念来严格地定义它. 作为空间中二维层次的基本几何概念, 平面的基本性质是: 当平面上含有相异两点 p, q 时, 则该平面必包含连接 p, q 两点的整条直线段. 在几何上, 决定空间一张平面的条件比较多. 例如, 过不共线的三点决定一张平面; 过一直线和直线外一点决定一张平面; 过两个相交直线决定一张平面; 过两个平行但不重合的两个直线决定一张平面; 等等. 这些条件是等价的, 它们也都可以等价于所谓“点向式”条件: 平面上的点和两个与此平面平行的不共线的向量决定一张平面.

代数上看, 平面是一个二维仿射空间. 因此可以用代数的方式描述它. 如图 2.2.1, 设平面 π 经过点 P, 平行于两个不共线的向量 $\boldsymbol{\alpha},\boldsymbol{\beta}$. 于是空间中的点 M 在平面 π 上的充分必要条件是向量 $\overrightarrow{PM},\boldsymbol{\alpha},\boldsymbol{\beta}$ 共面. 由于向量 $\boldsymbol{\alpha},\boldsymbol{\beta}$ 不共线, 则向量 $\overrightarrow{PM},\boldsymbol{\alpha},\boldsymbol{\beta}$ 共面的充分必要条件是存在实数 u,v, 使得

$$\overrightarrow{PM}=u\boldsymbol{\alpha}+v\boldsymbol{\beta}. \tag{2.2.1}$$

方程 (2.2.1) 称为平面 π 的**向量式参数方程**.

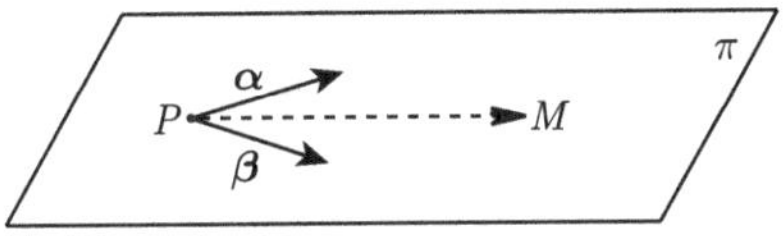

图 2.2.1

在空间一个仿射坐标系 $[O;\boldsymbol{e}_1,\boldsymbol{e}_2,\boldsymbol{e}_3]$ 下, 设点 P 的坐标是 (x_0,y_0,z_0), 向量 $\boldsymbol{\alpha},\boldsymbol{\beta}$ 的坐标分别是 (X_1,Y_1,Z_1) 和 (X_2,Y_2,Z_2). 平面 π 上任意点即动点 M 的坐标设为 (x,y,z), 则平面 π 的向量式参数方程 (2.2.1) 可以写成:

$$\begin{cases} x=x_0+uX_1+vX_2, \\ y=y_0+uY_1+vY_2, \qquad u,v\in\mathbf{R}, \\ z=z_0+uZ_1+vZ_2, \end{cases} \tag{2.2.2}$$

方程 (2.2.2) 就是平面 π 的**参数方程**.

参数方程也可以写成向量式:

$$(x,y,z)=(x_0,y_0,z_0)+u(X_1,Y_1,Z_1)+v(X_2,Y_2,Z_2), \quad u,v\in\mathbf{R}.$$

这样平面 π 的参数方程中的参数 (u,v) 就是平面上的点在平面上的仿射坐标系 $[P;\boldsymbol{\alpha},\boldsymbol{\beta}]$ 下的坐标.

向量 $\overrightarrow{PM},\boldsymbol{\alpha},\boldsymbol{\beta}$ 共面等价于

$$\begin{vmatrix} x-x_0 & y-y_0 & z-z_0 \\ X_1 & Y_1 & Z_1 \\ X_2 & Y_2 & Z_2 \end{vmatrix}=0.$$

将此行列式展开得到方程

$$Ax+By+Cz+D=0, \tag{2.2.3}$$

其中

$$A=\begin{vmatrix} Y_1 & Z_1 \\ Y_2 & Z_2 \end{vmatrix},\quad B=\begin{vmatrix} Z_1 & X_1 \\ Z_2 & X_2 \end{vmatrix},\quad C=\begin{vmatrix} X_1 & Y_1 \\ X_2 & Y_2 \end{vmatrix},\quad D=-\begin{vmatrix} x_0 & y_0 & z_0 \\ X_1 & Y_1 & Z_1 \\ X_2 & Y_2 & Z_2 \end{vmatrix}.$$

方程 (2.2.3) 是平面 π 的**一般式方程**. 既然向量 $\boldsymbol{\alpha},\boldsymbol{\beta}$ 不共线, 故方程 (2.2.3) 的系数 A,B,C 不全为零. 这样 (2.2.3) 是一个三元一次方程. 因此空间中任意一张平面的方程都是三元一次方程.

定理 2.2.1.1　在空间中取定一个仿射坐标系, 则空间中平面的方程是一个三元一次方程; 反之, 任意一个三元一次方程的图形是一张平面.

证明　定理的第一部分已经在前面说明, 我们只需证明后面部分结论. 任意给定一个三元一次方程 $Ax+By+Cz+D=0$. 既然未知数前的系数 A,B,C 不全为零, 不妨设 $C\neq 0$. 取方程 $Ax+By+Cz+D=0$ 的一个解 $\left(0,0,\dfrac{-D}{C}\right)$, 以此解作为坐标的点记为 M_0. 取方程 $Ax+By+Cz=0$ 的两个解 $\boldsymbol{\alpha}=\left(0,1,\dfrac{-B}{C}\right),\boldsymbol{\beta}=\left(1,0,\dfrac{-A}{C}\right)$, 以此两个解作为坐标的向量仍记为 $\boldsymbol{\alpha},\boldsymbol{\beta}$. 明显向量 $\boldsymbol{\alpha},\boldsymbol{\beta}$ 不共线. 设空间中一平面 π 经过点 M_0 并且平行于向量 $\boldsymbol{\alpha},\boldsymbol{\beta}$, 则平面 π 是空间中确定唯一的平面. 设平面 π 上动点的坐标为 (x,y,z), 则

$$\begin{vmatrix} x & y & z+\dfrac{D}{C} \\ 1 & 0 & \dfrac{-A}{C} \\ 0 & 1 & \dfrac{-B}{C} \end{vmatrix}=0,$$

展开为

$$Ax+By+Cz+D=0.$$

这样方程 $Ax+By+Cz+D=0$ 表示经过点 M_0 并且平行于向量 $\boldsymbol{\alpha}=\left(0,1,\dfrac{-B}{C}\right)$ 和向量 $\boldsymbol{\beta}=\left(1,0,\dfrac{-A}{C}\right)$ 的平面. □

例 2.2.1.1 在空间仿射坐标系 $[O;\boldsymbol{e}_1,\boldsymbol{e}_2,\boldsymbol{e}_3]$, 给定不共线的三点

$$M_1(a_1,b_1,c_1),\quad M_2(a_2,b_2,c_2),\quad M_3(a_3,b_3,c_3).$$

求出过这三点的平面方程.

解 所求平面过点 $M_1(a_1,b_1,c_1)$, 且平行于不共线向量 $\overrightarrow{M_1M_2}(a_2-a_1,b_2-b_1,c_2-c_1)$, $\overrightarrow{M_1M_3}(a_3-a_1,b_3-b_1,c_3-c_1)$, 这样, 平面方程式

$$\begin{vmatrix} x-a_1 & y-b_1 & z-c_1 \\ a_2-a_1 & b_2-b_1 & c_2-c_1 \\ a_3-a_1 & b_3-b_1 & c_3-c_1 \end{vmatrix}=0,$$

或等价于方程

$$\begin{vmatrix} x & y & z & 1 \\ a_1 & b_1 & c_1 & 1 \\ a_2 & b_2 & c_2 & 1 \\ a_3 & b_3 & c_3 & 1 \end{vmatrix}=0.$$ □

如果三点 $M_1(a,0,0),M_2(0,b,0),M_3(0,0,c)$ 是平面与坐标轴的交点, 并且 $abc\neq 0$, 则该平面的方程是 $\dfrac{x}{a}+\dfrac{y}{b}+\dfrac{z}{c}=1$.

平面 π 的方程 $Ax+By+Cz+D=0$ 的系数有一定的几何含义, 例如常数项 $D=0$ 表示平面 π 经过原点. 下面定理给出了平面方程的系数的几何含义.

定理 2.2.1.2 取空间仿射坐标系 $[O;\ \boldsymbol{e}_1,\boldsymbol{e}_2,\boldsymbol{e}_3]$, 设平面 π 的方程是 $Ax+By+Cz+D=0$. 则向量 $\boldsymbol{\alpha}(k,m,n)$ 平行于平面 π 的充分必要条件是 $kA+mB+nC=0$.

证明 任取平面 π 上一点 $M_0(x_0,y_0,z_0)$, 则 $Ax_0+By_0+Cz_0+D=0$. 作 $\boldsymbol{\alpha}=\overrightarrow{M_0M}$, 既然向量 $\boldsymbol{\alpha}$ 的坐标是 (k,m,n), 则点 M 的坐标是 (x_0+k,y_0+m,z_0+n). 这样向量 $\boldsymbol{\alpha}(k,m,n)$ 平行于平面 π 的充分必要条件是点 M 在平面 π 上. 点 M 在平面 π 上的充分必要条件是 $A(x_0+k)+B(y_0+m)+C(z_0+n)+D=0$, 即

$$kA+mB+nC=0.$$ □

利用上面命题得到: 在空间仿射坐标系 $[O;\boldsymbol{e}_1,\boldsymbol{e}_2,\boldsymbol{e}_3]$ 下, 设平面 π 的方程是 $Ax+By+Cz+D=0$, 则 $A=0\Leftrightarrow \boldsymbol{e}_1//\pi$.

从而我们有如下结论.

(1) $A=0\Leftrightarrow x$ 轴平行于平面 π;

类似地,

(2) $B=0 \Leftrightarrow y$ 轴平行于平面 π;

(3) $C=0 \Leftrightarrow z$ 轴平行于平面 π;

(4) $A=B=0 \Leftrightarrow xOy$ 平面平行于平面 π;

(5) $A=C=0 \Leftrightarrow xOz$ 平面平行于平面 π;

(6) $B=C=0 \Leftrightarrow yOz$ 平面平行于平面 π.

定义 2.2.1.1 如果空间中向量 $\boldsymbol{\alpha}$ 垂直于平面 π, 则称向量 $\boldsymbol{\alpha}$ 为平面 π 的一个**法向量** (图 2.2.2).

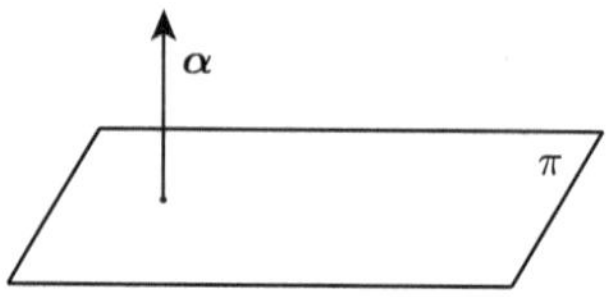

图 2.2.2

命题 2.2.1.1 取空间直角坐标系 $[O;\boldsymbol{e}_1,\boldsymbol{e}_2,\boldsymbol{e}_3]$, 平面 π 在此直角坐标系下的方程是 $Ax+By+Cz+D=0$. 则向量 $\boldsymbol{n}=(A,B,C)$ 是平面 π 的一个法向量.

证明 任意取平面上向量 $\boldsymbol{\alpha}=(k,m,n)$, 则 $\boldsymbol{\alpha}=(k,m,n)$ 是平行于平面 π 的, 由定理 2.2.1.2 得到 $kA+mB+nC=0$. 此等式在空间直角坐标系下表示向量 $\boldsymbol{\alpha}=(k,m,n)$ 与向量 $\boldsymbol{n}=(A,B,C)$ 作内积等于零, 即 $\boldsymbol{\alpha}\cdot\boldsymbol{n}=0$. 从而向量 $\boldsymbol{n}=(A,B,C)$ 垂直于向量 $\boldsymbol{\alpha}=(k,m,n)$. 故向量 $\boldsymbol{n}=(A,B,C)$ 是平面 π 的一个法向量. □

一般地, 在空间仿射坐标系, 以平面方程的系数为坐标的向量 $\boldsymbol{n}=(A,B,C)$ 不一定是平面的法向量.

2.2.2 平面间的位置关系

几何上, 两张平面间的位置关系包含相交和平行两种情况. 相交平面的交集是空间中的一条直线. 平行又分两平面相离和重合. 三张平面间的位置关系会出现更多的情形. 下面我们利用平面的方程来判断平面间的位置关系.

命题 2.2.2.1 在空间仿射坐标系 $[O;\boldsymbol{e}_1,\boldsymbol{e}_2,\boldsymbol{e}_3]$ 下, 给出两张平面的方程:

$$\pi_1: A_1x+B_1y+C_1z+D_1=0,\quad \pi_2: A_2x+B_2y+C_2z+D_2=0.$$

则 (1) 两个平面 π_1 与 π_2 是平行的, 即 $\pi_1//\pi_2 \Leftrightarrow A_1:A_2=B_1:B_2=C_1:C_2\neq D_1:D_2$.

(2) 两个平面 π_1 与 π_2 是重合的, 即 $\pi_1=\pi_2 \Leftrightarrow A_1:A_2=B_1:B_2=C_1:C_2=D_1:D_2$.

(3) 两个平面 π_1 与 π_2 是相交的 $\Leftrightarrow A_1:A_2$, $B_1:B_2$, $C_1:C_2$ 不全相同.

证明 $\pi_1=\pi_2\Leftrightarrow$ 两个平面方程 $A_1x+B_1y+C_1z+D_1=0$ 和 $A_2x+B_2y+C_2z+D_2=0$ 是同解方程 $\Leftrightarrow A_1:A_2=B_1:B_2=C_1:C_2=D_1:D_2$. (2) 得证.

两个平面 π_1 与 π_2 是平行的, 并且平面 π_1 与 π_2 是相离的 $\Leftrightarrow$ 方程组 $\begin{cases}A_1x+B_1y+C_1z+D_1=0,\\A_2x+B_2y+C_2z+D_2=0\end{cases}$ 无解 $\Leftrightarrow A_1:A_2=B_1:B_2=C_1:C_2\neq D_1:D_2$. 利用 (2) 的结果, 得到 (1) 的证明.

利用反证法可以证明 (3). □

命题 2.2.2.2 在空间仿射坐标系 $[O;\boldsymbol{e}_1,\boldsymbol{e}_2,\boldsymbol{e}_3]$ 下, 给出三张平面 π_1,π_2,π_3 的方程:

$$\pi_1: A_1x+B_1y+C_1z+D_1=0,$$

$$\pi_2: A_2x+B_2y+C_2z+D_2=0,$$

$$\pi_3: A_3x+B_3y+C_3z+D_3=0,$$

则

(1) 三张平面 π_1,π_2,π_3 相交于一点的充分必要条件是 $\begin{vmatrix}A_1&B_1&C_1\\A_2&B_2&C_2\\A_3&B_3&C_3\end{vmatrix}\neq 0$.

(2) 三张不同的平面 π_1,π_2,π_3 相交于一条直线的充分必要条件是线性方程组

$$\begin{cases}A_1x+B_1y+C_1z+D_1=0,\\A_2x+B_2y+C_2z+D_2=0,\\A_3x+B_3y+C_3z+D_3=0\end{cases}$$

有无穷多解.

证明 (1) 平面 π_1,π_2,π_3 相交于一点的充分必要条件是方程组

$$\begin{cases}A_1x+B_1y+C_1z+D_1=0,\\A_2x+B_2y+C_2z+D_2=0,\\A_3x+B_3y+C_3z+D_3=0\end{cases}$$

有唯一解. 这样根据线性方程组的结论,

$$\begin{cases} A_1x + B_1y + C_1z + D_1 = 0, \\ A_2x + B_2y + C_2z + D_2 = 0, \\ A_3x + B_3y + C_3z + D_3 = 0 \end{cases}$$

有唯一解的充分必要条件是它的系数行列式

$$\begin{vmatrix} A_1 & B_1 & C_1 \\ A_2 & B_2 & C_2 \\ A_3 & B_3 & C_3 \end{vmatrix} \neq 0.$$

(2) 如果平面 π_1, π_2, π_3 相交于一条直线, 则方程组

$$\begin{cases} A_1x + B_1y + C_1z + D_1 = 0, \\ A_2x + B_2y + C_2z + D_2 = 0, \\ A_3x + B_3y + C_3z + D_3 = 0 \end{cases}$$

有无穷多解. 反之, 如果线性方程组

$$\begin{cases} A_1x + B_1y + C_1z + D_1 = 0, \\ A_2x + B_2y + C_2z + D_2 = 0, \\ A_3x + B_3y + C_3z + D_3 = 0 \end{cases}$$

有无穷解, 即交点集是一条直线, 既然三张平面是不同的, 故 π_1, π_2, π_3 相交于一条直线. □

一张平面 π 将空间分割成两个半空间, 每个半空间都是由处于平面同侧的所有点构成的. 设在一个仿射坐标系中, 平面 π 的方程为

$$\pi : Ax + By + Cz + D = 0.$$

则两个半空间分别是下面两个不等式所决定的点集:

$$Ax + By + Cz + D > 0 \quad 和 \quad Ax + By + Cz + D < 0,$$

即设两个半空间为 Π_1 和 Π_2, 则

$$\Pi_1 = \{(x, y, z) | Ax+By+Cz+D > 0\}, \quad \Pi_2 = \{(x, y, z) | Ax+By+Cz+D < 0\}.$$

习 题 2.2

1. 在空间仿射坐标中, 求出满足下列条件的平面方程.

(1) 经过点 $M_0(1,0,1)$, 平行于向量 $\boldsymbol{\alpha}(-1,2,1)$ 和向量 $\boldsymbol{\beta}(0,1,1)$.

(2) 经过点 $M_1(2,0,1)$ 和点 $M_1(1,0,1)$, 平行于向量 $\boldsymbol{\alpha}(1,1,1)$.

(3) 经过 $M_0(1,1,1)$, 平行于平面 $2x+y-z+3=0$.

(4) 经过坐标原点, 点 $M_1(2,-1,1)$ 和点 $M_1(1,0,1)$.

(5) 经过点 $M_0(1,1,0)$, 平行于 yOz 坐标平面.

(6) 经过点 $M_0(2,1,3)$ 和 y 轴.

(7) 经过点 $M_1(0,1,3)$ 和点 $M_2(1,0,1)$, 平行于 x 轴.

2. 在空间仿射坐标系中, 点 $M_0(a,b,c)$ 和平面 π 的方程: $Ax+By+Cz+D=0$. 证明: 经过点 $M_0(a,b,c)$ 且与平面 π 平行的平面的方程是

$$A(x-a)+B(y-b)+C(z-c)=0.$$

3. 在空间仿射坐标系中, 说明下面方程的图形.

(1) $(x+y-z+1)(2x-y+2z-2)=0$.

(2) $(x+3y-2z+1)^2-(2x+y+2z-1)^2=0$.

4. 在空间仿射坐标系中, 给定平面 π 的方程: $Ax+By+Cz+D=0$. 现在定义空间中点的函数: 对于空间中一点 $M(x,y,z)$, 规定函数 $f(M)=Ax+By+Cz+D$.

(1) 设空间中有共线三点 M_1,M_2,M_0, 并且 $(M_1,M_2,M_0)=k$. 证明:

$$f(M_0)=\frac{f(M_1)+kf(M_2)}{1+k}.$$

(2) 对于空间中任意两个点 M_1 和 M_2, 证明: 两点 M_1 和 M_2 位于平面 π 的两侧的充分必要条件是 $f(M_1)f(M_2)<0$.

(3) 对于空间中任意两个点 M_1 和 M_2, 证明: 向量 $\overrightarrow{M_1M_2}$ 平行于平面 π 的充分必要条件是 $f(M_1)=f(M_2)$.

5. 在平面仿射坐标系中, 判断下面各对平面间的位置关系.

(1) $2x+y+z-1=0$ 和 $x+y+z-1=0$.

(2) $x+2y-3z-1=0$ 和 $\dfrac{x}{6}+\dfrac{y}{3}-\dfrac{z}{2}-1=0$.

(3) $3x-5y+z-1=0$ 和 $6x-10y+2z-2=0$.

6. 在空间仿射坐标系中, 判断下面各组平面是否有公共点.

(1) $x+y+z-1=0,\ 2x+y+z-11=0,\ x+2y-z+1=0$;

(2) $2x+y+3z-1=0,\ 2x+y+z+2=0,\ 3x+y-z=0$;

(3) $2x-2y+z-1=0,\ x+2y-3z+2=0,\ x-y+z+5=0$.

7. 在空间仿射坐标系中, 三张平面的方程分别为

$$\pi_1: ax-y+z-1=0, \quad \pi_2: x+ay+z+2=0, \quad \pi_1: x+y+az+3=0.$$

问参数 a 为什么样的数时,

(1) 三张平面交于一点.

(2) 三张平面互相平行.

8. 在空间仿射坐标系中, 三张平面的方程分别为

$$\pi_1: Ax+By+Cz+D_1=0, \pi_2: Ax+By+Cz+D_2=0, \pi_3: Ax+By+Cz+D_3=0.$$

其中 D_1, D_2, D_3 互不相等. 又设一条直线和这三张平面相交, 交点分别为 M_1, M_2, M_3. 求 (M_1, M_2, M_3).

9. 在空间仿射坐标系中, 两张平面的方程分别为

$$\pi_1: Ax+By+Cz+D_1=0, \quad \pi_2: Ax+By+Cz+D_2=0.$$

求空间中的点到这两张平面距离相等的点的轨迹方程.

10. 在空间仿射坐标系下, 求证: $x^2-y^2-z^2-2yz+2x+1=0$ 的图形是一对相交平面.

2.3 空间中直线的方程及其位置关系

2.3.1 直线的方程

直线是现实空间中最简单也是最基本的图形, 它的直观形象是常见的光线. 直线作为最基本的一维图形, 数学上没有更基本的概念来严格地定义它. 直线的基本性质是: 空间中相异的两点唯一决定一条直线, 直线可以沿两端无限延伸. 在几何上, 直线是一维仿射空间. 决定空间一条直线的条件一般是: 过相异的两点决定一条直线; 两张相交平面决定一条直线; 过一个定点且平行于一个非零向量决定一条直线. 常用两张相交平面决定一条直线, 或一个定点和一个非零向量决定一条直线的方法来确定直线方程.

建立直线方程的常用方法是把直线看成两张平面的交线. 如图 2.3.1.

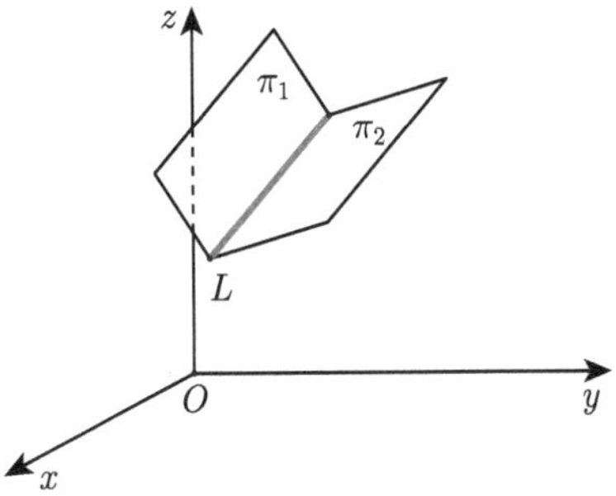

图 2.3.1

取定空间仿射坐标系 $[O;\boldsymbol{e}_1,\boldsymbol{e}_2,\boldsymbol{e}_3]$, 给定两张相交平面 π_1,π_2, 它们的方程分别是

$$\pi_1: A_1x+B_1y+C_1z+D_1=0, \quad \pi_2: A_2x+B_2y+C_2z+D_2=0.$$

由于两张平面的交线是直线, 于是该直线的方程是方程组

$$\begin{cases} A_1x+B_1y+C_1z+D_1=0, \\ A_2x+B_2y+C_2z+D_2=0, \end{cases} \tag{2.3.1}$$

三元一次方程组 (2.3.1) 称为**直线的一般方程**.

注 (2.3.1) 是直线的方程的充分必要条件是方程组的两个方程的未知数系数不成比例, 即 $A_1:A_2, B_1:B_2, C_1:C_2$ 不全相同.

直线的一般方程中两张平面可以是经过该直线的任意两张不同的平面. 这样直线有许多一般方程, 任意取两张经过该直线的不同平面, 把它们的方程联立起来而得的方程组就是该直线的一般方程.

建立直线方程的另一个常用途径是把直线看成一个定点和一个非零向量决定的, 即直线经过该定点, 并且以非零向量作为直线的方向. 该非零向量称为**直线的方向向量**. 如图 2.3.2, 取空间仿射坐标系 $[O;\boldsymbol{e}_1,\boldsymbol{e}_2,\boldsymbol{e}_3]$, 设直线 L 经过点 $M_0(x_0,y_0,z_0)$, 并且平行于非零向量 $\boldsymbol{\alpha}(X,Y,Z)$, 则

$$\text{点} M(x,y,z)\in L \Leftrightarrow \overrightarrow{M_0M}//\boldsymbol{\alpha} \Leftrightarrow \overrightarrow{M_0M}=t\boldsymbol{\alpha}, t\in\mathbf{R}.$$

用坐标写出该式就得到直线的**标准方程**

$$\frac{x-x_0}{X}=\frac{y-y_0}{Y}=\frac{z-z_0}{Z}. \tag{2.3.2}$$

如果令 $\dfrac{x-x_0}{X}=\dfrac{y-y_0}{Y}=\dfrac{z-z_0}{Z}=t$, 则得到直线的**参数方程**

$$\begin{cases} x = x_0 + tX, \\ y = y_0 + tY, \\ z = z_0 + tZ. \end{cases} \tag{2.3.3}$$

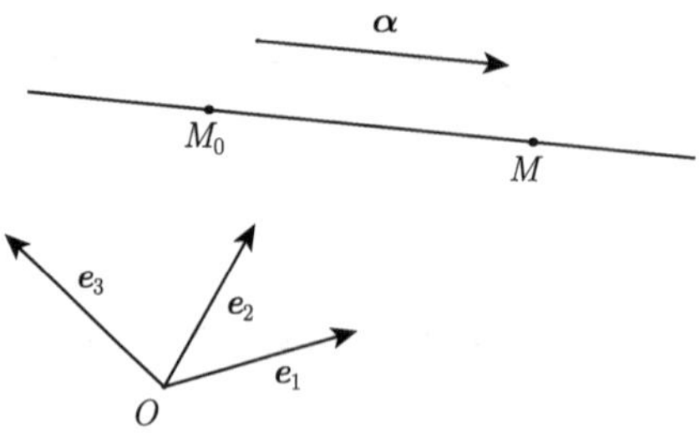

图 2.3.2

直线的参数方程也可以写成向量式:

$$(x, y, z) = (x_0, y_0, z_0) + t(X, Y, Z).$$

因此直线的参数方程中参数 t 就是直线上的点在直线上的仿射坐标系 $[M_0; \boldsymbol{\alpha}]$ 下的坐标.

直线的方向可以由方向向量决定的. 但直线的方向向量的负向量 $-\boldsymbol{\alpha}$ 的方向也决定该直线的方向. 更一般的非零向量 $\boldsymbol{\alpha}$ 的方向和向量 $k\boldsymbol{\alpha}, k \neq 0$ 的方向决定同一个直线的方向. 因此直线的方向与向量的方向既有联系也有差异. 直线的方向向量 $\boldsymbol{\alpha}(X, Y, Z)$ 的三个坐标分量不全为零, 即坐标分量可能部分为零. 当方向向量的某个坐标分量为零时, 标准方程中某个分母为零, 此时分子也必须为零.

(1) 如果有某个坐标分量为零, 比如 $X = 0$, 则直线的标准方程

$$\frac{x - x_0}{0} = \frac{y - y_0}{Y} = \frac{z - z_0}{Z}$$

应该理解为

$$\begin{cases} x - x_0 = 0, \\ \dfrac{y - y_0}{Y} = \dfrac{z - z_0}{Z}. \end{cases}$$

(2) 如果有某两个坐标分量为零, 比如 $X = Y = 0$, 则直线的标准方程

$$\frac{x - x_0}{0} = \frac{y - y_0}{0} = \frac{z - z_0}{Z}$$

应该理解为

$$\begin{cases} x-x_0=0, \\ y-y_0=0. \end{cases}$$

例 2.3.1.1 在空间仿射坐标系中, 给定两个不同的点 $M_1(a_1,b_1,c_1)$, $M_2(a_2,b_2,c_2)$, 求出经过点 M_1,M_2 的直线方程.

解 所求直线经过点 $M_1(a_1,b_1,c_1)$, $M_2(a_2,b_2,c_2)$, 它的方向向量是 $\overrightarrow{M_1M_2}=(a_2-a_1,b_2-b_1,c_2-c_1)$, 故所求直线方程是 $\dfrac{x-a_1}{a_2-a_1}=\dfrac{y-b_1}{b_2-b_1}=\dfrac{z-c_1}{c_2-c_1}$. 此方程称为直线的两点式方程. □

例 2.3.1.2 在空间仿射坐标系中, 给出平面 π 的方程 $3x-y+2z-1=0$, 直线 L 的方程 $\dfrac{x-1}{4}=\dfrac{y-3}{-2}=z$, 以及 $M_0(0,0,-2)$. 求经过点 M_0, 平行于平面 π, 并且和直线 L 相交的直线方程.

解 方法一. 设所求直线与已知直线 L 的交点是 $P(a,b,c)$, 则 $\overrightarrow{M_0P}(a,b,c+2)$ 平行于平面 π, 于是 $3a-b+2(c+2)=0$.

又 $P(a,b,c)\in L$, 故 $\dfrac{a-1}{4}=\dfrac{b-3}{-2}=c$. 从而

$$\begin{cases} \dfrac{a-1}{4}=\dfrac{b-3}{-2}=c, \\ 3a-b+2(c+2)=0, \end{cases}$$

计算得到 P 的坐标是 $\left(0,\dfrac{7}{2},\dfrac{-1}{4}\right)$. 利用直线的两点式方程得到直线的方程是

$$\frac{x}{0}=\frac{y}{2}=z+2.$$

方法二. 设平面 π_1 是经过点 M_0, 并且平行于平面 π 的平面. 平面 π_2 是经过点 M_0 和直线 L 的平面. 则平面 π_1 与平面 π_2 相交, 并且交线就是所求直线.

由于平面 π_1 平行于平面 π, 故设它的方程是 $3x-y+2z+d=0$. 既然平面 π_1 经过点 $M_0(0,0,-2)$, 将其坐标代入方程得到 $d=4$. 这样平面 π_1 的方程是

$$3x-y+2z+4=0.$$

由于平面 π_2 是经过点 M_0 和直线 L 的平面, 直线 L 上的点 $Q(1,3,0)$ 在平面 π_2 并且直线 L 的方向向量 $\boldsymbol{\alpha}(4,-2,1)$ 平行于平面 π_2. 同时向量 $\overrightarrow{M_0Q}(1,3,2)$ 也平行于平面 π_2. 这样平面 π_2 经过点 $M_0(0,0,-2)$, 平行于两个不共线的向量

$\boldsymbol{\alpha}(4,-2,1)$ 和 $\overrightarrow{M_0Q}(1,3,2)$, 这样平面 π_2 的方程是 $x+y-2z-4=0$. 从而所求直线的方程是

$$\begin{cases} 3x-y+2z+4=0, \\ x+y-2z-4=0. \end{cases}$$ □

最后我们讨论一下各类直线方程之间的联系. 直线的标准方程其实是特殊的一般方程, 标准方程 (2.3.2) 可以等价地写成一般方程

$$\begin{cases} \dfrac{x-x_0}{X}=\dfrac{y-y_0}{Y}, \\ \dfrac{y-y_0}{Y}=\dfrac{z-z_0}{Z}. \end{cases}$$

给定直线的一般方程 $\begin{cases} A_1x+B_1y+C_1z+D_1=0, \\ A_2x+B_2y+C_2z+D_2=0, \end{cases}$ 下面给出求该直线标准方程的方法.

(1) 求出直线上两个不同的点, 即从直线的一般方程找到两个不同的解, 连接两点的有向线段的向量就是直线的方向向量, 从而写出直线的标准方程.

(2) 设直线的方向向量是 $\boldsymbol{\alpha}(a,b,c)$. 则 $\boldsymbol{\alpha}(a,b,c)//\pi_1$ 且 $\boldsymbol{\alpha}(a,b,c)//\pi_2$, 这样我们得到下面关于方向向量的方程组 $\begin{cases} A_1a+B_1b+C_1c=0, \\ A_2a+B_2b+C_2c=0, \end{cases}$ 于是直线的方向向量

$$\boldsymbol{\alpha}(a,b,c)=t\left(\begin{vmatrix} B_1 & C_1 \\ B_2 & C_2 \end{vmatrix}, \begin{vmatrix} C_1 & A_1 \\ C_2 & A_2 \end{vmatrix}, \begin{vmatrix} A_1 & B_1 \\ A_2 & B_2 \end{vmatrix}\right), \quad t\neq 0.$$

然后在直线的方程组求出一个解, 即求出直线的一个点. 从而得到直线的标准方程.

如果将直线看成某张平面上的直线, 并且在这张平面上建立了平面仿射坐标系, 则在此坐标系下直线方程是二元一次方程, 即平面 π 上的仿射坐标系 $[O;\boldsymbol{e}_1,\boldsymbol{e}_2]$, 平面上直线 L 的方程是 $Ax+By+C=0$.

命题 2.3.1.1　在平面 π 上的仿射坐标系 $[O;\boldsymbol{e}_1,\boldsymbol{e}_2]$ 下, 设平面上直线 L 的方程是 $Ax+By+C=0$, 平面上向量 $\boldsymbol{\alpha}$ 的坐标是 (m,n). 则 $\boldsymbol{\alpha}//L \Leftrightarrow Am+Bn=0$.

该命题可以推出下面结论.

推论 2.3.1.1　在平面 π 上的仿射坐标系 $[O;\boldsymbol{e}_1,\boldsymbol{e}_2]$ 下, 设平面上直线 L 的方程是 $Ax+By+C=0$, 则直线的方向向量为 $\boldsymbol{\alpha}(B,-A)$.

进一步, 取平面 π 上的直角坐标系 $[O;\boldsymbol{e}_1,\boldsymbol{e}_2]$, 如果平面上直线 L 的方程是 $Ax+By+C=0$, 则直线 L 在平面上的一个法向量是 $\boldsymbol{n}=(A,B)$.

注意 空间的直线的法向量有无穷多, 如果将零向量加入, 则它们形成一个二维向量空间. 而平面上直线在平面上的法向量是在平面上的向量, 如果将零向量加入, 则它们形成一个一维向量空间.

2.3.2 直线、平面间的位置关系

几何上, 空间中一条直线和一张平面之间的位置关系共有三种情形:

(1) 相交 (只有一个交点);

(2) 相离 (没有交点);

(3) 直线在平面上 (由无穷多交点).

后面两种位置关系统称为直线与平面平行. 下面我们利用直线的方程和平面的方程来判断它们之间的位置关系.

给定空间仿射坐标系, 设平面 π 的方程是 $Ax+By+Cz+D=0$, 直线 L 的方程是

$$\frac{x-x_0}{X}=\frac{y-y_0}{Y}=\frac{z-z_0}{Z}.$$

命题 2.3.2.1 (1) 直线 L 与平面 π 相交的充分必要条件是 $AX+BY+CZ\neq 0$.

(2) 直线 L 与平面 π 相离的充分必要条件是

$$AX+BY+CZ=0 \quad 且 \quad Ax_0+By_0+Cz_0+D\neq 0.$$

(3) 直线 L 在平面 π 上的充分必要条件是

$$AX+BY+CZ=0 \quad 且 \quad Ax_0+By_0+Cz_0+D=0.$$

证明 写出直线的参数方程

$$\begin{cases} x=x_0+tX,\\ y=y_0+tY,\\ z=z_0+tZ,\end{cases}$$

将直线参数方程代入平面方程得到关于参数 t 的方程:

$$t(AX+BY+CZ)+Ax_0+By_0+Cz_0+D=0. \tag{2.3.4}$$

此方程的任意一个解 $t=t_0$ 代入直线的参数方程便得到直线与平面的交点. 这样,

(1) 当 $AX + BY + CZ \neq 0$ 时, 方程 (2.3.4) 只有一个解, 故直线 L 与平面 π 相交;

(2) 当 $AX + BY + CZ = 0$ 且 $Ax_0 + By_0 + Cz_0 + D \neq 0$ 时, 方程 (2.3.4) 无解, 故直线 L 与平面 π 没有交点, 即相离;

(3) 当 $AX + BY + CZ = 0$ 且 $Ax_0 + By_0 + Cz_0 + D = 0$ 时, 方程 (2.3.4) 为恒等方程, 即对任意参数 t 都成立, 即直线 L 上的点都在平面 π 上, 于是直线 L 在平面 π 上. □

几何上, 空间中两条直线之间的位置关系共有四种情形:

(1) 异面; (2) 相交; (3) 平行不重合; (4) 重合.

给定空间仿射坐标系下, 直线 L_1 的方程是

$$\frac{x - x_1}{X_1} = \frac{y - y_1}{Y_1} = \frac{z - z_1}{Z_1}.$$

直线 L_2 的方程是

$$\frac{x - x_2}{X_2} = \frac{y - y_2}{Y_2} = \frac{z - z_2}{Z_2}.$$

则直线 L_1 经过点 $M_1(x_1, y_1, z_1)$, 平行于向量 $\boldsymbol{\alpha}_1(X_1, Y_1, Z_1)$, 直线 L_2 经过点 $M_2(x_2, y_2, z_2)$, 平行于向量 $\boldsymbol{\alpha}_2(X_2, Y_2, Z_2)$.

利用第 1 章的结论容易证明下面结论.

命题 2.3.2.2 (1) 直线 L_1 与直线 L_2 是异面的充分必要条件是向量 $\overrightarrow{M_1M_2}$, $\boldsymbol{\alpha}_1, \boldsymbol{\alpha}_2$ 异面, 即

$$\begin{vmatrix} x_2 - x_1 & y_2 - y_1 & z_2 - z_1 \\ X_1 & Y_1 & Z_1 \\ X_2 & Y_2 & Z_2 \end{vmatrix} \neq 0.$$

(2) 直线 L_1 与直线 L_2 是相交的充分必要条件是向量 $\overrightarrow{M_1M_2}, \boldsymbol{\alpha}_1, \boldsymbol{\alpha}_2$ 共面, 且向量 $\boldsymbol{\alpha}_1, \boldsymbol{\alpha}_2$ 不平行.

(3) 直线 L_1 与直线 L_2 是平行但不重合的充分必要条件是向量 $\boldsymbol{\alpha}_1, \boldsymbol{\alpha}_2$ 平行, 但向量 $\overrightarrow{M_1M_2}$ 与向量 $\boldsymbol{\alpha}_1$ 不平行.

(4) 直线 L_1 与直线 L_2 是重合的充分必要条件是向量 $\overrightarrow{M_1M_2}, \boldsymbol{\alpha}_1, \boldsymbol{\alpha}_2$ 都平行.

把经过同一直线 L 的所有平面构成的集合称为以直线 L 为轴的**共轴平面系**.

命题 2.3.2.3 如果设直线 L 的方程是

$$\begin{cases} A_1x + B_1y + C_1z + D_1 = 0, \\ A_2x + B_2y + C_2z + D_2 = 0, \end{cases}$$

则以直线 L 为轴的共轴平面系中平面的方程的一般形式是

$$\lambda(A_1x+B_1y+C_1z+D_1)+\mu(A_2x+B_2y+C_2z+D_2)=0,$$

其中 λ,μ 为参数, 且不全为零.

证明 既然 $A_1:A_2, B_1:B_2, C_1:C_2$ 不全为零, 则对任意两个不全为零的数 λ,μ, $\lambda A_1+\mu A_2, \lambda B_1+\mu B_2, \lambda C_1+\mu C_2$ 不全为零. 这样方程

$$\lambda(A_1x+B_1y+C_1z+D_1)+\mu(A_2x+B_2y+C_2z+D_2)=0$$

是一个三元一次方程, 它的图形是一张平面. 明显直线 L 上的点都满足该方程. 这说明该平面也经过直线 L.

反之, 假设平面 π 经过直线 L. 取平面 π 上的点 $P(x_0,y_0,z_0)$, 并且点 P 不在直线 L 上. 则 $A_1x_0+B_1y_0+C_1z_0+D_1$, $A_2x_0+B_2y_0+C_2z_0+D_2$ 不全为零. 令

$$\mu_0=-(A_1x_0+B_1y_0+C_1z_0+D_1),\quad \lambda_0=A_2x_0+B_2y_0+C_2z_0+D_2.$$

构造平面方程:

$$\lambda_0(A_1x+B_1y+C_1z+D_1)+\mu_0(A_2x+B_2y+C_2z+D_2)=0.$$

该平面既经过直线 L, 又经过点 P, 因此它就是平面 π 的一般方程. □

经过空间中一个定点 M 的所有平面构成的集合称为以点 M 为定点的**共点平面束**. 设定点 M 的坐标是 (x_0,y_0,z_0), 则以点 M 为定点的共点平面束中平面方程的一般形式是

$$A(x-x_0)+B(y-y_0)+C(z-z_0)=0,$$

其中 A, B, C 是不全为零的参数.

例 2.3.2.1 在空间仿射坐标系中, 已知直线 L 方程为 $\begin{cases}3x+2y-z+1=0,\\ x-2z=0,\end{cases}$ 平面 π 的方程是 $4x+ay+2z+b=0$, 如果直线 L 在平面 π 上, 求 a,b.

解 方法一. 用平面系的方法. 过直线 L 的平面系方程为 $s(3x+2y-z+1)+t(x-2z)=0$, 即 $(3s+t)x+2sy-(s+2t)z+s=0$. 既然平面 π 经过直线 L, 所以 $(3s+t)=4k$, $2s=ak$, $-(s+2t)=2k$, $s=bk$. 解得 $a=4,b=2$.

方法二. 由于直线 L 在平面 π 上, 所以 $\begin{vmatrix} 3 & 2 & -1 \\ 1 & 0 & -2 \\ 4 & a & 2 \end{vmatrix} = 0$, 解得 $a = 4$. 在直线上取一点 $P(2, -3, 1)$, 它也在平面 π 上, 代入平面 π 的方程, 解得 $b = 2$.

方法三. 在直线上取两点 $P_1(2, -3, 1), P_2\left(0, \dfrac{-1}{2}, 0\right)$, 它们也在平面 π 上, 代入平面 π 的方程, 解得 $a = 4,\ b = 2$. □

例 2.3.2.2　在空间仿射坐标系中, 直线 L 方程为 $\begin{cases} 4x - y + 3z - 5 = 0, \\ x - y - z + 2 = 0, \end{cases}$ 求下面平面的方程.

(1) 经过直线 L 和坐标原点 $O(0, 0, 0)$ 的平面;

(2) 经过直线 L 并且平行于坐标系的 z 轴的平面.

解　(1) 经过直线 L 的平面系中平面一般方程为

$$\lambda(4x - y + 3z - 5) + \mu(x - y - z + 2) = 0.$$

由于经过坐标原点 $O(0, 0, 0)$, 得到 $2\mu - 5\lambda = 0$, 取 $\mu = 5, \lambda = 2$, 得到所求平面方程

$$13x - 7y + z = 0.$$

(2) 平行于 z 轴, 所以 $3\lambda - \mu = 0$, 取 $\mu = 3, \lambda = 1$, 得到所求平面方程 $7x - 4y + 1 = 0$. □

定义 2.3.2.1　给定平面 π 和空间中一点 P. 过点 P 作平面 π 的垂线并且交平面 π 于 Q 点, 称点 Q 为点 P 在平面 π 上的**投影** (图 2.3.3). 空间一图形 S 上每一点在平面 π 的投影构成的图形称为图形 S 在平面 π 上的**投影**.

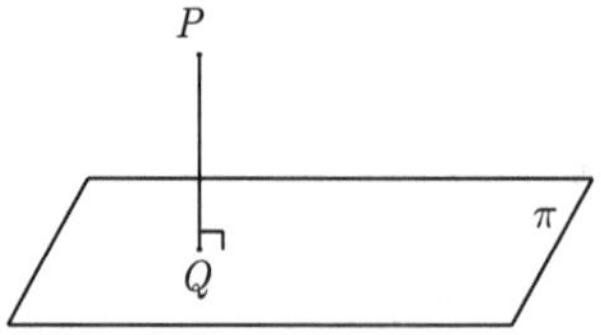

图 2.3.3

例 2.3.2.3　在空间直角坐标系中, 设直线 L 的方程是

$$\frac{x+1}{-2} = y - 1 = \frac{z+2}{-3}.$$

(1) 求经过直线 L 并且平行于直角坐标系的 z 轴的平面方程;

(2) 求出直线 L 在 xOy 平面上的投影直线方程.

解 (1) 以直线 L 为轴的共轴平面系方程是 $\lambda(x+2y-1)+\mu(3y+z-1)=0$, 即

$$\lambda x+(2\lambda+3\mu)y+\mu z-\lambda-\mu=0.$$

由于所求平面平行于直角坐标系的 z 轴, 故 $\mu=0$. 这样, 所求平面方程是

$$x+2y-1=0.$$

(2) 直线 L 在 xOy 平面上的投影直线就是 (1) 所求平面与 xOy 平面的交线, 这样, 所求投影直线方程是 $\begin{cases} x+2y-1=0, \\ z=0. \end{cases}$ □

2.3.3 平面、直线间的距离与夹角

空间中两个点的距离是连接两点的直线段的长度, 它是空间中连接两点的所有曲线中曲线的长度的最小值. 给定空间中两个图形, 作为点集, 自然定义它们之间的距离为一个图形上所有点与另一个图形上所有点相连接的直线段长度的下确界.

定义 2.3.3.1 给定空间两个图形 S_1 和 S_2, 数集 $\{d(p_1,p_2)|p_1\in S_1,p_2\in S_2\}$ 的下确界定义为图形 S_1 和 S_2 的距离, 记为 $d(S_1,S_2)$.

根据定义, 如果两个图形是相交的, 即它们有公共点, 则这两个图形的距离是零. 但也有两个没有公共点的图形的距离可能是零. 比如平面上的双曲线与它的渐近线, 它们的距离等于零, 但双曲线与它的渐近线是没有公共点的. 下面我们利用直线和平面的方程来计算它们之间的距离. 涉及平面和直线的距离有下面几种情形: 点与平面; 点与直线; 平面与平面; 直线与直线; 平面与直线. 对于这些距离, 只要两个图形是没有公共点的, 则它们的距离一定大于零.

1. 点到平面的距离

点到平面的距离定义为点到平面上所有点的距离的最小值. 利用直角三角形中直角边的长度小于斜边的长度的性质, 可以证明一个点到平面的距离等于点到该点在平面内的投影点的距离.

在空间中取定一个空间直角坐标系, 给定点 $P(r,s,t)$ 和平面 $\pi: Ax+By+Cz+D=0$. 则平面的一个法向量 $\boldsymbol{n}=(A,B,C)$. 任取平面上一点 $M_0(x_0,y_0,z_0)$, 则点 P 和平面 π 的距离 $d(P,\pi)$ 等于 $d(P,\pi)=\dfrac{|\overrightarrow{M_0P}\cdot\boldsymbol{n}|}{|\boldsymbol{n}|}$. 如图 2.3.4, 这样得到点 $P(r,s,t)$ 到平面 π 距离的计算公式

$$d(P,\pi)=\frac{|Ar+Bs+Ct+d|}{\sqrt{A^2+B^2+C^2}}.$$

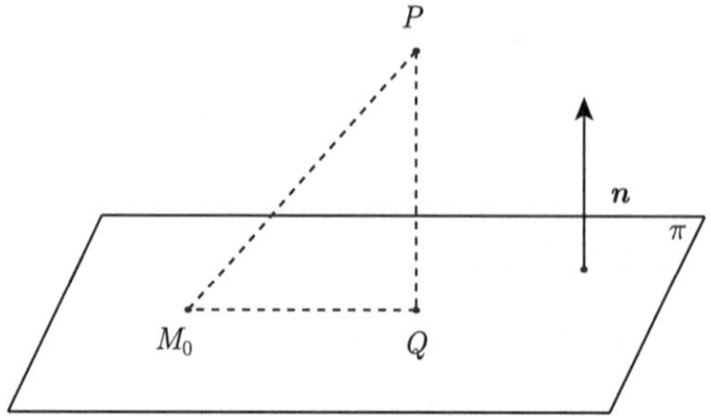

图 2.3.4

2. 点到直线的距离

点到直线的距离定义为点到直线上所有点的距离的最小值. 利用直角三角形中直角边的长度小于斜边的长度的性质, 可以证明一个点到直线的距离等于点到该点作直线的垂线的垂足的距离.

取定一个空间直角坐标系, 设直线 L 是经过点 $M_0(x_0,y_0,z_0)$, 方向为 $\boldsymbol{\alpha}(X,Y,Z)$ 的直线, 则它的方程是 $\dfrac{x-x_0}{X}=\dfrac{y-y_0}{Y}=\dfrac{z-z_0}{Z}$. 作 $\boldsymbol{\alpha}=\overrightarrow{M_0A}$, 则点 A 在直线 L 上. 对于空间中一点 $P(r,s,t)$, 点 P 到直线 L 的距离等于以 $\overrightarrow{M_0A},\overrightarrow{M_0P}$ 为邻边的平行四边形在底边 $\overrightarrow{M_0A}$ 上的高. 如图 2.3.5, 这样点 P 到直线 L 的距离 $d(P,L)=\dfrac{|\boldsymbol{\alpha}\times\overrightarrow{M_0P}|}{|\boldsymbol{\alpha}|}$. 从而

$$d(P,L)=\frac{|\boldsymbol{\alpha}\times\overrightarrow{M_0P}|}{|\boldsymbol{\alpha}|}=\frac{|(X,Y,Z)\times(r-x_0,s-y_0,t-z_0)|}{\sqrt{X^2+Y^2+Z^2}}.$$

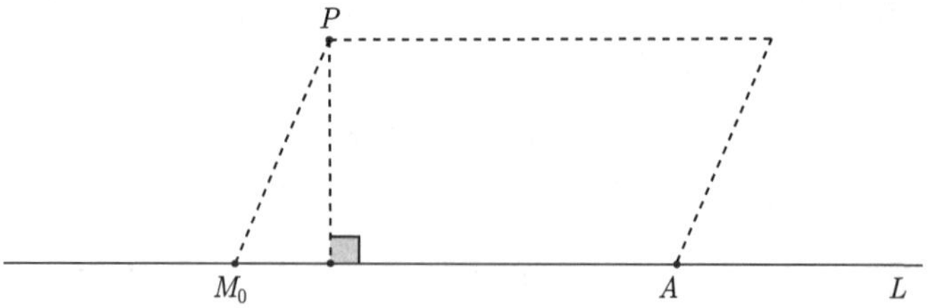

图 2.3.5

3. 平面之间的距离

明显相交平面之间的距离为零, 因此只有两个平面不相交时其距离才可能大于零. 可以证明: 平行平面间的距离等于其中一张平面上的任意一点到另一张平面的距离 (图 2.3.6). 因此平行平面间的距离转化为点到平面的距离.

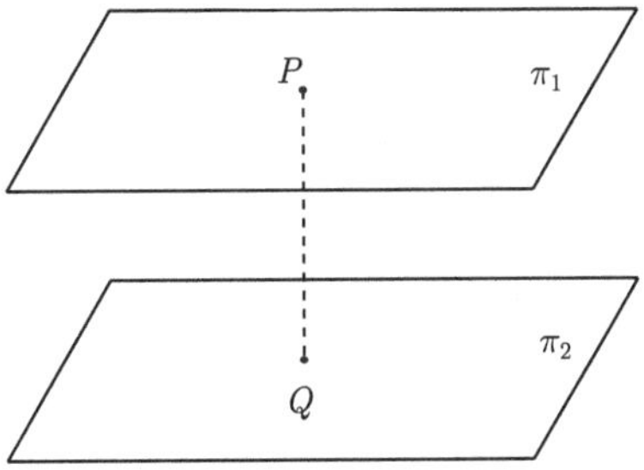

图 2.3.6

空间中取定一个空间直角坐标系, 设平面 π_1 和平面 π_2 是平行的, 它们的方程依次是

$$\pi_1 : Ax + By + Cz + D_1 = 0, \quad \pi_2 : Ax + By + Cz + D_2 = 0.$$

则平行平面 π_1, π_2 之间的距离 $d(\pi_1, \pi_2) = \dfrac{|D_1 - D_2|}{\sqrt{A^2 + B^2 + C^2}}$.

4. 直线与平面的距离

如果直线与平面相交或直线在平面上, 则它们之间的距离为零. 因此只有直线与平面平行时, 其距离大于零. 可以证明: 直线与它平行的平面的距离等于直线上任意一点到平面的距离 (图 2.3.7). 这样化为点到平面的距离.

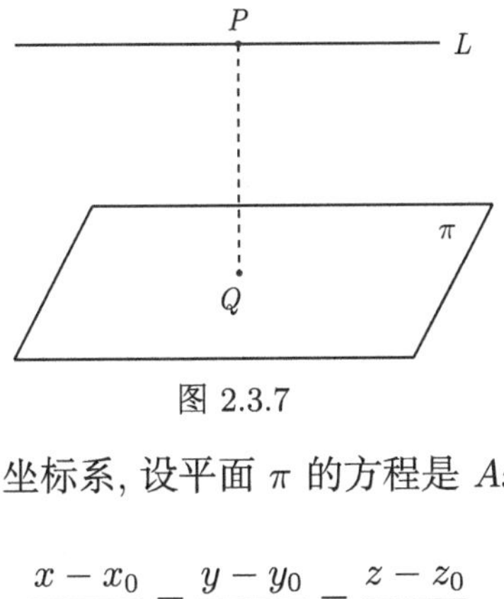

图 2.3.7

空间中取定一个直角坐标系, 设平面 π 的方程是 $Ax + By + Cz + D = 0$, 直线 L 的方程是

$$\frac{x - x_0}{X} = \frac{y - y_0}{Y} = \frac{z - z_0}{Z}.$$

则

$$L//\pi \Leftrightarrow AX+BY+CZ=0, Ax_0+By_0+Cz_0+D\neq 0.$$

这样直线 L 与平面 π 之间的距离

$$d(\pi,L)=\frac{|Ax_0+By_0+Cz_0+D|}{\sqrt{A^2+B^2+C^2}}.$$

5. 直线之间的距离

如果两个直线相交, 则它们的距离等于零. 因此只有两个直线是平行或异面时, 其距离大于零. 可以证明: 平行直线之间的距离等于其中一条直线上任意一点到另一条直线的距离. 这样平行直线间距离化为点到直线的距离.

异面直线之间的距离与异面直线的公垂线有着密切的关系.

定义 2.3.3.2 分别与两条异面直线 L_1, L_2 垂直相交的直线 L 称为异面直线 L_1, L_2 的**公垂线**. 公垂线上两个垂足之间的线段称为异面直线 L_1, L_2 的**公垂线段**.

如图 2.3.8, 设直线 L_1 与直线 L_2 是一对异面直线, 它们之间的距离 $d(L_1,L_2)$ 等于它们的公垂线段的长度. 异面直线间的距离也可以转化为点到平面的距离. 如果过直线 L_1 作平行于直线 L_2 的平面 π, 则 $d(L_1,L_2)$ 等于直线 L_2 到平面 π 的距离, 即 $d(L_1,L_2)$ 等于直线 L_2 上的任意一点到平面 π 的距离.

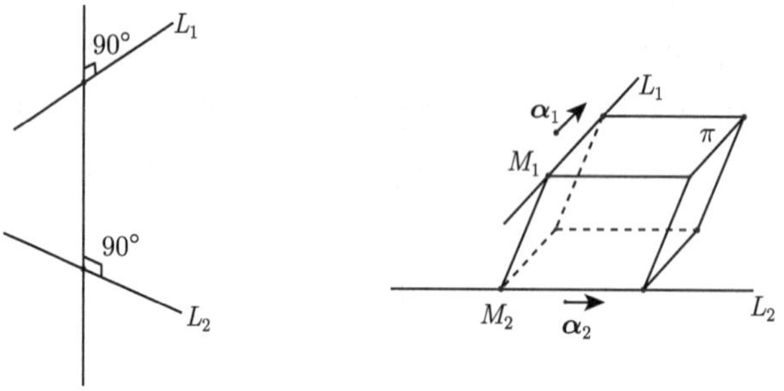

图 2.3.8

设直线 L_1 和 L_2 是异面直线, 直线 L_1 经过点 M_1, 平行于向量 $\boldsymbol{\alpha}_1$; 直线 L_2 经过点 M_2, 平行于向量 $\boldsymbol{\alpha}_2$. 平面 π 是经过直线 L_1 并且平行于直线 L_2 的平面. 则平面 π 的法向量是 $\boldsymbol{\alpha}_1\times\boldsymbol{\alpha}_2$. 由于 $d(L_1,L_2)$ 等于点 M_2 到平面 π 的距离, 于是

$$d(L_1,L_2)=\frac{|(\boldsymbol{\alpha}_1\times\boldsymbol{\alpha}_2)\cdot\overrightarrow{M_1M_2}|}{|\boldsymbol{\alpha}_1\times\boldsymbol{\alpha}_2|}=\frac{|(\boldsymbol{\alpha}_1,\boldsymbol{\alpha}_2,\overrightarrow{M_1M_2})|}{|\boldsymbol{\alpha}_1\times\boldsymbol{\alpha}_2|}.$$

命题 2.3.3.1 两条异面直线的公垂线存在且唯一.

证明 存在性. 设直线 L_1 和 L_2 是异面直线, 直线 L_1 经过点 M_1, 平行于向量 $\boldsymbol{\alpha}_1$; 直线 L_2 经过点 M_2, 平行于向量 $\boldsymbol{\alpha}_2$. 由于向量 $\boldsymbol{\alpha}_1$ 不平行向量 $\boldsymbol{\alpha}_2$, 所以向量 $\boldsymbol{\alpha}_1$ 与向量 $\boldsymbol{\alpha}_1\times\boldsymbol{\alpha}_2$ 不平行. 于是经过点 M_1, 平行于向量 $\boldsymbol{\alpha}_1$ 与向量 $\boldsymbol{\alpha}_1\times\boldsymbol{\alpha}_2$ 的平面存在且唯一, 记该平面为 π_1. 同理, 经过点 M_2, 平行于向量 $\boldsymbol{\alpha}_2$ 与向量 $\boldsymbol{\alpha}_1\times\boldsymbol{\alpha}_2$ 的平面存在且唯一, 记该平面为 π_2. 又由于向量 $\boldsymbol{\alpha}_1$ 不平行向量 $\boldsymbol{\alpha}_2$. 故平面 π_1 与平面 π_2 不重合. 又因为向量 $\boldsymbol{\alpha}_1$ 不平行平面 π_2, 否则, 平面 π_2 平行向量 $\boldsymbol{\alpha}_1,\boldsymbol{\alpha}_2,\boldsymbol{\alpha}_1\times\boldsymbol{\alpha}_2$, 这与 $\boldsymbol{\alpha}_1,\boldsymbol{\alpha}_2,\boldsymbol{\alpha}_1\times\boldsymbol{\alpha}_2$ 不共面矛盾. 故平面 π_1 与平面 π_2 不平行. 于是平面 π_1 与平面 π_2 必相交, 记交线为直线 L. 由于平面 π_1 与平面 π_2 的法向量分别是向量 $\boldsymbol{\alpha}_1\times(\boldsymbol{\alpha}_1\times\boldsymbol{\alpha}_2)$ 和向量 $\boldsymbol{\alpha}_2\times(\boldsymbol{\alpha}_1\times\boldsymbol{\alpha}_2)$, 则交线直线 L 的方向向量是 $[\boldsymbol{\alpha}_1\times(\boldsymbol{\alpha}_1\times\boldsymbol{\alpha}_2)]\times[\boldsymbol{\alpha}_2\times(\boldsymbol{\alpha}_1\times\boldsymbol{\alpha}_2)]$.

利用二重外积计算得到

$$[\boldsymbol{\alpha}_1\times(\boldsymbol{\alpha}_1\times\boldsymbol{\alpha}_2)]\times[\boldsymbol{\alpha}_2\times(\boldsymbol{\alpha}_1\times\boldsymbol{\alpha}_2)]=|\boldsymbol{\alpha}_1\times\boldsymbol{\alpha}_2|^2\boldsymbol{\alpha}_1\times\boldsymbol{\alpha}_2.$$

由于直线 L 与直线 L_1 都在平面 π_1 上, 并且相互垂直, 这样直线 L 与直线 L_1 是垂直相交的. 同理直线 L 与直线 L_2 都在平面 π_2 上, 并且相互垂直, 这样直线 L 与直线 L_2 是垂直相交的. 于是直线 L 是异面直线 L_1 和 L_2 的公垂线.

唯一性. 既然公垂线 L 是平面 π_1 与平面 π_2 的交线, 同时平面 π_1 与平面 π_2 是唯一的. 故公垂线是唯一的. □

命题的证明过程给出了求异面直线的公垂线的方法. 在空间直角坐标系下, 设异面直线 L_1 和 L_2 的位置: 直线 L_1 经过点 $M_1(x_1,y_1,z_1)$, 平行于向量 $\boldsymbol{\alpha}_1(X_1,Y_1,Z_1)$; 直线 L_2 经过点 $M_2(x_2,y_2,z_2)$, 平行于向量 $\boldsymbol{\alpha}_2(X_2,Y_2,Z_2)$. 并设 $\boldsymbol{\alpha}_1\times\boldsymbol{\alpha}_2=(X,Y,Z)$. 则平面 π_1 的方程是

$$\begin{vmatrix} x-x_1 & y-y_1 & z-z_1 \\ X_1 & Y_1 & Z_1 \\ X & Y & Z \end{vmatrix}=0,$$

平面 π_2 的方程是

$$\begin{vmatrix} x-x_2 & y-y_2 & z-z_2 \\ X_2 & Y_2 & Z_2 \\ X & Y & Z \end{vmatrix}=0.$$

这样异面直线 L_1 与 L_2 的公垂线方程是

$$\begin{cases} \begin{vmatrix} x-x_1 & y-y_1 & z-z_1 \\ X_1 & Y_1 & Z_1 \\ X & Y & Z \end{vmatrix} = 0, \\ \begin{vmatrix} x-x_2 & y-y_2 & z-z_2 \\ X_2 & Y_2 & Z_2 \\ X & Y & Z \end{vmatrix} = 0. \end{cases}$$

当两个图形相交时, 几何上可以定义适当的夹角来刻画这两个图形的重叠程度. 一般地, 如果两个相交图形可以整体地定义一个角度来表示它们的重叠程度, 那么需要这两个图形具有很大的匀称性或者说图形具有很大的对称性. 空间中平面和直线都是具有很大的对称性的. 因此在它们之间可以整体定义一个夹角表示它们的重叠程度.

6. 平面与平面的夹角

设平面 π_1 与平面 π_2 相交, 则交线把每张平面分割成两张半平面, 从而得到 4 个两面角, 把 4 个两面角中较小的那个角定义为这两张平面的**夹角**. 当两张平面重合时, 规定它们的夹角为 0. 记平面 π_1 与平面 π_2 的夹角为 $\angle(\pi_1,\pi_2)$, 则

$$0 \leqslant \angle(\pi_1,\pi_2) \leqslant 90^\circ.$$

如图 2.3.9, 设平面 π_1 的法向量为 $\boldsymbol{n}_1$, 平面 π_2 的法向量为 $\boldsymbol{n}_2$, 则

$$\cos\angle(\pi_1,\pi_2) = \frac{|\boldsymbol{n}_1 \cdot \boldsymbol{n}_2|}{|\boldsymbol{n}_1||\boldsymbol{n}_2|}.$$

这样, 平面 π_1 与平面 π_2 的夹角为

$$\angle(\pi_1,\pi_2) = \arccos(|\cos\angle(\boldsymbol{n}_1,\boldsymbol{n}_2)|).$$

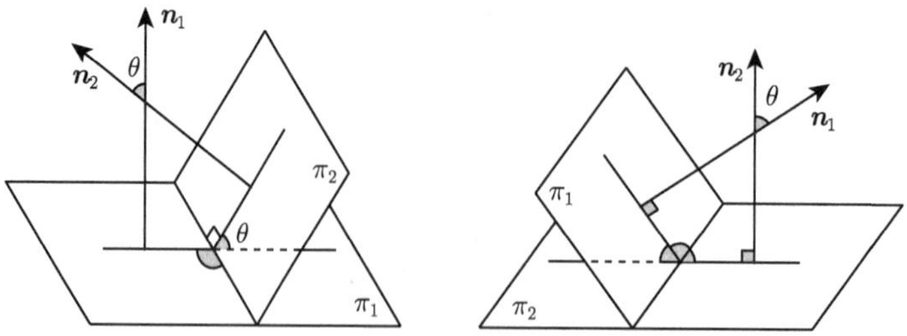

图 2.3.9

当 $\angle(\boldsymbol{n}_1,\boldsymbol{n}_2)$ 是锐角或直角时, $\angle(\pi_1,\pi_2)=\angle(\boldsymbol{n}_1,\boldsymbol{n}_2)$;
当 $\angle(\boldsymbol{n}_1,\boldsymbol{n}_2)$ 是钝角时, $\angle(\pi_1,\pi_2)=\pi-\angle(\boldsymbol{n}_1,\boldsymbol{n}_2)$.
如果 $\angle(\pi_1,\pi_2)=0$, 则平面 π_1 与平面 π_2 重合;
如果 $\angle(\pi_1,\pi_2)=90^\circ$, 则平面 π_1 与平面 π_2 垂直.

7. 直线与直线的夹角

两个直线的夹角规定为它们直线方向所决定的四个角中最小的角. 如图 2.3.10, 设直线 L_1 与直线 L_2 的方向向量分别为 $\boldsymbol{\eta}_1,\boldsymbol{\eta}_2$, 则直线 L_1 与直线 L_2 的夹角 $\angle(L_1,L_2)$ 为

$$\cos\angle(L_1,L_2)=\frac{|\boldsymbol{\eta}_1\cdot\boldsymbol{\eta}_2|}{|\boldsymbol{\eta}_1||\boldsymbol{\eta}_2|},$$

于是

$$\angle(L_1,L_2)=\arccos(|\cos\angle(\boldsymbol{\eta}_1,\boldsymbol{\eta}_2)|).$$

故 $0\leqslant\angle(L_1,L_2)\leqslant 90^\circ$.

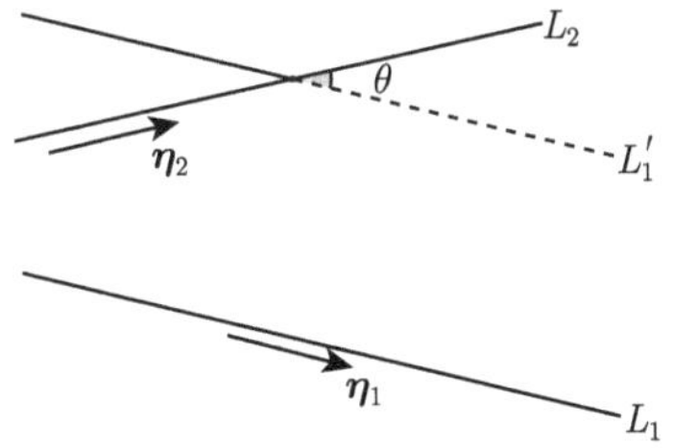

图 2.3.10

如果 $\angle(L_1,L_2)=0$, 则直线 L_1 与直线 L_2 平行;
如果 $\angle(L_1,L_2)=90^\circ$, 则称直线 L_1 与直线 L_2 是垂直的.
如果直线的方向向量的夹角 $\angle(\boldsymbol{\eta}_1,\boldsymbol{\eta}_2)$ 是锐角或直角时, $\angle(L_1,L_2)=\angle(\boldsymbol{\eta}_1,\boldsymbol{\eta}_2)$;
如果 $\angle(\boldsymbol{\eta}_1,\boldsymbol{\eta}_2)$ 是钝角时, $\angle(L_1,L_2)=\pi-\angle(\boldsymbol{\eta}_1,\boldsymbol{\eta}_2)$.

8. 直线与平面的夹角

设直线 L 在平面 π 上的投影直线为 L_1, 直线 L 与平面 π 的夹角定义为直线 L 与直线 L_1 的夹角. 记直线 L 与平面 π 的夹角为 $\angle(L,\pi)$. 如图 2.3.11, 取定直线 L 的一个方向向量 $\boldsymbol{\alpha}$, 平面 π 的一个法向量 $\boldsymbol{n}$, 则

$$\sin\angle(L,\pi)=\frac{|\boldsymbol{\alpha}\cdot\boldsymbol{n}|}{|\boldsymbol{\alpha}||\boldsymbol{n}|},\quad \angle(L,\pi)=\arccos(|\sin\angle(\boldsymbol{\alpha},\boldsymbol{n})|).$$

故 $0\leqslant\angle(L,\pi)\leqslant 90^\circ$.

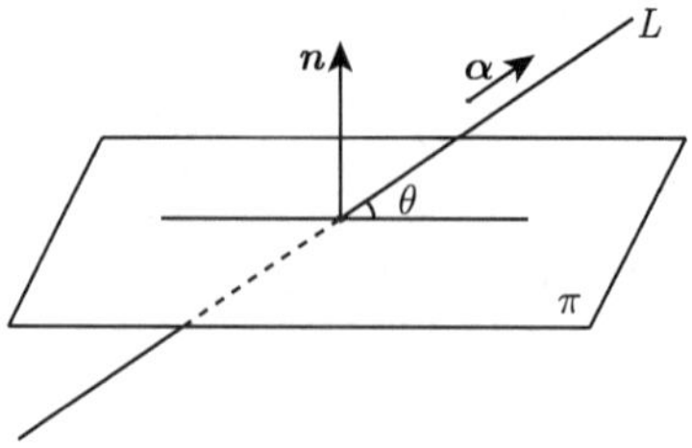

图 2.3.11

如果 $\angle(L,\pi)=0$, 则直线 L 与平面 π 平行 (包含在内);

如果 $\angle(L,\pi)=90^\circ$, 则直线 L 与平面 π 垂直.

2.3.4　空间中关于直线或平面的反射变换

定义 2.3.4.1　设 L 是空间中一条直线, 取定一点 p. 过点 p 作直线 L 的垂线 L_1 并且交直线 L 于点 O, 在垂线 L_1 上取一点 q, 如果满足点 O 是线段 $\overline{pq}$ 的中点, 则称点 q 是点 p 关于直线 L 的**对称点**, 也称点 p,q 是关于直线 L **对称的**. 如图 2.3.12.

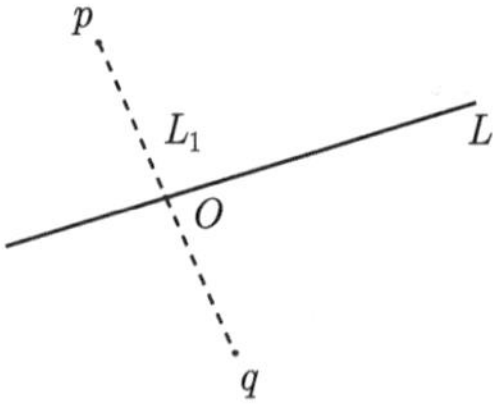

图 2.3.12

定义 2.3.4.2　设 L 是空间中一条直线. 定义空间 E^3 中的变换 $\phi: E^3\to E^3$ 如下: 任意空间中一点 p, 规定 $\phi(p)$ 为点 p 关于直线 L 的对称点. 则变换 $\phi: E^3\to E^3$ 称为空间中的关于直线 L 的**反射变换**. 简称为**轴反射**. 直线 L 称为反射变换 ϕ 的**反射轴**.

轴反射变换 $\phi: E^3\to E^3$ 是空间中的一一变换, 并且满足 $\phi^2=\mathrm{id}$, 因此 $\phi^{-1}=\phi$. 反射变换完全由反射轴决定, 同时反射变换的不动点都在反射轴上.

例 2.3.4.1　在空间直角坐标系下, 设直线 L 的方程 $\dfrac{x-x_0}{k}=\dfrac{y-y_0}{m}=\dfrac{z-z_0}{n}$, 点 p 的坐标是 (x_1,y_1,z_1). 则点 p 关于直线 L 的对称点 q 的坐标是 (x_q,y_q,z_q), 其中坐标分量是

$$x_q=2x_0+\frac{2k^2(x_1-x_0)+2km(y_1-y_0)+2kn(z_1-z_0)}{k^2+m^2+n^2}-x_1,$$

$$y_q = 2y_0 + \frac{2mk(x_1 - x_0) + 2m^2(y_1 - y_0) + 2mn(z_1 - z_0)}{k^2 + m^2 + n^2} - y_1,$$

$$z_q = 2z_0 + \frac{2kn(x_1 - x_0) + 2mn(y_1 - y_0) + 2n^2(z_1 - z_0)}{k^2 + m^2 + n^2} - z_1.$$

解 过点 p 作垂直于直线 L 的平面 π, 其方程为 $k(x - x_1) + m(y - y_1) + n(z - z_1) = 0$. 直线 L 的参数方程 $\begin{cases} x = x_0 + tk, \\ y = y_0 + tm, \\ z = z_0 + tn, \end{cases}$ 代入直线 L 得到交点 O 的参数是

$$t_0 = \frac{k(x_1 - x_0) + m(y_1 - y_0) + n(z_1 - z_0)}{k^2 + m^2 + n^2}.$$

于是交点 O 的坐标是 $(x_0 + t_0k, y_0 + t_0m, z_0 + t_0n)$. 由于交点 O 是 $\overline{pq}$ 中点, 利用单比得到对称点的坐标. □

特别地, 在空间直角坐标系 $I[O; \boldsymbol{e}_1, \boldsymbol{e}_2, \boldsymbol{e}_3]$ 下, 空间任意一点 $M(x, y, z)$,

点 $M(x, y, z)$ 关于 x 轴的对称点是 $M'(x, -y, -z)$;

点 $M(x, y, z)$ 关于 y 轴的对称点是 $M'(-x, y, -z)$;

点 $M(x, y, z)$ 关于 z 轴的对称点是 $M'(-x, -y, z)$.

定义 2.3.4.3 设变换 $\phi: E^3 \to E^3$ 是关于直线 L 的反射变换. 设 S 是空间中的图形, 则称图形 $\phi(S)$ 是图形 S 关于直线 L 的**对称图形**. 也称图形 $S, \phi(S)$ 是关于直线 L **对称的**.

例如图 2.3.13 给出了直线关于直线的对称图形.

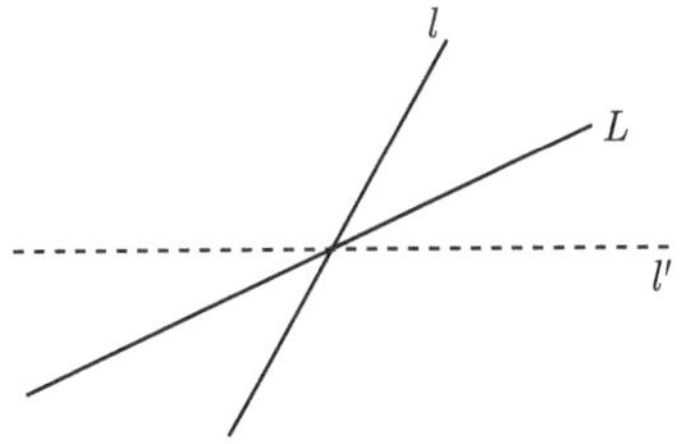

图 2.3.13

命题 2.3.4.1 设直线 L 是空间中一个固定直线, 则空间中任意直线 l 关于直线 L 的对称图形是空间中的一条直线 (称为直线 l 的**对称直线**); 空间中任意平面 π 关于直线 L 的对称图形是空间中的一张平面 (称为平面 π 的**对称平面**).

例 2.3.4.2 在空间直角坐标系下, 设直线 L 的方程是 $\dfrac{x-1}{2} = \dfrac{y-2}{-1} =$

$\frac{z-1}{1}$, 直线 L_1 的方程是 $\begin{cases} x-y+2z+1=0, \\ 2x+y+z+1=0, \end{cases}$ 求直线 L_1 关于直线 L 的对称直线方程.

解 只需在直线 L_1 上取两点 A, B, 然后计算它们的对称点 A', B', 则连接 A', B' 的直线就是所求直线.

在直线 L_1 上取两点 $A\left(0, \frac{-1}{3}, \frac{-2}{3}\right), B\left(\frac{-2}{3}, \frac{1}{3}, 0\right)$, 则利用关于直线的反射坐标公式得到它们的像点是 $A'\left(\frac{14}{9}, \frac{44}{9}, \frac{19}{9}\right), B'\left(\frac{8}{9}, \frac{19}{9}, \frac{10}{9}\right)$. 所以对称直线方程是

$$\frac{9x-8}{6} = \frac{9y-19}{25} = \frac{9z-10}{9}. \qquad \square$$

定义 2.3.4.4 设 π 是空间中一张平面, 取定点 p. 过点 p 作平面 π 的垂线 L 并且交平面 π 于点 O, 在垂线 L 上点 q 如果满足点 O 是线段 $\overline{pq}$ 的中点, 则称点 q 是点 p 关于平面 π 的**对称点**, 也称点 p, q 是关于平面 π 对称的 (图 2.3.14).

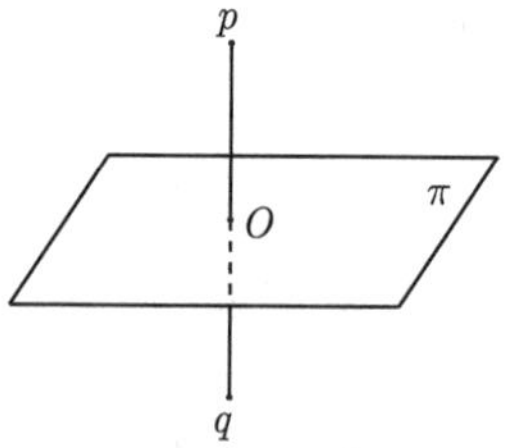

图 2.3.14

定义 2.3.4.5 设 π 是空间中一张平面. 定义空间 E^3 中的变换 $\phi: E^3 \to E^3$ 如下: 任意空间中一点 p, 规定 $\phi(p)$ 为点 p 关于平面 π 的对称点. 则变换 $\phi: E^3 \to E^3$ 称为空间中的关于平面 π 的**反射变换**. 简称为**面反射**. 平面 π 称为反射变换的**反射面**.

平面的反射变换 $\phi: E^3 \to E^3$ 是空间中的一一变换, 并且满足 $\phi^2 = \mathrm{id}$, 因此 $\phi^{-1} = \phi$. 空间中反射变换完全由反射面决定, 同时反射变换的不动点都在反射面上.

例 2.3.4.3 在空间直角坐标系下, 设平面 π 的方程 $Ax + By + Cz + D = 0$, 点 p 的坐标是 (x_1, y_1, z_1). 则点 p 关于平面 π 的对称点 q 的坐标是 (x_q, y_q, z_q), 其中坐标分量是

$$x_q = x_1 - \frac{2Ax_1 + 2By_1 + 2Cz_1 + 2D}{A^2 + B^2 + C^2}A;$$
$$y_q = y_1 - \frac{2Ax_1 + 2By_1 + 2Cz_1 + 2D}{A^2 + B^2 + C^2}B;$$
$$z_q = z_1 - \frac{2Ax_1 + 2By_1 + 2Cz_1 + 2D}{A^2 + B^2 + C^2}C.$$

解 过点 p 作垂直于平面 π 的直线 L, 其方程为

$$\begin{cases} x = x_1 + tA, \\ y = y_1 + tB, \\ z = z_1 + tC, \end{cases}$$

代入平面 π 得到交点 O 的参数是

$$t_0 = \frac{-Ax_1 - By_1 - Cz_1 - D}{A^2 + B^2 + C^2}.$$

于是交点 O 的坐标是 $(x_1 + t_0A,\ y_1 + t_0B,\ z_1 + t_0C)$. 由于交点 O 是 $\overline{pq}$ 中点, 利用单比得到对称点的坐标. □

特别地, 在空间直角坐标系 $I[O; \boldsymbol{e}_1, \boldsymbol{e}_2, \boldsymbol{e}_3]$ 下, 对空间任意一点 $M(x, y, z)$, 有

点 $M(x, y, z)$ 关于 xOy 平面的对称点是 $M'(x, y, -z)$;

点 $M(x, y, z)$ 关于 yOz 平面的对称点是 $M'(-x, y, z)$;

点 $M(x, y, z)$ 关于 xOz 平面的对称点是 $M'(x, -y, z)$.

定义 2.3.4.6 设空间中变换 $\phi : E^3 \to E^3$ 是关于平面 π 的面反射. 设 S 是空间中的图形, 则称图形 $\phi(S)$ 是图形 S 关于平面 π 的**对称图形**. 也称图形 $S, \phi(S)$ 是关于平面 π **对称的**.

例如图 2.3.15 给出了直线关于平面的对称直线.

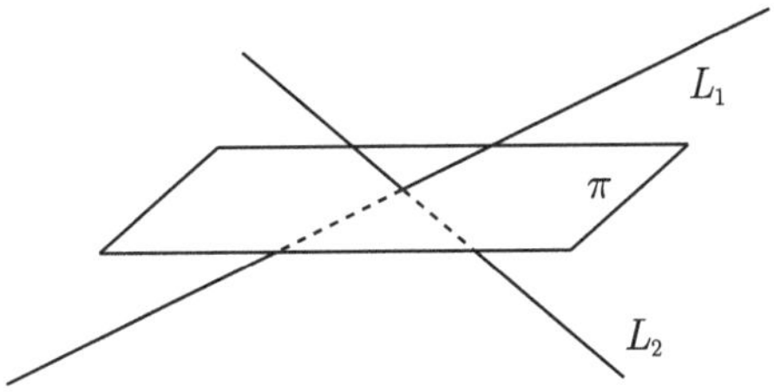

图 2.3.15

命题 2.3.4.2 设平面 π 是空间中一张固定平面, 则空间中任意直线 l 关于平面 π 的对称图形是空间中的一条直线 (称为直线 l 的**对称直线**); 空间中任意平面 $\overline{\pi}$ 关于平面 π 的对称图形是空间中的一张平面 (称为平面 π 的**对称平面**).

例 2.3.4.4 在空间直角坐标系下, 设平面 π 的方程 $2x+y-z+1=0$, 直线 L 的方程是 $\begin{cases} x-y+z+1=0, \\ x+y+z+1=0, \end{cases}$ 求直线 L 关于平面 π 的对称直线方程.

解 在直线 L 取两点 $A(0,0,-1)$, $B(-1,0,0)$, 则利用关于平面的反射坐标公式得到它们像点是 $A'\left(-\frac{4}{3},-\frac{2}{3},-\frac{1}{3}\right)$, $B'\left(-\frac{1}{3},\frac{1}{3},-\frac{1}{3}\right)$, 于是对称直线为

$$\frac{x+\frac{4}{3}}{1}=\frac{y+\frac{2}{3}}{1}=\frac{z+\frac{1}{3}}{0}.$$

□

习 题 2.3

1. 在空间仿射坐标系中, 求出下列直线的方程.

(1) 经过点 $M_0(1,1,1)$, 平行于向量 $\boldsymbol{\alpha}(2,1,0)$.

(2) 经过点 $M_1(-1,2,1)$ 和点 $M_2(1,0,2)$.

(3) 经过点 $M_0(0,1,-1)$, 与平面 $x-3y+z-2=0$ 平行, 并且和直线 $\begin{cases} 3x-2y+2z+3=0, \\ 2x+y+z+1=0 \end{cases}$ 共面的直线.

(4) 平行于向量 $\boldsymbol{\alpha}(8,7,1)$, 并且与直线 $\frac{x+13}{2}=\frac{y-5}{3}=z$ 和直线 $\frac{x-10}{5}=\frac{y+7}{4}=z$ 都相交的直线.

(5) 经过点 $M_0(0,1,-1)$, 并且与下面两个直线都共面:

$$\begin{cases} 2x-y-5=0, \\ 3x-2z+7=0, \end{cases} \quad \begin{cases} x+5y-10=0, \\ y+z-1=0. \end{cases}$$

2. 在空间直角坐标系中, 求出下列直线的方程.

(1) 经过点 $M_0(2,1,-1)$, 垂直于平面 $x+y+2z+1=0$ 的直线.

(2) 经过点 $M_0(2,-1,3)$, 与直线 $\frac{x}{2}=\frac{y-1}{-1}=\frac{z-2}{3}$ 相交且垂直的直线.

(3) 经过点 $M_0(4,2,-3)$, 平行于平面 $x+y+z+1=0$, 且与直线 $\begin{cases} x+y-1=0, \\ y-z=0 \end{cases}$ 垂直的直线.

(4) 直线 $\dfrac{x-1}{2}=\dfrac{y}{-1}=\dfrac{z}{2}$ 在平面 $x+y+z-1=0$ 上的投影直线.

3. 将下面直线的一般方程化为标准方程.

(1) $\begin{cases} 2x+y-z-1=0, \\ x+y-z+3=0. \end{cases}$ (2) $\begin{cases} x+y-1=0, \\ x+3y-z-1=0. \end{cases}$

4. 在空间直角坐标系下, 求出下面平面方程.

(1) 经过直线 $\dfrac{x-1}{2}=\dfrac{y-1}{-1}=\dfrac{z}{2}$ 和原点的平面.

(2) 经过直线 $\dfrac{x-2}{-1}=\dfrac{y-1}{-1}=\dfrac{z-1}{2}$ 且平行于向量 $\boldsymbol{\alpha}(2,1,-1)$ 的平面.

(3) 经过直线 $\begin{cases} x+2y-z-1=0, \\ 2x+y-z+3=0 \end{cases}$ 且垂直于向量 $\boldsymbol{\alpha}(-1,1,0)$ 的平面.

(4) 经过直线 $\begin{cases} x+y-z-5=0, \\ 2x+y-z+1=0 \end{cases}$ 和点 $M_0(4,2,-3)$ 的平面.

(5) 经过直线 $\dfrac{x-1}{2}=\dfrac{y}{1}=\dfrac{z}{-1}$ 且平行直线 $\dfrac{x}{2}=\dfrac{y}{1}=\dfrac{z}{-2}$ 的平面.

(6) 经过点 $M_0(2,0,-3)$ 且垂直于两平面 $\pi_1: x-2y+4z-7=0$ 和 $\pi_2: 3x+5y-2z+1=0$ 的平面.

(7) 经过 z 轴且与平面 $2x+y-\sqrt{5}z-7=0$ 的夹角为 60° 的平面.

(8) 平行于平面 $\pi: 6x-2y+3z+15=0$, 并且使得点 $M_0(0,-2,-1)$ 到所作平面和平面 π 的距离相等的平面.

5. 在空间仿射坐标系下, 判断下面各组直线与平面的位置关系, 如果相交则求出交点.

(1) 直线 $\dfrac{x-1}{2}=\dfrac{y+1}{3}=\dfrac{z+2}{-1}$, 平面 $3x-2y+3z+1=0$;

(2) 直线 $\dfrac{x-1}{1}=\dfrac{y-1}{1}=\dfrac{z-8}{2}$, 平面 $x+y-z+6=0$;

(3) 直线 $\begin{cases} x+y-z-5=0, \\ 2x+y-z+1=0, \end{cases}$ 平面 $3x+y-z+6=0$;

(4) 直线 $\begin{cases} 3x+y-z-5=0, \\ x+y-z+1=0, \end{cases}$ 平面 $3x+y-2z+1=0$.

6. 判断下面各对直线的位置关系.

(1) $\dfrac{x-1}{3}=\dfrac{y+1}{3}=\dfrac{z+2}{-1}$, $\dfrac{x}{2}=\dfrac{y+1}{1}=\dfrac{z}{-1}$;

(2) $\begin{cases} x+y-z-1=0, \\ 2x+2y-z+3=0, \end{cases} \dfrac{x-1}{2}=\dfrac{y+1}{3}=\dfrac{z-1}{-2}$;

(3) $\begin{cases} 3x+y-2z-5=0, \\ x+y-2z+3=0, \end{cases} \begin{cases} 3x+2y-z+3=0, \\ x+2y-z-4=0. \end{cases}$

7. 在空间仿射坐标系下, 设直线 L_1 和直线 L_2 的方程为

$$L_1: \begin{cases} A_1x+B_1y+C_1z+D_1=0, \\ A_2x+B_2y+C_2z+D_2=0, \end{cases} \quad L_2: \begin{cases} A_3x+B_3y+C_3z+D_3=0, \\ A_4x+B_4y+C_4z+D_4=0. \end{cases}$$

证明: 直线 L_1 和直线 L_2 异面的充分必要条件是

$$\begin{vmatrix} A_1 & B_1 & C_1 & D_1 \\ A_2 & B_2 & C_2 & D_2 \\ A_3 & B_3 & C_3 & D_3 \\ A_4 & B_4 & C_4 & D_4 \end{vmatrix} \neq 0.$$

8. 在空间直角坐标系中, 求出下面点到平面的距离.

(1) 点 $M_0(2,-2,-1)$, 平面 $3x+3y-2z+1=0$;

(2) 点 $M_0(0,1,-1)$, 平面 $x+3y-2z-1=0$.

9. 在空间直角坐标系中, 求出下面点到直线的距离.

(1) 点 $M_0(0,2,-1)$, 直线 $\dfrac{x}{2}=\dfrac{y+1}{1}=\dfrac{z}{-1}$;

(2) 点 $M_0(3,1,-1)$, 直线 $\begin{cases} x+y-2z-1=0, \\ 2x+y-2z+3=0. \end{cases}$

10. 在空间直角坐标系中, 求出下面两条直线间的距离.

(1) 直线 $\dfrac{x-1}{1}=\dfrac{y+1}{3}=\dfrac{z+2}{-1}$, 直线 $\dfrac{x}{3}=\dfrac{y}{2}=\dfrac{z-2}{-1}$;

(2) 直线 $\dfrac{x-1}{2}=\dfrac{y}{3}=\dfrac{z-2}{-1}$, 直线 $\dfrac{x-4}{-2}=\dfrac{y+1}{-3}=\dfrac{z+2}{1}$;

(3) 直线 $\begin{cases} z-5=0, \\ x+y=0, \end{cases}$ 直线 $\begin{cases} x+z-5=0, \\ y+z=0. \end{cases}$

11. 在空间直角坐标系下, 求下列各对异面直线的距离和公垂线方程.

(1) 直线 $\dfrac{x-1}{2}=\dfrac{y}{3}=\dfrac{z-1}{-1}$, 直线 $\dfrac{x}{2}=\dfrac{y}{1}=\dfrac{z}{-1}$.

(2) 直线 $\begin{cases} x+y-1=0, \\ z=0, \end{cases}$ 直线 $\begin{cases} x-z+1=0, \\ 2y+z-2=0. \end{cases}$

12. 在空间直角坐标系下, 求下列夹角 (不是特殊值用反三角表示).

(1) 平面 $x+2y-2z+1=0$ 与平面 $3x+y+z+1=0$ 的夹角;

(2) 直线 $\dfrac{x}{2}=\dfrac{y}{2}=\dfrac{z-4}{-1}$ 与平面 $x+y+z+1=0$ 的夹角;

(3) 直线 $\begin{cases} x-y-z+1=0, \\ x+2y+z-2=0 \end{cases}$ 与平面 $x+2y+z=0$ 的夹角;

(4) 直线 $\dfrac{x}{1}=\dfrac{y}{1}=\dfrac{z-1}{-1}$ 与直线 $\begin{cases} 2x-y-z+1=0, \\ x+y+z-1=0 \end{cases}$ 的夹角;

(5) 直线 $\begin{cases} x-y-z+1=0, \\ x+y+z-1=0 \end{cases}$ 与直线 $\begin{cases} x-y-z+1=0, \\ x+z-2=0 \end{cases}$ 的夹角.

13. 在空间直角坐标系下, 已知平面 π 方程 $Ax+By+Cz+D=0$.

(1) 求平面 π 与三个坐标轴的夹角;

(2) 求平面 π 与三个坐标面的夹角.

14. 已知两条异面直线 L_1 和 L_2. 证明: 连接直线 L_1 上任意一点和直线 L_2 上任意一点的线段的中点轨迹是它们公垂线段的垂直平分面.

15. 在空间直角坐标系中, 给定平面 $\pi_1: 3x-2y+z+1=0$ 和平面 $\pi_2: x+y+z+1=0$. 求出到平面 π_1 和平面 π_2 的距离相等的点的轨迹.

16. 在空间直角坐标系中, 给定直线 $L: x=y=z$.

(1) 求出直线 $\begin{cases} x-y-z+1=0, \\ x+y+z-1=0 \end{cases}$ 关于直线 L 的对称直线方程;

(2) 求出平面 $x+2y-z+1=0$ 关于直线 L 的对称平面方程.

17. 在空间直角坐标系中, 给定平面 $\pi: x+y+z-1=0$.

(1) 求出直线 $\begin{cases} x-2y-z+1=0, \\ 2x+y+z-1=0 \end{cases}$ 关于平面 π 的对称直线方程;

(2) 求出平面 $3x+2y-z+4=0$ 关于平面 π 的对称平面方程.

18. 在平面 π 上给定三条互相平行的直线 L_1, L_2, L_3, 平面上动直线 l 与直线 L_1, L_2, L_3 分别相交于点 A_1, A_2, A_3. 证明: 单比 (A_1, A_2, A_3) 是常数.

2.4 空间中球面与圆的方程及其反演

2.4.1 球面的方程与空间中的反演变换

定义 2.4.1.1 空间中到一个定点的距离等于常数的动点的轨迹称为**球面**, 定点称为球面的**球心**, 常数距离称为球面的**半径** (图 2.4.1).

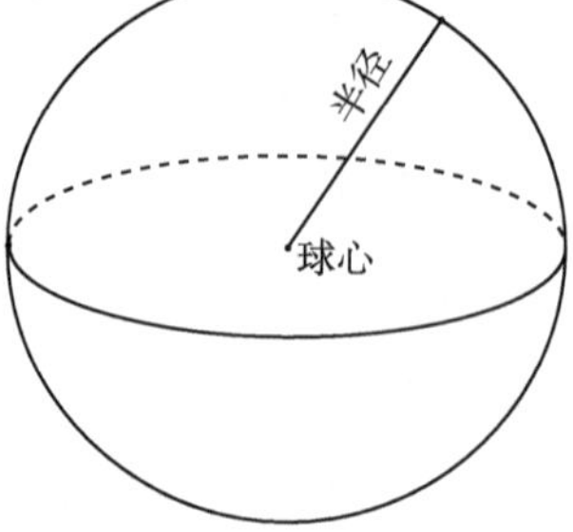

图 2.4.1

因为球面上点的几何性质涉及距离, 所以在本节中的坐标系都是空间中的直角坐标系. 由球面的定义知道, 一个球面位置完全由它的球心和半径决定. 在空间直角坐标系中, 设球面 S 的球心是 $M_0(a,b,c)$, 半径是 r. 则球面上的动点 $M(x,y,z)$ 满足方程

$$(x-a)^2+(y-b)^2+(z-c)^2=r^2,$$

这就是球面方程. 将其展开得到

$$x^2+y^2+z^2+kx+my+nz+t=0, \tag{2.4.1}$$

其中 $k=-2a, m=-2b, n=-2c, t=a^2+b^2+c^2-r^2$.

这样球面方程是一个三元二次方程. 该方程的特点: 没有交叉项 (指 xy, yz, xz 项), 平方项系数相同. 反之, 任意一个形如 (2.4.1) 的三元二次方程经过配方后可以写成

$$\left(x+\frac{k}{2}\right)^2+\left(y+\frac{m}{2}\right)^2+\left(z+\frac{n}{2}\right)^2+t-\frac{k^2+m^2+n^2}{4}=0.$$

这样, 当 $\dfrac{k^2+m^2+n^2}{4}>t$ 时, 方程 (2.4.1) 的图形是一个球心在 $\left(\dfrac{-k}{2},\dfrac{-m}{2},\dfrac{-n}{2}\right)$, 半径为 $\dfrac{\sqrt{k^2+m^2+n^2-4t}}{2}$ 的球面.

当 $\dfrac{k^2+m^2+n^2}{4}=t$ 时, 方程 (2.4.1) 的图形是点 $\left(\dfrac{-k}{2},\dfrac{-m}{2},\dfrac{-n}{2}\right)$.

当 $\dfrac{k^2+m^2+n^2}{4}<t$ 时, 方程 (2.4.1) 无实数解. 即 (2.4.1) 没有轨迹 (也称为虚球面).

在空间直角坐标系中, 为了求出球面的方程, 我们需要至少四个独立的条件, 即要决定球面方程 (2.4.1) 中的四个参数 k,m,n,t, 相当于球心坐标和半径.

例 2.4.1.1 在空间直角坐标系中, 求经过四点 $(1,-1,1)$, $(1,2,-1)$, $(2,3,0)$, $(0,0,0)$ 的球面方程.

解 设所求球面方程是 $x^2+y^2+z^2+kx+my+nz+t=0$, 已知四点在球面上, 故

$$\begin{cases} k-m+n+t+3=0, \\ k-2m+n+t+6=0, \\ 2k+3m+t+13=0, \\ t=0, \end{cases}$$

解得 $k=\dfrac{-13}{2}, m=3, n=\dfrac{13}{2}, t=0$. 这样, 所求球面方程为

$$x^2+y^2+z^2-\frac{13}{2}x+3y+\frac{13}{2}z=0. \qquad \square$$

一般地, 空间中任意给定四点, 未必存在球面经过它们. 在空间直角坐标系中, 给定空间四点 $M_i(a_i,b_i,c_i), i=1,2,3,4$. 假设存在球面 S 经过四点, 其方程设为 $x^2+y^2+z^2+kx+my+nz+t=0$. 要确定该方程, 只需要求出四个系数 k,m,n,t. 由于四点在球面上, 则

$$\begin{cases} x_1^2+y_1^2+z_1^2+kx_1+my_1+nz_1+t=0, \\ x_2^2+y_2^2+z_2^2+kx_2+my_2+nz_2+t=0, \\ x_3^2+y_3^2+z_3^2+kx_3+my_3+nz_3+t=0, \\ x_4^2+y_4^2+z_4^2+kx_4+my_4+nz_4+t=0, \end{cases}$$

即

$$\begin{cases} x_1k+y_1m+z_1n+t+(x_1^2+y_1^2+z_1^2)=0, \\ x_2k+y_2m+z_2n+t+(x_2^2+y_2^2+z_2^2)=0, \\ x_3k+y_3m+z_3n+t+(x_3^2+y_3^2+z_3^2)=0, \\ x_4k+y_4m+z_4n+t+(x_4^2+y_4^2+z_4^2)=0. \end{cases} \tag{2.4.2}$$

方程组 (2.4.2) 是四个未知数 k,m,n,t 四个方程的线性方程组, 由线性方程组的一般理论得到, (2.4.2) 的解的情况有 3 种: 唯一解、无穷多解和无解.

(1) 方程组 (2.4.2) 有唯一解, 此时方程组的系数矩阵的行列式不等于零,

即

$$\begin{vmatrix} x_1 & y_1 & z_1 & 1 \\ x_2 & y_2 & z_2 & 1 \\ x_3 & y_3 & z_3 & 1 \\ x_4 & y_4 & z_4 & 1 \end{vmatrix} \neq 0.$$

从而此时四点 $M_i(a_i, b_i, c_i)$, $i = 1, 2, 3, 4$ 是不共面的. 故经过空间中不共面的四点的球面是存在并且唯一的. 即不共面的四点唯一决定一个球面.

(2) 方程组 (2.4.2) 无解的必要条件是方程组的系数矩阵的行列式等于零, 而方程组的系数矩阵的行列式等于零说明四点共面. 从几何上看, 方程组 (2.4.2) 无解意味着四点不能共一个球面, 所以这四点不共圆. 因为这四点在一平面上, 如果这四点还在一球面上, 则必在一圆周上, 因为球面与平面的交线是圆. 这样方程组 (2.4.2) 无解的充分必要条件是四点共面但不共一个圆. 于是空间中共面但不共圆的四点是没有球面经过它们的.

(3) 方程组 (2.4.2) 有无穷多解必要条件是方程组的系数矩阵的行列式等于零, 所以四点共面, 有四点共一个球面, 故四点共圆. 于是共圆的四点有无穷多球面经过它们.

例 2.4.1.2 在空间直角坐标系中, 给定两个球面 S_1, S_2, 它们的方程分别是

$$S_i : (x - a_i)^2 + (y - b_i)^2 + (z - c_i)^2 = r_i^2, \quad i = 1, 2.$$

讨论两个球面的位置关系 (图 2.4.2).

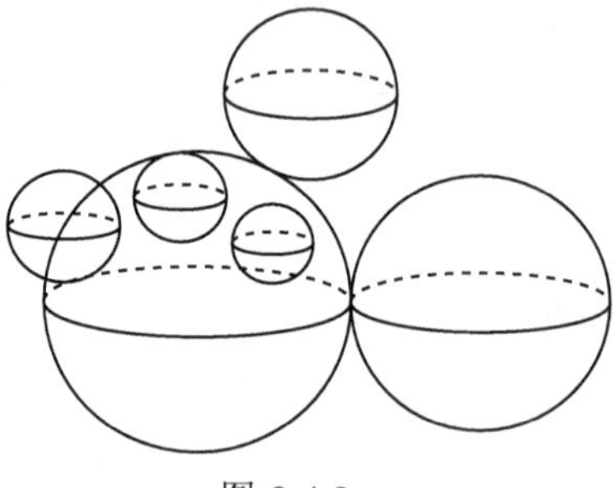

图 2.4.2

解 球心距 $d(O_1, O_2) = \sqrt{(a_1 - a_2)^2 + (b_1 - b_2)^2 + (c_1 - c_2)^2}$.

(1) 两个球面相离 $\Leftrightarrow d(O_1, O_2) > r_1 + r_2$.

(2) 两个球面外切 $\Leftrightarrow d(O_1, O_2) = r_1 + r_2$.

(3) 两个球面相交 $\Leftrightarrow |r_1 - r_2| < d(O_1, O_2) < r_1 + r_2$.

(4) 两个球面内切 $\Leftrightarrow d(O_1,O_2)=|r_1-r_2|$.

(5) 一个球面在另一个球面内部 $\Leftrightarrow d(O_1,O_2)<|r_1-r_2|$. □

定义 2.4.1.2 给定一个球面 S, 如果一张平面 π 和球面 S 相交并且只有一个交点 p, 即 $S\cap\pi=p$, 则称平面 π 为点 p 处球面 S 的**切平面**. 点 p 称为切点.

设平面 π 是球面 S 的切平面, 点 p 是切点, 球面 S 的球心是点 O. 明显球心到点 p 的距离就是球心到切平面 π 的距离, 故球心与点 p 的连线是平面 π 的一条法线, 即 $\overrightarrow{Op}\perp\pi$.

例 2.4.1.3 在空间直角坐标系中, 给定球面 S 方程 $x^2+y^2+z^2+2x+4y-4=0$. 求经过球面 S 上点 $M_0(-1,-2,3)$ 的球面切平面方程.

解 球面方程改写为 $(x+1)^2+(y+2)^2+z^2=9$. 故球心坐标为 $O(-1,-2,0)$. 这样向量 $\overrightarrow{OM}(0,0,3)$ 为所求切平面的法向量. 于是所求切平面为 $z-3=0$. □

球面具有很好的对称性, 因此当两个球面相交时, 几何上可以定义适当的夹角来刻画这两个球面的重叠程度.

定义 2.4.1.3 给定两个相交的球面 S_1,S_2, 设它们的交点集 $\Gamma=S_1\cap S_2$ 是非空的. 任取交点集上一点 $p\in\Gamma$. 设平面 π_1 是球面 S_1 在点 p 处的切平面, 平面 π_2 是球面 S_2 在点 p 处的切平面. 规定两个球面 S_1,S_2 的夹角就是切平面 π_1 与切平面 π_2 的夹角. 记为 $\angle(S_1,S_2)$. 如图 2.4.3 中, 为两个球面的夹角截面图, 即用过两个球心和点 p 的平面去截夹角.

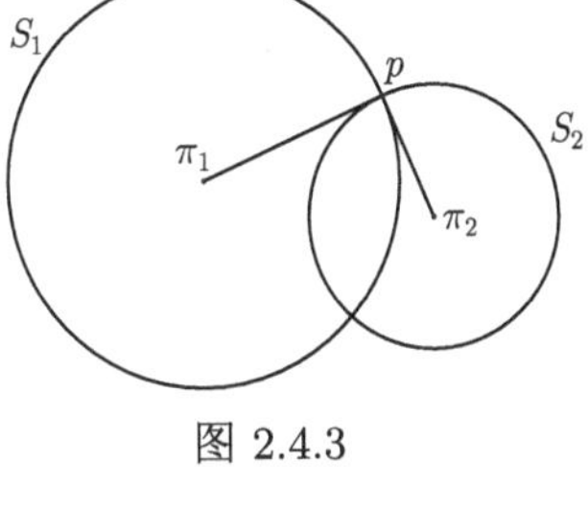

图 2.4.3

可以证明两个球面的夹角的定义与交点集上的点 p 的选择无关.

如果 $\angle(S_1,S_2)=\dfrac{\pi}{2}$, 则两个球面是垂直的. 如果 $\angle(S_1,S_2)=0$, 则两个球面是相切的. 空间中给定球面, 可以定义关于球面的反演变换.

定义 2.4.1.4 在空间中给定球面 S, 它的球心为点 O, 半径为 r. 用 $E^3\backslash\{O\}$ 表示空间去掉球心 O 的空间. 定义变换 $\varphi: E^3\backslash\{O\}\to E^3\backslash\{O\}$ 如下: $E^3\backslash\{O\}$ 中任意点 p, 像点 $\varphi(p)$ 是满足下面条件的点.

(1) $O, p, \varphi(p)$ 三点共线, 并且点 O 在点 $p, \varphi(p)$ 连线段之外面;

(2) $|\overrightarrow{Op}| \cdot |\overrightarrow{O\varphi(p)}| = r^2$.

容易证明满足条件的点 $\varphi(p)$ 是唯一确定的. 称变换 $\varphi : E^3\backslash\{O\} \to E^3\backslash\{O\}$ 为空间中关于球面 S 的**反演变换**. 球面 S 称为该反演变换的**反演球**, 球心称为反演变换的**反演中心**. 如图 2.4.4.

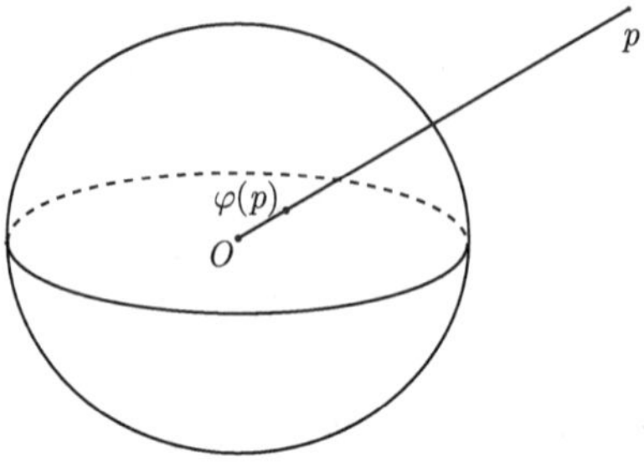

图 2.4.4

反演变换 $\varphi : E^3\backslash\{O\} \to E^3\backslash\{O\}$ 是一个一一变换, 满足 $\varphi^2 = \mathrm{id}$, 故 $\varphi^{-1} = \varphi$.

在空间直角坐标系中, 设反演球面 S 的方程 $(x-a)^2+(y-b)^2+(z-c)^2 = r^2$. 任意空间的点 $p(x,y,z)$, 设它在反演变换下的像 $\varphi(p)$ 的坐标为 $(\overline{x}, \overline{y}, \overline{z})$, 则

$$\overline{x} = a + \frac{r^2}{|\overrightarrow{OP}|^2}(x-a), \quad \overline{y} = b + \frac{r^2}{|\overrightarrow{OP}|^2}(y-b), \quad \overline{z} = c + \frac{r^2}{|\overrightarrow{OP}|^2}(z-c).$$

这样在空间直角坐标下, 关于球面 S 的反演变换的坐标表示为

$$\varphi(x,y,z) = \left(a + \frac{r^2}{|\overrightarrow{OP}|^2}(x-a),\ b + \frac{r^2}{|\overrightarrow{OP}|^2}(y-b),\ c + \frac{r^2}{|\overrightarrow{OP}|^2}(z-c)\right).$$

命题 2.4.1.1 设球面 S 的球心是 O, $\varphi : E^3\backslash\{O\} \to E^3\backslash\{O\}$ 是以球面 S 为反演球的反演变换. 如果球面 S_1 是不经过反演中心的球面, 则 $\varphi(S_1)$ 是一个球面, 特别地 $\varphi(S) = S$.

证明 在空间直角坐标系中, 设反演球面的中心坐标为 $O(a,b,c)$, 半径为 r. 设球面 S_1 的球心为 $O_1(a_1,b_1,c_1)$, 半径为 r_1, 则它的方程是 $(x-a_1)^2+(y-b_1)^2+(z-c_1)^2 = r_1^2$. 令

$$O_2 = (a_2,b_2,c_2) = \left(a + \frac{r^2(a_1-a)}{|\overrightarrow{OO_1}|^2 - r_1^2},\ b + \frac{r^2(b_1-b)}{|\overrightarrow{OO_1}|^2 - r_1^2},\ c + \frac{r^2(c_1-c)}{|\overrightarrow{OO_1}|^2 - r_1^2}\right).$$

设 $p(x,y,z)$ 是球面 S_1 上任意一点, 它在反演变换下的像 $\varphi(p)$ 的坐标为 $(\overline{x},\overline{y},\overline{z})$. 利用反演变换的坐标表示, 我们有

$$
\begin{aligned}
&(\overline{x}-a_2)^2+(\overline{y}-b_2)^2+(\overline{z}-c_2)^2\\
=&\left(\frac{r^2(x-a)}{|\overrightarrow{OP}|^2}-\frac{r^2(a_1-a)}{|\overrightarrow{OO_1}|^2-r_1^2}\right)^2+\left(\frac{r^2(y-b)}{|\overrightarrow{OP}|^2}-\frac{r^2(b_1-b)}{|\overrightarrow{OO_1}|^2-r_1^2}\right)^2\\
&+\left(\frac{r^2(z-c)}{|\overrightarrow{OP}|^2}-\frac{r^2(c_1-c)}{|\overrightarrow{OO_1}|^2-r_1^2}\right)^2\\
=&r^4\left(\frac{1}{|\overrightarrow{OP}|^2}+\frac{|\overrightarrow{OO_1}|^2}{[|\overrightarrow{OO_1}|^2-r_1^2]^2}-\frac{2\overrightarrow{OP}\cdot\overrightarrow{OO_1}}{|\overrightarrow{OP}|^2[|\overrightarrow{OO_1}|^2-r_1^2]}\right)\\
=&r^4\left(\frac{1}{|\overrightarrow{OP}|^2}+\frac{|\overrightarrow{OO_1}|^2}{[|\overrightarrow{OO_1}|^2-r_1^2]^2}+\frac{|\overrightarrow{OO_1}-\overrightarrow{OP}|^2-|\overrightarrow{OO_1}|^2-|\overrightarrow{OP}|^2}{|\overrightarrow{OP}|^2[|\overrightarrow{OO_1}|^2-r_1^2]}\right)\\
=&r^4\left(\frac{1}{|\overrightarrow{OP}|^2}+\frac{|\overrightarrow{OO_1}|^2}{[|\overrightarrow{OO_1}|^2-r_1^2]^2}+\frac{r_1^2-|\overrightarrow{OO_1}|^2-|\overrightarrow{OP}|^2}{|\overrightarrow{OP}|^2[|\overrightarrow{OO_1}|^2-r_1^2]}\right)\\
=&r^4\left(\frac{1}{|\overrightarrow{OP}|^2}+\frac{|\overrightarrow{OO_1}|^2}{[|\overrightarrow{OO_1}|^2-r_1^2]^2}+\frac{-1}{|\overrightarrow{OP}|^2}+\frac{-1}{[|\overrightarrow{OO_1}|^2-r_1^2]}\right)\\
=&\frac{r^4r_1^2}{[|\overrightarrow{OO_1}|^2-r_1^2]^2}.
\end{aligned}
$$

所以 $\varphi(S_1)$ 是以点 O_2 为球心, 半径为 $\left|\dfrac{r^2r_1}{|\overrightarrow{OO_1}|^2-r_1^2}\right|$ 的球面. □

命题 2.4.1.2 设 $\varphi: E^3\backslash\{O\}\to E^3\backslash\{O\}$ 是以球面 S 为反演球的反演变换. 如果球面 S_1 是经过反演中心的球面, 则 $\varphi(S_1\backslash\{O\})$ 是一个张平面.

证明 在空间直角坐标系中, 设反演中心坐标为 $O(a,b,c)$, 半径为 r. 设球面 S_1 的球心 $O_1(a_1,b_1,c_1)$, 半径为 r_1, 则它的方程是 $(x-a_1)^2+(y-b_1)^2+(z-c_1)^2=r_1^2$. 由于球面 S_1 经过反演中心, 故 $|OO_1|^2=(a-a_1)^2+(b-b_1)^2+(c-c_1)^2=r_1^2$.

现在在球面 S_1 任意取两点 $p_1(x_1,y_1,z_1)$, $p_2(x_2,y_2,z_2)$. 它们在反演变换下的像的坐标为 $\varphi(p_1)(\overline{x_1},\overline{y_1},\overline{z_1})$, $\varphi(p_2)(\overline{x_2},\overline{y_2},\overline{z_2})$. 利用反演变换的坐标表示, 我们有

$$
\begin{aligned}
\overrightarrow{\varphi(p_1)\varphi(p_2)}\cdot\overrightarrow{OO_1}&=\left(\frac{r^2}{|OP_1|^2}\overrightarrow{OP_1}-\frac{r^2}{|OP_2|^2}\overrightarrow{OP_2}\right)\cdot\overrightarrow{OO_1}\\
&=\frac{r^2}{|OP_1|^2}\overrightarrow{OP_1}\cdot\overrightarrow{OO_1}-\frac{r^2}{|OP_2|^2}\overrightarrow{OP_2}\cdot\overrightarrow{OO_1}.
\end{aligned}
$$

既然点 O 在球面 S_1 上, 故 $\overrightarrow{OP_1}\cdot\overrightarrow{OO_1}=\dfrac{1}{2}|\overrightarrow{OP_1}|^2$, $\overrightarrow{OP_2}\cdot\overrightarrow{OO_2}=\dfrac{1}{2}|\overrightarrow{OP_2}|^2$. 从而有 $\overrightarrow{\varphi(p_1)\varphi(p_2)}\cdot\overrightarrow{OO_1}=0$. 另一方面, 反演变换 $\varphi: E^3\backslash\{O\}\to E^3\backslash\{O\}$ 是一一的变换. 这样 $\varphi(S_1\backslash\{O\})$ 为一张平面, 它的法向量是 $\overrightarrow{OO_1}$. □

下面结论的证明是容易的.

命题 2.4.1.3　设 $\varphi: E^3\backslash\{O\}\to E^3\backslash\{O\}$ 是反演变换. 如果空间中的平面 π 是不经过反演中心的平面, 则 $\varphi(\pi)\cup\{O\}$ 是球面.

如果将平面看成半径为无穷大的球面, 则命题 2.4.1.1 到命题 2.4.1.3 表明反演变换具有保球性.

2.4.2　圆的方程与平面上的反演变换

定义 2.4.2.1　空间中取定平面 π 及该平面上一点 p. 平面 π 上的动点到点 p 的距离等于常数的轨迹称为一个**圆**. 点 p 称为该圆的**圆心**. 距离常数称为该圆的**半径** (图 2.4.5).

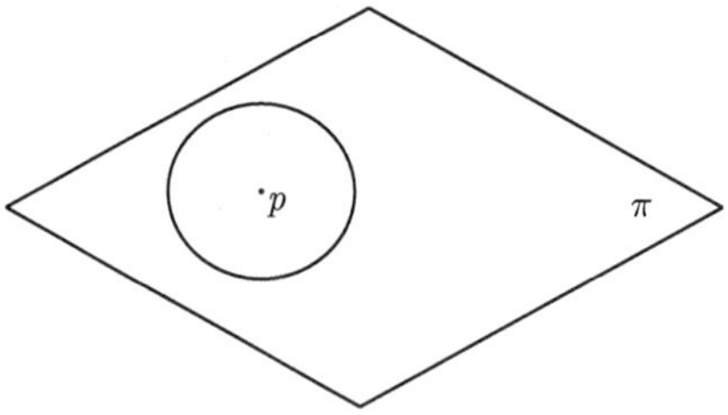

图 2.4.5

圆是平面曲线. 决定一个圆的三要素是: 圆心、半径、圆所在的平面.

如果平面 π 上建立直角坐标系 $[O;\boldsymbol{e}_1,\boldsymbol{e}_2]$, 则平面上以点 $p(a,b)$ 为圆心, r 为半径的圆的方程是 $(x-a)^2+(y-b)^2=r^2$.

作为空间中的曲线, 圆的方程一般是一个方程组. 一般地, 把空间中圆看成是空间中球面与平面的交线, 因此空间中圆的方程是球面方程和平面方程组成的方程组.

在空间直角坐标系 $[O;\boldsymbol{e}_1,\boldsymbol{e}_2,\boldsymbol{e}_3]$, 设空间中圆 C 所在平面 π 的方程是

$$Ax+By+Cz+D=0,$$

圆 C 的圆心 $p(a,b,c)$, 圆的半径为 r. 则圆的方程是

$$\begin{cases}(x-a)^2+(y-b)^2+(z-c)^2=r^2,\\ Ax+By+Cz+D=0.\end{cases}$$

这里球面的球心和圆心是一样的, 因此该圆是球面中的大圆, 即球面的半径与圆的半径相等. 用球心和圆心不一致的球面和平面的截线来得到圆. 圆的方程也可以是

$$\begin{cases}(x-x_0)^2+(y-y_0)^2+(z-c_0)^2=|\overrightarrow{Op}|^2+r^2,\\ Ax+By+Cz+D=0,\end{cases}$$

这里的球心 $O(x_0,y_0,z_0)$ 满足 $\overrightarrow{Op}\perp\pi$, 即球面的球心在经过圆心 $p(a,b,c)$ 并且垂直于圆所在的平面 π 的直线上, 并且球面的半径 $\overline{r}$ 满足

$$\overline{r}^2-r^2=(x_0-a)^2+(y_0-b)^2+(z_0-c)^2.$$

如图 2.4.6.

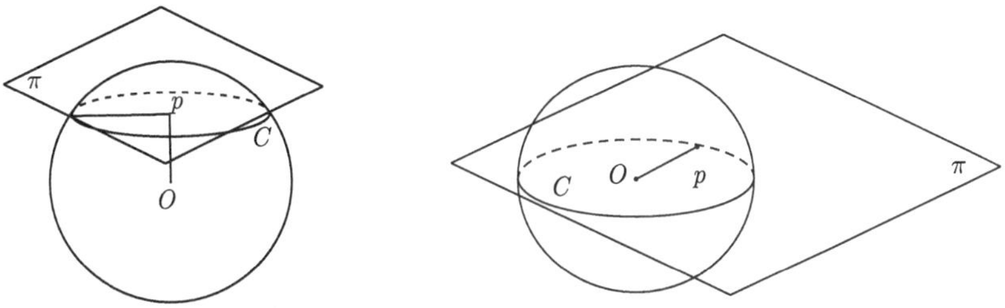

图 2.4.6

例 2.4.2.1 在空间直角坐标系中, 设 C 是点 $p(1,-2,3)$ 绕 z 轴旋转一周而得圆. 求圆 C 的方程.

解 圆所在平面的法向量为 z 轴方向, 并且经过点 $p(1,-2,3)$. 故圆所在平面为 $z-3=0$. 这样圆 C 的方程为 $\begin{cases}x^2+y^2+z^2=14,\\ z-3=0.\end{cases}$ □

例 2.4.2.2 在空间直角坐标系中, 设直线 L 的方程为 $\dfrac{x-1}{1}=\dfrac{y}{2}=\dfrac{z}{-1}$, 点 $p(1,-2,3)$. 设圆 C 是点 $p(1,-2,3)$ 绕直线 L 轴旋转一周而得圆. 求圆 C 的方程.

解 圆所在平面的法向量为直线 L 的方向, 并且经过点 $p(1,-2,3)$. 故圆所在平面的方程是 $(x-1)+2(y+2)-(z-3)=0$, 即 $x+2y-z+3=0$. 故圆 C 的方程是

$$\begin{cases}(x-1)^2+y^2+z^2=13,\\ x+2y-z+3=0.\end{cases}$$ □

例 2.4.2.3 在空间直角坐标系下, 设圆的方程是

$$\begin{cases}x^2+y^2+z^2-12x+4y-6z=0,\\ 2x+y+z-1=0,\end{cases}$$

求该圆的圆心和半径.

解 圆方程中的球面方程可以写成 $(x-6)^2+(y+2)^2+(z-3)^2=49$. 这样球面的球心是 $p(6,-2,3)$, 球面的半径 $R=7$. 经过球心垂直于平面 $2x+y+z-1=0$ 的直线方程是 $\frac{x-6}{2}=y+2=z-3$, 它与平面 $2x+y+z-1=0$ 的交点是 $q(2,-4,1)$, 它就是圆心. 圆的半径 $r=\sqrt{49-|pq|^2}=5$. □

圆周具有很好的对称性, 因此可以定义两个相交圆的夹角刻画它们的贴近程度.

定义 2.4.2.2 空间中给定一张平面 π, 设 Γ 是平面 π 上的一个圆, 直线 L 是平面 π 上的一条直线. 如果直线 L 与圆 Γ 有且仅有一个交点, 则称直线 L 为圆 Γ 的**切线**. 交点称为**切点**.

定义 2.4.2.3 空间中给定两个相交的圆 Γ_1,Γ_2. 它们的交集是非空的. 取交集上一点 p. 设直线 L_1 是圆 Γ_1 在点 p 处的切线, 直线 L_2 是圆 Γ_2 在点 p 处的切线. 规定两个圆 Γ_1,Γ_2 的夹角就是切线 L_1 与切线 L_2 的夹角 (图 2.4.7).

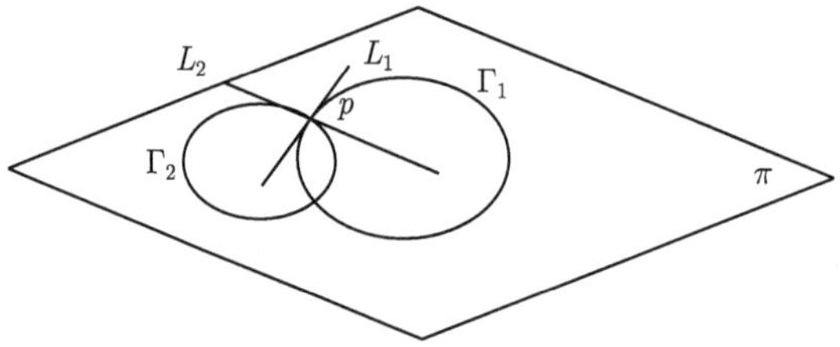

图 2.4.7

如果两个相交的圆 Γ_1,Γ_2 的交集有两个点时, 上面定义两个圆的夹角的角度与交点的选择无关. 当两个圆的夹角为零度时, 这两个圆称为相切的. 空间中相切的两个圆未必在同一个平面中. 平面上圆也可以定义平面上的反演变换.

定义 2.4.2.4 设圆 C 在平面为 π 上, 圆心为 $O\in\pi$, 半径为 r. 用 $\pi\backslash\{O\}$ 表示平面上去掉圆心 O 的平面. 定义平面 π 上点的变换 $\varphi:\pi\backslash\{O\}\to\pi\backslash\{O\}$ 如下: $\pi\backslash\{O\}$ 中任意点 p, 其像点 $\varphi(p)$ 是满足下面条件的点.

(1) $O,p,\varphi(p)$ 三点共线, 并且点 O 在点 $p,\varphi(p)$ 连线段之外面;

(2) $|\overrightarrow{Op}|\cdot|\overrightarrow{O\varphi(p)}|=r^2$.

容易证明满足条件的点 $\varphi(p)$ 是唯一确定的. 称变换 $\varphi:\pi\backslash\{O\}\to\pi\backslash\{O\}$ 为平面上关于圆 C 的**反演变换**. 圆称为该反演变换的**反演圆**, 圆心称为反演变换的**反演中心**.

命题 2.4.2.1 设圆 C 在平面为 π 上, 圆心为 $O\in\pi$, 半径为 r. 设 S 是空间中以 $O\in\pi$ 为球心, r 为半径的球面. 设 $\Phi:E^3\backslash\{O\}\to E^3\backslash\{O\}$ 是空

间中以球面 S 为反演球的反演变换, 平面 π 上以 C 为反演圆的反演变换记为 $\varphi:\pi\backslash\{O\}\to\pi\backslash\{O\}$, 则平面上的反演变换 $\varphi:\pi\backslash\{O\}\to\pi\backslash\{O\}$ 就是空间中反演变换 $\Phi:E^3\backslash\{O\}\to E^3\backslash\{O\}$ 在平面 π 上的限制, 即 $\Phi|_\pi=\varphi$.

证明 根据反演变换的定义, 我们只需证明 $\Phi(\pi\backslash\{O\})=\pi\backslash\{O\}$. 由于反演变换的第 (1) 条性质, 即 $O,p,\Phi(p)$ 三点共线. 所以 $\Phi(\pi\backslash\{O\})=\pi\backslash\{O\}$. □

空间中的圆也可以看成某两个球面的交线, 这样利用命题 2.4.2.1 我们能够证明平面上的反演变换具有保圆性, 即下面相应于命题 2.4.1.1 到命题 2.4.1.3 的命题.

命题 2.4.2.2 设 $\varphi:\pi\backslash\{O\}\to\pi\backslash\{O\}$ 是平面上以圆 C 为反演圆的反演变换. 如果平面上的圆 C_1 是不经过反演中心的圆, 则 $\varphi(C_1)$ 是一个圆, 特别地 $\varphi(C)=C$.

命题 2.4.2.3 设 $\varphi:\pi\backslash\{O\}\to\pi\backslash\{O\}$ 是平面上以圆 C 为反演圆的反演变换. 如果平面上的圆 C_1 是经过反演中心的圆, 则 $\varphi(C_1\backslash\{O\})$ 是一条直线.

命题 2.4.2.4 设 $\varphi:\pi\backslash\{O\}\to\pi\backslash\{O\}$ 是平面上以圆 C 为反演圆的反演变换. 如果平面上的直线 L 是不经过反演中心的直线, 则 $\varphi(L)\cup\{O\}$ 是一个圆.

习 题 2.4

1. 在空间直角坐标系中, 求出下面球面方程.

(1) 以点 $O(2,0,1)$ 为球心, 经过点 $M_0(1,2,1)$ 的球面.

(2) 以线段 AB 为直径的球面, 其中 $A(-1,1,0)$ 和 $B(2,3,1)$.

(3) 经过四点 $M_1(2,0,2),M_2(2,3,0),M_3(3,4,1),M_4(1,1,1)$ 的球面.

(4) 经过点 $M_0(-1,1,3)$ 和圆 $\begin{cases}x^2+y^2+z^2=4,\\ x=0\end{cases}$ 的球面.

(5) 经过点 $M_0(2,1,3)$ 和三张坐标平面都相切的球面.

2. 在空间直角坐标中, 求出下面圆的方程.

(1) 经过三点 $M_1(1,0,2),M_2(2,1,0),M_3(3,4,1)$ 的圆.

(2) 以点 $O(1,1,1)$ 为圆心, 半径为 4, 并且圆所在平面平行于平面 $x+y+z=0$.

(3) 以点 $O(0,1,1)$ 为圆心, 并且圆在球面 $x^2+y^2+z^2=9$ 上.

(4) 经过点 $O(2,0,1)$, 圆心在直线 $\dfrac{x}{2}=\dfrac{y-1}{2}=z$ 上, 并且圆所在平面垂直于该直线.

(5) 既在球面 $x^2+y^2+z^2=9$ 上又在球面 $(x-1)^2+y^2+(z-2)^2=4$ 上.

3. 在空间直角坐标系中, 求出下面两个球面的夹角.

(1) 球面 $(x-1)^2+y^2+(z-2)^2=4$ 和球面 $(x-1)^2+(y-1)^2+(z-1)^2=9$.

(2) 球面 $(x-1)^2+y^2+(z-1)^2=1$ 和球面 $x^2+(y-1)^2+(z-1)^2=4$.

4. 在空间直角坐标系中, 求出下面两个圆的夹角.

(1) 圆 $\begin{cases} x^2+y^2+z^2-12x+4y-6z=1, \\ x+y+z-1=0 \end{cases}$ 和圆 $\begin{cases} x^2+y^2+z^2=1, \\ x-y-z-1=0. \end{cases}$

(2) 圆 $\begin{cases} x^2+y^2+z^2=1, \\ x-y+z-1=0 \end{cases}$ 和圆 $\begin{cases} x^2+(y-1)^2+z^2=4, \\ x-y+z=0. \end{cases}$

5. 在空间直角坐标系中, 求出下面球面的切平面.

(1) 球面 $(x-1)^2+y^2+(z-2)^2=4$ 在点 $p(1,0,0)$ 处的切平面.

(2) 球面 $(x-1)^2+y^2+z^2=1$ 上垂直于向量 $\boldsymbol{\alpha}(1,0,1)$ 的切平面.

(3) 球面 $(x-2)^2+(y-1)^2+z^2=1$ 上平行于向量 $\boldsymbol{\alpha}(1,1,1)$ 的切平面.

6. 在空间直角坐标系中, 求出下面圆的切线.

(1) 圆 $\begin{cases} x^2+y^2+(z-1)^2=1, \\ x-y+z-1=0 \end{cases}$ 在点 $p\left(\dfrac{\sqrt{2}}{2},\dfrac{\sqrt{2}}{2},1\right)$ 处的切线.

(2) 圆 $\begin{cases} x^2+y^2+z^2=4, \\ x-y+z-1=0 \end{cases}$ 上垂直于向量 $\boldsymbol{\alpha}(1,1,0)$ 的切线.

(3) 圆 $\begin{cases} (x-1)^2+(y-1)^2+z^2=4, \\ x-y+z-1=0 \end{cases}$ 上平行于向量 $\boldsymbol{\alpha}(1,1,0)$ 的切线.

7. 在空间直角坐标系中, 求出下面两个几何体之间的距离.

(1) 球面 $(x-1)^2+y^2+(z-2)^2=1$ 和球面 $(x-1)^2+y^2+z^2=4$.

(2) 球面 $x^2+y^2+(z-2)^2=1$ 和平面 $x-y+z-8=0$.

(3) 球面 $x^2+y^2+(z-2)^2=1$ 和圆 $\begin{cases} x^2+(y-1)^2+z^2=4, \\ x-y+z-1=0. \end{cases}$

(4) 圆 $\begin{cases} x^2+y^2+z^2=4, \\ x-y+z-1=0 \end{cases}$ 和平面 $x-y+z-8=0$.

(5) 圆 $\begin{cases} x^2+y^2+z^2=1, \\ x-y+z=0 \end{cases}$ 和圆 $\begin{cases} x^2+(y-1)^2+z^2=1, \\ x-y+z=0. \end{cases}$

(6) 圆 $\begin{cases} x^2+y^2+z^2=1, \\ x-y+z+1=0 \end{cases}$ 和直线 $\dfrac{x}{-1}=\dfrac{y}{1}=\dfrac{z}{-1}$.

8. 设 $\varphi: E^3\backslash\{O\}\to E^3\backslash\{O\}$ 是反演变换. 设 S_1, S_2 是空间中不经过反演中心的两个相交的球面, 并且它们的夹角为 θ. 证明: 球面 $\varphi(S_1)$ 与球面 $\varphi(S_2)$ 也相

交, 并且球面 $\varphi(S_1)$ 与球面 $\varphi(S_2)$ 的夹角为 θ.

9. 设 $\varphi: E^3\backslash\{O\} \to E^3\backslash\{O\}$ 是反演变换. 设 C_1 是空间中不经过反演中心的圆周, 证明: $\varphi(C_1)$ 是空间中的圆周.

10. 设 $\varphi: E^3\backslash\{O\} \to E^3\backslash\{O\}$ 是反演变换. 设 C_1 是空间中经过反演中心的圆周, 证明: $\varphi(C_1\backslash\{O\})$ 是空间中的一条直线.

11. 设空间中的平面 π 和球面 S 相交, 定义它们的夹角为: 任取它们一个交点 p, 设 π_p 为球面 S 在点 p 处的切平面, 则平面 π 与切平面 π_p 的夹角定义为球面 S 与平面 π 的夹角. 证明: 平面与球面的夹角的定义与点 p 的选择无关.

12. 如果将空间中的平面看成半径无穷大的球面. 设 $\varphi: E^3\backslash\{O\} \to E^3\backslash\{O\}$ 是反演变换. 设 S_1, S_2 是空间中不经过反演中心的两个相交的球面, 并且它们的夹角为 θ. 证明: 球面 $\varphi(S_1)$ 与球面 $\varphi(S_2)$ 也相交, 并且球面 $\varphi(S_1)$ 与球面 $\varphi(S_2)$ 的夹角为 θ.

13. 如果将平面 π 上的直线看成半径无穷大的圆. 设 $\varphi: \pi\backslash\{O\} \to \pi\backslash\{O\}$ 是平面 π 上的反演变换. 设 S_1, S_2 是平面 π 上不经过反演中心的两个相交的圆, 并且它们的夹角为 θ. 证明: 圆 $\varphi(S_1)$ 与圆 $\varphi(S_2)$ 也相交, 并且圆 $\varphi(S_1)$ 与圆 $\varphi(S_2)$ 的夹角为 θ.

2.5 空间中旋转面、柱面和锥面的方程

2.5.1 旋转面的方程

空间中的旋转面是一类常见的曲面. 本节主要给出在空间直角坐标系中旋转面的方程.

定义 2.5.1.1 由空间的一条曲线 C 绕着某一个固定直线 l 旋转而得到的曲面称为**旋转面**. 固定直线 l 称为旋转面的**旋转轴**, 或**轴线**. 空间曲线 C 称为旋转面的**母线** (图 2.5.1).

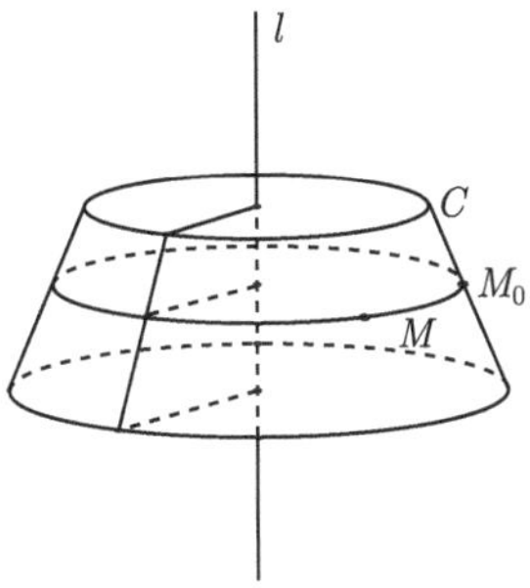

图 2.5.1

旋转面完全由它的旋转轴和一条母线决定. 母线上任一点旋转产生的圆称为旋转面的**纬圆**. 当母线上的点为母线与轴线的交点时, 纬圆就退化为一点. 经过轴线的并且以轴线为界的半平面与旋转面的交线称为旋转面的**经线**, 或**子午线**. 明显旋转面的经线可以作为旋转面的母线. 事实上, 一个旋转面的母线可以很多, 旋转面上任意一条和每个纬圆都相交的曲线都可以作为旋转面的母线. 从几何上看, 旋转面是由纬圆生成的曲面. 旋转面关于旋转轴所在直线是对称的. 同时以旋转轴作旋转变换下也是不变的, 它是旋转对称的.

一般地, 旋转面的轴线是唯一的. 但也有例外, 比如球面和平面. 球面是旋转面, 每个经过球心的直线都可以作为球面的轴线. 球面的母线也比较多, 例如取定球面的一个直径所在的直线作为轴线, 轴线与球面有两个交点, 球面上连接这两个交点的任意曲线均可以作为球面的母线. 平面也可以看成旋转面, 它是一条直线绕着与它垂直相交的轴线旋转而得到. 这样平面的任意一条法线都可以作为轴线.

设一个旋转面 S 的旋转轴是直线 l, 它经过点 p, 方向向量为非零向量 $\boldsymbol{\alpha}$. 旋转面的一条母线是空间曲线 C. 显然, 空间中点 M 在旋转面 S 上的充分必要条件是点 M 在经过母线 C 上某一点 M_1 的纬圆上, 即

$$M \in S \Leftrightarrow \text{存在点} M_1 \in C, \text{满足} \overrightarrow{MM_1} \cdot \boldsymbol{\alpha} = 0, \text{并且} \left|\overrightarrow{pM}\right| = \left|\overrightarrow{pM_1}\right|$$

$$\Leftrightarrow \text{点} M \text{在某个纬圆上}.$$

取定直角坐标系, 设旋转面的轴线经过点 $p(x_0, y_0, z_0)$, 方向向量为非零向量 $\boldsymbol{\alpha}(k, m, n)$, 则轴线 l 方程:$\dfrac{x-x_0}{k} = \dfrac{y-y_0}{m} = \dfrac{z-z_0}{n}$.

设旋转面母线 C 方程:$\begin{cases} F_1(x, y, z) = 0, \\ F_2(x, y, z) = 0. \end{cases}$ 经过母线上任意一点 $M_1(x_1, y_1, z_1)$ 的纬圆方程是

$$\begin{cases} k(x-x_1) + m(y-y_1) + n(z-z_1) = 0, \\ (x-x_0)^2 + (y-y_0)^2 + (z-z_0)^2 = (x_1-x_0)^2 + (y_1-y_0)^2 + (z_1-z_0)^2, \end{cases}$$

于是旋转面上的动点 $M(x, y, z)$ 满足

$$\begin{cases} F_1(x_1, y_1, z_1) = 0, \\ F_2(x_1, y_1, z_1) = 0, \\ k(x-x_1) + m(y-y_1) + n(z-z_1) = 0, \\ (x-x_0)^2 + (y-y_0)^2 + (z-z_0)^2 = (x_1-x_0)^2 + (y_1-y_0)^2 + (z_1-z_0)^2, \end{cases} \tag{2.5.1}$$

其中点 $M_1(x_1,y_1,z_1)$ 是母线上的点. 方程组 (2.5.1) 表示旋转面的所有纬圆. 因为旋转面的所有纬圆组成整个旋转面, 这样母线上的点 $M_1(x_1,y_1,z_1)$ 是所有纬圆集合中纬圆的参数. 因此从方程组 (2.5.1) 中消去参数 x_1,y_1,z_1, 就得到旋转面动点坐标 $M(x,y,z)$ 的方程.

例 2.5.1.1 在空间直角坐标系下, 设旋转面 S 的轴线方程是 $x=y=z$, 母线方程是 $\dfrac{x-1}{2}=\dfrac{y}{1}=\dfrac{z+1}{-1}$. 求旋转面 S 的方程.

解 母线是直线, 其参数方程是 $\begin{cases} x=1+2t, \\ y=t, \\ z=-1-t. \end{cases}$ 过母线上任意点 $M_1(x_1,y_1,z_1)$ 的纬圆方程是

$$\begin{cases} x^2+y^2+z^2=x_1^2+y_1^2+z_1^2, \\ x+y+z=x_1+y_1+z_1, \end{cases}$$

而

$$\begin{cases} x_1=1+2t, \\ y_1=t, \\ z_1=-1-t, \end{cases}$$

故 $2t=x_1+y_1+z_1$. 这样纬圆方程是

$$\begin{cases} x^2+y^2+z^2=(1+2t)^2+t^2+(-1-t)^2, \\ x+y+z=2t, \end{cases}$$

消去参数 t 得到

$$x^2+y^2+z^2=(1+x+y+z)^2+\frac{1}{4}(x+y+z)^2+\frac{1}{4}(2+x+y+z)^2.$$

这是所求旋转面的方程. □

一般地, 为了旋转面的方程简单, 空间直角坐标系的坐标轴可以选择为旋转面的轴线, 而旋转面的母线可以选择为某个坐标面上的平面曲线.

例 2.5.1.2 在空间直角坐标系下, 旋转面的母线 Γ 在 yOz 平面上, 其方程是 $\begin{cases} f(y,z)=0, \\ x=0, \end{cases}$ 旋转面的轴线是 z 轴, 求旋转面的方程.

解 点 $M(x,y,z)$ 在旋转面上的充分必要条件是母线存在一点 $M(x_1,y_1,z_1)$ 满足

$$\begin{cases} f(y_1,z_1)=0, \\ x_1=0, \\ x^2+y^2+z^2=x_1^2+y_1^2+z_1^2, \\ z=z_1, \end{cases}$$

消去参数 x_1,y_1,z_1 得到方程 $f\left(\sqrt{x^2+y^2},z\right)=0$ 和方程 $f\left(-\sqrt{x^2+y^2},z\right)=0$ 中至少有一个方程成立. 这样旋转面方程是 $f\left(\sqrt{x^2+y^2},z\right)f\left(-\sqrt{x^2+y^2},z\right)=0$. □

由上面的例子, 为了得到 yOz 平面上的曲线 $\Gamma:\begin{cases} f(y,z)=0, \\ x=0 \end{cases}$ 绕 z 轴旋转所得到的旋转面方程, 只需要将母线 Γ 在 yOz 平面上的方程 $f(y,z)=0$ 中变量 y 分别改成 $\pm\sqrt{x^2+y^2}$, 变量 z 不变, 然后相乘得到旋转面的方程. 同样, yOz 平面上的曲线 $\Gamma:\begin{cases} f(y,z)=0, \\ x=0 \end{cases}$ 绕 y 轴旋转所得到的旋转面方程是

$$f\left(y,\sqrt{x^2+z^2}\right)f\left(y,-\sqrt{x^2+z^2}\right)=0.$$

这样, 在以坐标轴为轴线的旋转面方程中, 总有两个变量以平方和的形式出现. 反之, 如果一个方程中有两个变量只以平方和的形式出现, 则它是一个旋转面. 比如形如 $f(y,x^2+z^2)=0$ 的方程的图形一定是以 y 轴为轴线的旋转面.

思考题 yOz 平面上的曲线 $\Gamma:\begin{cases} f(y,z)=0, \\ x=0 \end{cases}$ 绕 x 轴旋转所得到的旋转面方程是什么?

以空间仿射坐标系的坐标轴为轴线的旋转面方程在形式没有上述简单的结果. 因此以后讨论旋转面方程时, 都在空间直角坐标系下讨论. 利用例 2.5.1.2 的结果, 容易得到下面一些旋转面的例子.

例 2.5.1.3 在空间直角坐标系下, 以 yOz 平面上的椭圆 $\begin{cases} \dfrac{y^2}{a^2}+\dfrac{z^2}{b^2}=1, \\ x=0 \end{cases}$ 为母线, y 轴为轴线的旋转面方程是 $\dfrac{y^2}{a^2}+\dfrac{z^2}{b^2}+\dfrac{x^2}{b^2}=1$. z 轴为轴线的旋转面方程是 $\dfrac{x^2}{a^2}+\dfrac{y^2}{a^2}+\dfrac{z^2}{b^2}=1$.

这两个旋转面就是椭圆绕着自己的长轴或短轴旋转得到的, 它们都称为**旋转椭球面**, 如图 2.5.2.

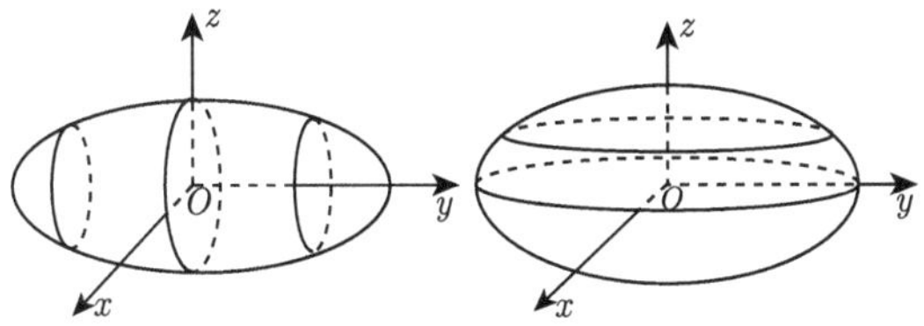

图 2.5.2

例 2.5.1.4 在空间直角坐标系下, 以 yOz 平面上的双曲线 $\begin{cases} \dfrac{y^2}{a^2}-\dfrac{z^2}{b^2}=1, \\ x=0 \end{cases}$ 为母线, y 轴为轴线的旋转面方程是 $\dfrac{y^2}{a^2}-\dfrac{z^2}{b^2}-\dfrac{x^2}{b^2}=1$. 这个旋转面是双曲线绕着自己的实轴旋转得到的, 称为**旋转双叶双曲面**. 如图 2.5.3.

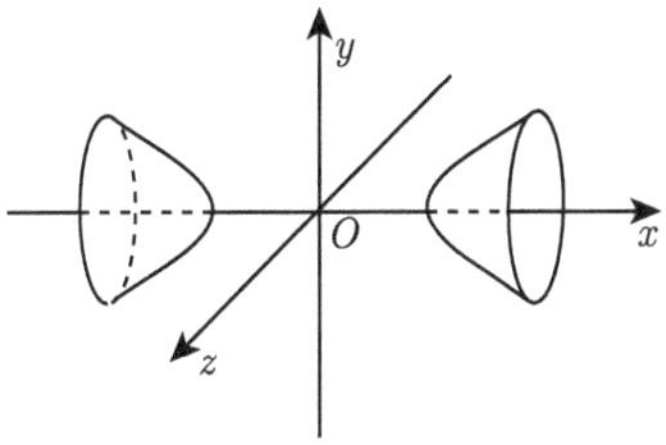

图 2.5.3

以 yOz 平面上的双曲线 $\begin{cases} \dfrac{y^2}{a^2}-\dfrac{z^2}{b^2}=1, \\ x=0 \end{cases}$ 为母线, z 轴为轴线的旋转面方程是 $\dfrac{x^2}{a^2}+\dfrac{y^2}{a^2}-\dfrac{z^2}{b^2}=1$. 这个旋转面是双曲线绕着自己的虚轴旋转得到的, 称为**旋转单叶双曲面**. 如图 2.5.4.

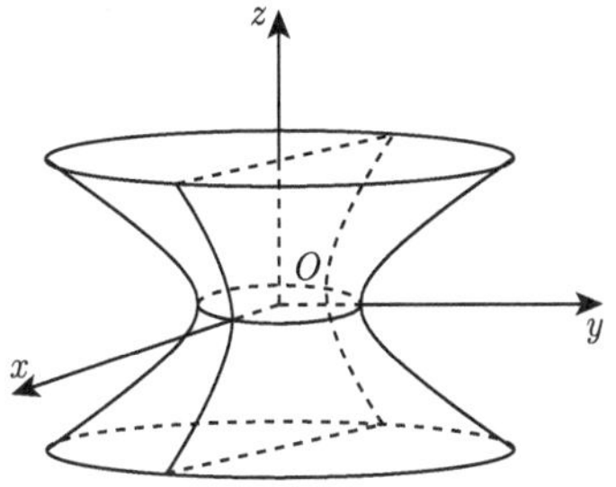

图 2.5.4

例 2.5.1.5　在空间直角坐标系下, 以 yOz 平面上的抛物线 $\begin{cases} y^2 = 2pz, \\ x = 0 \end{cases}$ 为母线, z 轴为轴线的旋转面方程是 $x^2 + y^2 = 2pz$. 这个旋转面是抛物线绕着自己的对称轴旋转得到的, 称为**旋转抛物面**. 如图 2.5.5.

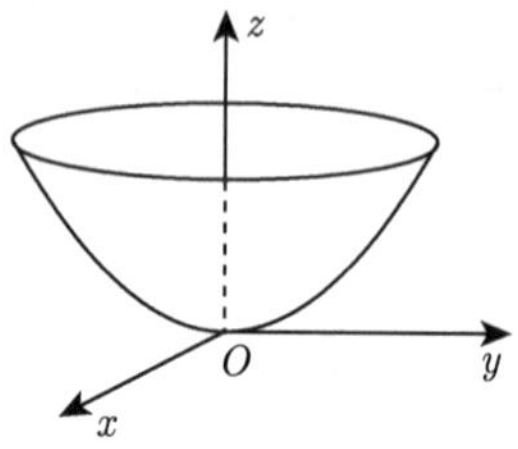

图 2.5.5

下面看看旋转面的轴线位于空间直角坐标系的一般位置的特点. 取空间直角坐标系, 设旋转面的母线 Γ 的方程是

$$\begin{cases} F_1(x,y,z) = 0, \\ F_2(x,y,z) = 0, \end{cases} \tag{2.5.2}$$

旋转面的轴线是

$$\frac{x-a}{k} = \frac{y-b}{m} = \frac{z-b}{n}.$$

作圆族

$$\Theta(r,p): \begin{cases} (x-a)^2 + (y-b)^2 + (z-c)^2 = r^2, \\ kx + my + ny - p = 0, \end{cases} \tag{2.5.3}$$

其中 r, p 为圆族的参数. 则旋转面可以看作与母线 Γ 相交的圆族 $\Theta(r,p)$ 中圆所生成的曲面. 利用方程组 (2.5.2) 与 (2.5.3) 的四个方程中三个方程解出变量 x, y, z, 然后代入余下的一个方程得到一个新的方程, 设该新方程为

$$F(r,p) = 0, \tag{2.5.4}$$

在从方程 (2.5.3) 与 (2.5.4) 消去参数 r, p 即得旋转面方程为

$$F(\sqrt{(x-a)^2 + (y-b)^2 + (z-c)^2}, kx + my + nz) = 0,$$

或者

$$F(-\sqrt{(x-a)^2 + (y-b)^2 + (z-c)^2}, kx + my + nz) = 0.$$

例 2.5.1.6 在空间直角坐标系中, 求证: 曲面 S 的方程是下面方程的曲面是一个旋转面.

(1) $(x^2+y^2)(z^2+1)=2$;

(2) $x^2+y^2+z^2-8(xy+yz+xz)=9$.

证明 (1) 构造旋转面 S_1, 它的轴线是 z 轴, 母线是 $\begin{cases} x^2(z^2+1)=2, \\ y=0, \end{cases}$ 则旋转面 S_1 的方程是 $(x^2+y^2)(z^2+1)=2$. 故曲面 S 的方程是 (1) 的曲面是一个旋转面.

(2) 方程 $x^2+y^2+z^2-8(xy+yz+xz)=9$ 可以改写为 $5(x^2+y^2+z^2)-4(x+y+z)^2=9$. 构造旋转面 S_2, 它的轴线是 $x=y=z$, 母线是

$$\begin{cases} x^2+y^2+z^2-8(xy+yz+xz)=9, \\ x-y=0, \end{cases}$$

则旋转面 S_2 的方程是 $x^2+y^2+z^2-8(xy+yz+xz)=9$. 故曲面 S 的方程是 (2) 的曲面是一个旋转面. □

2.5.2 直线为母线的旋转面

由直线绕着与它平行的轴线旋转所得到的旋转面称为**圆柱面**. 圆柱面可以看成空间中的动点到定直线的距离等于常数的动点集合. 这个常数, 即母线与轴线的距离称为圆柱面的**半径**. 这样圆柱面由轴线和半径这两个因素决定. 垂直于轴线的平面与圆柱面的交线是圆.

如果圆柱面 S 的轴线经过点 M_0, 它的方向向量是 $\boldsymbol{\alpha}$, 半径是 r, 则空间中的点 M,

$$M\in S \Leftrightarrow \frac{|\overrightarrow{M_0M}\times\boldsymbol{\alpha}|}{|\boldsymbol{\alpha}|}=r \Leftrightarrow |\overrightarrow{M_0M}\times\boldsymbol{\alpha}|=r|\boldsymbol{\alpha}|.$$

这就是圆柱面的向量式方程.

如果圆柱面 S 的轴线经过点 M_0, 它的方向向量是 $\boldsymbol{\alpha}$, 并且知道圆柱面经过一点 M_1. 则圆柱面的半径 $r=\dfrac{|\overrightarrow{M_0M_1}\times\boldsymbol{\alpha}|}{|\boldsymbol{\alpha}|}$. 这样圆柱面的向量式方程是

$$|\overrightarrow{M_0M}\times\boldsymbol{\alpha}|=|\overrightarrow{M_0M_1}\times\boldsymbol{\alpha}|.$$

例 2.5.2.1 如图 2.5.6, 在空间直角坐标系下, 设圆柱面 S 的轴线是 z 轴, 半径为 r. 则圆柱面 S 的方程是 $x^2+y^2=r^2$. 它的参数方程为

$$\begin{cases} x = r\cos\theta, \\ y = r\sin\theta, \qquad 0 \leqslant \theta \leqslant 2\pi, -\infty < u < +\infty. \\ z = u, \end{cases}$$

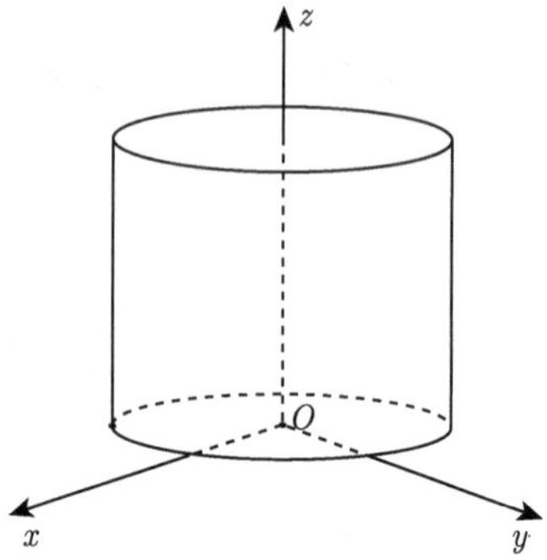

图 2.5.6

由直线绕着与它相交但不垂直的轴线旋转所得到的旋转面称为**圆锥面**. 母线与轴线的交点称为圆锥面的**锥顶**. 母线与轴线的夹角称为圆锥面的**半顶角**. 这样,圆锥面由轴线、锥顶和半顶角这三个因素决定. 如果平面不经过锥顶, 垂直于轴线的平面与圆锥面的交线是圆.

如图 2.5.7, 假设圆锥面 S 的锥顶是 M_0, 轴线的方向向量是 $\boldsymbol{\alpha}$, 半顶角是 θ. 则圆锥面的向量式方程为

$$|\overrightarrow{M_0M} \cdot \boldsymbol{\alpha}| = |\overrightarrow{M_0M}| \cdot |\boldsymbol{\alpha}| \cos\theta.$$

如果知道圆锥面上一点 M_1, 则它的半顶角 θ 满足

$$\cos\theta = \frac{|\overrightarrow{M_0M_1} \cdot \boldsymbol{\alpha}|}{|\overrightarrow{M_0M_1}| \cdot |\boldsymbol{\alpha}|}.$$

这样圆锥面的方程可以化为

$$|\overrightarrow{M_0M} \cdot \boldsymbol{\alpha}| \cdot |\overrightarrow{M_0M_1}| = |\overrightarrow{M_0M_1} \cdot \boldsymbol{\alpha}| \cdot |\overrightarrow{M_0M}|.$$

例 2.5.2.2　在空间直角坐标系中, 圆锥面的顶点在坐标原点, 经过第 I 和第 VII 卦限, 并且坐标系的 x 轴、y 轴和 z 轴都在圆锥面上, 求圆锥面的方程.

解　圆锥面的锥顶在原点. 设轴线的方向为 $\boldsymbol{\alpha}(m, n, l)$. 设三个坐标向量为 $\boldsymbol{e}_1, \boldsymbol{e}_2, \boldsymbol{e}_3$, 因为三个坐标轴为母线, 并且轴线经过第 I 和第 VII 卦限, 则 $\boldsymbol{\alpha} \cdot \boldsymbol{e}_1 = \boldsymbol{\alpha} \cdot \boldsymbol{e}_2 = \boldsymbol{\alpha} \cdot \boldsymbol{e}_3$. 故 $\boldsymbol{\alpha} = (1, 1, 1)$.

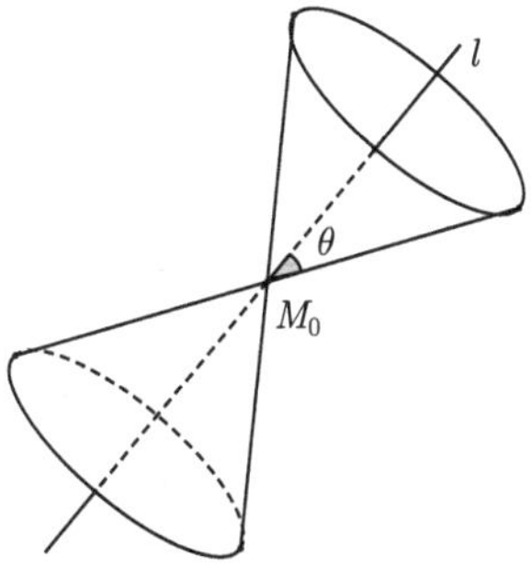

图 2.5.7

设圆锥面上动点 $M(x,y,z)$, 则 $\dfrac{|\overrightarrow{OM}\cdot\boldsymbol{\alpha}|}{|\overrightarrow{OM}||\boldsymbol{\alpha}|}=\dfrac{|\boldsymbol{e}_1\cdot\boldsymbol{\alpha}|}{|\boldsymbol{\alpha}|}$, 于是得到圆锥面方程为

$$xy+xz+yz=0.$$

□

例 2.5.2.3 求证: 直线绕着与它异面但不垂直的轴线旋转所得的旋转面是旋转单叶双曲面.

证明 取直角坐标系, 使得坐标系的 z 轴就是轴线, 原点在母线与轴线的公垂线上, x 轴就是公垂线. 这样可以设母线的方程是

$$\begin{cases} x=d, \\ z=ky, \end{cases} \quad d\neq 0, \quad k\neq 0.$$

任意取母线上一点 $M_1(x_1,y_1,z_1)$, 则过点 $M_1(x_1,y_1,z_1)$ 的纬圆方程是

$$\begin{cases} x^2+y^2+z^2=x_1^2+y_1^2+z_1^2, \\ z=z_1, \end{cases}$$

又点 $M_1(x_1,y_1,z_1)$ 满足 $\begin{cases} x_1=d, \\ z_1=ky_1, \end{cases}$ 那么旋转面方程是

$$\frac{x^2+y^2}{d^2}-\frac{z^2}{d^2k^2}=1.$$

这是一个以 z 轴为轴线, 以双曲线 $\begin{cases} \dfrac{y^2}{d^2}-\dfrac{z^2}{d^2k^2}=1, \\ x=0 \end{cases}$ 为母线的旋转单叶双曲面.

□

例 2.5.2.3 的结论的逆命题也是正确的. 事实上, 旋转单叶双曲面

$$\frac{x^2+y^2}{a^2}-\frac{z^2}{b^2}=1$$

是由直线 $\begin{cases} x = a, \\ z = \dfrac{b}{a}y \end{cases}$ 或直线 $\begin{cases} x = a, \\ z = \dfrac{-b}{a}y \end{cases}$ 绕 z 轴旋转所得到的旋转面. 如图 2.5.8.

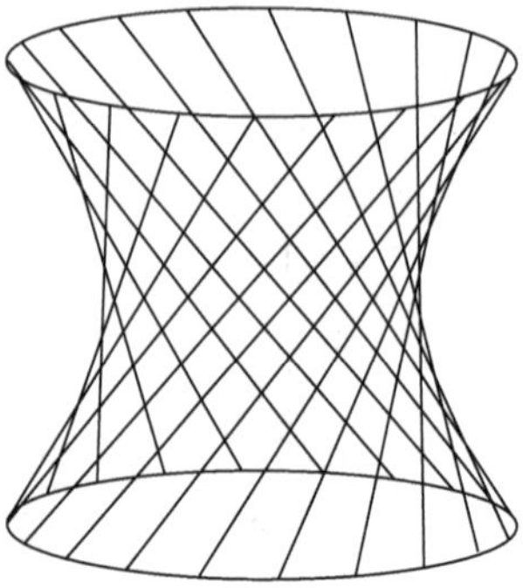

图 2.5.8

在以直线为母线的旋转面中, 我们得到三种曲面: 圆柱面、圆锥面和旋转单叶双曲面. 另外还是母线与轴线垂直的情况: 直线绕着与它相交且垂直的轴线旋转所得到的旋转面就是平面; 直线绕着与它异面且垂直的轴线旋转所得的旋转面是平面去掉一个圆盘, 该圆盘的半径就是两个异面直线的距离.

2.5.3 柱面的方程

柱面是一大类空间曲面的统称, 它是一族平行直线生成的曲面. 圆柱面是特殊的柱面.

定义 2.5.3.1 由一族互相平行的直线构成的曲面称为**柱面**. 称这些直线为柱面的**直母线**. 柱面上的一条曲线如果和所有的直母线都相交, 就称该曲线为柱面的一条**准线**. 如图 2.5.9.

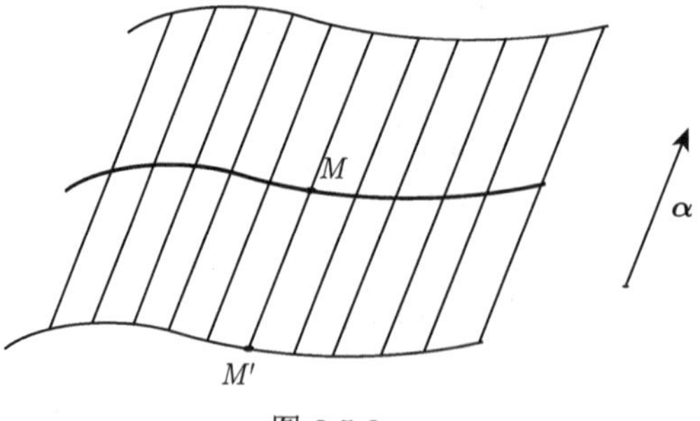

图 2.5.9

平面也可以看成一种柱面, 平面上每一族平行直线都可以生成平面, 因此平面上面的每一条直线都是它的直母线. 除了平面等少数柱面外, 一般地, 柱面的直母线的方向是确定的, 它是一个直线的方向, 称为**柱面的方向**. 柱面的方向可以用一个非零向量 $\boldsymbol{\alpha}$ 来决定. 另外柱面的准线是不唯一的.

有了柱面的方向和它的一条准线, 柱面就确定了. 它既是准线沿着柱面方向平行移动的轨迹, 也是直母线沿着准线平行移动的轨迹. 设柱面 S 的方向向量是 $\boldsymbol{\alpha}$, 它的一条准线是空间曲线 Γ. 则空间中的点 M 在柱面上的充分必要条件是: 过点 M 并且平行于向量 $\boldsymbol{\alpha}$ 的直线与准线 Γ 必相交. 由于柱面的定义不涉及距离因素, 因此建立柱面方程时, 取一般仿射坐标系. 设在空间仿射坐标系下, 柱面 S 的方向平行于向量 $\boldsymbol{\alpha}(k,m,n)$, 准线的方程是

$$\begin{cases} F_1(x,y,z)=0, \\ F_2(x,y,z)=0, \end{cases}$$

则点 $M(x,y,z)\in S$ 的充分必要条件是: 存在实数 t, 使得

$$\begin{cases} F_1(x+tk,y+tm,z+tn)=0, \\ F_2(x+tk,y+tm,z+tn)=0, \end{cases}$$

从这方程组中消去实数 t, 得到关于变量 x,y,z 的一个方程, 这就是柱面 S 的方程.

例 2.5.3.1 在空间仿射坐标系下, 设柱面 S 的方向平行于 $\boldsymbol{\alpha}(1,1,1)$, 母线是 $\begin{cases} x^2+y^2+z^2=1, \\ x+y+z=0, \end{cases}$ 求柱面 S 的方程.

解 点 $M(x,y,z)\in S$ 的充分必要条件是: 存在实数 t, 使得

$$\begin{cases} (x+t)^2+(y+t)^2+(z+t)^2=1, \\ x+y+z-3t=0, \end{cases}$$

消去实数 t 得到柱面的方程是 $2(x^2+y^2+z^2+xy+yz+xz)=1$. □

柱面的准线比较常用的是平面曲线, 这种准线总是存在的, 每张不平行于柱面方向的平面与柱面的每一条直母线总有交点, 因此交线可以作为柱面的准线. 更常用的准线是坐标面中的平面曲线.

例 2.5.3.2 在空间仿射坐标系下, 设柱面 S 的方向平行于 $\boldsymbol{\alpha}(k,m,n)$, 母线是 $\begin{cases} f(x,y)=0, \\ z=0, \end{cases}$ 求柱面 S 的方程.

解 将方程组 $\begin{cases} f(x+tk,y+tm)=0, \\ z+tn=0, \end{cases}$ 消去实数 t 得到柱面 S 的方程是

$$f\left(x-\frac{kz}{n},y-\frac{mz}{n}\right)=0. \qquad □$$

如果在例 2.5.3.2 中的柱面 S 的方向平行于 z 轴, 则柱面 S 的方程是 $f(x,y)=0$. 因此我们有下面结论.

命题 2.5.3.1　在空间仿射坐标系中, 若一个柱面的方向平行于 z 轴 (或 x 轴, 或 y 轴), 则柱面方程中不含 z(或 x, 或 y). 反之, 一个三元方程如果不含变量 z(或 x, 或 y), 则它表示一个方向平行于 z 轴 (或 x 轴, 或 y 轴) 的柱面.

证明　设柱面的方向平行于 z 轴, 则柱面的每一条直母线均与 xOy 平面相交, 从而柱面与 xOy 平面相交的交线 Γ 可以作为柱面的准线, 设准线 Γ 的方程是 $\begin{cases} f(x,y)=0, \\ z=0, \end{cases}$ 由于柱面的方向平行于 z 轴, 这样柱面方程是 $f(x,y)=0$, 该方程不含变量 z. 另外两种情形可以类似证明.

反之, 任给一个不含变量 z 的三元方程 $f(x,y)=0$. 构造柱面 S, 它的方向平行于 z 轴, 准线是平面曲线 $\begin{cases} f(x,y)=0, \\ z=0, \end{cases}$ 则该柱面的方程是 $f(x,y)=0$. 这样不含变量 z 的三元方程 $f(x,y)=0$ 表示的是一个方向平行于 z 轴的柱面. 另外两种情形类似证明. □

在空间直角坐标下, 下面给出常见方程所代表的柱面 (图 2.5.10):

(1) 方程 $\dfrac{x^2}{a^2}+\dfrac{y^2}{b^2}=1$ 的图形是一个柱面, 称为椭圆柱面;

(2) 方程 $\dfrac{x^2}{a^2}-\dfrac{y^2}{b^2}=1$ 的图形是一个柱面, 称为双曲柱面;

(3) 方程 $x^2=2py$ 的图形是一个柱面, 称为抛物柱面.

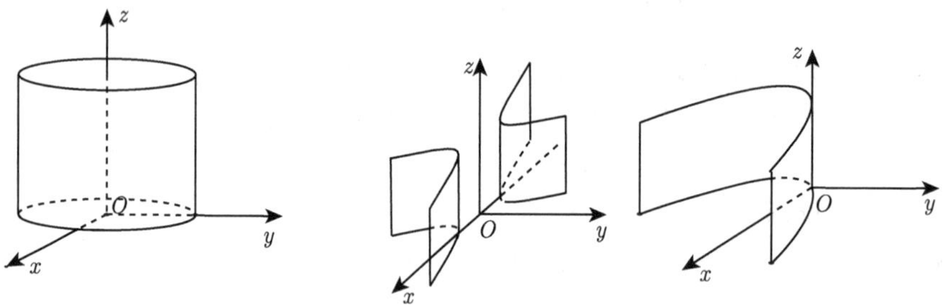

图 2.5.10

在空间直角坐标系中, 设空间曲线 Γ 的方程是

$$\begin{cases} F_1(x,y,z)=0, \\ F_2(x,y,z)=0. \end{cases} \tag{2.5.5}$$

如果把方程组 (2.5.5) 消去变量 x 后得到方程为 $H(y,z)=0$. 则方程 $H(y,z)=0$

的图形是一个方向平行于 x 轴的柱面, 该柱面称为空间曲线 Γ 向 yOz 平面投影的**投影柱面**. 而平面曲线 $\begin{cases} H(y,z)=0, \\ x=0 \end{cases}$ 称为空间曲线 Γ 在 yOz 平面上的**投影曲线**.

类似可以定义向其他两个坐标平面的投影柱面和投影曲线.

例 2.5.3.3 在空间直角坐标系下, 曲线 Γ 的方程为

$$\begin{cases} x^2+y^2+z^2=4, \\ x^2+y^2-2x=0, \end{cases}$$

如图 2.5.11. 求出向各坐标面的投影柱面和投影曲线.

解 曲线 Γ 向 xOy 平面的投影柱面为 $x^2+y^2-2x=0$.

曲线 Γ 在 xOy 平面的投影曲线为 $\begin{cases} x^2+y^2-2x=0, \\ z=0, \end{cases}$ 它是一个圆.

曲线 Γ 向 xOz 平面的投影柱面为 $z^2+2x=4,\ |z|\leqslant 2$.

曲线 Γ 在 xOz 平面的投影曲线为 $\begin{cases} z^2+2x=4, \\ y=0, \end{cases}$ 其中 $|z|\leqslant 2$, 它是抛物线的一部分.

曲线 Γ 向 yOz 平面的投影柱面为 $4y^2+(z^2-2)^2=4$.

曲线 Γ 在 yOz 平面的投影曲线为 $\begin{cases} 4y^2+(z^2-2)^2=4, \\ x=0. \end{cases}$ □

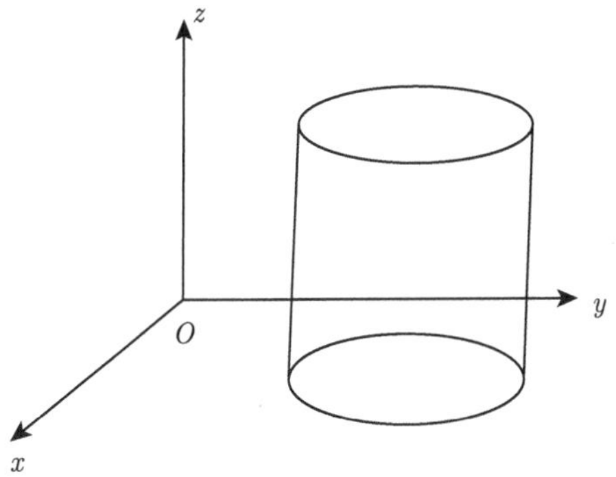

图 2.5.11

2.5.4 锥面的方程

定义 2.5.4.1 空间中由一族经过定点 M_0 的直线构成的曲面称为**锥面**. 这些直线称为锥面的**直母线**. 定点 M_0 称为锥面的**锥顶**. 锥面上不过锥顶的一条曲线如

果与每一条直母线都相交, 就称为锥面的一条**准线**. 如图 2.5.12.

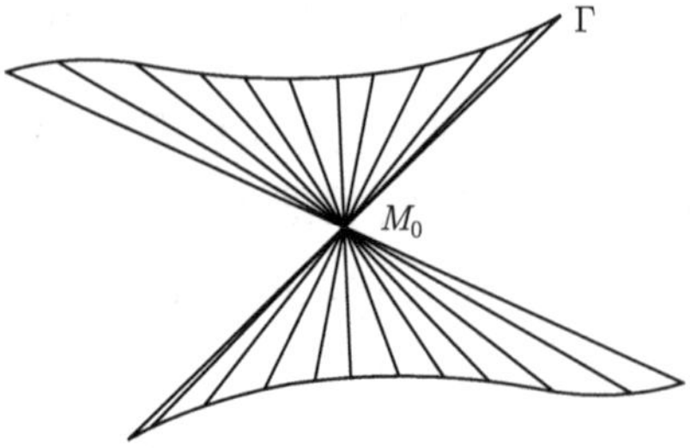

图 2.5.12

圆锥面是一个特殊的准面. 由锥面的定义可以知道, 锥面完全由锥顶和它的一条准线这两个因素确定. 一个锥面的准线可以有很多条. 一般地, 锥面的锥顶是唯一的. 但也有例外, 比如, 平面可以看成锥面, 平面上每一点都可以作为锥顶. 两张相交平面也是锥面. 更一般地, 共轴平面系中的两个或多个平面一起也可以看成一个锥面, 轴上每一点都可以作为锥顶.

由于锥面的定义不涉及距离因素, 因此建立锥面方程时, 可以取一般仿射坐标系. 设在空间仿射坐标系下, 锥面 S 的锥顶是 $M_0(x_0, y_0, z_0)$, 它的一条准线 Γ 的方程是

$$\begin{cases} F_1(x, y, z) = 0, \\ F_2(x, y, z) = 0. \end{cases}$$

点 $M(x, y, z)$ 在锥面上且不是锥顶的充分必要条件是: 它与锥顶的连线和准线 Γ 相交, 即存在实数 t, 使得下面方程组成立:

$$\begin{cases} F_1(x_0 + (x - x_0)t, y_0 + (y - y_0)t, z_0 + (z - z_0)t) = 0, \\ F_2(x_0 + (x - x_0)t, y_0 + (y - y_0)t, z_0 + (z - z_0)t) = 0, \end{cases} \tag{2.5.6}$$

方程组 (2.5.6) 消去实数 t 得到 x, y, z 的方程就是锥面 S 的方程.

例 2.5.4.1　在空间仿射坐标系下, 锥面 S 的锥顶是 $M_0(0, 2, 5)$, 准线 Γ 的方程是

$$\begin{cases} \dfrac{x^2}{4} + \dfrac{z^2}{9} = 1, \\ x - y - 1 = 0, \end{cases}$$

求锥面 S 的方程.

解 锥面上的非锥顶的点 $M(x,y,z)$ 满足

$$\begin{cases} \dfrac{(tx)^2}{4}+\dfrac{(5(1-t)+tz)^2}{9}=1, \\ tx-(2(1-t)+ty)-1=0, \end{cases}$$

由第二个方程得到 $t=\dfrac{3}{x-y+2}$, 代入第一个方程得到

$$\frac{9x^2}{4(x-y+2)^2}+\frac{(5x-5y+3z-5)^2}{9(x-y+2)^2}=1.$$

这个方程的图形是去掉锥顶的锥面. 如果将该方程的分母去掉, 得到方程

$$81x^2+4(5x-5y+3z-5)^2=36(x-y+2)^2.$$

上面去分母的过程会增加解, 增加的解为下面方程组的解,

$$\begin{cases} x=0, \\ 5x-5y+3z-5=0, \\ x-y+2=0, \end{cases}$$

该方程组的解为 $(0,2,5)$, 它是锥顶. 因此锥面方程是

$$81x^2+4(5x-5y+3z-5)^2=36(x-y+2)^2. \qquad \square$$

在锥面方程的建立过程中, 常把空间仿射坐标系的原点取成锥顶, 此时, 如果准线在平行于某个坐标平面的一张平面上, 比如准线方程是

$$\begin{cases} f(x,y)=0, \\ z=h, \end{cases}$$

则该锥面的方程是 $f\left(\dfrac{hx}{z},\dfrac{hy}{z}\right)=0$. 它是去掉锥顶的锥面方程. 如果 $f(x,y)$ 是一个 n 次多项式, 则锥面方程可以化为 n 次齐次方程 $z^nf\left(\dfrac{hx}{z},\dfrac{hy}{z}\right)=0$. 它的图形增加了锥顶, 但有时也会增加一些非锥面上的点.

例 2.5.4.2 在空间仿射坐标系下, 锥面 S 的锥顶是坐标原点, 准线 Γ 的方程是

$$\begin{cases} \dfrac{x^2}{4}-\dfrac{y^2}{25}=1, \\ z=2, \end{cases}$$

求锥面 S 的方程.

解 锥面上非锥顶的点 $M(x,y,z)$ 满足 $\begin{cases} \dfrac{(tx)^2}{4}-\dfrac{(ty)^2}{25}=1, \\ tz=2, \end{cases}$ 消去实数 t 得到去锥顶的锥面方程是 $\dfrac{x^2}{z^2}-\dfrac{4y^2}{25z^2}=1$. 去分母后的方程是 $25x^2-4y^2-25z^2=0$. 这方程的图形比所求锥面多了两条去原点的直线, 即 $\begin{cases} 5x-2y=0, \\ z=0 \end{cases}$ 和 $\begin{cases} 5x+2y=0, \\ z=0. \end{cases}$ 因此锥面 S 的方程应该是: $25x^2-4y^2-25z^2=0$, 去掉方程 $\begin{cases} 5x-2y=0, \\ z=0 \end{cases}$ 和方程 $\begin{cases} 5x+2y=0, \\ z=0 \end{cases}$ 上的点. □

定义 2.5.4.2 对于正整数 n, 三元函数 $F(x,y,z)$ 称为 n 次齐次函数, 如果

$$F(tx,ty,tz)=t^nF(x,y,z),$$

对于函数定义域中一切 x,y,z 以及对于任意非零实数 t 都成立.

对于 n 次齐次函数 $F(x,y,z)$, 方程 $F(x,y,z)=0$ 称为 x,y,z 的 n 次**齐次方程**.

命题 2.5.4.1 三元 n 次齐次方程 $F(x,y,z)=0$ 表示的曲面一定是以原点为锥顶的锥面.

证明 设方程 $F(x,y,z)=0$ 表示的曲面添加原点后的曲面记作 S. 由于 $F(0,0,0)=F(2\times 0,2\times 0,2\times 0)=2F(0,0,0)$, 故 $F(0,0,0)=0$. 这样原点在曲面 S 上. 在 S 上任意取一点 $M_0(x_0,y_0,z_0)$, 并且它不是原点. 于是连接原点与点 $M_0(x_0,y_0,z_0)$ 的直线 L 的参数方程是 $\begin{cases} x=tx_0, \\ y=ty_0, \\ z=tz_0, \end{cases}$ 对于直线上任意非原点的点 $M_1(x_1,y_1,z_1)$, 即 $\begin{cases} x_1=t_1x_0, \\ y_1=t_1y_0, \\ z_1=t_1z_0, \end{cases}$ $t_1\neq 0$, 对某个适当的 $t_1\neq 0$, $F(x_1,y_1,z_1)=F(t_1x_0,t_1y_0,t_1z_0)=t_1^nF(x_0,y_0,z_0)=0$, 因此点 $M_1(x_1,y_1,z_1)$ 在曲面 S 上, 于是整个直线 L 都在曲面 S 上. 所以曲面 S 是由过原点的直线生成的. 所以 S 是一个锥面. □

利用上面命题的证明思路, 可以证明如下结论.

推论 2.5.4.1 以 $x-a, y-b, z-c$ 为变量的三元 n 次齐次方程 $F(x-a, y-b, z-c)=0$ 表示的曲面 (添上点 $M_0(a,b,c)$) 一定是以点 $M_0(a,b,c)$ 为锥顶的锥面.

2.5.5 圆纹面和直纹面

空间中的曲面也可以看成是满足某种条件的一族空间曲线生成的图形. 例如旋转面可以看成由圆心在一条直线上的一族圆生成的曲面, 柱面是由一族平行直线生成的曲面, 而锥面是经过一个顶点的一族直线生成的曲面. 注意并非任意一族曲线都能生成常规意义下的曲面, 如果曲线族能生成曲面, 该曲线族需要满足一定的条件. 本节不去讨论该条件, 本节主要给出由直线族的方程去求出曲面的方程.

设 C_t 是空间中的一族曲线, 设在空间仿射坐标下的方程为

$$\begin{cases} F_1(x,y,z,t)=0, \\ F_2(x,y,z,t)=0, \end{cases} \tag{2.5.7}$$

其中 t 为曲线族的参数. 当参数 t 取定某个值 t_0 时, 方程组

$$\begin{cases} F_1(x,y,z,t_0)=0, \\ F_2(x,y,z,t_0)=0 \end{cases}$$

的图形是曲线族中某条曲线. 当参数 t 取遍所有值时, 就得到所有的曲线, 它们一起构成曲面 S. 因此从含参数的曲线族方程 (2.5.6) 中消去参数 t, 所得到的方程

$$H(x,y,z)=0$$

就是曲线族生成曲面的方程.

定义 2.5.5.1 空间中由一族圆生成的曲面称为圆纹面.

圆纹面是空间中一大类曲面, 旋转面是圆纹面的例子. 除了旋转面, 还有大量的圆纹面的例子. 在空间直角坐标系下, 设圆族的方程为

$$\begin{cases} (x-a(t))^2+(y-b(t))^2+(z-c(t))^2=r(t)^2, \\ A(t)x+B(t)y+C(t)z+D(t)=0, \end{cases}$$

其中 t 为圆族的参数. 该方程组消去参数 t 即得到圆族生成圆纹面的方程.

定义 2.5.5.2 空间中由一族直线生成的曲面称为直纹面.

直纹面是空间另一大类曲面, 柱面和锥面是直纹面的例子. 除了柱面和锥面, 还有大量的直纹面的例子. 在空间仿射坐标系下, 设直线族的方程为

$$\frac{x-a(t)}{m(t)}=\frac{y-b(t)}{n(t)}=\frac{z-c(t)}{l(t)},$$

其中 t 为圆族的参数. 该方程组消去参数 t 即得到直线族生成直纹面的方程.

设直线族的参数方程为

$$\begin{cases} x = a(t) + sm(t), \\ y = b(t) + sn(t), \\ z = c(t) + sl(t), \end{cases}$$

其中 s, t 为直纹面上的参数. 该方程组消去参数得到直纹面方程.

例 2.5.5.1　在空间直角坐标系 $I[O; \boldsymbol{e}_1, \boldsymbol{e}_2, \boldsymbol{e}_3]$ 中, 设直线 L 是 xOy 平面中平行 y 轴的直线, 其方程为 $\begin{cases} x = 2, \\ z = 0, \end{cases}$ 在直线 L 上任取一点 P, 在由 z 轴和点 P 决定的平面内作圆, 圆心为原点 O, 半径为 $|\overrightarrow{OP}|$. 当点 P 在直线 L 上变动时, 得到圆族 C_P. 求出圆族 C_P 生成的圆纹面的方程.

解　直线 L 上任取一点 P, 它的坐标为 $(2, t, 0)$. 则 $|\overrightarrow{OP}| = \sqrt{4 + t^2}$.

经过点 P 和 z 轴的平面方程为 $y = \dfrac{t}{2}x$. 这样圆族的方程为

$$\begin{cases} y = \dfrac{t}{2}x, \\ x^2 + y^2 + z^2 = 4 + t^2, \end{cases} \quad t \text{ 为参数}.$$

消去参数 t 得到圆纹面方程为 $x^2(x^2 + y^2 + z^2) = 4(x^2 + y^2)$. □

例 2.5.5.2　在空间仿射坐标系中, 给定直线族

$$C_t : \begin{cases} x + 2ty + 4z - 4t = 0, \\ tx - 2y - 4tz - 2 = 0, \end{cases} \quad t \text{ 为参数}.$$

求直线族 C_t 生成的直纹面方程.

解　由 $x + 2ty + 4z - 4t = 0$, 得到 $t(2y - 4) = -x - 4z$, 由 $tx - 2y - 4tz - 2 = 0$, 得到 $t(x - 4z) = 2y + 2$, 这样 $\dfrac{2y - 4}{x - 4z} = \dfrac{-x - 4z}{2y + 2}$, 于是直纹面方程为

$$x^2 + 4y^2 - 16z^2 - 4y - 8 = 0.$$ □

习　题　2.5

1. 在空间直角坐标系中, 求出下列旋转面的方程.

(1) 曲线 $\begin{cases} x^2 + 2x - y = 0, \\ x + y - 1 = 0 \end{cases}$ 绕直线 $\begin{cases} x - y + 1 = 0, \\ x + y - z = 0 \end{cases}$ 旋转的旋转面.

(2) 直线 $\begin{cases} x-y+z=0, \\ x+y-1=0 \end{cases}$ 绕直线 $\begin{cases} x-y+1=0, \\ y-z=0 \end{cases}$ 旋转的旋转面.

(3) 直线 $\dfrac{x}{2}=\dfrac{y-1}{-1}=z$ 绕 z 轴旋转的旋转面.

(4) 曲线 $\begin{cases} (x-3)^2+y^2=1, \\ z=0 \end{cases}$ 绕 x 轴旋转的旋转面.

(5) 曲线 $\begin{cases} (x-3)^2+y^2=1, \\ z=0 \end{cases}$ 绕 y 轴旋转的旋转面.

(6) 曲线 $\begin{cases} y=x^2+1, \\ z=0 \end{cases}$ 绕 y 轴旋转的旋转面.

(7) 曲线 $\begin{cases} y=x^2+1, \\ z=0 \end{cases}$ 绕 x 轴旋转的旋转面.

(8) 曲线 $\begin{cases} x^2+y^2+z^2=4, \\ x^2-z=0 \end{cases}$ 绕 x 轴旋转的旋转面.

(9) 曲线 $\begin{cases} x^2+y^2+z^2=4, \\ x^2-z=0 \end{cases}$ 绕 y 轴旋转的旋转面.

2. 在空间直角坐标系中, 证明下面方程的图形是一个旋转面.

(1) $(x^2+y^2)(1+z^2)^2=9$;

(2) $x^2+y^2+z^2-8(xy+yz+xz)=16$.

3. 在空间直角坐标系中, 求出下列动点的轨迹方程.

(1) 到 x 轴和 z 轴的距离的平方和是常数的点的轨迹.

(2) 到两点 $(0,2,0),(0,-2,0)$ 的距离之和是 8 的点的轨迹.

(3) 到两点 $(0,2,0),(0,-2,0)$ 的距离之比是 $1:3$ 的点的轨迹.

4. 在空间直角坐标系中, 求出下列圆柱面的方程.

(1) 直线 $\dfrac{x}{2}=\dfrac{y-1}{-1}=z$ 绕直线 $\dfrac{x-1}{2}=\dfrac{y+1}{-1}=z$ 旋转的圆柱面.

(2) 轴线是 $\dfrac{x}{2}=\dfrac{y}{-1}=\dfrac{z}{2}$, 半径为 3 的圆柱面.

(3) 轴线是 $\dfrac{x}{3}=\dfrac{y-1}{-1}=\dfrac{z}{2}$, 点 $(0,2,0)$ 在圆柱面上的圆柱面.

(4) 轴线平行于向量 $\boldsymbol{\alpha}(1,1,1)$, 点 $(0,0,0),(0,2,0),(1,-1,2)$ 在圆柱面上的圆柱面.

(5) 经过三条直线 $x=y=z, x+1=y=z-1, x-1=y+1=z$ 的圆柱面.

5. 在空间直角坐标系中, 已知球面 S 方程 $x^2+(y-1)^2+z^2=4$. 圆柱面 S_1 的轴线平行于向量 $\boldsymbol{\alpha}(1,1,1)$, 并且圆柱面 S_1 与球面 S 相切. 求出圆柱面 S_1 的方程.

6. 在空间直角坐标系中, 经过曲线 $\begin{cases} 4x^2+y^2=4, \\ z=0 \end{cases}$ 的圆柱面有几个? 写出它们的方程.

7. 在空间直角坐标系中, 求出下列圆锥面的方程.

(1) 直线 $\dfrac{x-1}{2}=\dfrac{y-1}{-1}=\dfrac{z}{-1}$ 绕直线 $\dfrac{x-1}{1}=\dfrac{y-1}{1}=\dfrac{z}{-2}$ 旋转的圆锥面.

(2) 顶点是 $p(1,1,1)$, 轴线平行于向量 $\boldsymbol{\alpha}(2,1,1)$, 半顶角为 $\dfrac{\pi}{4}$ 的圆锥面.

(3) 顶点是 $p(1,0,1)$, 轴线平行于向量 $\boldsymbol{\alpha}(2,0,1)$, 经过点 $M(1,1,0)$ 的圆锥面.

(4) 球面 $x^2+(y-1)^2+z^2=4$ 的顶点为 $p(2,0,1)$ 的外切圆锥面.

(5) 同时与球面 $x^2+y^2+z^2=4$ 和球面 $(x-1)^2+(y-1)^2+(z-1)^2=25$ 都相切的圆锥面.

8. 在空间中取定一条直线 L 和不在直线 L 上的两个点 P_1,P_2. 求出以直线 L 为轴线并且经过两点 P_1,P_2 的圆锥面的个数 (分别就两点 P_1,P_2 和直线 L 的位置不同讨论).

9. 在空间直角坐标系中, 取定 xOz 平面上的曲线 C, 其参数方程为 $(f(t),0,g(t))$. 写出曲线 C 绕 z 轴旋转的旋转面的参数方程.

10. 在空间仿射坐标系下, 求出下面柱面的方程.

(1) 柱面的方向是 $\boldsymbol{\alpha}(1,0,2)$, 准线为 $\begin{cases} x^2+y^2+z^2=4, \\ x^2-z+1=0. \end{cases}$

(2) 柱面的方向是 $\boldsymbol{\alpha}(1,-1,3)$, 准线为 $\begin{cases} x^2+(y-1)^2+z^2=4, \\ x-z+1=0. \end{cases}$

(3) 柱面母线平行 x 轴, 准线为 $\begin{cases} x^2+xy+z^2=4, \\ x+y-2z+1=0. \end{cases}$

(4) 柱面母线平行 z 轴, 准线为 $\begin{cases} \sin x+y-1=0, \\ z=0. \end{cases}$

(5) 柱面母线平行 x 轴, 准线为 $\begin{cases} x^2+xy+z^2-4z=0, \\ y=0. \end{cases}$

11. 在空间仿射坐标系下, 证明: 方程 $f(s,t)=0$ 的图形是一个柱面, 其中 $s=a_1x+b_1y+c_1z+d_1$, $t=a_2x+b_2y+c_2z+d_2$, $a_1,b_1,c_1,d_1,a_2,b_2,c_2,d_2$ 为任

意常数.

12. 在空间仿射坐标系, 设柱面的方向为 $\boldsymbol{\alpha}(m,n,l)$, 准线为 $\begin{cases} x=f_1(t), \\ y=f_2(t), \\ z=f_3(t), \end{cases}$ 写出该柱面的参数方程.

13. 在空间仿射坐标系下, 求出下面锥面方程.

(1) 锥顶为 $P(4,0,-3)$, 准线为 $\begin{cases} \dfrac{x^2}{25}+\dfrac{y^2}{9}=1, \\ z=0. \end{cases}$

(2) 锥顶在原点, 准线为 $\begin{cases} \dfrac{x^2}{4}-\dfrac{y^2}{9}=1, \\ z=0. \end{cases}$

(3) 锥顶在原点, 准线为 $\begin{cases} x^2+y^2=1, \\ x^2+y^2+2z-5=0. \end{cases}$

(4) 锥顶为 $P(0,0,3)$, 准线为 $\begin{cases} x^2+y^2+z^2-4z=0, \\ x+y+z-2=0. \end{cases}$

14. 在空间直角坐标系下, 空间曲线 C 方程为 $\begin{cases} x^2+y^2-z^2-4z=0, \\ 2x-z^2-2=0, \end{cases}$ 求出曲线 C 在 xOz 平面和 xOy 平面上的投影曲线方程, 以及向 xOz 平面和 xOy 平面上的投影柱面方程.

15. 在空间仿射坐标系下, 证明下面方程的图形是柱面.

(1) $x^2+y^2+z^2+2xz-4x-2z=0$;

(2) $x^2+y^2+2z^2-2xz+2yz+4=0$.

16. 在空间仿射坐标系下, 证明下面方程的图形是锥面.

(1) $x^2+y^2-3z^2+2xy=0$;

(2) $5x^2+5y^2+5z^2-8xy-8yz-8xz+16x+16y-10z+20=0$.

17. 在空间直角坐标系 $I[O;\boldsymbol{e}_1,\boldsymbol{e}_2,\boldsymbol{e}_3]$ 中, 给定 xOy 平面上的椭圆 C : $\begin{cases} \dfrac{x^2}{4}+\dfrac{y^2}{9}=1, \\ z=0, \end{cases}$ 在椭圆 C 上取定直径 P_1OP_2 , 即 P_1,P_2 是椭圆 C 上两点满足 P_1,O,P_2 三点共线. 以点 O 为圆心, P_1OP_2 为直径作圆. 当椭圆直径 P_1OP_2 取遍所有直径时, 得到圆族 $\Gamma_{P_1P_2}$. 求出圆族 $\Gamma_{P_1P_2}$ 生成的圆纹面的方程.

18. 在空间仿射坐标系中, 求分别与下面三条直线都共面的直线族生成的直纹面方程.

(1) $l_1\begin{cases}3z=1,\\2y=x,\end{cases}$ $l_2\begin{cases}3z=2y,\\x=1,\end{cases}$ $l_3\begin{cases}3z+1=0,\\2y=x;\end{cases}$

(2) $l_1\begin{cases}y=2x,\\z=1,\end{cases}$ $l_2\begin{cases}y=-2x,\\z=-1,\end{cases}$ $l_3\begin{cases}y=0,\\z=0.\end{cases}$

2.6* 代数补充: 线性方程组

实数集上的 m 个方程的 n 元线性方程组一般形式为

$$\begin{cases}a_{11}x_1+a_{12}x_2+\cdots+a_{1n}x_n=b_1,\\a_{21}x_1+a_{22}x_2+\cdots+a_{2n}x_n=b_2,\\\qquad\cdots\cdots\\a_{m1}x_1+a_{m2}x_2+\cdots+a_{mn}x_n=b_m,\end{cases}\tag{2.6.1}$$

其中 $x_1,x_2,\cdots,x_n$ 是未知数, $a_{ij},\ i=1,2,\cdots,m,\ j=1,2,\cdots,n$ 是系数, 它们都是实数.

方程组 (2.6.1) 的系数矩阵

$$\boldsymbol{A}=\begin{pmatrix}a_{11}&a_{12}&\cdots&a_{1n}\\a_{21}&a_{22}&\cdots&a_{2n}\\\vdots&\vdots&&\vdots\\a_{m1}&a_{m2}&\cdots&a_{mn}\end{pmatrix}.$$

记未知数构成的列矩阵为 $\boldsymbol{X}=\begin{pmatrix}x_1\\x_2\\\vdots\\x_n\end{pmatrix}$, 常数项构成的列矩阵 $\boldsymbol{\beta}=\begin{pmatrix}b_1\\b_2\\\vdots\\b_m\end{pmatrix}$. 则线性方程组 (2.6.1) 可以利用矩阵的乘法表示为 $\boldsymbol{AX}=\boldsymbol{\beta}$.

如果常数项是零矩阵 $\boldsymbol{\beta}=\begin{pmatrix}0\\0\\\vdots\\0\end{pmatrix}$, 则线性方程组 (2.6.1) 称为 m **个方程的** n

元齐次线性方程组, 简称为**齐次线性方程组**. 齐次方程组始终有解 $\boldsymbol{X}_0=\begin{pmatrix}0\\0\\\vdots\\0\end{pmatrix}$,

该解称为齐次线性方程组的**零解**, 其他的解称为非零解.

线性方程组的求解方法是消元法, 当方程的个数和未知数的个数比较少时, 在中学阶段就学过用消元法求解这类线性方程组. 对于线性方程组 (2.6.1) 的解的一般理论, 读者可以参阅线性代数或高等代数相应的内容. 本节只列出与本书密切相关的两种类型的方程组的解的理论, 一种线性方程组是方程的个数与未知数的个数相等, 另一种是方程个数比未知数个数少的线性方程组.

定理 2.6.0.1 n 个方程的 n 元线性方程组

$$\begin{cases}a_{11}x_1+a_{12}x_2+\cdots+a_{1n}x_n=b_1,\\a_{21}x_1+a_{22}x_2+\cdots+a_{2n}x_n=b_2,\\\cdots\cdots\\a_{n1}x_1+a_{n2}x_2+\cdots+a_{nn}x_n=b_n,\end{cases}$$

它的系数行列式

$$|\boldsymbol{A}|=\begin{vmatrix}a_{11}&a_{12}&\cdots&a_{1n}\\a_{21}&a_{22}&\cdots&a_{2n}\\\vdots&\vdots&&\vdots\\a_{n1}&a_{n2}&\cdots&a_{nn}\end{vmatrix}\neq 0$$

的充分必要条件是它有唯一解. 此时唯一解是

$$x_1=\frac{D_1}{|\boldsymbol{A}|},x_2=\frac{D_2}{|\boldsymbol{A}|},\cdots,x_n=\frac{D_n}{|\boldsymbol{A}|},$$

其中

$$D_j=\begin{vmatrix}a_{11}&\cdots&a_{1i-1}&b_1&a_{1i+1}&\cdots&a_{1n}\\a_{21}&\cdots&a_{2i-1}&b_2&a_{2i+1}&\cdots&a_{2n}\\\vdots&&\vdots&\vdots&\vdots&&\vdots\\a_{n1}&\cdots&a_{ni-1}&b_n&a_{ni+1}&\cdots&a_{nn}\end{vmatrix},\quad j=1,2,\cdots,n.$$

定理 2.6.0.2　n 个方程的 n 元线性方程组

$$\begin{cases} a_{11}x_1+a_{12}x_2+\cdots+a_{1n}x_n=b_1, \\ a_{21}x_1+a_{22}x_2+\cdots+a_{2n}x_n=b_2, \\ \cdots\cdots \\ a_{n1}x_1+a_{n2}x_2+\cdots+a_{nn}x_n=b_n, \end{cases}$$

它的系数行列式

$$|\boldsymbol{A}|=\begin{vmatrix} a_{11} & a_{12} & \cdots & a_{1n} \\ a_{21} & a_{22} & \cdots & a_{2n} \\ \vdots & \vdots & & \vdots \\ a_{n1} & a_{n2} & \cdots & a_{nn} \end{vmatrix}=0$$

的充分必要条件是它要么无解, 要么有无穷多解.

推论 2.6.0.1　n 个方程的 n 元齐次线性方程组

$$\begin{cases} a_{11}x_1+a_{12}x_2+\cdots+a_{1n}x_n=0, \\ a_{21}x_1+a_{22}x_2+\cdots+a_{2n}x_n=0, \\ \cdots\cdots \\ a_{n1}x_1+a_{n2}x_2+\cdots+a_{nn}x_n=0, \end{cases}$$

它的系数行列式

$$|\boldsymbol{A}|=\begin{vmatrix} a_{11} & a_{12} & \cdots & a_{1n} \\ a_{21} & a_{22} & \cdots & a_{2n} \\ \vdots & \vdots & & \vdots \\ a_{n1} & a_{n2} & \cdots & a_{nn} \end{vmatrix}=0$$

的充分必要条件是它有非零解.

推论 2.6.0.2　n 个方程的 n 元齐次线性方程组

$$\begin{cases} a_{11}x_1+a_{12}x_2+\cdots+a_{1n}x_n=0, \\ a_{21}x_1+a_{22}x_2+\cdots+a_{2n}x_n=0, \\ \cdots\cdots \\ a_{n1}x_1+a_{n2}x_2+\cdots+a_{nn}x_n=0, \end{cases}$$

它的系数行列式

$$|\boldsymbol{A}| = \begin{vmatrix} a_{11} & a_{12} & \cdots & a_{1n} \\ a_{21} & a_{22} & \cdots & a_{2n} \\ \vdots & \vdots & & \vdots \\ a_{n1} & a_{n2} & \cdots & a_{nn} \end{vmatrix} \neq 0$$

的充分必要条件是它只有零解.

定理 2.6.0.3 n 个方程的 n 元齐次线性方程组

$$\begin{cases} a_{11}x_1 + a_{12}x_2 + \cdots + a_{1n}x_n = 0, \\ a_{21}x_1 + a_{22}x_2 + \cdots + a_{2n}x_n = 0, \\ \cdots\cdots \\ a_{n1}x_1 + a_{n2}x_2 + \cdots + a_{nn}x_n = 0, \end{cases}$$

如果 $\boldsymbol{X}_1 = \begin{pmatrix} k_1 \\ k_2 \\ \vdots \\ k_n \end{pmatrix}, \boldsymbol{X}_2 = \begin{pmatrix} l_1 \\ l_2 \\ \vdots \\ l_n \end{pmatrix}$ 是该齐次线性方程组的任意两个解, 则 $a\boldsymbol{X}_1 + b\boldsymbol{X}_2$ 也是齐次线性方程组的解, 其中 a, b 是任意数.

定理 2.6.0.4 两个方程的 n 元线性方程组 $\begin{cases} a_1x_1 + a_2x_2 + \cdots + a_nx_n = d_1, \\ b_1x_1 + b_2x_2 + \cdots + b_nx_n = d_2, \end{cases}$ 其中 $n \geqslant 2$.

(1) 该线性方程组无解的充分必要条件是 $\dfrac{a_1}{b_1} = \dfrac{a_2}{b_2} = \cdots = \dfrac{a_n}{b_n} \neq \dfrac{d_1}{d_2}$;

(2) 该方程组有唯一解的充分必要条件是 $n = 2$ 且 $\dfrac{a_1}{b_1} \neq \dfrac{a_2}{b_2}$;

(3) 该线性方程组有无穷多解的充分必要条件是 $\dfrac{a_1}{b_1} = \dfrac{a_2}{b_2} = \cdots = \dfrac{a_n}{b_n} = \dfrac{d_1}{d_2}$.

第 3 章　坐标变换与图形方程的化简

几何上, 选择适当坐标系使得图形的方程比较简单是一件很重要的事情. 图形的方程比较简单, 则更容易从方程上研究图形的几何性质. 本章主要给出仿射坐标系的坐标变换公式以及利用该公式去寻找适当的坐标系化简二次曲线和二次曲面的方程.

需要强调的是, 空间中建立仿射坐标系是一种人为的行为, 具有很大的随意性. 但空间中图形和它的几何性质是不会因为坐标选择而改变. 空间中取定仿射坐标系仅仅是研究图形的几何性质的一种手段.

本章最后一节增列了本章所需要的代数知识, 主要包含向量空间中基的变换性质和实二次型的理论等代数的内容.

3.1　仿射坐标系的变换与代数曲面

3.1.1　空间和平面中仿射坐标系的变换

同一个点在不同仿射坐标系下的坐标一般是不同的, 但它们之间有密切的关系, 这种关系就是点的坐标变换公式. 设空间中有两个不同的仿射坐标系: $I[O;\boldsymbol{e}_1,\boldsymbol{e}_2,\boldsymbol{e}_3]$ 和 $I'[O';\boldsymbol{e}_1',\boldsymbol{e}_2',\boldsymbol{e}_3']$. 假设坐标系 I' 的坐标向量 $\boldsymbol{e}_1',\boldsymbol{e}_2',\boldsymbol{e}_3'$ 在坐标系 $I[O;\boldsymbol{e}_1,\boldsymbol{e}_2,\boldsymbol{e}_3]$ 的坐标依次是 $(c_{11},c_{21},c_{31}),(c_{12},c_{22},c_{32}),(c_{13},c_{23},c_{33})$, 即

$$\begin{cases}\boldsymbol{e}_1'=c_{11}\boldsymbol{e}_1+c_{21}\boldsymbol{e}_2+c_{31}\boldsymbol{e}_3,\\ \boldsymbol{e}_2'=c_{12}\boldsymbol{e}_1+c_{22}\boldsymbol{e}_2+c_{32}\boldsymbol{e}_3,\\ \boldsymbol{e}_3'=c_{13}\boldsymbol{e}_1+c_{23}\boldsymbol{e}_2+c_{33}\boldsymbol{e}_3,\end{cases}$$

用矩阵乘法表示为 $(\boldsymbol{e}_1',\boldsymbol{e}_2',\boldsymbol{e}_3')=(\boldsymbol{e}_1,\boldsymbol{e}_2,\boldsymbol{e}_3)\begin{pmatrix}c_{11}&c_{12}&c_{13}\\c_{21}&c_{22}&c_{23}\\c_{31}&c_{32}&c_{33}\end{pmatrix}=(\boldsymbol{e}_1,\boldsymbol{e}_2,\boldsymbol{e}_3)\boldsymbol{C}$.

定义 3.1.1.1　上面定义的矩阵 $\boldsymbol{C}$ 称为从仿射坐标系 $I[O;\boldsymbol{e}_1,\boldsymbol{e}_2,\boldsymbol{e}_3]$ 到仿射坐标系 $I'[O;\boldsymbol{e}_1,\boldsymbol{e}_2,\boldsymbol{e}_3]$ 的**过渡矩阵**.

仿射坐标系 I 到仿射坐标系 I' 的过渡矩阵 $\boldsymbol{C}$ 就是基 $\boldsymbol{e}_1,\boldsymbol{e}_2,\boldsymbol{e}_3$ 到基 $\boldsymbol{e}_1',\boldsymbol{e}_2',\boldsymbol{e}_3'$ 的过渡矩阵 $\boldsymbol{C}$.

设空间中一个向量 $\boldsymbol{\alpha}$ 在仿射坐标系 $I[O;\boldsymbol{e}_1,\boldsymbol{e}_2,\boldsymbol{e}_3]$ 下的坐标为 (x,y,z), 在 $I'[O';\boldsymbol{e}_1',\boldsymbol{e}_2',\boldsymbol{e}_3']$ 下的坐标为 (x',y',z'). 则

$$\boldsymbol{\alpha}=x'\boldsymbol{e}_1'+y'\boldsymbol{e}_2'+z'\boldsymbol{e}_3=(\boldsymbol{e}_1',\boldsymbol{e}_2',\boldsymbol{e}_3')\begin{pmatrix}x'\\y'\\z'\end{pmatrix}=(\boldsymbol{e}_1,\boldsymbol{e}_2,\boldsymbol{e}_3)\boldsymbol{C}\begin{pmatrix}x'\\y'\\z'\end{pmatrix}=(\boldsymbol{e}_1,\boldsymbol{e}_2,\boldsymbol{e}_3)\begin{pmatrix}x\\y\\z\end{pmatrix}.$$

于是空间中**向量的坐标变换公式**为

$$\begin{pmatrix}x\\y\\z\end{pmatrix}=\boldsymbol{C}\begin{pmatrix}x'\\y'\\z'\end{pmatrix},\quad \text{即}\quad \begin{cases}x=c_{11}x'+c_{12}y'+c_{13}z',\\y=c_{21}x'+c_{22}y'+c_{23}z',\\z=c_{31}x'+c_{32}y'+c_{33}z'.\end{cases}\tag{3.1.1}$$

如图 3.1.1, 设空间中的一个点 P 在仿射坐标系 $I[O;\boldsymbol{e}_1,\boldsymbol{e}_2,\boldsymbol{e}_3]$ 和 $I'[O';\boldsymbol{e}_1',\boldsymbol{e}_2',\boldsymbol{e}_3']$ 下的坐标分别是 (x,y,z) 和 (x',y',z'). 点 P 在仿射坐标系 I 下的坐标 (x,y,z) 就是定位向量 $\overrightarrow{OP}$ 在仿射坐标系 I 下的坐标. 点 P 在仿射坐标系 I' 下的坐标 (x',y',z') 就是定位向量 $\overrightarrow{O'P}$ 在仿射坐标系 I' 下的坐标. 利用向量的坐标变换公式 (3.1.1), 得到向量 $\overrightarrow{O'P}$ 在仿射坐标系 I 下的坐标是

$$\boldsymbol{C}\begin{pmatrix}x'\\y'\\z'\end{pmatrix}=\begin{pmatrix}c_{11}&c_{12}&c_{13}\\c_{21}&c_{22}&c_{23}\\c_{31}&c_{32}&c_{33}\end{pmatrix}\begin{pmatrix}x'\\y'\\z'\end{pmatrix}.$$

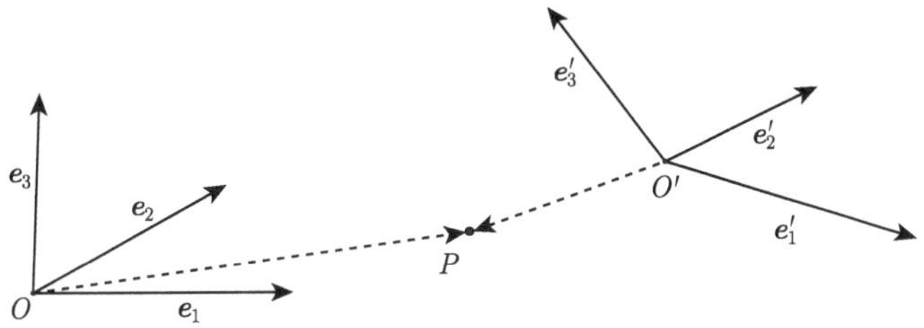

图 3.1.1

设仿射坐标系 I' 的坐标原点在仿射坐标系 I 下的坐标是 (d_1,d_2,d_3), 即向量 $\overrightarrow{OO'}$ 在 I 下的坐标. 由于 $\overrightarrow{OP}=\overrightarrow{OO'}+\overrightarrow{O'P}$, 于是

$$\begin{pmatrix}x\\y\\z\end{pmatrix}=\boldsymbol{C}\begin{pmatrix}x'\\y'\\z'\end{pmatrix}+\begin{pmatrix}d_1\\d_2\\d_3\end{pmatrix}\quad \text{或}\quad \begin{pmatrix}x\\y\\z\end{pmatrix}=\begin{pmatrix}c_{11}&c_{12}&c_{13}\\c_{21}&c_{22}&c_{23}\\c_{31}&c_{32}&c_{33}\end{pmatrix}\begin{pmatrix}x'\\y'\\z'\end{pmatrix}+\begin{pmatrix}d_1\\d_2\\d_3\end{pmatrix},\tag{3.1.2}$$

这就是空间中**点的坐标变换公式**, 它也可以表示成如下形式:

$$\begin{cases} x = c_{11}x' + c_{12}y' + c_{13}z' + d_1, \\ y = c_{21}x' + c_{22}y' + c_{23}z' + d_2, \\ z = c_{31}x' + c_{32}y' + c_{33}z' + d_3. \end{cases} \tag{3.1.3}$$

定理 3.1.1.1 设 $I[O;\boldsymbol{e}_1,\boldsymbol{e}_2,\boldsymbol{e}_3]$ 和 $I'[O';\boldsymbol{e}_1',\boldsymbol{e}_2',\boldsymbol{e}_3']$ 是空间中的两个仿射坐标系, 仿射坐标系 I 到仿射坐标系 I' 的过渡矩阵是 $\boldsymbol{C}$, 仿射坐标系 I' 的坐标原点 O' 在仿射坐标系 I 下的坐标是 (d_1,d_2,d_3), 则点 P 的坐标变换公式是 (3.1.3).

例 3.1.1.1 设空间中四面体 $OABC$, 点 L,M,N 分别是三角形 $\triangle ABC$ 的三边 AB,BC,CA 的中点. 取空间仿射坐标系 $I_1[O;\overrightarrow{OA},\overrightarrow{OB},\overrightarrow{OC}]$ 和仿射坐标系 $I_2[A;\overrightarrow{OL},\overrightarrow{OM},\overrightarrow{ON}]$. 求仿射坐标系 $I_1[O;\overrightarrow{OA},\overrightarrow{OB},\overrightarrow{OC}]$ 到仿射坐标系 $I_2[A;\overrightarrow{OL},\overrightarrow{OM},\overrightarrow{ON}]$ 的点的坐标变换公式.

解 由于 $\overrightarrow{OL}=\frac{1}{2}\overrightarrow{OA}+\frac{1}{2}\overrightarrow{OB},\overrightarrow{OM}=\frac{1}{2}\overrightarrow{OB}+\frac{1}{2}\overrightarrow{OC},\overrightarrow{ON}=\frac{1}{2}\overrightarrow{OC}+\frac{1}{2}\overrightarrow{OA}$, 所以

$$(\overrightarrow{OL},\overrightarrow{OM},\overrightarrow{ON})=(\overrightarrow{OA},\overrightarrow{OB},\overrightarrow{OC})\begin{pmatrix} \frac{1}{2} & 0 & \frac{1}{2} \\ \frac{1}{2} & \frac{1}{2} & 0 \\ 0 & \frac{1}{2} & \frac{1}{2} \end{pmatrix},$$

又 $I_2[A;\overrightarrow{OL},\overrightarrow{OM},\overrightarrow{ON}]$ 的坐标原点 A 在 $I_1[O;\overrightarrow{OA},\overrightarrow{OB},\overrightarrow{OC}]$ 下的坐标为 $(1,0,0)$, 所以仿射坐标系 $I_1[O;\overrightarrow{OA},\overrightarrow{OB},\overrightarrow{OC}]$ 到仿射坐标系 $I_2[A;\overrightarrow{OL},\overrightarrow{OM},\overrightarrow{ON}]$ 的点的坐标变换公式是

$$\begin{pmatrix} x \\ y \\ z \end{pmatrix}=\begin{pmatrix} \frac{1}{2} & 0 & \frac{1}{2} \\ \frac{1}{2} & \frac{1}{2} & 0 \\ 0 & \frac{1}{2} & \frac{1}{2} \end{pmatrix}\begin{pmatrix} x' \\ y' \\ z' \end{pmatrix}+\begin{pmatrix} 1 \\ 0 \\ 0 \end{pmatrix}. \qquad \square$$

性质 3.1.1.1 设空间中三个仿射坐标系 $I_1[O_1;\boldsymbol{\alpha}_1,\boldsymbol{\alpha}_2,\boldsymbol{\alpha}_3]$, $I_2[O_2;\boldsymbol{\beta}_1,\boldsymbol{\beta}_2,\boldsymbol{\beta}_3]$, $I_3[O_3;\boldsymbol{\gamma}_1,\boldsymbol{\gamma}_2,\boldsymbol{\gamma}_3]$, 并且仿射坐标系 I_1 到 I_2 的过渡矩阵是 $\boldsymbol{C}$, 仿射坐标系 I_2 到 I_3 的过渡矩阵是 $\boldsymbol{D}$, 则

(1) 过渡矩阵 $\boldsymbol{C},\boldsymbol{D}$ 都是可逆矩阵;

(2) 仿射坐标系 I_1 到仿射坐标系 I_3 的过渡矩阵是 $\boldsymbol{CD}$;

(3) 仿射坐标系 I_2 到仿射坐标系 I_1 的过渡矩阵是 $\boldsymbol{C}^{-1}$.

证明 由于 $(\boldsymbol{\beta}_1,\boldsymbol{\beta}_2,\boldsymbol{\beta}_3)=(\boldsymbol{\alpha}_1,\boldsymbol{\alpha}_2,\boldsymbol{\alpha}_3)\boldsymbol{C}$, $(\boldsymbol{\gamma}_1,\boldsymbol{\gamma}_2,\boldsymbol{\gamma}_3)=(\boldsymbol{\beta}_1,\boldsymbol{\beta}_2,\boldsymbol{\beta}_3)\boldsymbol{D}$. 所以

$$(\boldsymbol{\gamma}_1,\boldsymbol{\gamma}_2,\boldsymbol{\gamma}_3)=(\boldsymbol{\alpha}_1,\boldsymbol{\alpha}_2,\boldsymbol{\alpha}_3)\boldsymbol{CD},$$

于是仿射坐标系 I_1 到仿射坐标系 I_3 的过渡矩阵是 $\boldsymbol{CD}$. 这样证明了 (2).

设 $(\boldsymbol{\alpha}_1,\boldsymbol{\alpha}_2,\boldsymbol{\alpha}_3)=(\boldsymbol{\beta}_1,\boldsymbol{\beta}_2,\boldsymbol{\beta}_3)\boldsymbol{X}$, 又 $(\boldsymbol{\alpha}_1,\boldsymbol{\alpha}_2,\boldsymbol{\alpha}_3)=(\boldsymbol{\alpha}_1,\boldsymbol{\alpha}_2,\boldsymbol{\alpha}_3)\boldsymbol{I}$, 利用 (2) 得到 $\boldsymbol{CX}=\boldsymbol{I}$, 所以过渡矩阵 $\boldsymbol{C}$ 是可逆矩阵, 同时 $\boldsymbol{X}=\boldsymbol{C}^{-1}$, 即仿射坐标系 I_2 到仿射坐标系 I_1 的过渡矩阵是 $\boldsymbol{C}^{-1}$. 于是 (1), (3) 得证. □

性质 3.1.1.2 设 $I[O;\boldsymbol{e}_1,\boldsymbol{e}_2,\boldsymbol{e}_3]$ 和 $I'[O';\boldsymbol{e}_1',\boldsymbol{e}_2',\boldsymbol{e}_3']$ 是空间 E^3 中的两个直角坐标系, 并且直角坐标系 $I[O;\boldsymbol{e}_1,\boldsymbol{e}_2,\boldsymbol{e}_3]$ 到 $I'[O';\boldsymbol{e}_1',\boldsymbol{e}_2',\boldsymbol{e}_3']$ 的过渡矩阵是 $\boldsymbol{C}$, 则过渡矩阵 $\boldsymbol{C}$ 是正交矩阵.

证明 设 $(\boldsymbol{e}_1',\boldsymbol{e}_2',\boldsymbol{e}_3')=(\boldsymbol{e}_1,\boldsymbol{e}_2,\boldsymbol{e}_3)\boldsymbol{C}$, 其中

$$\boldsymbol{C}=\begin{pmatrix} c_{11} & c_{12} & c_{13}\\ c_{21} & c_{22} & c_{23}\\ c_{31} & c_{32} & c_{33}\end{pmatrix}.$$

于是过渡矩阵的第一列, 第二列, 第三列分别是坐标向量 $\boldsymbol{e}_1',\boldsymbol{e}_2',\boldsymbol{e}_3'$ 在 $I[O;\boldsymbol{e}_1,\boldsymbol{e}_2,\boldsymbol{e}_3]$ 中的坐标, 由于 $I[O;\boldsymbol{e}_1,\boldsymbol{e}_2,\boldsymbol{e}_3]$ 是空间直角坐标系, 于是有

$$\boldsymbol{e}_i'\cdot\boldsymbol{e}_j'=c_{1i}\cdot c_{1j}+c_{2i}\cdot c_{2j}+c_{3i}\cdot c_{3j},\quad i=1,2,3,\quad j=1,2,3.$$

又由于 $I'[O';\boldsymbol{e}_1',\boldsymbol{e}_2',\boldsymbol{e}_3']$ 是空间直角坐标系, 所以 $\boldsymbol{e}_1',\boldsymbol{e}_2',\boldsymbol{e}_3'$ 是单位正交组, 于是

$$\boldsymbol{e}_i'\cdot\boldsymbol{e}_j'=0,\quad i\neq j,\ i=1,2,3,\ j=1,2,3,\quad \boldsymbol{e}_i'\cdot\boldsymbol{e}_i'=1,\quad i=1,2,3.$$

该式等价于 $\boldsymbol{C}^{\mathrm{T}}\boldsymbol{C}=\boldsymbol{I}$, 所以过渡矩阵 $\boldsymbol{C}$ 是正交矩阵. □

设 $I[O;\boldsymbol{e}_1,\boldsymbol{e}_2,\boldsymbol{e}_3]$ 到 $I'[O';\boldsymbol{e}_1',\boldsymbol{e}_2',\boldsymbol{e}_3']$ 的过渡矩阵是 $\boldsymbol{C}$. 如果 $|\boldsymbol{C}|>0$, 则坐标系 $I[O;\boldsymbol{e}_1,\boldsymbol{e}_2,\boldsymbol{e}_3]$ 和 $I'[O';\boldsymbol{e}_1',\boldsymbol{e}_2',\boldsymbol{e}_3']$ 同时为左手系, 或同时为右手系. 如果 $|\boldsymbol{C}|<0$, 则 $I[O;\boldsymbol{e}_1,\boldsymbol{e}_2,\boldsymbol{e}_3]$ 和 $I'[O';\boldsymbol{e}_1',\boldsymbol{e}_2',\boldsymbol{e}_3']$ 不能具有相同的手系, 即一个是右手系, 另一个必是左手系.

设平面 π 上有两个仿射坐标系 $I[O;\boldsymbol{e}_1,\boldsymbol{e}_2]$ 和 $I'[O';\boldsymbol{e}_1',\boldsymbol{e}_2']$. 设向量 $\boldsymbol{e}_1',\boldsymbol{e}_2'$ 在基 $\boldsymbol{e}_1,\boldsymbol{e}_2$ 下的坐标分别是 (c_{11},c_{21}) 和 (c_{12},c_{22}), 即

$$\begin{cases}\boldsymbol{e}_1'=c_{11}\boldsymbol{e}_1+c_{21}\boldsymbol{e}_2,\\ \boldsymbol{e}_2'=c_{12}\boldsymbol{e}_1+c_{22}\boldsymbol{e}_2.\end{cases}$$

用矩阵的乘法表示为 $(\boldsymbol{e}_1',\boldsymbol{e}_2')=(\boldsymbol{e}_1,\boldsymbol{e}_2)\begin{pmatrix} c_{11} & c_{12}\\ c_{21} & c_{22}\end{pmatrix}=(\boldsymbol{e}_1,\boldsymbol{e}_2)\boldsymbol{C}$.

定义 3.1.1.2　上面定义的矩阵 $\boldsymbol{C}$ 称为从仿射坐标系 $I[O;\boldsymbol{e}_1,\boldsymbol{e}_2]$ 到仿射坐标系 $I'[O';\boldsymbol{e}_1',\boldsymbol{e}_2']$ 的**过渡矩阵**.

从仿射坐标系 I 到仿射坐标系 I' 的过渡矩阵就是基 $\boldsymbol{e}_1,\boldsymbol{e}_2$ 到基 $\boldsymbol{e}_1',\boldsymbol{e}_2'$ 的过渡矩阵 $\boldsymbol{C}$. 如图 3.1.2.

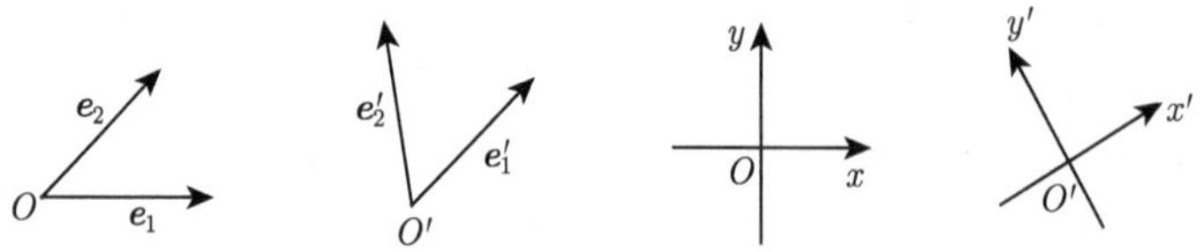

图 3.1.2

设向量 $\boldsymbol{\alpha}$ 在仿射坐标系 $I[O;\boldsymbol{e}_1,\boldsymbol{e}_2]$ 下的坐标是 (x_1,x_2), 在仿射坐标系 $I'[O';\boldsymbol{e}_1',\boldsymbol{e}_2']$ 下的坐标是 (y_1,y_2), 则平面上**向量的坐标变换公式**为

$$\begin{pmatrix} x_1\\ x_2\end{pmatrix}=\boldsymbol{C}\begin{pmatrix} y_1\\ y_2\end{pmatrix},\quad \text{即}\quad \begin{cases} x_1=c_{11}y_1+c_{12}y_2,\\ x_2=c_{21}y_1+c_{22}y_2.\end{cases}$$

类似地, 设仿射坐标系 I' 的坐标原点 O' 在仿射坐标系 I 下的坐标是 (d_1,d_2). 平面上点 P 在仿射坐标系 I 下的坐标是 (x,y), 点 P 在 I' 下的坐标是 (x',y'). 则

$$\begin{pmatrix} x\\ y\end{pmatrix}=\boldsymbol{C}\begin{pmatrix} x'\\ y'\end{pmatrix}+\begin{pmatrix} d_1\\ d_2\end{pmatrix},\quad \begin{pmatrix} x\\ y\end{pmatrix}=\begin{pmatrix} c_{11} & c_{12}\\ c_{21} & c_{22}\end{pmatrix}\begin{pmatrix} x'\\ y'\end{pmatrix}+\begin{pmatrix} d_1\\ d_2\end{pmatrix},$$

这就是平面上**点的坐标变换公式**, 它也可以表示成如下形式:

$$\begin{cases} x=c_{11}x'+c_{12}y'+d_1,\\ y=c_{21}x'+c_{22}y'+d_2.\end{cases}\tag{3.1.4}$$

定理 3.1.1.2　设 $I[O;\boldsymbol{e}_1,\boldsymbol{e}_2]$ 和 $I'[O';\boldsymbol{e}_1',\boldsymbol{e}_2']$ 是平面 π 上的两个仿射坐标系, 仿射坐标系 I 到仿射坐标系 I' 的过渡矩阵是 $\boldsymbol{C}$, 仿射坐标系 I' 的坐标原点 O' 在仿射坐标系 I 下的坐标是 (d_1,d_2). 设空间中点 P 在仿射坐标系 $I[O;\boldsymbol{e}_1,\boldsymbol{e}_2]$ 和 $I'[O';\boldsymbol{e}_1',\boldsymbol{e}_2']$ 下的坐标分别是 (x,y) 和 (x',y'), 则点 P 的坐标变换公式是 (3.1.4).

类似地, 平面上坐标系之间过渡矩阵有如下性质.

性质 3.1.1.3 设平面上三个仿射坐标系 $I_1[O_1;\boldsymbol{\alpha}_1,\boldsymbol{\alpha}_2]$, $I_2[O_2;\boldsymbol{\beta}_1,\boldsymbol{\beta}_2]$, $I_3[O_3;\boldsymbol{\gamma}_1,\boldsymbol{\gamma}_2]$, 并且仿射坐标系 I_1 到 I_2 的过渡矩阵是 $\boldsymbol{C}$, 仿射坐标系 I_2 到 I_3 的过渡矩阵是 $\boldsymbol{D}$, 则

(1) 过渡矩阵 $\boldsymbol{C},\boldsymbol{D}$ 都是可逆矩阵;

(2) 仿射坐标系 I_1 到仿射坐标系 I_3 的过渡矩阵是 $\boldsymbol{CD}$;

(3) 仿射坐标系 I_2 到仿射坐标系 I_1 的过渡矩阵是 $\boldsymbol{C}^{-1}$.

性质 3.1.1.4 设 $I[O;\boldsymbol{e}_1,\boldsymbol{e}_2]$ 和 $I'[O';\boldsymbol{e}_1',\boldsymbol{e}_2']$ 是平面 π 中的两个直角坐标系, 并且直角坐标系 $I[O;\boldsymbol{e}_1,\boldsymbol{e}_2]$ 到 $I'[O';\boldsymbol{e}_1',\boldsymbol{e}_2']$ 的过渡矩阵是 $\boldsymbol{C}$, 则过渡矩阵 $\boldsymbol{C}$ 是正交矩阵.

设 $I[O;\boldsymbol{e}_1,\boldsymbol{e}_2]$ 到 $I'[O';\boldsymbol{e}_1',\boldsymbol{e}_2']$ 的过渡矩阵是 $\boldsymbol{C}$. 如果 $|\boldsymbol{C}|>0$, 则坐标系 $I[O;\boldsymbol{e}_1,\boldsymbol{e}_2]$ 和 $I'[O';\boldsymbol{e}_1',\boldsymbol{e}_2']$ 同时为左手系, 或同时为右手系. 如果 $|\boldsymbol{C}|<0$, 则 $I[O;\boldsymbol{e}_1,\boldsymbol{e}_2]$ 和 $I'[O';\boldsymbol{e}_1',\boldsymbol{e}_2']$ 不能具有相同的手系, 即一个是右手系, 另一个必是左手系.

例 3.1.1.2 设在平面仿射坐标系 $I[O;\boldsymbol{e}_1,\boldsymbol{e}_2]$ 中, 给定两条直线 l_1,l_2, 它们的方程分别如下:

$$l_1: x-y+1=0,\quad l_2: x+2y-5=0.$$

作新的仿射坐标系: 新的仿射坐标系的 x' 轴为直线 l_1, y' 轴为直线 l_2. 求出坐标变换公式.

解 直线 l_1 的方向向量为 $\boldsymbol{\alpha}(1,1)$, 直线 l_2 的方向向量为 $\boldsymbol{\beta}(-2,1)$. 直线 l_1,l_2 的交点为 $P(1,2)$.

作新的坐标系 $I'[P;\boldsymbol{\alpha},\boldsymbol{\beta}]$, 则新的仿射坐标系的 x' 轴为直线 l_1, y' 轴为直线 l_2. 从仿射坐标系 $I[O;\boldsymbol{e}_1,\boldsymbol{e}_2]$ 到仿射坐标系 $I'[P;\boldsymbol{\alpha},\boldsymbol{\beta}]$ 的坐标变换公式为

$$\begin{pmatrix} x \\ y \end{pmatrix}=\begin{pmatrix} 1 & -2 \\ 1 & 1 \end{pmatrix}\begin{pmatrix} x' \\ y' \end{pmatrix}+\begin{pmatrix} 1 \\ 2 \end{pmatrix}. \qquad \square$$

3.1.2 在坐标系的变换下图形方程的变换

在空间中取定两个仿射坐标系: $I[O;\boldsymbol{e}_1,\boldsymbol{e}_2,\boldsymbol{e}_3]$ 和 $I'[O';\boldsymbol{e}_1',\boldsymbol{e}_2',\boldsymbol{e}_3']$. 则空间中点的坐标变换公式是 (3.1.3) 式. 设空间中一张曲面 S, 它在仿射坐标系 $I[O;\boldsymbol{e}_1,\boldsymbol{e}_2,\boldsymbol{e}_3]$ 的方程是 $F(x,y,z)=0$. 如果点 M 在 $I'[O';\boldsymbol{e}_1',\boldsymbol{e}_2',\boldsymbol{e}_3']$ 中的坐标是 (x',y',z'), 则它在坐标系 $I[O;\boldsymbol{e}_1,\boldsymbol{e}_2,\boldsymbol{e}_3]$ 中的坐标是

$$(c_{11}x'+c_{12}y'+c_{13}z'+d_1, c_{21}x'+c_{22}y'+c_{23}z'+d_2, c_{31}x'+c_{32}y'+c_{33}z'+d_3),$$

于是点 M 在曲面 S 上的充分必要条件是

$$F(c_{11}x'+c_{12}y'+c_{13}z'+d_1, c_{21}x'+c_{22}y'+c_{23}z'+d_2, c_{31}x'+c_{32}y'+c_{33}z'+d_3)=0,$$

把上面左边的三元函数记作 $G(x',y',z')=0$. 则方程 $G(x',y',z')=0$ 是曲面 S 在仿射坐标系 $I'[O',\boldsymbol{e}_1',\boldsymbol{e}_2',\boldsymbol{e}_3']$ 中的一般方程.

对于空间曲线 Γ, 设它在 $I[O;\boldsymbol{e}_1,\boldsymbol{e}_2,\boldsymbol{e}_3]$ 下的方程为 $\begin{cases} F_1(x,y,z)=0, \\ F_2(x,y,z)=0. \end{cases}$ 如果令

$$\begin{aligned} G_1(x',y',z') =& F_1(c_{11}x'+c_{12}y'+c_{13}z'+d_1, c_{21}x'+c_{22}y' \\ & +c_{23}z'+d_2, c_{31}x'+c_{32}y'+c_{33}z'+d_3), \\ G_2(x',y',z') =& F_2(c_{11}x'+c_{12}y'+c_{13}z'+d_1, c_{21}x'+c_{22}y' \\ & +c_{23}z'+d_2, c_{31}x'+c_{32}y'+c_{33}z'+d_3). \end{aligned}$$

则空间曲线 Γ 在 $I'[O';\boldsymbol{e}_1',\boldsymbol{e}_2',\boldsymbol{e}_3']$ 下的方程是 $\begin{cases} G_1(x',y',z')=0, \\ G_2(x',y',z')=0. \end{cases}$

例 3.1.2.1　设空间仿射坐标系 $I[O;\boldsymbol{e}_1,\boldsymbol{e}_2,\boldsymbol{e}_3]$ 到 $I'[O';\boldsymbol{e}_1',\boldsymbol{e}_2',\boldsymbol{e}_3']$ 的过渡矩阵是

$$\boldsymbol{C}=\begin{pmatrix} 2 & 1 & 0 \\ 0 & 1 & -1 \\ 1 & 0 & 1 \end{pmatrix}.$$

O' 在 $I[O;\boldsymbol{e}_1,\boldsymbol{e}_2,\boldsymbol{e}_3]$ 中的坐标是 (1, −2, 0).

(1) 设平面 π 在 $I[O;\boldsymbol{e}_1,\boldsymbol{e}_2,\boldsymbol{e}_3]$ 中的方程是 $3x+2y+z+4=0$, 求平面 π 在 I' 中的方程.

(2) 设直线 L 在 $I[O;\boldsymbol{e}_1,\boldsymbol{e}_2,\boldsymbol{e}_3]$ 中的方程是 $\dfrac{x-1}{3}=\dfrac{y}{-2}=z-2$, 求直线 L 在 I' 中的方程.

解　由题目的条件可知向量坐标变换公式是

$$\begin{pmatrix} x \\ y \\ z \end{pmatrix}=\begin{pmatrix} 2 & 1 & 0 \\ 0 & 1 & -1 \\ 1 & 0 & 1 \end{pmatrix}\begin{pmatrix} x' \\ y' \\ z' \end{pmatrix},$$

点的坐标变换公式是

$$\begin{pmatrix} x \\ y \\ z \end{pmatrix} = \begin{pmatrix} 2 & 1 & 0 \\ 0 & 1 & -1 \\ 1 & 0 & 1 \end{pmatrix} \begin{pmatrix} x' \\ y' \\ z' \end{pmatrix} + \begin{pmatrix} 1 \\ -2 \\ 0 \end{pmatrix}.$$

(1) 将点的坐标变换公式代入平面 π 在 $I[O;\boldsymbol{e}_1,\boldsymbol{e}_2,\boldsymbol{e}_3]$ 中的方程 $3x+2y+z+4=0$, 得到平面 π 在 $I'[O';\boldsymbol{e}_1',\boldsymbol{e}_2',\boldsymbol{e}_3']$ 中的方程是 $3(2x'+y'+1)+2(y'-z'-2)+x'+z'+4=0$, 整理后得到平面 π 在 $I'[O';\boldsymbol{e}_1',\boldsymbol{e}_2',\boldsymbol{e}_3']$ 中的方程是

$$7x'+5y'-z'+3=0.$$

(2) 可以有两种方法求出直线 L 在 I' 中的方程.

方法一. 先写出直线 L 在 $I[O;\boldsymbol{e}_1,\boldsymbol{e}_2,\boldsymbol{e}_3]$ 中的一般方程: $\begin{cases} 2x+3y-2=0, \\ y+2z-4=0, \end{cases}$ 它是两张平面的交线方程. 对这两张平面方程分别用 (1) 的方法求出它们在 $I'[O';\boldsymbol{e}_1',\boldsymbol{e}_2',\boldsymbol{e}_3']$ 的一般方程, 联立得到直线 L 在 $I'[O';\boldsymbol{e}_1',\boldsymbol{e}_2',\boldsymbol{e}_3']$ 中的一般方程是 $\begin{cases} 4x'+5y'-3z'-6=0, \\ 2x'+y'+z'-6=0. \end{cases}$

方法二. 记点 M 在 $I[O;\boldsymbol{e}_1,\boldsymbol{e}_2,\boldsymbol{e}_3]$ 中的坐标是 $(1,0,2)$, 向量 $\boldsymbol{\alpha}$ 在 $I[O;\boldsymbol{e}_1,\boldsymbol{e}_2,\boldsymbol{e}_3]$ 中的坐标是 $(3,-2,1)$. 则直线 L 是经过点 M, 平行于向量 $\boldsymbol{\alpha}$ 的直线. 下面分别求出点 M 和向量 $\boldsymbol{\alpha}$ 在 $I'[O';\boldsymbol{e}_1',\boldsymbol{e}_2',\boldsymbol{e}_3']$ 中的坐标, 然后就可以求出直线 L 在 I' 中的方程.

将点 M 在 $I[O;\boldsymbol{e}_1,\boldsymbol{e}_2,\boldsymbol{e}_3]$ 中的坐标 $(1,0,2)$ 代入点的坐标变换公式, 得到点 M 在 $I'[O';\boldsymbol{e}_1',\boldsymbol{e}_2',\boldsymbol{e}_3']$ 中的坐标所满足的方程组 $\begin{cases} 2x'+y'=0, \\ y'-z'=2, \\ x'+z'=2, \end{cases}$ 解出点 M 在 $I'[O';\boldsymbol{e}_1',\boldsymbol{e}_2',\boldsymbol{e}_3']$ 中的坐标是 $(-4,8,6)$.

将向量 $\boldsymbol{\alpha}$ 在 $I[O;\boldsymbol{e}_1,\boldsymbol{e}_2,\boldsymbol{e}_3]$ 中的坐标 $(3,-2,1)$ 代入向量的坐标变换公式, 得到向量 $\boldsymbol{\alpha}$ 在 $I'[O';\boldsymbol{e}_1',\boldsymbol{e}_2',\boldsymbol{e}_3']$ 中的坐标所满足的方程组 $\begin{cases} 2x'+y'=3, \\ y'-z'=-2, \\ x'+z'=1, \end{cases}$ 解出向量 $\boldsymbol{\alpha}$ 在 $I'[O';\boldsymbol{e}_1',\boldsymbol{e}_2',\boldsymbol{e}_3']$ 中的坐标是 $(4,-5,-3)$. 这样直线 L 在 I' 中的方程是

$$\frac{x'+4}{4}=\frac{y'-8}{-5}=\frac{z'-6}{-3}.$$ □

例 3.1.2.2 取定空间仿射坐标系 $I[O;\boldsymbol{e}_1,\boldsymbol{e}_2,\boldsymbol{e}_3]$ 和 $I'[O';\boldsymbol{e}_1',\boldsymbol{e}_2',\boldsymbol{e}_3']$. 已知 $I'[O';\boldsymbol{e}_1',\boldsymbol{e}_2',\boldsymbol{e}_3']$ 的三个坐标平面在仿射坐标系 $I[O;\boldsymbol{e}_1,\boldsymbol{e}_2,\boldsymbol{e}_3]$ 中的方程为

$x'O'y'$ 平面的方程: $x-2y+z+2=0$;

$x'O'z'$ 平面的方程: $2x+y-z-2=0$;

$y'O'z'$ 平面的方程: $3x+2y-2z+1=0$.

并且点 O 在 $I'[O';\boldsymbol{e}_1',\boldsymbol{e}_2',\boldsymbol{e}_3']$ 中的坐标为 $(1,-4,-2)$, 求仿射坐标系 $I[O;\boldsymbol{e}_1,\boldsymbol{e}_2,\boldsymbol{e}_3]$ 到仿射坐标系 $I'[O';\boldsymbol{e}_1',\boldsymbol{e}_2',\boldsymbol{e}_3']$ 的点的坐标变换公式.

解 设 $I'[O';\boldsymbol{e}_1',\boldsymbol{e}_2',\boldsymbol{e}_3']$ 到 $I[O;\boldsymbol{e}_1,\boldsymbol{e}_2,\boldsymbol{e}_3]$ 的过渡矩阵为 $\boldsymbol{C}=\begin{pmatrix} c_{11} & c_{12} & c_{13} \\ c_{21} & c_{22} & c_{23} \\ c_{31} & c_{32} & c_{33} \end{pmatrix}$, 则 $I'[O';\boldsymbol{e}_1',\boldsymbol{e}_2',\boldsymbol{e}_3']$ 到 $I[O;\boldsymbol{e}_1,\boldsymbol{e}_2,\boldsymbol{e}_3]$ 的点的坐标变换公式为

$$\begin{cases} x' = c_{11}x + c_{12}y + c_{13}z + 1, \\ y' = c_{21}x + c_{22}y + c_{23}z - 4, \\ z' = c_{31}x + c_{32}y + c_{33}z - 2. \end{cases}$$

由于 $x'O'y'$ 平面在 $I'[O';\boldsymbol{e}_1',\boldsymbol{e}_2',\boldsymbol{e}_3']$ 中的方程是 $z'=0$, 则它在 $I[O;\boldsymbol{e}_1,\boldsymbol{e}_2,\boldsymbol{e}_3]$ 方程是

$$c_{31}x + c_{32}y + c_{33}z - 2 = 0,$$

由已知条件知道它与方程 $x-2y+z+2=0$ 同解, 故 $c_{31}=-1, c_{32}=2, c_{33}=-1$. 类似地得到 $c_{11}=3, c_{12}=2, c_{13}=-3, c_{21}=4, c_{22}=2, c_{23}=-2$. 所以

$$\boldsymbol{C} = \begin{pmatrix} 3 & 2 & -2 \\ 4 & 2 & -2 \\ -1 & 2 & -1 \end{pmatrix},$$

所以 $I'[O';\boldsymbol{e}_1',\boldsymbol{e}_2',\boldsymbol{e}_3']$ 到 $I[O;\boldsymbol{e}_1,\boldsymbol{e}_2,\boldsymbol{e}_3]$ 的点的坐标变换公式为

$$\begin{cases} x' = 3x + 2y - 2z + 1, \\ y' = 4x + 2y - 2z - 4, \\ z' = -x + 2y - z - 2. \end{cases}$$

上式反解出 x,y,z 得到

$$\begin{cases} x=-x'+y'+5, \\ y=-3x'+\dfrac{5}{2}y'+z'+15, \\ z=-5x'+4y'+z'+23, \end{cases}$$

这就是仿射坐标系 $I[O;\boldsymbol{e}_1,\boldsymbol{e}_2,\boldsymbol{e}_3]$ 到 $I'[O';\boldsymbol{e}_1',\boldsymbol{e}_2',\boldsymbol{e}_3']$ 的点的坐标变换公式. □

例 3.1.2.3 在空间仿射坐标系 $I[O;\boldsymbol{e}_1,\boldsymbol{e}_2,\boldsymbol{e}_3]$ 中, 向量 $\boldsymbol{\alpha}(a_1,b_1,c_1)$ 与向量 $\boldsymbol{\beta}(a_2,b_2,c_2)$ 不共线. 求证: 形如 $f(a_1x+b_1y+c_1z,a_2x+b_2y+c_2z)=0$ 的方程的图形是柱面.

证明 设方程 $f(a_1x+b_1y+c_1z,a_2x+b_2y+c_2z)=0$ 的图形是曲面 S. 由于向量 $\boldsymbol{\alpha}(a_1,b_1,c_1)$ 与向量 $\boldsymbol{\beta}(a_2,b_2,c_2)$ 不共线, 故存在向量 $\boldsymbol{\gamma}(a_3,b_3,c_3)$ 使得向量组 $\boldsymbol{\alpha},\boldsymbol{\beta},\boldsymbol{\gamma}$ 不共面, 即矩阵 $\boldsymbol{C}=\begin{pmatrix} a_1 & b_1 & c_1 \\ a_2 & b_2 & c_2 \\ a_3 & b_3 & c_3 \end{pmatrix}$ 是一个可逆矩阵.

作空间仿射坐标系 $I'[O;\boldsymbol{e}_1',\boldsymbol{e}_2',\boldsymbol{e}_3']$, 使得 $I'[O;\boldsymbol{e}_1',\boldsymbol{e}_2',\boldsymbol{e}_3']$ 的坐标原点与 $I[O;\boldsymbol{e}_1,\boldsymbol{e}_2,\boldsymbol{e}_3]$ 的坐标原点一样. 坐标向量 $(\boldsymbol{e}_1',\boldsymbol{e}_2',\boldsymbol{e}_3')$ 满足 $(\boldsymbol{e}_1',\boldsymbol{e}_2',\boldsymbol{e}_3')=(\boldsymbol{e}_1,\boldsymbol{e}_2,\boldsymbol{e}_3)\boldsymbol{C}^{-1}$. 即仿射坐标系 $I[O;\boldsymbol{e}_1,\boldsymbol{e}_2,\boldsymbol{e}_3]$ 到仿射坐标系 $I'[O;\boldsymbol{e}_1',\boldsymbol{e}_2',\boldsymbol{e}_3']$ 的过渡矩阵是 $\boldsymbol{C}^{-1}$. 从而仿射坐标系 $I'[O;\boldsymbol{e}_1',\boldsymbol{e}_2',\boldsymbol{e}_3']$ 到仿射坐标系 $I[O;\boldsymbol{e}_1,\boldsymbol{e}_2,\boldsymbol{e}_3]$ 的过渡矩阵是 $\boldsymbol{C}$. 这样坐标系 $I'[O;\boldsymbol{e}_1',\boldsymbol{e}_2',\boldsymbol{e}_3']$ 到坐标系 $I[O;\boldsymbol{e}_1,\boldsymbol{e}_2,\boldsymbol{e}_3]$ 的坐标变换公式是

$$\begin{cases} x'=a_1x+b_1y+c_1z, \\ y'=a_2x+b_2y+c_2z, \\ z'=a_3x+b_3y+c_3z. \end{cases}$$

于是曲面 S 在 $I'[O;\boldsymbol{e}_1',\boldsymbol{e}_2',\boldsymbol{e}_3']$ 中的方程是 $f(x',y')=0$, 它表示方向为平行于 $\boldsymbol{e}_3'$ 的一个柱面. 于是方程 $f(a_1x+b_1y+c_1z,a_2x+b_2y+c_2z)=0$ 的图形是一个柱面. □

在平面上取定两个仿射坐标系 $I[O;\boldsymbol{e}_1,\boldsymbol{e}_2]$ 和 $I'[O';\boldsymbol{e}_1',\boldsymbol{e}_2']$. 则平面上点坐标变换公式是

$$\begin{cases} x=c_{11}x'+c_{12}y'+d_1, \\ y=c_{21}x'+c_{22}y'+d_2, \end{cases}$$

其中 (d_1,d_2) 是点 O' 在仿射坐标系 $I[O;\boldsymbol{e}_1,\boldsymbol{e}_2]$ 中的坐标.

设平面一条曲线 Γ, 它在仿射坐标系 $I[O;\boldsymbol{e}_1,\boldsymbol{e}_2]$ 的方程是 $f(x,y)=0$. 如果点 M 在 $I'[O';\boldsymbol{e}_1',\boldsymbol{e}_2']$ 中的坐标是 (x',y'), 则它在坐标系 $I[O;\boldsymbol{e}_1,\boldsymbol{e}_2]$ 中的坐标是

$$(c_{11}x'+c_{12}y'+d_1, c_{21}x'+c_{22}y'+d_2),$$

这样, 点 M 在曲面 S 上的充分必要条件是

$$f(c_{11}x'+c_{12}y'+d_1, c_{21}x'+c_{22}y'+d_2)=0,$$

令 $G(x',y')=f(c_{11}x'+c_{12}y'+d_1, c_{21}x'+c_{22}y'+d_2)$. 则方程 $G(x',y')=0$ 是曲线 Γ 在仿射坐标系 $I'[O';\boldsymbol{e}_1',\boldsymbol{e}_2']$ 中的一般方程.

例 3.1.2.4 在平面上有两个右手直角坐标系: $I[O;\boldsymbol{e}_1,\boldsymbol{e}_2]$ 和 $I'[O';\boldsymbol{e}_1',\boldsymbol{e}_2']$. 并且右手直角坐标系 $I'[O';\boldsymbol{e}_1',\boldsymbol{e}_2']$ 的 x' 轴和 y' 轴在右手直角坐标系 $I[O;\boldsymbol{e}_1,\boldsymbol{e}_2]$ 下的方程分别是

$$3x-4y+1=0,\quad 4x+3y-7=0.$$

(1) 求出右手直角坐标系 $I[O;\boldsymbol{e}_1,\boldsymbol{e}_2]$ 到右手直角坐标 $I'[O';\boldsymbol{e}_1',\boldsymbol{e}_2']$ 的点的坐标变换公式.

(2) 直线 L 在 $I[O;\boldsymbol{e}_1,\boldsymbol{e}_2]$ 下的方程为 $x+y+1=0$, 求出直线 L 在 $I'[O';\boldsymbol{e}_1',\boldsymbol{e}_2']$ 下的方程.

解 (1) 解方程组 $\begin{cases}3x-4y+1=0,\\4x+3y-7=0,\end{cases}$ 得到解 $\begin{cases}x=1,\\y=1,\end{cases}$ 所以直角坐标系 $I'[O';\boldsymbol{e}_1',\boldsymbol{e}_2']$ 的坐标原点在 $I[O;\boldsymbol{e}_1,\boldsymbol{e}_2]$ 下的坐标为 $(1,1)$.

由于 x' 轴的方程为 $3x-4y+1=0$, 所以它的方向向量为 $\boldsymbol{\alpha}(4,3)$. 于是坐标向量 $\boldsymbol{e}_1'$ 在坐标系 $I[O;\boldsymbol{e}_1,\boldsymbol{e}_2]$ 下的坐标为 $\left(\frac{4}{5},\frac{3}{5}\right)$ 或 $\left(\frac{-4}{5},\frac{-3}{5}\right)$. 同理得到坐标向量 $\boldsymbol{e}_2'$ 在坐标系 $I[O;\boldsymbol{e}_1,\boldsymbol{e}_2]$ 下的坐标为 $\left(\frac{-3}{5},\frac{4}{5}\right)$ 或 $\left(\frac{3}{5},\frac{-4}{5}\right)$. 由于直角坐标系都是右手系, 所以过渡矩阵的行列式大于零. 故过渡矩阵为 $\begin{pmatrix}\frac{4}{5}&\frac{-3}{5}\\\frac{3}{5}&\frac{4}{5}\end{pmatrix}$. 这样得到右手直角坐标系 $I[O;\boldsymbol{e}_1,\boldsymbol{e}_2]$ 到右手直角坐标 $I'[O';\boldsymbol{e}_1',\boldsymbol{e}_2']$ 的点的坐标变换公式是 $\begin{cases}x=\frac{4}{5}x'-\frac{3}{5}y'+1,\\y=\frac{3}{5}x'+\frac{4}{5}y'+1.\end{cases}$

(2) 直线 L 在 $I'[O';\boldsymbol{e}_1',\boldsymbol{e}_2']$ 下的方程为: $\left(\frac{4}{5}x'-\frac{3}{5}y'+1\right)+\left(\frac{3}{5}x'+\frac{4}{5}y'+1\right)+1=0$, 即 $\frac{7}{5}x'+\frac{1}{5}y'+3=0$. □

3.1.3 代数曲面与代数曲线

空间中曲线和曲面种类繁多, 有的曲线能写出其方程, 有的写不出其方程. 从方程的角度, 多项式方程是最有可能用代数的方法来研究的方程.

定义 3.1.3.1 设 $F(x,y,z)$ 是 x,y,z 的一个多项式. 在空间仿射坐标系中, 方程 $F(x,y,z)=0$ 图形称为**代数曲面**. 多项式 $F(x,y,z)$ 的次数称为该代数曲面的**次数**.

代数曲面的定义不是用曲面本身的几何性质来定义, 而是用它的方程的形式来定义的. 代数曲面的次数概念是一个代数概念, 不是完全几何化定义的. 例如方程 $(x+y+z)^2=0$ 和方程 $x+y+z=0$ 的图形都是同一张平面. 从几何上看, 它们是一样的. 但从方程上看, 第一方程的图形是二次曲面, 第二方程的图形是一次曲面. 因此代数曲面的次数的定义依赖方程的选择. 但下面命题说明 n 次代数曲面的定义不依赖仿射坐标系的选择.

命题 3.1.3.1 在空间仿射坐标系 $I[O;\boldsymbol{e}_1,\boldsymbol{e}_2,\boldsymbol{e}_3]$ 中, 设曲面 S 的方程为 $F(x,y,z)=0$. 如果 $F(x,y,z)$ 是 x,y,z 的一个 n 次多项式, 则曲面 S 在任意一个空间仿射坐标系 $I'[O';\boldsymbol{e}_1',\boldsymbol{e}_2',\boldsymbol{e}_3']$ 中的方程 $F'(x',y',z')=0$ 的左端 $F'(x',y',z')$ 也是 x',y',z' 的 n 次多项式.

证明 仿射坐标系 $I[O;\boldsymbol{e}_1,\boldsymbol{e}_2,\boldsymbol{e}_3]$ 到仿射坐标系 $I'[O';\boldsymbol{e}_1',\boldsymbol{e}_2',\boldsymbol{e}_3']$ 点的坐标变换公式是

$$\begin{cases} x=c_{11}x'+c_{12}y'+c_{13}z'+d_1,\\ y=c_{21}x'+c_{22}y'+c_{23}z'+d_2,\\ z=c_{31}x'+c_{32}y'+c_{33}z'+d_3. \end{cases}$$

这样, 变量 x,y,z 都表示成变量 x',y',z' 的一次多项式, 所以若 $F(x,y,z)$ 是多项式, 则

$$\begin{aligned} G(x',y',z')=F(&c_{11}x'+c_{12}y'+c_{13}z'+d_1,c_{21}x'\\ &+c_{22}y'+c_{23}z'+d_2,c_{31}x'+c_{32}y'+c_{33}z'+d_3) \end{aligned}$$

也是多项式, 并且 $G(x',y',z')$ 的次数不会超过 $F(x,y,z)$ 的次数. 由于坐标变换公式是可逆的, 即变量 x',y',z' 也都可以表示成变量 x,y,z 的一次多项式. 这样,

$F(x,y,z)$ 的次数不会超过 $G(x',y',z')$ 的次数. 于是 $F(x,y,z)$ 的次数等于 $G(x',y',z')$ 的次数. □

在空间仿射坐标系下, 空间中的**二次曲面**的一般方程是

$$a_{11}x^2+a_{22}y^2+a_{33}y^2+2a_{12}xy+2a_{23}yz+2a_{13}xz+2b_1x+2b_2y+2b_3z+c=0.$$

它有 10 个系数, 这些系数的变化都会影响二次曲面的图形. 因此二次曲面的图形是比较多的. 在第 2 章中, 旋转椭球面、旋转单叶双曲面、旋转双叶双曲面、旋转抛物面等都是二次曲面. 从命题 3.1.3.1 知道, 二次曲面的方程在任何仿射坐标系都是三元二次方程, 因此这种方程的类型本身是曲面的性质, 与坐标系的选择无关.

定义 3.1.3.2 设 $f(x,y)$ 是 x,y 的一个多项式. 在平面仿射坐标系 $I[O;\boldsymbol{e}_1,\boldsymbol{e}_2]$ 中, 方程 $f(x,y)=0$ 图形称为平面上的**代数曲线**. 多项式 $f(x,y)$ 的次数称为该代数曲线的**次数**.

虽然平面上代数曲线的定义依赖方程的选择. 但代数曲线和它的次数的定义不依赖仿射坐标系的选择, 它们都是曲线本身的性质.

命题 3.1.3.2 在平面仿射坐标系 $I[O;\boldsymbol{e}_1,\boldsymbol{e}_2]$ 中, 设曲线 C 的方程为 $F(x,y)=0$. 如果 $F(x,y)$ 是 x,y 的一个 n 次多项式, 则曲线 C 在任意一个平面仿射坐标系 $I'[O';\boldsymbol{e}_1',\boldsymbol{e}_2']$ 中的方程 $F'(x',y')=0$ 的左端 $F'(x',y')$ 也是 x',y' 的一个 n 次多项式.

在平面仿射坐标系 $I[O;\boldsymbol{e}_1,\boldsymbol{e}_2]$ 下, 平面中的二次曲线的一般方程是

$$f(x,y)=a_{11}x^2+a_{22}y^2+2a_{12}xy+2b_1x+2b_2y+c=0.$$

它有 6 个系数. 因此二次曲线是比较多的. 比如, 椭圆、双曲线、抛物线等都是二次曲线.

下面证明空间中的二次曲面与一张平面的交线是一个次数不超过 2 的代数曲线. 设 S 是空间中的一张二次曲面. 在空间仿射坐标系 $I[O;\boldsymbol{e}_1,\boldsymbol{e}_2,\boldsymbol{e}_3]$ 中二次曲面 S 的方程是 $F(x,y,z)=0$. 设空间中一张平面 π 的方程是 $Ax+By+Cz+D=0$. 则它们的交线方程是

$$\begin{cases} F(x,y,z)=0, \\ Ax+By+Cz+D=0. \end{cases}$$

在空间中建立一个新的仿射坐标系 $I'[O';\boldsymbol{e}_1',\boldsymbol{e}_2',\boldsymbol{e}_3']$, 使得平面 π 为新坐标系 $I'[O';\boldsymbol{e}_1',\boldsymbol{e}_2',\boldsymbol{e}_3']$ 的 $x'O'y'$ 平面. 设在仿射坐标系 $I[O;\boldsymbol{e}_1,\boldsymbol{e}_2,\boldsymbol{e}_3]$ 到仿射坐标系

$I'[O';\boldsymbol{e}_1',\boldsymbol{e}_2',\boldsymbol{e}_3']$ 点的坐标变换下把方程 $F(x,y,z)=0$ 变为 $G(x',y',z')=0$, 平面 π 在 $I'[O';\boldsymbol{e}_1',\boldsymbol{e}_2',\boldsymbol{e}_3']$ 下的方程是 $z'=0$. 因此交线在 $I'[O';\boldsymbol{e}_1',\boldsymbol{e}_2',\boldsymbol{e}_3']$ 下的方程是

$$\begin{cases} G(x',y',z')=0, \\ z'=0. \end{cases}$$

如果考虑平面 π 上的仿射坐标系 $I'[O';\boldsymbol{e}_1',\boldsymbol{e}_2']$, 则交线在平面仿射坐标系 $I'[O';\boldsymbol{e}_1',\boldsymbol{e}_2']$ 下的方程是 $G(x',y',0)=0$, 它是一个次数不超过 2 的代数方程. 它的图形可能是二次曲线, 也可能是一条直线或一个点.

习 题 3.1

1. 设空间四面体 $OABC$. 则有空间两个仿射坐标系

$$I_1[O;\overrightarrow{OA},\overrightarrow{OB},\overrightarrow{OC}],\quad I_2[A;\overrightarrow{AB},\overrightarrow{AC},\overrightarrow{OC}].$$

求从仿射坐标系 $I_1[O;\overrightarrow{OA},\overrightarrow{OB},\overrightarrow{OC}]$ 到 $I_2[A;\overrightarrow{AB},\overrightarrow{AC},\overrightarrow{OC}]$ 的点的坐标变换公式.

2. 设 $I[O;\boldsymbol{e}_1,\boldsymbol{e}_2,\boldsymbol{e}_3]$ 和 $I'[O';\boldsymbol{e}_1',\boldsymbol{e}_2',\boldsymbol{e}_3']$ 都是空间中右手直角坐标系, 已知 I' 的坐标原点 O' 在 I 中的坐标是 $(2,1,2)$, 并且 I' 的基向量 $\boldsymbol{e}_1'$ 与 $\overrightarrow{O'O}$ 同向, I' 的 $O'y'$ 轴与 I 的 Oy 轴交于点 M, 它在 I 中的坐标是 $(0,9,0)$, I' 的基向量 $\boldsymbol{e}_2'$ 与 $\overrightarrow{O'M}$ 同向. 求 I 到 I' 的点的坐标变换公式.

3. 设 $ABCD$ 是一个直角梯形, 下底 AB 的长是上底 CD 长的两倍, 点 O 是下底 AB 的中点. 构造平面上仿射坐标系 $I[O;\overrightarrow{OC},\overrightarrow{OD}]$ 和 $I'[A;\overrightarrow{AB},\overrightarrow{AC}]$. 求 I 到 I' 的点的坐标变换公式.

4. 设 $I[O;\boldsymbol{e}_1,\boldsymbol{e}_2,\boldsymbol{e}_3]$ 和 $I'[O';\boldsymbol{e}_1',\boldsymbol{e}_2',\boldsymbol{e}_3']$ 是空间中两个直角坐标系. 点 P_1 在仿射坐标系 $I[O;\boldsymbol{e}_1,\boldsymbol{e}_2,\boldsymbol{e}_3]$ 和 $I'[O';\boldsymbol{e}_1',\boldsymbol{e}_2',\boldsymbol{e}_3']$ 下的坐标分别是 (x_1,y_1,z_1) 和 (x_1',y_1',z_1'), 点 P_2 在仿射坐标系 $I[O;\boldsymbol{e}_1,\boldsymbol{e}_2,\boldsymbol{e}_3]$ 和 $I'[O';\boldsymbol{e}_1',\boldsymbol{e}_2',\boldsymbol{e}_3']$ 下的坐标分别是 (x_2,y_2,z_2) 和 (x_2',y_2',z_2'). 求证: $(x_2-x_1)^2+(y_2-y_1)^2+(z_2-z_1)^2=(x_2'-x_1')^2+(y_2'-y_1')^2+(z_2'-z_1')^2$.

5. 设 $I[O;\boldsymbol{e}_1,\boldsymbol{e}_2,\boldsymbol{e}_3]$ 和 $I'[O';\boldsymbol{e}_1',\boldsymbol{e}_2',\boldsymbol{e}_3']$ 是空间两个仿射坐标系, 已知坐标系 $I'[O';\boldsymbol{e}_1',\boldsymbol{e}_2',\boldsymbol{e}_3']$ 的三张坐标平面在坐标系 $I[O;\boldsymbol{e}_1,\boldsymbol{e}_2,\boldsymbol{e}_3]$ 的方程是

$y'O'z'$ 平面: $x+y+z-1=0$,

$x'O'z'$ 平面: $2x-y+3z+3=0$,

$x'O'y'$ 平面: $x+2y-2=0$,

又知 O 在坐标系 $I'[O';\boldsymbol{e}_1',\boldsymbol{e}_2',\boldsymbol{e}_3']$ 中的坐标是 $(1,3,4)$.

(1) 求出坐标系 $I[O;\boldsymbol{e}_1,\boldsymbol{e}_2,\boldsymbol{e}_3]$ 到坐标系 $I'[O';\boldsymbol{e}_1',\boldsymbol{e}_2',\boldsymbol{e}_3']$ 的点的坐标变换公式;

(2) 求出 $I[O;\boldsymbol{e}_1,\boldsymbol{e}_2,\boldsymbol{e}_3]$ 中方程为 $3x+2y+1=0$ 的平面在 $I'[O';\boldsymbol{e}_1',\boldsymbol{e}_2',\boldsymbol{e}_3']$ 中的方程.

(3) 求出 $I[O;\boldsymbol{e}_1,\boldsymbol{e}_2,\boldsymbol{e}_3]$ 中方程为 $\dfrac{x}{2}=\dfrac{y-1}{1}=z$ 的直线在 $I'[O';\boldsymbol{e}_1',\boldsymbol{e}_2',\boldsymbol{e}_3']$ 中的方程.

6. 设 $I[O;\boldsymbol{e}_1,\boldsymbol{e}_2]$ 是平面右手直角坐标系, 构造右手直角坐标系 $I'[O';\boldsymbol{e}_1',\boldsymbol{e}_2']$, 使得它的 x' 轴在 $I[O;\boldsymbol{e}_1,\boldsymbol{e}_2]$ 中的方程是 $4x-3y+12=0$, y' 轴上有一点 p 在 $I[O;\boldsymbol{e}_1,\boldsymbol{e}_2]$ 中的坐标是 $(1,-3)$, 并且点 p 在 $I'[O';\boldsymbol{e}_1',\boldsymbol{e}_2']$ 中的坐标是 $(0,a)$, $a>0$.

(1) 求出坐标系 $I[O;\boldsymbol{e}_1,\boldsymbol{e}_2]$ 到坐标系 $I'[O';\boldsymbol{e}_1',\boldsymbol{e}_2']$ 的点的坐标变换公式;

(2) 求出 $I[O;\boldsymbol{e}_1,\boldsymbol{e}_2]$ 中方程为 $x^2+2xy-y^2+x-1=0$ 的曲线在 $I'[O';\boldsymbol{e}_1',\boldsymbol{e}_2']$ 中的方程.

7. 设新的直角坐标系的 x' 轴和 y' 轴在旧的直角坐标系下的方程分别为

$$12x-5y-2=0 \quad 和 \quad 5x+12y-29=0.$$

(1) 求出点的坐标变换公式;

(2) 设一个椭圆的长轴和短轴分别为新的直角坐标系的 x' 轴和 y' 轴, 并且长、短半轴分别为 2, 3. 求出该椭圆在旧的直角坐标系下的方程.

8. 平面上有两个直角坐标系 $I[O;\boldsymbol{e}_1,\boldsymbol{e}_2]$ 和 $I'[O';\boldsymbol{e}_1',\boldsymbol{e}_2']$. 已知点 A 在直角坐标系 $I[O;\boldsymbol{e}_1,\boldsymbol{e}_2]$ 和 $I'[O';\boldsymbol{e}_1',\boldsymbol{e}_2']$ 下的坐标分别为 $(6,-5)$ 和 $(1,-3)$; 点 B 在直角坐标系 $I[O;\boldsymbol{e}_1,\boldsymbol{e}_2]$ 和 $I'[O';\boldsymbol{e}_1',\boldsymbol{e}_2']$ 下的坐标分别为 $(1,-4)$ 和 $(0,2)$.

(1) 求出点的坐标变换公式.

(2) 已知圆的圆心在 $I[O;\boldsymbol{e}_1,\boldsymbol{e}_2]$ 下的坐标为 $(2,1)$, 半径为 1. 求该圆在 $I'[O';\boldsymbol{e}_1',\boldsymbol{e}_2']$ 下方程.

9. 如果二次方程 $F(x,y)=0$ 在平面一个仿射坐标系 $I[O;\boldsymbol{e}_1,\boldsymbol{e}_2]$ 中的图形是两条相交直线, 证明: $F(x,y)=(a_1x+b_1y+c_1)(a_2x+b_2y+c_2)$, 并且 $\begin{vmatrix} a_1 & b_1 \\ a_2 & b_2 \end{vmatrix} \neq 0$.

10. 如果二次方程 $a_{11}x^2+2a_{12}xy+a_{22}y^2+2b_1x+2b_2y+c=0$ 在平面一个仿射坐标系 $I[O;\boldsymbol{e}_1,\boldsymbol{e}_2]$ 中的图形是 y 轴, 证明: $a_{11}\neq 0$, 其余系数都为零.

11. 如果二次方程 $F(x,y)=0$ 在平面一个仿射坐标系 $I[O;\boldsymbol{e}_1,\boldsymbol{e}_2]$ 中的图形是一条直线, 证明: $F(x,y)=\pm(ax+by+c)^2$.

12. 在平面右手直角坐标系 I 下, 一个椭圆的长轴和短轴所在直线的方程分别为 $x+y=0$ 和 $x-y+2=0$, 并且长半轴为 2, 短半轴为 1, 求出该椭圆的方程.

13. 在平面右手直角坐标系 I 下, 一个椭圆的两个对称轴的方程分别是 $x-y+1=0$ 和 $x+y+1=0$, 并且点 $(-2,-1)$ 和点 $(0,-2)$ 在椭圆上, 求出该椭圆的方程.

14. 在平面右手直角坐标系 I 下, 一条双曲线的两条对称轴的方程分别为 $x+2y-4=0$ 和 $2x-y+2=0$, 并且坐标原点和点 $\left(\frac{-9}{4},1\right)$ 在双曲线上, 求出该双曲线的方程.

15. 在平面右手直角坐标系 I 下, 一条抛物线的顶点为 $(4,2)$, 焦点为 $(2,0)$, 求其方程.

3.2 平面上二次曲线方程的化简

3.2.1 平面上直角坐标系的平移和旋转变换

平面坐标系的平移和旋转变换是比较常用的. 本节主要讨论直角坐标系的这两种变换, 为下面利用这两种坐标变换化简二次曲线方程作准备.

定义 3.2.1.1 设 $I[O;\boldsymbol{e}_1,\boldsymbol{e}_2]$ 和 $I'[O';\boldsymbol{e}_1',\boldsymbol{e}_2']$ 是平面 π 上两个仿射坐标系, 如果坐标向量 $\boldsymbol{e}_1=\boldsymbol{e}_1',\boldsymbol{e}_2=\boldsymbol{e}_2'$, 即两个仿射坐标系的坐标向量是一样的, 则称仿射坐标系 $I[O;\boldsymbol{e}_1,\boldsymbol{e}_2]$ 到仿射坐标系 $I'[O';\boldsymbol{e}_1,\boldsymbol{e}_2]$ 的坐标变换是**坐标平移**. 如图 3.2.1.

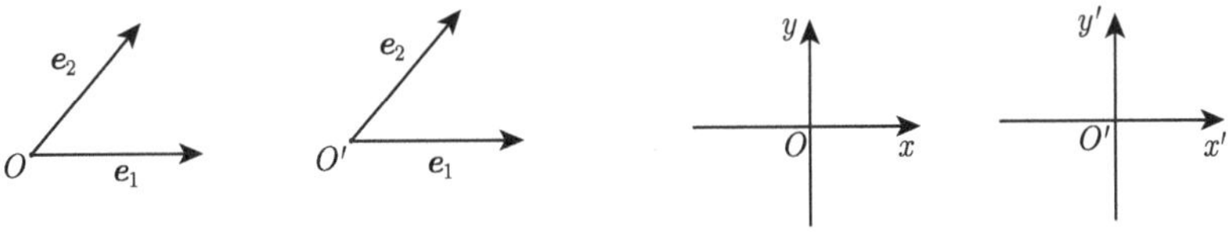

图 3.2.1

平面 π 上仿射坐标系 $I[O;\boldsymbol{e}_1,\boldsymbol{e}_2]$ 到仿射坐标系 $I'[O';\boldsymbol{e}_1',\boldsymbol{e}_2']$ 的坐标变换是坐标平移的充分必要条件是坐标系 $I[O;\boldsymbol{e}_1,\boldsymbol{e}_2]$ 到坐标系 $I'[O';\boldsymbol{e}_1',\boldsymbol{e}_2']$ 的过渡矩阵是单位矩阵 $\boldsymbol{I}$.

这样平面坐标平移下的点的**坐标变换公式**是

$$\begin{cases} x=x'+d_1, \\ y=y'+d_2, \end{cases}$$

其中 (d_1,d_2) 是平移向量 $\overrightarrow{OO'}$ 在 $F[O;\boldsymbol{e}_1,\boldsymbol{e}_2]$ 下的坐标.

定义 3.2.1.2 设 $I[O;\boldsymbol{e}_1,\boldsymbol{e}_2]$ 和 $I'[O;\boldsymbol{e}_1',\boldsymbol{e}_2']$ 是平面 π 上两个具有相同坐标原点的仿射坐标系. 如果坐标向量 $\boldsymbol{e}_1',\boldsymbol{e}_2'$ 是坐标向量 $\boldsymbol{e}_1,\boldsymbol{e}_2$ 分别以 O 为旋转中心旋转 θ 角而得到向量, 则称仿射坐标 $I[O;\boldsymbol{e}_1,\boldsymbol{e}_2]$ 到仿射坐标系 $I'[O;\boldsymbol{e}_1',\boldsymbol{e}_2']$ 的坐标变换为**坐标旋转**. 如图 3.2.2.

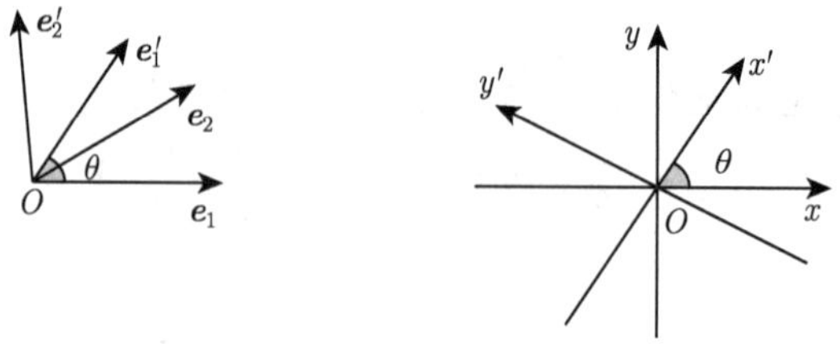

图 3.2.2

这样直角坐标系 $I[O;\boldsymbol{e}_1,\boldsymbol{e}_2]$ 到直角坐标系 $I'[O;\boldsymbol{e}_1',\boldsymbol{e}_2']$ 的过渡矩阵是正交矩阵 $\boldsymbol{C}=\begin{pmatrix}\cos\theta & -\sin\theta\\ \sin\theta & \cos\theta\end{pmatrix}$. 它是一个二阶正交矩阵, 并且 $|\boldsymbol{C}|=1$. 于是平面上坐标旋转下的点的坐标变换公式是

$$\begin{cases} x=\cos\theta x'-\sin\theta y', \\ y=\sin\theta x'+\cos\theta y', \end{cases}\quad \text{其中 } \theta \text{ 是旋转角度.}$$

如果 $I[O;\boldsymbol{e}_1,\boldsymbol{e}_2]$ 是直角坐标系, 则仿射坐标系 $I'[O;\boldsymbol{e}_1',\boldsymbol{e}_2']$ 也是直角坐标系.

命题 3.2.1.1　设平面上直角坐标系 $I[O;\boldsymbol{e}_1,\boldsymbol{e}_2]$ 到直角坐标系 $I'[O;\boldsymbol{e}_1',\boldsymbol{e}_2']$ 的坐标变换是坐标旋转. 如果 $I[O;\boldsymbol{e}_1,\boldsymbol{e}_2]$ 是右 (左) 手直角坐标系, 则 $I'[O;\boldsymbol{e}_1',\boldsymbol{e}_2']$ 也是右 (左) 手直角坐标系. 进一步, 直角坐标系 $I[O;\boldsymbol{e}_1,\boldsymbol{e}_2]$ 到直角坐标系 $I'[O;\boldsymbol{e}_1',\boldsymbol{e}_2']$ 的过渡矩阵是正交矩阵 $\boldsymbol{C}$, 并且 $|\boldsymbol{C}|=1$.

注意　这里只处理旋转中心是坐标原点的坐标旋转变换. 以任意点为旋转中心的坐标旋转变换可以类似地处理.

命题 3.2.1.2　设平面 π 上直角坐标系 $I[O;\boldsymbol{e}_1,\boldsymbol{e}_2]$ 到直角坐标系 $I'[O;\boldsymbol{e}_1',\boldsymbol{e}_2']$ 的过渡矩阵是正交矩阵 $\boldsymbol{C}$, 并且 $|\boldsymbol{C}|=1$. 则直角坐标系 $I[O;\boldsymbol{e}_1,\boldsymbol{e}_2]$ 到直角坐标系 $I'[O;\boldsymbol{e}_1',\boldsymbol{e}_2']$ 的坐标变换是一个坐标旋转.

证明　设 $\boldsymbol{C}=\begin{pmatrix}c_{11} & c_{12}\\ c_{21} & c_{22}\end{pmatrix}$ 是一个二阶正交矩阵, 则利用正交矩阵的性质, 我们有下面关系式:

$$c_{11}^2+c_{12}^2=c_{11}^2+c_{21}^2=c_{21}^2+c_{22}^2=c_{12}^2+c_{22}^2=1,\quad c_{11}c_{12}+c_{21}c_{22}=c_{11}c_{21}+c_{12}c_{22}=0.$$

这样 $|c_{11}|=|c_{22}|,|c_{21}|=|c_{12}|$. 不妨设 $c_{11}=\cos\theta$, 则二阶正交矩阵 $\boldsymbol{C}$ 只有下面两种形式:

(1) $\begin{pmatrix}\cos\theta & -\sin\theta\\ \sin\theta & \cos\theta\end{pmatrix}$;

(2) $\begin{pmatrix} \cos\theta & \sin\theta \\ \sin\theta & -\cos\theta \end{pmatrix}$.

由于 $|\boldsymbol{C}|=1 \Rightarrow \boldsymbol{C}=\begin{pmatrix} \cos\theta & -\sin\theta \\ \sin\theta & \cos\theta \end{pmatrix}$. 此时 $\begin{cases} \boldsymbol{e}_1'=\cos\theta\boldsymbol{e}_1+\sin\theta\boldsymbol{e}_2, \\ \boldsymbol{e}_2'=-\sin\theta\boldsymbol{e}_1+\cos\theta\boldsymbol{e}_2, \end{cases}$ 故直角坐标 $I[O;\boldsymbol{e}_1,\boldsymbol{e}_2]$ 绕坐标原点 O 逆时针旋转 θ 得到仿射坐标系 $I'[O;\boldsymbol{e}_1',\boldsymbol{e}_2']$. □

注意 二阶正交矩阵有上面两种形式. 如果直角坐标系 $I[O;\boldsymbol{e}_1,\boldsymbol{e}_2]$ 到直角坐标系 $I'[O;\boldsymbol{e}_1',\boldsymbol{e}_2']$ 的过渡矩阵是 $\boldsymbol{C}=\begin{pmatrix} \cos\theta & \sin\theta \\ \sin\theta & -\cos\theta \end{pmatrix}$. 此时, 直角坐标系 $I[O;\boldsymbol{e}_1,\boldsymbol{e}_2]$ 到直角坐标系 $I'[O;\boldsymbol{e}_1',\boldsymbol{e}_2']$ 的坐标变换除了坐标旋转外, 还有沿 x 轴的坐标反射变换.

定义 3.2.1.3 设 $I[O;\boldsymbol{e}_1,\boldsymbol{e}_2]$ 和 $I'[O;\boldsymbol{e}_1',\boldsymbol{e}_2']$ 是两个有相同坐标原点的直角坐标系, 如果坐标向量满足 $\boldsymbol{e}_1=-\boldsymbol{e}_1',\boldsymbol{e}_2=\boldsymbol{e}_2'$, 则称直角坐标系 $I[O;\boldsymbol{e}_1,\boldsymbol{e}_2]$ 到直角坐标系 $I'[O;\boldsymbol{e}_1',\boldsymbol{e}_2']$ 的坐标变换是**沿 y 轴的坐标反射**. 如果坐标向量满足 $\boldsymbol{e}_1=\boldsymbol{e}_1',\boldsymbol{e}_2=-\boldsymbol{e}_2'$, 则称直角坐标系 $I[O;\boldsymbol{e}_1,\boldsymbol{e}_2]$ 到直角坐标系 $I'[O;\boldsymbol{e}_1',\boldsymbol{e}_2']$ 的坐标变换是**沿 x 轴的坐标反射** (图 3.2.3).

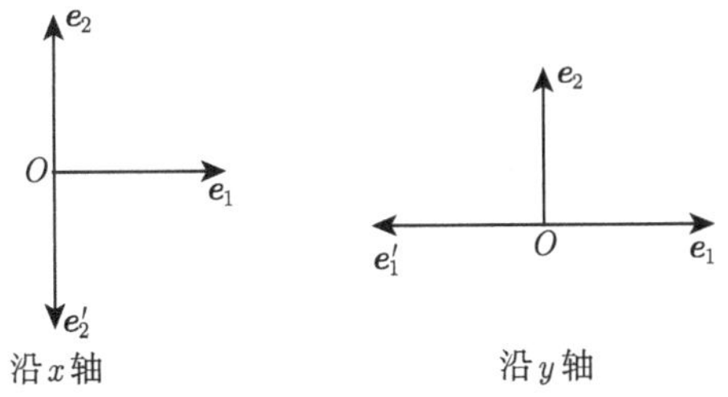

图 3.2.3

直角坐标系的沿 y 轴的坐标反射变换的过渡矩阵是 $\begin{pmatrix} -1 & 0 \\ 0 & 1 \end{pmatrix}$, 沿 x 轴的坐标反射变换的过渡矩阵是 $\begin{pmatrix} 1 & 0 \\ 0 & -1 \end{pmatrix}$. 平面直角坐标系沿 y 轴坐标反射变换和沿 x 轴坐标反射变换下的点的坐标变换公式分别是

$$\begin{cases} x=-x', \\ y=y', \end{cases} \qquad \begin{cases} x=x', \\ y=-y'. \end{cases}$$

容易证明坐标反射变换改变坐标系的手性. 沿坐标轴的反射变换也可以推广到沿任意直线的反射变换, 其相应的坐标变换关系式可以类似地推出.

容易证明对于平面上任意两个直角坐标系 $I[O;\boldsymbol{e}_1,\boldsymbol{e}_2]$ 和 $I'[O;\boldsymbol{e}_1',\boldsymbol{e}_2']$, 则它们之间相差平移, 或旋转, 或反射, 或者平移、旋转和反射的复合变换.

3.2.2　平面直角坐标系变换化简二次曲线方程

本节主要利用直角坐标系的变换化简二次曲线方程, 即通过直角坐标系的旋转和平移, 寻找一个新的直角坐标系, 使得二次曲线方程在新的直角坐标系下比较简单. 设二次曲线 Γ 在一个右手直角坐标系 $I[O;\boldsymbol{e}_1,\boldsymbol{e}_2]$ 的方程是

$$a_{11}x^2+a_{22}y^2+2a_{12}xy+2b_1x+2b_2y+c=0.$$

第一步, 去方程的交叉项. 如果二次曲线的方程含有交叉项, 即 $a_{12}\neq 0$. 用坐标系的坐标旋转寻找一个新的直角坐标系, 使得二次曲线在新的直角坐标系下的方程没有交叉项. 设右手直角坐标系 $I[O;\boldsymbol{e}_1,\boldsymbol{e}_2]$ 到右手直角坐标系 $I'[O;\boldsymbol{e}_1',\boldsymbol{e}_2']$ 是坐标旋转变换, 其点的坐标变换公式是

$$\begin{cases} x=\cos\theta x'-\sin\theta y', \\ y=\sin\theta x'+\cos\theta y', \end{cases}$$

则二次曲线方程的二次项部分在新直角坐标系 $I'[O;\boldsymbol{e}_1',\boldsymbol{e}_2']$ 下的表达形式是

$$\begin{aligned} a_{11}x^2+a_{22}y^2+2a_{12}xy &= a_{11}(\cos\theta x'-\sin\theta y')^2+a_{22}(\sin\theta x'+\cos\theta y')^2 \\ &\quad +2a_{12}(\cos\theta x'-\sin\theta y')(\sin\theta x'+\cos\theta y') \\ &= (a_{11}\cos^2\theta+a_{12}\sin 2\theta+a_{22}\sin^2\theta)x'^2 \\ &\quad +(a_{11}\sin^2\theta-a_{12}\sin 2\theta+a_{22}\cos^2\theta)y'^2 \\ &\quad +[(a_{22}-a_{11})\sin 2\theta+2a_{12}\cos 2\theta]x'y'. \end{aligned}$$

于是, 要使得二次曲线在新的直角坐标系 $I'[O;\boldsymbol{e}_1',\boldsymbol{e}_2']$ 中的方程没有交叉项, 只需坐标旋转的旋转角度 θ 满足

$$(a_{22}-a_{11})\sin 2\theta+2a_{12}\cos 2\theta=0,$$

即 $\cot 2\theta=\dfrac{\cos 2\theta}{\sin 2\theta}=\dfrac{a_{11}-a_{22}}{2a_{12}}$.

这样二次曲线在新的直角坐标系 $I'[O;\boldsymbol{e}_1',\boldsymbol{e}_2']$ 中方程化为下面的形式:

$$a_{11}'x'^2+a_{22}'y'^2+2b_1'x'+2b_2'y'+c=0,$$

该方程也是一个二次方程, 它的二次项系数 a_{11}' 和 a_{22}' 不全为零.

第二步, 用坐标平移变换进一步化简方程. 假定二次曲线在右手直角坐标系 $I[O;\boldsymbol{e}_1,\boldsymbol{e}_2]$ 中的方程是

$$a_{11}x^2+a_{22}y^2+2b_1x+2b_2y+c=0. \tag{3.2.1}$$

根据系数为零的情况分为以下几种情形进行坐标系的平移化简方程.

情形 1 $a_{11}a_{22}\neq 0$. 则方程 (3.2.1) 左边配方后可以写成

$$a_{11}\left(x+\frac{b_1}{a_{11}}\right)^2+a_{22}\left(y+\frac{b_2}{a_{22}}\right)^2-\frac{b_1^2}{a_{11}}-\frac{b_2^2}{a_{22}}+c=0.$$

作坐标的平移变换:

$$\begin{cases} x=x'-\dfrac{b_1}{a_{11}}, \\ y=y'-\dfrac{b_2}{a_{22}}, \end{cases}$$

则二次曲线在新的右手直角坐标系 $I'[O';\boldsymbol{e}_1,\boldsymbol{e}_2]$ 中的方程是

$$a_{11}x'^2+a_{22}y'^2-\frac{b_1^2}{a_{11}}-\frac{b_2^2}{a_{22}}+c=0. \tag{3.2.2}$$

再通过方程的同解变形, 即方程 $F'(x',y')=0$ 变为方程 $kF'(x',y')=0, k\neq 0$, 方程 (3.2.2) 可以化简为下面五种形式之一:

$$\frac{x'^2}{a^2}+\frac{y'^2}{b^2}=1,\quad \frac{x'^2}{a^2}+\frac{y'^2}{b^2}=-1,\quad \frac{x'^2}{a^2}+\frac{y'^2}{b^2}=0,\quad \frac{x'^2}{a^2}-\frac{y'^2}{b^2}=\pm 1,\quad \frac{x'^2}{a^2}-\frac{y'^2}{b^2}=0.$$

它们的图形分别是椭圆、空集、一个点、双曲线和一对相交直线.

情形 2 $a_{11}a_{22}=0$, 即二次项系数有一个为零. 不妨设 $a_{11}\neq 0, a_{22}=0$. 则方程 (3.2.2) 左边配方后可以写成

$$a_{11}\left(x+\frac{b_1}{a_{11}}\right)^2+2b_2y-\frac{b_1^2}{a_{11}}+c=0. \tag{3.2.3}$$

如果 (3.2.3) 中 $b_2 \neq 0$, 作坐标的平移变换:

$$\begin{cases} x = x' - \dfrac{b_1}{a_{11}}, \\ y = y' + \dfrac{b_1^2}{2a_{11}b_2} - \dfrac{c}{2b_2}, \end{cases}$$

则二次曲线在新的右手直角坐标系 $I'[O'; \boldsymbol{e}_1, \boldsymbol{e}_2]$ 中的方程是 $a_{11}x'^2 + 2b_2y' = 0$. 它在经过方程的通解变形进一步化简为 $x'^2 = 2py'$. 它的图形是一个抛物线.

如果 (3.2.3) 中 $b_2 = 0$, 作坐标的平移变换:

$$\begin{cases} x = x' - \dfrac{b_1}{a_{11}}, \\ y = y', \end{cases}$$

则二次曲线在新的右手直角坐标系 $I'[O'; \boldsymbol{e}_1, \boldsymbol{e}_2]$ 中的方程是

$$a_{11}x'^2 - \frac{b_1^2}{a_{11}} + c = 0.$$

它在经过方程的同解变形进一步化简为 $x'^2 = d$.

当 $d > 0$, 它的图形是两条平行直线; 当 $d = 0$, 它的图形是一条直线; 当 $d < 0$, 它的图形是空集.

这样有下面结论.

命题 3.2.2.1 在平面上给定一个二次曲线 Γ, 则在平面上可以建立适当的右手直角坐标系 $I[O; \boldsymbol{e}_1, \boldsymbol{e}_2]$, 使得二次曲线 Γ 在该 $I[O; \boldsymbol{e}_1, \boldsymbol{e}_2]$ 下的方程为下面七种形式之一:

(1) $\dfrac{x'^2}{a^2} + \dfrac{y'^2}{b^2} = 1$; (2) $\dfrac{x'^2}{a^2} + \dfrac{y'^2}{b^2} = -1$;

(3) $\dfrac{x'^2}{a^2} + \dfrac{y'^2}{b^2} = 0$; (4) $\dfrac{x'^2}{a^2} - \dfrac{y'^2}{b^2} = \pm 1$;

(5) $\dfrac{x'^2}{a^2} - \dfrac{y'^2}{b^2} = 0$; (6) $x'^2 = 2py'$;

(7) $x'^2 = d$.

命题 3.2.2.1 中的七种二次曲线方程称为二次曲线的**标准方程**. 使得二次曲线的方程成为标准方程的右手直角坐标系称为二次曲线的标准坐标系. 于是有下面的结论.

命题 3.2.2.2 平面上二次曲线的图形的类型有下面七种: 椭圆、双曲线、抛物线、一对相交直线、一对平行直线、一条直线和一个点.

设二次曲线方程的二次部分为 $\Phi(x,y)=a_{11}x^2+a_{22}y^2+2a_{12}xy$, 它是一个二次型, 设它的矩阵为

$$\boldsymbol{A}=\begin{pmatrix} a_{11} & a_{12} \\ a_{12} & a_{22} \end{pmatrix},$$

则 $\Phi(x,y)=(x,y)\boldsymbol{A}\begin{pmatrix} x \\ y \end{pmatrix}$.

利用二次型理论也可以求出右手直角坐标系旋转变换的过渡矩阵 $\boldsymbol{C}$, 它是一个正交矩阵. 其步骤如下.

第一步, 求出二次型矩阵 $\boldsymbol{A}$ 的特征值, 即求出 $|t\boldsymbol{I}-\boldsymbol{A}|=0$ 的根.

$$|t\boldsymbol{I}-\boldsymbol{A}|=\begin{vmatrix} t-a_{11} & -a_{12} \\ -a_{12} & t-a_{22} \end{vmatrix}=t^2-(a_{11}+a_{22})t+a_{11}a_{22}-a_{12}^2=0,$$

它的判别式为 $\Delta=(a_{11}-a_{22})^2+4a_{12}^2\geqslant 0$. 因此它一定有两个特征值 λ_1,λ_2, 这两个特征值可能相等. 如果 $\lambda_1=\lambda_2$, 则 $\Delta=(a_{11}-a_{22})^2+4a_{12}^2=0$, 此时 $a_{11}=a_{22},a_{12}=0$. 此时已经没有交叉项.

第二步, 当 $\lambda_1\neq\lambda_2$, 求出二次型矩阵 $\boldsymbol{A}$ 的每个特征值对应的特征向量.

取齐次线性方程组 $(\lambda_1\boldsymbol{I}-\boldsymbol{A})\boldsymbol{X}=\boldsymbol{0}$ 的一个非零解 $\boldsymbol{\alpha}_1$. 取齐次线性方程组 $(\lambda_2\boldsymbol{I}-\boldsymbol{A})\boldsymbol{X}=\boldsymbol{0}$ 的一个非零解 $\boldsymbol{\alpha}_2$, 它是特征值 λ_2 的特征向量. 令

$$\boldsymbol{\varepsilon}_1=\frac{\boldsymbol{\alpha}_1}{|\boldsymbol{\alpha}_1|},\quad \boldsymbol{\varepsilon}_2=\frac{\boldsymbol{\alpha}_2}{|\boldsymbol{\alpha}_2|},$$

则 $\boldsymbol{C}=(\boldsymbol{\varepsilon}_1^{\mathrm{T}},\boldsymbol{\varepsilon}_2^{\mathrm{T}})$ 为所求的正交矩阵, 它就是右手直角坐标系 $I[O;\boldsymbol{e}_1,\boldsymbol{e}_2]$ 旋转过渡矩阵 $\boldsymbol{C}$.

3.2.3 平面上仿射坐标系变换化简二次曲线方程

如果只关心二次曲线的方程的简单程度, 而不关心它的图形, 可以找到新的仿射坐标系, 将二次曲线的方程化为更简洁的形式.

设二次曲线 Γ 在一个平面仿射坐标系 $I[O;\boldsymbol{e}_1,\boldsymbol{e}_2]$ 中的方程是

$$a_{11}x^2+a_{22}y^2+2a_{12}xy+2b_1x+2b_2y+c=0.$$

方程的二次部分为 $\Phi(x,y)=a_{11}x^2+a_{22}y^2+2a_{12}xy$, 它是一个二次型.

第一步, 去掉交叉项. 使用二次型配方法去掉交叉项.

(1) 如果 $a_{11}\neq 0$, 则

$$\Phi(x,y)=a_{11}x^2+a_{22}y^2+2a_{12}xy=a_{11}\left(x+\frac{a_{12}}{a_{11}}y\right)^2+\frac{a_{11}a_{22}-a_{12}^2}{a_{11}}y^2,$$

令 $\begin{cases}\overline{x}=x+\dfrac{a_{12}}{a_{11}}y,\\ \overline{y}=y,\end{cases}$ 即 $\begin{pmatrix}x\\y\end{pmatrix}=\begin{pmatrix}1&-\dfrac{a_{12}}{a_{11}}\\0&1\end{pmatrix}\begin{pmatrix}\overline{x}\\\overline{y}\end{pmatrix}=\boldsymbol{C}\begin{pmatrix}\overline{x}\\\overline{y}\end{pmatrix}$. 作新的仿射坐标系 $I'[O;\boldsymbol{e}_1',\boldsymbol{e}_2']$, 使得 $(\boldsymbol{e}_1',\boldsymbol{e}_2')=(\boldsymbol{e}_1,\boldsymbol{e}_2)\boldsymbol{C}$. 则在新仿射坐标坐标系 $I'[O;\boldsymbol{e}_1',\boldsymbol{e}_2']$ 下,

$$\Phi(x,y)=a_{11}\overline{x}^2+\frac{a_{11}a_{22}-a_{12}^2}{a_{11}}\overline{y}^2.$$

(2) 如果 $a_{22}\neq 0$, 则

$$\Phi(x,y)=a_{11}x^2+a_{22}y^2+2a_{12}xy=\frac{a_{11}a_{22}-a_{12}^2}{a_{11}}x^2+a_{22}\left(y+\frac{a_{12}}{a_{22}}x\right)^2,$$

类似地可以找到新的仿射坐标坐标系 $I'[O;\boldsymbol{e}_1',\boldsymbol{e}_2']$, 使得没有交叉项.

(3) 如果 $a_{11}=a_{22}=0$, 则 $a_{12}\neq 0$. $\Phi(x,y)=2a_{12}xy$. 作新的仿射坐标系 $I'[O;\boldsymbol{e}_1',\boldsymbol{e}_2']$, 使得

$$(\boldsymbol{e}_1',\boldsymbol{e}_2')=(\boldsymbol{e}_1,\boldsymbol{e}_2)\begin{pmatrix}1&-1\\1&1\end{pmatrix}.$$

即坐标变换公式为

$$\begin{cases}x=\overline{x}-\overline{y},\\ y=\overline{x}+\overline{y},\end{cases}$$

于是在新仿射坐标系 $I'[O;\boldsymbol{e}_1',\boldsymbol{e}_2']$ 系下, $\Phi(x,y)=2a_{12}(\overline{x}^2-\overline{y}^2)$. 它没有交叉项.

第二步, 坐标平移消去一次项或常数项. 设经过第一步变换后二次曲线的方程为

$$a_{11}x^2+a_{22}y^2+2b_1x+2b_2y+c=0.$$

(1) $a_{11}a_{22}\neq 0$, 则方程化为

$$a_{11}\left(x-\frac{b_1}{a_{11}}\right)^2+a_{22}\left(y-\frac{b_2}{a_{22}}\right)^2+c-\frac{b_1^2}{a_{11}}-\frac{b_2^2}{a_{22}}=0.$$

作坐标平移 $\begin{cases} \overline{x} = x - \dfrac{b_1}{a_{11}}, \\ \overline{y} = y - \dfrac{b_2}{a_{22}}, \end{cases}$ 令 $\overline{c} = c - \dfrac{b_1^2}{a_{11}} - \dfrac{b_2^2}{a_{22}}$. 方程化为 $a_{11}\overline{x}^2 + a_{22}\overline{y}^2 + \overline{c} = 0$.

如果 $c \neq 0$, 通过方程的同解变形方程化为 $\dfrac{a_{11}}{-\overline{c}}\overline{x}^2 + \dfrac{a_{22}}{-\overline{c}}\overline{y}^2 = 1$, 再作仿射坐标系的变换, 其坐标变换公式为 $\begin{cases} x' = \overline{x}\sqrt{|\dfrac{a_{11}}{\overline{c}}|}, \\ y' = \overline{y}\sqrt{|\dfrac{a_{22}}{\overline{c}}|}, \end{cases}$ 则在新的仿射坐标系下, 二次曲线的方程化为下面三种 (其中方程 ② 是无解方程, 故不是二次曲线):

① $x'^2 + y'^2 = 1$; ② $x'^2 + y'^2 = -1$; ③ $x'^2 - y'^2 = 1$.

如果 $c = 0$, 可以找到新的仿射坐标系, 使得二次曲线方程化为下面两种:

① $x'^2 + y'^2 = 0$; ② $x'^2 - y'^2 = 0$.

(2) $a_{11} \neq 0, a_{22} = 0$, 则二次曲线的方程化为

$$a_{11}\left(x + \frac{b_1}{a_{11}}\right)^2 + 2b_2 y + c - \frac{b_1^2}{a_{11}} = 0,$$

如果 $b_2 = 0$, 则可以找仿射坐标系, 使得二次曲线的方程化为下面三种 (其中方程 ③ 无解, 故不是二次曲线):

① $x'^2 = 0$; ② $x'^2 = 1$; ③ $x'^2 = -1$.

如果 $b_2 \neq 0$, 则二次曲线的方程化为

$$a_{11}\left(x + \frac{b_1}{a_{11}}\right)^2 + 2b_2\left(y + \frac{c}{2b_2} - \frac{b_1^2}{2b_2 a_{11}}\right) = 0.$$

同样可以找到仿射坐标系, 使得二次曲线的方程化为

$$x'^2 = y'.$$

命题 3.2.3.1 设二次曲线 Γ 在一个平面仿射坐标系 $I[O; \boldsymbol{e}_1, \boldsymbol{e}_2]$ 中一个二次方程是

$$a_{11}x^2 + a_{22}y^2 + 2a_{12}xy + 2b_1 x + 2b_2 y + c = 0.$$

则存在新的仿射坐标系 $I'[O'; \boldsymbol{e}_1', \boldsymbol{e}_2']$, 使得二次曲线 Γ 在仿射坐标系 $I'[O'; \boldsymbol{e}_1', \boldsymbol{e}_2']$ 下的方程为下面标准方程之一:

(1) $x'^2 + y'^2 = 1$; (2) $x'^2 + y'^2 = 0$;

(3) $x'^2 - y'^2 = 1$; (4) $x'^2 - y'^2 = 0$;

(5) $x'^2 = y'$; (6) $x'^2 = 0$; (7) $x'^2 = 1$.

注意 如果二次曲线在某个仿射坐标系下的方程是上面的标准方程的形式, 一般而言, 就不能根据标准方程的形式来画出二次曲线的图形. 因为椭圆、双曲线和抛物线的图形都是在平面直角坐标系中的标准方程的图形.

另外, 命题 3.2.3.1 中的 7 类标准方程也可以从命题 3.2.2.1 中的标准方程在经过仿射坐标系的变换而得到.

3.2.4 二次曲线的不变量及其方程的化简

二次曲线的方程与坐标系和曲线本身都有关系, 一方面二次曲线方程随坐标系变化而变化. 另一方面, 二次曲线方程与二次曲线图形有密切的关系, 二次曲线的图形是不随坐标系变化而改变的. 这样有可能利用方程的系数构造一些不随坐标系变化而变化的量, 这些量刻画了二次曲线的图形几何特征. 这些量称为几何量 (不变量).

定义 3.2.4.1 如果存在一个由二次曲线的方程系数定义的函数, 在直角坐标系的变化下, 该函数的函数值不变. 该函数称为二次曲线的一个**不变量** (**几何量**).

设二次曲线 Γ 在仿射坐标系 $I[O;\boldsymbol{e}_1,\boldsymbol{e}_2]$ 下的方程是

$$F(x,y)=a_{11}x^2+a_{22}y^2+2a_{12}xy+2b_1x+2b_2y+c=0.$$

记它的二次部分为

$$\Phi(x,y)=a_{11}x^2+a_{22}y^2+2a_{12}xy,$$

它是关于变量 x,y 的一个二次型. 利用 $F(x,y)$ 的系数构造两个对称矩阵:

$$\boldsymbol{A}_0=\begin{pmatrix} a_{11} & a_{12} \\ a_{12} & a_{22} \end{pmatrix},\quad \boldsymbol{A}=\begin{pmatrix} a_{11} & a_{12} & b_1 \\ a_{12} & a_{22} & b_2 \\ b_1 & b_2 & c \end{pmatrix}.$$

于是

$$F(x,y)=(x,y,1)\begin{pmatrix} a_{11} & a_{12} & b_1 \\ a_{12} & a_{22} & b_2 \\ b_1 & b_2 & c \end{pmatrix}\begin{pmatrix} x \\ y \\ 1 \end{pmatrix}=(x,y,1)\boldsymbol{A}\begin{pmatrix} x \\ y \\ 1 \end{pmatrix}.$$

$$\Phi(x,y)=(x,y)\begin{pmatrix} a_{11} & a_{12} \\ a_{12} & a_{22} \end{pmatrix}\begin{pmatrix} x \\ y \end{pmatrix}=(x,y)\boldsymbol{A}_0\begin{pmatrix} x \\ y \end{pmatrix}.$$

这样二元二次多项式 $F(x,y)$ 与对称矩阵 $\boldsymbol{A}$ 是互相决定的. 二次型 $\Phi(x,y)$ 与对称矩阵 $\boldsymbol{A}_0$ 是互相决定的. 分别把 $\boldsymbol{A}$ 和 $\boldsymbol{A}_0$ 称为 $F(x,y)$ 和 $\Phi(x,y)$ 的矩阵.

仿射坐标系 $I[O;\boldsymbol{e}_1,\boldsymbol{e}_2]$ 到新的仿射坐标系 $I'[O';\boldsymbol{e}_1,\boldsymbol{e}_2]$ 的点的坐标变换公式是

$$\begin{pmatrix} x \\ y \end{pmatrix} = \begin{pmatrix} c_{11} & c_{12} \\ c_{21} & c_{22} \end{pmatrix}\begin{pmatrix} x' \\ y' \end{pmatrix} + \begin{pmatrix} k_1 \\ k_2 \end{pmatrix} = \boldsymbol{C}_0\begin{pmatrix} x' \\ y' \end{pmatrix} + \begin{pmatrix} k_1 \\ k_2 \end{pmatrix}. \tag{3.2.4}$$

设二次曲线 Γ 在仿射坐标系 $I'[O';\boldsymbol{e}_1,\boldsymbol{e}_2]$ 下的方程是

$$F'(x',y') = F(c_{11}x'+c_{12}y'+k_1, c_{21}x'+c_{22}y'+k_2) = 0.$$

它是一个关于 x',y' 的二元二次方程, 设为

$$F'(x',y') = a'_{11}x'^2 + a'_{22}y'^2 + 2a'_{12}x'y' + 2b'_1x' + 2b'_2y' + c' = 0.$$

它的二次部分为 $\Phi'(x',y') = a'_{11}x'^2 + a'_{22}y'^2 + 2a'_{12}x'y'$. 类似地, 两个对称矩阵是

$$\boldsymbol{A}'_0 = \begin{pmatrix} a'_{11} & a'_{12} \\ a'_{12} & a'_{22} \end{pmatrix}, \quad \boldsymbol{A}' = \begin{pmatrix} a'_{11} & a'_{12} & b'_1 \\ a'_{12} & a'_{22} & b'_2 \\ b'_1 & b'_2 & c' \end{pmatrix}.$$

于是

$$F'(x',y') = (x',y',1)\begin{pmatrix} a'_{11} & a'_{12} & b'_1 \\ a'_{12} & a'_{22} & b'_2 \\ b'_1 & b'_2 & c' \end{pmatrix}\begin{pmatrix} x' \\ y' \\ 1 \end{pmatrix} = (x',y',1)\boldsymbol{A}'\begin{pmatrix} x' \\ y' \\ 1 \end{pmatrix},$$

$$\Phi'(x',y') = (x',y')\begin{pmatrix} a'_{11} & a'_{12} \\ a'_{12} & a'_{22} \end{pmatrix}\begin{pmatrix} x' \\ y' \end{pmatrix} = (x',y')\boldsymbol{A}'_0\begin{pmatrix} x' \\ y' \end{pmatrix}.$$

如果令 $\boldsymbol{C} = \begin{pmatrix} c_{11} & c_{12} & k_1 \\ c_{21} & c_{22} & k_2 \\ 0 & 0 & 1 \end{pmatrix}$, 则点的坐标变换公式 (3.2.4) 可以表示为

$$\begin{pmatrix} x \\ y \\ 1 \end{pmatrix} = \begin{pmatrix} c_{11} & c_{12} & k_1 \\ c_{21} & c_{22} & k_2 \\ 0 & 0 & 1 \end{pmatrix}\begin{pmatrix} x' \\ y' \\ 1 \end{pmatrix} = \boldsymbol{C}\begin{pmatrix} x' \\ y' \\ 1 \end{pmatrix}.$$

下面寻求新旧坐标系下二次曲线方程的系数的变化关系，即它们系数对应两个对称矩阵之间的关系. 既然

$$F(x,y)=(x,y,1)\boldsymbol{A}\begin{pmatrix}x\\y\\1\end{pmatrix}=(x',y',1)\boldsymbol{C}^{\mathrm{T}}\boldsymbol{A}\boldsymbol{C}\begin{pmatrix}x'\\y'\\1\end{pmatrix}=(x',y',1)\boldsymbol{A}'\begin{pmatrix}x'\\y'\\1\end{pmatrix},$$

所以

$$\boldsymbol{A}_0'=\boldsymbol{C}_0^{\mathrm{T}}\boldsymbol{A}_0\boldsymbol{C}_0,\quad \boldsymbol{A}'=\boldsymbol{C}^{\mathrm{T}}\boldsymbol{A}\boldsymbol{C}. \tag{3.2.5}$$

公式 (3.2.5) 给出了在不同仿射坐标系下二次曲线的方程系数之间的关系. 当坐标变换为直角坐标系之间的坐标变换时，过渡矩阵是正交矩阵，从关系 (3.2.5) 可知，二次曲线方程的二次项系数构造的矩阵之间既是合同关系，又是相似关系. 因此这两个系数矩阵的特征值是不变的. 这样与特征值有关的函数都是不变量. 为此定义二次曲线的不变量.

定义 3.2.4.2 由二次曲线的方程系数定义四个函数 I_1,I_2,I_3,K_1，其定义如下:

$$I_1=\mathrm{tr}(\boldsymbol{A}_0)=a_{11}+a_{22},\quad I_2=|\boldsymbol{A}_0|=a_{11}a_{22}-a_{12}^2,\quad I_3=|\boldsymbol{A}|,$$

$$K_1=\begin{vmatrix}a_{11}&b_1\\b_1&c\end{vmatrix}+\begin{vmatrix}a_{22}&b_2\\b_2&c\end{vmatrix}.$$

命题 3.2.4.1 二次曲线方程系数的三个函数 I_1,I_2,I_3 是二次曲线的三个不变量. I_1,I_2,I_3 依次被称为二次曲线的**第一、第二、第三不变量**.

证明 在 $I'[O';\boldsymbol{e}_1,\boldsymbol{e}_2]$ 下二次曲线的方程系数定义三个函数 I_1',I_2',I_3':

$$I_1'=\mathrm{tr}(\boldsymbol{A}_0')=a_{11}'+a_{22}',\quad I_2'=|\boldsymbol{A}_0'|=a_{11}'a_{22}'-a_{12}'^2,\quad I_3'=|\boldsymbol{A}'|.$$

由于 $\boldsymbol{A}_0'=\boldsymbol{C}_0^{\mathrm{T}}\boldsymbol{A}_0\boldsymbol{C}_0$, $\boldsymbol{A}'=\boldsymbol{C}^{\mathrm{T}}\boldsymbol{A}\boldsymbol{C}$, 并且 $|\boldsymbol{C}|=|\boldsymbol{C}_0|=\pm1$, 从而,

$$I_1=I_1',I_2=I_2',I_3=I_3'.$$

□

命题 3.2.4.2 在直角坐标系的坐标旋转变换下，K_1 是不变的. 在直角坐标系的平移变换下，K_1 是变化的. 但对于 $I_2=I_3=0$ 的二次曲线，K_1 是不变量. K_1 称为二次曲线的**半不变量**.

证明 如果坐标系的坐标变换是旋转变换，则

$$\boldsymbol{C}=\begin{pmatrix}\cos\theta&-\sin\theta&0\\\sin\theta&\cos\theta&0\\0&0&1\end{pmatrix}.$$

由于 $\boldsymbol{A}' = \boldsymbol{C}^{\mathrm{T}}\boldsymbol{A}\boldsymbol{C}$, 于是

$$\begin{cases} a'_{11} = a_{11}\cos^2\theta + a_{12}\sin 2\theta + a_{22}\sin^2\theta, \\ a'_{22} = a_{11}\sin^2\theta - a_{12}\sin 2\theta + a_{22}\cos^2\theta, \\ a'_{12} = (a_{22} - a_{11})\sin\theta\cos\theta + a_{12}(\cos^2\theta - \sin^2\theta), \\ b'_1 = b_1\cos\theta + b_2\sin\theta, \\ b'_2 = -b_1\sin\theta + b_2\cos\theta, \\ c' = c. \end{cases}$$

所以,

$$K'_1 = \begin{vmatrix} a'_{11} & b'_1 \\ b'_1 & c' \end{vmatrix} + \begin{vmatrix} a'_{22} & b'_2 \\ b'_2 & c' \end{vmatrix} = (a'_{11} + a'_{22})c' - (b'^2_1 + b'^2_2)$$

$$= (a_{11} + a_{22})c - (b_1^2 + b_2^2) = \begin{vmatrix} a_{11} & b_1 \\ b_1 & c \end{vmatrix} + \begin{vmatrix} a_{22} & b_2 \\ b_2 & c \end{vmatrix} = K_1,$$

即在直角坐标系的坐标旋转下, K_1 是不变的.

如果坐标系的坐标变换是移轴变换, 则 $\boldsymbol{C} = \begin{pmatrix} 1 & 0 & k_1 \\ 0 & 1 & k_1 \\ 0 & 0 & 1 \end{pmatrix}$. 由于 $\boldsymbol{A}' = \boldsymbol{C}^{\mathrm{T}}\boldsymbol{A}\boldsymbol{C}$, 于是

$$\begin{cases} a'_{11} = a_{11}, \\ a'_{22} = a_{22}, \\ a'_{12} = a_{12}, \\ b'_1 = a_{11}k_1 + a_{12}k_2 + b_1, \\ b'_2 = a_{12}k_1 + a_{22}k_2 + b_2, \\ c' = a_{11}k_1^2 + 2a_{12}k_1k_2 + a_{22}k_2^2 + 2b_1k_1 + 2b_2k_2 + c. \end{cases}$$

当 $I_2 = I_3 = 0$. 由 $I_2 = \begin{vmatrix} a_{11} & a_{12} \\ a_{12} & a_{22} \end{vmatrix} = 0 \Leftrightarrow a_{11}a_{22} = a_{12}^2$. 此时 a_{11} 和 a_{22} 不能同时为零, 不妨假定 $a_{22} \neq 0$. 于是

$$I_2 = \begin{vmatrix} a_{11} & a_{12} \\ a_{12} & a_{22} \end{vmatrix} = 0 \Leftrightarrow a_{11} : a_{12} = a_{12} : a_{22} = t,$$

$$I_3=\begin{vmatrix} a_{11} & a_{12} & b_1 \\ a_{12} & a_{22} & b_2 \\ b_1 & b_2 & c \end{vmatrix}=\begin{vmatrix} ta_{12} & ta_{22} & b_1 \\ a_{12} & a_{22} & b_2 \\ b_1 & b_2 & c \end{vmatrix}=\begin{vmatrix} 0 & 0 & b_1-tb_2 \\ a_{12} & a_{22} & b_2 \\ b_1 & b_2 & c \end{vmatrix}$$

$$=(b_1-tb_2)\begin{vmatrix} a_{12} & a_{22} \\ b_1 & b_2 \end{vmatrix}=(b_1-tb_2)\begin{vmatrix} 0 & a_{22} \\ b_1-tb_2 & b_2 \end{vmatrix}=-a_{22}(b_1-tb_2)^2.$$

既然 $I_3=0$, 所以 $(b_1-tb_2)=0$. 这样 $a_{11}:a_{12}=a_{12}:a_{22}=b_1:b_2=t$. 从而得到

$$\begin{vmatrix} a'_{11} & b'_1 \\ b'_1 & c' \end{vmatrix}=\begin{vmatrix} a_{11} & a_{11}k_1+a_{12}k_2+b_1 \\ a_{11}k_1+a_{12}k_2+b_1 & F(k_1,k_2) \end{vmatrix}$$

$$=\begin{vmatrix} a_{11} & a_{12}k_2+b_1 \\ a_{11}k_1+a_{12}k_2+b_1 & a_{12}k_1k_2+a_{22}k_2^2+b_1k_1+2b_2k_2+c \end{vmatrix}$$

$$=\begin{vmatrix} a_{11} & a_{12}k_2+b_1 \\ a_{12}k_2+b_1 & a_{22}k_2^2+2b_2k_2+c \end{vmatrix}.$$

如果 $a_{11}:a_{12}=a_{12}:a_{22}=b_1:b_2=t\neq 0$, 则

$$\begin{vmatrix} a_{11} & a_{12}k_2+b_1 \\ a_{12}k_2+b_1 & a_{22}k_2^2+2b_2k_2+c \end{vmatrix}=\begin{vmatrix} a_{11} & \dfrac{a_{11}}{t}k_2+b_1 \\ \dfrac{a_{11}}{t}k_2+b_1 & \dfrac{a_{11}}{t^2}k_2^2+2\dfrac{b_1}{t}k_2+c \end{vmatrix}$$

$$=\begin{vmatrix} a_{11} & b_1 \\ \dfrac{a_{11}}{t}k_2+b_1 & \dfrac{b_1}{t}k_2+c \end{vmatrix}=\begin{vmatrix} a_{11} & b_1 \\ b_1 & c \end{vmatrix}.$$

如果 $a_{11}:a_{12}=a_{12}:a_{22}=b_1:b_2=t=0$, 则 $a_{11}=a_{12}=b_1=0$, 于是

$$\begin{vmatrix} a_{11} & a_{12}k_2+b_1 \\ a_{12}k_2+b_1 & a_{22}k_2^2+2b_2k_2+c \end{vmatrix}=0=\begin{vmatrix} a_{11} & b_1 \\ b_1 & c \end{vmatrix}.$$

这样我们得到 $\begin{vmatrix} a'_{11} & b'_1 \\ b'_1 & c' \end{vmatrix}=\begin{vmatrix} a_{11} & b_1 \\ b_1 & c \end{vmatrix}$. 同理可以证明 $\begin{vmatrix} a'_{22} & b'_2 \\ b'_2 & c' \end{vmatrix}=\begin{vmatrix} a_{22} & b_2 \\ b_2 & c \end{vmatrix}$.

综上 $K_1=K'_1$. □

设二次曲线 Γ 通过直角坐标系之间的坐标变换, 可以化为下面简化形式:

(1) $a'_{11}x'^2+a'_{22}y'^2+c'=0$; (2) $a'_{11}x'^2+2b'_2y'=0$; (3) $a'_{11}x'^2+c'=0$.

(i) 简化形式为 $a'_{11}x'^2+a'_{22}y'^2+c'=0$ 时, 系数 $a'_{11}a'_{22}\neq 0$,

$$\begin{cases} a'_{11}+a'_{22}=I_1, \\ a'_{11}a'_{22}=I_2, \end{cases} \qquad I_3=\begin{vmatrix} a'_{11} & 0 & 0 \\ 0 & a'_{22} & 0 \\ 0 & 0 & c' \end{vmatrix}=a'_{11}a'_{22}c'.$$

当 $I_2>0$, 二次曲线称为椭圆型. 当 $I_2<0$, 二次曲线称为双曲型. $a'_{11}x'^2+a'_{22}y'^2+c'=0$ 的二次曲线的简化方程的形式可以写成

$$\lambda_1x'^2+\lambda_2y'^2+\frac{I_3}{I_2}=0,$$

其中 λ_1,λ_2 是一元二次方程 $\lambda^2-I_1\lambda+I_2=0$ 的两个根.

(ii) 简化形式为 $a'_{11}x'^2+2b'_2y'=0$ 时, 系数 $a'_{11}b'_2\neq 0$,

$$\begin{cases} I_1=a'_{11}, \\ I_2=0, \end{cases} \qquad I_3=\begin{vmatrix} a'_{11} & 0 & 0 \\ 0 & 0 & b'_2 \\ 0 & b'_2 & 0 \end{vmatrix}=-a'_{11}b'^2_2\neq 0.$$

$a'_{11}x'^2+2b'_2y'=0$ 的二次曲线的简化方程的形式可以写成

$$I_1x'^2\pm 2\sqrt{\frac{-I_3}{I_1}}y'=0.$$

(iii) 简化形式为 $a'_{11}x'^2+c'=0$ 时, 系数 $a'_{11}\neq 0$, 所以

$$\begin{cases} I_1=a'_{11}, \\ I_2=0, \end{cases} \qquad I_3=\begin{vmatrix} a'_{11} & 0 & 0 \\ 0 & 0 & 0 \\ 0 & 0 & c' \end{vmatrix}=0.$$

此时半不变量 K_1 是二次曲线的不变量,

$$K_1=\begin{vmatrix} a'_{11} & 0 \\ 0 & c' \end{vmatrix}+\begin{vmatrix} 0 & 0 \\ 0 & c' \end{vmatrix}=a'_{11}c'=I_1c'.$$

$a'_{11}x'^2+c'=0$ 的二次曲线的简化方程的形式可以写成

$$I_1x'^2+\frac{K_1}{I_1}=0.$$

综上所述, 利用二次曲线的不变量写出二次曲线的简化方程和其图形类型如表 3.2.1.

表 3.2.1

类型	几何形状	不变量的性质	简化方程
$I_2>0$, 椭圆型	椭圆	$I_1I_3<0$	$\lambda_1x'^2+\lambda_2y'^2+\dfrac{I_3}{I_2}=0$
$I_2>0$, 椭圆型	空集	$I_1I_3>0$	$\lambda_1x'^2+\lambda_2y'^2+\dfrac{I_3}{I_2}=0$
$I_2>0$, 椭圆型	一个点	$I_3=0$	$\lambda_1x'^2+\lambda_2y'^2=0$
$I_2<0$, 双曲型	双曲线	$I_3\neq 0$	$\lambda_1x'^2+\lambda_2y'^2+\dfrac{I_3}{I_2}=0$
$I_2<0$, 双曲型	一对相交直线	$I_3=0$	$\lambda_1x'^2+\lambda_2y'^2=0$
$I_2=0$, 抛物型	抛物线	$I_3\neq 0$	$I_1x'^2\pm 2\sqrt{\dfrac{-I_3}{I_1}}y'=0$
$I_2=0$, 抛物型	一对平行直线	$I_3=0,K_1<0$	$I_1x'^2+\dfrac{K_1}{I_1}=0$
$I_2=0$, 抛物型	一条直线	$I_3=0,K_1=0$	$I_1{x'}^2=0$
$I_2=0$, 抛物型	空集	$I_3=0,K_1>0$	$I_1x'^2+\dfrac{K_1}{I_1}=0$

从二次曲线的简化方程到标准方程还要经过方程的同解变形, 即方程 $F(x,y)=0$ 变为同解方程 $kF(x,y)=0,k\neq 0$. 明显方程 $kF(x,y)=0,k\neq 0$ 是一个二元二次方程, 它和它的二次部分对应的矩阵分别是 $k\boldsymbol{A}$ 和 $k\boldsymbol{A}_0$. 二次曲线的不变量 I_1,I_2,I_3 和半不变量 K_1 在此变化下的变化是 $I_1'=kI_1,I_2'=k^2I_2,I_3'=k^3I_3,K_1'=k^2K_1$.

这样当 $k>0$ 时, 不变量 I_1,I_2,I_3 和半不变量 K_1 的符号都不变. 当 $k<0$ 时, 不变量 I_1,I_3 变号. 不变量 I_2,I_1I_3 的符号不变.

例 3.2.4.1　在平面直角坐标系下, 二次曲线的方程是

$$tx^2-2xy+ty^2-2x+2y+5=0.$$

根据参数 t 的值讨论二次曲线的图形.

解 二次曲线的矩阵是 $\boldsymbol{A}=\begin{pmatrix} t & -1 & -1 \\ -1 & t & 1 \\ -1 & 1 & 5 \end{pmatrix}$.

二次曲线的不变量是 $I_1=2t, I_2=t^2-1, I_3=5t^2-2t-3$.

(1) 当 $|t|>1$ 时, $I_2>0$, 二次曲线是椭圆型.

如果 $t>1$, 则 $I_1>0, I_3>0$, 二次曲线的图形是空集.

如果 $t<-1$, 则 $I_1I_3<0$, 二次曲线的图形是椭圆.

(2) 当 $|t|<1$ 时, $I_2<0$, 二次曲线是双曲型.

如果 $t\neq\frac{-3}{5}$, 则 $I_3\neq 0$, 二次曲线的图形是双曲线.

如果 $t=\frac{-3}{5}$, 则 $I_3=0$, 二次曲线的图形是一对相交直线.

(3) 当 $|t|=1$ 时, $I_2=0$, 二次曲线是抛物型.

如果 $t=-1$, 则 $I_3\neq 0$, 二次曲线的图形是抛物线.

如果 $t=1$, 则 $I_3=0$, 此时半不变量 $K_1=8$, 二次曲线的图形是空集. □

注意 不变量 I_1, I_2, I_3 函数可以定义在一般仿射坐标系下的二次曲线的方程上. 如果是在一般的仿射坐标系之间的坐标变换, 则函数 I_1, I_2, I_3 都不是不变量. 事实上, 在一般仿射坐标系的坐标变换下, 函数 I_2, I_3 只有符号保持不变, 大小是可以变的.

习 题 3.2

1. 设 $I[O;\boldsymbol{e}_1,\boldsymbol{e}_2]$ 和 $I'[O';\boldsymbol{e}_1',\boldsymbol{e}_2']$ 是平面上两个右手直角坐标系. 已知 I' 的坐标原点 O' 在 I 中的坐标为 $(1,2)$. 如果将有向线段 $\boldsymbol{e}_1$ 和 $\boldsymbol{e}_1'$ 的起点放在同一点, 则 $\boldsymbol{e}_1'$ 的终点由 $\boldsymbol{e}_1$ 的终点绕起点逆时针旋转 $60°$ 得到.

(1) 求出 $I[O;\boldsymbol{e}_1,\boldsymbol{e}_2]$ 的原点在 $I'[O';\boldsymbol{e}_1',\boldsymbol{e}_2']$ 下的坐标;

(2) 已知直线 l 在 $I[O;\boldsymbol{e}_1,\boldsymbol{e}_2]$ 下的方程为 $2x-y+1=0$, 求出 l 在 $I'[O';\boldsymbol{e}_1',\boldsymbol{e}_2']$ 下的方程.

2. 在平面直角坐标系 $I[O;\boldsymbol{e}_1,\boldsymbol{e}_2]$ 中, 已知三点 $A(2,1), B(-1,2), C(1,-3)$, 如果将直角坐标系的原点移到 B 点, 并且将坐标轴逆时针旋转角度 $\theta=\arctan\frac{3}{4}$ 得到新的直角坐标系 I'.

(1) 求出点的坐标变换公式;

(2) 求出点 A,B,C 在新的直角坐标系 I' 下的坐标.

3. 在直角坐标系 $I[O;\boldsymbol{e}_1,\boldsymbol{e}_2]$ 中, 以直线 $l: 4x-3y+12=0$ 为新的直角坐标系的 x' 轴, 取通过点 $P(2,1)$ 且垂直于直线 l 的直线为 y' 轴, 建立新的直角坐标系 $I'[O';\boldsymbol{e}_1',\boldsymbol{e}_2']$.

(1) 求出点的坐标变换公式;

(2) 已知椭圆在 $I[O;\boldsymbol{e}_1,\boldsymbol{e}_2]$ 下的方程为 $\dfrac{x^2}{4}+\dfrac{y^2}{8}=1$, 求出该椭圆在 I' 下的方程.

4. 在平面直角坐标系 $I[O;\boldsymbol{e}_1,\boldsymbol{e}_2]$ 下, 已知下面二次曲线方程. 通过直角坐标系的坐标变换确定下面二次曲线方程所表示的图形的.

(1) $3x^2+y^2-4xy-y+2=0$;

(2) $3x^2-2y^2+4xy-x-y+1=0$;

(3) $3x^2+4y^2+4xy+2x-3y-1=0$;

(4) $2x^2+2y^2+4xy-2x-y+4=0$;

(5) $4x^2+y^2-4xy-2x-14y+7=0$;

(6) $6x^2+y^2+12xy-36x-6y=0$;

(7) $9x^2+24y^2-8xy-32x-16y+138=0$;

(8) $x^2+y^2-2xy-10x-6y+25=0$.

5. 在平面直角坐标系下, 用不变量判断下面二次曲线的形状.

(1) $8y^2+6xy-12x-26y+11=0$;

(2) $x^2+y^2-4xy-2x+1=0$;

(3) $5x^2+5y^2+8xy-18x-18y+9=0$;

(4) $x^2+4y^2-4xy-4x+8y+1=0$;

(5) $3x^2+8y^2-6xy+6x+4y+9=0$;

(6) $4x^2+y^2+4xy-4x-2y+1=0$.

6. 在平面直角坐标系下, 按照 t 的值决定下面二次曲线的类型.

(1) $tx^2+y^2+4xy-4x-2y-3=0$;

(2) $x^2+4y^2+4xy+8y+3+t(-2xy-x-1)=0$;

(3) $(1+t^2)(x^2+y^2)+4txy+2t(x+y)+1=0$;

(4) $x^2+4y^2-4txy-2tx-2y+t=0$.

7. 在平面直角坐标系下, 二次曲线 $a_{11}x^2+a_{22}y^2+2a_{12}xy+2b_1x+2b_2y+c=0$ 图形是一对平行直线, 证明: 这对平行直线间的距离为 $d=\sqrt{\dfrac{-4K_1}{I_1^2}}$.

8. 证明: 在平面直角坐标系下, 二次曲线 $a_{11}x^2+a_{22}y^2+2a_{12}xy+2b_1x+2b_2y+c=0$ 图形是圆的充分必要条件是 $I_1^2=4I_2$ 和 $I_1I_3<0$.

9. 证明: 在平面直角坐标系下, 二次曲线 $a_{11}x^2+a_{22}y^2+2a_{12}xy+2b_1x+2b_2y+c=0$ 的图形是一条等轴双曲线 (即两个渐近线互相垂直) 的充分必要条件是 $I_1=0$ 和 $I_3\neq 0$.

10. 在平面直角坐标系下, 二次曲线 $ax^2+y^2+4xy-4x-2y+c=0$ 图形是两个直线, 求出参数 a,c 应满足什么关系.

11. 在平面直角坐标系下, 二次曲线 $\Gamma:(a_1x+b_1y+c_1)^2+(a_2x+b_2y+c_2)^2=1$ 的系数满足 $a_1b_2-a_2b_1\neq 0$, $a_1a_2+b_1b_2=0$, 试经过适当的直角坐标系的变换将该方程化为标准方程, 并指出方程的图形的类型.

12. 证明: 抛物线满足 $I_1I_3<0$.

13. 在平面仿射坐标系下, 椭圆 C_1 的方程是 $a_{11}x^2+a_{22}y^2+2a_{12}xy+2b_1x+2b_2y+c=0$, 椭圆 C_2 的方程是 $a'_{11}x^2+a'_{22}y^2+2a'_{12}xy+2b'_1x+2b'_2y+c'=0$. 证明: 如果椭圆 C_1 和椭圆 C_2 有相同的中心, 则存在平面上仿射坐标系 $I[O;\boldsymbol{e}_1,\boldsymbol{e}_2]$, 使得椭圆 C_1 和椭圆 C_2 的方程分别是 $C_1:x'^2+y'^2=1$, $C_2:ax'^2+by'^2=c$, 其中 a,b,c 为非零常数.

14. 在平面仿射坐标系下, 椭圆 C_1 的方程是 $a_{11}x^2+a_{22}y^2+2a_{12}xy+2b_1x+2b_2y+c=0$, 双曲线 C_2 的方程是 $a'_{11}x^2+a'_{22}y^2+2a'_{12}xy+2b'_1x+2b'_2y+c'=0$. 证明: 如果椭圆 C_1 和双曲面 C_2 有相同的中心, 则存在平面上仿射坐标系 $I[O;\boldsymbol{e}_1,\boldsymbol{e}_2]$, 使得椭圆 C_1 和双曲线 C_2 的方程分别是 $C_1:x'^2+y'^2=1$, $C_2:ax'^2-by'^2=c$, 其中 a,b,c 为非零常数.

15. 在平面仿射坐标系下, 椭圆 C_1 的方程是 $a_{11}x^2+a_{22}y^2+2a_{12}xy+2b_1x+2b_2y+c=0$, 抛物线 C_2 的方程是 $a'_{11}x^2+a'_{22}y^2+2a'_{12}xy+2b'_1x+2b'_2y+c'=0$. 证明: 如果椭圆 C_1 中心是抛物线 C_2 的顶点, 则存在平面上仿射坐标系 $I[O;\boldsymbol{e}_1,\boldsymbol{e}_2]$, 使得椭圆 C_1 和抛物线 C_2 的方程分别是 $C_1:x'^2+y'^2=1$, $C_2:ax'^2+2by'=0$, 其中 a,b 为非零常数.

3.3 二次曲面方程的化简

3.3.1 空间中直角坐标系的变换

空间中坐标系的平移和旋转变换也是比较常见的, 本节主要讨论这两种变换.

定义 3.3.1.1 设 $I[O;\boldsymbol{e}_1,\boldsymbol{e}_2,\boldsymbol{e}_3]$ 和 $I'[O';\boldsymbol{e}'_1,\boldsymbol{e}'_2,\boldsymbol{e}'_3]$ 是空间中两个仿射坐标系, 如果坐标向量满足 $\boldsymbol{e}_1=\boldsymbol{e}'_1,\boldsymbol{e}_2=\boldsymbol{e}'_2,\boldsymbol{e}_3=\boldsymbol{e}'_3$, 则称仿射坐标系 $I[O;\boldsymbol{e}_1,\boldsymbol{e}_2,\boldsymbol{e}_3]$

到仿射坐标系 $I'[O';\boldsymbol{e}_1',\boldsymbol{e}_2',\boldsymbol{e}_3']$ 的坐标变换为**坐标平移变换**. 如图 3.3.1.

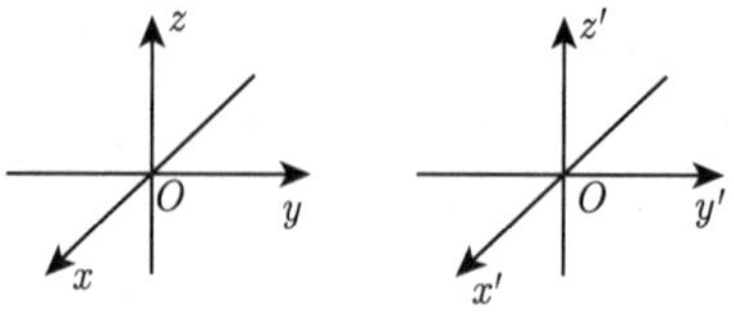

图 3.3.1

空间中仿射坐标系 $I[O;\boldsymbol{e}_1,\boldsymbol{e}_2,\boldsymbol{e}_3]$ 到仿射坐标系 $I'[O';\boldsymbol{e}_1',\boldsymbol{e}_2',\boldsymbol{e}_3']$ 的坐标变换是平移变换的充分必要条件是 $I[O;\boldsymbol{e}_1,\boldsymbol{e}_2,\boldsymbol{e}_3]$ 到 $I'[O';\boldsymbol{e}_1',\boldsymbol{e}_2',\boldsymbol{e}_3']$ 的过渡矩阵是单位矩阵 I. 于是空间中坐标平移变换下的点的坐标变换公式是

$$\begin{cases} x = x' + d_1, \\ y = y' + d_2, \\ z = z' + d_3, \end{cases}$$

其中 (d_1,d_2,d_3) 是仿射坐标系 $I'[O';\boldsymbol{e}_1',\boldsymbol{e}_2',\boldsymbol{e}_3']$ 的坐标原点 O' 在 $I[O;\boldsymbol{e}_1,\boldsymbol{e}_2,\boldsymbol{e}_3]$ 下的坐标.

定义 3.3.1.2　设 $I[O;\boldsymbol{e}_1,\boldsymbol{e}_2,\boldsymbol{e}_3]$ 和 $I'[O;\boldsymbol{e}_1',\boldsymbol{e}_2',\boldsymbol{e}_3']$ 是空间中具有相同原点的两个仿射坐标系, 过原点 O 作直线 L, 并且规定直线 L 的正向. 如果两个仿射坐标系的坐标向量满足: 坐标向量 $\boldsymbol{e}_1,\boldsymbol{e}_2,\boldsymbol{e}_3$ 分别绕直线 L 右旋转 θ 角得到坐标向量 $\boldsymbol{e}_1',\boldsymbol{e}_2',\boldsymbol{e}_3'$, 则称仿射坐标系 $I[O;\boldsymbol{e}_1,\boldsymbol{e}_2,\boldsymbol{e}_3]$ 到仿射坐标系 $I'[O;\boldsymbol{e}_1',\boldsymbol{e}_2',\boldsymbol{e}_3']$ 的坐标变换为**绕直线 L 的坐标旋转变换**. 直线 L 称为坐标旋转变换的**旋转轴**, 直线 L 的方向称为旋转方向. 角度 θ 称为**旋转角**. 如图 3.3.2.

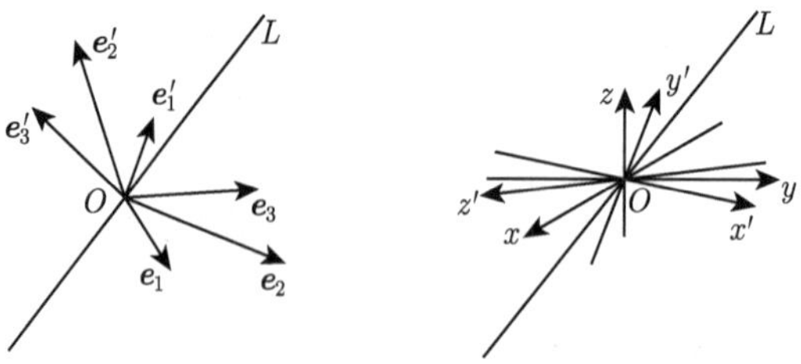

图 3.3.2

在直线 L 上取定单位向量 $\boldsymbol{\alpha}$ 作为坐标旋转的旋转方向. 设空间直角坐标系 $I[O;\boldsymbol{e}_1,\boldsymbol{e}_2,\boldsymbol{e}_3]$ 绕直线 L 右旋转 θ 角 (即右手大拇指与向量 $\boldsymbol{\alpha}$ 方向一致, 四个手

指方向为旋转方向) 而得到空间直角坐标系 $I'[O;\boldsymbol{e}_1',\boldsymbol{e}_2',\boldsymbol{e}_3']$. 下面求直角坐标系的坐标旋转的过渡矩阵 $\boldsymbol{C}$.

任意取点 M, 设点 M 绕直线 L 右旋转 θ 角后得到点 M'. 过点 M 作旋转轴直线 L 的垂线交直线 L 于点 M_0, 则向量 $\overrightarrow{M_0M}$ 和向量 $\overrightarrow{M_0M'}$ 的长度相等, 并且都垂直于向量 $\boldsymbol{\alpha}$. 这样,

$$\overrightarrow{M_0M}\cdot\overrightarrow{M_0M'}=|\overrightarrow{M_0M}|^2\cos\theta,\quad \overrightarrow{M_0M}\times\overrightarrow{M_0M'}=\sin\theta|\overrightarrow{M_0M}|^2\boldsymbol{\alpha}.$$

从而

$$\overrightarrow{M_0M'}=\boldsymbol{\alpha}\times\overrightarrow{M_0M}\sin\theta+\overrightarrow{M_0M}\cos\theta.$$

由于

$$\overrightarrow{M_0M}=\overrightarrow{OM}-\overrightarrow{OM_0},\quad \overrightarrow{M_0M'}=\overrightarrow{OM'}-\overrightarrow{OM_0},\quad \overrightarrow{OM_0}=\left(\overrightarrow{OM}\cdot\boldsymbol{\alpha}\right)\boldsymbol{\alpha}.$$

这样

$$\overrightarrow{OM'}=\overrightarrow{OM}\cos\theta+\boldsymbol{\alpha}\times\overrightarrow{OM}\sin\theta+(1-\cos\theta)\left(\overrightarrow{OM}\cdot\boldsymbol{\alpha}\right)\boldsymbol{\alpha}. \tag{3.3.1}$$

设点 M 空间直角坐标系 $I[O;\boldsymbol{e}_1,\boldsymbol{e}_2,\boldsymbol{e}_3]$ 下的坐标是 (x,y,z), 设单位向量 $\boldsymbol{\alpha}$ 在直角坐标系 $I[O;\boldsymbol{e}_1,\boldsymbol{e}_2,\boldsymbol{e}_3]$ 下的坐标是 (a_1,a_2,a_3). 则 $a_1^2+a_2^2+a_3^2=1$. 这样,

$$\begin{aligned}\boldsymbol{\alpha}\times\overrightarrow{OM}&=(a_1\boldsymbol{e}_1+a_2\boldsymbol{e}_2+a_3\boldsymbol{e}_3)\times(x\boldsymbol{e}_1+y\boldsymbol{e}_2+z\boldsymbol{e}_3)=\begin{pmatrix}\boldsymbol{e}_1&\boldsymbol{e}_2&\boldsymbol{e}_3\\a_1&a_2&a_3\\x&y&z\end{pmatrix}\\&=(\boldsymbol{e}_1,\boldsymbol{e}_2,\boldsymbol{e}_3)\begin{pmatrix}0&-a_3&a_2\\a_3&0&-a_1\\-a_2&a_1&0\end{pmatrix}\begin{pmatrix}x\\y\\z\end{pmatrix}.\end{aligned}$$

又由于

$$\begin{aligned}\left(\overrightarrow{OM}\cdot\boldsymbol{\alpha}\right)\boldsymbol{\alpha}&=(xa_1+ya_2+za_3)(a_1\boldsymbol{e}_1+a_2\boldsymbol{e}_2+a_3\boldsymbol{e}_3)\\&=(\boldsymbol{e}_1,\boldsymbol{e}_2,\boldsymbol{e}_3)\begin{pmatrix}a_1\\a_2\\a_3\end{pmatrix}(a_1,a_2,a_3)\begin{pmatrix}x\\y\\z\end{pmatrix}.\end{aligned}$$

设点 M' 在空间直角坐标系 $I[O;\boldsymbol{e}_1,\boldsymbol{e}_2,\boldsymbol{e}_3]$ 下的坐标是 (x',y',z'), 那么 (3.3.1) 可以写作

$$\begin{pmatrix} x' \\ y' \\ z' \end{pmatrix} = \cos\theta \begin{pmatrix} x \\ y \\ z \end{pmatrix} + \sin\theta \begin{pmatrix} 0 & -a_3 & a_2 \\ a_3 & 0 & -a_1 \\ -a_2 & a_1 & 0 \end{pmatrix} \begin{pmatrix} x \\ y \\ z \end{pmatrix} + (1-\cos\theta) \begin{pmatrix} a_1 \\ a_2 \\ a_3 \end{pmatrix} (a_1,a_2,a_3) \begin{pmatrix} x \\ y \\ z \end{pmatrix}.$$

由于

$$\begin{pmatrix} a_1 \\ a_2 \\ a_3 \end{pmatrix} (a_1,a_2,a_3) = \begin{pmatrix} a_1a_1 & a_1a_2 & a_1a_3 \\ a_2a_1 & a_2a_2 & a_2a_3 \\ a_3a_1 & a_3a_2 & a_3a_3 \end{pmatrix} = \begin{pmatrix} 1-a_2^2-a_3^2 & a_1a_2 & a_1a_3 \\ a_2a_1 & 1-a_1^2-a_3^2 & a_2a_3 \\ a_3a_1 & a_3a_2 & 1-a_1^2-a_2^2 \end{pmatrix},$$

令

$$\boldsymbol{\Omega} = \begin{pmatrix} 0 & -a_3 & a_2 \\ a_3 & 0 & -a_1 \\ -a_2 & a_1 & 0 \end{pmatrix}, \quad 则 \begin{pmatrix} a_1 \\ a_2 \\ a_3 \end{pmatrix} (a_1,a_2,a_3) = \boldsymbol{I} - \boldsymbol{\Omega\Omega}.$$

这样 (3.3.1) 化为

$$\begin{pmatrix} x' \\ y' \\ z' \end{pmatrix} = (\cos\theta \boldsymbol{I} + \sin\theta\boldsymbol{\Omega} + (1-\cos\theta)(\boldsymbol{I}+\boldsymbol{\Omega\Omega})) \begin{pmatrix} x \\ y \\ z \end{pmatrix}, \tag{3.3.2}$$

这样得到过渡矩阵

$$\boldsymbol{C} = \cos\theta \boldsymbol{I} + \sin\theta\boldsymbol{\Omega} + (1-\cos\theta)(\boldsymbol{I}+\boldsymbol{\Omega\Omega}). \tag{3.3.3}$$

容易计算得到 $\boldsymbol{C}^{\mathrm{T}}\boldsymbol{C} = \boldsymbol{I}, |\boldsymbol{C}| = 1$. 这样直角坐标系 $I[O;\boldsymbol{e}_1,\boldsymbol{e}_2,\boldsymbol{e}_3]$ 到空间仿射坐标系 $I'[O;\boldsymbol{e}_1',\boldsymbol{e}_2',\boldsymbol{e}_3']$ 的过渡矩阵 $\boldsymbol{C}$ 是正交矩阵.

命题 3.3.1.1 设向量 $\boldsymbol{\alpha}$ 是一个单位向量, 作 $\boldsymbol{\alpha}=\overrightarrow{OA}$, 记有向线段 $\overrightarrow{OA}$ 所在的直线为 L, 设空间直角坐标系 $I[O;\boldsymbol{e}_1,\boldsymbol{e}_2,\boldsymbol{e}_3]$ 绕直线 L 右旋转 θ 角而得到空间仿射坐标系 $I'[O;\boldsymbol{e}_1',\boldsymbol{e}_2',\boldsymbol{e}_3']$. 则空间直角坐标系 $I[O;\boldsymbol{e}_1,\boldsymbol{e}_2,\boldsymbol{e}_3]$ 到空间仿射坐标系 $I'[O;\boldsymbol{e}_1',\boldsymbol{e}_2',\boldsymbol{e}_3']$ 的过渡矩阵是 (3.3.3).

如果令 $\boldsymbol{C}=\begin{pmatrix} c_{11} & c_{12} & c_{13}\\ c_{21} & c_{22} & c_{23}\\ c_{31} & c_{32} & c_{33}\end{pmatrix}$, 则旋转轴和转角的信息可以用 $\boldsymbol{C}$ 的元素表示, 即

$$\cos\theta=\frac{1}{2}(c_{11}+c_{22}+c_{33}-1),\quad a_1=\frac{c_{32}-c_{23}}{2\sin\theta},\quad a_2=\frac{c_{13}-c_{31}}{2\sin\theta},\quad a_3=\frac{c_{21}-c_{12}}{2\sin\theta}.$$

命题 3.3.1.2 设空间直角坐标系 $I[O;\boldsymbol{e}_1,\boldsymbol{e}_2,\boldsymbol{e}_3]$ 到空间直角坐标系 $I'[O;\boldsymbol{e}_1',\boldsymbol{e}_2',\boldsymbol{e}_3']$ 的过渡矩阵是正交矩阵 $\boldsymbol{C}=\begin{pmatrix} c_{11} & c_{12} & c_{13}\\ c_{21} & c_{22} & c_{23}\\ c_{31} & c_{32} & c_{33}\end{pmatrix}$, 且满足 $|\boldsymbol{C}|=1$.

令

$$\cos\theta=\frac{1}{2}(c_{11}+c_{22}+c_{33}-1),\quad a_1=\frac{c_{32}-c_{23}}{2\sin\theta},\quad a_2=\frac{c_{13}-c_{31}}{2\sin\theta},\quad a_3=\frac{c_{21}-c_{12}}{2\sin\theta},$$

构造向量 $\boldsymbol{\alpha}=(a_1,a_2,a_3)$. 作 $\boldsymbol{\alpha}=\overrightarrow{OA}$, 记有向线段 $\overrightarrow{OA}$ 所在的直线为 L. 则空间直角坐标系 $I'[O;\boldsymbol{e}_1',\boldsymbol{e}_2',\boldsymbol{e}_3']$ 是空间直角坐标系 $I[O;\boldsymbol{e}_1,\boldsymbol{e}_2,\boldsymbol{e}_3]$ 绕直线 L 右旋转 θ 角而得到.

注意 在命题 3.3.1.2 中, 条件 $|\boldsymbol{C}|=1$ 是重要的. 因为三阶正交矩阵 $|\boldsymbol{C}|=1$, 则 $\boldsymbol{C}$ 必有特征值 1, 即 $|\boldsymbol{C}-\boldsymbol{I}|=0$. 其特征向量是 $\boldsymbol{\alpha}$, 即 $\boldsymbol{C}\boldsymbol{\alpha}=\boldsymbol{\alpha}$. 由于在坐标旋转变换下, 平行于旋转轴向量是过渡矩阵的对应特征值为 1 的特征向量, 并且旋转轴上的点的坐标在坐标系的旋转变换下是不变的.

另外, 对于一个正交矩阵 $\boldsymbol{C}=\begin{pmatrix} c_{11} & c_{12} & c_{13}\\ c_{21} & c_{22} & c_{23}\\ c_{31} & c_{32} & c_{33}\end{pmatrix}$, 通过其元素按上面公式构造角度 θ 和单位向量 $\boldsymbol{\alpha}$ 能够有解的充分必要条件是正交矩阵有特征值 1, 即 $|\boldsymbol{C}-\boldsymbol{I}|=0$. 我们计算如下: 按上述公式构造角度 θ 和单位向量 $\boldsymbol{\alpha}$ 有解, 即

$$\cos\theta=\frac{1}{2}(c_{11}+c_{22}+c_{33}-1),\quad a_1=\frac{c_{32}-c_{23}}{2\sin\theta},\quad a_2=\frac{c_{13}-c_{31}}{2\sin\theta},\quad a_3=\frac{c_{21}-c_{12}}{2\sin\theta}.$$

则

$$(c_{11}+c_{22}+c_{33}-1)^2+(c_{12}-c_{21})^2+(c_{13}-c_{31})^2+(c_{32}-c_{23})^2=4,$$

即

$$c_{11}c_{22}-c_{12}c_{21}+c_{11}c_{33}-c_{13}c_{31}+c_{22}c_{33}-c_{32}c_{23}=c_{11}+c_{22}+c_{33}.$$

另一方面, $|\boldsymbol{C}-\boldsymbol{I}|=0$,

$$\begin{aligned}|\boldsymbol{C}-\boldsymbol{I}|=&\begin{vmatrix}c_{11}-1 & c_{12} & c_{13}\\ c_{21} & c_{22}-1 & c_{23}\\ c_{31} & c_{32} & c_{33}-1\end{vmatrix}\\ =&|\boldsymbol{C}|-1+c_{11}+c_{22}+c_{33}-c_{11}c_{22}-c_{11}c_{33}-c_{22}c_{33}+c_{12}c_{21}+c_{31}c_{13}+c_{23}c_{32}\\ =&c_{11}+c_{22}+c_{33}-c_{11}c_{22}-c_{11}c_{33}-c_{22}c_{33}+c_{12}c_{21}+c_{31}c_{13}+c_{23}c_{32}=0.\end{aligned}$$

从而 $|\boldsymbol{C}|=1$ 是必要的.

对于正交矩阵 $\boldsymbol{C}$, $|\boldsymbol{C}|=-1$. 因为 $\boldsymbol{C}$ 是三阶正交矩阵, 故 $\boldsymbol{C}$ 有特征值 -1. 此时如果 $\boldsymbol{C}$ 是直角坐标系的过渡矩阵, 则坐标变换除了坐标旋转, 还有坐标反射变换. 下面只给出沿坐标面的反射变换, 沿空间中的任意平面的反射变换可以类似地定义.

定义 3.3.1.3 设 $I[O;\boldsymbol{e}_1,\boldsymbol{e}_2,\boldsymbol{e}_3]$ 和 $I'[O;\boldsymbol{e}_1',\boldsymbol{e}_2',\boldsymbol{e}_3']$ 是空间中两个具有相同坐标原点的直角坐标系, 如果坐标向量满足 $\boldsymbol{e}_1=\boldsymbol{e}_1',\boldsymbol{e}_2=\boldsymbol{e}_2',\boldsymbol{e}_3=-\boldsymbol{e}_3'$, 则称直角坐标系 $I[O;\boldsymbol{e}_1,\boldsymbol{e}_2,\boldsymbol{e}_3]$ 到直角坐标系 $I'[O;\boldsymbol{e}_1',\boldsymbol{e}_2',\boldsymbol{e}_3']$ 的坐标变换为**沿 xOy 平面的坐标反射变换**.

类似地可以定义**沿 yOz 平面的坐标反射变换**和**沿 xOz 平面的坐标反射变换**. 如图 3.3.3.

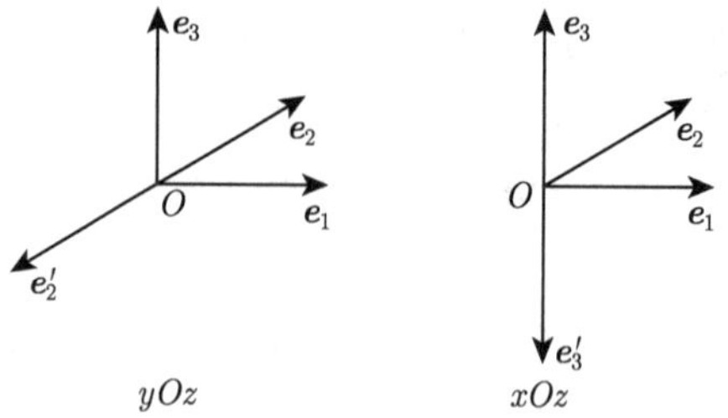

图 3.3.3

坐标系的沿 xOy 平面的反射变换的过渡矩阵是 $\begin{pmatrix}1&0&0\\0&1&0\\0&0&-1\end{pmatrix}$. 类似地沿

yOz, xOz 坐标面的反射变换的过渡矩阵分别是 $\begin{pmatrix} -1 & 0 & 0 \\ 0 & 1 & 0 \\ 0 & 0 & 1 \end{pmatrix}$ 和 $\begin{pmatrix} 1 & 0 & 0 \\ 0 & -1 & 0 \\ 0 & 0 & 1 \end{pmatrix}$. 这样得到沿坐标面的反射变换的点的坐标变换公式. 比如沿 xOy 平面的反射变换的点的坐标变换公式是 $\begin{cases} x = x', \\ y = y', \\ z = -z'. \end{cases}$

命题 3.3.1.3 设空间直角坐标系 $I[O; \boldsymbol{e}_1, \boldsymbol{e}_2, \boldsymbol{e}_3]$ 到空间直角坐标系 $I'[O; \boldsymbol{e}_1', \boldsymbol{e}_2', \boldsymbol{e}_3']$ 的过渡矩阵是正交矩阵 $\boldsymbol{C} = \begin{pmatrix} c_{11} & c_{12} & c_{13} \\ c_{21} & c_{22} & c_{23} \\ c_{31} & c_{32} & c_{33} \end{pmatrix}$, $|\boldsymbol{C}| = -1$. 则 $I'[O; \boldsymbol{e}_1', \boldsymbol{e}_2', \boldsymbol{e}_3']$ 是 $I[O; \boldsymbol{e}_1, \boldsymbol{e}_2, \boldsymbol{e}_3]$ 以适当的角度绕过原点的某个直线旋转, 然后再沿某个坐标面反射而得到, 进一步, 如果 $I[O; \boldsymbol{e}_1, \boldsymbol{e}_2, \boldsymbol{e}_3]$ 是右 (左) 手系, 则 $I'[O; \boldsymbol{e}_1', \boldsymbol{e}_2', \boldsymbol{e}_3']$ 是左 (右) 手系.

证明 令 $\boldsymbol{T} = \begin{pmatrix} 1 & 0 & 0 \\ 0 & 1 & 0 \\ 0 & 0 & -1 \end{pmatrix}$, 则 $\boldsymbol{TC}$ 是一个行列式为 1 的正交矩阵, 构造直角坐标系 $I''[O; \boldsymbol{e}_1'', \boldsymbol{e}_2'', \boldsymbol{e}_3'']$, 它的坐标原点也是 O, 坐标向量满足 $(\boldsymbol{e}_1'', \boldsymbol{e}_2'', \boldsymbol{e}_3'') = (\boldsymbol{e}_1, \boldsymbol{e}_2, \boldsymbol{e}_3)\boldsymbol{TC}$. 由命题 3.3.1.2 知道, 直角坐标系 $I''[O; \boldsymbol{e}_1'', \boldsymbol{e}_2'', \boldsymbol{e}_3'']$ 是空间直角坐标系 $I[O; \boldsymbol{e}_1, \boldsymbol{e}_2, \boldsymbol{e}_3]$ 以适当的角度绕过原点的某个直线旋转而得到. 注意到

$$(\boldsymbol{e}_1', \boldsymbol{e}_2', \boldsymbol{e}_3') = (\boldsymbol{e}_1, \boldsymbol{e}_2, \boldsymbol{e}_3)\boldsymbol{C} = (\boldsymbol{e}_1, \boldsymbol{e}_2, \boldsymbol{e}_3)\boldsymbol{TTC} = (\boldsymbol{e}_1'', \boldsymbol{e}_2'', \boldsymbol{e}_3'')\boldsymbol{T},$$

这样直角坐标系 $I'[O; \boldsymbol{e}_1', \boldsymbol{e}_2', \boldsymbol{e}_3']$ 是直角坐标系 $I''[O; \boldsymbol{e}_1'', \boldsymbol{e}_2'', \boldsymbol{e}_3']$ 沿坐标面 $x''Oy''$ 平面反射变换而得到.

由于过渡矩阵 $|\boldsymbol{C}| = -1$, 故如果 $I[O; \boldsymbol{e}_1, \boldsymbol{e}_2, \boldsymbol{e}_3]$ 是右 (左) 手系, 则 $I'[O; \boldsymbol{e}_1', \boldsymbol{e}_2', \boldsymbol{e}_3']$ 是左 (右) 手系. □

空间直角坐标系旋转变换的点的坐标变换公式中的四个参数 a_1, a_2, a_3, θ 只有三个是独立的, 因为 $a_1^2 + a_2^2 + a_3^2 = 1$. 数学家欧拉首先发现坐标系的旋转变换可以用绕三个坐标轴上的旋转复合来实现. 故四个参数可以由绕三个坐标轴的旋转角即所谓的欧拉角来表示. 下面简单给出这种欧拉角表示旋转变换的过程, 设空间直角坐标系 $I[O; \boldsymbol{e}_1, \boldsymbol{e}_2, \boldsymbol{e}_3]$ 到空间直角坐标系 $I'[O; \boldsymbol{e}_1', \boldsymbol{e}_2', \boldsymbol{e}_3']$ 的过渡矩阵是正交矩阵 $\boldsymbol{C}$, 且满足 $|\boldsymbol{C}| = 1$.

第一步，将直角坐标系 $I[O;\boldsymbol{e}_1,\boldsymbol{e}_2,\boldsymbol{e}_3]$ 绕 z 轴旋转 Ψ 角得到直角坐标系 $I''[O;\boldsymbol{e}_1'',\boldsymbol{e}_2'',\boldsymbol{e}_3'']$，则直角坐标系 $I[O;\boldsymbol{e}_1,\boldsymbol{e}_2,\boldsymbol{e}_3]$ 到直角坐标系 $I''[O;\boldsymbol{e}_1'',\boldsymbol{e}_2'',\boldsymbol{e}_3'']$ 的过渡矩阵是

$$\boldsymbol{C}_1=\begin{pmatrix}\cos\Psi & -\sin\Psi & 0\\ \sin\Psi & \cos\Psi & 0\\ 0 & 0 & 1\end{pmatrix}.$$

用 (x,y,z) 表示直角坐标系 $I[O;\boldsymbol{e}_1,\boldsymbol{e}_2,\boldsymbol{e}_3]$ 下点的坐标，(x'',y'',z'') 表示直角坐标系 $I''[O;\boldsymbol{e}_1'',\boldsymbol{e}_2'',\boldsymbol{e}_3'']$ 下点的坐标，则点的坐标变换公式是

$$\begin{cases}x=x''\cos\Psi-y''\sin\Psi,\\ y=x''\sin\Psi+y''\cos\Psi,\\ z=z''.\end{cases}$$

第二步，将直角坐标系 $I''[O;\boldsymbol{e}_1'',\boldsymbol{e}_2'',\boldsymbol{e}_3'']$ 绕 x'' 轴旋转 θ 角得到直角坐标系 $I'''[O;\boldsymbol{e}_1''',\boldsymbol{e}_2''',\boldsymbol{e}_3''']$，则直角坐标系 $I''[O;\boldsymbol{e}_1'',\boldsymbol{e}_2'',\boldsymbol{e}_3'']$ 到直角坐标系 $I'''[O;\boldsymbol{e}_1''',\boldsymbol{e}_2''',\boldsymbol{e}_3''']$ 的过渡矩阵是

$$\boldsymbol{C}_2=\begin{pmatrix}1 & 0 & 0\\ 0 & \cos\theta & -\sin\theta\\ 0 & \sin\theta & \cos\theta\end{pmatrix}.$$

用 (x''',y''',z''') 表示直角坐标系 $I'''[O;\boldsymbol{e}_1''',\boldsymbol{e}_2''',\boldsymbol{e}_3''']$ 下点的坐标，则点的坐标变换公式是

$$\begin{cases}x''=x''',\\ y''=y'''\cos\theta-z'''\sin\theta,\\ z''=y'''\sin\theta+z'''\cos\theta.\end{cases}$$

第三步，将直角坐标系 $I'''[O;\boldsymbol{e}_1''',\boldsymbol{e}_2''',\boldsymbol{e}_3''']$ 绕 z''' 轴旋转 φ 角得到直角坐标系 $I'[O;\boldsymbol{e}_1',\boldsymbol{e}_2',\boldsymbol{e}_3']$，则直角坐标系 $I'''[O;\boldsymbol{e}_1''',\boldsymbol{e}_2''',\boldsymbol{e}_3''']$ 到直角坐标系 $I'[O;\boldsymbol{e}_1',\boldsymbol{e}_2',\boldsymbol{e}_3']$ 的过渡矩阵是

$$\boldsymbol{C}_3=\begin{pmatrix}\cos\varphi & -\sin\varphi & 0\\ \sin\varphi & \cos\varphi & 0\\ 0 & 0 & 1\end{pmatrix}.$$

用 (x',y',z') 表示直角坐标系 $I'[O;\boldsymbol{e}_1',\boldsymbol{e}_2',\boldsymbol{e}_3']$ 下点的坐标, 则点的坐标变换公式是

$$\begin{cases} x'''=x'\cos\varphi-y'\sin\varphi, \\ y'''=x'\sin\varphi+y'\cos\varphi, \\ z'''=z'. \end{cases}$$

这样直角坐标系 $I[O;\boldsymbol{e}_1,\boldsymbol{e}_2,\boldsymbol{e}_3]$ 到直角坐标系 $I'[O;\boldsymbol{e}_1',\boldsymbol{e}_2',\boldsymbol{e}_3']$ 的过渡矩阵是正交矩阵 $\boldsymbol{C}$, 则

$$\begin{aligned}\boldsymbol{C}&=\boldsymbol{C}_1\boldsymbol{C}_2\boldsymbol{C}_3\\ &=\begin{pmatrix}\cos\varphi\cos\Psi-\sin\varphi\sin\Psi\cos\theta & -\sin\varphi\cos\Psi-\cos\varphi\sin\Psi\cos\theta & \sin\theta\sin\Psi\\ \cos\varphi\sin\Psi+\sin\varphi\cos\Psi\cos\theta & -\sin\varphi\sin\Psi+\cos\varphi\cos\Psi\cos\theta & -\sin\theta\cos\Psi\\ \sin\varphi\sin\theta & \cos\varphi\sin\theta & \cos\theta\end{pmatrix},\end{aligned}$$

上式中三个角度 (Ψ,θ,φ) 称为欧拉角. 欧拉角完全确定了空间直角坐标系到空间直角坐标系的旋转变换.

另外空间直角坐标系可以沿任意直线进行旋转, 旋转后仍是一个直角坐标系, 其变换公式可以分解为平移和旋转的公式的组合. 本书不在此展开.

3.3.2 直角坐标变换化简二次曲面方程

本节主要利用直角坐标系的变换化简二次曲面方程, 即通过直角坐标系的旋转和平移. 设二次曲面 S 在一个空间右手直角坐标系 $I[O;\boldsymbol{e}_1,\boldsymbol{e}_2,\boldsymbol{e}_3]$ 中的方程是

$$a_{11}x^2+a_{22}y^2+a_{33}z^2+2a_{12}xy+2a_{23}yz+2a_{13}xz+2b_1x+2b_2y+2b_3z+c=0.$$

寻求一个新的右手直角坐标系, 使得二次曲面在新的直角坐标系中的方程比较简单. 类似二次曲线方程化简, 二次曲面方程的化简是利用空间直角坐标系的旋转变换去掉方程的交叉项, 然后利用坐标平移变换去掉一次项或常数项.

直角坐标系的旋转变换消去交叉项. 由于空间直角坐标系的旋转变换的过渡矩阵是一个三阶正交矩阵. 如果将此正交矩阵用待定系数写出, 然后用坐标变换公式代入二次曲面方程, 利用交叉项消失求出正交矩阵, 这个过程计算量比较大. 下面利用二次型理论直接求出旋转变换的过渡矩阵. 二次曲面 S 的方程的二次部分是一个二次型

$$\Phi(x,y,z)=a_{11}x^2+a_{22}y^2+a_{33}z^2+2a_{12}xy+2a_{23}yz+2a_{13}xz.$$

设它的矩阵为 $\boldsymbol{A}=\begin{pmatrix} a_{11} & a_{12} & a_{13} \\ a_{21} & a_{22} & a_{23} \\ a_{31} & a_{32} & a_{33} \end{pmatrix}$, 则

$$\Phi(x,y,z)=(x,y,z)\boldsymbol{A}\begin{pmatrix} x \\ y \\ z \end{pmatrix}.$$

由二次型理论, 二次型 $\Phi(x,y,z)$ 可以正交合同于标准型. 即存在正交矩阵 $\boldsymbol{C}$, 使得在旋转坐标变换下

$$\begin{pmatrix} x \\ y \\ z \end{pmatrix}=\boldsymbol{C}\begin{pmatrix} x' \\ y' \\ z' \end{pmatrix},$$

$$\Phi(x,y,z)=(x,y,z)\boldsymbol{A}\begin{pmatrix} x \\ y \\ z \end{pmatrix}=(x',y',z')(\boldsymbol{C}^{\mathrm{T}}\boldsymbol{A}\boldsymbol{C})\begin{pmatrix} x' \\ y' \\ z' \end{pmatrix}=b_1x'^2+b_2y'^2+b_3z'^2.$$

利用二次型理论, 求出过渡矩阵 $\boldsymbol{C}$ 是一个标准化计算过程, 其步骤如下.

第一步, 求出矩阵 $\boldsymbol{A}$ 全部互异的特征值 $\lambda_1,\lambda_2,\lambda_3$.

$|\lambda\boldsymbol{I}-\boldsymbol{A}|=0$ 的全部根就是矩阵 $\boldsymbol{A}$ 全部互异的特征值.

第二步, 对每个特征值 $\lambda_1,\lambda_2,\lambda_3$, 求出它的特征空间的单位正交基.

求出特征方程组 $(\lambda_i\boldsymbol{I}-\boldsymbol{A})\boldsymbol{X}=0$ 的一个基础解系 $\boldsymbol{X}_i(i=1,2,3)$, 然后将该基础解系正交化, 单位化得到单位正交组 η_1,η_2,η_3.

第三步, 将所有特征向量写成矩阵, 即为所求的正交矩阵 $\boldsymbol{C}=(\eta_1,\eta_2,\eta_3)$.

下面例子说明上面求过渡矩阵的过程, 可以参见本章 3.4 节二次型部分理解其原由, 也可以参考线性代数教材相关章节.

例 3.3.2.1 在空间右手直角坐标系 $I[O;\boldsymbol{e}_1,\boldsymbol{e}_2,\boldsymbol{e}_3]$ 中, 二次曲面 S 的方程是

$$3x^2+3z^2+4xy+4yz+8xz+8=0.$$

求一个新的直角坐标系, 化简二次曲面 S 的方程.

解 二次曲面 S 方程的二次部分的二次型矩阵是 $\boldsymbol{A}=\begin{pmatrix} 3 & 2 & 4 \\ 2 & 0 & 2 \\ 4 & 2 & 3 \end{pmatrix}$, 它的特征值满足方程

$$|\lambda \boldsymbol{I}-\boldsymbol{A}|=\begin{vmatrix}\lambda-3 & -2 & -4\\ -2 & \lambda & -2\\ -4 & -2 & \lambda-3\end{vmatrix}=(\lambda+1)^2(\lambda-8)=0,$$

得到特征值 $\lambda_1=-1,\lambda_2=8$.

对应特征值 $\lambda_1=-1$ 的特征向量是方程组 $(-\boldsymbol{I}-\boldsymbol{A})\boldsymbol{\alpha}=\mathbf{0}$ 的非零解, 即齐次线性方程组

$$\begin{pmatrix}-4 & -2 & -4\\ -2 & -1 & -2\\ -4 & -2 & -4\end{pmatrix}\begin{pmatrix}x_1\\ x_2\\ x_3\end{pmatrix}=0$$

的非零解. 得到该方程组的基础解系 $\boldsymbol{\alpha}=(-1,2,0),\boldsymbol{\beta}=(-1,0,1)$. 将该基础解系施密特正交单位化, 得到方程组的单位正交解组: $\boldsymbol{\eta}_1=\left(\frac{-1}{\sqrt{5}},\frac{2}{\sqrt{5}},0\right)$, $\boldsymbol{\eta}_2=\left(\frac{-4}{3\sqrt{5}},\frac{-2}{3\sqrt{5}},\frac{\sqrt{5}}{3}\right)$.

对应特征值 $\lambda_1=8$ 的特征向量是方程组 $(8\boldsymbol{I}-\boldsymbol{A})\boldsymbol{\alpha}=\mathbf{0}$ 的非零解, 即齐次线性方程组

$$\begin{pmatrix}5 & -2 & -4\\ -2 & 8 & -2\\ -4 & -2 & 5\end{pmatrix}\begin{pmatrix}x_1\\ x_2\\ x_3\end{pmatrix}=0$$

的非零解. 得到该方程组的基础解系 $\boldsymbol{\gamma}=(2,1,2)$. 将该基础解系单位化, 得到方程组的单位正交解组:

$$\boldsymbol{\eta}_3=\left(\frac{2}{3},\frac{1}{3},\frac{2}{3}\right).$$

则 $I'[O;\boldsymbol{e}_1',\boldsymbol{e}_2',\boldsymbol{e}_3']$ 是空间中的一个直角坐标系, 并且直角坐标 $I[O;\boldsymbol{e}_1,\boldsymbol{e}_2,\boldsymbol{e}_3]$ 到 $I'[O;\boldsymbol{e}_1',\boldsymbol{e}_2',\boldsymbol{e}_3']$ 的过渡矩阵为

$$\boldsymbol{C}=(\boldsymbol{\eta}_1,\boldsymbol{\eta}_2,\boldsymbol{\eta}_3)=\begin{pmatrix}\frac{-1}{\sqrt{5}} & \frac{-4}{3\sqrt{5}} & \frac{2}{3}\\ \frac{2}{\sqrt{5}} & \frac{-2}{3\sqrt{5}} & \frac{1}{3}\\ 0 & \frac{\sqrt{5}}{3} & \frac{2}{3}\end{pmatrix}.$$

则在直角坐标系 $I'[O;\boldsymbol{e}_1',\boldsymbol{e}_2',\boldsymbol{e}_3']$ 下, 二次曲面 S 的方程为

$$-x'^2-y'^2+8z'^2+8=0.$$ □

坐标平移变换消去一次项或常数项. 现在假设经过直角坐标系的旋转变换后, 在新的直角坐标系中二次曲面的方程是

$$\lambda_1 x^2 + \lambda_2 y^2 + \lambda_3 z^2 + 2b_1 x + 2b_2 y + 2b_3 z + c = 0. \tag{3.3.4}$$

其中平方项系数 $\lambda_1, \lambda_2, \lambda_3$ 不全为零.

情形 1 $\lambda_1\lambda_2\lambda_3 \neq 0$. 则方程 (3.3.4) 配方得到

$$\lambda_1\left(x+\frac{b_1}{\lambda_1}\right)^2+\lambda_2\left(y+\frac{b_2}{\lambda_2}\right)^2+\lambda_3\left(z+\frac{b_3}{\lambda_3}\right)^2+c-\frac{b_1^2}{\lambda_1^2}-\frac{b_2^2}{\lambda_2^2}-\frac{b_3^2}{\lambda_3^2}=0.$$

通过坐标平移变换和方程的同解变形后, 二次曲面方程包含下面六种标准类型:

(1) $\frac{x^2}{a^2}+\frac{y^2}{b^2}+\frac{z^2}{c^2}=1$; (2) $\frac{x^2}{a^2}+\frac{y^2}{b^2}+\frac{z^2}{c^2}=-1$; (3) $\frac{x^2}{a^2}+\frac{y^2}{b^2}+\frac{z^2}{c^2}=0$;

(4) $\frac{x^2}{a^2}+\frac{y^2}{b^2}-\frac{z^2}{c^2}=1$; (5) $\frac{x^2}{a^2}+\frac{y^2}{b^2}-\frac{z^2}{c^2}=-1$; (6) $\frac{x^2}{a^2}+\frac{y^2}{b^2}-\frac{z^2}{c^2}=0$.

情形 2 $\lambda_1\lambda_2 \neq 0, \lambda_3 = 0$. 则方程 (3.3.4) 配方得到

$$\lambda_1\left(x+\frac{b_1}{\lambda_1}\right)^2+\lambda_2\left(y+\frac{b_2}{\lambda_2}\right)^2+2b_3 z+c-\frac{b_1^2}{\lambda_1^2}-\frac{b_2^2}{\lambda_2^2}=0.$$

当 $b_3 = 0$ 时, 通过坐标平移变换和方程的同解变形后, 二次曲面方程包含下面五种标准类型:

(1) $\frac{x^2}{a^2}+\frac{y^2}{b^2}=1$; (2) $\frac{x^2}{a^2}+\frac{y^2}{b^2}=-1$; (3) $\frac{x^2}{a^2}+\frac{y^2}{b^2}=0$;

(4) $\frac{x^2}{a^2}-\frac{y^2}{b^2}=1$; (5) $\frac{x^2}{a^2}-\frac{y^2}{b^2}=0$.

当 $b_3 \neq 0$ 时, 通过坐标平移变换和方程的同解变形后, 二次曲面方程包含下面两种标准类型:

(1) $\frac{x^2}{a^2}+\frac{y^2}{b^2}=2z$; (2) $\frac{x^2}{a^2}-\frac{y^2}{b^2}=2z$.

情形 3 $\lambda_1 \neq 0, \lambda_2 = \lambda_3 = 0$. 则方程 (3.3.4) 配方得到

$$\lambda_1\left(x+\frac{b_1}{\lambda_1}\right)^2+2b_2 y+2b_3 z+c-\frac{b_1^2}{\lambda_1^2}=0.$$

当 $b_2 = b_3 = 0$, 经过平移变换和方程的同解变形后, 二次曲面方程包含下面三种标准类型:

(1) $x^2 = a^2$; (2) $x^2 = -a^2$; (3) $x^2 = 0$.

当 b_2, b_3 不全为零时, 通过平移变换和方程的同解变形后, 二次曲面方程化为 $x^2 = 2py$.

命题 3.3.2.1 对于一个二次曲面 S, 存在空间直角坐标系, 使得二次曲面 S 在此直角坐标系下的方程是下列 14 种类型之一.

(1) 椭球面: $\dfrac{x^2}{a^2}+\dfrac{y^2}{b^2}+\dfrac{z^2}{c^2}=1$; (2) 一个点: $\dfrac{x^2}{a^2}+\dfrac{y^2}{b^2}+\dfrac{z^2}{c^2}=0$;

(3) 单叶双曲面: $\dfrac{x^2}{a^2}+\dfrac{y^2}{b^2}-\dfrac{z^2}{c^2}=1$; (4) 双叶双曲面: $\dfrac{x^2}{a^2}+\dfrac{y^2}{b^2}-\dfrac{z^2}{c^2}=-1$;

(5) 二次锥面: $\dfrac{x^2}{a^2}+\dfrac{y^2}{b^2}-\dfrac{z^2}{c^2}=0$; (6) 椭圆抛物面: $\dfrac{x^2}{a^2}+\dfrac{y^2}{b^2}=2z$;

(7) 双曲抛物面: $\dfrac{x^2}{a^2}-\dfrac{y^2}{b^2}=2z$; (8) 椭圆柱面: $\dfrac{x^2}{a^2}+\dfrac{y^2}{b^2}=1$;

(9) 一条直线: $\dfrac{x^2}{a^2}+\dfrac{y^2}{b^2}=0$; (10) 双曲柱面: $\dfrac{x^2}{a^2}-\dfrac{y^2}{b^2}=1$;

(11) 两张相交平面: $\dfrac{x^2}{a^2}-\dfrac{y^2}{b^2}=0$; (12) 抛物柱面: $x^2=2py$;

(13) 一对平行平面: $x^2=a^2$; (14) 一张平面: $x^2=0$.

这些标准方程所对应的图形中, 有些图形在第 2 章见过, 有些图形是没有见过的, 将到下一章中给出这些标准方程的图形的形状.

并不是所有的三元二次方程都有一个曲面图形, 有的方程是无解方程, 所以没有任何图形. 因此命题 3.3.2.1 中关于二次曲面的分类中, 主要是分类三元二次方程有解的情形, 即方程有图形的方程种类. 另外, 直观上, 二次曲面中的点和一条直线不是曲面. 但在二次曲面的定义中, 点和一条直线是二次曲面, 它们是退化的二次曲面.

3.3.3 空间仿射坐标变换化简二次曲面方程

如果只关心二次曲面的方程的简单化程度, 而不关心它的图形, 可以找到新的空间仿射坐标系, 使得二次曲面的方程更简洁. 设二次曲面 S 在一个空间仿射坐标系 $I[O;\boldsymbol{e}_1,\boldsymbol{e}_2,\boldsymbol{e}_3]$ 中一个二次方程是

$$a_{11}x^2+a_{22}y^2+a_{33}z^2+2a_{12}xy+2a_{23}yz+2a_{13}xz+2b_1x+2b_2y+2b_3z+c=0.$$

方程的二次部分为 $\Phi(x,y,z)=a_{11}x^2+a_{22}y^2+a_{33}z^2+2a_{12}xy+2a_{13}xz+2a_{23}yz$, 它是一个二次型.

第一步, 利用二次型的配方法去掉交叉项. 即存在满秩矩阵 $\boldsymbol{C}$, 使得坐标变换公式

$$\begin{pmatrix} x \\ y \\ z \end{pmatrix}=\boldsymbol{C}\begin{pmatrix} x' \\ y' \\ z' \end{pmatrix},$$

二次型变为 $\Phi(x,y,z)=b_1x'^2+b_2y'^2+b_3z'^2$. 在新的仿射坐标系下, 二次曲面的方程为

$$b_1x'^2+b_2y'^2+b_3z'^2+2c_1x'+2c_2y'+2c_3z'+c=0. \tag{3.3.5}$$

第二步, 利用坐标系的平移变换和仿射坐标变换去掉一次项或常数项.

情形 1 $b_1b_2b_3\neq 0$, 则方程 (3.3.5) 化为

$$b_1\left(x'+\frac{c_1}{b_1}\right)^2+b_2\left(y'+\frac{c_2}{b_2}\right)^2+b_3\left(z'+\frac{c_3}{b_3}\right)^2+c-\frac{c_1^2}{b_1}-\frac{c_2^2}{b_2}-\frac{c_3^2}{b_3}=0,$$

在通过一般仿射坐标变换和方程的同解变形, 二次曲面方程可以化为下面六种标准类型:

(1) $\bar{x}^2+\bar{y}^2+\bar{z}^2=1$; (2) $\bar{x}^2+\bar{y}^2+\bar{z}^2=0$; (3) $\bar{x}^2+\bar{y}^2+\bar{z}^2=-1$;

(4) $\bar{x}^2+\bar{y}^2-\bar{z}^2=1$; (5) $\bar{x}^2+\bar{y}^2-\bar{z}^2=0$; (6) $\bar{x}^2+\bar{y}^2-\bar{z}^2=-1$.

情形 2 $b_1b_2\neq 0,\ b_3=0$, 则方程 (3.3.5) 化为

$$b_1\left(x'+\frac{c_1}{b_1}\right)^2+b_2\left(y'+\frac{c_2}{b_2}\right)^2+2c_3z'+c-\frac{c_1^2}{b_1}-\frac{c_2^2}{b_2}=0.$$

如果 $c_3\neq 0$, 在通过一般仿射坐标变换和方程的同解变形, 二次曲面方程可以化为下面两种标准类型:

(1) $\bar{x}^2+\bar{y}^2=\bar{z}$; (2) $\bar{x}^2-\bar{y}^2=\bar{z}$.

如果 $c_3=0$, 在通过一般仿射坐标变换和方程的同解变形, 二次曲面方程可以化为下面三种标准类型:

(1) $\bar{x}^2+\bar{y}^2=1$; (2) $\bar{x}^2+\bar{y}^2=0$; (3) $\bar{x}^2+\bar{y}^2=-1$.

情形 3 $b_1\neq 0,\ b_2=b_3=0$, 则方程 (3.3.5) 化为

$$b_1\left(x'+\frac{c_1}{b_1}\right)^2+2c_2y'+2c_3z'+c-\frac{c_1^2}{b_1}=0.$$

如果 $c_2\neq 0$ 或 $c_3\neq 0$, 在通过一般仿射坐标变换和方程的同解变形, 二次曲面方程可以化为下面标准类型: $\bar{x}^2=\bar{y}$.

如果 $c_2=c_3=0$, 在通过一般仿射坐标变换和方程的同解变形, 二次曲面方程可以化为下面三种标准类型:

(1) $\bar{x}^2=1$; (2) $\bar{x}^2=0$; (3) $\bar{x}^2=-1$.

命题 3.3.3.1 对于一个二次曲面 S, 存在空间仿射坐标系, 使得二次曲面 S 在此直角坐标系下的方程是下列 13 种类型之一.

(1) $\bar{x}^2+\bar{y}^2+\bar{z}^2=1$; (2) $\bar{x}^2+\bar{y}^2+\bar{z}^2=0$;
(3) $\bar{x}^2+\bar{y}^2-\bar{z}^2=1$; (4) $\bar{x}^2+\bar{y}^2-\bar{z}^2=0$;
(5) $\bar{x}^2+\bar{y}^2-\bar{z}^2=-1$; (6) $\bar{x}^2+\bar{y}^2=\bar{z}$;
(7) $\bar{x}^2-\bar{y}^2=\bar{z}$; (8) $\bar{x}^2+\bar{y}^2=1$;
(9) $\bar{x}^2+\bar{y}^2=0$; (10) $\bar{x}^2=\bar{y}$;
(11) $\bar{x}^2=1$; (12) $\bar{x}^2=0$; (13) $\bar{x}^2=-1$.

注意 命题 3.3.3.1 中二次曲面的标准方程是在某个空间仿射坐标系中的, 因此利用这些方程寻求它的图形的形状是比较困难的. 另一方面, 这些标准方程也可以利用命题 3.3.2.1 中的标准方程再经过仿射坐标系的坐标变换而得到.

3.3.4 二次曲面的不变量及其方程的简化

本节利用二次曲面方程的系数构建不变量去直接写出二次曲面的标准方程. 它是二次曲线方程的系数构造二次曲线不变量的思路平行推广, 其证明思路同二次曲线中不变量的命题证明思路一样.

设二次曲面 S 在一个空间直角坐标系 $I[O;\boldsymbol{e}_1,\boldsymbol{e}_2,\boldsymbol{e}_3]$ 中的方程是

$$F(x,y,z)=a_{11}x^2+a_{22}y^2+a_{33}y^2+2a_{12}xy+2a_{23}yz+2a_{13}xz+2b_1x+2b_2y+2b_3z+c=0.$$

它的二次部分为 $\Phi(x,y,z)=a_{11}x^2+a_{22}y^2+a_{33}y^2+2a_{12}xy+2a_{23}yz+2a_{13}xz$.

利用二次曲面方程的系数构造矩阵

$$\boldsymbol{A}_0=\begin{pmatrix}a_{11}&a_{12}&a_{13}\\a_{12}&a_{22}&a_{23}\\a_{13}&a_{23}&a_{33}\end{pmatrix},\quad \boldsymbol{A}=\begin{pmatrix}a_{11}&a_{12}&a_{13}&b_1\\a_{12}&a_{22}&a_{23}&b_2\\a_{13}&a_{23}&a_{33}&b_3\\b_1&b_2&b_3&c\end{pmatrix}.$$

定义二次曲面方程的系数函数:

$$I_1=\operatorname{tr}(\boldsymbol{A}_0)=a_{11}+a_{22}+a_{33},\quad I_2=\begin{vmatrix}a_{11}&a_{12}\\a_{12}&a_{22}\end{vmatrix}+\begin{vmatrix}a_{11}&a_{13}\\a_{13}&a_{33}\end{vmatrix}+\begin{vmatrix}a_{22}&a_{23}\\a_{23}&a_{33}\end{vmatrix},$$

$$I_3=|\boldsymbol{A}_0|=\begin{vmatrix}a_{11}&a_{12}&a_{13}\\a_{12}&a_{22}&a_{23}\\a_{13}&a_{23}&a_{33}\end{vmatrix},\qquad I_4=|\boldsymbol{A}|=\begin{vmatrix}a_{11}&a_{12}&a_{13}&b_1\\a_{12}&a_{22}&a_{23}&b_2\\a_{13}&a_{23}&a_{33}&b_3\\b_1&b_2&b_3&c\end{vmatrix},$$

$$K_1=\begin{vmatrix}a_{11}&b_1\\b_1&c\end{vmatrix}+\begin{vmatrix}a_{22}&b_2\\b_2&c\end{vmatrix}+\begin{vmatrix}a_{33}&b_3\\b_3&c\end{vmatrix},$$

$$K_2 = \begin{vmatrix} a_{11} & a_{12} & b_1 \\ a_{12} & a_{22} & b_2 \\ b_1 & b_2 & c \end{vmatrix} + \begin{vmatrix} a_{11} & a_{13} & b_1 \\ a_{13} & a_{33} & b_3 \\ b_1 & b_3 & c \end{vmatrix} + \begin{vmatrix} a_{22} & a_{23} & b_2 \\ a_{23} & a_{33} & b_3 \\ b_2 & b_3 & c \end{vmatrix}.$$

设空间直角坐标系 $I[O;\boldsymbol{e}_1,\boldsymbol{e}_2,\boldsymbol{e}_3]$ 到空间直角坐标系 $I'[O';\boldsymbol{e}_1',\boldsymbol{e}_2',\boldsymbol{e}_3']$ 的坐标变换公式为

$$\begin{pmatrix} x \\ y \\ z \end{pmatrix} = \begin{pmatrix} c_{11} & c_{12} & c_{13} \\ c_{21} & c_{22} & c_{23} \\ c_{31} & c_{32} & c_{33} \end{pmatrix} \begin{pmatrix} x' \\ y' \\ z' \end{pmatrix} + \begin{pmatrix} d_1 \\ d_2 \\ d_3 \end{pmatrix} \quad 或 \quad \begin{pmatrix} x \\ y \\ z \end{pmatrix} = \boldsymbol{C} \begin{pmatrix} x' \\ y' \\ z' \end{pmatrix} + \begin{pmatrix} d_1 \\ d_2 \\ d_3 \end{pmatrix},$$

其中过渡矩阵 $\boldsymbol{C}$ 是正交矩阵.

如果令 $\bar{\boldsymbol{C}} = \begin{pmatrix} c_{11} & c_{12} & c_{13} & d_1 \\ c_{21} & c_{22} & c_{23} & d_2 \\ c_{31} & c_{32} & c_{33} & d_3 \\ 0 & 0 & 0 & 1 \end{pmatrix}$. 则坐标变换公式可以写作

$$\begin{pmatrix} x \\ y \\ z \\ 1 \end{pmatrix} = \bar{\boldsymbol{C}} \begin{pmatrix} x' \\ y' \\ z' \\ 1 \end{pmatrix}.$$

设二次曲面在空间直角坐标系 $I'[O';\boldsymbol{e}_1',\boldsymbol{e}_2',\boldsymbol{e}_3']$ 中的方程为

$$\begin{aligned} F'(x',y',z') = {} & a_{11}'x'^2 + a_{22}'y'^2 + a_{33}'y'^2 + 2a_{12}'x'y' + 2a_{23}'y'z' + 2a_{13}'x'z' \\ & + 2b_1'x' + 2b_2'y' + 2b_3'z' + c' = 0. \end{aligned}$$

它的二次部分是

$$\Phi(x',y',z') = a_{11}'x'^2 + a_{22}'y'^2 + a_{33}'y'^2 + 2a_{12}'x'y' + 2a_{23}'y'z' + 2a_{13}'x'z'.$$

利用该方程的系数同样可以定义两个对称矩阵:

$$\boldsymbol{A}_0' = \begin{pmatrix} a_{11}' & a_{12}' & a_{13}' \\ a_{12}' & a_{22}' & a_{23}' \\ a_{13}' & a_{23}' & a_{33}' \end{pmatrix}, \quad \boldsymbol{A}' = \begin{pmatrix} a_{11}' & a_{12}' & a_{13}' & b_1' \\ a_{12}' & a_{22}' & a_{23}' & b_2' \\ a_{13}' & a_{23}' & a_{33}' & b_3' \\ b_1' & b_2' & b_3' & c' \end{pmatrix}.$$

则二次曲面方程的系数之间的关系如下: $\boldsymbol{A}'=\bar{\boldsymbol{C}}^{\mathrm{T}}\boldsymbol{A}\bar{\boldsymbol{C}}$, $\boldsymbol{A}_0'=\boldsymbol{C}^{\mathrm{T}}\boldsymbol{A}_0\boldsymbol{C}$.

既然过渡矩阵 $\boldsymbol{C}$ 是正交矩阵, 并且 $|\boldsymbol{C}|=|\bar{\boldsymbol{C}}|$, 所以我们有下面定理.

定理 3.3.4.1 函数 I_1, I_2, I_3, I_4 是二次曲面的不变量, 即在空间直角坐标系的旋转和平移下它们是不变的.

定理 3.3.4.2 在空间直角坐标系的旋转变换下, 函数 K_1, K_2 是不变的.

当 $I_3=I_4=0$ 时, 函数 K_2 在直角坐标系的平移变换下是不变的.

当 $I_2=I_3=I_4=0$ 时, 函数 K_1 在直角坐标系的平移变换下是不变的.

二次曲面的特征方程是 $\lambda^3-I_1\lambda^2+I_2\lambda-I_3=0$. 它的根称为二次曲面的特征值. 设二次曲面的特征值是 $\lambda_1,\lambda_2,\lambda_3$, 则

$$I_1=\lambda_1+\lambda_2+\lambda_3,\quad I_2=\lambda_1\lambda_2+\lambda_2\lambda_3+\lambda_1\lambda_3,\quad I_3=\lambda_1\lambda_2\lambda_3.$$

定理 3.3.4.3 在空间直角坐标下, 二次曲面用其不变量表示它的简化方程如下:

(1) 当 $I_3\neq 0$, $\lambda_1x^2+\lambda_2y^2+\lambda_3z^2+\dfrac{I_4}{I_3}=0$;

(2) 当 $I_3=0, I_4\neq 0$, $\lambda_1x^2+\lambda_2y^2\pm 2\sqrt{\dfrac{-I_4}{I_2}}z=0$;

(3) 当 $I_3=I_4=0, I_2\neq 0$, $\lambda_1x^2+\lambda_2y^2+\dfrac{K_2}{I_2}=0$;

(4) 当 $I_2=I_3=I_4=0, K_2\neq 0$, $I_1x^2\pm 2\sqrt{\dfrac{-K_2}{I_1}}y=0$;

(5) 当 $I_2=I_3=I_4=K_2=0$, $I_1x^2+\dfrac{K_1}{I_1}=0$.

其中 $\lambda_1,\lambda_2,\lambda_3$ 是二次曲面的非零特征值.

例 3.3.4.1 在空间直角坐标系中, 二次曲面的方程是

$$3x^2+5y^2+3z^2+2xy+2yz+2xz-4x-8z+5=0,$$

求出它的简化方程.

解

$$\boldsymbol{A}_0=\begin{pmatrix}3&1&1\\1&5&1\\1&1&3\end{pmatrix},\quad \boldsymbol{A}=\begin{pmatrix}3&1&1&-2\\1&5&1&0\\1&1&3&-4\\-2&0&-4&5\end{pmatrix}.$$

所以

$$I_1 = 3+5+3 = 11, \quad I_2 = \begin{vmatrix} 3 & 1 \\ 1 & 5 \end{vmatrix} + \begin{vmatrix} 3 & 1 \\ 1 & 3 \end{vmatrix} + \begin{vmatrix} 5 & 1 \\ 1 & 3 \end{vmatrix} = 36,$$

$$I_3 = |\boldsymbol{A}_0| = 36, \quad I_4 = |\boldsymbol{A}| = -36.$$

由特征方程 $\lambda^3 - 11\lambda^2 + 36\lambda - 36 = 0$ 解得 $\lambda_1 = 2$, $\lambda_2 = 3$, $\lambda_3 = 6$, 所以二次曲面得简化方程为 $2x'^2 + 3y'^2 + 6z'^2 - 1 = 0$. □

例 3.3.4.2　在空间直角坐标系中, 二次曲面的方程是

$$x^2 + 7y^2 + z^2 + 10xy + 10yz + 2xz + 8x + 4y + 8z - 6 = 0,$$

求出它的简化方程.

解

$$\boldsymbol{A}_0 = \begin{pmatrix} 1 & 5 & 1 \\ 5 & 7 & 5 \\ 1 & 5 & 1 \end{pmatrix}, \quad \boldsymbol{A} = \begin{pmatrix} 1 & 5 & 1 & 4 \\ 5 & 7 & 5 & 2 \\ 1 & 5 & 1 & 4 \\ 4 & 2 & 4 & -6 \end{pmatrix}.$$

所以

$$I_1 = 1+7+1 = 9, \quad I_2 = \begin{vmatrix} 1 & 5 \\ 5 & 7 \end{vmatrix} + \begin{vmatrix} 7 & 5 \\ 5 & 1 \end{vmatrix} + \begin{vmatrix} 1 & 1 \\ 1 & 1 \end{vmatrix} = -36,$$

$$I_3 = |\boldsymbol{A}_0| = 0, \quad I_4 = |\boldsymbol{A}| = 0,$$

$$K_2 = \begin{vmatrix} 7 & 5 & 2 \\ 5 & 1 & 4 \\ 2 & 4 & -6 \end{vmatrix} + \begin{vmatrix} 1 & 1 & 4 \\ 1 & 1 & 4 \\ 4 & 4 & -6 \end{vmatrix} + \begin{vmatrix} 1 & 5 & 4 \\ 5 & 7 & 2 \\ 4 & 2 & -6 \end{vmatrix} = 114.$$

由特征方程 $\lambda^3 - 9\lambda^2 - 36\lambda = 0$ 解得 $\lambda_1 = 12$, $\lambda_2 = -3$, $\lambda_3 = 0$, 所以二次曲面的简化方程为 $12x'^2 - 3y'^2 - 4 = 0$. □

习　题　3.3

1. 将空间直角坐标系 $I[O; \boldsymbol{e}_1, \boldsymbol{e}_2, \boldsymbol{e}_3]$ 的原点不动, 坐标标架绕向量 $\boldsymbol{\alpha}(1,1,1)$ 右旋转 60° 得到直角坐标系 $I'[O; \boldsymbol{e}_1', \boldsymbol{e}_2', \boldsymbol{e}_3']$, 求出直角坐标系 $I[O; \boldsymbol{e}_1, \boldsymbol{e}_2, \boldsymbol{e}_3]$ 到 $I'[O; \boldsymbol{e}_1', \boldsymbol{e}_2', \boldsymbol{e}_3']$ 的点的坐标变换公式.

2. 在空间右手直角坐标系 $I[O;\boldsymbol{e}_1,\boldsymbol{e}_2,\boldsymbol{e}_3]$ 中, 设两条互相垂直的直线为 $L_1:\dfrac{x-1}{2}=y=z-1$ 和 $L_2:\dfrac{x-1}{-1}=y-3=z-4$. 现在建立新的右手直角坐标系 $I'[O;\boldsymbol{e}_1',\boldsymbol{e}_2',\boldsymbol{e}_3']$ 满足直线 L_1 是该新的直角坐标系的 x' 轴, 直线 L_2 是该新的直角坐标系的 y' 轴. 求出右手直角坐标系 $I[O;\boldsymbol{e}_1,\boldsymbol{e}_2,\boldsymbol{e}_3]$ 到右手直角坐标系 $I'[O;\boldsymbol{e}_1',\boldsymbol{e}_2',\boldsymbol{e}_3']$ 的点的坐标变换公式.

3. 在空间右手直角坐标系 $I[O;\boldsymbol{e}_1,\boldsymbol{e}_2,\boldsymbol{e}_3]$ 中, 给定三张互相垂直的平面:

$$\pi_1:x+y+z-1=0,\quad \pi_2:x-z+1=0,\quad \pi_3:x-2y+z+2=0.$$

设 $I'[O';\boldsymbol{e}_1',\boldsymbol{e}_2',\boldsymbol{e}_3']$ 是一个新的直角坐标系, 满足它的坐标面 $y'O'z',x'O'z',x'O'y'$ 分别是 π_1,π_2,π_3 平面, 并且 I 的原点 O 在新的坐标系 $I'[O';\boldsymbol{e}_1',\boldsymbol{e}_2',\boldsymbol{e}_3']$ 中的第 I 卦限内. 求出直角坐标系 $I[O;\boldsymbol{e}_1,\boldsymbol{e}_2,\boldsymbol{e}_3]$ 到 $I'[O';\boldsymbol{e}_1',\boldsymbol{e}_2',\boldsymbol{e}_3']$ 的点的坐标变换公式.

4. 在空间直角坐标系下, 求出下面二次曲面的简化方程.

(1) $x^2+3y^2+z^2+2xy+2yz+2xz-2x+4y+4z-6=0$;

(2) $9x^2+4y^2+4z^2+12xy+8yz+12xz+4x+2y+8z-1=0$;

(3) $xy+yz+xz+2x+2y+8z-2=0$;

(4) $2y^2+8yz+4xz+4x+2z-1=0$;

(5) $x^2+y^2+z^2+2xy+2yz+2xz+x+2y+8z-1=0$;

(6) $x^2+3y^2+4z^2+12xy+4yz+2xz+x+2y+8z-3=0$.

5. 在空间直角坐标系 $I[O;\boldsymbol{e}_1,\boldsymbol{e}_2,\boldsymbol{e}_3]$ 中, 如果 xOy 平面内的二次曲线方程为

$$a_{11}x^2+a_{22}y^2+2a_{12}xy+2b_1x+2b_2y+c=0,$$

试根据二次曲线的类型, 判断二次曲面

$$z=a_{11}x^2+a_{22}y^2+2a_{12}xy+2b_1x+2b_2y+c$$

的简化方程的类型.

6. 在空间直角坐标系 $I[O;\boldsymbol{e}_1,\boldsymbol{e}_2,\boldsymbol{e}_3]$ 中, 二次曲面 S 的方程是 $\dfrac{x^2}{a^2}+\dfrac{y^2}{b^2}+\dfrac{z^2}{c^2}=1$. 设二次曲面 S 上三点 M_1,M_2,M_3 满足向量 $\overrightarrow{OM_1},\overrightarrow{OM_2},\overrightarrow{OM_3}$ 两两互相垂直. 证明

$$\frac{1}{|\overrightarrow{OM_1}|^2}+\frac{1}{|\overrightarrow{OM_2}|^2}+\frac{1}{|\overrightarrow{OM_3}|^2}=\frac{1}{a^2}+\frac{1}{b^2}+\frac{1}{c^2}.$$

7. 设 $\Phi(x,y,z)=a_{11}x^2+a_{22}y^2+a_{33}y^2+2a_{12}xy+2a_{23}yz+2a_{13}xz$, 证明: 如

果矩阵

$$C = \begin{pmatrix} c_{11} & c_{12} & c_{13} \\ c_{12} & c_{22} & c_{23} \\ c_{13} & c_{23} & c_{33} \end{pmatrix}$$

是正交矩阵, 则

$$\Phi(c_{11}, c_{12}, c_{13}) + \Phi(c_{21}, c_{22}, c_{23}) + \Phi(c_{31}, c_{32}, c_{33}) = a_{11} + a_{22} + a_{33}.$$

8. 在空间直角坐标系中, 二次锥面 S 的方程为

$$a_{11}x^2 + a_{22}y^2 + a_{33}y^2 + 2a_{12}xy + 2a_{23}yz + 2a_{13}xz = 0.$$

证明: 二次锥面 S 上有三条互相垂直的直母线的充分必要条件为 $I_1 = 0$.

9. 求非零实数 a, b, c 满足什么样的充分条件, 使得平面 $\pi : ax + by + cz = 0$ 与二次锥面 $S : xy + xz + yz = 0$ 的交线是两条互相垂直的直线.

10. 在空间直角坐标系下, 证明: 二次曲面为圆柱面的充要条件是 $I_3 = 0$, $I_1^2 = 4I_2$, $I_4 = 0$.

11. 在空间直角坐标系下, 求出参数 s, t 的值, 使得二次曲面

$$x^2 + y^2 - z^2 + 2sxz + 2tyz - 2x - 4y + 2z = 0$$

为一个二次锥面.

12. 在空间直角坐标系下, 讨论参数 t 取不同值时, 方程

$$2x^2 + y^2 - 2z^2 + 2xy + xz + 2tyz - 2x - 4y + 2z + t = 0$$

分别表示什么二次曲面.

13. 证明: 函数 I_1, I_2, I_3, I_4 是二次曲面的不变量.

14. 证明: (1) 在空间直角坐标系的旋转变换下, 函数 K_1, K_2 是不变的.

(2) 当 $I_3 = I_4 = 0$ 时, 函数 K_2 在直角坐标系的平移变换下是不变的.

(3) 当 $I_2 = I_3 = I_4 = 0$ 时, 函数 K_1 在直角坐标系的平移变换下是不变的.

15. 证明: 在空间仿射坐标系的变换下, 第三和第四不变量 I_3, I_4 的符号不变.

16. 在空间仿射坐标系下, 椭球面 S_1 的方程是

$$a_{11}x^2 + a_{22}y^2 + a_{33}y^2 + 2a_{12}xy + 2a_{23}yz + 2a_{13}xz + 2b_1x + 2b_2y + 2b_3z + c = 0,$$

椭球面 S_2 的方程是

$$a'_{11}x^2 + a'_{22}y^2 + a'_{33}y^2 + 2a'_{12}xy + 2a'_{23}yz + 2a'_{13}xz + 2b'_1x + 2b'_2y + 2b'_3z + c' = 0.$$

证明: 存在空间仿射坐标系 $I[O;\boldsymbol{e}_1,\boldsymbol{e}_2,\boldsymbol{e}_3]$, 使得椭球面 S_1 和椭球面 S_2 的方程分别是

$$S_1: x'^2+y'^2+z'^2=1,\quad S_2: ax'^2+by'^2+cz'^2+d_1x'+d_2y'+d_3z'=k,$$

其中 a,b,c 为非零常数.

17. 在空间仿射坐标系下, 椭球面 S_1 的方程是

$$a_{11}x^2+a_{22}y^2+a_{33}y^2+2a_{12}xy+2a_{23}yz+2a_{13}xz+2b_1x+2b_2y+2b_3z+c=0,$$

椭圆柱面 S_2 的方程是

$$a'_{11}x^2+a'_{22}y^2+a'_{33}y^2+2a'_{12}xy+2a'_{23}yz+2a'_{13}xz+2b'_1x+2b'_2y+2b'_3z+c'=0.$$

证明: 存在空间仿射坐标系 $I[O;\boldsymbol{e}_1,\boldsymbol{e}_2,\boldsymbol{e}_3]$, 使得椭球面 S_1 和椭圆柱面 S_2 的方程分别是

$$S_1: x'^2+y'^2+z'^2=1,\quad S_2: ax'^2+by'^2+d_1x'+d_2y'=c,$$

其中 a,b 为非零常数.

3.4* 代数补充: 向量空间中基变换和二次型

3.4.1 向量空间中基的变换与向量坐标变换公式

本节回顾一下 n 维向量空间中向量的坐标变换公式. 如果没有特殊说明, 本节的向量空间均指实数域上的向量空间.

设 V 是一个 n 维向量空间, 向量组 $\boldsymbol{\alpha}_1,\boldsymbol{\alpha}_2,\cdots,\boldsymbol{\alpha}_n$ 和向量组 $\boldsymbol{\beta}_1,\boldsymbol{\beta}_2,\cdots,\boldsymbol{\beta}_n$ 是向量空间 V 的两个基, 则向量组 $\boldsymbol{\beta}_1,\boldsymbol{\beta}_2,\cdots,\boldsymbol{\beta}_n$ 中每个向量均可以由基 $\boldsymbol{\alpha}_1,\boldsymbol{\alpha}_2,\cdots,\boldsymbol{\alpha}_n$ 线性表示, 设

$$\begin{cases}\boldsymbol{\beta}_1=c_{11}\boldsymbol{\alpha}_1+c_{21}\boldsymbol{\alpha}_2+\cdots+c_{n1}\boldsymbol{\alpha}_n,\\ \boldsymbol{\beta}_2=c_{12}\boldsymbol{\alpha}_1+c_{22}\boldsymbol{\alpha}_2+\cdots+c_{n2}\boldsymbol{\alpha}_n,\\ \qquad\cdots\cdots\\ \boldsymbol{\beta}_n=c_{1n}\boldsymbol{\alpha}_1+c_{2n}\boldsymbol{\alpha}_2+\cdots+c_{nn}\boldsymbol{\alpha}_n,\end{cases}\tag{3.4.1}$$

如果设表示系数构成的矩阵 $\boldsymbol{C}=\begin{pmatrix}c_{11}&c_{12}&\cdots&c_{1n}\\c_{21}&c_{22}&\cdots&c_{2n}\\\vdots&\vdots&&\vdots\\c_{n1}&c_{n2}&\cdots&c_{nn}\end{pmatrix}$. 则利用矩阵的乘法,

关系 (3.4.1) 可以写成 $(\boldsymbol{\beta}_1,\boldsymbol{\beta}_2,\cdots,\boldsymbol{\beta}_n)=(\boldsymbol{\alpha}_1,\boldsymbol{\alpha}_2,\cdots,\boldsymbol{\alpha}_n)\boldsymbol{C}$.

定义 3.4.1.1 公式 $(\boldsymbol{\beta}_1,\boldsymbol{\beta}_2,\cdots,\boldsymbol{\beta}_n)=(\boldsymbol{\alpha}_1,\boldsymbol{\alpha}_2,\cdots,\boldsymbol{\alpha}_n)\boldsymbol{C}$ 称为基 $\boldsymbol{\alpha}_1,\boldsymbol{\alpha}_2,\cdots,\boldsymbol{\alpha}_n$ 到基 $\boldsymbol{\beta}_1,\boldsymbol{\beta}_2,\cdots,\boldsymbol{\beta}_n$ 的基变换公式. 矩阵 $\boldsymbol{C}$ 称为基 $\boldsymbol{\alpha}_1,\boldsymbol{\alpha}_2,\cdots,\boldsymbol{\alpha}_n$ 到基 $\boldsymbol{\beta}_1,\boldsymbol{\beta}_2,\cdots,\boldsymbol{\beta}_n$ 的**过渡矩阵**.

从公式 (3.4.1) 可以看出, 过渡矩阵 $\boldsymbol{C}$ 的第一列是向量 $\boldsymbol{\beta}_1$ 在基 $\boldsymbol{\alpha}_1,\boldsymbol{\alpha}_2,\cdots,\boldsymbol{\alpha}_n$ 下的坐标, 过渡矩阵 $\boldsymbol{C}$ 的第二列是向量 $\boldsymbol{\beta}_2$ 在基 $\boldsymbol{\alpha}_1,\boldsymbol{\alpha}_2,\cdots,\boldsymbol{\alpha}_n$ 下的坐标, 过渡矩阵 $\boldsymbol{C}$ 的第三列是向量 $\boldsymbol{\beta}_3$ 在基 $\boldsymbol{\alpha}_1,\boldsymbol{\alpha}_2,\cdots,\boldsymbol{\alpha}_n$ 下的坐标, 过渡矩阵 $\boldsymbol{C}$ 的第 i 列是向量 $\boldsymbol{\beta}_i$ 在基 $\boldsymbol{\alpha}_1,\boldsymbol{\alpha}_2,\cdots,\boldsymbol{\alpha}_n$ 下的坐标.

定理 3.4.1.1 设向量组 $\boldsymbol{\alpha}_1,\boldsymbol{\alpha}_2,\cdots,\boldsymbol{\alpha}_n$ 和向量组 $\boldsymbol{\beta}_1,\boldsymbol{\beta}_2,\cdots,\boldsymbol{\beta}_n$ 是 n 维向量空间 V 的两个基, 则一定存在唯一的可逆矩阵 $\boldsymbol{C}$, 使得基 $\boldsymbol{\alpha}_1,\boldsymbol{\alpha}_2,\cdots,\boldsymbol{\alpha}_n$ 到基 $\boldsymbol{\beta}_1,\boldsymbol{\beta}_2,\cdots,\boldsymbol{\beta}_n$ 的过渡矩阵是 $\boldsymbol{C}$.

证明 存在唯一性是由于任何一个向量在一个基下的坐标是存在唯一的. 下面证明过渡矩阵是可逆矩阵. 设 $(\boldsymbol{\beta}_1,\boldsymbol{\beta}_2,\cdots,\boldsymbol{\beta}_n)=(\boldsymbol{\alpha}_1,\boldsymbol{\alpha}_2,\cdots,\boldsymbol{\alpha}_n)\boldsymbol{C}$. 考察齐次线性方程组 $\boldsymbol{CX}=\boldsymbol{0}$. 要证明过渡矩阵是可逆矩阵, 只需证明该齐次线性方程组只有零解. 用反证法, 反设存在非零解 $\boldsymbol{X}_0$, 则 $(\boldsymbol{\beta}_1,\boldsymbol{\beta}_2,\cdots,\boldsymbol{\beta}_n)\boldsymbol{X}_0=(\boldsymbol{\alpha}_1,\boldsymbol{\alpha}_2,\cdots,\boldsymbol{\alpha}_n)\boldsymbol{CX}_0=\boldsymbol{0}$, 既然 $\boldsymbol{\beta}_1,\boldsymbol{\beta}_2,\cdots,\boldsymbol{\beta}_n$ 是一组基, 即它是线性无关的, 所以 $(\boldsymbol{\beta}_1,\boldsymbol{\beta}_2,\cdots,\boldsymbol{\beta}_n)\boldsymbol{X}_0=\boldsymbol{0}$ 只有 $\boldsymbol{X}_0=\boldsymbol{0}$, 矛盾. 故 $\boldsymbol{C}$ 是可逆矩阵. □

设向量 $\boldsymbol{\alpha}$ 在基 $\boldsymbol{\alpha}_1,\boldsymbol{\alpha}_2,\cdots,\boldsymbol{\alpha}_n$ 下的坐标是 $(x_1,x_2,\cdots,x_n)$, $\boldsymbol{\alpha}$ 在基 $\boldsymbol{\beta}_1,\boldsymbol{\beta}_2,\cdots,\boldsymbol{\beta}_n$ 下的坐标是 $(y_1,y_2,\cdots,y_n)$, 则

$$\boldsymbol{\alpha}=x_1\boldsymbol{\alpha}_1+x_2\boldsymbol{\alpha}_2+\cdots+x_n\boldsymbol{\alpha}_n=(\boldsymbol{\alpha}_1,\boldsymbol{\alpha}_2,\cdots,\boldsymbol{\alpha}_n)\begin{pmatrix}x_1\\x_2\\\vdots\\x_n\end{pmatrix}$$

$$=(\boldsymbol{\beta}_1,\boldsymbol{\beta}_2,\cdots,\boldsymbol{\beta}_n)\begin{pmatrix}y_1\\y_2\\\vdots\\y_n\end{pmatrix}=(\boldsymbol{\alpha}_1,\boldsymbol{\alpha}_2,\cdots,\boldsymbol{\alpha}_n)\boldsymbol{C}\begin{pmatrix}y_1\\y_2\\\vdots\\y_n\end{pmatrix}.$$

于是 $\begin{pmatrix}x_1\\x_2\\\vdots\\x_n\end{pmatrix}=\boldsymbol{C}\begin{pmatrix}y_1\\y_2\\\vdots\\y_n\end{pmatrix}$, 即 $\begin{cases}x_1=c_{11}y_1+c_{12}y_2+\cdots+c_{1n}y_n,\\x_2=c_{21}y_1+c_{22}y_2+\cdots+c_{2n}y_n,\\\quad\cdots\cdots\\x_n=c_{n1}y_1+c_{n2}y_2+\cdots+c_{nn}y_n.\end{cases}$

该公式称为**向量的坐标变换公式**.

性质 3.4.1.1 设向量组 $\boldsymbol{\alpha}_1,\boldsymbol{\alpha}_2,\cdots,\boldsymbol{\alpha}_n$, 向量组 $\boldsymbol{\beta}_1,\boldsymbol{\beta}_2,\cdots,\boldsymbol{\beta}_n$ 和向量组 $\boldsymbol{\gamma}_1,\boldsymbol{\gamma}_2,\cdots,\boldsymbol{\gamma}_n$ 是 n 维向量空间 V 的三个基, 基 $\boldsymbol{\alpha}_1,\boldsymbol{\alpha}_2,\cdots,\boldsymbol{\alpha}_n$ 到基 $\boldsymbol{\beta}_1,\boldsymbol{\beta}_2,\cdots,\boldsymbol{\beta}_n$ 的过渡矩阵是 $\boldsymbol{C}$, 基 $\boldsymbol{\beta}_1,\boldsymbol{\beta}_2,\cdots,\boldsymbol{\beta}_n$ 到基 $\boldsymbol{\gamma}_1,\boldsymbol{\gamma}_2,\cdots,\boldsymbol{\gamma}_n$ 的过渡矩阵是 $\boldsymbol{D}$. 则有下面结论,

(1) 过渡矩阵 $\boldsymbol{C},\boldsymbol{D}$ 都是可逆矩阵;

(2) 基 $\boldsymbol{\alpha}_1,\boldsymbol{\alpha}_2,\cdots,\boldsymbol{\alpha}_n$ 到基 $\boldsymbol{\gamma}_1,\boldsymbol{\gamma}_2,\cdots,\boldsymbol{\gamma}_n$ 的过渡矩阵是 $\boldsymbol{CD}$;

(3) 基 $\boldsymbol{\beta}_1,\boldsymbol{\beta}_2,\cdots,\boldsymbol{\beta}_n$ 到基 $\boldsymbol{\alpha}_1,\boldsymbol{\alpha}_2,\cdots,\boldsymbol{\alpha}_n$ 的过渡矩阵是 $\boldsymbol{C}^{-1}$.

证明 由条件 $(\boldsymbol{\beta}_1,\boldsymbol{\beta}_2,\cdots,\boldsymbol{\beta}_n)=(\boldsymbol{\alpha}_1,\boldsymbol{\alpha}_2,\cdots,\boldsymbol{\alpha}_n)\boldsymbol{C}$, $(\boldsymbol{\gamma}_1,\boldsymbol{\gamma}_2,\cdots,\boldsymbol{\gamma}_n)=(\boldsymbol{\beta}_1,\boldsymbol{\beta}_2,\cdots,\boldsymbol{\beta}_n)\boldsymbol{D}$. 所以 $(\boldsymbol{\gamma}_1,\boldsymbol{\gamma}_2,\cdots,\boldsymbol{\gamma}_n)=(\boldsymbol{\alpha}_1,\boldsymbol{\alpha}_2,\cdots,\boldsymbol{\alpha}_n)\boldsymbol{CD}$. 故 (2) 成立. (1) 直接来自定理 3.4.1.1. 设 $(\boldsymbol{\alpha}_1,\boldsymbol{\alpha}_2,\cdots,\boldsymbol{\alpha}_n)=(\boldsymbol{\beta}_1,\boldsymbol{\beta}_2,\cdots,\boldsymbol{\beta}_n)\boldsymbol{A}$, 即 $\boldsymbol{\beta}_1,\boldsymbol{\beta}_2,\cdots,\boldsymbol{\beta}_n$ 到 $\boldsymbol{\alpha}_1,\boldsymbol{\alpha}_2,\cdots,\boldsymbol{\alpha}_n$ 的过渡矩阵是 $\boldsymbol{A}$, 由于 $(\boldsymbol{\alpha}_1,\boldsymbol{\alpha}_2,\cdots,\boldsymbol{\alpha}_n)=(\boldsymbol{\alpha}_1,\boldsymbol{\alpha}_2,\cdots,\boldsymbol{\alpha}_n)\boldsymbol{I}_n$, 利用 (2) 得 $\boldsymbol{AC}=\boldsymbol{I}_n$, 即 $\boldsymbol{A}=\boldsymbol{C}^{-1}$. 故 (3) 成立. □

性质 3.4.1.2 设向量组 $\boldsymbol{\alpha}_1,\boldsymbol{\alpha}_2,\cdots,\boldsymbol{\alpha}_n$ 和向量组 $\boldsymbol{\beta}_1,\boldsymbol{\beta}_2,\cdots,\boldsymbol{\beta}_n$ 是 n 维欧氏空间 E^n 的两个单位正交基, 并且基 $\boldsymbol{\alpha}_1,\boldsymbol{\alpha}_2,\cdots,\boldsymbol{\alpha}_n$ 到基 $\boldsymbol{\beta}_1,\boldsymbol{\beta}_2,\cdots,\boldsymbol{\beta}_n$ 的过渡矩阵是 $\boldsymbol{C}$, 则过渡矩阵 $\boldsymbol{C}$ 是正交矩阵.

证明 由于 $(\boldsymbol{\beta}_1,\boldsymbol{\beta}_2,\cdots,\boldsymbol{\beta}_n)=(\boldsymbol{\alpha}_1,\boldsymbol{\alpha}_2,\cdots,\boldsymbol{\alpha}_n)\boldsymbol{C}$, 设

$$\boldsymbol{C}=\begin{pmatrix} c_{11} & c_{12} & \cdots & c_{1n} \\ c_{21} & c_{22} & \cdots & c_{2n} \\ \vdots & \vdots & & \vdots \\ c_{n1} & c_{n2} & \cdots & c_{nn} \end{pmatrix}, \quad 即 \quad \begin{cases} \boldsymbol{\beta}_1=c_{11}\boldsymbol{\alpha}_1+c_{21}\boldsymbol{\alpha}_2+\cdots+c_{n1}\boldsymbol{\alpha}_n, \\ \boldsymbol{\beta}_2=c_{12}\boldsymbol{\alpha}_1+c_{22}\boldsymbol{\alpha}_2+\cdots+c_{n2}\boldsymbol{\alpha}_n, \\ \cdots\cdots \\ \boldsymbol{\beta}_n=c_{1n}\boldsymbol{\alpha}_1+c_{2n}\boldsymbol{\alpha}_2+\cdots+c_{nn}\boldsymbol{\alpha}_n. \end{cases}$$

既然 $\boldsymbol{\alpha}_1,\boldsymbol{\alpha}_2,\cdots,\boldsymbol{\alpha}_n$ 和 $\boldsymbol{\beta}_1,\boldsymbol{\beta}_2,\cdots,\boldsymbol{\beta}_n$ 是 n 维欧氏空间 E^n 的两个单位正交基, 故有

$$\langle\boldsymbol{\alpha}_i,\boldsymbol{\alpha}_j\rangle=0,\quad i\neq j,\quad \langle\boldsymbol{\alpha}_i,\boldsymbol{\alpha}_i\rangle=1,\quad 1\leqslant i,j\leqslant n,$$

$$\langle\boldsymbol{\beta}_i,\boldsymbol{\beta}_j\rangle=0,\quad i\neq j,\quad \langle\boldsymbol{\beta}_i,\boldsymbol{\beta}_i\rangle=1,\quad 1\leqslant i,j\leqslant n.$$

从而有

$$\langle\boldsymbol{\beta}_i,\boldsymbol{\beta}_j\rangle=\langle c_{1i}\boldsymbol{\alpha}_1+c_{2i}\boldsymbol{\alpha}_2+\cdots+c_{ni}\boldsymbol{\alpha}_n, c_{1j}\boldsymbol{\alpha}_1+c_{2j}\boldsymbol{\alpha}_2+\cdots+c_{nj}\boldsymbol{\alpha}_n\rangle$$

$$= (c_{1i}, c_{2i}, \cdots, c_{ni}) \begin{pmatrix} c_{1j} \\ c_{2j} \\ \vdots \\ c_{nj} \end{pmatrix},$$

所以

$$(c_{1i}, c_{2i}, \cdots, c_{ni}) \begin{pmatrix} c_{1j} \\ c_{2j} \\ \vdots \\ c_{nj} \end{pmatrix} = 0, \quad i \neq j, \quad (c_{1i}, c_{2i}, \cdots, c_{ni}) \begin{pmatrix} c_{1j} \\ c_{2j} \\ \vdots \\ c_{nj} \end{pmatrix} = 1, \quad i = j.$$

这表明 $\boldsymbol{C}^{\mathrm{T}}\boldsymbol{C} = \boldsymbol{I}$, 于是过渡矩阵 $\boldsymbol{C}$ 是正交矩阵.

3.4.2 实二次型

本节主要给出实二次型的性质, 关于更多二次型的知识读者可以参阅线性代数或高等代数相应内容.

定义 3.4.2.1 系数为实数的 n 个变量 $x_1, x_2, \cdots, x_n$ 的一个二次齐次多项式称为实数域上的一个 n **元二次型**, 它的一般形式是

$$\begin{aligned} f(x_1, x_2, \cdots, x_n) = {} & a_{11}x_1^2 + 2a_{12}x_1x_2 + 2a_{13}x_1x_3 + \cdots + 2a_{1n}x_1x_n \\ & + a_{22}x_2^2 + 2a_{23}x_2x_3 + \cdots + 2a_{2n}x_1x_n \\ & \cdots\cdots \\ & + a_{nn}x_n^2, \end{aligned}$$

上式可以写成

$$\begin{aligned} f(x_1, x_2, \cdots, x_n) = {} & a_{11}x_1^2 + a_{12}x_1x_2 + a_{13}x_1x_3 + \cdots + a_{1n}x_1x_n \\ & + a_{21}x_2x_1 + a_{22}x_2^2 + a_{23}x_2x_3 + \cdots + a_{2n}x_1x_n \\ & \cdots\cdots \\ & + a_{n1}x_nx_1 + a_{n2}x_nx_2 + a_{n3}x_nx_3 + \cdots + a_{nn}x_n^2 \\ = {} & \sum_{i=1}^{n}\sum_{j=1}^{n} a_{ij}x_ix_j, \end{aligned} \tag{3.4.2}$$

其中 $a_{ij}=a_{ji}$, $1\leqslant i,j\leqslant n$.

将 (3.4.2) 中的系数排成一个 n 阶对称矩阵 $\boldsymbol{A}$(由于 $a_{ij}=a_{ji}$, $1\leqslant i,j\leqslant n$):

$$\boldsymbol{A}=\begin{pmatrix} a_{11} & a_{12} & a_{13} & \cdots & a_{1n} \\ a_{12} & a_{22} & a_{23} & \cdots & a_{2n} \\ a_{13} & a_{23} & a_{33} & \cdots & a_{3n} \\ \vdots & \vdots & \vdots & & \vdots \\ a_{1n} & a_{2n} & a_{3n} & \cdots & a_{nn} \end{pmatrix},$$

把矩阵 $\boldsymbol{A}$ 称为二次型 $f(x_1,x_2,\cdots,x_n)$ 的**矩阵**. 它是一个对称矩阵. 显然二次型的矩阵是唯一的, 它的对角元依次是 $x_1^2,x_2^2,\cdots,x_n^2$ 的系数, 对于 $i\neq j$, 它的 (i,j) 元是 x_ix_j 的系数的一半. 如果令 $\boldsymbol{X}=\begin{pmatrix} x_1 \\ x_2 \\ \vdots \\ x_n \end{pmatrix}$, 则二次型

$$f(x_1,x_2,\cdots,x_n)=\boldsymbol{X}^{\mathrm{T}}\boldsymbol{A}\boldsymbol{X}.$$

设 $y_1,y_2,\cdots,y_n$ 是另一组变量, 并且与变量 $x_1,x_2,\cdots,x_n$ 有下面关系:

$$\begin{cases} x_1=c_{11}y_1+c_{21}y_2+\cdots+c_{n1}y_n, \\ x_2=c_{12}y_1+c_{22}y_2+\cdots+c_{n2}y_n, \\ \qquad\cdots\cdots \\ x_n=c_{1n}y_1+c_{2n}y_2+\cdots+c_{nn}y_n, \end{cases} \tag{3.4.3}$$

其中系数 c_{ij}, $1\leqslant i,j\leqslant n$ 为实数. 如果将系数记为矩阵

$$\boldsymbol{C}=\begin{pmatrix} c_{11} & c_{12} & \cdots & c_{1n} \\ c_{21} & c_{22} & \cdots & c_{2n} \\ \vdots & \vdots & & \vdots \\ c_{n1} & c_{n2} & \cdots & c_{nn} \end{pmatrix},$$

则关系 (3.4.3) 可以用矩阵表示为

$$\boldsymbol{X}=\begin{pmatrix} x_1 \\ x_2 \\ \vdots \\ x_n \end{pmatrix}=\begin{pmatrix} c_{11} & c_{12} & \cdots & c_{1n} \\ c_{21} & c_{22} & \cdots & c_{2n} \\ \vdots & \vdots & & \vdots \\ c_{n1} & c_{n2} & \cdots & c_{nn} \end{pmatrix}\begin{pmatrix} y_1 \\ y_2 \\ \vdots \\ y_n \end{pmatrix}=\boldsymbol{C}\boldsymbol{Y}.$$

定义 3.4.2.2 如果矩阵 $\boldsymbol{C}$ 是一个可逆矩阵, 则关系 $\boldsymbol{X}=\boldsymbol{CY}$ 称为变量 $x_1,x_2,\cdots,x_n$ 到变量 $y_1,y_2,\cdots,y_n$ 的一个**非退化线性替换**.

n 元二次型 $f(x_1,x_2,\cdots,x_n)=\boldsymbol{X}^{\mathrm{T}}\boldsymbol{AX}$ 经过非退化线性替换 $\boldsymbol{X}=\boldsymbol{CY}$ 变成 $y_1,y_2,\cdots,y_n$ 为变量的 n 元二次型

$$(\boldsymbol{CY})^{\mathrm{T}}\boldsymbol{A}(\boldsymbol{CY})=\boldsymbol{Y}^{\mathrm{T}}(\boldsymbol{C}^{\mathrm{T}}\boldsymbol{AC})\boldsymbol{Y}.$$

令 $\boldsymbol{B}=\boldsymbol{C}^{\mathrm{T}}\boldsymbol{AC}$, 则上式可以写成 $\boldsymbol{Y}^{\mathrm{T}}\boldsymbol{BY}$, 这是以 $y_1,y_2,\cdots,y_n$ 为变量的 n 元二次型. 由于

$$\boldsymbol{B}^{\mathrm{T}}=\left(\boldsymbol{C}^{\mathrm{T}}\boldsymbol{AC}\right)^{\mathrm{T}}=\boldsymbol{C}^{\mathrm{T}}\boldsymbol{A}^{\mathrm{T}}(\boldsymbol{C}^{\mathrm{T}})^{\mathrm{T}}=\boldsymbol{C}^{\mathrm{T}}\boldsymbol{AC}=\boldsymbol{B}.$$

所以 $\boldsymbol{B}=\boldsymbol{C}^{\mathrm{T}}\boldsymbol{AC}$ 是对称矩阵, 它是二次型 $\boldsymbol{Y}^{\mathrm{T}}\boldsymbol{BY}$ 的矩阵.

定义 3.4.2.3 两个二次型 $\boldsymbol{X}^{\mathrm{T}}\boldsymbol{AX}$ 和 $\boldsymbol{Y}^{\mathrm{T}}\boldsymbol{BY}$, 如果存在一个非退化线性替换 $\boldsymbol{X}=\boldsymbol{CY}$, 把二次型 $\boldsymbol{X}^{\mathrm{T}}\boldsymbol{AX}$ 变成 $\boldsymbol{Y}^{\mathrm{T}}\boldsymbol{BY}$, 则称二次型 $\boldsymbol{X}^{\mathrm{T}}\boldsymbol{AX}$ 和 $\boldsymbol{Y}^{\mathrm{T}}\boldsymbol{BY}$ 是**等价的**, 记为 $\boldsymbol{X}^{\mathrm{T}}\boldsymbol{AX}\approx\boldsymbol{Y}^{\mathrm{T}}\boldsymbol{BY}$.

定义 3.4.2.4 两个 n 阶实矩阵 $\boldsymbol{A}$ 和 $\boldsymbol{B}$, 如果存在一个可逆实矩阵 $\boldsymbol{C}$, 使得 $\boldsymbol{B}=\boldsymbol{C}^{\mathrm{T}}\boldsymbol{AC}$, 则称矩阵 $\boldsymbol{A}$ 和 $\boldsymbol{B}$ 是**合同的**, 记为 $\boldsymbol{A}\approx\boldsymbol{B}$.

我们有下面命题.

命题 3.4.2.1 两个二次型 $\boldsymbol{X}^{\mathrm{T}}\boldsymbol{AX}$ 和 $\boldsymbol{Y}^{\mathrm{T}}\boldsymbol{BY}$ 是等价的充分必要条件是矩阵 $\boldsymbol{A}$ 和 $\boldsymbol{B}$ 是合同的.

形如 $b_1x_1^2+b_2x_2^2+\cdots+b_nx_n^2$ 的二次型是比较简单的, 它只含有平方项, 没有交叉项.

定义 3.4.2.5 如果二次型 $\boldsymbol{X}^{\mathrm{T}}\boldsymbol{AX}$ 等价于一个只含有平方项的二次型, 则这个只含有平方项的二次型称为二次型 $\boldsymbol{X}^{\mathrm{T}}\boldsymbol{AX}$ 的一个标准型.

明显标准型的二次项的矩阵是一个对角矩阵. 下面介绍两种将二次型化标准型的方法.

第一种, 配方法. 先看两个例子.

例 3.4.2.1 化二次型 $f(x_1,x_2,x_3)=2x_1^2-2x_2^2-4x_1x_3-8x_2x_3$ 为标准型.

解 先对 x_1 进行配方, 然后依次对 x_2,x_3 进行配方,

$$\begin{aligned}f(x_1,x_2,x_3)&=2(x_1^2-2x_1x_3)-2x_2^2-8x_2x_3=2(x_1-x_3)^2-2x_3^2-2x_2^2-8x_2x_3\\&=2(x_1-x_3)^2-2(x_2+2x_3)^2+6x_3^2,\end{aligned}$$

作变量替换 $\begin{cases}y_1=x_1-x_2,\\y_2=x_2+2x_3,\\y_3=x_3\end{cases}$ 或 $\begin{cases}x_1=y_1+y_3,\\x_2=y_2-2y_3,\\x_3=y_3\end{cases}$ 为一个非退化线性替换. 则

二次型的标准型为 $f(x_1,x_2,x_3)=2y_1^2-2y_2^2+6y_3^2$. □

例 3.4.2.2 化二次型 $f(x_1,x_2,x_3)=2x_1x_2-6x_2x_3+2x_1x_3$ 为标准型.

解 先作非退化线性替换 $\begin{cases} x_1=y_1-y_2,\\ x_2=y_1+y_2,\\ x_3=y_3,\end{cases}$ 二次型化为 $f(x_1,x_2,x_3)=2y_1^2-2y_2^2-4y_1y_3-8y_2y_3$, 再依次对 y_1,y_2 进行配方,

$$f(x_1,x_2,x_3)=2y_1^2-2y_2^2-4y_1y_3-8y_2y_3=2(y_1-y_3)^2-2(y_2+2y_3)^2+6y_3^2,$$

再次作非退化线性替换 $\begin{cases} z_1=y_1-y_2,\\ z_2=y_2+2y_3,\\ z_3=y_3,\end{cases}$ 得到二次型的标准型为

$$f(x_1,x_2,x_3)=2z_1^2-2z_2^2+6z_3^2.$$ □

定理 3.4.2.1 如果 $\boldsymbol{X}^{\mathrm{T}}\boldsymbol{AX}$ 是一个实二次型, 则存在非退化的线性替换 $\boldsymbol{X}=\boldsymbol{CY}$, 使得二次型 $\boldsymbol{Y}^{\mathrm{T}}(\boldsymbol{C}^{\mathrm{T}}\boldsymbol{AC})\boldsymbol{Y}$ 为标准型.

该定理的证明可以参阅线性代数或高等代数相应的章节, 其实从例 3.4.2.1 和例 3.4.2.2 也可以看出其证明思路.

第二种, 正交替换的方法. 从线性代数中的理论知道, 对于 n 阶实对称矩阵 $\boldsymbol{A}$, 一定存在 n 阶正交矩阵 $\boldsymbol{C}$, 使得 $\boldsymbol{C}^{-1}\boldsymbol{AC}$ 为对角矩阵, 即实对称矩阵可以相似对角化, 而且相似变换矩阵可以取成正交矩阵. 注意到正交矩阵具有 $\boldsymbol{C}^{-1}=\boldsymbol{C}^{\mathrm{T}}$. 从而 $\boldsymbol{C}^{\mathrm{T}}\boldsymbol{AC}$ 为对角矩阵, 即矩阵 $\boldsymbol{A}$ 合同于对角矩阵. 从而实二次型一定等价于标准型, 而且能找到正交矩阵 $\boldsymbol{C}$, 使得经过变量替换 $\boldsymbol{X}=\boldsymbol{CY}$, 把二次型 $\boldsymbol{X}^{\mathrm{T}}\boldsymbol{AX}$ 化为标准型

$$\lambda_1x_1^2+\lambda_2x_2^2+\cdots+\lambda_nx_n^2,$$

其中 $\lambda_1,\lambda_2,\cdots,\lambda_n$ 是矩阵 $\boldsymbol{A}$ 的全部特征值.

下面列出求正交矩阵的步骤:

(1) 求出矩阵 $\boldsymbol{A}$ 全部互异的特征值 $\lambda_1,\lambda_2,\cdots,\lambda_r$.

$|t\boldsymbol{I}-\boldsymbol{A}|=0$ 的全部根就是矩阵 $\boldsymbol{A}$ 全部互异的特征值.

(2) 对每个特征值 λ_i, $i=1,\cdots,r$, 求出它的特征空间的单位正交基.

求出特征方程组 $(\lambda_i\boldsymbol{I}-\boldsymbol{A})\boldsymbol{X}=\boldsymbol{0}$ 的一个基础解系 $\boldsymbol{X}_{i1},\cdots,\boldsymbol{X}_{ip}$, 然后将该基础解系施密特正交化, 单位化得到单位正交组 $\boldsymbol{\eta}_{i1},\cdots,\boldsymbol{\eta}_{ip_i}$.

(3) 将上面所有单位正交的特征向量写成矩阵, 即为所求的正交矩阵 $\boldsymbol{C}$.

$$\boldsymbol{C}=(\boldsymbol{\eta}_{11},\cdots,\boldsymbol{\eta}_{1p_1},\boldsymbol{\eta}_{21},\cdots,\boldsymbol{\eta}_{2p_2},\cdots,\boldsymbol{\eta}_{r1},\cdots,\boldsymbol{\eta}_{rp_r}).$$

例 3.4.2.3　化二次型 $f(x_1,x_2,x_3)=x_1^2+4x_2^2+x_3^2-4x_1x_2-8x_1x_3-4x_2x_3$ 为标准型.

解　二次型的矩阵为

$$\boldsymbol{A}=\begin{pmatrix}1&-2&-4\\-2&4&-2\\-4&-2&1\end{pmatrix}.$$

(1) 求出 $\boldsymbol{A}$ 的特征值,

$$|\lambda I-A|=\begin{vmatrix}\lambda-1&2&4\\2&\lambda-4&2\\4&2&\lambda-1\end{vmatrix}=(\lambda-5)^2(\lambda+4)=0,$$

所以 $\boldsymbol{A}$ 的全部特征值为 5, -4.

(2) 求出每个特征值所对应的特征向量, 对于特征值 5, 求出 $(5\boldsymbol{I}-\boldsymbol{A})\boldsymbol{X}=\boldsymbol{0}$ 的一个基础解系:

$$\boldsymbol{\varepsilon}_1=\begin{pmatrix}1\\-2\\0\end{pmatrix},\quad \boldsymbol{\varepsilon}_2=\begin{pmatrix}1\\0\\-1\end{pmatrix}.$$

再将基础解系正交化, 令

$$\boldsymbol{\alpha}_1=\boldsymbol{\varepsilon}_1,\boldsymbol{\alpha}_2=\boldsymbol{\varepsilon}_2-\frac{\langle\boldsymbol{\varepsilon}_2\cdot\boldsymbol{\alpha}_1\rangle}{\langle\boldsymbol{\alpha}_1\cdot\boldsymbol{\alpha}_1\rangle}\boldsymbol{\alpha}_1=\begin{pmatrix}\frac{4}{5}\\\frac{2}{5}\\-1\end{pmatrix},$$

再单位化, 令

$$\boldsymbol{e}_1=\frac{\boldsymbol{\alpha}_1}{|\boldsymbol{\alpha}_1|}=\begin{pmatrix}\frac{\sqrt{5}}{5}\\\frac{-2\sqrt{5}}{5}\\0\end{pmatrix},\quad \boldsymbol{e}_2=\frac{\boldsymbol{\alpha}_2}{|\boldsymbol{\alpha}_2|}=\begin{pmatrix}\frac{4\sqrt{5}}{15}\\\frac{2\sqrt{5}}{15}\\\frac{-\sqrt{5}}{3}\end{pmatrix}.$$

对于特征值 -4, 求出 $(-4\boldsymbol{I}-\boldsymbol{A})\boldsymbol{X}=\boldsymbol{0}$ 的一个基础解系, $\boldsymbol{\varepsilon}_3=\begin{pmatrix}2\\1\\2\end{pmatrix}$, 将它单位化, 即

$$\boldsymbol{e}_3=\frac{\boldsymbol{\varepsilon}_3}{|\boldsymbol{\varepsilon}_3|}=\begin{pmatrix}\frac{2}{3}\\\frac{1}{3}\\\frac{2}{3}\end{pmatrix}.$$

这样得到正交矩阵

$$\boldsymbol{C}=\begin{pmatrix}\frac{\sqrt{5}}{5} & \frac{4\sqrt{5}}{15} & \frac{2}{3}\\ \frac{-2\sqrt{5}}{5} & \frac{2\sqrt{5}}{5} & \frac{1}{3}\\ 0 & \frac{-\sqrt{5}}{3} & \frac{2}{3}\end{pmatrix}.$$

作非退化线性替换

$$\begin{pmatrix}x_1\\x_2\\x_3\end{pmatrix}=\begin{pmatrix}\frac{\sqrt{5}}{5} & \frac{4\sqrt{5}}{15} & \frac{2}{3}\\ \frac{-2\sqrt{5}}{5} & \frac{2\sqrt{5}}{5} & \frac{1}{3}\\ 0 & \frac{-\sqrt{5}}{3} & \frac{2}{3}\end{pmatrix}\begin{pmatrix}y_1\\y_2\\y_3\end{pmatrix},$$

则二次型化为标准型 $f(x_1,x_2,x_3)=5y_1^2+5y_2^2-4y_3^2$. □

第 4 章　二次曲线和二次曲面的几何性质

本章内容属于解析几何的传统内容, 主要利用二次曲线和二次曲面的方程研究它们图形的一些几何性质, 这些几何性质主要有仿射特征和度量特征. 同时本章还给出所有二次曲面的大致图形的形状以及二次曲面的圆纹性和直纹性.

图形的度量特征主要有: 与距离、夹角有关性质和概念, 例如图形之间的距离, 图形的对称轴或对称平面等概念. 所有的二次曲线和二次曲面都是轴对称图形. 图形的仿射特征主要是仿射空间中图形所具有的仿射性质或概念, 例如仿射平面中的二次曲线的对称中心、渐近方向、共轭直径和切线等, 这种几何特征与图形的长度和夹角等概念没有实质的联系, 它们是独立于度量特征的一种几何特征.

4.1　二次曲线的几何性质

4.1.1　平面上二次曲线与直线的位置关系

平面上二次曲线有下面七种类型: 椭圆、双曲线、抛物线、一对相交直线、一对平行直线、一条直线和一个点. 其中椭圆、双曲线、抛物线、一对相交直线、一条直线和一个点称为**圆锥曲线**. 圆锥曲线是二次曲线中最重要的部分, 它们是一张平面与圆锥面相交的截线 (图 4.1.1).

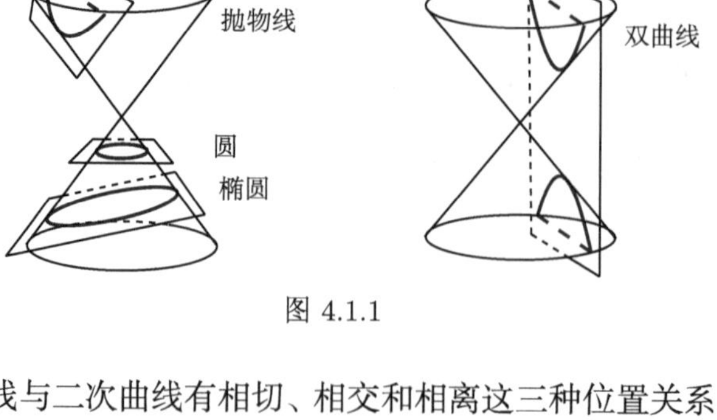

图 4.1.1

几何上, 直线与二次曲线有相切、相交和相离这三种位置关系. 设二次曲线 Γ 在仿射坐标系 $I[O;\boldsymbol{e}_1,\boldsymbol{e}_2]$ 下的方程是

$$F(x,y)=a_{11}x^2+a_{22}y^2+2a_{12}xy+2b_1x+2b_2y+c=0.$$

它的二次部分 $\Phi(x,y)=a_{11}x^2+a_{22}y^2+2a_{12}xy$. 令

$$F_1(x,y)=a_{11}x+a_{12}y+b_1,\quad F_2(x,y)=a_{12}x+a_{22}y+b_2,\quad F_3(x,y)=b_1x+b_2y+c.$$

则

$$F(x,y)=(x,y,1)\boldsymbol{A}\begin{pmatrix}x\\y\\1\end{pmatrix}=xF_1(x,y)+yF_2(x,y)+F_3(x,y).$$

设直线 L 经过点 $M_0(x_0,y_0)$, 平行于非零向量 $\boldsymbol{\alpha}(m,n)$. 则它的参数方程

$$\begin{cases}x=x_0+tm,\\y=y_0+tn.\end{cases}$$

于是直线 L 与二次曲线 Γ 的交点就是 L 上参数 t 满足方程 $F(x_0+tm,y_0+tn)=0$ 的点, 把该方程的左边整理成关于参数 t 的一个方程,

$$\Phi(m,n)t^2+2[mF_1(x_0,y_0)+nF_2(x_0,y_0)]t+F(x_0,y_0)=0. \tag{4.1.1}$$

方程 (4.1.1) 的解的个数就是直线 L 与二次曲线 Γ 的交点的个数. 记

$$\Delta=[mF_1(x_0,y_0)+nF_2(x_0,y_0)]^2-\Phi(m,n)F(x_0,y_0).$$

情形 1 $\Phi(m,n)\neq 0$. 此时方程 (4.1.1) 是 t 的二次方程, 它至多有两个解.

(1)$\Delta>0$, 此时直线 L 与二次曲线 Γ 有两个不同的交点.

(2)$\Delta=0$, 此时直线 L 与二次曲线 Γ 有一个交点, 即一个重点.

(3)$\Delta<0$, 此时直线 L 与二次曲线 Γ 不相交.

情形 2 $\Phi(m,n)=0$, 方程 (4.1.1) 是一次方程

$$2[mF_1(x_0,y_0)+nF_2(x_0,y_0)]t+F(x_0,y_0)=0.$$

(1) $[mF_1(x_0,y_0)+nF_2(x_0,y_0)]\neq 0$, 此时直线 L 与二次曲线 Γ 有一个交点.

(2) $[mF_1(x_0,y_0)+nF_2(x_0,y_0)]=0, F(x_0,y_0)\neq 0$, 此时 L 与二次曲线 Γ 不相交.

(3) $[mF_1(x_0,y_0)+nF_2(x_0,y_0)]=F(x_0,y_0)=0$, 直线 L 在二次曲线 Γ 上.

注意到情形 1 (2) 和情形 2 (1) 都只有一个交点. 但它们有一个本质的差异, 即情形 1 (2) 中的一个交点是不稳定的, 而情形 2 (1) 中的一个交点是稳定. 这种稳定性从几何上看, 当直线 L 作微小平行移动时, 情形 1 (2) 中的一个交点要么变

成没有交点, 要么变成有两个交点. 而情形 2 (1) 中的一个交点亦然是一个交点. 从分析上看, 情形 1 (2) 中条件是一个等号, 直线 L 作微小平行移动时等号马上变成不等号. 而情形 2 (1) 中的条件是一个不等号, 直线 L 作微小平行移动时不等号依然是不等号. 一般地我们称情形 1 (2) 的一个交点为相重合的交点.

4.1.2 二次曲线的仿射特征

本节主要讨论二次曲线的仿射特征, 即二次曲线的图形上与长度无关的几何性质. 它们包括二次曲线的中心、渐近方向、渐近线、共轭直径和切线.

定义 4.1.2.1 设点 p, q 是二次曲线 Γ 上两个不同的点, 则连接 p, q 的直线段 pq 称为二次曲线 Γ 的一条**弦**. 点 p, q 称为该弦的端点.

二次曲线的弦为平面上的直线与二次曲线的两个交点的连线段.

定义 4.1.2.2 给定二次曲线 Γ 和平面上点 O. 如果二次曲线 Γ 过 O 点的弦都以点 O 为中点, 则称点 O 为二次曲线 Γ 的**中心**.

从二次曲线的定义可以看出, 二次曲线的中心就是二次曲线的对称中心.

定义 4.1.2.3 给定二次曲线 Γ 和平面上一个直线方向 $\boldsymbol{\eta}$, 如果平行于该直线方向 $\boldsymbol{\eta}$ 的直线族中每一条直线与二次曲线 Γ 要么只有一个交点, 要么没有交点, 要么直线整个在二次曲线上, 则称该直线方向 $\boldsymbol{\eta}$ 为二次曲线的**渐近方向**.

定义 4.1.2.4 设直线以二次曲线 Γ 的渐近方向为方向, 如果该直线与二次曲线没有交点或整个直线均在二次曲线上, 则该直线称为二次曲线 Γ 的**渐近线**.

圆是一个特殊的二次曲线, 圆有直径的概念, 圆的直径可以看成一组平行弦中点的轨迹, 该概念可以推广到二次曲线的图形上. 直径之所以能推广到二次曲线上, 其原因是二次曲线的图形有一个比较好的性质, 即二次曲线的一族平行弦的中点的轨迹在一条直线上.

定义 4.1.2.5 设 L_t 是二次曲线 Γ 平行于非渐近方向 η 的一族平行弦, 则平行弦 L_t 的中点所在的直线称为二次曲线 Γ 的**共轭于方向 $\boldsymbol{\eta}$ 的直径**.

直观上曲线上的切线是一条直线, 它与曲线只有一个不稳定的交点. 不稳定交点的意思是直线作微小变动, 则要么没有交点, 要么有两个交点. 事实上, 我们在数学分析里把切线看成割线的极限位置.

定义 4.1.2.6 如果直线 L 与二次曲线 Γ 有两个重合的交点或者直线 L 在二次曲线 Γ 上, 则称直线 L 为二次曲线 Γ 的**切线**. 切线与二次曲线的交点称为切点.

1. 中心

设点 $M_0(x_0,y_0)$ 是平面上一个点, 设经过 $M_0(x_0,y_0)$, 平行于向量 $\boldsymbol{\alpha}(m,n)$ 的直线 L 与二次曲线 Γ 的有两个交点 M_1,M_2, 并且 M_1,M_2 在直线 L 的参数方程中对应的参数分别是 t_1,t_2. 假如 $M_0(x_0,y_0)$ 是二次曲线的中心, 则 M_0 是线段 M_1M_2 的中点. 由于 $M_0(x_0,y_0)$ 在直线参数方程中对应的参数为 0, 故 $t_1+t_2=0$, 从而方程 (4.1.1) 的两根之和为零, 即

$$mF_1(x_0,y_0)+nF_2(x_0,y_0)=0.$$

由于 $M_0(x_0,y_0)$ 是过该点的任意弦的中点, 即向量 $\boldsymbol{\alpha}(m,n)$ 有很多. 这样中心 $M_0(x_0,y_0)$ 满足 $F_1(x_0,y_0)=F_2(x_0,y_0)=0$. 反之也容易证明.

命题 4.1.2.1　点 $M_0(x_0,y_0)$ 是二次曲线 Γ 的中心的充分必要条件是点 M_0 的坐标满足

$$F_1(x_0,y_0)=F_2(x_0,y_0)=0.$$

如图 4.1.2.

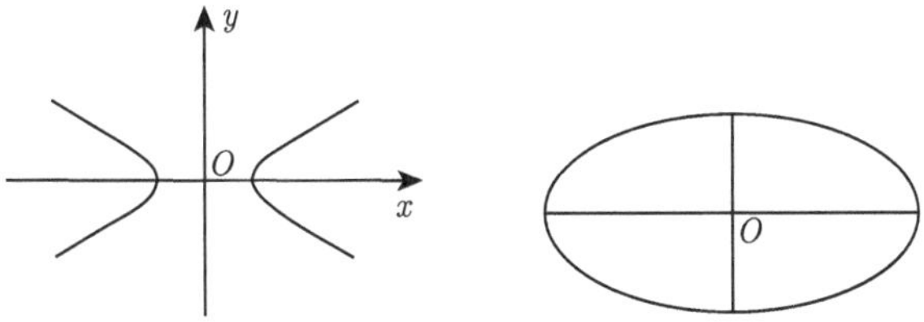

图 4.1.2

由此得到中心 $M_0(x_0,y_0)$ 就是下面方程组的解:

$$\begin{cases} a_{11}x+a_{12}y+b_1=0, \\ a_{12}x+a_{22}y+b_2=0. \end{cases} \tag{4.1.2}$$

方程组 (4.1.2) 的系数行列式就是第二不变量 I_2.

情形 1　$I_2\neq 0$, 方程组 (4.1.2) 有唯一解, 即二次曲线 Γ 有唯一中心. 这样的二次曲线称为中心型二次曲线.

情形 2　$I_2=0$. 方程组 (4.1.2) 要么无解, 要么有无穷多解.

(1) $I_3=0$, 方程组 (4.1.2) 有无穷多解.

由于 $I_2=I_3=0$ 意味着方程组 (4.1.2) 中第一个方程的系数与第二个方程的系数对应成比例. 故方程组 (4.1.2) 有无穷多解. 此时二次曲线有无穷多中心. 这无穷多中心在一条直线上, 该直线方程为 $a_{11}x+a_{12}y+b_1=0$. 此时二次曲线要

么是一对平行直线, 平行直线之间的中心线上任意一点都是中心, 要么二次曲线是一条直线, 直线上任意一点都是中心.

(2) $I_3 \neq 0$, 方程组 (4.1.2) 无解.

由于 $I_2 = 0$ 意味着方程组 (4.1.2) 中两个方程的未知数前面的系数成比例, $I_3 \neq 0$ 意味着方程组 (4.1.2) 中两个方程的系数不成比例, 此时方程组无解. 此时二次曲线没有中心, 即抛物线没有中心.

2. 渐近方向和渐近线

二次曲线的渐近方向是一个直线方向, 它可以由一个非零向量 $\boldsymbol{\alpha}(m,n)$ 决定. 根据渐近方向的定义, 即直线族中每一条直线与二次曲线 Γ 要么只有一个交点, 要么没有交点, 要么直线族中直线整个在二次曲线上, 这等价于关于参数 t 的一个方程

$$\Phi(m,n)t^2 + 2[mF_1(x_0,y_0) + nF_2(x_0,y_0)]t + F(x_0,y_0) = 0$$

在点 (x_0,y_0) 任意变化时, 要么只有一个解, 要么没有解, 要么有无穷多解. 由直线与二次曲线的位置的关系, 故有下面结论.

命题 4.1.2.2　一个非零向量 $\boldsymbol{\alpha}(m,n)$ 决定的直线方向是二次曲线 Γ 的渐近方向的充分必要条件是 $\Phi(m,n) = 0$.

命题 4.1.2.3　椭圆型二次曲线没有渐近方向, 双曲型二次曲线有两个渐近方向, 抛物型二次曲线有一个渐近方向.

证明　设非零向量 $\boldsymbol{\alpha}(m,n)$ 决定的直线方向是二次曲线的渐近方向, 则

$$\Phi(m,n) = a_{11}m^2 + 2a_{12}mn + a_{22}n^2 = 0. \tag{4.1.3}$$

由于 a_{11}, a_{12}, a_{22} 不全为零. 分下面三种情形论证.

情形 1　$a_{11} \neq 0$, 则方程 (4.1.3) 的非零解 (m,n) 意味着 $n \neq 0$. 而非零向量 $\boldsymbol{\alpha}(m,n)$ 决定的直线方向只与 $m:n$ 有关. 方程 (4.1.3) 改写为

$$a_{11}\left(\frac{m}{n}\right)^2 + 2a_{12}\frac{m}{n} + a_{22} = 0. \tag{4.1.4}$$

方程 (4.1.4) 是关于 $m:n$ 的一个二次方程. 它的判别式

$$\Delta = 4(a_{12}^2 - a_{11}a_{22}) = -4I_2.$$

当二次曲线是椭圆型时, $I_2 > 0$, 则判别式 $\Delta = -4I_2 < 0$. 故方程 (4.1.4) 无解, 即椭圆型二次曲线没有渐近方向.

当二次曲线是双曲型时, $I_2 < 0$, 则判别式 $\Delta = -4I_2 > 0$. 故方程 (4.1.4) 有两个解, 即双曲型二次曲线有两个渐近方向.

当二次曲线是抛物型时, $I_2 = 0$, 则判别式 $\Delta = -4I_2 = 0$. 故方程 (4.1.4) 有一个解 $(a_{12}, -a_{11})$, 即抛物型二次曲线有一个渐近方向 $(a_{12}, -a_{11})$.

情形 2 $a_{22} \neq 0$, 则方程 (4.1.4) 的非零解 (m, n) 意味着 $m \neq 0$. 而非零向量 $\boldsymbol{\alpha}(m, n)$ 决定的直线方向只与 $m : n$ 有关. 方程 (4.1.3) 改写为

$$a_{22}\left(\frac{n}{m}\right)^2 + 2a_{12}\frac{n}{m} + a_{11} = 0.$$

类似情形 1 讨论. 对于抛物型二次曲线, 它的渐近方向为 $(a_{22}, -a_{12})$.

情形 3 $a_{11} = a_{22} = 0$, 则 $a_{12} \neq 0$. 此时 $I_2 = -a_{12}^2 < 0$, 二次曲线是双曲型的. 方程 (4.1.3) 等价于 $mn = 0$. 故二次曲线有两个渐近方向, 它们是由向量 $\boldsymbol{\alpha}(1, 0)$ 和向量 $\boldsymbol{\beta}(0, 1)$ 决定的直线方向. □

从几何上看, 双曲线的渐近方向就是它的两个渐近线的方向.

设直线 L 为二次曲线 Γ 的渐近线, 则它的方向 (m, n) 为二次曲线的渐近方向. 设该渐近线经过点 (x_0, y_0), 则它的参数方程为 $L: \begin{cases} x = x_0 + tm, \\ y = y_0 + tn. \end{cases}$

由于渐近线与二次曲线要么没有交点, 要么整个渐近线在二次曲线上, 根据直线与二次曲线的交点情况, 我们有

$$mF_1(x_0, y_0) + nF_2(x_0, y_0) = 0.$$

这说明渐近线上的点 (x_0, y_0) 满足直线方程 $mF_1(x, y) + nF_2(x, y) = 0$, 即

$$(ma_{11} + na_{12})x_0 + (ma_{12} + na_{22})y_0 + mb_1 + nb_2 = 0.$$

命题 4.1.2.4 设 (m, n) 为二次曲线的渐近方向, 则以 (m, n) 为方向的二次曲线的渐近线方程为 $mF_1(x, y) + nF_2(x, y) = 0$. 特别地, 中心在渐进线上.

如果 (m, n) 是抛物线的渐近方向, 则方程 $mF_1(x, y) + nF_2(x, y) = 0$ 是无解的. 经过二次曲线 Γ 的中心, 平行于二次曲线 Γ 的渐近方向的直线是二次曲线的渐近线. 这样双曲型二次曲线有两个渐近线. 抛物线没有渐近线, 因为抛物线有渐近方向, 但没有中心. 椭圆没有渐近线, 因为椭圆有中心, 但没有渐近方向. 现在设 $O(x_0, y_0)$ 是二次曲线的中心, 则二次曲线的渐近线方程为 $\Phi(x - x_0, y - y_0) = 0$.

3. 直径

取定二次曲线 $F(x, y) = 0$ 的一族平行弦 L_t, 假定该族平行弦的方向为 $\boldsymbol{\alpha}(m, n)$, 则非零向量 $\boldsymbol{\alpha}(m, n)$ 不是二次曲线 Γ 的渐近方向. 如果点 $M_0(x_0, y_0)$ 是平行

弦 L_t 中的某个弦的中点, 则在由点 $M_0(x_0, y_0)$ 和向量 $\boldsymbol{\alpha}(m, n)$ 所决定的直线与二次曲线 Γ 的交点方程 (4.1.1) 中, 一次项的系数为 0, 即

$$mF_1(x_0, y_0) + nF_2(x_0, y_0) = 0, \tag{4.1.5}$$

即 $(ma_{11} + na_{12})x_0 + (ma_{12} + na_{22})y_0 + mb_1 + nb_2 = 0$.

关于 x_0, y_0 的一次方程 (4.1.5) 的一次项系数 $(ma_{11} + na_{12}), (ma_{12} + na_{22})$ 不能同时为零. 否则, 如果同时为零, 即 $(ma_{11} + na_{12}) = (ma_{12} + na_{22}) = 0$, 则

$$0 = m(ma_{11} + na_{12}) + n(ma_{12} + na_{22}) = a_{11}m^2 + 2a_{12}mn + a_{22}n^2 = \Phi(m, n).$$

这说明非零向量 $\boldsymbol{\alpha}(m, n)$ 是二次曲线的渐近方向, 这与已知假设矛盾. 这样方程

$$(ma_{11} + na_{12})x + (ma_{12} + na_{22})y + mb_1 + nb_2 = 0$$

是平面上的一条直线方程, 即该直线为 L_α. 方程 (4.1.5) 说明平行弦中每个弦的中点都在直线 L_α 上, 于是得到下面结论,

命题 4.1.2.5 设非零向量 $\boldsymbol{\alpha}(m, n)$ 不是二次曲线 Γ 的渐近方向, 则平行于 $\boldsymbol{\alpha}(m, n)$ 的每一条弦的中点都在直线 $L_{\boldsymbol{\alpha}}$ 上 (图 4.1.3).

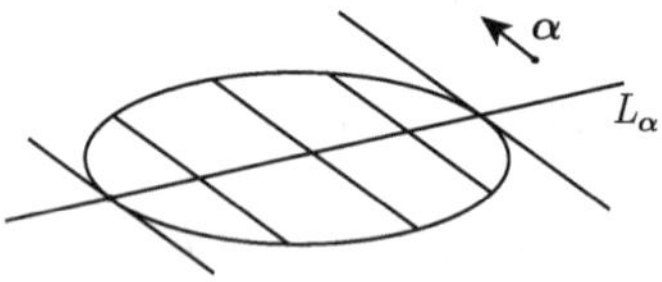

图 4.1.3

直线 $L_{\boldsymbol{\alpha}}$ 称为二次曲线共轭于方向 $\boldsymbol{\alpha}(m, n)$ 的**直径**. 该直径方程也可以写成

$$L_{\boldsymbol{\alpha}} : mF_1(x, y) + nF_2(x, y) = 0.$$

由该方程能得到下面结论,

推论 4.1.2.1 设二次曲线 Γ 存在中心, 则二次曲线 Γ 的直径一定经过二次曲线的中心.

推论 4.1.2.2 设二次曲线 Γ 存在中心, 则二次曲线 Γ 的任意两条不同的直径一定相交于二次曲线的中心.

命题 4.1.2.6 (1) 设非零向量 $\boldsymbol{\alpha}(m, n)$ 不是二次曲线 Γ 的渐近方向, 则共轭于 $\boldsymbol{\alpha}(m, n)$ 的直径 L_α 的方程是 $mF_1(x, y) + nF_2(x, y) = 0$.

(2) 设非零向量 $\boldsymbol{\alpha}(m,n)$ 是双曲型二次曲线 Γ 的渐近方向, 则直线 $L_{\boldsymbol{\alpha}}: mF_1(x,y)+nF_2(x,y)=0$ 是二次曲线 Γ 的渐近线.

(3) 设非零向量 $\boldsymbol{\alpha}(m,n)$ 是抛物型二次曲线 Γ 的渐近方向, 则

当 $I_3\neq 0$, 方程 $mF_1(x,y)+nF_2(x,y)=0$ 无解.

当 $I_3=0$, 方程 $mF_1(x,y)+nF_2(x,y)=0$ 是恒等方程, 即 $0=0$.

证明 (1) 上面已经证明.

(2) 设非零向量 $\boldsymbol{\alpha}(m,n)$ 是双曲型二次曲线 Γ 的渐近方向, 则

$$\Phi(m,n)=a_{11}m^2+2a_{12}mn+a_{22}n^2=0.$$

即

$$a_{11}m^2+2a_{12}mn+a_{22}n^2=m(ma_{11}+na_{12})+n(ma_{12}+na_{22})=0.$$

直线 $L_{\boldsymbol{\alpha}}: mF_1(x,y)+nF_2(x,y)=0$ 写成下面形式:

$$(ma_{11}+na_{12})x+(ma_{12}+na_{22})y+mb_1+nb_2=0.$$

$a_{11}m^2+2a_{12}mn+a_{22}n^2=m(ma_{11}+na_{12})+n(ma_{12}+na_{22})=0$ 说明向量 $\boldsymbol{\alpha}(m,n)$ 平行于直线 $L_{\boldsymbol{\alpha}}$. 这样直线 $L_{\boldsymbol{\alpha}}$ 经过中心, 又平行于渐近方向. 故直线 $L_{\boldsymbol{\alpha}}$ 是二次曲线 Γ 的渐近线.

(3) 设非零向量 $\boldsymbol{\alpha}(m,n)$ 是抛物型二次曲线 Γ 的渐近方向.

情形 1 $a_{11}\neq 0$, 则渐近方向 $(m,n)=(a_{12},-a_{11})$, 则方程

$$mF_1(x,y)+nF_2(x,y)=a_{12}b_1-a_{11}b_2.$$

当 $I_3\neq 0$, 方程 $mF_1(x,y)+nF_2(x,y)=a_{12}b_1-a_{11}b_2\neq 0$, 故方程无解.

当 $I_3=0$, 方程 $mF_1(x,y)+nF_2(x,y)=0$ 是恒等方程, 即 $0=0$.

情形 2 $a_{22}\neq 0$, 证明过程与情形 1 相似.

情形 3 $a_{11}=a_{22}=0, a_{22}\neq 0$, 证明过程与情形 1 相似. □

设非零向量 $\boldsymbol{\alpha}(m,n)$ 不是二次曲线 Γ 的渐近方向, 则共轭于 $\boldsymbol{\alpha}(m,n)$ 的直径 $L_{\boldsymbol{\alpha}}$ 的方向 $\boldsymbol{\beta}(m',n')$ 为 $(m',n')=(ma_{12}+na_{22},-(ma_{11}+na_{12}))$, 它们满足

$$(m,n)\boldsymbol{A}_0\begin{pmatrix}m'\\n'\end{pmatrix}=0.$$

这样共轭于 $\boldsymbol{\beta}(m',n')$ 的直径 $L_{\boldsymbol{\beta}}$ 的方程为

$$m'F_1(x,y)+n'F_2(x,y)=0,$$

它的方向为 $\boldsymbol{\alpha}(m,n)$. 这样直径 $L_{\boldsymbol{\alpha}}$ 和直径 $L_{\boldsymbol{\beta}}$ 是一对互为共轭的直径.

定义 4.1.2.7 设二次曲线 $F(x,y)=0$ 的二次部分 $\Phi(x,y)$ 的矩阵是 $\boldsymbol{A}_0$. 如果两个非零向量 $\boldsymbol{\alpha}(m_1,n_1)$ 和 $\boldsymbol{\beta}(m_2,n_2)$ 满足

$$(m_1,n_1)\boldsymbol{A}_0\begin{pmatrix} m_2 \\ n_2 \end{pmatrix}=0,$$

则称由向量 $\boldsymbol{\alpha}(m_1,n_1)$ 和 $\boldsymbol{\beta}(m_2,n_2)$ 分别代表的直线方向是互相**共轭**.

注意 定义中的等式是对称的, 即

$$(m_1,n_1)\boldsymbol{A}_0\begin{pmatrix} m_2 \\ n_2 \end{pmatrix}=0 \Leftrightarrow (m_2,n_2)\boldsymbol{A}_0\begin{pmatrix} m_1 \\ n_1 \end{pmatrix}=0.$$

命题 4.1.2.7 二次曲线的直线方向共轭的定义不依赖于仿射坐标系的选择.

证明 在平面仿射坐标系 $I[O;\boldsymbol{e}_1,\boldsymbol{e}_2]$ 下, 向量 $\boldsymbol{\alpha}(m_1,n_1)$ 和 $\boldsymbol{\beta}(m_2,n_2)$ 是二次曲线 Γ 的一对共轭方向. 即 $(m_1,n_1)\boldsymbol{A}_0\begin{pmatrix} m_2 \\ n_2 \end{pmatrix}=0$, 或等价于

$$(m_2,n_2)\boldsymbol{A}_0\,(m_1,n_1)^{\mathrm{T}}=0.$$

设 $I'[O';\boldsymbol{e}_1',\boldsymbol{e}_2']$ 是平面上另一个仿射坐标系, 并且设坐标系 $I[O;\boldsymbol{e}_1,\boldsymbol{e}_2]$ 到坐标系 $I'[O';\boldsymbol{e}_1',\boldsymbol{e}_2']$ 的过渡矩阵是 $\boldsymbol{C}$. 则二次曲线 Γ 在坐标系 $I'[O';\boldsymbol{e}_1',\boldsymbol{e}_2']$ 下的方程的二次部分的矩阵是 $\boldsymbol{C}^{\mathrm{T}}\boldsymbol{A}_0\boldsymbol{C}$. 向量 $\boldsymbol{\alpha}$ 和 $\boldsymbol{\beta}$ 在 $I'[O';\boldsymbol{e}_1',\boldsymbol{e}_2']$ 下的坐标分别是 $(m_1,n_1)\left(\boldsymbol{C}^{\mathrm{T}}\right)^{-1}$ 和 $(m_2,n_2)\left(\boldsymbol{C}^{\mathrm{T}}\right)^{-1}$.

$$(m_1,n_1)\left(\boldsymbol{C}^{\mathrm{T}}\right)^{-1}\left(\boldsymbol{C}^{\mathrm{T}}\boldsymbol{A}_0\boldsymbol{C}\right)\left((m_2,n_2)\left(\boldsymbol{C}^{\mathrm{T}}\right)^{-1}\right)^{\mathrm{T}}=(m_1,n_1)\boldsymbol{A}_0\begin{pmatrix} m_2 \\ n_2 \end{pmatrix}=0.$$

这样说明在坐标系 $I'[O';\boldsymbol{e}_1',\boldsymbol{e}_2']$ 下, 向量 $\boldsymbol{\alpha}(m_1,n_1)$ 和 $\boldsymbol{\beta}(m_2,n_2)$ 也是二次曲线 Γ 的一对共轭方向. 故直线方向共轭的定义不依赖于仿射坐标系的选择. □

命题 4.1.2.8 平面上给定一个非零向量 $\boldsymbol{\alpha}(m_0,n_0)$.

(1) 如果向量 $\boldsymbol{\alpha}(m_0,n_0)$ 不是二次曲线 Γ 的渐近方向, 则它的共轭方向是存在并且唯一的.

(2) 如果向量 $\boldsymbol{\alpha}(m_0,n_0)$ 是双曲型二次曲线 Γ 的渐近方向, 则它的共轭方向就是它自己.

(3) 如果向量 $\boldsymbol{\alpha}(m_0,n_0)$ 是抛物型二次曲线 Γ 的渐近方向, 则任意方向都与它共轭.

证明 设非零向量 $\boldsymbol{\beta}(m,n)$ 所决定的直线方向与 $\boldsymbol{\alpha}(m_0,n_0)$ 共轭, 则

$$(m_0,n_0)\boldsymbol{A}_0\begin{pmatrix} m \\ n \end{pmatrix}=0. \tag{4.1.6}$$

(1) 如果向量 $\boldsymbol{\alpha}(m_0,n_0)$ 不是二次曲线 Γ 的渐近方向, 则齐次方程 (4.1.6) 的系数矩阵 $(m_0,n_0)\boldsymbol{A}_0\neq\boldsymbol{0}$, 故 (4.1.6) 只能决定一个直线方向. 于是向量 $\boldsymbol{\alpha}(m,n)$ 的共轭方向是存在并且唯一的.

(2) 如果向量 $\boldsymbol{\alpha}(m_0,n_0)$ 是双曲型二次曲线 Γ 的渐近方向, 则齐次方程 (4.1.6) 的系数矩阵 $(m_0,n_0)\boldsymbol{A}_0\neq\boldsymbol{0}$, 故 (4.1.6) 只能决定一个直线方向. 另外, 向量 $\boldsymbol{\alpha}(m_0,n_0)$ 是二次曲线的渐近方向, 故 $(m_0,n_0)\boldsymbol{A}_0\begin{pmatrix} m_0 \\ n_0 \end{pmatrix}=0$. 于是向量 $\boldsymbol{\alpha}(m,n)$ 所决定的方向的共轭方向就是它自己.

(3) 如果向量 $\boldsymbol{\alpha}(m_0,n_0)$ 是抛物型二次曲线 Γ 的渐近方向. 则齐次方程 (4.1.6) 的系数矩阵 $(m_0,n_0)\boldsymbol{A}_0=\boldsymbol{0}$, 从而任意向量 $\boldsymbol{\alpha}(m,n)$ 都满足方程 (4.1.6), 即任意方向都与 $\boldsymbol{\alpha}(m_0,n_0)$ 共轭. □

命题 4.1.2.9 设非零向量 $\boldsymbol{\alpha}(m,n)$ 不是二次曲线 Γ 的渐近方向, 共轭于 $\boldsymbol{\alpha}(m,n)$ 的直径 $L_{\boldsymbol{\alpha}}$ 的方向与向量 $\boldsymbol{\alpha}(m,n)$ 所决定的直线方向是共轭的.

证明 共轭于 $\boldsymbol{\alpha}(m,n)$ 的直径 $L_{\boldsymbol{\alpha}}$ 的方程是 $mF_1(x,y)+nF_2(x,y)=0$ 或

$$(ma_{11}+na_{12})x+(ma_{12}+na_{22})y+mb_1+nb_2=0.$$

设向量 $\boldsymbol{\beta}(m_1,n_1)$ 平行于直径 $L_{\boldsymbol{\alpha}}$, 即向量 $\boldsymbol{\beta}(m_1,n_1)$ 决定直径 $L_{\boldsymbol{\alpha}}$ 的方向. 从而

$$m_1(ma_{11}+na_{12})+n_1(ma_{12}+na_{22})=0,$$

即 $(m_1,n_1)\boldsymbol{A}_0\begin{pmatrix} m \\ n \end{pmatrix}=0$. 即直径 $L_{\boldsymbol{\alpha}}$ 的方向与向量 $\boldsymbol{\alpha}(m,n)$ 所决定的直线方向是共轭的. □

定义 4.1.2.8 设 $L_{\boldsymbol{\alpha}},L_{\boldsymbol{\beta}}$ 是二次曲线 Γ 的两条直径, 如果直径 $L_{\boldsymbol{\alpha}},L_{\boldsymbol{\beta}}$ 的方向是共轭的, 则称直径 $L_{\boldsymbol{\alpha}}$ 和直径 $L_{\boldsymbol{\beta}}$ 是二次曲线 Γ 的一对互相共轭的**共轭直径**.

例 4.1.2.1 设 $L_{\boldsymbol{\alpha}},L_{\boldsymbol{\beta}}$ 是二次曲线 Γ 的一对共轭直径, 并且它们相交于点 O. 并且非零向量 $\boldsymbol{\alpha}(m_1,n_1)$ 平行于直径 $L_{\boldsymbol{\alpha}}$, 非零向量 $\boldsymbol{\beta}(m_2,n_2)$ 平行于直径 $L_{\boldsymbol{\beta}}$. 求证, 在平面仿射坐标系 $[O;\boldsymbol{\alpha},\boldsymbol{\beta}]$ 下, 二次曲线 Γ 的方程有如下形式:

$$ax^2+by^2+c=0.$$

证明 设二次曲线 Γ 在平面仿射坐标系 $[O;\boldsymbol{\alpha},\boldsymbol{\beta}]$ 下的方程是

$$a_{11}x^2+a_{22}y^2+2a_{12}xy+2b_1x+2b_2y+c=0.$$

因为共轭直径 $L_{\boldsymbol{\alpha}},L_{\boldsymbol{\beta}}$ 相交于点 O, 故点 O 是中心, 并且向量 $\boldsymbol{\alpha}(m_1,n_1)$ 与向量 $\boldsymbol{\beta}(m_2,n_2)$ 线性无关. 又原点 $O(0,0)$ 的坐标满足方程组 $\begin{cases} a_{11}x+a_{12}y+b_1=0, \\ a_{12}x+a_{22}y+b_2=0, \end{cases}$ 这样 $b_1=b_2=0$.

又向量 $\boldsymbol{\alpha},\boldsymbol{\beta}$ 在仿射坐标系下的坐标分别是 $(1,0)$ 和 $(0,1)$, 它们又是共轭的. 这样 $0=(1,0)\begin{pmatrix} a_{11} & a_{12} \\ a_{12} & a_{22} \end{pmatrix}\begin{pmatrix} 0 \\ 1 \end{pmatrix}=a_{12}$. 于是二次曲线 Γ 在平面仿射坐标系 $[O;\boldsymbol{\alpha},\boldsymbol{\beta}]$ 下的方程是 $a_{11}x^2+a_{22}y^2+c=0$. □

4. 二次曲线的切线

设直线 L 是平面上经过点 $M_0(x_0,y_0)$, 平行于向量 $\boldsymbol{\alpha}(m,n)$ 的直线, 则直线 L 是二次曲线 Γ 的一条切线的充分必要条件是 $\Phi(m,n)\neq 0$, 并且

$$\Phi(m,n)F(x_0,y_0)=[mF_1(x_0,y_0)+nF_2(x_0,y_0)]^2. \tag{4.1.7}$$

情形 1 已知点 $M_0(x_0,y_0)\in\Gamma$, 求以 $M_0(x_0,y_0)$ 为切点的二次曲线 Γ 的切线方程. 只需求出切线的方向向量 $\boldsymbol{\alpha}(m,n)$. 由于 $M_0(x_0,y_0)\in\Gamma$, $F(x_0,y_0)=0$. 由方程 (4.1.7), 得到方向向量 $\boldsymbol{\alpha}(m,n)$ 应满足条件

$$mF_1(x_0,y_0)+nF_2(x_0,y_0)=0.$$

(1) 如果点 $M_0(x_0,y_0)$ 不是中心, 则 $F_1(x_0,y_0)$ 和 $F_2(x_0,y_0)$ 不全为零, 于是

$$m:n=-F_2(x_0,y_0):F_1(x_0,y_0).$$

从而经过二次曲线上点 $M_0(x_0,y_0)$ 的切线方程是

$$F_1(x_0,y_0)(x-x_0)+F_2(x_0,y_0)(y-y_0)=0. \tag{4.1.8}$$

由于 $M_0(x_0,y_0)\in\Gamma$, 过切点 $M_0(x_0,y_0)$ 的切线方程可以改写为

$$F_1(x_0,y_0)x+F_2(x_0,y_0)y+F_3(x_0,y_0)=0.$$

(2) 如果点 $M_0(x_0,y_0)$ 是中心. 即 $F_1(x_0,y_0)=F_2(x_0,y_0)=0$. 即二次曲线的中心在二次曲线上时, 则过点 $M_0(x_0,y_0)$ 的任意一条直线均是二次曲线 Γ 的切线.

命题 4.1.2.10 设点 $M_0(x_0,y_0)$ 是二次曲线上的一点, 如果 $M_0(x_0,y_0)$ 不是二次曲线的中心, 则经过点 $M_0(x_0,y_0)$ 的二次曲线的切线方程为 (4.1.8).

情形 2 已知点 $M_0(x_0,y_0)\notin\Gamma$, 求经过二次曲线外面的点 $M_0(x_0,y_0)$ 的二次曲线 Γ 的切线方程.

只需要求出二次曲线的切点坐标或者切线的方向向量.

(1) 求出切点的坐标. 设切点 M_1 坐标是 (x_1,y_1), 则它满足方程组

$$\begin{cases} F(x_1,y_1)=0, \\ F_1(x_1,y_1)(x_0-x_1)+F_2(x_1,y_1)(y_0-y_1)=0, \end{cases}$$

第一个方程表示切点 M_1 在二次曲线上. 第二个方程表示经过切点 M_1 的切线经过点 M_0.

(2) 求出切线的方向向量. 设切线的方向向量是 $\boldsymbol{\alpha}(m,n)$, 则它满足方程

$$\Phi(m,n)F(x_0,y_0)=[mF_1(x_0,y_0)+nF_2(x_0,y_0)]^2.$$

这是关于方向向量的坐标的二次齐次方程, 它可能有两个解.

一般而言, 经过二次曲线外一点 $M_0(x_0,y_0)$ 作二次曲线的切线有两条, 这两条直线的方程为

$$\Phi(x-x_0,y-y_0)F(x_0,y_0)=[(x-x_0)F_1(x_0,y_0)+(y-y_0)F_2(x_0,y_0)]^2.$$

情形 3 已知 $\boldsymbol{\alpha}(m,n)$ 不是二次曲线的渐近方向, 求平行于 $\boldsymbol{\alpha}(m,n)$ 的切线方程.

只需要求出切点的坐标. 设 $M_0(x_0,y_0)$ 是所求切线的切点, 则它满足方程组

$$\begin{cases} F(x_0,y_0)=0, \\ mF_1(x_0,y_0)+nF_2(x_0,y_0)=0, \end{cases}$$

从方程组看出, 切点是二次曲线共轭于 $\boldsymbol{\alpha}(m,n)$ 的直径和二次曲线的交点.

例 4.1.2.2 在平面仿射坐标下, 求二次曲线 $x^2-xy+y^2-1=0$ 经过点 $(0,2)$ 的切线.

解 因为 $F(0,2)\neq 0$, 所以点 $(0,2)$ 不在二次曲线上. 所以一般有两条切线, 其方程满足

$$\Phi(x,y-2)F(0,2)=[xF_1(0,2)+(y-2)F_2(0,2)]^2.$$

又 $F_1(0,2)=-1$, $F_2(0,2)=2$. 所以切线满足方程化为 $2x^2+x(y-2)-(y-2)^2=0$. 分解得到 $[2x-y+2][x+y-2]=0$. 得到两条直线 $2x-y+2=0$, $x+y-2=0$.

由于 $\Phi(1,2)\neq 0$, $\Phi(1,-1)\neq 0$, 即这两条直线都不是渐近线. 所以它们是经过点 $(0,2)$ 的二次曲线的切线. □

例 4.1.2.3　在平面仿射坐标下, 给定二次曲线 $F(x,y)=0$. 证明: 二次曲线上一点处切线方向与过该点的直径方向是一对共轭方向.

证明　任取二次曲线上一点 $M_0(x_0,y_0)$, 则经过该点的切线方程为

$$F_1(x_0,y_0)(x-x_0)+F_2(x_0,y_0)(y-y_0)=0.$$

它的方向为 $(F_2(x_0,y_0),-F_1(x_0,y_0))$.

设经过 $M_0(x_0,y_0)$ 的直径是共轭于方向 (m,n) 的直径, 则它的方程是

$$mF_1(x,y)+nF_2(x,y)=0.$$

既然该直径经过点 $M_0(x_0,y_0)$, 所以 $mF_1(x_0,y_0)+nF_2(x_0,y_0)=0$, 于是方向 $(m,n)=(F_2(x_0,y_0),-F_1(x_0,y_0))$, 它就是切线方向. 即二次曲线上一点处切线方向与过该点的直径方向是一对共轭方向. □

4.1.3　二次曲线的度量特征

本节讨论二次曲线的度量特征, 主要包括二次曲线的对称轴和其方向. 同时也证明了所有的二次曲线至少存在一条对称轴, 从而二次曲线是轴对称图形.

定义 4.1.3.1　平面 π 上固定一点 O. 平面上任一点 p, 并且 $p\neq O$, 在连接 O,p 的直线上取一点 q, 满足线段 pq 的中点是 O, 则称点 q 是点 p 关于点 O 的**对称点**, 也称点 p 和点 q 关于点 O 是**对称的**. 点 O 关于点 O 的对称点就是自己 (图 4.1.4).

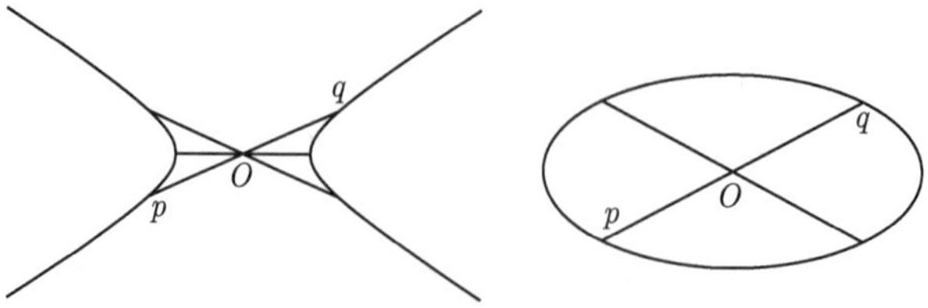

图 4.1.4

定义 4.1.3.2　平面 π 上固定一点 O, 定义平面 π 上的变换 $\tau_O:\pi\to\pi$ 如

下, 对于平面上任意一点 p, 定义 $\tau_O(p)$ 为点 p 关于点 O 的对称点, 则称变换 $\tau_O:\pi\to\pi$ 为平面上关于点 O 的**中心对称**.

明显中心对称变换是可逆变换, 由于 $\tau_O^2=\mathrm{id}_\pi$, 所以 $\tau_O^{-1}=\tau_O$.

定义 4.1.3.3 设 Γ 是平面上一个二次曲线. 如果平面上存在一点 O 满足 $\tau_O(\Gamma)=\Gamma$, 即二次曲线关于点 O 是**中心对称的**, 则称点 O 为二次曲线的**对称中心**.

命题 4.1.3.1 二次曲线的对称中心就是二次曲线的中心.

取定平面 π 上一固定直线 L, 设 $\phi_L:\pi\to\pi$ 是平面上关于直线 L 的反射变换.

定义 4.1.3.4 设 Γ 是平面上一个二次曲线. 如果平面上存在一条直线 L 满足: $\phi_L(\Gamma)=\Gamma$, 即二次曲线是关于直线 L **对称的**, 则称直线 L 为二次曲线的**对称轴**.

从对称轴的定义知道, 二次曲线的对称轴是二次曲线的一条直径, 并且与它的共轭方向是垂直的. 于是有下面结论.

命题 4.1.3.2 设 Γ 是平面上一个二次曲线, 向量 $\boldsymbol{\alpha}$ 所决定的直线方向是二次曲线的非渐近方向. 如果共轭于向量 $\boldsymbol{\alpha}$ 的直径 $L_{\boldsymbol{\alpha}}$ 垂直于向量 $\boldsymbol{\alpha}$, 则直径 $L_{\boldsymbol{\alpha}}$ 是二次曲线的一条对称轴, 对称轴的方向称为二次曲线的**主方向**.

例 4.1.3.1 在平面右手直角坐标系 $I[O;\boldsymbol{e}_1,\boldsymbol{e}_2]$ 中, 二次曲线 Γ 的方程是

$$a_{11}x^2+a_{22}y^2+2a_{12}xy+2b_1x+2b_2y+c=0.$$

并且 x 轴是二次曲线 Γ 的对称轴. 求证: $a_{12}=b_2=0$.

证明 设 $p(x,y)$ 是平面上任意一点, 则点 $p(x,y)$ 关于 x 轴的对称点是 $q(x,-y)$. 由于二次曲线 Γ 有一条对称轴是 x 轴, 故对于二次曲线 Γ 上任意一点 $M(x,y)$, $M'(x,-y)$ 也在二次曲线 Γ 上, 故方程

$$a_{11}x^2+a_{22}y^2+2a_{12}xy+2b_1x+2b_2y+c=0$$

与方程 $a_{11}x^2+a_{22}y^2-2a_{12}xy+2b_1x-2b_2y+c=0$ 同时成立. 两式相减得到 $a_{12}xy+b_2y=0$, 即 $(a_{12}x+b_2)y=0$. 二次曲线 Γ 上有很多点, 而且这些点的坐标都满足 $(a_{12}x+b_2)y=0$. 这样 $a_{12}=b_2=0$. □

该例子说明, 如果平面直角坐标系的坐标轴是二次曲线的对称轴, 则二次曲线在此坐标系下的方程就是二次曲线的简化方程. 如果一个直角坐标系的坐标轴是二次曲线的对称轴, 则在此直角坐标系下二次曲线的方程称为标准简化方程.

在平面右手直角坐标系 $I[O;\boldsymbol{e}_1,\boldsymbol{e}_2]$, 二次曲线 Γ 的方程 $F(x,y)=0$ 是

$$a_{11}x^2+a_{22}y^2+2a_{12}xy+2b_1x+2b_2y+c=0.$$

下面分二次曲线的 $I_2=0$ 和 $I_2\neq 0$ 这两种情况求出其对称轴方程, 即抛物型和非抛物型.

1. 抛物型二次曲线的对称轴

设二次曲线 Γ 是抛物型二次曲线, 则 $I_2=0$. 设向量 $\boldsymbol{\alpha}(m,n)$ 所决定的直线方向不是二次曲线 Γ 的渐近方向, 则共轭于 $\boldsymbol{\alpha}(m,n)$ 的直径 $L_{\boldsymbol{\alpha}}$ 的方程是

$$mF_1(x,y)+nF_2(x,y)=0 \quad 或 \quad (ma_{11}+na_{12})x+(ma_{12}+na_{22})y+mb_1+nb_2=0.$$

由于 $I_2=0$, 所以直径 $L_{\boldsymbol{\alpha}}$ 的方向平行于二次曲线的渐近方向, 即平行于 $(a_{12},-a_{11})$ 或 $(a_{22},-a_{12})$.

当 a_{11},a_{12} 不全为零时, 直径 $L_{\boldsymbol{\alpha}}$ 的方向为 $(a_{12},-a_{11})$. 于是向量 (a_{11},a_{12}) 垂直于渐近方向. 这样共轭于方向 (a_{11},a_{12}) 的直径 L 是二次曲线的一条对称轴, 它的方程是

$$a_{11}F_1(x,y)+a_{12}F_2(x,y)=0,$$

即 $(a_{11}^2+a_{12}^2)x+(a_{12}a_{11}+a_{12}a_{22})y+a_{11}b_1+a_{12}b_2=0$.

利用 $I_2=a_{11}a_{22}-a_{12}^2=0$ 和 $I_1=a_{11}+a_{22}\neq 0$, 得到抛物型二次曲线 Γ 的对称轴方程是

$$a_{11}x+a_{12}y+\frac{a_{11}b_1+a_{12}b_2}{I_1}=0.$$

当 $a_{11}=a_{12}=0$ 时, 直径 $L_{\boldsymbol{\alpha}}$ 的方向为 $(a_{22},-a_{12})$, 同理可以得到抛物型二次曲线 Γ 的对称轴方程是

$$a_{12}x+a_{22}y+\frac{a_{12}b_1+a_{22}b_2}{I_1}=0, \quad 即\ y+\frac{b_2}{a_{22}}=0.$$

这样抛物线只有一个对称轴, 从而抛物线只有一个主方向. 抛物线的顶点是抛物线与对称轴的交点. 抛物线的开口朝向是一个向量方向, 它平行于抛物线的对称轴, 从而平行于抛物线的渐近方向. 抛物线的对称轴平行于 $(a_{12},-a_{11})$ 或者 $(a_{22},-a_{12})$. 如果 a_{11},a_{12} 不全为零. 则抛物线的开口朝向可能是向量 $(a_{12},-a_{11})$ 方向, 也可能是向量 $(-a_{12},a_{11})$ 方向. 注意, 抛物线的开口朝向是抛物线的一个仿射特征 (图 4.1.5).

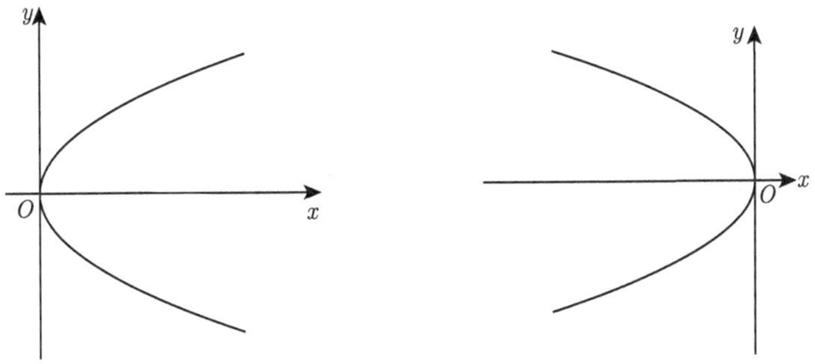

图 4.1.5

命题 4.1.3.3 向量 $(a_{12}, -a_{11})$ 方向是抛物线的开口朝向的充分必要条件是

$$I_1(a_{12}b_1 - a_{11}b_2) < 0.$$

证明 在抛物线上任意取定一点 $M_0(x_0, y_0)$, 过点 $M_0(x_0, y_0)$ 以向量 $(a_{12}, -a_{11})$ 为方向作射线 L, 其参数方程是 $\begin{cases} x = x_0 + ta_{12}, \\ y = y_0 - ta_{11}, \end{cases}$ $t \geqslant 0$.

这样向量 $(a_{12}, -a_{11})$ 方向是抛物线的开口朝向的充分必要条件是射线 L 上的点在抛物线的内部, 即 $M_t(x_0 + ta_{12}, y_0 - ta_{11})$, $t \geqslant 0$ 在抛物线的内部. 点 $M_t(x_0 + ta_{12}, y_0 - ta_{11})$, $t \geqslant 0$ 在抛物线的内部的充分必要条件是过点 M_t 以非渐近方向 $\boldsymbol{\alpha}(m, n)$ 为方向的直线与抛物线的两个交点分别在点 M_t 两侧, 即 $\Phi(m, n)F(x_0 + ta_{12}, y_0 - ta_{11}) < 0$, $t \geqslant 0$. 由于抛物线方程的二次项部分是半正定或半负定的, 其正负性完全由 I_1 决定, 即 $I_1\Phi(m, n) > 0$. 这样

$$\Phi(m, n)F(x_0 + ta_{12}, y_0 - ta_{11}) < 0,\ t \geqslant 0 \Leftrightarrow I_1F(x_0 + ta_{12}, y_0 - ta_{11}) < 0,\ t \geqslant 0.$$

另外, 既然 $M_0(x_0, y_0)$ 在抛物线上,

$$F(x_0 + ta_{12}, y_0 - ta_{11}) = 2t(a_{12}b_1 - a_{11}b_2).$$

于是

$$\Phi(m, n)F(x_0 + ta_{12}, y_0 - ta_{11}) < 0,\ t \geqslant 0 \Leftrightarrow I_1(a_{12}b_1 - a_{11}b_2) < 0.$$

所以向量 $(a_{12}, -a_{11})$ 方向是抛物线的开口朝向的充分必要条件是

$$I_1(a_{12}b_1 - a_{11}b_2) < 0.$$ □

现在建立新的右手直角坐标系 $I'[O'; \boldsymbol{e}_1', \boldsymbol{e}_2']$, 其中新坐标系的原点 O' 是抛物线的顶点. 坐标向量 $\boldsymbol{e}_2'$ 平行于对称轴并且指向抛物线的开口方向, 则右手直角坐

标系 $I'[O';\boldsymbol{e}_1',\boldsymbol{e}_2']$ 就确定了. 这样在新的右手直角坐标系 $I'[O';\boldsymbol{e}_1',\boldsymbol{e}_2']$ 下, 抛物线 Γ 的方程是下面形式:

$$I_1x'^2-2py'=0,$$

其中 $p=\sqrt{\dfrac{-I_3}{I_1}}$. 于是在新的右手直角坐标系 $I'[O';\boldsymbol{e}_1',\boldsymbol{e}_2']$ 下, 容易画出抛物线 Γ 的图形.

例 4.1.3.2　在平面右手直角坐标系中, 抛物线的方程为

$$x^2+4y^2+4xy-20x+10y-50=0.$$

求其对称轴和顶点并作出简图.

解

$$\boldsymbol{A}=\begin{pmatrix}1&2&-10\\2&4&5\\-10&5&-50\end{pmatrix},\text{得到 } I_1=5,\ I_2=0,\ I_3=-625.$$

代入抛物线的对称轴方程, 得到该抛物线的对称轴方程为 $x+2y=0$. 抛物线的顶点为下面方程组的解:

$$\begin{cases}x^2+4y^2+4xy-20x+10y-50=0,\\x+2y=0,\end{cases}$$

解得顶点坐标为 $(-2,1)$.

由于 $I_1(a_{12}b_1-a_{11}b_2)=-125<0$, 所以抛物线的开口朝向为 $(2,\ -1)$.

现在建立新的右手直角坐标系 $I'[O';\boldsymbol{e}_1',\boldsymbol{e}_2']$, 其中坐标原点 $O'(-2,1)$, 以对称轴作为 y' 轴, 以 $(2,-1)$ 作为 y' 轴的正向, 则在 $I'[O';\boldsymbol{e}_1',\boldsymbol{e}_2']$ 下, 抛物线的方程为 $2x'^2-\sqrt{5}y'=0$. 该抛物线的简图如图 4.1.6.

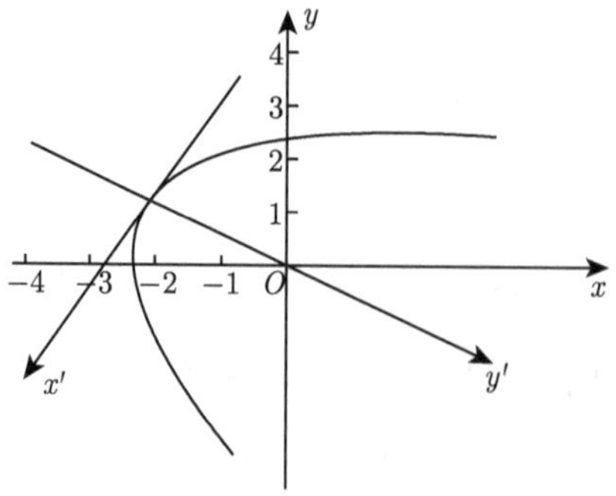

图 4.1.6

□

2. 椭圆或双曲线的对称轴

设二次曲线 Γ 是椭圆型或双曲型, 则 $I_2 \neq 0$. 设向量 $\boldsymbol{\alpha}(m_1, n_1)$ 和向量 $\boldsymbol{\beta}(m_2, n_2)$ 是二次曲线 Γ 的一对共轭方向, 则

$$(m_1, n_1)\boldsymbol{A}_0 \begin{pmatrix} m_2 \\ n_2 \end{pmatrix} = 0.$$

由于 $I[O; \boldsymbol{e}_1, \boldsymbol{e}_2]$ 是直角坐标系, 上面式子表明向量 $(m_1, n_1)\boldsymbol{A}_0$ 与向量 (m_2, n_2) 是互相垂直的. 现在假设向量 $\boldsymbol{\alpha}(m_1, n_1)$ 和向量 $\boldsymbol{\beta}(m_2, n_2)$ 是二次曲线 Γ 的一对主方向, 所以向量 $\boldsymbol{\alpha}(m_1, n_1)$ 和向量 $\boldsymbol{\beta}(m_2, n_2)$ 是互相垂直的. 所以我们有

$$(m_1, n_1)\boldsymbol{A}_0 \perp (m_2, n_2), \ \ (m_1, n_1) \perp (m_2, n_2) \Rightarrow (m_1, n_1)\boldsymbol{A}_0 // (m_1, n_1).$$

$$(m_1, n_1)\boldsymbol{A}_0 // (m_1, n_1) \Leftrightarrow \text{存在实数 } \lambda, \text{使得 } \boldsymbol{A}_0 \begin{pmatrix} m_1 \\ n_1 \end{pmatrix} = \lambda \begin{pmatrix} m_1 \\ n_1 \end{pmatrix}.$$

该式说明二次曲线的主方向 $\boldsymbol{\alpha}(m_1, n_1)$ 是矩阵 $\boldsymbol{A}_0$ 的特征向量. 下面给出求主方向的步骤.

(1) 求特征值 λ.

特征值满足二次曲线 Γ 的特征方程: $|\lambda \boldsymbol{I} - \boldsymbol{A}_0| = \lambda^2 - I_1\lambda + I_2 = 0$.
该方程的根称为二次曲线 Γ 的特征值. 其判别式为

$$\Delta = I_1^2 - 4I_2 = (a_{11} - a_{22})^2 + 4a_{12}^2 \geqslant 0.$$

这样二次曲线 Γ 的特征值一定是实数.

(2) 求特征向量.

如果 $\Delta = 0$, 则二次曲线 Γ 只有一个特征值 $\lambda = a_{11} (= a_{22})$. 由于 $\lambda \boldsymbol{I} - \boldsymbol{A}_0 = \boldsymbol{0}$, 故任意向量都满足 $\boldsymbol{A}_0 \begin{pmatrix} m_1 \\ n_1 \end{pmatrix} = \lambda \begin{pmatrix} m_1 \\ n_1 \end{pmatrix}$, 这样任何方向都是主方向. 此时二次曲线 Γ 的方程为

$$a_{11}x^2 + a_{11}y^2 + 2b_1x + 2b_2y + c = 0.$$

此时二次曲线 Γ 一定是圆, 因此过圆中心的每一条直线都是圆的对称轴.

如果 $\Delta > 0$, 则二次曲线 Γ 有两个特征值 λ_1, λ_2, 将它们分别代入下面齐次线性方程组

$$(\lambda \boldsymbol{I} - \boldsymbol{A}_0) \begin{pmatrix} m \\ n \end{pmatrix} = \boldsymbol{0}.$$

求出两个特征向量 $\boldsymbol{\alpha}_1(m_1,n_1)$ 和 $\boldsymbol{\alpha}_2(m_2,n_2)$, 它们就是二次曲线 Γ 的两个不同的主方向, 并且它们是互相垂直的.

由于 $I_2\neq 0$, 二次曲线 Γ 的中心有且只有一个, 设为 $O(x_0,y_0)$. 则经过中心 $O(x_0,y_0)$, 分别平行于主方向 $\boldsymbol{\alpha}_1(m_1,n_1)$ 和 $\boldsymbol{\alpha}_2(m_2,n_2)$ 的直线就是二次曲线 Γ 的两条对称轴, 这样对称轴方程是

$$L_1:\begin{cases}x=x_0+tm_1,\\ y=y_0+tn_1,\end{cases}\qquad L_2:\begin{cases}x=x_0+tm_2,\\ y=y_0+tn_2.\end{cases}$$

构造右手直角坐标系 $I'[O';\boldsymbol{e}_1',\boldsymbol{e}_2']$, 其中坐标原点 O' 就是二次曲线 Γ 的中心, 坐标向量为 $\boldsymbol{e}_1'=\dfrac{\boldsymbol{\alpha}_1}{|\boldsymbol{\alpha}_1|},\boldsymbol{e}_2'=\dfrac{\boldsymbol{\alpha}_2}{|\boldsymbol{\alpha}_2|}$, 它们就是二次曲线 Γ 的两个单位主方向. 这样右手直角坐标系 $I'[O';\boldsymbol{e}_1',\boldsymbol{e}_2']$ 的两个坐标轴就是二次曲线 Γ 的两个对称轴. 则在右手直角坐标系 $I'[O';\boldsymbol{e}_1',\boldsymbol{e}_2']$ 下, 二次曲线 Γ 的方程是

$$\lambda_1x'^2+\lambda_2y'^2+c'=0,$$

其中 λ_1,λ_2 是二次曲线 Γ 的特征值, $c'=\dfrac{I_3}{\lambda_1\cdot\lambda_2}$. 右手直角坐标系 $I'[O';\boldsymbol{e}_1',\boldsymbol{e}_2']$ 的 x 轴平行于特征值 λ_1 所对应的特征向量.

例 4.1.3.3 在一个右手直角坐标系下, 二次曲线 Γ 的方程为

$$4x^2+10xy+4y^2-2x+2y+18=0.$$

求出二次曲线 Γ 的对称轴, 并作出图形.

解 二次曲线的矩阵 $\boldsymbol{A}_0=\begin{pmatrix}4&5\\5&4\end{pmatrix},\boldsymbol{A}=\begin{pmatrix}4&5&-1\\5&4&1\\-1&1&18\end{pmatrix}$. 这样, $I_1=8,I_2=-9,I_3=-180$. 于是二次曲线 Γ 是一条双曲线.

二次曲线的中心 $O'(x_0,y_0)$ 满足方程组 $\begin{cases}4x+5y-1=0,\\5x+4y+1=0,\end{cases}$ 这样二次曲线的中心是 $O'=(-1,1)$.

二次曲线的特征方程是 $\lambda^2-8\lambda-9=0$, 得到二次曲线的特征值是 $\lambda_1=9,\lambda_2=-1$.

特征值 $\lambda_1=9$ 的主方向 $\boldsymbol{\alpha}(m,n)$ 满足

$$(9\boldsymbol{I}-\boldsymbol{A}_0)\begin{pmatrix}m\\n\end{pmatrix}=\begin{pmatrix}5&-5\\-5&5\end{pmatrix}\begin{pmatrix}m\\n\end{pmatrix}=\boldsymbol{0},\text{则 }\boldsymbol{\alpha}=\left(\frac{\sqrt{2}}{2},\frac{\sqrt{2}}{2}\right).$$

特征值 $\lambda_1=-1$ 的主方向 $\boldsymbol{\beta}(m,n)$ 满足

$$(-\boldsymbol{I}-\boldsymbol{A}_0)\begin{pmatrix} m \\ n \end{pmatrix}=\begin{pmatrix} -5 & -5 \\ -5 & -5 \end{pmatrix}\begin{pmatrix} m \\ n \end{pmatrix}=\boldsymbol{0},$$

则 $\boldsymbol{\beta}=\left(\dfrac{-\sqrt{2}}{2},\dfrac{\sqrt{2}}{2}\right)$. 于是二次曲线 Γ 的对称轴方程是 $\begin{cases} x=-1+\dfrac{\sqrt{2}}{2}t, \\ y=1+\dfrac{\sqrt{2}}{2}t \end{cases}$ 和 $\begin{cases} x=-1-\dfrac{\sqrt{2}}{2}t, \\ y=1+\dfrac{\sqrt{2}}{2}t. \end{cases}$

构造右手直角坐标系 $I'[O';\boldsymbol{e}_1',\boldsymbol{e}_2']$, 在此坐标系下, 二次曲线的方程是 $9x'^2-y'^2+20=0$. 化简得到标准方程是 $-\dfrac{x'^2}{\left(\dfrac{\sqrt{20}}{3}\right)^2}+\dfrac{y'^2}{(\sqrt{20})^2}=1$. 二次曲线的图形如图 4.1.7.

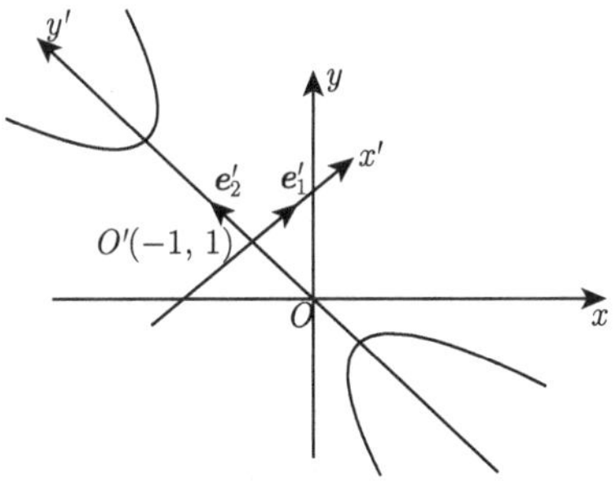

图 4.1.7

□

习 题 4.1

1. 在平面仿射坐标系中, 给定两个二次曲线 C_1,C_2, 它们的方程分别为

$$C_1: x^2+xy-2y^2+6x-1=0,\quad C_2: 2x^2-y^2-x-y=0.$$

求一个二次曲线, 使得它经过 C_1 和 C_2 的所有交点, 并且还经过点 $M(2,-2)$.

2. 在平面仿射坐标系下, 求直线 $\begin{cases} x=2+t, \\ y=1+2t \end{cases}$ 与下面二次曲线的交点坐标.

(1) $3x^2+2xy+4y^2-x+2y+2=0$;

(2) $x^2-2xy+4y^2-4x+6y+1=0$.

3. 在平面仿射坐标系下, 求出下面二次曲线的中心, 渐近方向以及渐近线 (如果存在).

(1) $2x^2+10xy+y^2-2x+2y+2=0$;

(2) $3x^2+4xy+4y^2+x+2y=0$;

(3) $x^2-8xy+4y^2+x+2y=0$;

(4) $8x^2+8xy+2y^2-6x-3y-5=0$;

(5) $5x^2+8xy+3y^2+8x+6y=0$;

(6) $5x^2+4xy+y^2-6x+4y-6=0$.

4. 在平面仿射坐标系中, 给二次曲线方程为

$$x^2+6xy+ty^2+3x+sy-4=0,$$

其中 s,t 为参数. 求出参数 s,t 满足什么条件时, 二次曲线满足

(1) 有唯一中心;

(2) 没有中心;

(3) 有无穷多中心.

5. 在平面仿射坐标系中, 设二次曲线 C 经过点 $(2,3)$, $(4,2)$, $(-1,-3)$, 并且以点 $(0,1)$ 为中心, 求出二次曲线 C 的方程.

6. 在平面仿射坐标系 $I[O;\boldsymbol{e}_1,\boldsymbol{e}_2]$ 中, 设二次曲线 C 的中心的坐标为 (x_0,y_0). 在平面仿射坐标系 $I'[O';\boldsymbol{e}_1',\boldsymbol{e}_2']$ 中, 二次曲线 C 的中心的坐标为 (x_0',y_0'). 设坐标系 $I[O;\boldsymbol{e}_1,\boldsymbol{e}_2]$ 到坐标系 $I'[O';\boldsymbol{e}_1',\boldsymbol{e}_2']$ 的过渡矩阵为 $\boldsymbol{A}$, 坐标系 $I'[O';\boldsymbol{e}_1',\boldsymbol{e}_2']$ 的原点 O' 在 $I[O;\boldsymbol{e}_1,\boldsymbol{e}_2]$ 中的坐标为 (d_1,d_2), 证明:

$$\begin{pmatrix} x_0 \\ y_0 \end{pmatrix}=\boldsymbol{A}\begin{pmatrix} x_0' \\ y_0' \end{pmatrix}+\begin{pmatrix} d_1 \\ d_2 \end{pmatrix}.$$

7. 在平面仿射坐标系 $I[O;\boldsymbol{e}_1,\boldsymbol{e}_2]$ 中, 设二次曲线 C 的渐近方向的坐标为 (m,n). 设坐标系 $I[O;\boldsymbol{e}_1,\boldsymbol{e}_2]$ 到坐标系 $I'[O';\boldsymbol{e}_1',\boldsymbol{e}_2']$ 的过渡矩阵为 $\boldsymbol{A}$, 坐标系 $I'[O';\boldsymbol{e}_1',\boldsymbol{e}_2']$ 的原点 O' 在 $I[O;\boldsymbol{e}_1,\boldsymbol{e}_2]$ 中的坐标为 (d_1,d_2), 证明: 在平面仿射坐标系 $I'[O';\boldsymbol{e}_1',\boldsymbol{e}_2']$ 中, 坐标为 $(m,n)(\boldsymbol{A}^{-1})^{\mathrm{T}}$ 的向量是二次曲线 C 的渐近方向.

8. 设 $P(x_0,y_0)$ 是二次曲线 $F(x,y)=0$ 的一个中心, 证明: $I_3=I_2F(x_0,y_0)$.

9. 在仿射坐标系中, 已知二次曲线方程为

$$a_{11}x^2+a_{22}y^2+2a_{12}xy+2b_1x+2b_2y+c=0.$$

如果该二次曲线是以两条坐标轴为渐近线的双曲线, 证明: $a_{12} \neq 0, c \neq 0$, 方程中其余的系数都为零.

10. 已知二次曲线经过点 $(-2,-1)$, $(0,-2)$, 并且两个直线

$$l_1 : x + y + 1 = 0, \quad l_2 : x - y + 1 = 0$$

是它的一对共轭直径, 求二次曲线的方程.

11. 已知一条双曲线的两条渐近线的方程分别是 $y-2=0$ 和 $3x+4y+5=0$, 并且经过点 $\left(0,\dfrac{1}{2}\right)$, 求双曲线的方程.

12. 在平面仿射坐标系中, 二次曲线方程为 $x^2-4y^2-2xy+6x+2y+3=0$, 求出该二次曲线经过原点的直径和它的共轭直径.

13. 在平面仿射坐标系中, 二次曲线方程为 $x^2+4y^2-2xy+2x+2y+1=0$, 求出该二次曲线的共轭于方向 $(2,1)$ 的直径和它的共轭直径.

14.(1) 证明: 椭圆的经过中心的每一条直线都是直径;

(2) 证明: 双曲线的经过中心的每一条直线都是直径;

(3) 证明: 抛物线的平行于渐近方向的每一条直线都是直径.

15. 在平面直角坐标系下, 椭圆 $\dfrac{x^2}{9}+\dfrac{y^2}{4}=1$ 的一条弦被点 $(2,1)$ 等分. 求该弦所在直线方程.

16. 在平面仿射坐标系下, 设二次曲线方程为 $F(x,y)=0$, 它的一条弦的中点坐标为 (x_0,y_0). 证明: 该弦所在的直线方程为 $(x-x_0)F_1(x_0,y_0)+(y-y_0)F_2(x_0,y_0)=0$.

17. 在平面仿射坐标系下, 求下面经过二次曲线上一点处的切线方程.

(1) $\dfrac{x^2}{a^2}+\dfrac{y^2}{b^2}=1$ 在点 (x_0,y_0) 处的切线;

(2) $\dfrac{x^2}{a^2}-\dfrac{y^2}{b^2}=1$ 在点 (x_0,y_0) 处的切线;

(3) $y^2=2ax$ 在点 (x_0,y_0) 处的切线;

(4) $3x^2+5y^2+4xy-7x-8y-3=0$ 在点 $(2,1)$ 处的切线;

(5) $x^2+3y^2+4xy-x-4y=0$ 在点 $(0,0)$ 处的切线;

(6) $5x^2+5y^2-2xy-8=0$ 在点 $(1,1)$ 处的切线.

18. 在平面仿射坐标系下, 求下面经过二次曲线的平行于某个向量的切线方程和切点坐标.

(1) $x^2+5y^2+4xy-2x-2y-1=0$, 向量 $\boldsymbol{\alpha}(2,1)$;

(2) $3x^2+3y^2-2xy-4=0$, 向量 $\boldsymbol{\alpha}(1,1)$;

(3) $3x^2-2y^2+8xy-x-6y-3=0$, 向量 $\boldsymbol{\alpha}(1,-1)$.

19. 在平面直角坐标系下, 设圆锥曲线的方程为

$$a_{11}x^2+a_{22}y^2+2a_{12}xy+2b_1x+2b_2y+c=0.$$

证明: 如果过点 $P(x_0,y_0)$ 可以作二次曲线的两条互相垂直的切线, 则有

$$F_1^2(x_0,y_0)+F_2^2(x_0,y_0)=I_1F(x_0,y_0).$$

20. 证明: 椭圆的互相垂直的切线的交点的轨迹是一个以椭圆中心为圆心的圆.

21. 证明: 抛物线的互相垂直的切线的交点的轨迹是其准线.

22. 求出下面二次曲线在相应条件下的直径.

(1) 二次曲线 $x^2+5y^2+4xy-2x-2y+1=0$ 经过点 $(1,0)$ 的直径;

(2) 二次曲线 $3x^2-2y^2+8xy-x-6y-3=0$ 平行于方向 $\alpha(1,-1)$ 的直径;

(3) 二次曲线 $x^2+8y^2+2xy-x-6y-3=0$ 经过点 $(1,0)$ 的直径.

23. 证明: 椭圆的任意一对共轭半径 (共轭直径上由中心到椭圆上一点的距离) 的长度的平方和是一个常数.

24. 在平面仿射坐标系下, 已知二次曲线 Γ 有一对共轭直径为

$$x-y-10=0 \quad \text{和} \quad x+y+6=0.$$

并且二次曲线 Γ 经过点 $(3,-3)$ 和 $(3,-7)$. 求其方程.

25. 在平面直角坐标系下, 求下列二次曲线的对称轴, 并画出简图.

(1) $4x^2-2y^2+8xy-x-6y-1=0$;

(2) $4x^2-4y^2+6xy-6x-2y+1=0$;

(3) $x^2+y^2+2xy-x-6y+1=0$;

(4) $3x^2+3y^2+8xy-x-2y-3=0$;

(5) $x^2+9y^2-6xy-8x+8y-1=0$;

(6) $2x^2+4y^2+4xy-2x-4y+8=0$.

26. 在平面直角坐标系下, 如果方程 $a_{11}x^2+a_{22}y^2+2a_{12}xy+a_0=0$ 表示椭圆或双曲线, 证明: 该二次曲线的对称轴是 $a_{12}(x^2-y^2)-(a_{11}-a_{22})xy=0$.

27. 在平面直角坐标系下, 设抛物线的方程为

$$a_{11}x^2+a_{22}y^2+2a_{12}xy+2b_1x+2b_2y=0.$$

证明: 顶点是原点的充分必要条件是 $\Phi(b_1,b_2)=0$.

28. 在平面直角坐标系下, 圆锥曲线 Γ 的对称轴为

$$x-y+1=0 \quad \text{和} \quad x+y+1=0,$$

并且圆锥曲线 Γ 经过点 $(-2,-1)$ 和点 $(0,-2)$. 求圆锥曲线 Γ 的方程.

29. 圆锥曲线上的点与其焦点的连线线段称为圆锥曲线的一条焦半径. 证明:

(1) 椭圆上任一点处的切线与两个焦半径的夹角相等.

(2) 双曲线上任一点处的切线与两个焦半径的夹角相等.

(3) 抛物线上任一点处的切线与它的焦半径的夹角等于该切线与过该点的直径的夹角.

30. 设圆锥曲面具有反光性, 并且满足光线反射原理. 证明:

(1) 从椭圆的一个焦点发出的光线, 经过椭圆反射后就聚焦到另一个焦点上.

(2) 从双曲线的一个焦点发出的光线, 经过双曲线反射后就像从另一个焦点发出的一样.

(3) 从抛物线的焦点发出的光线, 经过抛物线反射后成为与对称轴平行的光线; 反之, 平行于抛物线对称轴的一族光线, 经过抛物线反射后都聚焦到它的焦点上.

4.2 二次曲面的图形

4.2.1 二次曲面的大致图形

本节给出所有二次曲面的图形的大致形状. 在第 2 章给出了旋转椭球面、旋转单叶双曲面、旋转双叶双曲面、旋转抛物面、椭圆柱面、双曲柱面和抛物柱面的图形形状. 这些曲面在空间直角坐标系中方程都是二次方程, 因此这些曲面都是二次曲面. 在第 3 章中, 二次曲面方程在空间直角坐标系中已经简化为下面五大类共 14 种.

(A) 椭球面类.

(A1) 椭球面: $\dfrac{x^2}{a^2}+\dfrac{y^2}{b^2}+\dfrac{z^2}{c^2}=1$; (A2) 一个点: $\dfrac{x^2}{a^2}+\dfrac{y^2}{b^2}+\dfrac{z^2}{c^2}=0$.

(B) 双曲面类.

(B1) 单叶双曲面: $\dfrac{x^2}{a^2}+\dfrac{y^2}{b^2}-\dfrac{z^2}{c^2}=1$; (B2) 双叶双曲面: $\dfrac{x^2}{a^2}+\dfrac{y^2}{b^2}-\dfrac{z^2}{c^2}=-1$.

(C) 二次锥面.

二次锥面: $\dfrac{x^2}{a^2}+\dfrac{y^2}{b^2}-\dfrac{z^2}{c^2}=0$.

(D) 抛物面类.

(D1) 椭圆抛物面: $\dfrac{x^2}{a^2}+\dfrac{y^2}{b^2}=2z$; (D2) 双曲抛物面: $\dfrac{x^2}{a^2}-\dfrac{y^2}{b^2}=2z$.

(E) 二次柱面类.

(E1) 椭圆柱面: $\dfrac{x^2}{a^2}+\dfrac{y^2}{b^2}=1$;　　(E2) 一条直线: $\dfrac{x^2}{a^2}+\dfrac{y^2}{b^2}=0$;

(E3) 双曲柱面: $\dfrac{x^2}{a^2}-\dfrac{y^2}{b^2}=1$;　　(E4) 两张相交平面: $\dfrac{x^2}{a^2}-\dfrac{y^2}{b^2}=0$;

(E5) 抛物柱面: $x^2=2py$;　　(E6) 一对平行平面: $x^2=a^2$;

(E7) 一张平面: $x^2=0$.

二次锥面 $\dfrac{x^2}{a^2}+\dfrac{y^2}{b^2}-\dfrac{z^2}{c^2}=0$ 是锥顶在原点的一个锥面. 容易从方程得到该锥面的一条准线, 有了锥面的锥顶和一条准线, 二次锥面的图形是比较清楚的. 它是一个直纹面. 如图 4.2.1.

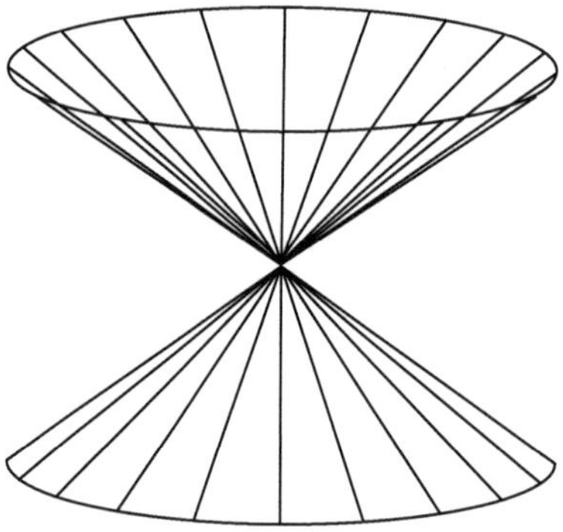

图 4.2.1

同样二次柱面类的各种图形也是比较清楚的. 其中二次柱面类中 (E4) 和 (E7) 是相交平面或一张平面, 它们也可以看成一般锥面.

本节将使用三种方法来讨论其余 3 类二次曲面的图形. 这三种方法分别是压缩变换、反射变换和平面截线法.

压缩变换是空间中一种常见而直观的变换. 比如, 平面上椭圆是平面上的圆沿着它的直径压缩而得到的图形. 当然, 圆也可以看成椭圆沿着它的短轴经拉伸的图形. 利用这种压缩变换, 从圆的图形很直观地认识了椭圆的图形.

定义 4.2.1.1　给定空间中一张固定平面 π 和一个正数 k, 定义空间中的变换 $\phi: E^3\to E^3$ 如下: 对于空间中任意一点 p, 定义它在变换 $\phi: E^3\to E^3$ 下的像 $\phi(p)$ 是满足下面条件的点.

(1)$\overrightarrow{p\phi(p)}$ 垂直于平面 π;

(2)$\phi(p)$ 到平面 π 的距离 $d(\phi(p),\pi)=kd(p,\pi)$;

(3) 点 $\phi(p)$ 与点 p 在平面 π 的同一侧.

则称变换 $\phi: E^3 \to E^3$ 为空间中向平面 π 的**压缩变换**, 其中平面 π 称为**压缩面**, 常数 k 称为**压缩系数**.

明显压缩变换是空间中的可逆变换, 其逆变换 $\phi^{-1}: E^3 \to E^3$ 也是以平面 π 为压缩平面的压缩变换, 压缩系数为 k^{-1}. 当压缩系数 $k=1$ 时, 压缩变换其实是空间中的恒等变换. 当 $k>1$ 时, 压缩变换实际上是图形的拉伸. 当 $k<1$, 压缩变换才是通常意义下的压缩.

在空间直角坐标系 $I[O;\boldsymbol{e}_1,\boldsymbol{e}_2,\boldsymbol{e}_3]$ 中, 点 $M(x,y,z)$ 作向 xOy 平面系数为 $k(>0)$ 的压缩, 就是把点 $M(x,y,z)$ 变为点 $M(x,y,kz)$. 同样, 可以定义向其他坐标平面的压缩.

对一个图形作向 xOy 平面系数为 k 的压缩, 就是对图形上每一点作这个压缩. 设图形 S 的方程 $F(x,y,z)=0$, 对它作向 xOy 平面系数为 k 的压缩后变为图形 S'. 对于图形 S' 上任意一点 $M'(x,y,z)$, 它一定是图形 S 上点 $M\left(x,y,\dfrac{z}{k}\right)$ 压缩得到的. 这样图形 S' 的方程是 $F\left(x,y,\dfrac{z}{k}\right)=0$. 同样可以得到向其他坐标平面压缩的图形方程变化关系.

对空间中的图形作压缩变换得到的图形, 直观上很容易理解图形的变化. 下面利用压缩变换把不熟悉的图形压缩成比较熟悉的图形, 从而对不熟悉的图形有一个大致的了解.

利用反射变换认识图形的方法主要是关注图形的轴对称性、面对称性和中心对称性. 在空间直角坐标系中, 给定图形的方程, 根据方程的特征来判断图形关于直角坐标轴、坐标平面的对称性. 点 $M(x,y,z)$ 关于坐标平面的对称点为

(1) 点 $M(x,y,z)$ 关于 xOy 平面的对称点的坐标是 $(x,y,-z)$;

(2) 点 $M(x,y,z)$ 关于 xOz 平面的对称点的坐标是 $(x,-y,z)$;

(3) 点 $M(x,y,z)$ 关于 yOz 平面的对称点的坐标是 $(-x,y,z)$.

这样如果二次曲面的方程中, 变量 z 只以平方项的形式出现, 则该二次曲面的图形一定是关于 xOy 平面对称的. 对于另外两张坐标平面的对称性有相似的结论.

在空间直角坐标系中, 点 $M(x,y,z)$ 关于坐标轴的对称点为

(1) 点 $M(x,y,z)$ 关于 x 轴的对称点的坐标是 $(x,-y,-z)$;

(2) 点 $M(x,y,z)$ 关于 y 轴的对称点的坐标是 $(-x,y,-z)$;

(3) 点 $M(x,y,z)$ 关于 z 轴的对称点的坐标是 $(-x,-y,z)$.

这样如果变量 y,z 只以平方项的形式和交叉项 yz 出现, 则该二次曲面的图形一定是关于 x 轴对称的. 对于另外两条坐标轴的对称性有同样的结论.

在空间直角坐标系中, 点 $M(x,y,z)$ 关于原点的对称点的坐标为 $(-x,-y,-z)$. 这样如果一个二次曲面的方程中只有二次项和常数项, 没有一次项, 则该二次曲面一定关于原点对称.

平面截线法是将空间的曲面化为一族平面曲线来认识空间曲面的图形的方法. 具体地就是通过考察一族互相平行的平面和曲面的交线的变化情况来了解曲面的图形, 通常一族平行平面是平行于直角坐标系 $I[O;\boldsymbol{e}_1,\boldsymbol{e}_2,\boldsymbol{e}_3]$ 的坐标平面的.

1. 椭球面的图形

定义 4.2.1.2 在空间直角坐标系中, 方程

$$\frac{x^2}{a^2}+\frac{y^2}{b^2}+\frac{z^2}{c^2}=1,\quad a>0,\ b>0,\ c>0$$

表示的曲面称为**椭球面**. 参数 a,b,c 是它的三个轴的长度.

当参数 a,b,c 全都不相同时, 椭球面称为一般椭球面. 当参数 a,b,c 中有两个相等时, 椭球面就是旋转椭球面. 当 $a=b=c$ 时, 椭球面是一个球面. 如图 4.2.2.

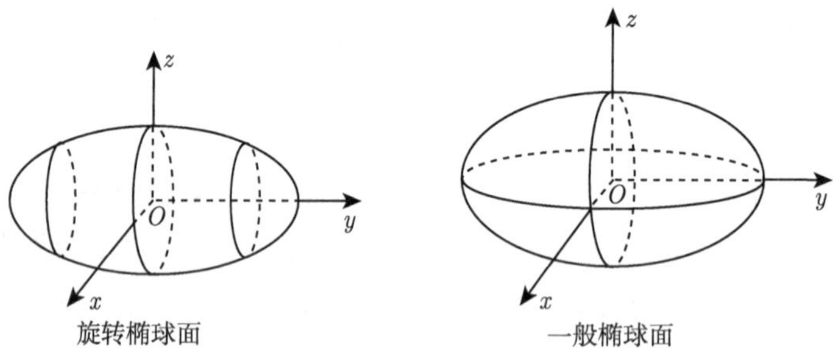

图 4.2.2

(1) **对称性**. 椭球面在直角坐标系下的方程只有平方项和常数项, 所以椭球面的图形关于三个坐标平面是对称的, 关于三个坐标轴是对称的, 关于坐标原点是对称的.

椭球面与三个坐标轴的交点分别是 $(\pm a,0,0),(0,\pm b,0),(0,0,\pm c)$, 这六个点称为椭球面的**顶点**.

(2) **形状**. 一般椭球面的图形是旋转椭球面 $\dfrac{x^2}{a^2}+\dfrac{y^2}{a^2}+\dfrac{z^2}{c^2}=1$ 向 xOz 平面系数为 $\dfrac{b}{a}$ 的压缩而得到的. 通过旋转椭球面的图形, 一般椭球面的图形可以得到一些大致的了解.

一般椭球面的图形也可以通过球面作两次压缩得到. 从图形上看, 椭球面是有界的, 它上面点的坐标满足 $|x| \leqslant a$, $|y| \leqslant b$, $|z| \leqslant c$.

如果用坐标系的三个坐标平面去截椭球面, 交线都是椭圆, 它们的方程分别如下:

$$\begin{cases} \dfrac{x^2}{a^2}+\dfrac{y^2}{b^2}=1, \\ z=0, \end{cases} \qquad \begin{cases} \dfrac{x^2}{a^2}+\dfrac{z^2}{c^2}=1, \\ y=0, \end{cases} \qquad \begin{cases} \dfrac{y^2}{b^2}+\dfrac{z^2}{c^2}=1, \\ x=0. \end{cases}$$

用平行于 xOy 平面的平面 $z=h$ 去截椭球面, 截线为 $\begin{cases} \dfrac{x^2}{a^2}+\dfrac{y^2}{b^2}=1-\dfrac{h^2}{c^2}, \\ z=h. \end{cases}$

当 $|h|<c$ 时, 该截线是椭圆, 它随着 $|h|$ 的增大而变小, 但它的离心率不变, 因此这是一族相似的椭圆. 当 $|h|=c$ 时, 截线为一个点. 当 $|h|>c$ 时, 截线为空集. 如图 4.2.3.

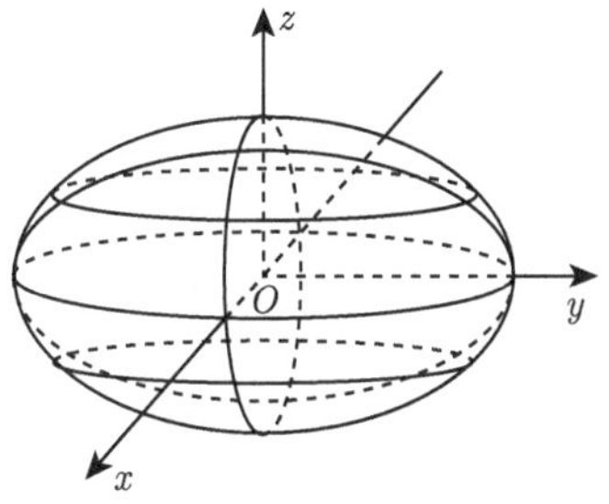

图 4.2.3

用平行于另两张坐标平面的平面去截椭球面, 情况完全类似.

2. 单叶双曲面的图形

定义 4.2.1.3 在空间直角坐标系中, 方程

$$\frac{x^2}{a^2}+\frac{y^2}{b^2}-\frac{z^2}{c^2}=1, \quad a>0, b>0, c>0$$

表示的曲面称为**单叶双曲面**. 参数 a, b, c 是它的三个轴的长度.

如果 $a=b$, 单叶双曲面是旋转单叶双曲面.

(1) **对称性**. 直角坐标系下的方程只有平方项和常数项, 所以单叶双曲面的图形关于三个坐标平面是对称的, 关于三个坐标轴是对称的, 关于坐标原点是对称的.

单叶双曲面与 x 轴和 y 轴的交点分别是 $(\pm a,0,0),(0,\pm b,0)$, 这四个点称为单叶双曲面的**顶点**. 单叶双曲面与 z 轴没有交点.

(2) **形状**. 一般单叶双曲面的图形是旋转单叶双曲面 $\dfrac{x^2}{a^2}+\dfrac{y^2}{a^2}-\dfrac{z^2}{c^2}=1$ 向 xOz 平面系数为 $\dfrac{b}{a}$ 的压缩. 通过旋转单叶双曲面的图形, 一般单叶双曲面的图形可以得到大致的了解. 如图 4.2.4.

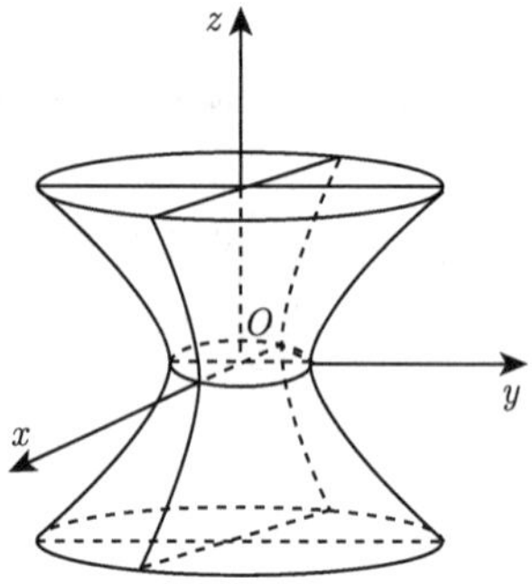

图 4.2.4

如果用坐标系的 xOy 平面去截椭球面, 交线是椭圆, 它们的方程为

$$\begin{cases}\dfrac{x^2}{a^2}+\dfrac{y^2}{b^2}=1,\\ z=0.\end{cases}$$

这个椭圆也称为单叶双曲面的**腰椭圆**.

如果用坐标系的 xOz 平面和 yOz 平面去截单叶双曲面, 交线都是双曲线, 它们的方程分别为

$$\begin{cases}\dfrac{x^2}{a^2}-\dfrac{z^2}{c^2}=1,\\ y=0,\end{cases}\qquad \begin{cases}\dfrac{y^2}{b^2}-\dfrac{z^2}{c^2}=1,\\ x=0.\end{cases}$$

用平行于 xOy 平面的平面 $z=h$ 去截单叶双曲面, 截线为椭圆, 它的方程为

$$\begin{cases}\dfrac{x^2}{a^2}+\dfrac{y^2}{b^2}=1+\dfrac{h^2}{c^2},\\ z=h,\end{cases}$$

该椭圆随着 $|h|$ 的增大而变大, 但它的离心率不变, 因此这是一族相似的椭圆.

用平行于坐标系的 xOz 平面的平面 $y=t$ 去截单叶双曲面, 截线的方程为

$$\begin{cases} \dfrac{x^2}{a^2}-\dfrac{z^2}{c^2}=1-\dfrac{t^2}{b^2}, \\ y=t. \end{cases}$$

当 $t=b$ 时, 该截线是两条相交直线, 交点在腰椭圆上, 交点坐标为 $(0,b,0)$.

当 $|t|>a$ 或 $|t|<a$, 截线都是双曲线. 但在 $|t|<a$ 时的双曲线的实轴平行于 x 轴, 虚轴平行于 z 轴; 在 $|t|>a$ 时则情况相反. 如图 4.2.5.

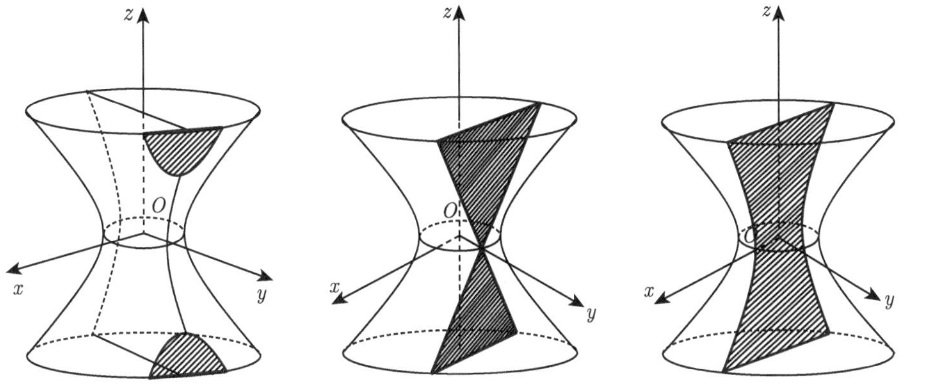

图 4.2.5

用平行于坐标系的 yOz 平面的平面 $x=t$ 去截单叶双曲面与平行于坐标系的 xOy 平面的平面 $z=t$ 去截单叶双曲面的情况类似.

3. 双叶双曲面的图形

定义 4.2.1.4　在空间直角坐标系中, 方程

$$\frac{x^2}{a^2}+\frac{y^2}{b^2}-\frac{z^2}{c^2}=-1, \quad a>0,b>0,c>0$$

表示的曲面称为**双叶双曲面**. 参数 a,b,c 是它的三个轴的长度.

如果 $a=b$, 双叶双曲面是旋转双叶双曲面.

(1) **对称性**. 既然双叶双曲面在直角坐标系下的方程只有平方项和常数项, 所以双叶双曲面的图形关于三个坐标平面是对称的, 关于三个坐标轴是对称的, 关于坐标原点是对称的.

双叶双曲面与 z 轴的交点是 $(0,0,\pm c)$. 双叶双曲面与 x 轴和 y 轴没有交点.

(2) **形状**. 一般双叶双曲面的图形是旋转双叶双曲面 $\dfrac{x^2}{a^2}+\dfrac{y^2}{a^2}-\dfrac{z^2}{c^2}=-1$ 向 xOz 平面系数为 $\dfrac{b}{a}$ 的压缩. 通过旋转双叶双曲面的图形, 一般双叶双曲面的图形可以得到大致的认识. 如图 4.2.6.

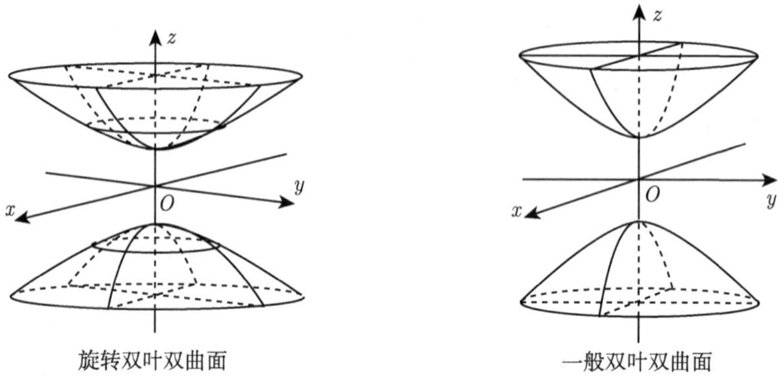

图 4.2.6

从双叶双曲面的方程得到它上面的点的坐标满足 $|z|\geqslant c$. 因此双叶双曲面与 xOy 平面没有交点. 如果用坐标系的 xOz 平面和 yOz 平面去截双叶双曲面, 交线都是双曲线, 它们的方程分别为

$$\begin{cases}\dfrac{x^2}{a^2}-\dfrac{z^2}{c^2}=-1,\\ y=0,\end{cases}\qquad \begin{cases}\dfrac{y^2}{b^2}-\dfrac{z^2}{c^2}=-1,\\ x=0.\end{cases}$$

如图 4.2.7.

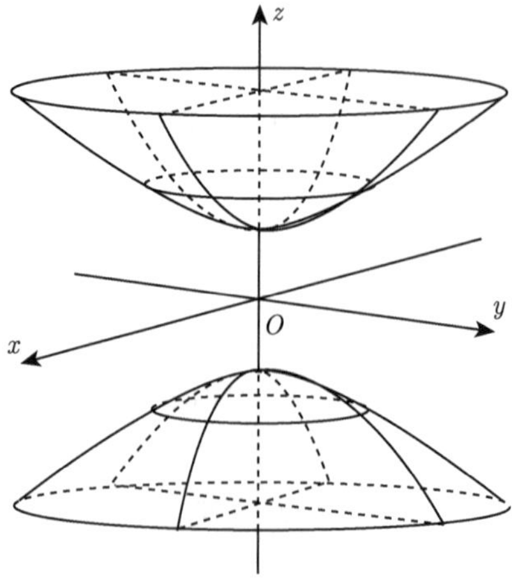

图 4.2.7

用平行于 xOy 平面的平面 $z=t$ ($|t|\geqslant c$) 去截双叶双曲面, 截线为椭圆或点, 它的方程为

$$\begin{cases}\dfrac{x^2}{a^2}+\dfrac{y^2}{b^2}=\dfrac{t^2}{c^2}-1,\\ z=t,\end{cases}$$

该椭圆随着 $|t|$ 的增大而变大, 但它的离心率不变, 因此这是一族相似的椭圆.

用平行于坐标系的 xOz 平面的平面 $y=t$ 去截双叶双曲面. 截线的方程为

$$\begin{cases}\dfrac{x^2}{a^2}-\dfrac{z^2}{c^2}=-1-\dfrac{t^2}{b^2},\\ y=t,\end{cases}$$

截线都是双曲线, 双曲线的实轴平行于 z 轴, 虚轴平行于 x 轴. 如图 4.2.8.

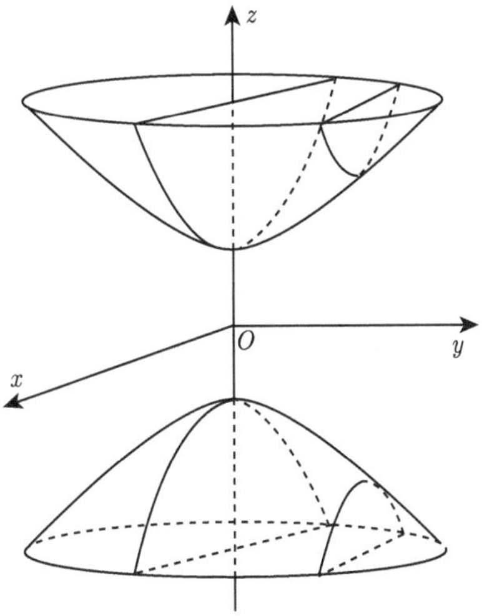

图 4.2.8

用平行于坐标系的 yOz 平面的平面 $x=t$ 去截双叶双曲面的情况类似.

4. 椭圆抛物面的图形

定义 4.2.1.5 在空间直角坐标系中, 方程

$$\frac{x^2}{a^2}+\frac{y^2}{b^2}=2z,\quad a>0,b>0$$

表示的曲面称为**椭圆抛物面**. 参数 a,b 是它的两个轴的长度.

如果 $a=b$, 椭圆抛物面是旋转抛物面.

(1) **对称性**. 既然椭圆抛物面在直角坐标系下的方程含有 z 的一次项, 所以椭圆抛物面的图形关于坐标系的 xOz 平面和 yOz 平面是对称的, 关于 x 轴、y 轴是对称的. 而关于 xOy 平面、z 轴是不对称的. 同时对原点也不对称.

(2) **形状**. 椭圆抛物面的图形是旋转抛物面 $\dfrac{x^2}{a^2}+\dfrac{y^2}{a^2}=2z$ 向 xOz 平面系数为 $\dfrac{b}{a}$ 的压缩. 通过旋转抛物面的图形, 椭圆抛物面的图形可以得到一些大致的认识. 如图 4.2.9.

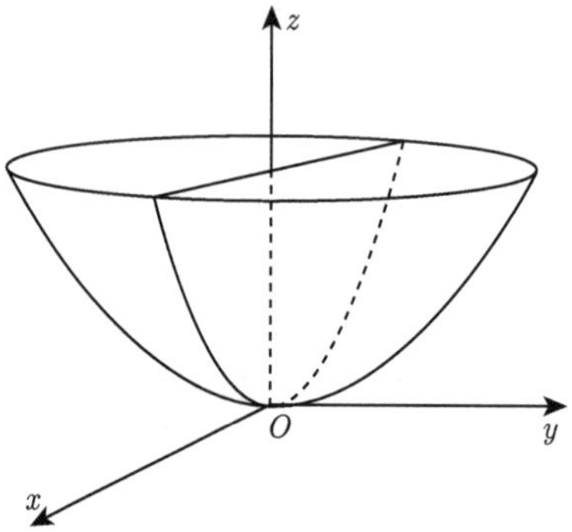

图 4.2.9

从椭圆抛物面的方程知道 $z \geqslant 0$. 因此椭圆抛物面在 xOy 平面的上方, 与 xOy 平面的交点为原点, 该点也称为椭圆抛物面的**顶点**. 如图 4.2.10.

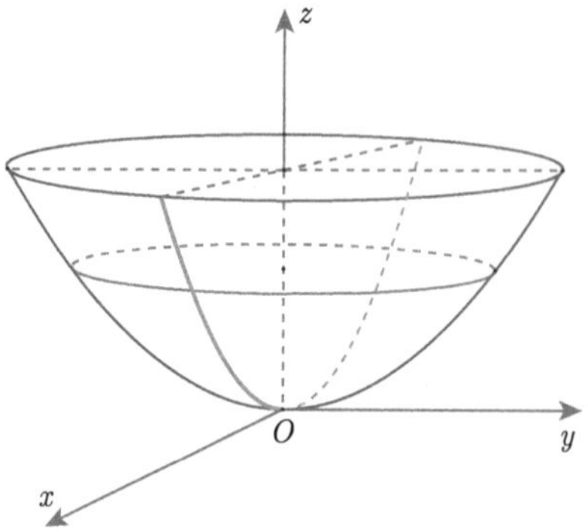

图 4.2.10

如果用坐标系的 xOz 平面和 yOz 平面去截椭圆抛物面, 交线都是抛物线, 它们的方程分别为

$$\begin{cases} \dfrac{x^2}{a^2}=2z, \\ y=0, \end{cases} \qquad \begin{cases} \dfrac{y^2}{b^2}=2z, \\ x=0. \end{cases}$$

用平行于 xOy 平面的平面 $z=t\ (|t|\geqslant 0)$ 去截椭圆抛物面, 截线为椭圆或点, 它的方程为

$$\begin{cases} \dfrac{x^2}{a^2}+\dfrac{y^2}{b^2}=2t, \\ z=t, \end{cases}$$

该椭圆随着 t 的增大而变大, 但它的离心率不变, 因此这是一族相似的椭圆.

用平行于坐标系的 yOz 平面的平面 $x=t$ 去截椭圆抛物面. 截线的方程为

$$\begin{cases} \dfrac{y^2}{b^2}=2\left(z-\dfrac{t^2}{2a^2}\right), \\ x=t, \end{cases}$$

截线都是抛物线, 它的对称轴平行于 z 轴. 这些抛物线是全等的图形, 只是它们的顶点在变化. 如图 4.2.11.

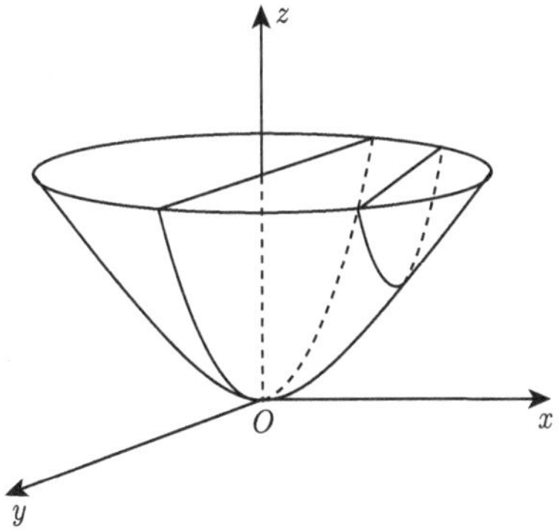

图 4.2.11

用平行于坐标系的 xOz 平面的平面 $y=t$ 去截椭圆抛物面的情况类似.

5. 双曲抛物面的图形

定义 4.2.1.6 在空间直角坐标系中, 方程

$$\frac{x^2}{a^2}-\frac{y^2}{b^2}=2z,\quad a>0,b>0$$

表示的曲面称为**双曲抛物面**. 参数 a,b 是它的两个轴的长度.

(1) **对称性**. 既然双曲抛物面在直角坐标系下的方程含有 z 的一次项. 所以双曲抛物面的图形关于坐标系的 xOz 平面和 yOz 平面是对称的, 关于 z 轴是对称的. 而关于 xOy 平面, x 轴和 y 轴都不对称. 同时原点也不对称.

(2) **形状**. 双曲抛物面的图形不能由某个旋转面的图形压缩得到. 我们只能从平面截线法中大致了解它的图形.

用平行于 xOy 平面的一族平面 $z=t$ 截双曲抛物面, 其截线方程

$$\begin{cases} z=t, \\ \dfrac{x^2}{a^2}-\dfrac{y^2}{b^2}=2t. \end{cases}$$

当 $t=0$, 截线是 xOy 平面上的两条相交于原点的直线. 当 $t>0$, 截线是双曲线, 它的实轴平行于 x 轴, 虚轴平行于 y 轴. 当 $t<0$, 截线是双曲线, 它的虚轴平行于 x 轴, 实轴平行于 y 轴. 如图 4.2.12.

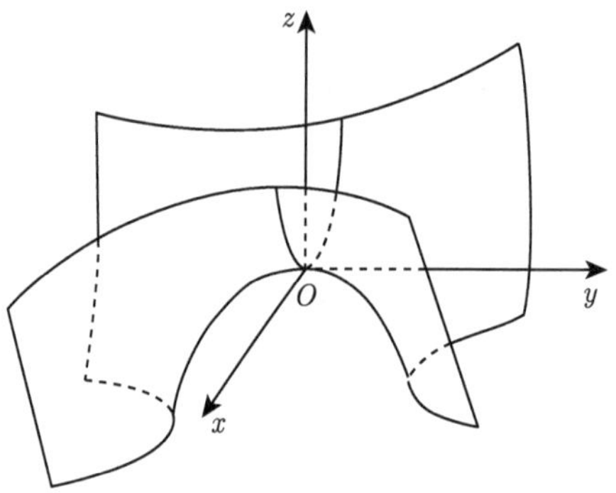

图 4.2.12

用平行于 yOz 平面或平行于 xOz 平面的一族平面截双叶双曲面是相似的. 例如用平行于 xOz 平面的一族平面 $y=t$ 截双叶双曲面, 截线方程是

$$\begin{cases} y=t, \\ \dfrac{x^2}{a^2}=2z+\dfrac{t^2}{b^2}, \end{cases}$$

截线都是抛物线, 它的对称轴都平行于 z 轴, 并且开口朝向于 z 轴的正向, 这族截线是全等的抛物线, 顶点随 $|t|$ 的值增大而向下远离 xOz 平面. 其坐标为 $\left(0, t, \dfrac{-t^2}{2b^2}\right)$. 因此这族全等的抛物线的顶点在抛物线 $\begin{cases} x=0, \\ \dfrac{y^2}{b^2}=-2z \end{cases}$ 上变动.

于是双曲抛物面可以看作以抛物线 $\begin{cases} x=0, \\ \dfrac{y^2}{b^2}=-2z \end{cases}$ 的顶点在抛物线 $\begin{cases} y=0, \\ \dfrac{x^2}{a^2}=2z \end{cases}$ 上平行移动所生成的曲面. 直观上, 在原点附近双曲抛物面像一小块马鞍, 于是双曲抛物面又称**马鞍面**. 如图 4.2.13.

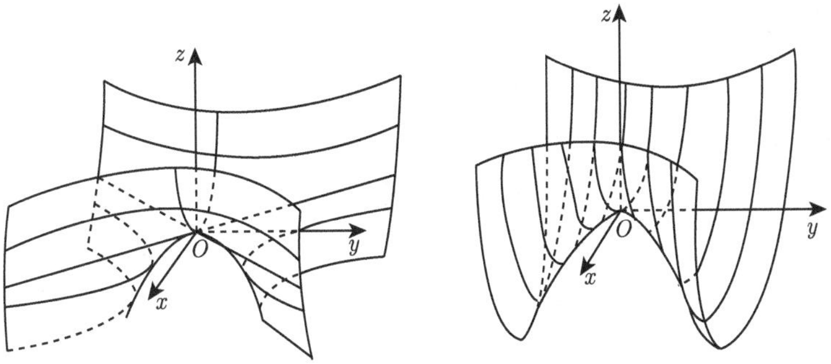

图 4.2.13

例 4.2.1.1 在空间直角坐标系下, 给出两条曲线 C_1, C_2, 它们的方程分别是

$$\begin{cases} y^2 + 25z = 0, \\ x = 0, \end{cases} \qquad \begin{cases} x^2 - 4z = 0, \\ y = 0. \end{cases}$$

求二次曲面使得该二次曲面经过这两条曲线 C_1, C_2.

解 由于曲线 C_1, C_2 是坐标面上的两条抛物线, 故考虑二次曲面为双曲抛物面, 设其方程为

$$\frac{x^2}{a} - \frac{y^2}{b} = z.$$

二次曲面与 yOz 坐标面的交线为

$$\begin{cases} \dfrac{x^2}{a} - \dfrac{y^2}{b} = z, \\ x = 0 \end{cases} \Leftrightarrow \begin{cases} \dfrac{y^2}{b} + z = 0, \\ x = 0, \end{cases}$$

所以 $b = 25$.

二次曲面与 xOz 坐标面的交线为

$$\begin{cases} \dfrac{x^2}{a} - \dfrac{y^2}{b} = z, \\ y = 0 \end{cases} \Leftrightarrow \begin{cases} \dfrac{x^2}{a} - z = 0, \\ y = 0, \end{cases}$$

所以 $a = 4$.

所以双曲抛物面 $\dfrac{x^2}{4} - \dfrac{y^2}{25} = z$ 是满足条件的二次曲面. □

4.2.2 二次曲面的圆纹性

二次曲面中有的是圆纹面, 例如旋转二次曲面是圆纹面. 平面也可以看成圆纹面, 因为平面上的任意一族同心圆都可以生成平面. 二次曲面中的一对相交平面也是圆纹面. 本节给出所有二次曲面的圆纹性的一个判断.

在直角坐标系中, 一个平面与二次曲面的交线为圆, 只与曲面方程的二次项系数有关, 与一次项和常数项没有关系. 但一次项和常数项会影响该圆的半径大小和圆心的位置.

命题 4.2.2.1 在空间直角坐标系下, 设两张平行平面 π_1, π_2 的方程是

$$\pi_1: Ax+By+Cz+D_1=0, \quad \pi_2: Ax+By+Cz+D_2=0.$$

设二次曲面 $S: F(x,y,z)=0$ 与这两张平面都相交. 如果二次曲面 S 与平面 π_1 的交线是圆. 则二次曲面 S 与平面 π_2 的交线是一个圆或一个点.

证明 建立新的直角坐标系 $I'[O';\boldsymbol{e}_1',\boldsymbol{e}_2',\boldsymbol{e}_3']$, 使得新的直角坐标系的 $x'O'y'$ 坐标面为平面 $\pi_1: Ax+By+Cz+D_1=0$.

设交线 $C_1: \begin{cases} F(x,y,z)=0, \\ Ax+By+Cz+D_1=0 \end{cases}$ 在新的直角坐标系 $I'[O';\boldsymbol{e}_1',\boldsymbol{e}_2',\boldsymbol{e}_3']$ 的方程为

$$\begin{cases} F'(x',y',z')=0, \\ z'=0, \end{cases}$$

它是 $x'O'y'$ 平面上的二次曲线, 设它在 $x'O'y'$ 平面上的直角坐标系 $I'[O';\boldsymbol{e}_1',\boldsymbol{e}_2']$ 下的方程是

$$a_{11}x'^2+a_{22}y'^2+2a_{12}x'y'+2b_1x'+2b_2y'+c=0.$$

由于它是一个圆, 故 $a_{11}=a_{22}\neq 0$, $a_{12}=0$.

由于平面 π_1 与平面 $\pi_2: Ax+By+Cz+D_2=0$ 是平行平面, 它们的方程的差异是常数项. 设交线 $C_2: \begin{cases} F(x,y,z)=0, \\ Ax+By+Cz+D_2=0 \end{cases}$ 在新的直角坐标系 $I'[O';\boldsymbol{e}_1',\boldsymbol{e}_2',\boldsymbol{e}_3']$ 的方程为

$$\begin{cases} F'(x',y',z')=0, \\ z'=h, \end{cases}$$

它是与 $x'O'y'$ 平面平行平面上的二次曲线, 在 $I'[O';\boldsymbol{e}_1',\boldsymbol{e}_2']$ 下的方程只差一个平移. 因此它与二次曲线 C_1 只相差一次项和常数项, 故设在直角坐标系 $I'[O';\boldsymbol{e}_1',\boldsymbol{e}_2']$ 下的方程是

$$a_{11}x'^2+a_{22}y'^2+2a_{12}x'y'+2b_1'x'+2b_2'y'+c'=0.$$

既然 $a_{11}=a_{22}\neq 0$, $a_{12}=0$, 故二次曲线 C_2 是一个圆或一个点. □

利用上面的证明思路我们有下面结论.

推论 4.2.2.1 在空间直角坐标系中, 设二次曲面 S_1 的方程是

$$a_{11}x^2+a_{22}y^2+a_{33}z^2+2a_{12}xy+2a_{23}yz+2a_{13}xz+2b_1x+2b_2y+2b_3z+c=0,$$

二次曲面 S_2 的方程是

$$a_{11}x^2+a_{22}y^2+a_{33}z^2+2a_{12}xy+2a_{23}yz+2a_{13}xz+2b_1'x+2b_2'y+2b_3'z+c'=0,$$

即二次曲面 S_1 的方程与二次曲面 S_2 的方程的二次项是一样的.

平面 π 的方程是 $Ax+By+Cz+D=0$, 并且平面 π 与二次曲面 S_1 和二次曲面 S_2 都相交. 如果平面 π 与二次曲面 S_1 的交线是圆, 则平面 π 与二次曲面 S_2 的交线是圆或点.

利用上面命题可以证明: 一族平行平面去截二次曲面, 得到一族截线, 如果这族截线中有一个为圆, 则这一族截线都是圆或者一个点. 下面利用此方法去论证二次曲面的圆纹性.

命题 4.2.2.2 椭球面是圆纹面.

证明 在空间直角坐标系中, 设椭球面的方程是

$$\frac{x^2}{a^2}+\frac{y^2}{b^2}+\frac{z^2}{c^2}=1.$$

如果参数 a,b,c 有两个相等, 则椭球面是旋转椭球面, 它是圆纹面. 下面假设 $a<b<c$.

首先寻求过原点的平面去截椭球面, 使得截线是圆. 设过原点的平面 π 的方程是

$$Ax+By+Cz=0.$$

则平面 π 与椭球面的交线 C 方程是 $\begin{cases} Ax+By+Cz=0, \\ \dfrac{x^2}{a^2}+\dfrac{y^2}{b^2}+\dfrac{z^2}{c^2}=1. \end{cases}$

现在假设交线 C 是圆. 由于椭球面是关于原点对称的, 并且平面 $Ax+By+Cz=0$ 也是关于原点对称的, 故它们的交线圆 C 也是关于原点对称, 于是该圆 C 的圆心在原点. 这样圆 C 在以原点为球心的某个球面 S_0 上. 因此圆 C 在球面 S_0 和椭球面的交线上, 由于球面 S_0 和椭球面的交线的方程为

$$\begin{cases} x^2+y^2+z^2=r^2, \\ \dfrac{x^2}{a^2}+\dfrac{y^2}{b^2}+\dfrac{z^2}{c^2}=1, \end{cases}$$

其中 r 是球面 S_0 的半径, 待定. 现将该交线方程进行同解变形为

$$\begin{cases} \dfrac{x^2}{r^2}+\dfrac{y^2}{r^2}+\dfrac{z^2}{r^2}=1, \\ \dfrac{x^2}{a^2}+\dfrac{y^2}{b^2}+\dfrac{z^2}{c^2}=1 \end{cases} \Leftrightarrow \begin{cases} \dfrac{x^2}{r^2}+\dfrac{y^2}{r^2}+\dfrac{z^2}{r^2}=1, \\ \left(\dfrac{1}{a^2}-\dfrac{1}{r^2}\right)x^2+\left(\dfrac{1}{b^2}-\dfrac{1}{r^2}\right)y^2+\left(\dfrac{1}{c^2}-\dfrac{1}{r^2}\right)z^2=0, \end{cases}$$

上面方程组中的第二方程为

$$\left(\frac{1}{a^2}-\frac{1}{r^2}\right)x^2+\left(\frac{1}{b^2}-\frac{1}{r^2}\right)y^2+\left(\frac{1}{c^2}-\frac{1}{r^2}\right)z^2=0,$$

它是一个二次曲面, 它的方程是齐次的, 因此可能是二次锥面或者二次柱面. 既然圆 C 在椭球面和该二次曲面的交线上, 故圆 C 一定在该二次曲面上. 如果该二次曲面是二次锥面, 即方程中平方项的三个系数均不等于零, 则该二次锥面的锥顶是圆 C 的圆心, 即原点. 从而圆 C 上点与圆心的连线都在该二次锥面上, 于是圆 C 所在的平面在该二次锥面上, 这是一个矛盾, 因为二次锥面上没有平面. 所以该二次曲面是一个二次柱面, 即方程中平方项的三个系数至少有一个为零. 因此 $r=a$, 或 $r=b$, 或 $r=c$.

如果 $r=a$, 二次曲面方程为

$$\left(\frac{1}{b^2}-\frac{1}{a^2}\right)y^2+\left(\frac{1}{c^2}-\frac{1}{a^2}\right)z^2=0,$$

既然 $a<b<c$, 该方程的解 $y=z=0$, 在空间中它是一条直线, 圆 C 不能在该二次曲面上. 矛盾, 所以 $r\neq a$. 同理可以证明 $r\neq c$. 这样 $r=b$. 球面 S_0 和椭球面的交线的方程为

$$\begin{cases} \dfrac{x^2}{b^2}+\dfrac{y^2}{b^2}+\dfrac{z^2}{b^2}=1, \\ \left(\dfrac{1}{a^2}-\dfrac{1}{b^2}\right)x^2+\left(\dfrac{1}{c^2}-\dfrac{1}{b^2}\right)z^2=0, \end{cases}$$

即

$$\begin{cases} \dfrac{x^2}{b^2}+\dfrac{y^2}{b^2}+\dfrac{z^2}{b^2}=1, \\ \left(\dfrac{\sqrt{b^2-a^2}}{ab}x-\dfrac{\sqrt{c^2-b^2}}{bc}z\right)\left(\dfrac{\sqrt{b^2-a^2}}{ab}x+\dfrac{\sqrt{c^2-b^2}}{bc}z\right)=0, \end{cases}$$

它是下面两个圆的并集:

$$\begin{cases} x^2+y^2+z^2=b^2, \\ \dfrac{\sqrt{b^2-a^2}}{a}x-\dfrac{\sqrt{c^2-b^2}}{c}z=0, \end{cases} \quad \begin{cases} x^2+y^2+z^2=b^2, \\ \dfrac{\sqrt{b^2-a^2}}{a}x+\dfrac{\sqrt{c^2-b^2}}{c}z=0, \end{cases}$$

而圆 C 在它上面. 这样经过原点的两张平面

$$\frac{\sqrt{b^2-a^2}}{a}x-\frac{\sqrt{c^2-b^2}}{c}z=0 \quad 和 \quad \frac{\sqrt{b^2-a^2}}{a}x-\frac{\sqrt{c^2-b^2}}{c}z=0$$

与椭球面的交线是圆.

这样平行平面族 $\dfrac{\sqrt{b^2-a^2}}{a}x-\dfrac{\sqrt{c^2-b^2}}{c}z=t$ 与椭球面的交线都是圆. 椭球面是由下面圆族

$$\begin{cases} x^2+y^2+z^2=b^2, \\ \dfrac{\sqrt{b^2-a^2}}{a}x-\dfrac{\sqrt{c^2-b^2}}{c}z=t, \end{cases} \qquad t 为参数$$

生成的. 故椭球面是圆纹面. □

从上面证明过程知道, 下面两个圆族均在椭球面上:

$$C_t:\begin{cases} x^2+y^2+z^2=b^2, \\ \dfrac{\sqrt{b^2-a^2}}{a}x-\dfrac{\sqrt{c^2-b^2}}{c}z=t, \end{cases} \qquad \overline{C}_t:\begin{cases} x^2+y^2+z^2=b^2, \\ \dfrac{\sqrt{b^2-a^2}}{a}x+\dfrac{\sqrt{c^2-b^2}}{c}z=t, \end{cases}$$

其中 t 为参数, $-\sqrt{c^2-a^2}\leqslant t\leqslant\sqrt{c^2-a^2}$. 当 $|t|=\sqrt{c^2-a^2}$, 圆族为一个点, 当 $|t|>\sqrt{c^2-a^2}$ 方程组无解.

圆族 C_t 和圆族 $\overline{C}_t$ 都是平行圆族, 它们都生成椭球面.

由于单叶双曲面与椭球面具有相同的对称性, 利用证明椭球面是圆族的思路同样可以证明下面结论.

命题 4.2.2.3 单叶双曲面是圆纹面.

在空间直角坐标系中, 设单叶双曲面的方程为

$$\frac{x^2}{a^2}+\frac{y^2}{b^2}-\frac{z^2}{c^2}=1.$$

不妨设 $a<b$. 下面两个圆族都在单叶双曲面上:

$$\Gamma_t:\begin{cases}x^2+y^2+z^2=b^2,\\ \dfrac{\sqrt{b^2-a^2}}{a}x-\dfrac{\sqrt{c^2+b^2}}{c}z=t,\end{cases}\qquad \overline{\Gamma}_t:\begin{cases}x^2+y^2+z^2=b^2,\\ \dfrac{\sqrt{b^2-a^2}}{a}x+\dfrac{\sqrt{c^2+b^2}}{c}z=t,\end{cases}$$

其中 t 为参数. 圆族 Γ_t 和圆族 $\overline{\Gamma}_t$ 都是平行圆族, 它们都生成单叶双曲面.

命题 4.2.2.4 双叶双曲面是圆纹面.

证明 在空间直角坐标系 $I[O;\boldsymbol{e}_1,\boldsymbol{e}_2,\boldsymbol{e}_3]$ 中, 设双叶双曲面的方程为

$$\frac{x^2}{a^2}+\frac{y^2}{b^2}-\frac{z^2}{d^2}=-1.$$

如果 $a=b$, 则双叶双曲面是旋转双叶双曲面, 它是圆纹面. 下面不妨设 $a<b$.

假设平面 π 的方程是 $Ax+By+Cz+D=0$, 则平面 π 与双叶双曲面的交线方程为

$$\begin{cases}\dfrac{x^2}{a^2}+\dfrac{y^2}{b^2}-\dfrac{z^2}{d^2}=-1,\\ Ax+By+Cz+D=0.\end{cases}$$

考虑 $B=0, AC\neq 0$, 平面 π 的方程为 $Ax+Cz+D=0$. 建立新的直角坐标系 $I'[O';\boldsymbol{e}_1',\boldsymbol{e}_2',\boldsymbol{e}_3']$, 使得平面 π 为新的直角坐标系的 $x'O'y'$ 平面, 即平面 π 在新的直角坐标系 $I'[O';\boldsymbol{e}_1',\boldsymbol{e}_2',\boldsymbol{e}_3']$ 中的方程是 $z'=0$. 这样令

$$\boldsymbol{e}_3'=\frac{1}{\sqrt{A^2+C^2}}(A,0,C),\quad \boldsymbol{e}_2'=(0,1,0),\quad \boldsymbol{e}_1'=\frac{1}{\sqrt{A^2+C^2}}(C,0,-A),$$

新的直角坐标系 I' 的原点 $O'=\left(0,0,\dfrac{-D}{C}\right)$.

这样从 $I[O;\boldsymbol{e}_1,\boldsymbol{e}_2,\boldsymbol{e}_3]$ 到 $I'[O';\boldsymbol{e}_1',\boldsymbol{e}_2',\boldsymbol{e}_3']$ 的点的坐标变换公式为

$$\begin{cases}x=\dfrac{C}{\sqrt{A^2+C^2}}x'+\dfrac{A}{\sqrt{A^2+C^2}}z',\\ y=y',\\ z=\dfrac{-A}{\sqrt{A^2+C^2}}x'+\dfrac{C}{\sqrt{A^2+C^2}}z'-\dfrac{D}{C},\end{cases}$$

所以交线在平面直角坐标系 $I'[O';\boldsymbol{e}_1',\boldsymbol{e}_2']$ 下的方程为

$$\frac{1}{a^2}\frac{C^2}{A^2+C^2}x'^2+\frac{1}{b^2}y'^2-\frac{1}{d^2}\left(\frac{-A}{\sqrt{A^2+C^2}}x'-\frac{D}{C}\right)^2=-1,$$

即

$$\left(\frac{1}{a^2}\frac{C^2}{A^2+C^2}-\frac{1}{d^2}\frac{A^2}{A^2+C^2}\right)x'^2+\frac{1}{b^2}y'^2-\frac{1}{d^2}\frac{2AD}{C\sqrt{A^2+C^2}}x'-\frac{D^2}{d^2C^2}=-1.$$

如果交线为圆, 则

$$\frac{1}{a^2}\frac{C^2}{A^2+C^2}-\frac{1}{d^2}\frac{A^2}{A^2+C^2}=\frac{1}{b^2},\quad 即\ \frac{b^2-a^2}{a^2}C^2=\frac{b^2+d^2}{d^2}A^2.$$

取 $A=\dfrac{\sqrt{b^2-a^2}}{a}$, $\quad C=\dfrac{\pm\sqrt{b^2+d^2}}{d}$. 交线圆的方程为

$$\left(x-\frac{b^2}{d^2}\frac{AD}{C\sqrt{A^2+C^2}}\right)^2+y'^2=b^2\left(\frac{D^2}{a^2+d^2}-1\right).$$

下面两个圆族都在双叶双曲面上:

$$C_t:\begin{cases}\dfrac{x^2}{a^2}+\dfrac{y^2}{b^2}-\dfrac{z^2}{d^2}=-1,\\ \dfrac{\sqrt{b^2-a^2}}{a}x-\dfrac{\sqrt{c^2+b^2}}{c}z=t,\end{cases}\qquad C_t:\begin{cases}\dfrac{x^2}{a^2}+\dfrac{y^2}{b^2}-\dfrac{z^2}{d^2}=-1,\\ \dfrac{\sqrt{b^2-a^2}}{a}x+\dfrac{\sqrt{c^2+b^2}}{c}z=t,\end{cases}$$

其中 t 为参数满足 $|t|>\sqrt{a^2+d^2}$. 圆族 C_t 和圆族 $\overline{C}_t$ 都是平行圆族, 它们都生成双叶双曲面. 所以双叶双曲面是圆纹面. □

命题 4.2.2.5 二次锥面是圆纹面.

在空间直角坐标系中, 设二次锥面的方程为

$$\frac{x^2}{a^2}+\frac{y^2}{b^2}-\frac{z^2}{c^2}=0.$$

如果 $a=b$, 则二次锥面是圆锥面, 它是圆纹面. 如果 $a<b$, 则利用双叶双曲面找圆族的方法可以得到二次锥面上有下面两个圆族:

$$\Gamma_t:\begin{cases}\dfrac{x^2}{a^2}+\dfrac{y^2}{b^2}-\dfrac{z^2}{c^2}=0,\\ \dfrac{\sqrt{b^2-a^2}}{a}x-\dfrac{\sqrt{c^2+b^2}}{c}z=t,\end{cases}\qquad \overline{\Gamma}_t:\begin{cases}\dfrac{x^2}{a^2}+\dfrac{y^2}{b^2}-\dfrac{z^2}{c^2}=0,\\ \dfrac{\sqrt{b^2-a^2}}{a}x+\dfrac{\sqrt{c^2+b^2}}{c}z=t,\end{cases}$$

其中 t 为参数. 当 $t=0$ 时, 上面方程只有一个解, 即为一个点. 圆族 Γ_t 和圆族 $\overline{\Gamma}_t$ 都是平行圆族, 它们都生成二次锥面. 因此二次锥面是圆纹面.

命题 4.2.2.6 椭圆抛物面是圆纹面.

在空间直角坐标系中, 设椭圆抛物面的方程为

$$\frac{x^2}{a^2}+\frac{y^2}{b^2}=2z.$$

如果 $a=b$, 则椭圆抛物面为旋转抛物面, 它是圆纹面. 如果 $a<b$, 则利用双叶双曲面找圆族的方法可以得到椭圆抛物面上有下面两个圆族:

$$\Gamma_t:\begin{cases}\dfrac{x^2}{a^2}+\dfrac{y^2}{b^2}=2z,\\ \dfrac{\sqrt{b^2-a^2}}{a}x-z=t,\end{cases}\qquad \overline{\Gamma}_t:\begin{cases}\dfrac{x^2}{a^2}+\dfrac{y^2}{b^2}=2z,\\ \dfrac{\sqrt{b^2-a^2}}{a}x+z=t,\end{cases}$$

其中 t 为参数, $t\geqslant\dfrac{1}{2}(b^2-a^2)$. 当 $t=\dfrac{1}{2}(b^2-a^2)$ 时, 上面方程只有一个解, 即为一个点. 圆族 Γ_t 和圆族 $\overline{\Gamma}_t$ 都是平行圆族, 它们都生成椭圆抛物面. 因此椭圆抛物面是圆纹面.

命题 4.2.2.7 椭圆柱面是圆纹面.

在空间直角坐标系中, 设椭圆柱面的方程为

$$\frac{x^2}{a^2}+\frac{y^2}{b^2}=1.$$

如果 $a=b$, 则椭圆柱面为圆柱面, 它是圆纹面. 如果 $a<b$, 则利用双叶双曲面找圆族的方法可以得到椭圆柱面上有下面两个圆族:

$$\Gamma_t:\begin{cases}\dfrac{x^2}{a^2}+\dfrac{y^2}{b^2}=1,\\ \dfrac{\sqrt{b^2-a^2}}{a}x-z=t,\end{cases}\qquad \overline{\Gamma}_t:\begin{cases}\dfrac{x^2}{a^2}+\dfrac{y^2}{b^2}=1,\\ \dfrac{\sqrt{b^2-a^2}}{a}x+z=t,\end{cases}$$

其中 t 为参数. 圆族 Γ_t 和圆族 $\overline{\Gamma}_t$ 都是平行圆族, 它们都生成椭圆柱面. 因此椭圆柱面是圆纹面.

命题 4.2.2.8 双曲抛物面、双曲柱面和抛物柱面都不是圆纹面.

证明 下面给出双曲抛物面不是圆纹面的证明, 其余两种曲面的证明类似.

在空间直角坐标系中, 设双曲抛物面的方程为 $\dfrac{x^2}{a^2}-\dfrac{y^2}{b^2}=2z$. 设空间平面 π

的方程为 $Ax+By+Cz+D=0$. 则平面 π 与双叶双曲面的交线方程为

$$\begin{cases} \dfrac{x^2}{a^2}-\dfrac{y^2}{b^2}=2z, \\ Ax+By+Cz+D=0. \end{cases}$$

情形 1 平面 π 方程中的系数 A,B,C 中有两个为零. 此时平面 π 为平行坐标面的平面, 平面 π 去截双叶双曲面, 其交线为抛物线、双曲线或一对相交直线, 不可能为圆.

情形 2 平面 π 方程中的系数 A,B,C 中有一个为零.

(1) $B=0, AC\neq 0$, 平面 π 的方程为 $Ax+Cz+D=0$.
建立新的直角坐标系 $I'[O';\boldsymbol{e}_1',\boldsymbol{e}_2',\boldsymbol{e}_3']$, 使得平面 π 为新的直角坐标系的 $x'O'y'$ 平面, 即平面 π 在新的直角坐标系 $I'[O';\boldsymbol{e}_1',\boldsymbol{e}_2',\boldsymbol{e}_3']$ 中的方程是 $z'=0$. 这样令

$$\boldsymbol{e}_3'=\frac{1}{\sqrt{A^2+C^2}}(A,0,C), \quad \boldsymbol{e}_2'=(0,1,0), \quad \boldsymbol{e}_1'=\frac{1}{\sqrt{A^2+C^2}}(-C,0,A),$$

新的直角坐标系 I' 的原点 $O'=\left(0,0,\dfrac{-D}{C}\right)$.

这样从 $I[O;\boldsymbol{e}_1,\boldsymbol{e}_2,\boldsymbol{e}_3]$ 到 $I'[O';\boldsymbol{e}_1',\boldsymbol{e}_2',\boldsymbol{e}_3']$ 的点的坐标变换公式为

$$\begin{cases} x=\dfrac{-C}{\sqrt{A^2+C^2}}x'+\dfrac{A}{\sqrt{A^2+C^2}}z', \\ y=y', \\ z=\dfrac{A}{\sqrt{A^2+C^2}}x'+\dfrac{C}{\sqrt{A^2+C^2}}z'-\dfrac{D}{C}, \end{cases}$$

所以交线在平面直角坐标系 $I'[O';\boldsymbol{e}_1',\boldsymbol{e}_2']$ 下的方程为

$$\frac{1}{a^2}\frac{C^2}{A^2+C^2}x'^2-\frac{1}{b^2}y'^2=2\left(\frac{A}{\sqrt{A^2+C^2}}x'-\frac{D}{C}\right),$$

该交线方程不可能为圆的方程. 于是平面 π 的方程为 $Ax+Cz+D=0$ 与双曲抛物面的交线不可能是圆.

(2) $A=0, BC\neq 0$; (3) $A=0, BC\neq 0$. 同 (1) 一样可以证明该平面与双曲抛物面的交线不可能是圆.

情形 3 平面 π 方程中的系数 A,B,C 都不为零. 平面 π 的方程为 $Ax+By+Cz+D=0$.

建立新的直角坐标系 $I'[O';\boldsymbol{e}_1',\boldsymbol{e}_2',\boldsymbol{e}_3']$, 使得平面 π 为新的直角坐标系的 $x'O'y'$ 平面, 即平面 π 在新的直角坐标系 $I'[O';\boldsymbol{e}_1',\boldsymbol{e}_2',\boldsymbol{e}_3']$ 中的方程是 $z'=0$. 这样令

$$\boldsymbol{e}_3'=\frac{1}{\varphi_1}(A,B,C),\quad \boldsymbol{e}_2'=\frac{1}{\varphi_2}(B,-A,0),\quad \boldsymbol{e}_1'=\frac{1}{\varphi_1\varphi_2}(-AC,-BC,A^2+B^2),$$

其中 $\varphi_1=\sqrt{A^2+B^2+C^2},\varphi_2=\sqrt{A^2+B^2}$. 新的直角坐标系 I' 的原点 $O'=\left(0,0,\dfrac{-D}{C}\right)$.

这样从 $I[O;\boldsymbol{e}_1,\boldsymbol{e}_2,\boldsymbol{e}_3]$ 到 $I'[O';\boldsymbol{e}_1',\boldsymbol{e}_2',\boldsymbol{e}_3']$ 的点的坐标变换公式为

$$\begin{cases} x=\dfrac{-AC}{\varphi_1\varphi_2}x'+\dfrac{B}{\varphi_2}y'+\dfrac{A}{\varphi_1}z', \\ y=\dfrac{-BC}{\varphi_1\varphi_2}x'+\dfrac{-A}{\varphi_2}y'+\dfrac{B}{\varphi_1}z', \\ z=\dfrac{A^2+B^2}{\varphi_1\varphi_2}x'+\dfrac{C}{\varphi_1}z'-\dfrac{D}{C}, \end{cases}$$

所以交线在平面直角坐标系 $I'[O';\boldsymbol{e}_1',\boldsymbol{e}_2']$ 下的方程为

$$\begin{aligned}\frac{C^2}{\varphi_1^2}\left(\frac{A^2}{a^2\varphi_2^2}-\frac{B^2}{b^2\varphi_2^2}\right)x'^2+\left(\frac{B^2}{a^2\varphi_2^2}-\frac{A^2}{b^2\varphi_2^2}\right)y'^2-\left(\frac{1}{a^2}+\frac{1}{b^2}\right)\frac{2ABC}{\varphi_1\varphi_2^2}x'y' \\ =\frac{2(A^2+B^2)}{\varphi_1\varphi_2}x'-\frac{2D}{C}.\end{aligned}$$

既然 $\left(\dfrac{1}{a^2}+\dfrac{1}{b^2}\right)\dfrac{2ABC}{\varphi_1\varphi_2^2}\neq 0$, 所以该交线方程不可能是圆的方程, 故情形 3 的平面 π 与双曲抛物面的交线不可能是圆.

综上所有的平面与双曲抛物的交线都不可能是圆. 所以双曲抛物不是圆纹面. □

定理 4.2.2.1 (1) 二次曲面中是圆纹面的有: 椭球面、单叶双曲面、双叶双曲面、二次锥面、椭圆抛物面、椭圆柱面、两张平行平面、两张相交平面和一张平面.

(2) 双曲抛物面、双曲柱面、抛物柱面和一条直线都不是圆纹面.

例 4.2.2.1 在空间直角坐标系中, 给定两个圆周, 它们的方程分别是

$$\begin{cases} x^2+y^2=1, \\ z=0, \end{cases}\qquad \begin{cases} x^2+y^2=4, \\ z=1. \end{cases}$$

求不同类型的二次曲面使得该二次曲面经过这两个给定的圆周.

解 满足条件的二次曲面是圆纹面. 由于两个圆周所在平面都与 z 轴垂直, 故满足条件的二次曲面是旋转二次曲面.

(1) 首先考虑球面, 球心在 z 轴, 故可以设球面方程是 $x^2+y^2+(z+a)^2=r^2$, 其中 a,r 是待定常数, 球面与平面 $z=0$ 的截线方程为

$$\begin{cases} x^2+y^2+(z+a)^2=r^2, \\ z=0 \end{cases} \Leftrightarrow \begin{cases} x^2+y^2=r^2-a^2, \\ z=0, \end{cases}$$

于是 $r^2-a^2=1$.

球面与平面 $z=1$ 的截线方程为

$$\begin{cases} x^2+y^2+(z+a)^2=r^2, \\ z=1 \end{cases} \Leftrightarrow \begin{cases} x^2+y^2=r^2-(1+a)^2, \\ z=0, \end{cases}$$

于是 $a=-2$.

所以球面 $x^2+y^2+(z-2)^2=5$ 满足条件.

(2) 二次锥面, 设二次锥面 S 经过两个圆周, 其方程为 $x^2+y^2=(az+b)^2$, 其中 a,b 是待定常数. 由于两个圆周在二次锥面上, 故有

$$b^2=1, \quad (a+b)^2=4,$$

这样得到 $\begin{cases} a=1, \\ b=1, \end{cases}$ 或 $\begin{cases} a=3, \\ b=-1. \end{cases}$ 所以下面两个锥面都是满足条件的二次曲面:

$$x^2+y^2=(z+1)^2, \quad x^2+y^2=(3z-1)^2.$$

(3) 设旋转二次曲面的一般方程为 $x^2+y^2+k(z+a)^2=r^2$.

二次曲面与平面 $z=0$ 的截线方程为

$$\begin{cases} x^2+y^2+k(z+a)^2=r^2, \\ z=0 \end{cases} \Leftrightarrow \begin{cases} x^2+y^2=r^2-ka^2, \\ z=0, \end{cases}$$

于是 $r^2-ka^2=1$.

二次曲面与平面 $z=1$ 的截线方程为

$$\begin{cases} x^2+y^2+k(z+a)^2=r^2, \\ z=1 \end{cases} \Leftrightarrow \begin{cases} x^2+y^2=r^2-k(a+1)^2, \\ z=1, \end{cases}$$

于是 $r^2 - k(a+1)^2 = 4$.

这样解得 $r^2 = \dfrac{-(3a+1)(a-1)}{2a+1}, k = \dfrac{-3}{2a+1}$. 故当 $a < \dfrac{-1}{2}$ 或 $\dfrac{-1}{3} < a < 1$ 时, 下面旋转二次曲面

$$x^2 + y^2 - \frac{3}{2a+1}(z+a)^2 + \frac{(3a+1)(a-1)}{2a+1} = 0$$

都满足条件的二次曲面. □

4.2.3 二次曲面的直纹性

本节从二次曲面的方程来讨论二次曲面的直纹性. 根据直纹面的定义, 空间中曲面 S 是直纹面的充分必要条件是如下两个条件同时成立:

(1) 曲面 S 上存在一族直线 L_t, 即 $L_t \subset S$;

(2) 对于曲面 S 上任意一点 $p \in S$, 直线族 L_t 存在一条直线 L_{t_0}, 使得 $p \in L_{t_0}$.

前面已经学过很多直纹面的例子, 例如柱面、锥面或平面都是直纹面. 旋转单叶双曲面也是直纹面, 它可以是由一条直线绕着与它异面不垂直的轴线旋转而成. 二次锥面和二次柱面都是直纹面. 椭球面不是直纹面, 因为椭球面包含在一个长方体内部. 双叶双曲面不是直纹面. 理由如下, 设在空间直角坐标系中, 双叶双曲面的方程是

$$\frac{x^2}{a^2} + \frac{y^2}{b^2} - \frac{z^2}{c^2} = -1.$$

它的图形在 xOy 平面上方或下方, 与 xOy 平面没有交点. 如果双叶双曲面上有直线, 该直线与 xOy 平面没有交点, 因此这些直线都平行于 xOy 平面. 从图形上看这不可能, 因此双叶双曲面不是直纹面. 同理可以说明椭圆抛物面也不是直纹面. 本节主要证明下面结论,

定理 4.2.3.1 二次曲面中二次锥面、二次柱面、单叶双曲面和双曲抛物面是直纹面. 其余的二次曲面都不是直纹面.

根据上面的讨论, 要证明该定理只需证明单叶双曲面和双曲抛物面是直纹面.

1. 单叶双曲面的直纹性

在空间直角坐标系中, 设单叶双曲面 S 的方程是

$$\frac{x^2}{a^2} + \frac{y^2}{b^2} - \frac{z^2}{c^2} = 1, \quad a, b, c > 0.$$

将此方程改写成 $\left(\frac{x}{a}+\frac{z}{c}\right)\left(\frac{x}{a}-\frac{z}{c}\right)=\left(1+\frac{y}{b}\right)\left(1-\frac{y}{b}\right)$. 由此构造两个直线族 $L_{s,t}$ 和 $L'_{s,t}$:

$$L_{s,t}:\begin{cases} s\left(\frac{x}{a}+\frac{z}{c}\right)=t\left(1+\frac{y}{b}\right), \\ t\left(\frac{x}{a}-\frac{z}{c}\right)=s\left(1-\frac{y}{b}\right), \end{cases} \quad s,t \text{ 为参数且不全为零.}$$

$$L'_{s,t}:\begin{cases} s\left(\frac{x}{a}+\frac{z}{c}\right)=t\left(1-\frac{y}{b}\right), \\ t\left(\frac{x}{a}-\frac{z}{c}\right)=s\left(1+\frac{y}{b}\right), \end{cases} \quad s,t \text{ 为参数且不全为零.}$$

注意 上面直线族中形式上有两个参数 s,t, 但直线族中的直线只与它们的比值 $s:t$ 有关, 即假如 $s_1:t_1=s_2:t_2$, 则直线 $L_{s_1,t_1}=L_{s_2,t_2}$. 因此这两个直线族都是单参数直线族.

命题 4.2.3.1 两个直线族 $L_{s,t},L'_{s,t}$ 中每条直线都在单叶双曲面 S 上, 即 $L_{s,t}\subset S, L'_{s,t}\subset S$.

证明 先考虑直线族 $L_{s,t}$. 从直线族 $L_{s,t}$ 中任意取出一条直线 L_{s_0,t_0}, 它对应的参数是 s_0,t_0. 从直线 L_{s_0,t_0} 上任意取一点 $M_0(x_0,y_0,z_0)\in L_{s_0,t_0}$, 则

$$\begin{cases} s_0\left(\frac{x_0}{a}+\frac{z_0}{c}\right)=t_0\left(1+\frac{y_0}{b}\right), \\ t_0\left(\frac{x_0}{a}-\frac{z_0}{c}\right)=s_0\left(1-\frac{y_0}{b}\right), \end{cases}$$

该方程说明下面二元齐次线性方程组:

$$\begin{cases} \left(\frac{x_0}{a}+\frac{z_0}{c}\right)X-\left(1+\frac{y_0}{b}\right)Y=0, \\ \left(\frac{x_0}{a}-\frac{z_0}{c}\right)Y-\left(1-\frac{y_0}{b}\right)X=0 \end{cases}$$

有非零解 (s_0,t_0), 因此它的系数行列式等于零, 即

$$\left(\frac{x_0}{a}+\frac{z_0}{c}\right)\left(\frac{x_0}{a}-\frac{z_0}{c}\right)-\left(1+\frac{y_0}{b}\right)\left(1-\frac{y_0}{b}\right)=0,$$

这说明点 $M_0(x_0,y_0,z_0)\in L_{s_0,t_0}$ 在单叶双曲面上. 由于点 $M_0(x_0,y_0,z_0)\in L_{s_0,t_0}$ 是直线上任意一点, 故直线 L_{s_0,t_0} 在单叶双曲面上. 又直线 L_{s_0,t_0} 是直线族中任意直线, 因此直线族 $L_{s,t}$ 在单叶双曲面 S 上. 同理可证明直线族 $L'_{s,t}$ 在单叶双曲面 S 上. □

命题 4.2.3.2 对于单叶双曲面上任意一点 $M_0(x_0,y_0,z_0)\in S$, 在直线族 $L_{s,t}$ 和直线族 $L'_{s,t}$ 中均有一条直线经过点 $M_0(x_0,y_0,z_0)\in S$.

证明 在单叶双曲面上任意取一点 $M_0(x_0,y_0,z_0)\in S$, 则

$$\left(\frac{x_0}{a}+\frac{z_0}{c}\right)\left(\frac{x_0}{a}-\frac{z_0}{c}\right)-\left(1+\frac{y_0}{b}\right)\left(1-\frac{y_0}{b}\right)=0,$$

即

$$\begin{vmatrix} \dfrac{x_0}{a}+\dfrac{z_0}{c} & 1+\dfrac{y_0}{b} \\ 1-\dfrac{y_0}{b} & \dfrac{x_0}{a}-\dfrac{z_0}{c} \end{vmatrix}=0 \quad 或 \quad \begin{vmatrix} \dfrac{x_0}{a}+\dfrac{z_0}{c} & 1-\dfrac{y_0}{b} \\ 1+\dfrac{y_0}{b} & \dfrac{x_0}{a}-\dfrac{z_0}{c} \end{vmatrix}=0.$$

构造两个二元齐次线性方程组

$$\begin{cases}\left(\dfrac{x_0}{a}+\dfrac{z_0}{c}\right)X-\left(1+\dfrac{y_0}{b}\right)Y=0,\\ \left(\dfrac{x_0}{a}-\dfrac{z_0}{c}\right)Y-\left(1-\dfrac{y_0}{b}\right)X=0\end{cases} \quad 或 \quad \begin{cases}\left(\dfrac{x_0}{a}+\dfrac{z_0}{c}\right)X-\left(1-\dfrac{y_0}{b}\right)Y=0,\\ \left(\dfrac{x_0}{a}-\dfrac{z_0}{c}\right)Y-\left(1+\dfrac{y_0}{b}\right)X=0,\end{cases}$$

因为 $1+\dfrac{y_0}{b}$ 和 $1-\dfrac{y_0}{b}$ 不能同时为零, 所以上面两个都是未知数 X,Y 的齐次线性方程组. 它们的系数行列式为零, 从而它们都有非零解. 取第一个方程的非零解 (s_1,t_1) 和第二个方程的非零解 (s_2,t_2), 则

$$\begin{cases}\left(\dfrac{x_0}{a}+\dfrac{z_0}{c}\right)s_1=\left(1+\dfrac{y_0}{b}\right)t_1,\\ \left(\dfrac{x_0}{a}-\dfrac{z_0}{c}\right)t_1=\left(1-\dfrac{y_0}{b}\right)s_1,\end{cases} \quad \begin{cases}\left(\dfrac{x_0}{a}+\dfrac{z_0}{c}\right)s_2=\left(1-\dfrac{y_0}{b}\right)t_2,\\ \left(\dfrac{x_0}{a}-\dfrac{z_0}{c}\right)t_2=\left(1+\dfrac{y_0}{b}\right)s_2.\end{cases}$$

这样点 $M_0(x_0,y_0,z_0)\in S$ 在直线族 $L_{s,t}$ 中的直线 L_{s_1,t_1} 上, 也在直线族 $L'_{s,t}$ 中的直线 L'_{s_2,t_2} 上. □

结合命题 4.2.3.1 和命题 4.2.3.2, 我们证明了下面结论.

定理 4.2.3.2 单叶双曲面是直纹面. 如图 4.2.14.

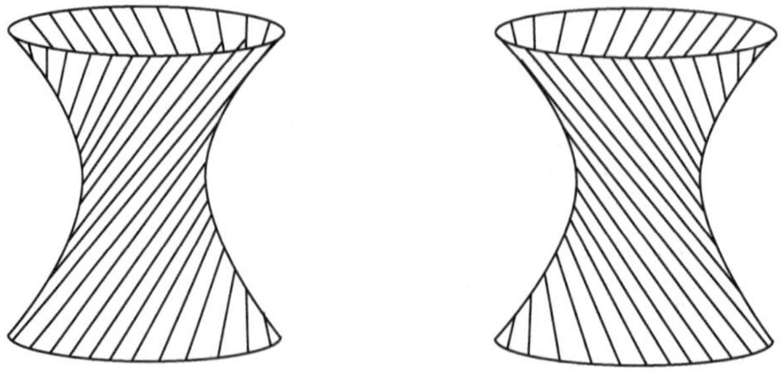

图 4.2.14

下面讨论单叶双曲面的两个直线族的性质.

性质 4.2.3.1 同一个直线族中两个不同的直线是异面的, 异族的直母线是共面的.

证明 考虑直线族 $L_{s,t}$ 中两个不同的直线 L_{s_1,t_1} 和 L_{s_2,t_2}, $s_1:t_1\neq s_2:t_2$.

$$L_{s_1,t_1}:\begin{cases} s_1\left(\dfrac{x}{a}+\dfrac{z}{c}\right)=t_1\left(1+\dfrac{y}{b}\right),\\ t_1\left(\dfrac{x}{a}-\dfrac{z}{c}\right)=s_1\left(1-\dfrac{y}{b}\right),\end{cases}\qquad L_{s_2,t_2}:\begin{cases} s_2\left(\dfrac{x}{a}+\dfrac{z}{c}\right)=t_2\left(1+\dfrac{y}{b}\right),\\ t_2\left(\dfrac{x}{a}-\dfrac{z}{c}\right)=s_2\left(1-\dfrac{y}{b}\right).\end{cases}$$

这样直线 L_{s_1,t_1} 和 L_{s_2,t_2} 是异面的充分必要条件是

$$\begin{vmatrix} \dfrac{s_1}{a} & -\dfrac{t_1}{b} & \dfrac{s_1}{c} & -t_1\\ \dfrac{t_1}{a} & \dfrac{s_1}{b} & -\dfrac{t_1}{c} & -s_1\\ \dfrac{s_2}{a} & -\dfrac{t_2}{b} & \dfrac{s_2}{c} & -t_2\\ \dfrac{t_2}{a} & \dfrac{s_2}{b} & -\dfrac{t_2}{c} & -s_2 \end{vmatrix}\neq 0.$$

因为

$$\begin{vmatrix} \dfrac{s_1}{a} & -\dfrac{t_1}{b} & \dfrac{s_1}{c} & -t_1\\ \dfrac{t_1}{a} & \dfrac{s_1}{b} & -\dfrac{t_1}{c} & -s_1\\ \dfrac{s_2}{a} & -\dfrac{t_2}{b} & \dfrac{s_2}{c} & -t_2\\ \dfrac{t_2}{a} & \dfrac{s_2}{b} & -\dfrac{t_2}{c} & -s_2 \end{vmatrix}=\frac{-4}{abc}\begin{vmatrix} s_1 & t_1\\ s_2 & t_2\end{vmatrix}^2\neq 0,$$

所以直线 L_{s_1,t_1} 和 L_{s_2,t_2} 是异面的. 用同样思路可以证明直线族 $L'_{s,t}$ 中两个不同直线是异面的. 也使用同样的证明思路可以证明: 直线族 $L_{s,t}$ 中任意一条直线和直线族 $L'_{s,t}$ 中任意一条直线是共面的 (可能平行, 也可能相交), 即异族直母线共面. □

性质 4.2.3.2 对于单叶双曲面上任意一点 $M_0\in S$, 每一个直线族中恰有一条直线经过 M_0.

证明 由于同族的不同直母线一定异面, 所以单叶双曲面上一点同族的直母线中只能有一个直母线经过. □

性质 4.2.3.3 $\{L_{s,t}|s,t\}\cap\{L'_{s,t}|s,t\}=\varnothing$.

证明　反证法, 设直母线 $L \in \{L_{s,t}|s,t\} \cap \{L'_{s,t}|s,t\}$, 由性质 4.2.3.1 知道直母线 $L \in \{L_{s,t}|s,t\}$ 与直线族 $L'_{s,t}$ 中所有直母线共面, 又 $L \in \{L'_{s,t}|s,t\}$ 与直线族 $L'_{s,t}$ 的直线异面, 这是一个矛盾. □

性质 4.2.3.4　同族的任意三条不同的直母线不会同时平行于同一张平面.

证明　考虑直母线族

$$L_{s,t}:\begin{cases} s\left(\dfrac{x}{a}+\dfrac{z}{c}\right)=t\left(1+\dfrac{y}{b}\right), \\ t\left(\dfrac{x}{a}-\dfrac{z}{c}\right)=s\left(1-\dfrac{y}{b}\right), \end{cases} \qquad s,t\text{ 为参数且不全为零.}$$

它的方向向量为

$$\boldsymbol{\alpha}\left(\frac{t^2-s^2}{bc},\frac{2st}{ac},\frac{t^2+s^2}{ab}\right).$$

现在 $L_{s,t}$ 中任意取三条直母线, 其方向向量分别是

$$\boldsymbol{\alpha}_1\left(\frac{t_1^2-s_1^2}{bc},\frac{2t_1s_1}{ac},\frac{t_1^2+s_1^2}{ab}\right),\quad \boldsymbol{\alpha}_2\left(\frac{t_2^2-s_2^2}{bc},\frac{2t_2s_2}{ac},\frac{t_2^2+s_2^2}{ab}\right),$$
$$\boldsymbol{\alpha}_3\left(\frac{t_3^2-s_3^2}{bc},\frac{2t_3s_3}{ac},\frac{t_3^2+s_3^2}{ab}\right).$$

这三个方向向量的混合积

$$\begin{aligned}(\boldsymbol{\alpha}_1,\boldsymbol{\alpha}_2,\boldsymbol{\alpha}_3)&=\begin{vmatrix} \dfrac{t_1^2-s_1^2}{bc} & \dfrac{2t_1s_1}{ac} & \dfrac{t_1^2+s_1^2}{ab} \\ \dfrac{t_2^2-s_2^2}{bc} & \dfrac{2t_2s_2}{ac} & \dfrac{t_2^2+s_2^2}{ab} \\ \dfrac{t_3^2-s_3^2}{bc} & \dfrac{2t_3s_3}{ac} & \dfrac{t_3^2+s_3^2}{ab} \end{vmatrix} \\ &=\frac{4}{a^2b^2c^2}\begin{vmatrix} t_1 & s_1 \\ t_2 & s_2 \end{vmatrix}\begin{vmatrix} t_1 & s_1 \\ t_3 & s_3 \end{vmatrix}\begin{vmatrix} t_2 & s_2 \\ t_3 & s_3 \end{vmatrix}.\end{aligned}$$

由于 $\boldsymbol{\alpha}_1,\boldsymbol{\alpha}_2,\boldsymbol{\alpha}_3$ 是三个不同的方向, 故 $\begin{vmatrix} t_1 & s_1 \\ t_2 & s_2 \end{vmatrix},\begin{vmatrix} t_1 & s_1 \\ t_3 & s_3 \end{vmatrix},\begin{vmatrix} t_2 & s_2 \\ t_3 & s_3 \end{vmatrix}$ 都不为零. 从而 $\boldsymbol{\alpha}_1,\boldsymbol{\alpha}_2,\boldsymbol{\alpha}_3$ 是线性无关的. 对于同族的任意三条不同的直母线, 它们三个方向向量是不共面的, 从而得到证明. □

2. 双曲抛物面的直纹性

在空间直角坐标系中, 设双曲抛物面 S 的方程是

$$S:\quad \frac{x^2}{a^2}-\frac{y^2}{b^2}=2z,\quad a,b>0.$$

将双曲抛物面方程改写为 $\left(\frac{x}{a}+\frac{y}{b}\right)\left(\frac{x}{a}-\frac{y}{b}\right)=2z$. 由此构造两个直线族 L_t 和 L'_t:

$$L_t:\begin{cases}\dfrac{x}{a}-\dfrac{y}{b}=t,\\ t\left(\dfrac{x}{a}+\dfrac{y}{b}\right)=2z,\end{cases}\quad t\text{ 为参数},\quad L'_t:\begin{cases}\dfrac{x}{a}+\dfrac{y}{b}=t,\\ t\left(\dfrac{x}{a}-\dfrac{y}{b}\right)=2z,\end{cases}\quad t\text{ 为参数}.$$

直线族 L_t 是一族平行平面 $\frac{x}{a}-\frac{y}{b}=t$ 与双曲抛物面的截线, 因此直线族 L_t 中每一条直线均在双曲抛物面上, 于是直线族 L_t 是双曲抛物面的一条直母线族. 同样, 直线族 L'_t 是一族平行平面 $\frac{x}{a}+\frac{y}{b}=t$ 与双曲抛物面的截线, 因此直线族 L'_t 中每一条直线均在双曲抛物面上, 于是直线族 L'_t 是双曲抛物面的一条直母线族. 于是有下面结论.

性质 4.2.3.5 直线族 L_t 和直线族 L'_t 中每条直线都在双曲抛物面上.

下面性质表明这两个直线族铺满整个双曲抛物面, 如图 4.2.15.

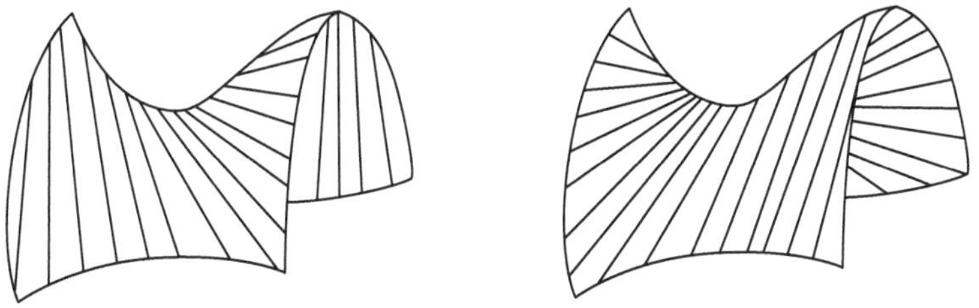

图 4.2.15

性质 4.2.3.6 对于双曲抛物面上任意一点 M_0, 每一个直线族中恰有一条直线经过 M_0.

证明 对于双曲抛物面 S 上任意一点 $M_0(x_0,y_0,z_0)$, 令 $t_0=\frac{x_0}{a}-\frac{y_0}{b}$, 则点 $M_0(x_0,y_0,z_0)$ 在平面 $\frac{x}{a}-\frac{y}{b}=t_0$ 上, 从而 $M_0(x_0,y_0,z_0)\in L_{t_0}$. 如果 $t\neq t_0$, 则 $M_0(x_0,y_0,z_0)\notin L_t$. 于是直母线族 L_t 中只有直母线 L_{t_0} 经过点 $M_0(x_0,y_0,z_0)$. 同理令 $t'_0=\frac{x_0}{a}+\frac{y_0}{b}$, 直母线族 L'_t 中只有直母线 L'_{t_0} 经过 M_0. □

结合性质 4.2.3.5 和性质 4.2.3.6, 我们得到下面定理.

定理 4.2.3.3 双曲抛物面是直纹面.

性质 4.2.3.7 同一个直线族中两个不同的直线是异面的, 并且同族直母线都平行于同一张平面. 异族的直母线一定是相交的.

证明 直母线族 L_t 中的直线都平行于平面 $\frac{x}{a}-\frac{y}{b}=0$; 直母线族 L'_t 中的直线都平行于平面 $\frac{x}{a}+\frac{y}{b}=0$. 所以同族直母线都平行于同一张平面.

设 $t_1 \neq t_2$, 则直母线 L_{t_1} 和 L_{t_2} 分别在平面 $\frac{x}{a}-\frac{y}{b}=t_1$ 和平面 $\frac{x}{a}-\frac{y}{b}=t_2$ 上, 所以它们不相交.

又直母线 L_{t_1} 平行于直线 $\begin{cases}\frac{x}{a}-\frac{y}{b}=0,\\ t_1\left(\frac{x}{a}+\frac{y}{b}\right)=2z,\end{cases}$ 直母线 L_{t_2} 平行于直线 $\begin{cases}\frac{x}{a}-\frac{y}{b}=0,\\ t_2\left(\frac{x}{a}+\frac{y}{b}\right)=2z.\end{cases}$ 所以直母线 L_{t_1} 和 L_{t_2} 不平行等价于下面三张平面相交于一点, 这三张平面为

$$\frac{x}{a}-\frac{y}{b}=0, \quad t_1\left(\frac{x}{a}+\frac{y}{b}\right)=2z, \quad t_2\left(\frac{x}{a}+\frac{y}{b}\right)=2z.$$

由于行列式 $\begin{vmatrix}\frac{1}{a} & \frac{-1}{b} & 0\\ \frac{t_1}{a} & \frac{t_1}{b} & -2\\ \frac{t_2}{a} & \frac{t_2}{b} & -2\end{vmatrix}=\frac{4(t_1-t_2)}{ab}\neq 0$, 所以三张平面相交于一点, 于是直母线 L_{t_1} 和 L_{t_2} 不平行.

直母线 L_{t_1} 和 L_{t_2} 既不平行, 也不相交, 所以直母线 L_{t_1} 和 L_{t_2} 异面. 这样我们证明了同族直母线是异面.

任意两个数 t_1, t_2, 异族直母线 L_{t_1} 和 L'_{t_2} 的方程分别为

$$\begin{cases}\frac{x}{a}-\frac{y}{b}=t_1,\\ \frac{x^2}{a^2}-\frac{y^2}{b^2}=2z,\end{cases} \qquad \begin{cases}\frac{x}{a}+\frac{y}{b}=t_2,\\ \frac{x^2}{a^2}-\frac{y^2}{b^2}=2z.\end{cases}$$

联立它们的方程组为

$$\begin{cases}\frac{x}{a}-\frac{y}{b}=t_1,\\ \frac{x}{a}+\frac{y}{b}=t_2,\\ \frac{x^2}{a^2}-\frac{y^2}{b^2}=2z,\end{cases}$$

该方程组有唯一解 $\left(\dfrac{a(t_1+t_2)}{2},\dfrac{b(t_2-t_1)}{2},\dfrac{t_1t_2}{2}\right)$, 所以异族直母线 L_{t_1} 和 L'_{t_2} 是相交的. □

既然异族直母线一定相交, 所以两个直母线族没有公共直母线.

性质 4.3.2.8 $\{L_t|t\}\cap\{L'_t|t\}=\varnothing$.

这样在二次曲面中, 只有二次柱面、二次锥面、单叶双曲面、双曲抛物面是直纹面. 它们的直母线族的性质是有差异的. 二次柱面的直母线都是互相平行的. 二次锥面的直母线都是经过一个定点, 即锥顶. 单叶双曲面上存在互相平行的两条直母线, 但双曲抛物面上任意两条直母线都不平行. 双曲抛物面的同族直母线平行于同一张平面, 而单叶双曲面上任意三条同族的直母线都不平行于同一张平面.

例 4.2.3.1 设三条直线 L_1,L_2,L_3 是两两异面, 并且平行于同一张平面. 证明: 与直线 L_1,L_2,L_3 都相交的直线所构成的曲面是双曲抛物面.

证明 建立空间右手直角坐标系 $I[O;\boldsymbol{e}_1,\boldsymbol{e}_2,\boldsymbol{e}_3]$, 其中坐标向量 $\boldsymbol{e}_1$ 是直线 L_1 的方向向量, 即直线 L_1 是 x 轴. 三条直线平行的同一张平面为直角坐标系的 xOy 平面, 并且直角坐标系的 z 轴在直线 L_1 和直线 L_2 的公垂线上. 则可以设直线 L_2 的方向向量是 $\boldsymbol{\alpha}_2(a,1,0)$, 经过点 $M_2(0,0,d)$. 由于直线 L_3 也平行于 xOy 平面, 故可以设它的方向向量是 $\boldsymbol{\alpha}_3(b,1,0)$, 并且与直角坐标系的 xOz 平面交于点 $M_3(c,0,h)$. 这样直线 L_1,L_2,L_3 的方程是

$$L_1: x=\frac{y}{0}=\frac{z}{0},\quad L_2:\frac{x}{a}=\frac{y}{1}=\frac{z-d}{0},\quad L_3:\frac{x-c}{b}=\frac{y}{1}=\frac{z-h}{0}.$$

设空间中直线 L 与直线 L_1,L_2,L_3 都相交. 设它们的交点为

$$L\cap L_1=p_1(x_1,0,0),\quad L\cap L_2=p_2(x_2,y_2,d),\quad L\cap L_3=p_3(x_3,y_3,h).$$

向量 $\overrightarrow{p_1p_2}$ 和 $\overrightarrow{p_1p_3}$ 都是直线 L 的方向向量, 于是它们是线性相关的. 而 $\overrightarrow{p_1p_2}=(x_2-x_1,y_2,d)$, $\overrightarrow{p_1p_3}=(x_3-x_1,y_3,h)$. 则

$$\frac{x_2-x_1}{x_3-x_1}=\frac{y_2}{y_3}=\frac{d}{h}. \tag{4.2.1}$$

由于点 p_2 在直线 L_2 上, 则有

$$\frac{x_2}{a}=\frac{y_2}{1}. \tag{4.2.2}$$

由于点 p_3 在直线 L_3 上, 则有

$$\frac{x_3-c}{b}=\frac{y_3}{1}. \tag{4.2.3}$$

利用式 (4.2.1)—(4.2.3) 我们得到

$$x_3 = \frac{b(h-d)}{d(a-b)}x_1 + \frac{ac}{a-b}. \tag{4.2.4}$$

这样直线 L 的方程是 $\dfrac{x-x_1}{x_3-x_1} = \dfrac{y}{y_3} = \dfrac{z}{h}$.

利用 (4.2.3), 直线 L 的方程是 $\dfrac{x-x_1}{x_3-x_1} = \dfrac{by}{x_3-c} = \dfrac{z}{h}$, 利用 (4.2.4) 消去直线 L 的方程中的参数 x_1, x_3 得到所求曲面方程是

$$(h-d)xz + (ad-bh)yz - cz^2 + dh(b-a)y + dcz = 0.$$

这是一个二次曲面, 并且它是直纹面.

该二次曲面不可能是柱面, 否则直线 L_1, L_2, L_3 两两平行.

该二次曲面不可能是锥面. 假设是锥面, 任意取锥面的两条直母线, 这两条直母线都过锥顶, 因此是共面的, 所确定的平面记为 π, 则直线 L_1, L_2, L_3 每一条直线均有两个点在平面 π 上, 则直线 L_1, L_2, L_3 共面, 与已知矛盾.

该二次曲面不可能是单叶双曲面. 假设是单叶双曲面, 则单叶双曲面上存在一对平行的直母线, 它们是异族直母线. 现在在该单叶双曲面上取一对平行的直母线, 它们所确定的平面记为 π, 由于这一对平行的直母线都与直线 L_1, L_2, L_3 相交, 因此直线 L_1, L_2, L_3 均有两点在平面 π 上, 这样直线 L_1, L_2, L_3 共面, 这与已知矛盾.

综上, 该二次曲面是双曲抛物面. □

习 题 4.2

1. 在空间直角坐标系中, 给定方程

$$\frac{x^2}{a^2-t} + \frac{y^2}{b^2-t} + \frac{z^2}{c^2-t} = 1, \quad 0 < a < b < c.$$

问: 参数 t 取各种不同的值时, 方程是什么曲面?

2. 在空间直角坐标系, 二次曲面 Γ 经过下面两条抛物线,

$$\begin{cases} x^2 - 6y = 0, \\ z = 0 \end{cases} \quad 和 \quad \begin{cases} z^2 + 4y = 0, \\ x = 0. \end{cases}$$

求出二次曲面 Γ 的方程.

3. 在空间直角坐标系中, 已知椭圆抛物面的顶点在原点, 关于 xOz 平面和 yOz 平面对称, 并且经过点 $(1,2,5)$ 和点 $\left(\frac{1}{3},-1,1\right)$. 求出该椭圆抛物面的方程.

4. 在空间直角坐标系中, 二次曲面关于三个坐标平面都对称并且满足下面条件, 求出它们的方程.

(1) 已知该二次曲面上面有两条曲线:

$$\begin{cases}\dfrac{x^2}{16}+\dfrac{y^2}{36}=1,\\ z=\sqrt{3},\end{cases}\qquad \begin{cases}\dfrac{x^2}{36}+\dfrac{y^2}{81}=1,\\ z=2\sqrt{2}.\end{cases}$$

(2) 已知该二次曲面上面有两条曲线:

$$\begin{cases}x^2+\dfrac{y^2}{4}=1,\\ z=\sqrt{3},\end{cases}\qquad \begin{cases}\dfrac{x^2}{2}+\dfrac{y^2}{8}=1,\\ z=-\sqrt{2}.\end{cases}$$

(3) 已知该二次曲面上面有两条曲线:

$$\begin{cases}\dfrac{x^2}{9}+\dfrac{y^2}{18}=1,\\ z=4,\end{cases}\qquad \begin{cases}\dfrac{x^2}{24}+\dfrac{y^2}{48}=1,\\ z=-6.\end{cases}$$

5. 在空间中给定一个点 P 和一条二次曲线 C. 并且点 P 和二次曲线 C 不在同一平面上, 证明: 以点 P 为锥顶, 以二次曲线 C 为准线的锥面是二次锥面.

6. 在空间直角坐标系中, 称二次锥面 $\frac{x^2}{a^2}+\frac{y^2}{b^2}-\frac{z^2}{c^2}=0$ 为单叶双曲面 $\frac{x^2}{a^2}+\frac{y^2}{b^2}-\frac{z^2}{c^2}=1$ 和双叶双曲面 $\frac{x^2}{a^2}+\frac{y^2}{b^2}-\frac{z^2}{c^2}=-1$ 的渐近锥面. 证明: 当单叶双曲面 (或双叶双曲面) 上的点到原点的距离无限增大时, 它到它的渐近锥面的距离趋向于零.

7. 在空间直角坐标系中, 求经过点 $(2,0,3)$ 的平行于 y 轴的平面, 使得它与二次曲面 $y^2+9xz=60$ 的交线是圆.

8. 在空间直角坐标系中, 给定椭球面的方程 $\frac{x^2}{4}+\frac{y^2}{9}+\frac{z^2}{25}=1$. 求椭球面上经过点 $P(0,0,5)$ 的圆 (指出圆心和圆所在的平面).

9. 在空间直角坐标系中, 给定单叶双曲面的方程 $\frac{x^2}{4}+\frac{y^2}{9}-\frac{z^2}{25}=1$. 求单叶双曲面上经过点 $P(2,0,0)$ 的圆 (指出圆心和圆所在的平面).

10. 在空间直角坐标系中, 给定双叶双曲面的方程 $\frac{x^2}{4}+\frac{y^2}{9}-\frac{z^2}{25}=-1$. 求双叶双曲面上经过点 $P(2\sqrt{2},3,10)$ 的圆 (指出圆心和圆所在的平面).

11. 在空间直角坐标系中, 给定椭圆抛物面的方程 $\frac{x^2}{4}+\frac{y^2}{9}=2z$. 求椭圆抛物面上经过点 $P(0,0,0)$ 的圆 (指出圆心和圆所在的平面).

12. 在空间直角坐标系中, 给定椭圆柱面的方程 $\frac{x^2}{4}+\frac{y^2}{9}=1$. 求椭圆柱面上经过点 $P(2,0,1)$ 的圆 (指出圆心和圆所在的平面).

13. 在空间直角坐标系中, 给定单叶双曲面的方程 $\frac{x^2}{4}+\frac{y^2}{9}-\frac{z^2}{16}=1$. 求单叶双曲面上的具有最小半径的圆 (指出圆心和圆所在的平面).

14. 证明: 椭球面上平行圆族的圆心在一条直线上.

15. 在空间直角坐标系下, 给定二次曲面 S 的方程为

$$x^2+y^2+3z^2-2xy-8x+8y-8z-26=0.$$

(1) 证明: 二次曲面 S 是柱面;

(2) 求出经过 S 上点 $P(x_0,y_0,z_0)$ 的直母线方程.

16. 在空间直角坐标系下, 给定二次曲面 S 的方程为

$$3x^2-5y^2+7z^2-6xy+10xz-2yz-4x+4y-4z+4=0.$$

(1) 证明: 二次曲面 S 是柱面;

(2) 求出经过 S 上点 $P(x_0,y_0,z_0)$ 的直母线方程.

17. 在空间直角坐标系中, 双曲抛物面方程为 $\frac{x^2}{4}-\frac{y^2}{8}=2z$, 求出双曲抛物面上经过原点的直母线方程.

18. 在空间直角坐标系中, 双曲抛物面方程为 $\frac{x^2}{9}-\frac{y^2}{2}=2z$, 求出双曲抛物面上平行于方向向量 $\boldsymbol{\alpha}(1,1,1)$ 直母线方程.

19. 在空间直角坐标系中, 求出单叶双曲面 $\frac{x^2}{4}+\frac{y^2}{9}-\frac{z^2}{16}=1$ 的经过点 $P(2,0,0)$ 的直母线.

20. 在空间直角坐标系中, 求出双曲抛物面 $\frac{x^2}{4}-\frac{y^2}{9}=2z$ 的经过点在空间直角坐标系中, 双曲抛物面方程为 $\frac{x^2}{4}-\frac{y^2}{8}=2z$, 求出双曲抛物面上经过原点的直母线方程.

21. 在双曲抛物面 $\frac{x^2}{16}-\frac{y^2}{4}=z$ 上求平行于平面 $3x+2y-4z=0$ 的直母线.

22. 求单叶双曲面 $\frac{x^2}{a^2}+\frac{y^2}{b^2}-\frac{z^2}{c^2}=1$ 上互相垂直的两个直母线交点的轨迹.

23. 在空间仿射坐标系中, 证明: 二次曲面 $z=x(x+y)$ 是直纹面.

24. 在空间仿射坐标系中, 给定两个直线的参数方程:

$$l_1:\begin{cases}x=2+3t,\\ y=-1+2t,\\ z=-t,\end{cases}\quad l_2:\begin{cases}x=3t,\\ y=2t,\\ z=0,\end{cases}$$

求由所有连接 l_1 和 l_2 上有相同参数的点的直线所构成的图形的方程, 并指出是什么图形.

25. 求与下列三条直线同时共面的直线所构成的曲面:

$$l_1:\begin{cases}x=1,\\ y=z,\end{cases}\quad l_2:\begin{cases}x=-1,\\ y=-z,\end{cases}\quad l_3:\frac{x-2}{-3}=\frac{y+1}{4}=\frac{z+2}{5}.$$

26. 设 l_1,l_2,l_3 是 3 条两两异面的直线, 证明: 所有和它们都共面的直线构成单叶双曲面或双曲抛物面, 并指出何时构成单叶双曲面, 何时构成双曲抛物面.

27. 求出双曲抛物面上互相垂直的直母线的交点轨迹.

28. 在空间仿射坐标系中, 给定二次曲面方程为

$$2x^2+y^2-z^2+3xy+xz-6z=0.$$

(1) 证明: 二次曲面是直纹面. 并指出曲面类型.

(2) 求出经过二次曲面上点 $(1,-4,1)$ 的所有直母线方程.

29. 选择适当的空间坐标系, 求出下面点的轨迹的方程:

(1) 到两个不同定点距离之差等于常数的点的轨迹;

(2) 到一个定点和一张定平面 (定点不在定平面上) 距离之比等于常数的点的轨迹;

(3) 给定一张平面和垂直于该平面的一条直线, 求出到定平面与到定直线的距离相等的点的轨迹;

(4) 给定两条异面直线, 求出到这两条直线距离相等的点的轨迹.

30. 在空间直角坐标系中, 给定两条抛物线, 它们的方程分别为

$$\begin{cases}x^2-6y=0,\\ z=0,\end{cases}\quad \begin{cases}z^2+4y=0,\\ x=0,\end{cases}$$

求二次曲面使得它经过这两条抛物线.

4.3 二次曲面的几何性质

4.3.1 二次曲面的仿射特征

本节是利用二次曲面的方程来研究它的仿射特征. 这些仿射特征主要包括: 对称中心、渐近方向和渐近锥面、切平面和切锥面、直径面. 这些概念的定义是几何的, 是二次曲面本身的几何性质, 与空间仿射坐标系的选择无关.

定义 4.3.1.1 设点 p, q 是二次曲面 S 上两个不同的点, 则连接 p, q 的直线段 pq 称为二次曲面 S 的一条**弦**. 点 p, q 称为该弦的端点.

定义 4.3.1.2 给定二次曲面 S 和空间中的点 O. 如果二次曲面 S 的过 O 点的弦都以点 O 为中点, 则称点 O 为二次曲面 S 的**中心**.

二次曲面的中心就是二次曲面的对称中心.

定义 4.3.1.3 给定二次曲面 S 和空间中一个直线方向 $\boldsymbol{\eta}$, 如果平行于该直线方向 $\boldsymbol{\eta}$ 的直线族中每一条直线与二次曲面 S 要么只有一个交点, 要么没有交点, 要么直线整个在二次曲线上, 则称该直线方向 $\boldsymbol{\eta}$ 为二次曲面 S 的**渐近方向**.

定义 4.3.1.4 设二次曲面 S 的中心为点 O, 空间中以点 O 为锥顶点, 直母线方向为二次曲面 S 的渐近方向的锥面称为二次曲面 S 的**渐近锥面**.

定义 4.3.1.5 如果直线 L 与二次曲面 S 只有相重合的交点, 或者直线 L 整个在二次曲面上, 则称直线 L 为二次曲面 S 的一条**切线**. 如果平面 π 与二次曲面 S 只有相重合的交点, 或者平面 π 整个在二次曲面上, 则称平面 π 为二次曲面 S 的一条**切平面**. 交点称为**切点**.

定义 4.3.1.6 二次曲面 S 的一族平行弦的中点轨迹是一张平面, 该平面称为二次曲面 S 的一张**直径面**, 也称为**共轭于平行弦方向的直径面**.

这些概念的定义与二次曲面和直线的位置关系有着密切的关系. 设二次曲面 S 在一个空间仿射坐标系 $I[O; \boldsymbol{e}_1, \boldsymbol{e}_2, \boldsymbol{e}_3]$ 中的方程是

$$F(x,y,z)=a_{11}x^2+a_{22}y^2+a_{33}z^2+2a_{12}xy+2a_{23}yz+2a_{13}xz+2b_1x+2b_2y+2b_3z+c=0.$$

我们引入一些记号:

$$F_1(x,y,z) = a_{11}x + a_{12}y + a_{13}z + b_1, \quad F_2(x,y,z) = a_{12}x + a_{22}y + a_{23}z + b_2,$$

$$F_3(x,y,z) = a_{13}x + a_{23}y + a_{33}z + b_3, \quad F_4(x,y,z) = b_1x + b_2y + b_3z + c,$$

$$\Phi(x,y,z) = a_{11}x^2 + a_{22}y^2 + a_{33}z^2 + 2a_{12}xy + 2a_{23}yz + 2a_{13}xz.$$

$\Phi(x,y,z)$ 是一个三元二次型, 它的矩阵

$$\boldsymbol{A}_0=\begin{pmatrix} a_{11} & a_{12} & a_{13}\\ a_{12} & a_{22} & a_{23}\\ a_{13} & a_{23} & a_{33}\end{pmatrix}.$$

设空间中直线 L 经过点 $M_0(x_0,y_0,z_0)$, 并且平行于向量 $\boldsymbol{\alpha}(k,m,n)$, 则它的参数方程是

$$L:\begin{cases} x=x_0+tk,\\ y=y_0+tm,\\ z=z_0+tn.\end{cases}$$

下面考虑二次曲面 S 与直线 L 的位置关系. 将直线 L 参数方程代入二次曲面方程得到关于 t 的方程

$$\Phi(k,m,n)t^2+2[kF_1(x_0,y_0,z_0)+mF_2(x_0,y_0,z_0)+nF_3(x_0,y_0,z_0)]t+F(x_0,y_0,z_0)=0. \tag{4.3.1}$$

方程 (4.3.1) 的解与直线 L 和二次曲面 S 交点是一一对应的. 下面我们讨论 (4.3.1) 的解的情况.

情形 1 $\Phi(k,m,n)\neq 0$, 此时方程 (4.3.1) 是关于 t 的二次方程, 其判别式为

$$\Delta=4[kF_1(x_0,y_0,z_0)+mF_2(x_0,y_0,z_0)+nF_3(x_0,y_0,z_0)]^2-4\Phi(k,m,n)F(x_0,y_0,z_0).$$

(1) $\Delta>0$, 直线 L 与二次曲面 S 有两个不同的交点;

(2) $\Delta=0$, 直线 L 与二次曲面 S 有两个相重合的交点;

(3) $\Delta<0$, 直线 L 与二次曲面 S 没有交点.

情形 2 $\Phi(k,m,n)=0$, 此时方程 (4.3.1) 是 t 的一次方程,

$$2[kF_1(x_0,y_0,z_0)+mF_2(x_0,y_0,z_0)+nF_3(x_0,y_0,z_0)]t+F(x_0,y_0,z_0)=0.$$

(1) $kF_1(x_0,y_0,z_0)+mF_2(x_0,y_0,z_0)+nF_3(x_0,y_0,z_0)\neq 0$, 直线 L 与二次曲面 S 有一个交点;

(2) $kF_1(x_0,y_0,z_0)+mF_2(x_0,y_0,z_0)+nF_3(x_0,y_0,z_0)=0$, 但 $F(x_0,y_0,z_0)\neq 0$, 直线 L 与二次曲面 S 没有交点;

(3) $kF_1(x_0,y_0,z_0)+mF_2(x_0,y_0,z_0)+nF_3(x_0,y_0,z_0)=F(x_0,y_0,z_0)=0$, 直线 L 在二次曲面 S 上.

注意 情形 1 中 (2) 和情形 2 中 (1) 都只有一个交点, 从几何上看它们都是一个交点. 但它们有着实质的差异. 情形 1 中 (2) 的交点是不稳定的, 即直线做一

个小扰动, 这个交点将消失, 但情形 2 中 (1) 的交点是稳定的, 即直线做一个小扰动, 该一个交点还存在.

1. 二次曲面的中心与渐近锥面

根据二次曲面中心的定义, 二次曲面的中心是二次曲面的对称中心. 如果二次曲面有中心, 则二次曲面一定是中心对称图形.

定理 4.3.1.1　点 $O(x_0, y_0, z_0)$ 是二次曲面 S 的中心的充分必要条件是

$$\begin{cases} F_1(x_0, y_0, z_0) = 0, \\ F_2(x_0, y_0, z_0) = 0, \\ F_3(x_0, y_0, z_0) = 0. \end{cases}$$

证明　如果点 $O(x_0, y_0, z_0)$ 是二次曲面的中心, 设过点 $O(x_0, y_0, z_0)$ 的直线 L 的参数方程是

$$\begin{cases} x = x_0 + tk, \\ y = y_0 + tm, \\ z = z_0 + tn. \end{cases}$$

如果直线 L 与二次曲面有两个交点 M_1, M_2, 它们在直线上对应的参数分别是 t_1, t_2. 由于点 $O(x_0, y_0, z_0)$ 是中点, 并且点 $O(x_0, y_0, z_0)$ 对应的参数是 $t = 0$. 这样 $t_1 + t_2 = 0$. 故 $kF_1(x_0, y_0, z_0) + mF_2(x_0, y_0, z_0) + nF_3(x_0, y_0, z_0) = 0$. 另一方面, 由于过点 $O(x_0, y_0, z_0)$ 并且和二次曲面相交于两个不同点的直线很多. 从而

$$\begin{cases} F_1(x_0, y_0, z_0) = 0, \\ F_2(x_0, y_0, z_0) = 0, \\ F_3(x_0, y_0, z_0) = 0. \end{cases}$$

命题的充分性很容易证明. □

二次曲面的中心 $O(x_0, y_0, z_0)$ 是下面线性方程组的解

$$\begin{cases} a_{11}x + a_{12}y + a_{13}z + b_1 = 0, \\ a_{12}x + a_{22}y + a_{23}z + b_2 = 0, \\ a_{13}x + a_{23}y + a_{33}z + b_3 = 0. \end{cases} \tag{4.3.2}$$

线性方程组 (4.3.2) 的系数行列式是 I_3. 因此二次曲面有唯一的中心当且仅当 $I_3 \neq 0$. 只有一个中心的二次曲面称为中心二次曲面. 如果 $I_3 = 0$, 则线性方程组 (4.3.2) 无解或者有无穷多解. 如果一个二次曲面有无穷多中心, 并且这些中心在一条直线上,

则称二次曲面为线心二次曲面, 如果二次曲面的无穷多中心构成一张平面, 则称二次曲面为面心二次曲面. 如果二次曲面没有中心, 则称为无心二次曲面.

定理 4.3.1.2 非零向量 $\boldsymbol{\alpha}(k,m,n)$ 是二次曲面 S 的渐近方向的充分必要条件是 $\Phi(k,m,n)=0$.

证明 设非零向量 $\boldsymbol{\alpha}(k,m,n)$ 是二次曲面 S 的渐近方向, 则平行于该方向的直线与二次曲面 S 至多有一个交点或整个直线在二次曲面 S 上, 由直线与二次曲面的交点情况的讨论结果知道 $\Phi(k,m,n)=0$. 反之如果 $\Phi(k,m,n)=0$, 同样可以证明非零向量 $\boldsymbol{\alpha}(k,m,n)$ 是二次曲面 S 的渐近方向. □

命题 4.3.1.1 设二次曲面 S 是中心二次曲面, 点 $O(x_0,y_0,z_0)$ 是它的中心, 则二次锥面 $\Phi(x-x_0,y-y_0,z-z_0)=0$ 称为二次曲面的**渐近锥面**.

如图 4.3.1, 在空间直角坐标系中, 二次锥面 $S:\dfrac{x^2}{a^2}+\dfrac{y^2}{b^2}-\dfrac{z^2}{c^2}=0$ 是单叶双曲面 $S_1:\dfrac{x^2}{a^2}+\dfrac{y^2}{b^2}-\dfrac{z^2}{c^2}=1$ 以及双叶双曲面 $S_2:\dfrac{x^2}{a^2}+\dfrac{y^2}{b^2}-\dfrac{z^2}{c^2}=-1$ 的渐近锥面.

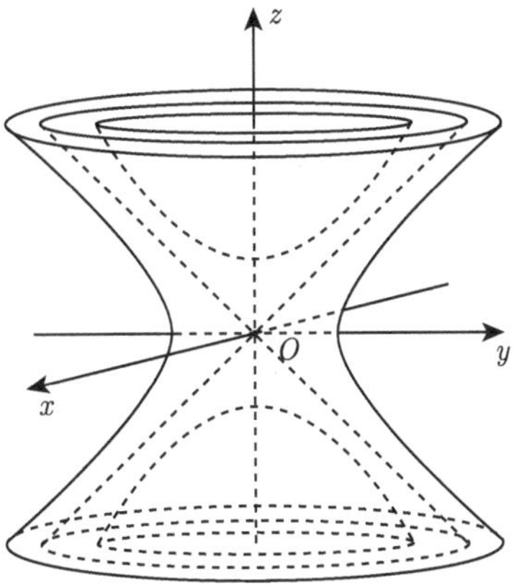

图 4.3.1

如果一条直线的方向是非渐近方向, 则它与二次曲面的交点为: 要么有两个交点 (包含两个重合的交点), 要么没有交点.

2. 二次曲面的切平面

设直线 L 是二次曲面 S 的切线. 并且直线 L 经过二次曲面 S 上点 $M_0(x_0,y_0,z_0)$, 平行于非零向量 $\boldsymbol{\alpha}(k,m,n)$. 如果有两个重合的交点 $M_0(x_0,y_0,z_0)$, 则

$$\begin{cases}\Phi(k,m,n)\neq 0,\\ kF_1(x_0,y_0,z_0)+mF_2(x_0,y_0,z_0)+nF_3(x_0,y_0,z_0)=0,\end{cases}$$

如果直线 L 在二次曲面 S 上, 则

$$\begin{cases} \Phi(k,m,n)=0, \\ kF_1(x_0,y_0,z_0)+mF_2(x_0,y_0,z_0)+nF_3(x_0,y_0,z_0)=0. \end{cases}$$

由于过点 $M_0(x_0,y_0,z_0)$ 在二次曲面上, 则切线的方向为 $\boldsymbol{\alpha}(k,m,n)$ 的充分必要条件是

$$kF_1(x_0,y_0,z_0)+mF_2(x_0,y_0,z_0)+nF_3(x_0,y_0,z_0)=0.$$

情形 1　$F_1(x_0,y_0,z_0),F_2(x_0,y_0,z_0),F_3(x_0,y_0,z_0)$ 不全为零.

以直线 L 上任意一点 $M(x,y,z)$ 为起点, 切点 $M_0(x_0,y_0,z_0)$ 为终点的向量 $\overrightarrow{MM_0}$ 平行于向量 $\boldsymbol{\alpha}(k,m,n)$, 我们有

$$F_1(x_0,y_0,z_0)(x-x_0)+F_2(x_0,y_0,z_0)(y-y_0)+F_3(x_0,y_0,z_0)(z-z_0)=0. \quad (4.3.3)$$

(4.3.3) 是一张平面方程. 所以经过点 $M_0(x_0,y_0,z_0)$ 的所有切线构成一个平面.

命题 4.3.1.2　二次曲面 S 上一点 M_0 处所有切线构成的平面就是二次曲面在点 M_0 处的切平面. 点 M_0 称为该切平面的切点.

情形 2　$F_1(x_0,y_0,z_0)=F_2(x_0,y_0,z_0)=F_3(x_0,y_0,z_0)=0$.

$kF_1(x_0,y_0,z_0)+mF_2(x_0,y_0,z_0)+nF_3(x_0,y_0,z_0)=0$ 成为恒等式, 即经过点 M_0 的任意直线都是二次曲面 S 的切线.

定义 4.3.1.7　如果二次曲面 S 上一点 $M_0(x_0,y_0,z_0)$ 满足

$$F_1(x_0,y_0,z_0)=F_2(x_0,y_0,z_0)=F_3(x_0,y_0,z_0)=0,$$

则称点 $M_0(x_0,y_0,z_0)$ 为二次曲面 S 的**奇异点**, 否则称为**正常点**.

设点 $M_0(x_0,y_0,z_0)$ 二次曲面 S 的正常点, 则它有唯一的切平面, 它的切平面方程是

$$F_1(x_0,y_0,z_0)(x-x_0)+F_2(x_0,y_0,z_0)(y-y_0)+F_3(x_0,y_0,z_0)(z-z_0)=0.$$

下面考虑经过二次曲面 S 外面一点 $M_0(x_0,y_0,z_0)$ 作二次曲面的切线. 则非零向量 $\boldsymbol{\alpha}(k,m,n)$ 为切线的方向的充要条件是

$$\begin{cases} \Phi(k,m,n)\neq 0, \\ [kF_1(x_0,y_0,z_0)+mF_2(x_0,y_0,z_0)+nF_3(x_0,y_0,z_0)]^2=\Phi(k,m,n)F(x_0,y_0,z_0). \end{cases} \quad (4.3.4)$$

对于切线 L 上任意点 $M(x,y,z)$, 我们有

$$(x-x_0):(y-y_0):(z-z_0)=k:m:n.$$

将这代入方程 (4.3.4) 的第二式得到

$$\begin{aligned}&[(x-x_0)F_1(x_0,y_0,z_0)+(y-y_0)F_2(x_0,y_0,z_0)+(z-z_0)F_3(x_0,y_0,z_0)]^2\\&=\Phi(x-x_0,y-y_0,z-z_0)F(x_0,y_0,z_0).\end{aligned}$$

它是关于 $(x-x_0),(y-y_0),(z-z_0)$ 的一个二次齐次方程, 表示的是以点 $M_0(x_0,y_0,z_0)$ 为锥顶的一个二次锥面, 称为过点 $M_0(x_0,y_0,z_0)$ 的**切锥面**. 于是我们有下面结论.

命题 4.3.1.3 过二次曲面外一点 $M_0(x_0,y_0,z_0)$ 作二次曲面的切线, 所有切线构成一个二次锥面, 称为过点 $M_0(x_0,y_0,z_0)$ 的**切锥面**, 它的方程为

$$\begin{aligned}&[(x-x_0)F_1(x_0,y_0,z_0)+(y-y_0)F_2(x_0,y_0,z_0)+(z-z_0)F_3(x_0,y_0,z_0)]^2\\&=\Phi(x-x_0,y-y_0,z-z_0)F(x_0,y_0,z_0).\end{aligned}$$

下面考虑平行固定方向 $\boldsymbol{\alpha}(k,m,n)$ 的二次曲面 S 的切线. 设该切线的切点为 $M_0(x_0,y_0,z_0)$, 则有下面关系式:

$$\begin{cases}F(x_0,y_0,z_0)=0,\\kF_1(x_0,y_0,z_0)+mF_2(x_0,y_0,z_0)+nF_3(x_0,y_0,z_0)=0.\end{cases}$$

该方程组有三个未知数, 所以有无穷多解. 即平行定方向的二次曲面 S 的切线有无穷多条, 它们生成一条柱面.

命题 4.3.1.4 平行固定方向 $\boldsymbol{\alpha}(k,m,n)$ 的二次曲面 S 的所有切线生成一个柱面, 该柱面的方向为 $\boldsymbol{\alpha}(k,m,n)$, 该柱面的准线为

$$\begin{cases}F(x,y,z)=0,\\kF_1(x,y,z)+mF_2(x,y,z)+nF_3(x,y,z)=0.\end{cases}$$

例 4.3.1.1 二次曲面外一点 $M_0(x_0,y_0,z_0)$, 证明: 过点 $M_0(x_0,y_0,z_0)$ 的切锥面与二次曲面的交点在一张平面上.

证明 切锥面的方程为

$$[(x-x_0)F_1(x_0,y_0,z_0)+(y-y_0)F_2(x_0,y_0,z_0)+(z-z_0)F_3(x_0,y_0,z_0)]^2$$

$$= \Phi(x-x_0, y-y_0, z-z_0)F(x_0, y_0, z_0).$$

设 $M_1(x_1, y_1, z_1)$ 为任意切点的坐标, 所以切点满足

$$F_1(x_1, y_1, z_1)(x_0-x_1)+F_2(x_1, y_1, z_1)(y_0-y_1)+F_3(x_1, y_1, z_1)(z_0-z_1)=0.$$

利用该式, 可以得到下面关系:

$$\begin{aligned}
&(x_1-x_0)F_1(x_0, y_0, z_0)+(y_1-y_0)F_2(x_0, y_0, z_0)+(z_1-z_0)F_3(x_0, y_0, z_0)\\
=&(x_1-x_0)F_1(x_0, y_0, z_0)+(y_1-y_0)F_2(x_0, y_0, z_0)+(z_1-z_0)F_3(x_0, y_0, z_0)\\
&+F_1(x_1, y_1, z_1)(x_0-x_1)+F_2(x_1, y_1, z_1)(y_0-y_1)+F_3(x_1, y_1, z_1)(z_0-z_1)\\
=&(x_1-x_0)\left(F_1(x_0, y_0, z_0)-F_1(x_1, y_1, z_1)\right)\\
&+(y_1-y_0)\left(F_2(x_0, y_0, z_0)-F_2(x_1, y_1, z_1)\right)\\
&+(z_1-z_0)\left(F_3(x_0, y_0, z_0)-F_3(x_1, y_1, z_1)\right)\\
=&(x_1-x_0)\Phi_1(x_0-x_1, y_0-y_1, z_0-z_1)+(y_1-y_0)\Phi_2(x_0-x_1, y_0-y_1, z_0-z_1)\\
&+(z_1-z_0)\Phi_3(x_0-x_1, y_0-y_1, z_0-z_1)\\
=&-\Phi(x_0-x_1, y_0-y_1, z_0-z_1),
\end{aligned}$$

其中 $\Phi_1(x, y_1, z)=\dfrac{1}{2}\Phi'_x(x, y, z)$, $\Phi_2(x, y_1, z)=\dfrac{1}{2}\Phi'_y(x, y, z)$, 以及 $\Phi_3(x, y_1, z)=\dfrac{1}{2}\Phi'_z(x, y, z)$. 利用切锥面方程得到

$$\Phi^2(x_1-x_0, y_1-y_0, z_1-z_0)=\Phi(x_1-x_0, y_1-y_0, z_1-z_0)F(x_0, y_0, z_0),$$

即切点 $M_1(x_1, y_1, z_1)$ 满足方程 $\Phi(x_1-x_0, y_1-y_0, z_1-z_0)=F(x_0, y_0, z_0)$.

又切点 $M_1(x_1, y_1, z_1)$ 在二次曲面上, 故 $F(x_1, y_1, z_1)=0$, 即 $\Phi(x_1, y_1, z_1)+2F_4(x_1, y_1, z_1)-c=0$. 所以切点 $M_1(x_1, y_1, z_1)$ 满足方程组

$$\begin{cases}\Phi(x_1, y_1, z_1)+2F_4(x_1, y_1, z_1)-c=0,\\ \Phi(x_1-x_0, y_1-y_0, z_1-z_0)=F(x_0, y_0, z_0),\end{cases}$$

即

$$\begin{cases}\Phi(x_1, y_1, z_1)+2F_4(x_1, y_1, z_1)-c=0,\\ \Phi(x_1-x_0, y_1-y_0, z_1-z_0)-\Phi(x_1, y_1, z_1)=F(x_0, y_0, z_0)+2F_4(x_1, y_1, z_1)-c,\end{cases}$$

该方程组的第二个方程关于切点 $M_1(x_1,y_1,z_1)$ 是一次方程, 这说明切点在一张平面上. □

3. 二次曲面的直径面

二次曲面的直径面是球面的直径面的推广, 球面的直径面可以是经过球心的平面, 也可以看成球面中一族平行弦中点轨迹所在的平面.

定理 4.3.1.3 设非零向量 $\boldsymbol{\alpha}(k,m,n)$ 是二次曲面 S 的非渐近方向. 则所有平行于该向量 $\boldsymbol{\alpha}(k,m,n)$ 的二次曲面一族平行弦的中点轨迹在一张平面上, 该平面方程是

$$kF_1(x,y,z)+mF_2(x,y,z)+nF_3(x,y,z)=0.$$

证明 设 $M_0(x_0,y_0,z_0)$ 是该族平行弦中一条弦的中点, 则该弦的方向为 $\boldsymbol{\alpha}(k,m,n)$, 则它所在直线参数方程为 $L:\begin{cases}x=x_0+tk,\\ y=y_0+tm,\\ z=z_0+tn.\end{cases}$ 则该弦的两个端点的参数值满足下面方程:

$$\Phi(k,m,n)t^2+2[kF_1(x_0,y_0,z_0)+mF_2(x_0,y_0,z_0)+nF_3(x_0,y_0,z_0)]t+F(x_0,y_0,z_0)=0.$$

既然中点 $M_0(x_0,y_0,z_0)$ 的参数值为零, 所以上面方程的两根之和为零, 即

$$kF_1(x_0,y_0,z_0)+mF_2(x_0,y_0,z_0)+nF_3(x_0,y_0,z_0)=0.$$

所以该族平行弦的中点满足平面方程 $kF_1(x,y,z)+mF_2(x,y,z)+nF_3(x,y,z)=0$. 即平行弦中点轨迹在一张平面上. □

这样二次曲面 S 的一族平行弦的中点轨迹是一张平面, 该平面称为二次曲面 S 的一张直径面, 也称共轭于平行弦方向的直径面. 这样共轭于方向 $\boldsymbol{\alpha}(k,m,n)$ 的直径面方程为

$$kF_1(x,y,z)+mF_2(x,y,z)+nF_3(x,y,z)=0.$$

这样容易得到下面结论,

推论 4.3.1.1 假如二次曲面 S 存在中心, 则二次曲面 S 的任何直径面都经过二次曲面的中心. 特别地, 线心二次曲面的任何直径面都通过中心直线. 面心二次曲面的直径面就是它的中心平面.

将直径面的方程展开得到方程

$$\Phi_1(k,m,n)x+\Phi_2(k,m,n)y+\Phi_3(k,m,n)z+\Phi_4(k,m,n)=0, \tag{4.3.5}$$

其中

$$\Phi_1(x,y,z)=a_{11}x+a_{12}y+a_{13}z,\quad \Phi_2(x,y,z)=a_{12}x+a_{22}y+a_{23}z,$$

$$\Phi_3(x,y,z)=a_{13}x+a_{23}y+a_{33}z,\quad \Phi_4(x,y,z)=b_1x+b_2y+b_3z.$$

如果非零向量 $\boldsymbol{\alpha}(k,m,n)$ 是二次曲面 S 的渐近方向, 那么平行该方向的弦是不存在的. 但是如果 $\Phi_1(k,m,n),\Phi_2(k,m,n),\Phi_3(k,m,n)$ 不全为零. 形如直径面的方程 (4.3.5) 还是一张平面, 我们仍然称此平面为共轭于 $\boldsymbol{\alpha}(k,m,n)$ 的直径面.

如果 $\Phi_1(k,m,n)=\Phi_2(k,m,n)=\Phi_3(k,m,n)=0$, 则形如直径面的方程 (4.3.5) 不是平面方程.

定义 4.3.1.8 满足 $\Phi_1(k,m,n)=\Phi_2(k,m,n)=\Phi_3(k,m,n)=0$ 的非零向量 $\boldsymbol{\alpha}(k,m,n)$ 所决定的直线方向称为二次曲面 S 的**奇异方向**.

奇异方向是二次曲面的渐近方向, 但反之不成立. 奇异方向 $\boldsymbol{\alpha}(k,m,n)$ 满足方程组

$$\begin{cases} a_{11}k+a_{12}m+a_{13}n=0,\\ a_{12}k+a_{22}m+a_{23}n=0,\\ a_{13}k+a_{23}m+a_{33}n=0,\end{cases}$$

该方程组的系数行列式为 I_3.

定理 4.3.1.4 二次曲面 S 存在奇异方向的充分必要条件是 $I_3=0$.

定理 4.3.1.5 二次曲面 S 的奇异方向平行于二次曲面的任何直径面.

证明 设 $\boldsymbol{\alpha}_0(k_0,m_0,n_0)$ 是二次曲面的一条奇异方向. 任意取二次曲面的一张直径面, 其方程设为 $\Phi_1(k,m,n)x+\Phi_2(k,m,n)y+\Phi_3(k,m,n)z+\Phi_4(k,m,n)=0$. 由于

$$\begin{aligned}&k_0\Phi_1(k,m,n)+m_0\Phi_2(k,m,n)+n_0\Phi_3(k,m,n)\\ =&k_0(a_{11}k+a_{12}m+a_{13}n)+m_0(a_{12}k+a_{22}m+a_{23}n)+n_0(a_{13}k+a_{23}m+a_{33}n)\\ =&k\Phi_1(k_0,m_0,n_0)+m\Phi_2(k_0,m_0,n_0)+n\Phi_3(k_0,m_0,n_0)=0.\end{aligned}$$

因此奇异方向平行该直径面. □

定义 4.3.1.9 如果两个非零向量 $\boldsymbol{\alpha}_0(k_0,m_0,n_0)$ 和 $\boldsymbol{\alpha}(k,m,n)$ 满足下面关系:

$$(k_0,m_0,n_0)\boldsymbol{A}_0\begin{pmatrix}k\\ m\\ n\end{pmatrix}=0.$$

则称由这两个非零向量所决定的直线方向为一对**共轭方向**.

由该定义我们容易得到下面的定理.

定理 4.3.1.6 方向 $\boldsymbol{\alpha}_0(k_0,m_0,n_0)$ 与非奇异方向 $\boldsymbol{\alpha}(k,m,n)$ 共轭的充分必要条件是方向 $\boldsymbol{\alpha}_0(k_0,m_0,n_0)$ 平行于共轭于 $\boldsymbol{\alpha}(k,m,n)$ 的直径面. 特别地, 奇异方向与任何方向都共轭.

定义 4.3.1.10 二次曲面 S 的两个直径面的交线称为二次曲面 S 的一条**直径**. 如果两条直径的方向是共轭的, 则称这两条直径是一对**共轭直径**.

容易证明: 对于中心二次曲面 S, 经过中心的任何平面都是直径面, 于是经过中心的每一条直线都是二次曲面 S 的直径.

例 4.3.1.2 设二次曲面 S 是中心二次曲面, 它的中心是点 O. 三个非零向量 $\boldsymbol{e}_1,\boldsymbol{e}_2,\boldsymbol{e}_3$ 都是二次曲面 S 的非渐近方向, 并且它们两两互相是共轭的. 则在空间仿射坐标系 $I[O;\boldsymbol{e}_1,\boldsymbol{e}_2,\boldsymbol{e}_3]$ 下, 二次曲面的方程是形如 $ax^2+by^2+cz^2+d=0$ 的形式.

证明 先证明 $\boldsymbol{e}_1,\boldsymbol{e}_2,\boldsymbol{e}_3$ 不共面. 如果 $\boldsymbol{e}_1,\boldsymbol{e}_2,\boldsymbol{e}_3$ 是共面的, 则存在不全为零的 k_1,k_2,k_3, 使得

$$k_1\boldsymbol{e}_1+k_2\boldsymbol{e}_2+k_3\boldsymbol{e}_3=0.$$

不妨假设 $k_1\neq 0$. 现在假设 $\boldsymbol{e}_1,\boldsymbol{e}_2,\boldsymbol{e}_3$ 的坐标依次是 $(a_1,b_1,c_1),(a_2,b_2,c_2),(a_3,b_3,c_3)$. 则

$$k_1(a_1,b_1,c_1)+k_2(a_2,b_2,c_2)+k_3(a_3,b_3,c_3)=(0,0,0).$$

既然 $\boldsymbol{e}_1,\boldsymbol{e}_2,\boldsymbol{e}_3$ 是互相共轭的, 即

$$(a_1,b_1,c_1)\boldsymbol{A}_0\begin{pmatrix}a_2\\b_2\\c_2\end{pmatrix}=(a_2,b_2,c_2)\boldsymbol{A}_0\begin{pmatrix}a_3\\b_3\\c_3\end{pmatrix}=(a_3,b_3,c_3)\boldsymbol{A}_0\begin{pmatrix}a_1\\b_1\\c_1\end{pmatrix}=0.$$

由于

$$0=[k_1(a_1,b_1,c_1)+k_2(a_2,b_2,c_2)+k_3(a_3,b_3,c_3)]\boldsymbol{A}_0\begin{pmatrix}a_1\\b_1\\c_1\end{pmatrix}=k_1(a_1,b_1,c_1)\boldsymbol{A}_0\begin{pmatrix}a_1\\b_1\\c_1\end{pmatrix}.$$

又 $\boldsymbol{e}_1,\boldsymbol{e}_2,\boldsymbol{e}_3$ 是二次曲面的非渐近方向, 即 $\Phi(a_1,b_1,c_1)=(a_1,b_1,c_1)\boldsymbol{A}_0\begin{pmatrix}a_1\\b_1\\c_1\end{pmatrix}\neq 0.$

由 $k_1(a_1, b_1, c_1)\boldsymbol{A}_0\begin{pmatrix} a_1 \\ b_1 \\ c_1 \end{pmatrix} = 0$ 得到 $k_1 = 0$, 这与假设矛盾. 所以 $\boldsymbol{e}_1, \boldsymbol{e}_2, \boldsymbol{e}_3$ 不共面, $I[O; \boldsymbol{e}_1, \boldsymbol{e}_2, \boldsymbol{e}_3]$ 是空间仿射坐标系. 设二次曲面在此坐标系下的方程是

$$a_{11}x^2 + a_{22}y^2 + a_{33}z^2 + 2a_{12}xy + 2a_{23}yz + 2a_{13}xz + 2b_1x + 2b_2y + 2b_3z + c = 0.$$

中心 $M_0(x_0, y_0, z_0)$ 满足方程组

$$\begin{cases} a_{11}x + a_{12}y + a_{13}z + b_1 = 0, \\ a_{12}x + a_{22}y + a_{23}z + b_2 = 0, \\ a_{13}x + a_{23}y + a_{33}z + b_3 = 0, \end{cases}$$

既然中心是仿射坐标系的原点, 则 $b_1 = b_2 = b_3 = 0$.

在坐标系 $I[O; \boldsymbol{e}_1, \boldsymbol{e}_2, \boldsymbol{e}_3]$ 中, 坐标向量 $\boldsymbol{e}_1, \boldsymbol{e}_2, \boldsymbol{e}_3$ 是互相共轭的, 即 $(1, 0, 0), (0, 1, 0), (0, 0, 1)$ 满足

$$0 = (1, 0, 0)\boldsymbol{A}_0\begin{pmatrix} 0 \\ 1 \\ 0 \end{pmatrix} = a_{12}, \quad 0 = (1, 0, 0)\boldsymbol{A}_0\begin{pmatrix} 0 \\ 0 \\ 1 \end{pmatrix} = a_{13}, \quad 0 = (0, 0, 1)\boldsymbol{A}_0\begin{pmatrix} 0 \\ 1 \\ 0 \end{pmatrix} = a_{23}.$$

所以在仿射坐标系 $I[O; \boldsymbol{e}_1, \boldsymbol{e}_2, \boldsymbol{e}_3]$ 下, 二次曲面的方程是形如 $ax^2 + by^2 + cz^2 + d = 0$ 的形式. □

4.3.2　二次曲面的度量特征

本节利用二次曲面方程给出它的度量特征, 度量特征包括对称轴和对称平面.

设在空间直角坐标系 $I[O; \boldsymbol{e}_1, \boldsymbol{e}_2, \boldsymbol{e}_3]$, 二次曲面 S 的方程是

$$a_{11}x^2 + a_{22}y^2 + a_{33}z^2 + 2a_{12}xy + 2a_{23}yz + 2a_{13}xz + 2b_1x + 2b_2y + 2b_3z + c = 0.$$

定义 4.3.2.1　空间中一张平面 π 称为二次曲面 S 的**对称平面**, 如果对于二次曲面 S 上任意一点 p, 它的关于平面 π 的对称点 q 也在二次曲面 S.

根据对称平面的定义, 可以看出二次曲面 S 的对称平面与它的法向量方向是共轭的.

命题 4.3.2.1　如果二次曲面 S 的直径面与它的共轭方向垂直, 则该直径面为二次曲面的一张对称平面.

共轭于 $\boldsymbol{\alpha}(k,m,n)$ 的直径面 π 方程是

$$\Phi_1(k,m,n)x+\Phi_2(k,m,n)y+\Phi_3(k,m,n)z+\Phi_4(k,m,n)=0. \tag{4.3.6}$$

如果直径面 π 是对称平面, 则向量 $\boldsymbol{\alpha}(k,m,n)$ 是对称平面的法向量. 又在空间直角坐标系下, 对称平面方程 (4.3.6) 表明对称平面的法向量是 $(\Phi_1(k,m,n),\Phi_2(k,m,n),\Phi_3(k,m,n))$. 这样

$$\frac{\Phi_1(k,m,n)}{k}=\frac{\Phi_2(k,m,n)}{m}=\frac{\Phi_3(k,m,n)}{n},$$

令比值为 λ, 则 $\begin{cases}\Phi_1(k,m,n)=\lambda k,\\ \Phi_2(k,m,n)=\lambda m,\\ \Phi_3(k,m,n)=\lambda n,\end{cases}$ 或 $\begin{pmatrix}a_{11}&a_{12}&a_{13}\\a_{12}&a_{22}&a_{23}\\a_{13}&a_{23}&a_{33}\end{pmatrix}\begin{pmatrix}k\\m\\n\end{pmatrix}=\lambda\begin{pmatrix}k\\m\\n\end{pmatrix}$.

定义 4.3.2.2 二次曲面的奇异方向和二次曲面的对称平面的法向称为二次曲面的**主方向**.

由上面的讨论知道, 二次曲面 S 的主方向就是矩阵 $\boldsymbol{A}_0$ 的特征向量. 由此得到求二次曲面的主方向的步骤: ① 求出矩阵 $\boldsymbol{A}_0$ 的特征值; ② 求出特征值对应的特征向量, 这些特征向量代表的直线方向就是主方向.

特征值为零的主方向就是二次曲面的奇异方向. 非零特征值对应的主方向为二次曲面的非渐近方向. 如果二次曲面 S 的主方向是 $\boldsymbol{\alpha}(k,m,n)$, 它对应的特征值 $\lambda\neq 0$. 则对应的对称平面方程是

$$\lambda(kx+my+nz)+\Phi_4(k,m,n)=0.$$

利用实对称矩阵的特征向量的性质, 我们有下面结论.

定理 4.3.2.1 二次曲面的不同特征值对应的主方向互相垂直.

设二次曲面是中心型曲面. 构造空间右手直角坐标系 $I'[O';\boldsymbol{e}_1',\boldsymbol{e}_2',\boldsymbol{e}_3']$, 其中坐标原点 O' 就是二次曲面 S 的中心, 坐标向量 $\boldsymbol{e}_1',\boldsymbol{e}_2',\boldsymbol{e}_3'$ 就是二次曲面 S 的三个单位主方向. 这样空间右手直角坐标系 $I'[O';\boldsymbol{e}_1',\boldsymbol{e}_2',\boldsymbol{e}_3']$ 的三个坐标轴就是二次曲面 S 的三个对称轴. 则在空间右手直角坐标系 $I'[O';\boldsymbol{e}_1',\boldsymbol{e}_2',\boldsymbol{e}_3']$ 下, 二次曲面 S 的方程是

$$\lambda_1x'^2+\lambda_2y'^2+\lambda_3z'^2+c'=0.$$

其中 $\lambda_1,\lambda_2,\lambda_3$ 是二次曲面 S 的特征值, $c'=\dfrac{I_4}{I_3}$.

例 4.3.2.1 在空间直角坐标系下, 二次曲面的方程为

$$3x^2+y^2+3z^2-2xy-2yz-2xz+4x+14y+4z-23=0.$$

求二次曲面的主方向和对称平面.

解 由方程得到

$$F_1(x,y,z)=3x-y-z+2,\quad F_2(y,x,z)=y-x-z+7,\quad F_3(x,y,z)=3z-x-y+2.$$

二次曲面的方程的二次部分的矩阵为

$$\boldsymbol{A}_0=\begin{pmatrix}3&-1&-1\\-1&1&-1\\-1&-1&3\end{pmatrix}.$$

(1) 求矩阵 $\boldsymbol{A}_0$ 的特征值.

$$|\lambda\boldsymbol{I}-\boldsymbol{A}_0|=\lambda^3-7\lambda^2+12\lambda=0,$$

所以特征值为 $\lambda=4,3,0$.

(2) 求主方向.

$$(\lambda I-A_0)X=\begin{pmatrix}\lambda-3&1&1\\1&\lambda-1&1\\1&1&\lambda-3\end{pmatrix}\begin{pmatrix}m\\n\\k\end{pmatrix}=0.\tag{4.3.7}$$

(i) 将 $\lambda=4$ 代入式 (4.3.7) 得到

$$\begin{cases}m+n+k=0,\\m+3n+k=0,\\m+n+k=0,\end{cases}$$

解得特征值 $\lambda=4$ 的主方向为 $\boldsymbol{\alpha}=(1,0,-1)$. 共轭于该主方向的对称平面方程为

$$F_1(x,y,z)-F_3(x,y,z)=0,\quad 即\ x-z=0.$$

(ii) 将 $\lambda=3$ 代入式 (4.3.7) 得到

$$\begin{cases}n+k=0,\\m+2n+k=0,\\m+n=0,\end{cases}$$

解得特征值 $\lambda=3$ 的主方向 $\boldsymbol{\alpha}=(1,-1,1)$. 共轭于该主方向的对称平面方程为

$$F_1(x,y,z)-F_2(x,y,z)+F_3(x,y,z)=0,\quad 即\ x-y+z-1=0.$$

(iii) 将 $\lambda=0$ 代入式 (4.3.7) 得到

$$\begin{cases}-3m+n+k=0,\\ m-n+k=0,\\ m+n-3k=0,\end{cases}$$

解得特征值 $\lambda=3$ 的主方向 $\boldsymbol{\alpha}=(1,2,1)$. 该主方向为二次曲面的奇异方向. □

利用对称矩阵的特征值的性质可以得到下面结论,

定理 4.3.2.2 二次曲面的两张对称平面的交线是二次曲面的一条对称轴.

定理 4.3.2.3 二次曲面的特征方程有三个特征值 (按重数计算), 并且至少有一个特征值非零, 从而二次曲面总有一个非奇异主方向. 即二次曲面至少存在一条对称轴.

习 题 4.3

1. 在空间仿射坐标系中, 求出下面二次曲面的中心.

(1) $2x^2+4y^2-z^2+4xy+6yz+x-2y-4z+6=0$;

(2) $x^2-4y^2-6z^2+4xy+6yz+2xz+4x+y+2z+1=0$;

(3) $5x^2+4y^2+4z^2+2xy-8yz-2xz+4x+6y+2z+2=0$;

(4) $x^2-4y^2-z^2-2xy-4yz+2xz+4x+3y+2z=0$.

2. 在空间仿射坐标系中, 求出下面二次曲面的渐近锥面.

(1) $x^2+y^2+z^2+2xy+6xz-2yz+2x-6y-2z=0$;

(2) $x^2+y^2+z^2-4xy-4xz-4yz-3=0$;

(3) $5x^2+9y^2+9z^2-12xy-6xz+12x-36z=0$;

(4) $2xz+y^2-2y-1=0$.

3. 在空间仿射坐标系中, 求出下面二次曲面经过点的切平面.

(1) $x^2-y^2+z^2+xy+2xz+4yz-x+y+z+12=0$, 经过点 $(1,-2,1)$;

(2) $\dfrac{x^2}{a^2}+\dfrac{y^2}{b^2}+\dfrac{z^2}{c^2}=1$, 经过椭球面上点 $P(x_0,y_0,z_0)$;

(3) $\dfrac{x^2}{a^2}+\dfrac{y^2}{b^2}-\dfrac{z^2}{c^2}=1$, 经过单叶双曲面上点 $P(x_0,y_0,z_0)$;

(4) $\dfrac{x^2}{a^2}+\dfrac{y^2}{b^2}=2z$, 经过椭圆抛物面上点 $P(x_0,y_0,z_0)$;

(5) $\dfrac{x^2}{a^2}+\dfrac{y^2}{b^2}=1$, 经过椭圆柱面上点 $P(x_0,y_0,z_0)$;

(6) $\dfrac{x^2}{a^2}-\dfrac{y^2}{b^2}=1$, 经过双曲柱面上点 $P(x_0,y_0,z_0)$.

4. 在空间仿射坐标系中, 给定椭球面方程

$$\frac{x^2}{a^2}+\frac{y^2}{b^2}+\frac{z^2}{c^2}=1.$$

求出椭球面上平行于平面 $Ax+By+Cz+D=0$ 的切平面方程.

5. 求通过直线 $\dfrac{x}{2}=\dfrac{y-1}{-1}=\dfrac{z+1}{3}$ 的二次曲面 $4x^2+6y^2+4z^2+4xz-8y+4z+3=0$ 的切平面方程.

6. 在空间仿射坐标系中, 给定方向向量 $\boldsymbol{\alpha}(m,n,l)$ 和给定椭球面方程

$$\frac{x^2}{a^2}+\frac{y^2}{b^2}+\frac{z^2}{c^2}=1.$$

(1) 求出椭球面上所有平行于向量 $\boldsymbol{\alpha}(m,n,l)$ 的切线生成的曲面方程.

(2) 证明: 椭球面上所有平行于向量 $\boldsymbol{\alpha}(m,n,l)$ 的切线的切点在一张平面上.

7. 在空间仿射坐标系中, 给定椭球面方程

$$\frac{x^2}{a^2}+\frac{y^2}{b^2}+\frac{z^2}{c^2}=1.$$

求出经过椭球面外一点 $P(x_0,y_0,z_0)$ 的所有的椭球面的切线生成的曲面方程.

8. 证明: 经过双曲抛物面上一点 $P(x_0,y_0,z_0)$ 的切平面必包含过该点的两条直母线.

9. 证明: 经过单叶双曲面上一点 $P(x_0,y_0,z_0)$ 处的两条直母线张成的平面为单叶双曲面在 $P(x_0,y_0,z_0)$ 处的切平面.

10. 在空间仿射坐标系中, 给出二次曲面的方程

$$x^2-2y^2+z^2+2xy+2xz+4yz-x+y+z+12=0.$$

(1) 判断经过下面各点的二次曲面的切线是否存在.

$$P_1(1,2,1),\quad P_2(1,0,1),\quad P_3(0,1,2),\quad P_4(1,1,-2).$$

(2) 如果存在经过上面点的二次曲面的切线, 求出经过该点的二次曲面的切锥面.

11. 在空间直角坐标中, 给定椭球面方程

$$\frac{x^2}{4}+\frac{y^2}{9}+\frac{z^2}{16}=1,$$

以及平面 π 方程 $Ax+By+Cz+1=0$, 求椭球面上的点到平面 π 的最小距离.

12. 在空间直角坐标中, 给定椭球面方程

$$\frac{x^2}{4}+\frac{y^2}{9}+\frac{z^2}{16}=1,$$

求椭球面上三张两两互相垂直的切平面的交点轨迹.

13. 在空间仿射坐标中, 求出下面二次曲面的直径面.

(1) $x^2-y^2-6z^2+4xy+yz+2xz+2z+1=0$, 共轭于方向 $\boldsymbol{\alpha}(1,0,1)$ 的直径面;

(2) $4x^2+y^2+4z^2-4yz+8xz-2x-2y+6z=0$, 共轭于方向 $\boldsymbol{\alpha}(1,-1,1)$ 的直径面;

(3) $2x^2+y^2-6z^2-y+2z+2=0$, 共轭于方向 $\boldsymbol{\alpha}(2,1,1)$ 的直径面.

14. 在空间直角坐标中, 判断下面二次曲面的类型.

(1) $4x^2-4y^2-6z^2+4xy+6yz+2xz+4x+y+2z+1=0$;

(2) $4x^2+y^2+4z^2-4xy-4yz+8xz-12x-12y+6z=0$;

(3) $x^2+y^2-6z^2-xy+yz+2xz+4x+y+2z+2=0$;

(4) $5x^2-16y^2+5z^2+8xy+8yz-6xz+4x+20y+4z-24=0$.

15. 在空间直角坐标系中, 给定二次曲面方程:

$$tx^2+4y^2-2z^2+4xy+2yz+2xz+4x+y+2z+1=0,$$

就参数 t 的取值情况讨论二次曲面的形状.

16. 在空间直角坐标系中, 给定二次曲面方程:

$$x^2+y^2-z^2+2axz+2byz+2xz-2x-4y+2z=0.$$

求出参数 a,b 满足怎样的关系式, 使得二次曲面是一个二次锥面.

17. 在空间直角坐标系中, 经过 x 轴和 y 轴分别作平面, 并且两张平面的夹角为常数 θ. 求它们的交线生成的曲面方程. 并证明它是一张平面.

18. 在空间直角坐标系中, 给出两个球面 S_1, S_2, 它们的方程是

$$S_1 : x^2 + y^2 + z^2 = 4, \quad S_2 : (x-1)^2 + (y-2)^2 + (z-3)^2 = 9,$$

求出同时与两个球面 S_1, S_2 相切的圆锥面方程.

19. 在空间直角坐标系下, 求出下面二次曲面的主方向和对称平面.

(1) $3x^2 + y^2 + 3z^2 - 2xy - 2xz - 2yz + 4x + 14y + 4z - 23 = 0$;

(2) $2xy + 2xz + 2yz + 4x + 14y + 4z + 1 = 0$;

(3) $3x^2 + 5y^2 + 3z^2 - 2xy + 2xz - 2yz + 2x + 12y + z + 1 = 0$;

(4) $x^2 + y^2 + z^2 - 2xy + 2xz - 2yz + x + y + z + 1 = 0$.

20. 在空间直角坐标系下, 已知二次曲面 $x^2+2y^2-z^2-2xy+2yz-4x-1=0$, 求出该二次曲面与方向向量 $\boldsymbol{\alpha}(1,-1,0)$ 共轭的直径面方程.

21. 在空间直角坐标系中, 求出下面二次曲面的奇异方向.

(1) $x^2 + y^2 + 4z^2 + 2xy - 4xz - 4yz - 4x - 4y + 8z = 0$;

(2) $9x^2 - 4y^2 - 91z^2 + 18xy - 40yz - 36 = 0$.

22. 在空间直角坐标系下, 给定两个二次曲面:

$$S_1 : x^2 + 3y^2 + z^2 - 2xy + 2x - 2y = 0, \quad S_2 : x^2 + z^2 + 2xy + 2xz - 3x + 2 = 0.$$

求出它们的公共直径面方程.

23. 在空间直角坐标系中, 给定椭球面方程 $\dfrac{x^2}{a^2}+\dfrac{y^2}{b^2}+\dfrac{z^2}{c^2}=1$. 设点 $M_0(x_0, y_0, z_0)$ 是椭球面上一点. 证明: 经过该点的切平面的法向量的方向与经过点 M_0 的任意直径面的方向是共轭的.

24. 在空间直角坐标系中, 给定椭球面方程 $\dfrac{x^2}{a^2}+\dfrac{y^2}{b^2}+\dfrac{z^2}{c^2}=1$. 设点 $P(a,b,c)$ 是椭球面外一点, 如果椭球面上存在一点 $M_0(x_0, y_0' z_0)$ 满足: 点 P 到 M_0 的距离是点 P 到椭球面上点的距离的最小值. 证明: 向量 $\overrightarrow{PM_0}$ 垂直于经过点 M_0 的切平面.

25. 在空间直角坐标系中, 求出点 $P(1,1,1)$ 到下面二次曲面上点的距离的最小值.

(1) $\dfrac{x^2}{4}+\dfrac{y^2}{8}+\dfrac{z^2}{9}=1$; (2) $x^2+\dfrac{y^2}{4}-\dfrac{z^2}{9}=1$; (3) $x^2-\dfrac{y^2}{2}-\dfrac{z^2}{6}=1$.

26. 给定空间一个椭球面, 从椭球面的中心作椭球面上每点出的切平面的垂线. 求出垂足的轨迹.

27. 在空间直角坐标中, 给定单叶双曲面 S 方程 $2x^2-6y^2+3z^2=5$ 和直线 L 的方程

$$\begin{cases} x+9y-3z=0, \\ 3x-3y+6z-5=0. \end{cases}$$

求经过直线 L 的单叶双曲面的切平面方程.

28. 证明: 双曲抛物面的任意一条直母线一定在该条直母线的方向共轭的直径面上.

第 5 章　欧氏几何和仿射几何初步

本章主要讨论三维欧氏几何和仿射几何的一些初步内容, 主要研究空间图形的一些对称性. 图形的对称性是图形在某种变换下保持不变的性质. 图形的对称性的多少可以用其对应的变换群的大小来描述. 根据研究图形对称性的属性不同, 图形的变换群也不同. 因此几何学可以根据不同的变换群进行分类. 例如, 研究图形在仿射变换群下不变性质的几何称为仿射几何, 研究图形在等距变换群下不变性质的几何称为欧氏几何. 19 世纪后期, 德国数学家克莱因 (F. Klein) 在埃尔朗根大学的教授就职演讲中, 提出了根据变换群的不同来分类几何学的观点, 即每一种几何学都是研究某个特定变换群下图形的不变性质和不变量. 克莱因的思想突出了变换群在几何学中的重要地位, 在几何学的发展历史上起到重要的指导作用.

本章中涉及一些变换群的轨道、欧氏向量空间中线性变换和等距变换、群论等相关概念, 这部分内容放在本章最后一节作初步介绍.

5.1　空间中的仿射变换群和等距变换群

5.1.1　空间和平面上的变换群

前面章节里已经定义过一些特殊变换的例子. 第 1 章定义了空间中和平面上的平移变换. 第 2 章定义了空间中的轴反射和面反射变换以及平面上的轴反射. 第 4 章, 定义了空间中和平面上的中心对称. 这些变换都是可逆的.

定义 5.1.1.1　固定平面 π 上一点 O, 取定一个角 θ. 规定平面 π 的变换 $r_\theta : \pi \to \pi$ 是: 对任意 $A \in \pi$, 规定 $r_\theta(A)$ 是 A 绕 O 旋转 θ 角所得的点, 并且 $r_\theta(O) = O$. 则变换 r_θ 称为平面 π 上的一个**旋转变换**. 点 O 称为**旋转中心**, 角 θ 称为**旋转角**.

平面 π 上的旋转变换是可逆的, 它的逆变换也是以点 O 为旋转中心的旋转, 并且 $r_\theta^{-1} = r_{-\theta}$. 明显当 $\theta = k \cdot 360^\circ$ 时, $r_\theta = \mathrm{id}_\pi$; 当 $\theta = 180^\circ$ 时, r_θ 为平面上的中心对称.

固定空间一条直线 L, 取定一个角 θ. 规定 E^3 中的变换 $r_\theta : E^3 \to E^3$ 为: 对任意 $A \in E^3$, 规定 $r_\theta(A)$ 是点 A 绕直线旋转 θ 角所得到的点, 如果 $A \in L$, 规定

$r_\theta(A) = A$. 称变换 r_θ 是空间 E^3 中一个**旋转变换**. 直线 L 称为**旋转轴**, 角 θ 称为**旋转角**. 如图 5.1.1.

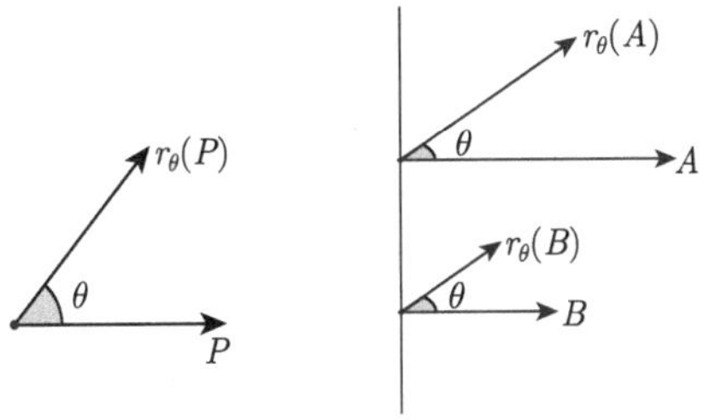

图 5.1.1

空间 E^3 中的旋转变换是可逆的, 其逆变换也是以直线 L 为旋转轴的旋转. 并且 $r_\theta^{-1} = r_{-\theta}$. 明显当 $\theta = k \cdot 360°$ 时, $r_\theta = \mathrm{id}_{E^3}$; 当 $\theta = 180°$ 时, r_θ 为空间中的轴反射.

定义 5.1.1.2 固定空间一点 O, 设 k 是一个不为零的实数. 规定 E^3 中的变换 $\Upsilon_O : E^3 \to E^3$ 为: 对任意 $A \in E^3$, 规定 $\Upsilon_O(A)$ 是满足 $\overrightarrow{O\Upsilon_O(A)} = k\overrightarrow{OA}$ 的点. 称变换 Υ_O 是空间 E^3 中一个**位似变换**. 点 O 称为该位似的**位似中心**, 数 k 称为**位似系数**. 空间中的位似变换可以限制到含位似中心的平面上而成为平面上的位似. 因此平面上的位似变换可以类似定义. 如图 5.1.2.

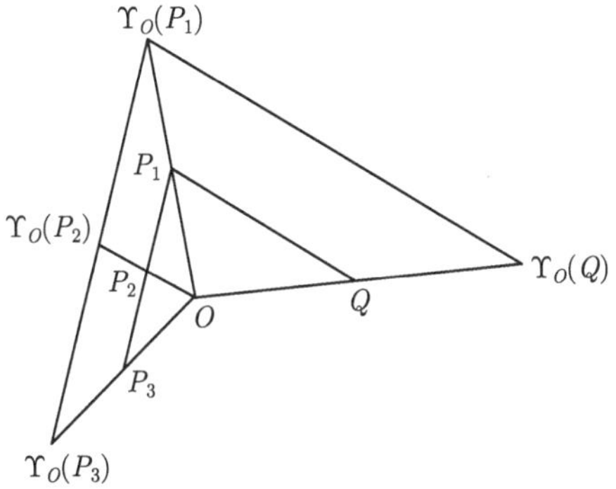

图 5.1.2

位似变换是可逆的, 它的逆变换也是以点 O 为位似中心的位似, 逆变换的位似系数为 $\dfrac{1}{k}$. 明显位似系数为 1 的位似是恒等变换.

图形的对称是图形在某种变换下不变的性质的体现. 通常意义下图形的对称有轴对称和面对称, 它事实上是图形在轴反射变换和面反射变换不变这一性质的体现. 例如正方形 $ABCD$ 有很多对称性, 如图 5.1.3, 例如正方形 $ABCD$ 关于直线 AC、直线 BD、直线 EF 轴对称.

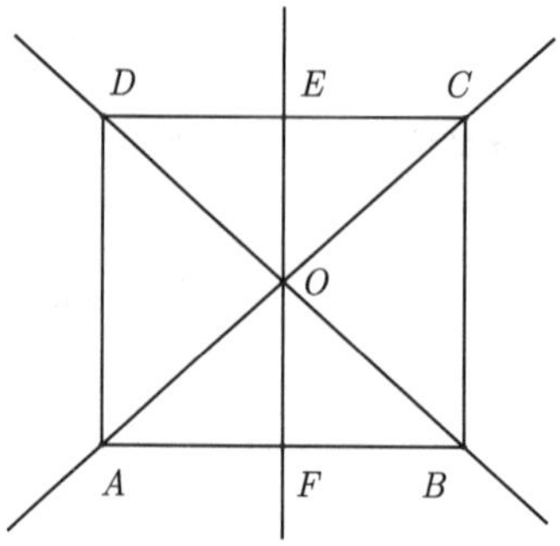

图 5.1.3

这种对称反映了在反射变换下正方形上点仍变换为正方形上的点, 即正方形在平面反射变换下保持不变. 也相当于平面上的反射变换限制到正方形上时, 反射变换为正方形上的反射变换. 同时平面上以中心 O 为旋转中心的旋转变换 r_{90° 也可以限制到正方形上成为正方形上的旋转变换. 因此直观上的对称其实是图形在某种空间变换下保持不变的性质, 从而这种空间变换可以限制在图形上而成为图形本身的变换. 数学上, 将此推广, 所谓图形的对称是指图形具有的某种可逆变换. 设图形 S 上存在可逆变换 $f: S \to S$, 明显 $f(S) = S$, 即图形 S 在变换 f 下是不变的, 则称图形 S 具有 f **对称**.

设集合 S 是一个非空集合. 集合 S 上可逆变换是比较多的. 显然集合上的恒等变换 id_S 是可逆变换, 它的逆变换就是它自己. 设 $T(S)$ 表示集合 S 上所有的可逆变换构成的集合,

$$T(S) = \{f | f: S \to S \text{ 是可逆变换}\}.$$

则容易证明集合 $T(S)$ 具有下面性质.

性质 5.1.1.1 (1) 如果 $f, g \in T(S)$, 则 $f \circ g \in T(S)$;

(2) 如果 $f \in T(S)$, 则 $f^{-1} \in T(S)$;

(3) $\mathrm{id}_S \in T(S)$.

如果集合 S 只有 n 个元素的有限集合, 不妨记成 $S = \{a_1, a_2, \cdots, a_n\}$. 则 $T(S)$ 也是有限的, 它有 $n!$ 个. 如果集合 S 是一个无限集, 则 $T(S)$ 有无穷多元素. 例如 $T(E^3)$, 空间 E^3 具有沿任意向量的平移变换, 同时也有关于任意直线和平面的反射变换, 除此以外, 空间 E^3 还有其他许多变换. 一般地, 一个集合 S 上的可

逆变换的全体的集合 $T(S)$ 是比较大的, 在几何上主要研究一些具有保持某种特定几何性质的变换全体构成的集合, 即研究 $T(S)$ 中具有某些特定含义的元素构成的子集.

定义 5.1.1.3 设 S 是一个非空集合, G 是 $T(S)$ 的非空子集, 即 $G \subset T(S)$, 并且满足下面两个条件:

(1) 如果对任意 $f, g \in G$, 有 $f \circ g \in G$;

(2) 如果对任意 $f \in G$, 有 $f^{-1} \in G$,

则称 G 是集合 S 上的一个**变换群**.

给定一个集合 S, 其变换群有很多, 最大的变换群是 $T(S)$, 最小的变换群是 $\{\mathrm{id}_S\}$, 它只有一个元素. 其余的变换群 G 满足 $\{\mathrm{id}_S\} \subset G \subset T(S)$.

设 $\Pi(E^3)$ 是空间 E^3 中所有的平移变换构成的集合, 即 $\Pi(E^3) = \{P_{\boldsymbol{\alpha}} | \boldsymbol{\alpha} \in \mathbf{R}^3\}$, 则 $\Pi(E^3)$ 是空间 E^3 上的一个变换群. $\Pi(E^3)$ 称为空间中的平移变换群.

空间中取定一张平面 π, 设 $\Pi(\pi)$ 是平面 π 上所有的平移变换构成的集合, 即 $\Pi(\pi) = \{P_{\boldsymbol{\alpha}} | \boldsymbol{\alpha} // \pi\}$, 则 $\Pi(\pi)$ 是平面 π 上的一个变换群. $\Pi(\pi)$ 称为平面上的平移变换群.

空间中取定一条直线 L, 设 $\Pi(L)$ 是直线 L 上所有的平移变换构成的集合, 即 $\Pi(L) = \{P_{\boldsymbol{\alpha}} | \boldsymbol{\alpha} // L\}$, 则 $\Pi(L)$ 是直线 L 上的一个变换群. $\Pi(L)$ 称为直线 L 的平移变换群.

空间中固定一条直线 L, 设 $R_L(E^3)$ 是空间 E^3 中所有以直线 L 为旋转轴的旋转变换构成的集合, 即 $R_L(E^3) = \{r_\theta | 0 \leqslant \theta \leqslant 360°, L \text{ 为旋转轴}\}$, 则 $R_L(E^3)$ 是空间 E^3 上的一个变换群. $R_L(E^3)$ 称为空间中以直线 L 为旋转轴的旋转变换群.

取定一张垂直于直线 L 的平面 π, 设 O 是它们的交点. 则 $R_L(E^3)$ 中的每一变换均可以限制在平面 π 而成为平面上的变换, 这样 $R_L(E^3)$ 成为平面上的变换群, 称为平面上以点 O 为旋转中心的旋转变换群, 记为 $R_O(\pi)$.

设 $L(E^3)$ 是空间 E^3 中所有的轴反射构成的集合, 则它不是空间 E^3 上的一个变换群, 因为变换群的定义中条件 (1) 一般不满足, 事实上, 设 L_1, L_2 是空间中两个不同的直线, 由它们定义的轴反射是 $\Upsilon_{L_1}, \Upsilon_{L_2}$, 即 $\Upsilon_{L_1}, \Upsilon_{L_2} \in L(E^3)$, 但一般地 $\Upsilon_{L_1} \circ \Upsilon_{L_2}$ 不是轴反射, 即 $\Upsilon_{L_1} \circ \Upsilon_{L_2} \notin L(E^3)$.

如图 5.1.4, 取定平面 π 上一点 O 和一个自然数 n, 则平面 π 上以点 O 为旋转中心, 旋转角为 $\dfrac{2\pi}{n}$ 的整数倍的所有旋转构成平面 π 上的一个变换群. 该变换群含有 n 个变换, 即分别以 $0, \dfrac{2\pi}{n}, \cdots, \dfrac{2(n-1)\pi}{n}$ 为旋转角的旋转变换. 记为 $D_O(n)$. 显然 $D_O(n) \subset R_O(\pi)$.

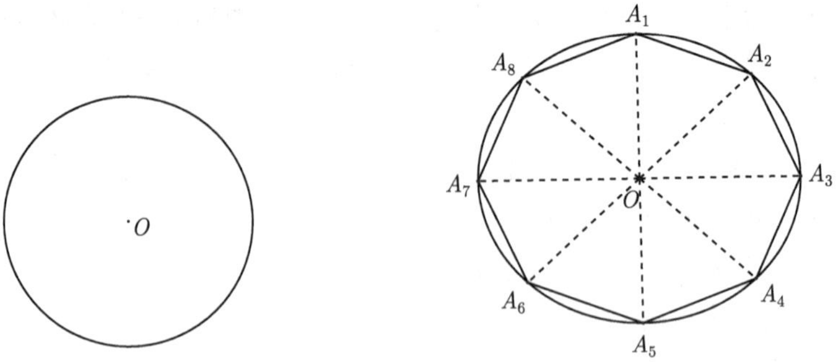

图 5.1.4

设 S^1 是平面 π 上以点 O 为圆心的圆周. 明显 $R_O(\pi)$ 和 $D_O(n)$ 都可以是 S^1 上的变换群. 设 $A_1A_2\cdots A_n$ 是平面 π 上以点 O 为中心的正 n 边形. 则 $D_O(n)$ 可以成为正 n 边形 $A_1A_2\cdots A_n$ 上的变换群. 但 $R_O(\pi)$ 不能成为正 n 边形 $A_1A_2\cdots A_n$ 上的变换群. 这说明圆周比正多边形具有更大的对称性.

5.1.2　等距变换群

对于欧氏空间 E^3, 其上有距离概念, 因此最有意义的变换是保持距离不变的变换.

定义 5.1.2.1　设空间上的变换 $f: E^3 \to E^3$ 满足: 对任意两点 $P_1, P_2 \in E^3$, 都有

$$d(f(P_1), f(P_2)) = d(P_1, P_2),$$

则称变换 f 是空间 E^3 中的一个**等距变换**.

相似地, 可以定义平面上或者一般距离空间上的等距变换. 明显空间中或平面上的恒等变换是空间或平面上的等距变换. 空间或者平面上的等距变换是很多的, 例如平移、反射、旋转以及它们的乘积都是等距变换. 设空间 E^3 中的等距变换全体构成的集合记为 $\mathrm{Iso}(E^3)$, 平面 π 上的等距变换全体构成的集合记为 $\mathrm{Iso}(\pi)$.

性质 5.1.2.1　如果 $f, g \in \mathrm{Iso}(E^3)$, 则 $f\circ g \in \mathrm{Iso}(E^3)$.

证明　如果 $f, g \in \mathrm{Iso}(E^3)$, 则 $d(f\circ g(P_1), f\circ g(P_2)) = d(g(P_1), g(P_2)) = d(P_1, P_2)$, 这样 $f\circ g \in \mathrm{Iso}(E^3)$. □

性质 5.1.2.2　如果 $f \in \mathrm{Iso}(E^3)$, 则 f 把共线的三点映成共线的三点, 并且保持它们的顺序不变. f 也把不共线的三点映成不共线的三点.

证明　设 A, B, C 是空间中共线的顺序三点, 满足 $d(A,B)+d(B,C)=d(A,C)$. 由于 $f \in \mathrm{Iso}(E^3)$, 故 $d(f(A), f(B)) + d(f(B), f(C)) = d(f(A), f(C))$.

这样 $f(A), f(B), f(C)$ 是共线的三点. 同理可证 f 把不共线的三点映成不共线的三点. □

性质 5.1.2.3 如果 $f \in \mathrm{Iso}(E^3)$, 则 f 把共面的四点映成共面的四点. 把不共面的四点映成不共面的四点.

证明 设 $A, B, C, D \in E^3$ 是空间中共面的四点, 它们所在的平面记为 π.

考虑两种情况: (1) A, B, C 三点共线; (2) A, B, C 三点不共线.

(1) 因 A, B, C 三点共线, 则 $f(A), f(B), f(C)$ 三点共线, 从而 $f(A), f(B)$, $f(C), f(D)$ 共面.

(2) 因 A, B, C 三点不共线, 则 $f(A), f(B), f(C)$ 三点不共线, 设它们所在的唯一平面记为 π_1. 由性质 5.1.2.2 知道: 平面 π 上的经过 A, B 两点的直线 L_{AB} 上的点被映成平面 π_1 上经过 $f(A), f(B)$ 两点的直线 $L_{f(A)f(B)}$ 上的点, 同样平面 π 上的经过 B, C 两点的直线 L_{BC} 上的点被映成平面 π_1 上经过 $f(B), f(C)$ 两点的直线 $L_{f(B)f(C)}$ 上的点. 如果 $D \in L_{AB}$ 或 $D \in L_{BC}$, 则 $f(D) \in \pi_1$. 如果 $D \notin L_{AB}$ 且 $D \notin L_{BC}$, 则在平面 π 上过点 D 作直线 L 交直线 L_{AB} 和直线 L_{BC} 分别于 E, F 两点. 则 $f(L) \subset \pi_1$, 从而 $f(D) \in \pi_1$, 这样 $f(A), f(B), f(C), f(D)$ 共面.

利用反证法可以证明 f 把不共面的四点映成不共面的四点. □

性质 5.1.2.4 如果 $f \in \mathrm{Iso}(E^3)$, 则 f 是可逆的.

证明 只需要证明 f 是一个一一映射. 先证是单射. 任意两个不同的点 $A \neq B$, 则 $d(f(A), f(B)) = d(A, B) > 0$, 即 $f(A) \neq f(B)$, 所以 f 是单射.

下证是满射, 任意一点 $D \in E^3$. 先任意取三个不共线点 A, B, C, 它们所在的平面是 π. 则它们的像点 $f(A), f(B), f(C)$ 也是不共线的, 并且它们所在的平面是 $f(\pi)$. 如果 $D \in f(\pi)$, 则再取平面 π 外一点 $\overline{C}$, 设 $A, B, \overline{C}$ 所在的平面是 $\overline{\pi}$, 则 $D \notin f(\overline{\pi})$. 因此我们可以取三个不共线点 A, B, C, 它们所在的平面是 π, 并且可以假设 $D \notin f(\pi)$. 这样我们有一个四面体 $Df(A)f(B)f(C)$. 由于三角形 ABC 与三角形 $f(A)f(B)f(C)$ 的三边对应相等, 因此 $\triangle ABC \cong \triangle f(A)f(B)f(C)$. 因此在空间中存在两点 E, F, 使得它与三点 A, B, C 构成的四面体满足 $EABC \cong FABC \cong Df(A)f(B)f(C)$. 因此 $f(E), f(F)$ 中必有一点是 D, 这样点 D 存在原像, 故 f 是满射. 因此 f 是一一映射. 从而是可逆变换. □

性质 5.1.2.5 如果 $f \in \mathrm{Iso}(E^3)$, 则 f^{-1} 是等距变换.

证明 由于 $f \in \mathrm{Iso}(E^3)$, $d(A, B) = d(f \circ f^{-1}(A), f \circ f^{-1}(B)) = d(f^{-1}(A), f^{-1}(B))$, 这样 $f^{-1} \in \mathrm{Iso}(E^3)$. □

利用上面 5 个性质, 我们有下面定理.

定理 5.1.2.1 $\mathrm{Iso}(E^3)$ 构成空间上的一个变换群, 称为空间中的**等距变换群**.

同样地可以证明平面上等距变换有下面相应的性质.

性质 5.1.2.6 如果 $f, g \in \mathrm{Iso}(\pi)$, 则 $f \circ g \in \mathrm{Iso}(\pi)$.

性质 5.1.2.7 如果 $f \in \mathrm{Iso}(\pi)$, 则 f 把共线的三点映成共线的三点, 并且保持它们的顺序不变. f 也把不共线的三点映成不共线的三点.

性质 5.1.2.8 如果 $f \in \mathrm{Iso}(\pi)$, 则 f 是可逆的, 并且 f^{-1} 是等距变换.

利用这些性质我们得到下面结论.

定理 5.1.2.2 $\mathrm{Iso}(\pi)$ 构成空间上的一个变换群, 称为平面上的**等距变换群**.

例 5.1.2.1 取定空间一条直线 L, 以及一个角 θ. 设 $r_\theta : E^3 \to E^3$ 为 E^3 中以直线 L 为旋转轴, 以角 θ 为旋转角的空间中旋转. 取平行于直线 L 的非空向量 $\boldsymbol{\alpha}$, 作空间中以向量 $\boldsymbol{\alpha}$ 为平移向量的平移变换 $P_{\boldsymbol{\alpha}} : E^3 \to E^3$. 则空间中的变换 $P_{\boldsymbol{\alpha}} \circ r_\theta : E^3 \to E^3$ 称为**螺旋旋转变换**. 它是空间中的等距变换.

例 5.1.2.2 取定平面 π 上一条直线 L, 以及平行于直线 L 的一个非零向量 $\boldsymbol{\alpha}$. 设 $\eta_L : \pi \to \pi$ 是平面上以直线 L 为反射轴的反射变换. 设 $P_{\boldsymbol{\alpha}} : \pi \to \pi$ 是平面上以向量 $\boldsymbol{\alpha}$ 为平移量的平移变换. 则平面上的变换 $P_{\boldsymbol{\alpha}} \circ \eta_L : \pi \to \pi$ 称为**滑反射**. 它是平面上的等距变换.

5.1.3 仿射变换群

空间中的等距变换将空间中的直线映成空间中的直线, 将空间的一张平面映成空间中的平面. 如果考虑空间中只保持直线不变的变换, 并且不再要求它保持两点的距离不变的条件, 这样的变换就是仿射变换. 空间或平面上的位似变换就是仿射变换. 位似变换将直线映成直线, 但是位似变换不是等距变换. 下面我们再给出一个把直线映成直线的非等距变换的例子. 在第 4 章, 定义了空间中沿一张平面的压缩变换, 这种压缩要求点与像点的连线垂直于压缩面. 下面定义一般的压缩变换.

定义 5.1.3.1 固定空间 E^3 中一张平面 π, 取定一个正数 k 和一个不平行于平面 π 的向量 $\boldsymbol{\alpha}$. 定义空间中的变换 $\Psi_{\boldsymbol{\alpha}} : E^3 \to E^3$ 为: 任意点 A, 规定 $\Psi_{\boldsymbol{\alpha}}(A)$ 是由下面条件所确定的点.

(1) $\overrightarrow{A\Psi_{\boldsymbol{\alpha}}(A)}$ 与 $\boldsymbol{\alpha}$ 平行;

(2) 点 $\Psi_{\boldsymbol{\alpha}}(A)$ 到平面 π 的距离满足 $d(\Psi_{\boldsymbol{\alpha}}(A), \pi) = kd(A, \pi)$;

(3) 点 A 和点 $\Psi_{\boldsymbol{\alpha}}(A)$ 在平面 π 的同一侧.

称变换 $\Psi_{\boldsymbol{\alpha}}$ 为空间中的一个**压缩变换**. 平面 π 称为压缩面, 单位向量 $\boldsymbol{\alpha}$ 称为**压缩方向**, 正数 k 称为**压缩系数**.

压缩面上的点在压缩变换下是不动的, 即如果 $A\in\pi$, 则 $\Psi_{\boldsymbol{\alpha}}(A)=A$. 当压缩方向垂直于平面 π 时, 压缩变换 $\Psi_{\boldsymbol{\alpha}}$ 就是第 4 章定义的压缩变换, 称它为**正压缩**.

压缩变换是可逆变换, 其逆变换也是压缩变换, 它的压缩面和压缩方向是一样的. 但压缩系数为 k^{-1}.

类似地, 定义平面上的压缩变换. 固定平面 π 上一条直线 L 和一个正数 k, 取定平面上不平行直线 L 的向量 $\boldsymbol{\alpha}$. 定义平面上的变换 $\Psi_{\boldsymbol{\alpha}}:\pi\to\pi$ 为: 任意点 $A\in\pi$, 规定 $\Psi_{\boldsymbol{\alpha}}(A)$ 是平面上由下面条件所确定的点.

(1) $\overrightarrow{A\Psi_{\boldsymbol{\alpha}}(A)}$ 与 $\boldsymbol{\alpha}$ 平行;

(2) 点 $\Psi_{\boldsymbol{\alpha}}(A)$ 到直线 L 的距离满足 $d(\Psi_{\boldsymbol{\alpha}}(A),L)=kd(A,L)$;

(3) 点 A 和点 $\Psi_{\boldsymbol{\alpha}}(A)$ 在直线 L 的同一侧.

称变换 $\Psi_{\boldsymbol{\alpha}}$ 为平面 π 上的一个**压缩变换**. 直线 L 称为**压缩轴**, 单位向量 $\boldsymbol{\alpha}$ 称为**压缩方向**, 正数 k 称为**压缩系数**.

压缩轴上的点在压缩变换下是不动的, 即如果 $A\in L$, 则 $\Psi_{\boldsymbol{\alpha}}(A)=A$. 当压缩方向垂直于直线 L 时, 压缩变换 $\Psi_{\boldsymbol{\alpha}}$ 称为**正压缩**.

平面上的压缩变换是可逆变换, 其逆变换也是压缩变换, 它的压缩轴和压缩方向是一样的. 但压缩系数为 k^{-1}.

利用相似三角形的判别法, 容易证明压缩变换把空间中的直线映成直线. 除了位似变换、压缩变换, 还有许多把直线映成直线的非等距变换.

定义 5.1.3.2 空间 (平面) 中的一个可逆变换, 如果它把共线点组映成共线点组, 则称为空间 (平面) 中的一个**仿射变换**.

等距变换把直线映成直线, 因此等距变换是仿射变换. 设空间 E^3 中的仿射变换全体构成的集合记为 $\mathrm{Aff}(E^3)$, 设平面 π 上的仿射变换全体构成的集合记为 $\mathrm{Aff}(\pi)$.

性质 5.1.3.1 设 $f,g\in\mathrm{Aff}(E^3)$, 则 $f\circ g\in\mathrm{Aff}(E^3)$.

证明 设 A,B,C 是共线的三点, 既然 $g\in\mathrm{Aff}(E^3)$, 则 $g(A),g(B),g(C)$ 是共线的三点. 又 $f\in\mathrm{Aff}(E^3)$, 故 $f(g(A)),f(g(B)),f(g(C))$ 是共线的三点, 故 $f\circ g\in\mathrm{Aff}(E^3)$. □

性质 5.1.3.2 设 $f\in\mathrm{Aff}(E^3)$, 如果 A,B,C,D 是共面的四点, 则 $f(A),f(B)$, $f(C),f(D)$ 也是共面的.

证明 设共面的四点 A,B,C,D 所在的平面是 π. 如果存在三点共线, 不妨设 A,B,C 是共线的, 则 $f(A),f(B),f(C)$ 共线, 从而 $f(A),f(B),f(C),f(D)$ 共面.

如果 A,B,C,D 中任意三点不共线, 那么 A,B,C 决定三个不同的直线 L_{AB}, L_{BC},L_{AC}, 则过点 D 可以作一条直线交直线 L_{AB},L_{BC} 分别于 E,F 两点. 设

$f(A), f(B), f(C)$ 所在平面为 π_1, 则 $f(L_{AB}) \subset \pi_1, f(L_{BC}) \subset \pi_1$, 由于 $E \in AB, F \in BC$, 故 $f(E) \in f(L_{AB})$, $f(F) \in f(L_{BC})$, 这样 $f(E) \in \pi_1, f(F) \in \pi_1$. 由于 E, F, D 共线, 所以 $f(E), f(F), f(D)$ 共线, 又 $f(E) \in \pi_1, f(F) \in \pi_1$, 从而 $f(D) \in \pi_1$, 故从而 $f(A), f(B), f(C), f(D)$ 共面. □

性质 5.1.3.3 设 $f \in \mathrm{Aff}(E^3)$, 如果三点 A, B, C 是不共线的, 则 $f(A), f(B), f(C)$ 也不共线.

证明 设 A, B, C 所在的平面是 π. 反设 $f(A), f(B), f(C)$ 共线, 假设都在直线 L 上. 由于 A, B, C 是不共线的, 故它们决定三个不同的直线 L_{AB}, L_{BC}, L_{AC}, 由于 $f \in \mathrm{Aff}(E^3)$, 故 $f(L_{AB}) \subset L, f(L_{BC}) \subset L, f(L_{AC}) \subset L$. 任意取平面 π 上不在直线 L_{AB}, L_{BC}, L_{AC} 的点 D, 则过点 D 可以作一条直线分别交直线 L_{AB}, L_{BC} 于 E, F 两点. 由于 $f(E), f(F)$ 都在直线 L, 故 $f(D) \in L$. 从而 $f(\pi) \subset L$.

下面证明 $f(E^3)$ 包含在含直线 L 的一个平面中. 任意取平面 π 外一点 D, 如果 $f(D) \in L$, 则 $f(E^3) \subset L$. 如果存在点 D 使得 $f(D) \notin L$, 设点 $f(D)$ 与直线 L 决定的平面是 π_1. 任意过点 D 作直线 L_1 交平面 π 于 F 点, 既然 $f(D) \in \pi_1, f(F) \in \pi_1$, 这样 $f(L_1) \subset \pi_1$. 这样如果平面 π 外一点 P 满足连接两点 P, D 的直线与平面 π 有交点, 则 $f(P) \in \pi_1$. 如果平面 π 外一点 P 满足连接两点 P, D 的直线与平面 π 没有交点, 则一定存在直线 L_1 上一点 E 使得连接 P, E 的直线与平面 π 有交点, 则 $f(P) \in \pi_1$. 这样 $f(E^3) \subset \pi_1$. 这与 f 是满射矛盾. 故 $f(A), f(B), f(C)$ 不共线. □

性质 5.1.3.4 设 $f \in \mathrm{Aff}(E^3)$, L 是一条直线, π 是一张平面, 则 $f(L)$ 是一条直线, $f(\pi)$ 是一张平面.

证明 任意取直线 L 上两点 A, B. 设经过两点 $f(A), f(B)$ 的直线为 L_1. 既然 $f \in \mathrm{Aff}(E^3)$, 所以 $f(L) \subset L_1$. 任意取 L_1 一点 P, 由性质 5.1.3.3 得到 $A, B, f^{-1}(P)$ 共线, 即 $f^{-1}(P) \in L$, 即 $f^{-1}(L_1) \subset L$, 又 f 是满射, 故 $f(L) = L_1$.

同理可以证明 $f(\pi)$ 是一张平面. □

性质 5.1.3.5 设 $f \in \mathrm{Aff}(E^3)$, 则 $f^{-1} \in \mathrm{Aff}(E^3)$.

证明 任意取空间中共线的三点 A, B, C, 设 $D = f^{-1}(A), E = f^{-1}(B), F = f^{-1}(C)$. 则 $A = f(D)$, $B = f(E)$, $C = f(F)$. 反设 D, E, F 不共线, 由于 $f \in \mathrm{Aff}(E^3)$, 所以 A, B, C 不共线, 这与假设矛盾, 故 D, E, F 也是共线的三点. 所以 $f^{-1} \in \mathrm{Aff}(E^3)$. □

性质 5.1.3.6 设 $f \in \mathrm{Aff}(E^3)$, 如果 L_1, L_2 是一对平行直线, π_1, π_2 是一对平行平面, 则 $f(L_1), f(L_2)$ 是一对平行直线, $f(\pi_1), f(\pi_2)$ 是一对平行平面.

证明 如果 π_1, π_2 是一对平行平面, 则 $f(\pi_1), f(\pi_2)$ 是一对没有交点的平面,

故它们是平行平面. 如果 L_1, L_2 是一对平行直线, 设它们的方向向量为 $\boldsymbol{\alpha}$, 则直线 $f(L_1), f(L_2)$ 是有相同方向 $\overline{f}(\boldsymbol{\alpha})$ 的直线, 并且它们不相交, 所以 $f(L_1), f(L_2)$ 是一对平行直线. □

综合仿射变换的上述性质, 得到下面定理.

定理 5.1.3.1 $\mathrm{Aff}(E^3)$ 是空间中的一个变换群. 称为空间中的**仿射变换群**.

上面关于空间中仿射变换的性质都可以平移到平面上的仿射变换上, 只需将空间中的直线换成平面上的直线即可. 因此类似地有下面性质.

性质 5.1.3.7 设 $f, g \in \mathrm{Aff}(\pi)$, 则 $f \circ g \in \mathrm{Aff}(\pi)$.

性质 5.1.3.8 设 $f \in \mathrm{Aff}(\pi)$, 如果 A, B, C 是不共线三点, 则 $f(A), f(B), f(C)$ 也不共线.

性质 5.1.3.9 设 $f \in \mathrm{Aff}(\pi)$, L 是平面上一条直线, 则 $f(L)$ 是一条直线.

性质 5.1.3.10 设 $f \in \mathrm{Aff}(\pi)$, 则 $f^{-1} \in \mathrm{Aff}(\pi)$.

性质 5.1.3.11 设 $f \in \mathrm{Aff}(\pi)$, 如果 L_1, L_2 是平面上一对平行直线, 则 $f(L_1), f(L_2)$ 也是平面上一对平行直线.

由上面性质得到下面定理,

定理 5.1.3.2 $\mathrm{Aff}(\pi)$ 是平面 π 上的一个变换群. 称为平面上的**仿射变换群**.

空间中的等距变换群 $\mathrm{Iso}(E^3)$ 是空间中的仿射变换群 $\mathrm{Aff}(E^3)$ 的子群, 即 $\mathrm{Iso}(E^3) \subset \mathrm{Aff}(E^3)$. 同样地, 平面上的等距变换群 $\mathrm{Iso}(\pi)$ 是平面上的仿射变换群 $\mathrm{Aff}(\pi)$ 的子群. 仿射群中除了等距变换群以外, 还有一种重要的子群是相似变换群.

定义 5.1.3.3 空间中的变换 $f: E^3 \to E^3$ 称为**相似变换**, 如果存在正数 k, 使得对于空间 E^3 中任意两点 A, B 都有

$$d(f(A), f(B)) = kd(A, B),$$

其中正数 k 称为相似变换 $f: E^3 \to E^3$ 的**相似比**.

位似变换是相似变换, 如果位似系数为 λ, 则相似比为 $|\lambda|$. 等距变换是相似比为 1 的相似变换, 反之相似比为 1 的相似变换是等距变换.

性质 5.1.3.12 空间中相似变换是可逆变换. 其逆变换也是相似变换.

该性质的证明同证明等距变换是可逆变换的思路是一样的, 证明等距变换是满射是利用全等的四面体的性质, 同样证明相似变换是可逆变换可以利用相似四面体的性质.

性质 5.1.3.13 两个空间中的相似变换的乘积还是相似变换. 乘积的相似变换的相似比为两个相似变换的相似比的乘积.

性质 5.1.3.14 空间中的相似变换是空间中的仿射变换.

该性质利用相似三角形可以直接证明.

定理 5.1.3.3 空间中的相似变换的全体构成空间中的一个变换群, 称为空间中的**相似变换群**.

由性质 5.1.3.14 得到空间中的相似变换群是空间中仿射变换群的子群, 而空间中的等距变换群又是相似变换群的子群, 即

空间中的等距变换群 $\subset$ **空间中的相似变换群** $\subset$ **空间中的仿射变换群**.

这些包含关系都是真包含. 同样地, 对于平面上的相似变换和平面上的相似变换群, 也有相应的性质, 即

平面上的等距变换群 $\subset$ **平面上的相似变换群** $\subset$ **平面上的仿射变换群**.

性质 5.1.3.15 设 $f: E^3 \to E^3$ 是空间中的相似变换, 如果 S 是空间中的球面, 则 $f(S)$ 也是空间中的球面. 特别地, 如果 C 是空间中的圆, 则 $f(C)$ 也是空间中的圆.

证明 设球面 S 的球心为 O 点, 半径为 r. 利用相似变换的性质, $f(S)$ 是以点 $f(O)$ 为球心, 半径为 kr 的球面, 其中 k 为相似变换 f 的相似比. 相似变换是空间中的仿射变换, 因此它将空间中的平面映成平面. 由于空间中的圆是球面与平面的交线, 故相似变换将空间中的圆映成空间中的圆. □

同理可以证明平面上的相似变换有同样的性质.

性质 5.1.3.16 设 $f: \pi \to \pi$ 是平面上的相似变换, 如果 C 是平面上的圆, 则 $f(C)$ 也是平面上的圆.

这两个性质说明相似变换具有保球 (圆) 性.

习　题　5.1

1. 固定空间一条直线 L, 证明: 空间 E^3 中关于直线 L 的反射变换就是空间中以直线 L 为旋转轴转角为 $180°$ 的旋转变换.

2. 设 R_L 是空间中的旋转变换, 它的旋转轴是直线 L, 转角为 θ. 设平面 π 是垂直于直线 L 的平面, 垂足为点 O. 证明: 空间中的旋转变换 R_L 可以限制在平面 π 上成为平面 π 上的旋转变换, 该旋转变换的旋转中心为点 O, 转角为 θ.

3. 设 R_{L_1}, R_{L_2} 是空间中两个旋转变换, 它们的旋转轴分别是直线 L_1, L_2, 转角分别为 θ_1, θ_2, 其中直线 L_1, L_2 是两个不同直线, 并且它们的夹角为 θ.

(1) 如果直线 L_1, L_2 是平行的, 并且 $\theta_1 + \theta_2 = n \cdot 360°(n = 0, \pm 1, \pm 2, \cdots)$. 证明: $R_{L_1} \circ R_{L_2}$ 是空间中的平移变换, 并求出平移量.

(2) 如果直线 L_1, L_2 是平行的, 并且 $\theta_1 + \theta_2 \neq n \cdot 360°(n = 0, \pm 1, \pm 2, \cdots)$. 证明: $R_{L_1} \circ R_{L_2}$ 是空间中的旋转变换, 并求出旋转轴和转角.

(3) 如果直线 L_1, L_2 是相交的. 并且 $L_1 \cap L_2 = O$. 证明: $R_{L_1} \circ R_{L_2}$ 是空间中的旋转变换, 并求出旋转轴和转角.

(4) 如果直线 L_1, L_2 是异面的. 问: $R_{L_1} \circ R_{L_2}$ 是否为空间中的旋转变换. 如果是旋转变换, 求出旋转轴和转角; 如果不是旋转变换, 说明它是什么变换?

4. 设 $r_{\theta_1}, r_{\theta_2}$ 是平面上的两个旋转变换, 它们的旋转中心分别是 O_1, O_2, 转角分别为 θ_1, θ_2.

(1) 如果 $\theta_1 + \theta_2 = n \cdot 360^\circ (n = 0, \pm 1, \pm 2, \cdots)$. 证明: $R_{L_1} \circ R_{L_2}$ 是空间中的平移变换, 并求出平移量.

(2) 如果 $\theta_1 + \theta_2 \neq n \cdot 360^\circ (n = 0, \pm 1, \pm 2, \cdots)$. 证明: $R_{L_1} \circ R_{L_2}$ 是空间中的旋转变换, 并求出旋转中心和转角.

5. 设 π_1, π_2 是空间中两张不同的平面, η_1, η_2 是空间中分别以平面 π_1, π_2 为反射面的反射变换. 问: 它们的乘积 $\eta_1 \circ \eta_2$ 是空间中的什么变换? (根据平面 π_1, π_2 的位置关系进行讨论.)

6. 设 l_1, l_2 是平面上两条不同的直线, η_1, η_2 是平面上分别以直线 l_1, l_2 为反射轴的反射变换. 问: 它们的乘积 $\eta_1 \circ \eta_2$ 是平面上的什么变换? (根据直线 l_1, l_2 的位置关系进行讨论.)

7. 如图 5.1.5, 取定平面 π 上的一条直线 L, 并且在平面 π 上取定 L 的一个单位法向量 $\boldsymbol{n}$ 以及与 L 平行的一个向量 $\boldsymbol{u}$, 定义平面上的变换 $f: \pi \to \pi$ 如下: 对于平面 π 上任意一点 P, 定义 $f(P)$ 为满足关系 $\overrightarrow{Pf(P)} = (\overrightarrow{M_0P} \cdot \boldsymbol{n})\boldsymbol{u}$ 的点, 其中点 M_0 是 L 上一点. 称此变换为**错切变换**. 直线 L 称为错切变换的**错切轴**, 向量 u 称为**错切向量**.

(1) 证明: 错切变换的定义与直线 L 上点 M_0 的选择无关;

(2) 证明: 错切变换是仿射变换;

(3) 证明: 错切变换的逆变换也是错切变换, 并求此逆变换的错切轴和错切向量.

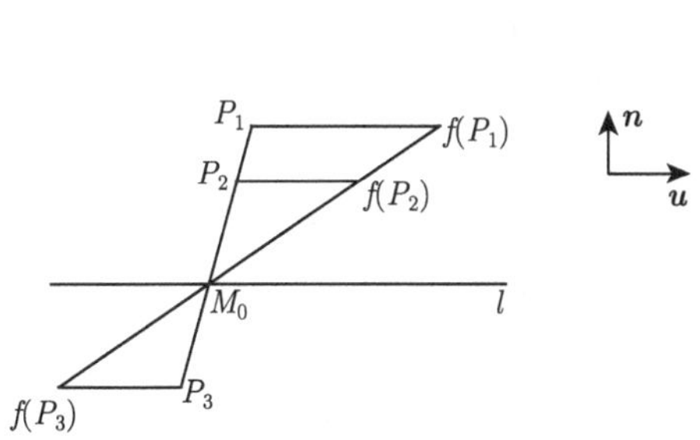

图 5.1.5

8. 证明: 空间中的相似变换等于空间中的一个位似变换和一个等距变换的乘积.

9. 空间中两个变换 f, g, 如果满足 $f \circ g = g \circ f$, 则称变换 f, g 是可交换的. 在下面各对变换中, 判断它们是否可以交换?

(1) 空间中两个平移变换;

(2) 旋转轴相同的旋转变换;

(3) 旋转轴不同的旋转变换;

(4) 反射面平行的两个反射变换;

(5) 反射面相交的两个反射变换;

(6) 一个平移变换和一个旋转变换, 其中平移向量垂直于旋转轴;

(7) 一个平移变换和一个旋转变换, 其中平移向量平行于旋转轴;

(8) 一个平移变换和一个反射变换, 其中平移向量平行于反射面;

(9) 一个平移变换和一个反射变换, 其中平移向量垂直于反射面;

(10) 一个反射变换和一个旋转变换, 其中反射面与旋转轴垂直;

(11) 一个反射变换和一个旋转变换, 其中反射面与旋转轴平行.

10. 证明: 平面 π 上的等距变换均可以提升为空间中的等距变换. 即设 $f : \pi \to \pi$ 是平面上的等距变换, 则存在空间中的等距变换 $\overline{f} : E^3 \to E^3$ 使得它在平面 π 上的限制就是 $\overline{f}\big|_\pi = f$.

11. 设 $f : \pi \to \pi$ 是平面上的仿射变换, 四边形 $ABCD$ 是平面 π 上的平行四边形, 证明: $f(ABCD)$ 也是平面上的平行四边形.

12. 设 $f : E^3 \to E^3$ 是空间中的仿射变换, 六面体 $ABCD\text{-}EFGH$ 是空间中的平行六面体, 证明: $f(ABCD\text{-}EFGH)$ 也是空间中的平行六面体.

13. 设 $f : \pi \to \pi$ 是平面上的相似变换, C 是平面上一个椭圆. 证明: C 和 $f(C)$ 是平面上一对离心率相等的椭圆.

14. 设 $f : \pi \to \pi$ 是平面上的相似变换, C 是平面上一个椭圆, 并且直线 L_1, L_2 是椭圆的一对共轭直径. 证明: 直线 $f(L_1), f(L_2)$ 是椭圆 $f(C)$ 的一对共轭直径.

15. 设 $f : \pi \to \pi$ 是平面上的相似变换, C 是平面上一个椭圆, 并且直线 L_1, L_2 是椭圆的一对对称轴. 证明: 直线 $f(L_1), f(L_2)$ 是椭圆 $f(C)$ 的一对对称轴.

5.2 仿射 (等距) 变换的基本定理

5.2.1 仿射变换和等距变换决定的向量变换

仿射变换的一个重要的性质是它能决定一个仿射空间的伴随向量空间上的变换, 这个性质体现了仿射变换的线性性. 设 $\mathbf{R}^3$ 是 E^3 的伴随向量空间. 设 $f: E^3 \to E^3$ 是一个仿射变换. 下面定义由该仿射变换决定伴随向量空间 $\mathbf{R}^3$ 上的变换, 用 $\overline{f}$ 符号表示该向量变换: 对于任意 $\boldsymbol{\alpha} \in \mathbf{R}^3$, 取空间中两点 A, B 满足 $\overrightarrow{AB} = \boldsymbol{\alpha}$, 规定向量变换

$$\overline{f}(\boldsymbol{\alpha}) = \overrightarrow{f(A)f(B)}, \quad \text{即} \quad \overline{f}(\overrightarrow{AB}) = \overrightarrow{f(A)f(B)}.$$

命题 5.2.1.1 设 $f: E^3 \to E^3$ 是一个仿射变换. 则上述定义的向量变换 $\overline{f}: \mathbf{R}^3 \to \mathbf{R}^3$ 不依赖于表示向量 $\boldsymbol{\alpha}$ 的有向线段 $\overrightarrow{AB}$ 的选择, 该向量变换 $\overline{f}: \mathbf{R}^3 \to \mathbf{R}^3$ 是由仿射变换 $f: E^3 \to E^3$ 唯一确定的.

证明 设 $\overrightarrow{AB}, \overrightarrow{CD}$ 都是表示向量 $\boldsymbol{\alpha}$ 的有向线段, 即 $\overrightarrow{AB} = \overrightarrow{CD} = \boldsymbol{\alpha}$.

如果 A, B, C, D 不共线, 则四边形 $ABCD$ 是平行四边形, 由于 $f: E^3 \to E^3$ 是一个仿射变换, 它是保持直线间的平行性的. 故四边形 $f(A)f(B)f(C)f(D)$ 也是平行四边形, 即边 $f(A)f(B)$ 与边 $f(C)f(D)$ 是平行且长度相等, 所以 $\overrightarrow{f(A)f(B)} = \overrightarrow{f(C)f(D)} = f(\boldsymbol{\alpha})$. 如果 A, B, C, D 共线, 则在空间中可以取到两点 E, F, 满足 A, B, C, D, E, F 不共线, 且 $\overrightarrow{AB} = \overrightarrow{CD} = \overrightarrow{EF} = \boldsymbol{\alpha}$, 同样地可以证明 $\overrightarrow{f(A)f(B)} = \overrightarrow{f(E)f(F)} = \overrightarrow{f(C)f(D)} = f(\boldsymbol{\alpha})$. 即 $\overrightarrow{f(A)f(B)} = \overrightarrow{f(C)f(D)} = f(\boldsymbol{\alpha})$, 如图 5.2.1. □

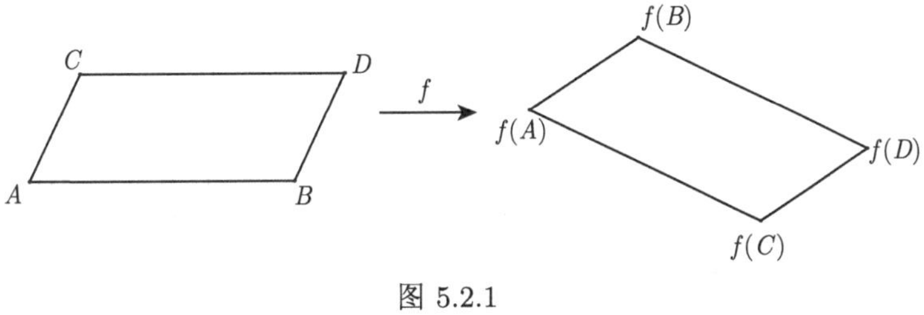

图 5.2.1

定义 5.2.1.1 设 $f: E^3 \to E^3$ 是一个仿射变换. 则上述定义的向量变换 $\overline{f}: \mathbf{R}^3 \to \mathbf{R}^3$ 称为由 f 决定的**向量变换**. 同样地对于平面上的仿射变换, 也可以决定二维向量空间上的**向量变换** $\overline{f}: \mathbf{R}^2 \to \mathbf{R}^2$.

例 5.2.1.1 设 $P_{\boldsymbol{\alpha}}: E^3 \to E^3$ 是空间中的平移变换. 则平移 $P_{\boldsymbol{\alpha}}$ 决定的向量变换是恒等变换.

性质 5.2.1.1　如果空间中一个仿射变换决定的向量变换是恒等变换, 则该仿射变换是空间中的一个平移.

证明　设空间仿射变换 $f: E^3 \to E^3$ 决定的向量变换 $\overline{f}: \mathbf{R}^3 \to \mathbf{R}^3$ 是恒等变换. 对于空间中任意一点 A, 令 $\boldsymbol{\alpha}(A) = \overrightarrow{Af(A)}$. 下面证明对于不同的两个点 A, B, 都有 $\boldsymbol{\alpha}(A) = \boldsymbol{\alpha}(B)$. 事实上, 由于 $\overline{f}: \mathbf{R}^3 \to \mathbf{R}^3$ 是恒等变换, 故 $\overrightarrow{AB} = \overline{f}(\overrightarrow{AB})$. 另一方面, 由向量变换的定义知, $\overline{f}(\overrightarrow{AB}) = \overrightarrow{f(A)f(B)}$. 所以四边形 $Af(A)f(B)B$ 中, $\overrightarrow{AB} = \overrightarrow{f(A)f(B)}$. 所以四边形 $Af(A)f(B)B$ 是一个平行四边形, 从而 $\overrightarrow{Af(A)} = \overrightarrow{Bf(B)}$, 即 $\boldsymbol{\alpha}(A) = \boldsymbol{\alpha}(B)$. 所以空间仿射变换 $f: E^3 \to E^3$ 是空间中的一个平移, 平移向量为常向量 $\boldsymbol{\alpha}(A) = \overrightarrow{Af(A)}$. □

这样如果两个仿射变换决定的向量变换相同, 它们之间至多相差一个平移.

性质 5.2.1.2　$\boldsymbol{\alpha} = \mathbf{0} \Leftrightarrow \overline{f}(\boldsymbol{\alpha}) = \mathbf{0}$.

定理 5.2.1.1　设 $f: E^3 \to E^3$ 是一个空间中的仿射变换, 则它的向量变换 $\overline{f}: R^3 \to R^3$ 是一个可逆的线性变换. 即满足

(1) 任意向量 $\boldsymbol{\alpha}, \boldsymbol{\beta}$, 都有 $\overline{f}(\boldsymbol{\alpha} + \boldsymbol{\beta}) = \overline{f}(\boldsymbol{\alpha}) + \overline{f}(\boldsymbol{\beta})$;

(2) 任意向量 $\boldsymbol{\alpha}$ 和任意实数 k, 都有 $\overline{f}(k\boldsymbol{\alpha}) = k\overline{f}(\boldsymbol{\alpha})$.

证明　先证明 (1). 取空间 E^3 中三点 A, B, C, 使得 $\overrightarrow{AB} = \boldsymbol{\alpha}, \overrightarrow{BC} = \boldsymbol{\beta}, \overrightarrow{AC} = \boldsymbol{\alpha} + \boldsymbol{\beta}$. 由向量变换的定义知道

$$\overline{f}(\boldsymbol{\alpha}) = \overrightarrow{f(A)f(B)}, \quad \overline{f}(\boldsymbol{\beta}) = \overrightarrow{f(B)f(C)},$$

$$\overline{f}(\boldsymbol{\alpha} + \boldsymbol{\beta}) = \overrightarrow{f(A)f(C)} = \overrightarrow{f(A)f(B)} + \overrightarrow{f(B)f(C)} = \overline{f}(\boldsymbol{\alpha}) + \overline{f}(\boldsymbol{\beta}).$$

即 (1) 成立.

下面证明 (2), 由 (1) 推出, $\overline{f}(\boldsymbol{\alpha}) = \overline{f}(\boldsymbol{\alpha} - \boldsymbol{\beta} + \boldsymbol{\beta}) = \overline{f}(\boldsymbol{\alpha} - \boldsymbol{\beta}) + \overline{f}(\boldsymbol{\beta})$, 这样有

$$\overline{f}(\boldsymbol{\alpha} - \boldsymbol{\beta}) = \overline{f}(\boldsymbol{\alpha}) - \overline{f}(\boldsymbol{\beta}).$$

设 n 是自然数, 则 $\overline{f}(n\boldsymbol{\alpha}) = \overline{f}(\boldsymbol{\alpha} + \boldsymbol{\alpha} + \cdots + \boldsymbol{\alpha}) = \overline{f}(\boldsymbol{\alpha}) + \overline{f}(\boldsymbol{\alpha}) + \cdots + \overline{f}(\boldsymbol{\alpha}) = n\overline{f}(\boldsymbol{\alpha})$. 这样对于整数 Z, 得到 $\overline{f}(Z\boldsymbol{\alpha}) = Z\overline{f}(\boldsymbol{\alpha})$.

设 $k = \dfrac{n}{m}$ 是有理数, 这里 n, m 是整数, 有 $m\overline{f}(k\boldsymbol{\alpha}) = \overline{f}(mk\boldsymbol{\alpha}) = \overline{f}(n\boldsymbol{\alpha}) = n\overline{f}(\boldsymbol{\alpha})$, 这样

$$\overline{f}(k\boldsymbol{\alpha}) = \frac{n}{m}\overline{f}(\boldsymbol{\alpha}) = k\overline{f}(\boldsymbol{\alpha}).$$

因此已经证明了: 对于有理数 k, $\overline{f}(k\boldsymbol{\alpha}) = k\overline{f}(\boldsymbol{\alpha})$.

下面证明: 对于无理数 k, $\overline{f}(k\boldsymbol{\alpha}) = k\overline{f}(\boldsymbol{\alpha})$. 如果 $\boldsymbol{\alpha} = \mathbf{0}$, 则对于无理数 k, $\overline{f}(\mathbf{0}) = \overline{f}(k\mathbf{0}) = \mathbf{0} = k\overline{f}(\mathbf{0})$.

下面证明对于无理数 k 和任意非零向量 $\boldsymbol{\alpha}$, $\overline{f}(k\boldsymbol{\alpha}) = k\overline{f}(\boldsymbol{\alpha})$. 设 $\overrightarrow{AB} = \boldsymbol{\alpha}, \overrightarrow{AC} = k\boldsymbol{\alpha}$, 则 $\overline{f}(\boldsymbol{\alpha}) = \overrightarrow{f(A)f(B)}$ 与 $\overline{f}(k\boldsymbol{\alpha}) = \overrightarrow{f(A)f(C)}$ 是平行的, 故存在唯一的实数 μ 使得 $\overline{f}(k\boldsymbol{\alpha}) = \mu\overline{f}(\boldsymbol{\alpha})$.

事实 1 对于固定的无理数 k 和任意非零向量 $\boldsymbol{\beta}$, 均有 $\overline{f}(k\boldsymbol{\beta}) = \mu\overline{f}(\boldsymbol{\beta})$, 即数 μ 只与无理数 k 有关, 而与非零向量 $\boldsymbol{\beta}$ 无关.

事实 1 的证明 取两个不共线的向量 $\boldsymbol{\alpha}, \boldsymbol{\beta}$, 作 $\overrightarrow{AB} = \boldsymbol{\alpha}, \overrightarrow{AC} = \boldsymbol{\beta}, \overrightarrow{AE} = k\boldsymbol{\alpha}, \overrightarrow{AF} = k\boldsymbol{\beta}$. 这样线段 BC 与线段 EF 是平行的, 故线段 $f(B)f(C)$ 与线段 $f(E)f(F)$ 是平行的. 由相似三角形我们知道

$$\frac{f(A)f(B)}{f(A)f(E)} = \frac{f(A)f(\mathrm{C})}{f(A)f(F)}, \quad \text{即} \quad \frac{\overline{f}(k\boldsymbol{\beta})}{\overline{f}(\boldsymbol{\beta})} = \frac{\overline{f}(k\boldsymbol{\alpha})}{\overline{f}(\boldsymbol{\alpha})} = \mu.$$

即 $\overline{f}(k\boldsymbol{\beta}) = \mu\overline{f}(\boldsymbol{\beta})$.

如果两个非零向量 $\boldsymbol{\alpha}, \boldsymbol{\beta}$ 是共线的, 则存在非零向量 $\boldsymbol{\gamma}$ 与 $\boldsymbol{\alpha}$ 不共线, 使得 $\overline{f}(k\boldsymbol{\gamma}) = \mu\overline{f}(\boldsymbol{\gamma})$. 又 $\boldsymbol{\gamma}, \boldsymbol{\beta}$ 不共线, 故 $\overline{f}(k\boldsymbol{\beta}) = \mu\overline{f}(\boldsymbol{\beta})$. 这样得到事实 1 的证明.

事实 2 对于无理数 $k > 0$ 和任意非零向量 $\boldsymbol{\beta}$, 如果 $\overline{f}(k\boldsymbol{\beta}) = \mu\overline{f}(\boldsymbol{\beta})$, 则 $\mu > 0$.

事实 2 的证明 设 $\overline{f}(\sqrt{k}\boldsymbol{\beta}) = \lambda\overline{f}(\boldsymbol{\beta})$, 则利用事实 1, 得到

$$\overline{f}(k\boldsymbol{\beta}) = \overline{f}(\sqrt{k}(\sqrt{k}\boldsymbol{\beta})) = \lambda\overline{f}(\sqrt{k}\boldsymbol{\beta}) = \lambda^2\overline{f}(\boldsymbol{\beta}), \quad \text{从而 } \mu = \lambda^2 > 0.$$

这样证明了事实 2.

对无理数 k 和任意非零向量 $\boldsymbol{\alpha}$, 有 $\overline{f}(k\boldsymbol{\alpha}) = \mu\overline{f}(\boldsymbol{\alpha})$. 反设 $\mu \neq k$, 不妨假设 $\mu > k$(如果 $\mu < k$ 类似的证明), 则在开区间 (k, μ) 中存在有理数 q, 则

$$\overline{f}((q-k)\boldsymbol{\alpha}) = \overline{f}(q\boldsymbol{\alpha} - k\boldsymbol{\alpha}) = \overline{f}(q\boldsymbol{\alpha}) - \overline{f}(k\boldsymbol{\alpha}) = (q-\mu)\overline{f}(\boldsymbol{\alpha}).$$

这里 $q - k > 0$, 而 $q - \mu < 0$, 这与事实 2 矛盾. 因此 $\mu = k$. 这样证明了向量变换是线性变换, 利用性质 5.2.1.2 知道向量变换的核 $\ker(\overline{f}) = \{\mathbf{0}\}$, 故向量变换是可逆的. □

推论 5.2.1.1 空间仿射变换保持共线三点的单比.

证明 设 $f: E^3 \to E^3$ 是仿射变换和 A, B, C 是共线的三点, 并设单比 $(A, B, C) = k$. 这样

$$\overrightarrow{AB} = k\overrightarrow{BC}, \quad \overrightarrow{f(A)f(B)} = \overline{f}(\overrightarrow{AB}) = \overline{f}(k\overrightarrow{BC}) = k\overline{f}(\overrightarrow{BC}) = k\overrightarrow{f(B)f(C)},$$

即

$$(f(A), f(B), f(C)) = k.$$ □

推论 5.2.1.1 表明仿射变换不仅把直线映成直线, 而且还保持直线上点的顺序关系和位置关系不变. 线段 AB 在仿射变换下变为线段 $f(A)f(B)$, 同时也将线段 AB 的中点映成线段 $f(A)f(B)$ 的中点. 进一步, 仿射变换将空间中的三角形映成三角形, 并且将三角形的重心映成三角形的重心, 将三角形的内部点映成内部点, 将三角形边上的点映成三角形边上的点.

同样地, 对于平面上的仿射变换有同样的结论.

定理 5.2.1.2 设 $f:\pi\to\pi$ 是平面 π 上的仿射变换, 则它的向量变换 $\overline{f}:\mathbf{R}^2\to\mathbf{R}^2$ 是一个可逆的线性变换. 即满足

(1) 任意向量 $\boldsymbol{\alpha},\boldsymbol{\beta}$, 都有 $\overline{f}(\boldsymbol{\alpha}+\boldsymbol{\beta})=\overline{f}(\boldsymbol{\alpha})+\overline{f}(\boldsymbol{\beta})$;

(2) 任意向量 $\boldsymbol{\alpha}$ 和任意实数 k, 都有 $\overline{f}(k\boldsymbol{\alpha})=k\overline{f}(\boldsymbol{\alpha})$.

利用该定理可以证明下面重要的推论.

推论 5.2.1.2 平面上仿射变换保持共线三点的单比.

推论 5.2.1.3 设 $f:E^3\to E^3$ 是一个空间中的等距变换, 则它的向量变换 $\overline{f}:\mathbf{R}^3\to\mathbf{R}^3$ 是一个正交变换. 同样地, 设 $f:\pi\to\pi$ 是平面 π 上的等距变换, 则它的向量变换 $\overline{f}:\mathbf{R}^2\to\mathbf{R}^2$ 是一个正交变换.

证明 设 $f:E^3\to E^3$ 是一个空间中的等距变换, 对于空间中任意两个点 A,B, 有

$$d(A,B)=d(f(A),f(B)).$$

从而 $|\overrightarrow{AB}|=|\overrightarrow{f(A)f(B)}|=|\overline{f}(\overrightarrow{AB})|$, 所以它的向量变换 $\overline{f}:\mathbf{R}^3\to\mathbf{R}^3$ 是一个正交变换. 同理可以证明平面情形. □

空间中的相似变换是将球面映成球面, 利用定理 5.2.1.1 和定理 5.2.1.2 可以证明这结果的逆命题也是对的, 即下面的定理.

定理 5.2.1.3 设 $f:E^3\to E^3$ 是空间中的一个可逆变换, 如果它将空间中的任意球面映成球面, 则 $f:E^3\to E^3$ 是空间中的相似变换. 同样, 设 $f:\pi\to\pi$ 是平面上的一个可逆变换, 如果它将平面上的任意圆周映成圆周, 则 $f:\pi\to\pi$ 是平面上的相似变换.

证明 下面先证明平面情形. 空间情形的证明可以类似地证明.

断言 1 设 f 是平面上的可逆变换, 则它的逆变换 f^{-1} 将直线映成直线.

在平面上任意取定直线 L', 设直线 L' 上任意三点 A',B',C', 它们在逆变换 f^{-1} 下的像分别是 A,B,C. 如果 A,B,C 不共线, 则它们一定共圆, 设它们都在圆 S^1 上, 则 $f(S^1)$ 是一个圆, 并且 $f(S^1)$ 与直线 L' 有三个交点 A',B',C', 这是不可能的, 故 A,B,C 共线, 设它们所在的直线为 L. 所以 $f^{-1}(L')\subseteq L$. 这样逆

变换 f^{-1} 将共线点组映成共线点组. 如果逆变换 f^{-1} 将直线没有映成直线, 即存在点 $E \in L\backslash f^{-1}(L')$, 其中 $L\backslash f^{-1}(L')$ 表示直线 L 上去除 $f^{-1}(L')$ 中的点. 设 $E' = f(E)$, 则 $E' = f(E) \notin L'$. 设经过点 $E' = f(E)$ 且平行于直线 L' 的直线为 L_1. 对于平面上任意一点 P, 如果它与 E' 的连线 $l_{PE'}$ 与 L' 相交于点 F, 由于 f^{-1} 将共线点组映成共线点组. 另一方面, 我们有 $f^{-1}(F) \in L, f^{-1}(E') = E \in L$. 这样 $f^{-1}(P) \in L$. 对于平面上任意一点 P, 如果它与 E' 的连线 $l_{PE'}$ 与 L' 平行, 即 $P \in L_1$. 所以整个平面上的点在逆变换 f^{-1} 下的像为 $L \cup f^{-1}(L_1)$. 这与 f^{-1} 是一一映射矛盾. 所以 $f^{-1}(L') = L$. 即 f^{-1} 将直线映成直线. 这样完成了断言 1 的证明.

现在设直线 l 是平面上任意直线, 任意在其上取定两个不同的点 P, Q. 设连接它们像点 $f(P), f(Q)$ 的直线为 l'. 由断言 1 知道, $f^{-1}(l')$ 是通过点 P, Q 的直线, 即 $f^{-1}(l') = l$, 故 $f(l) = l'$. 这样 $f : \pi \to \pi$ 是平面上的仿射变换.

在平面上取定单位圆周 S^1, 圆心为 O 点, 它在 f 下的像为圆 $f(S^1)$, 它的半径为 r. 如图 5.2.2, 设 EF 为单位圆 S^1 的一条直径, 它是一组平行弦的中点的轨迹, 既然 $f : \pi \to \pi$ 是平面上的仿射变换, 所以 $f(EF)$ 是圆 $f(S^1)$ 的直径, 所以 $f(O)$ 为直径 $f(EF)$ 的中点, 于是 $f(O)$ 为圆 $f(S^1)$ 的圆心.

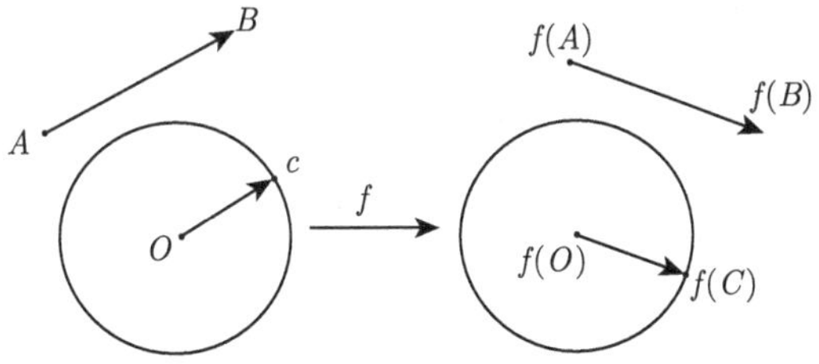

图 5.2.2

对于平面上任意两点 $A, B \in \pi$, 可在单位圆周 S^1 上找到一点 C, 满足 $\overrightarrow{AB} // \overrightarrow{OC}$. 如图 5.2.2, 设 $\overrightarrow{AB} = t\overrightarrow{OC}$, 由定理 5.2.1.2, $f(\overrightarrow{AB}) = tf(\overrightarrow{OC})$, 即

$$\overrightarrow{f(A)f(B)} = t\overrightarrow{f(O)f(C)}.$$

于是

$$d(f(A), f(B)) = |t|d(f(O), f(C)) = |t|r \cdot d(O, C) = r|td(O, C)| = r \cdot d(A, B),$$

因此 $f : \pi \to \pi$ 是一个相似变换. □

5.2.2 仿射变换和等距变换的基本定理

向量空间中的线性变换完全由它在一组基下的像决定, 即线性变换由基向量的像决定. 这一性质反映到仿射变换上, 即下面仿射变换的基本定理.

定理 5.2.2.1(空间仿射变换的基本定理)　设点组 A,B,C,D 和点组 A_1,B_1,C_1,D_1 是空间 E^3 中两个不共面的四点组. 则空间 E^3 中存在唯一的仿射变换 $f:E^3\to E^3$ 满足

$$f(A)=A_1,\quad f(B)=B_1,\quad f(C)=C_1,\quad f(D)=D_1.$$

证明　由于 A,B,C,D 和 A_1,B_1,C_1,D_1 都是不共面的四点组, 这样 $\{A;\overrightarrow{AB},\overrightarrow{AC},\overrightarrow{AD}\}$ 和 $\{A_1;\overrightarrow{A_1B_1},\overrightarrow{A_1C_1},\overrightarrow{A_1D_1}\}$ 是空间 E^3 中两个仿射坐标系. 并且满足

$$f(A)=A_1,\quad \overline{f}(\overrightarrow{AB})=\overrightarrow{A_1B_1},\quad \overline{f}(\overrightarrow{AC})=\overrightarrow{A_1C_1},\quad \overline{f}(\overrightarrow{AD})=\overrightarrow{A_1D_1}.$$

现在定义空间 E^3 中的变换 $f:E^3\to E^3$, 对于空间中任意一点 P, 设它在仿射坐标系 $\{A;\overrightarrow{AB},\overrightarrow{AC},\overrightarrow{AD}\}$ 中的坐标是 (x,y,z), 即 $\overrightarrow{AP}=x\overrightarrow{AB}+y\overrightarrow{AC}+z\overrightarrow{AD}$. 规定像点 $f(P)$ 是在仿射坐标系 $\{A_1;\overrightarrow{A_1B_1},\ \overrightarrow{A_1C_1},\ \overrightarrow{A_1D_1}\}$ 下坐标为 (x,y,z) 的点, 即

$$\overrightarrow{A_1f(P)}=x\overrightarrow{A_1B_1}+y\overrightarrow{A_1C_1}+z\overrightarrow{A_1D_1}.$$

这样 $f(P)$ 是唯一确定的, 因此 $f:E^3\to E^3$ 是空间中一一变换. 明显它满足

$$f(A)=A_1,\quad f(B)=B_1,\quad f(C)=C_1,\quad f(D)=D_1.$$

下面证明上面定义的可逆变换 $f:E^3\to E^3$ 是空间中仿射变换.

任取空间中一直线 L, 设它在仿射坐标系 $\{A;\overrightarrow{AB},\overrightarrow{AC},\overrightarrow{AD}\}$ 的方程为

$$\begin{cases} a_1x+b_1y+c_1z+d_1=0,\\ a_2x+b_2y+c_2z+d_2=0,\end{cases}$$

则直线 L 在变换 $f:E^3\to E^3$ 下的像 $f(L)$ 在仿射坐标系 $\{A_1;\overrightarrow{A_1B_1},\overrightarrow{A_1C_1},\overrightarrow{A_1D_1}\}$ 中也满足该方程, 所以 $f(L)$ 也是空间中一条直线. 从而变换 $f:E^3\to E^3$ 是保直线的, 所以它是仿射变换. 这样证明了满足条件的仿射变换的存在性.

下面证明满足条件的仿射变换是唯一的.

设 $f:E^3\to E^3$ 是满足条件的仿射变换, 对于两个仿射坐标系 $\{A;\overrightarrow{AB},\overrightarrow{AC},\overrightarrow{AD}\}$ 和 $\{A_1;\overrightarrow{A_1B_1},\overrightarrow{A_1C_1},\overrightarrow{A_1D_1}\}$, 有 $f(A)=A_1,\overline{f}(\overrightarrow{AB})=\overrightarrow{A_1B_1},\overline{f}(\overrightarrow{AC})=\overrightarrow{A_1C_1}$, $\overline{f}(\overrightarrow{AD})=\overrightarrow{A_1D_1}$.

从而任意点 P, 设它在仿射坐标系 $\{A;\overrightarrow{AB},\overrightarrow{AC},\overrightarrow{AD}\}$ 中的坐标是 (x,y,z), 即

$$\overrightarrow{AP}=x\overrightarrow{AB}+y\overrightarrow{AC}+z\overrightarrow{AD}.$$

则

$$\overline{f}(\overrightarrow{AP})=\overline{f}(x\overrightarrow{AB}+y\overrightarrow{AC}+z\overrightarrow{AD})=x\overline{f}(\overrightarrow{AB})+y\overline{f}(\overrightarrow{AC})+z\overline{f}(\overrightarrow{AC}),$$

从而 $\overrightarrow{Af(P)}=x\overrightarrow{A_1B_1}+y\overrightarrow{A_1C_1}+z\overrightarrow{A_1C_1}$. 这说明像点 $f(P)$ 在仿射坐标系 $\{A_1;\overrightarrow{A_1B_1},\overrightarrow{A_1C_1},\overrightarrow{A_1D_1}\}$ 中的坐标也是 (x,y,z), 因此满足条件的仿射变换是唯一的. 这样证明定理 5.2.2.1. □

仿射变换的基本定理表明: 空间中的点在一个仿射变换下, 各点的变化有很大的互相牵制性, 即少数点的变化可以决定其他点的变化. 同样地, 对于平面上的仿射变换有着相应的性质, 即有类似的基本定理.

定理 5.2.2.2 (平面上仿射变换的基本定理) 设点组 A,B,C 和点组 A_1,B_1,C_1 是平面 π 上不共线的两个三点组. 则平面 π 上存在唯一的仿射变换 $f:\pi\to\pi$ 满足

$$f(A)=A_1,\quad f(B)=B_1,\quad f(C)=C_1.$$

定理 5.2.2.2 表明平面上的任意两个三角形都相差一个仿射变换, 即平面上的三角形都可以看成正三角形在某个平面仿射变换下的像. 定理 5.2.2.1 则表明空间中的任意两个四面体都是相差一个仿射变换, 即空间的任意一个四面体都可以看成正四面体在某个空间仿射变换下的像.

定理 5.2.2.3 空间中一个仿射变换 $f:E^3\to E^3$ 是等距变换的充分必要条件是它的向量变换 $\overline{f}:\mathbf{R}^3\to\mathbf{R}^3$ 是欧氏空间中的等距变换. 平面上一个仿射变换 $f:\pi\to\pi$ 是等距变换的充分必要条件是它的向量变换 $\overline{f}:\mathbf{R}^2\to\mathbf{R}^2$ 是等距变换.

证明 f 是等距变换 $\Leftrightarrow$ 任意 $A,B\in E^3$, 都有 $d(A,B)=d(f(A),f(B))\Leftrightarrow$ 任意向量 $\boldsymbol{\alpha}\in\mathbf{R}^3$, 都有 $|\boldsymbol{\alpha}|=|\overline{f}(\boldsymbol{\alpha})|\Leftrightarrow$ 向量变换 $\overline{f}:\mathbf{R}^3\to\mathbf{R}^3$ 是欧氏空间中的等距变换. 类似地可以证明平面情形的结论. □

定理 5.2.2.4 (空间中等距变换的基本定理) 设空间四面体 $ABCD$ 和四面体 $A_1B_1C_1D_1$ 满足条件:

$$AB=A_1B_1,\quad AC=A_1C_1,\quad AD=A_1D_1,$$

$$CB=C_1B_1,\quad CD=C_1D_1,\quad BD=B_1D_1,$$

则空间 E^3 中存在唯一的等距变换 $f:E^3\to E^3$ 满足

$$f(A)=A_1,\quad f(B)=B_1,\quad f(C)=C_1,\quad f(D)=D_1.$$

证明 空间四面体 $ABCD$ 和四面体 $A_1B_1C_1D_1$ 决定空间中两个仿射坐标系 $I[A;\overrightarrow{AB},\overrightarrow{AC},\overrightarrow{AD}]$ 和 $I[A_1;\overrightarrow{A_1B_1},\overrightarrow{A_1C_1},\overrightarrow{A_1D_1}]$. 定义空间 E^3 中的变换 $f:E^3\to E^3$, 对于空间中任意一点 P, 设它在仿射坐标系 $\{A;\overrightarrow{AB},\overrightarrow{AC},\overrightarrow{AD}\}$ 中的坐标是 (x,y,z), 规定点 $f(P)$ 是在仿射坐标系 $\{A_1;\overrightarrow{A_1B_1},\overrightarrow{A_1C_1},\overrightarrow{A_1D_1}\}$ 下坐标为 (x,y,z) 的点, 即

$$\overrightarrow{A_1f(P)}=x\overrightarrow{A_1B_1}+y\overrightarrow{A_1C_1}+z\overrightarrow{A_1D_1}.$$

这样 $f(P)$ 是唯一确定的. 设它的向量变换是 $\overline{f}:\mathbf{R}^3\to\mathbf{R}^3$. 由条件知道

$$|\overrightarrow{AB}|=|\overline{f}(\overrightarrow{AB})|,\quad |\overrightarrow{AC}|=|\overline{f}(\overrightarrow{AC})|,\quad |\overrightarrow{AD}|=|\overline{f}(\overrightarrow{AD})|,$$

这样 $\overline{f}:\mathbf{R}^3\to\mathbf{R}^3$ 是欧氏空间中的等距变换. 从而 $f:E^3\to E^3$ 是等距变换. 由仿射变换的唯一性得到该等距变换是唯一的. □

同样地对于平面的等距变换, 我们有下面相应的结论.

定理 5.2.2.5(平面上等距变换的基本定理) 设平面 π 上两个三角形 ABC 和 $A_1B_1C_1$ 满足条件:

$$AB=A_1B_1,\quad AC=A_1C_1,\quad BC=B_1C_1.$$

则平面 π 上存在唯一的等距变换 $f:\pi\to\pi$ 满足

$$f(A)=A_1,\quad f(B)=B_1,\quad f(C)=C_1.$$

从上面的证明过程可以得到空间仿射变换的下面性质.

(1) 如果 $f:E^3\to E^3$ 是一个仿射变换, $I[O;\boldsymbol{e}_1,\boldsymbol{e}_2,\boldsymbol{e}_3]$ 是一个仿射坐标系. 则 $f(I)=[f(O);\overline{f}(\boldsymbol{e}_1),\overline{f}(\boldsymbol{e}_2),\overline{f}(\boldsymbol{e}_3)]$ 也是空间中的仿射坐标系, 并且对于任意点 $A\in E^3$, 点 A 在仿射坐标系 I 下的坐标与点 $f(A)$ 在仿射坐标系 $f(I)$ 中的坐标是一样的.

(2) 如果空间中任意给定两个仿射坐标系 $I[O;\boldsymbol{e}_1,\boldsymbol{e}_2,\boldsymbol{e}_3]$ 和 $I[\overline{O};\boldsymbol{e}_1',\boldsymbol{e}_2',\boldsymbol{e}_3']$, 则空间中存在唯一的仿射变换满足 $f(O)=\overline{O},\overline{f}(\boldsymbol{e}_1)=\boldsymbol{e}_1',\overline{f}(\boldsymbol{e}_2)=\boldsymbol{e}_2',\overline{f}(\boldsymbol{e}_3)=\boldsymbol{e}_3'$. 该仿射变换的定义如下: 对于空间中任意一点 $A\in E^3$, 设点 A 在仿射坐标系 I 中的坐标为 (x,y,z), 定义点 A 的像点 $f(A)$ 为在仿射坐标系 $f(I)$ 中的坐标为 (x,y,z).

相应地等距变换有下面性质.

(3) 如果 $f:E^3\to E^3$ 是一个等距变换, $I[O;\boldsymbol{e}_1,\boldsymbol{e}_2,\boldsymbol{e}_3]$ 是一个直角坐标系. 则 $f(I)=[f(O);\overline{f}(\boldsymbol{e}_1),\overline{f}(\boldsymbol{e}_2),\overline{f}(\boldsymbol{e}_3)]$ 也是空间中的直角坐标系, 并且对于任意点

$A \in E^3$, 点 A 在直角坐标系 I 中的坐标与点 $f(A)$ 在直角坐标系 $f(I)$ 中的坐标是一样的.

(4) 如果空间中任意给定两个直角坐标系 $I[O;\boldsymbol{e}_1,\boldsymbol{e}_2,\boldsymbol{e}_3]$ 和 $I[\overline{O};\boldsymbol{e}_1',\boldsymbol{e}_2',\boldsymbol{e}_3']$, 则空间中存在唯一的等距变换满足 $f(O)=\overline{O},\overline{f}(\boldsymbol{e}_1)=\boldsymbol{e}_1',\overline{f}(\boldsymbol{e}_2)=\boldsymbol{e}_2',\overline{f}(\boldsymbol{e}_3)=\boldsymbol{e}_3'$.

对于平面上的仿射变换也有下面相应的性质.

(1) 如果 $f:\pi\to\pi$ 是平面 π 上的一个仿射变换, $I[O;\boldsymbol{e}_1,\boldsymbol{e}_2]$ 是一个仿射坐标系. 则 $f(I)=[f(O);\overline{f}(\boldsymbol{e}_1),\overline{f}(\boldsymbol{e}_2)]$ 也是平面 π 上的仿射坐标系, 并且对于任意点 $A\in\pi$, 点 A 在仿射坐标系 I 下的坐标与点 $f(A)$ 在仿射坐标系 $f(I)$ 中的坐标是一样的.

(2) 如果平面 π 上任意给定两个仿射坐标系 $I[O;\boldsymbol{e}_1,\boldsymbol{e}_2]$ 和 $I[\overline{O};\boldsymbol{e}_1',\boldsymbol{e}_2']$, 则平面 π 上存在唯一的仿射变换满足 $f(O)=\overline{O},\overline{f}(\boldsymbol{e}_1)=\boldsymbol{e}_1',\overline{f}(\boldsymbol{e}_2)=\boldsymbol{e}_2'$.

同样平面上的等距变换有下面相应的性质.

(3) 如果 $f:\pi\to\pi$ 是一个等距变换, $I[O;\boldsymbol{e}_1,\boldsymbol{e}_2]$ 是平面 π 上的一个直角坐标系, 则 $f(I)=[f(O);\overline{f}(\boldsymbol{e}_1),\overline{f}(\boldsymbol{e}_2)]$ 也是平面 π 上的直角坐标系, 并且对于任意点 $A\in\pi$, 点 A 在直角坐标系 I 中的坐标与点 $f(A)$ 在直角坐标系 $f(I)$ 中的坐标是一样的.

(4) 如果平面 π 上任意给定两个直角坐标系 $I[O;\boldsymbol{e}_1,\boldsymbol{e}_2]$ 和 $I[\overline{O};\boldsymbol{e}_1',\boldsymbol{e}_2']$, 则平面 π 上存在唯一的等距变换满足 $f(O)=\overline{O},\overline{f}(\boldsymbol{e}_1)=\boldsymbol{e}_1',\overline{f}(\boldsymbol{e}_2)=\boldsymbol{e}_2'$.

5.2.3 仿射变换和等距变换的分解

空间或平面上仿射变换和等距变换是非常多的, 本节主要证明空间或平面上仿射变换和等距变换都是由一些基本的变换乘积得到的. 等距变换的基本变换有旋转、反射. 仿射变换的基本变换有旋转、反射和正压缩. 从某种意义上, 只要弄清楚这些基本的变换, 那么空间或平面上仿射变换和等距变换也是比较清楚的.

定理 5.2.3.1 任何等距变换都可以分解为或平移, 或旋转, 或反射的乘积.

证明 下面证明平面上等距变换的情形, 对于空间等距变换, 证明的思路是类似的.

设 $f:\pi\to\pi$ 是平面上的等距变换. 任意固定三角形 $\triangle ABC$, 则它的像 $\triangle f(A)f(B)f(C)$ 是它全等的三角形. 如果 $f(A)=A,f(B)=B,f(C)=C$, 则三角形 $\triangle ABC$ 与它的像是重合的三角形, 此时等距变换是平面上的恒等变换 id_π, 结论成立. 如果三角形 $\triangle ABC$ 与它的像是不重合的, 不妨设 $f(A)\neq A$. 我们先作平移 $P_{\boldsymbol{\alpha}}$, 其中平移向量 $\boldsymbol{\alpha}=\overrightarrow{Af(A)}$, 此平移将点 A 映成点 $f(A)$, 然后作旋转 Υ_A, 旋转中心为点 $f(A)$, 将点 $P_{\boldsymbol{\alpha}}(B)$ 旋转成点 $f(B)$. 既然平移和旋转的乘

积是等距变换, 即 $\Upsilon_A \circ P_{\boldsymbol{\alpha}}$ 是等距变换, 这样三角形 $\Upsilon_A \circ P_{\boldsymbol{\alpha}}(\triangle ABC)$ 与三角形 $\triangle ABC$ 全等, 而三角形 $\triangle ABC$ 与三角形 $\triangle f(A)f(B)f(C)$ 也是全等的, 故三角形 $\Upsilon_A \circ P_{\boldsymbol{\alpha}}(\triangle ABC)$ 与三角形 $\triangle f(A)f(B)f(C)$ 是全等. 又由于 $\Upsilon_A \circ P_{\boldsymbol{\alpha}}(A) = f(A)$, $\Upsilon_A \circ P_{\boldsymbol{\alpha}}(B) = f(B)$, 所以三角形 $\Upsilon_A \circ P_{\boldsymbol{\alpha}}(\triangle ABC)$ 与三角形 $\triangle f(A)f(B)f(C)$ 有公共边 $f(A)f(B)$. 如果 $f(C) = \Upsilon_A \circ P_{\boldsymbol{\alpha}}(C)$. 利用仿射变换的基本定理知道, $f = \Upsilon_A \circ P_{\boldsymbol{\alpha}}$.

如果 $f(C) \neq \Upsilon_A \circ P_{\boldsymbol{\alpha}}(C)$, 由全等三角形性质知道, 点 $f(C)$ 与点 $\Upsilon_A \circ P_{\boldsymbol{\alpha}}(C)$ 是关于直线 $f(A)f(B)$ 对称的, 故再作平面的反射变换 Γ, 反射轴为直线 $f(A)f(B)$.

则等距变换 $\Gamma \circ \Upsilon_A \circ P_{\boldsymbol{\alpha}}$ 满足

$$\Gamma \circ \Upsilon_A \circ P_{\boldsymbol{\alpha}}(A) = f(A), \quad \Gamma \circ \Upsilon_A \circ P_{\boldsymbol{\alpha}}(B) = f(B), \quad \Gamma \circ \Upsilon_A \circ P_{\boldsymbol{\alpha}}(C) = f(C).$$

由仿射变换的基本定理知道, $f = \Gamma \circ \Upsilon_A \circ P_{\boldsymbol{\alpha}}$. □

定理 5.2.3.2 空间中的等距变换可以分解为有限个面反射的乘积. 平面上的等距变换可以分解为有限个轴反射的乘积.

证明 下面证明平面上等距变换的结论, 对于空间等距变换, 证明的思路是类似的. 设平面上的轴反射 $f_1 : \pi \to \pi$, 它的反射轴是直线 L_1. 平面上的轴反射 $f_2 : \pi \to \pi$, 它的反射轴是直线 L_2.

如果 L_1 与 L_2 是平行的, 则它们存在公垂线段, 设线段 AB 是 L_1 与 L_2 的公垂线段, $A \in L_1, B \in L_2$. 则 $f_1 \circ f_2$ 是一个平移, 平移向量是 $-2\overrightarrow{AB}$.

如果 L_1 与 L_2 是不平行的, 设 L_1 与 L_2 相交于点 O, 并且它们的夹角为 $\theta \neq 0$, 则 $f_1 \circ f_2$ 是平面上一个旋转变换, 它的旋转中心是点 O, 旋转角是 θ.

既然平面上的平移变换和旋转变换都可以分解成两个反射的乘积, 利用定理 5.2.3.1 得到平面上的等距变换可以分解为有限个轴反射的乘积. □

引理 5.2.3.1 如果空间中仿射变换 $f : E^3 \to E^3$ 将空间中某一个球面映成相等半径的球面, 则 f 是等距变换. 如果平面上仿射变换 $f : \pi \to \pi$ 将平面上某一个圆周映成相等半径的圆周, 则 f 是等距变换.

证明 只证明空间中仿射变换情形, 平面上的仿射变换情形类似证明. 设仿射变换 f 将球面 S_1 映成相等半径的球面 S_2, 设 S_1 的球心为 O, 由于 f 是仿射变换, 它保持二次曲面的中心, 故 $f(O)$ 是球面 S_2 的球心, 如图 5.2.3.

空间中任意两点 $A, B \in E^3$, 在球面 S_1 存在一点 D 使得向量 $\overrightarrow{OD}$ 与向量 $\overrightarrow{AB}$ 有相同的方向, 这样可以设 $\overrightarrow{AB} = k\overrightarrow{OD}$. 故 $\overrightarrow{f(A)f(B)} = k\overrightarrow{f(O)f(D)}$.

这样 $d(f(A), f(B)) = |k|d(f(O), f(D)) = d(A, B)$. 因此 f 是等距变换. □

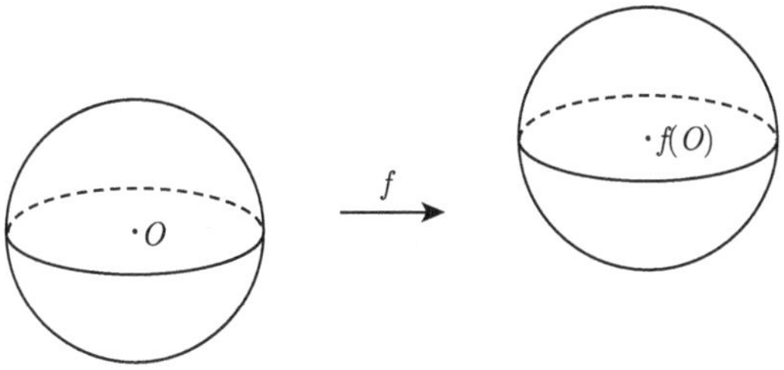

图 5.2.3

定理 5.2.3.3 空间中的仿射变换都可以分解为一个等距变换和三个正压缩的乘积; 平面上的仿射变换都可以分解为一个等距变换和两个正压缩的乘积.

证明 下面证明空间仿射变换情形, 平面情形类似证明. 设 $f: E^3 \to E^3$ 是空间中的仿射变换. S 是空间一个半径为 1 的球面. 则 $f(S)$ 是空间中的一个椭球面. 设该椭球面的三个轴的长度分别是 a, b, c. 设 $T_1, T_2, T_3: E^3 \to E^3$ 是空间中的压缩变换, 对应的压缩面分别是椭球面的三个对称面, 压缩系数分别是 a, b, c. 则 $T_1^{-1} \circ T_2^{-1} \circ T_3^{-1} \circ f(S)$ 是一个半径为 1 的球面. 由引理 5.2.3.1 知, 变换 $g = T_1^{-1} \circ T_2^{-1} \circ T_3^{-1} \circ f$ 是一个等距变换. 故 $f = T_3 \circ T_2 \circ T_1 \circ g$. 定理 5.2.3.3 即得证. □

例 5.2.3.1 设 $P_{\boldsymbol{\alpha}}: E^3 \to E^3$ 是空间中的平移变换, 它的平移向量是 $\boldsymbol{\alpha} \neq \mathbf{0}$. 设平面 π 是平行于向量 $\boldsymbol{\alpha}$ 的平面, 则 $P_{\boldsymbol{\alpha}}(\pi) = \pi$. 这样空间中的平移变换 $P_{\boldsymbol{\alpha}}: E^3 \to E^3$ 在平面 π 上的限制得到平面 π 上的平移变换 $P_{\boldsymbol{\alpha}}: \pi \to \pi$.

定义 5.2.3.1 设 $f: E^3 \to E^3$ 是空间中的一个仿射变换, 如果点 P 满足 $f(P) = P$, 则点 P 称为仿射变换 f 的**不动点**. 如果一条直线 L 满足 $f(L) = L$, 则直线 L 称为仿射变换 f 的**不变直线**. 如果一张平面 π 满足 $f(\pi) = \pi$, 则平面 π 称为仿射变换 f 的**不变平面**.

例 5.2.3.2 设 $\Upsilon_\theta: E^3 \to E^3$ 是空间中旋转变换, 它的旋转轴是直线 L, 旋转角是 $\theta \neq 0$, 则 Υ_θ 的不动点集是旋转轴 L. 除了旋转轴以外, 旋转变换 Υ_θ 没有别的不动点. 如果设 $\Upsilon_\theta: \pi \to \pi$ 是平面上的旋转变换, 它的旋转中心是点 O, 旋转角是 $\theta \neq 0$. 则 Υ_θ 只有唯一的不动点, 它是旋转中心. 除了旋转中心以外旋转变换 Υ_θ 没有别的不变点集.

定理 5.2.3.4 设 $f: E^3 \to E^3$ 是空间中的一个仿射变换, 设空间中平面 π 是 f 的不变平面. 则变换 f 在平面 π 上的限制 $f_\pi: \pi \to \pi$ 是平面 π 上的仿射变换.

证明 空间中的仿射变换将共面点组映成共面点组, 这样 $f(\pi) = \pi$. 这样 $f|_\pi: \pi \to \pi$ 是平面 π 上的可逆变换, 明显 $f|_\pi$ 将平面 π 上的共线点组映成共线

点组. 故 $f_\pi:\pi\to\pi$ 是平面 π 上的仿射变换. □

例 5.2.3.3　固定平面 π 上一条直线 L 和一个正数 k, 取定平面上不平行直线 L 的向量 $\boldsymbol{\alpha}$. 设 $\Psi_{\boldsymbol{\alpha}}:\pi\to\pi$ 是以直线 L 为压缩轴, 单位向量 $\boldsymbol{\alpha}$ 为压缩方向的压缩变换. 在空间 E^3 中过直线 L 作平面 $\overline{\pi}$, 满足平面 $\overline{\pi}$ 垂直于平面 π, 则向量 $\boldsymbol{\alpha}$ 是空间中不平行于平面 $\overline{\pi}$ 的向量. 定义空间中压缩变换 $\overline{\Psi}_{\boldsymbol{\alpha}}:E^3\to E^3$, 它的压缩面是 $\overline{\pi}$, 它的压缩方向是向量 $\boldsymbol{\alpha}$, 压缩系数是正数 k.

空间的压缩变换 $\overline{\Psi}_{\boldsymbol{\alpha}}:E^3\to E^3$ 在平面 π 上的限制就是平面 π 上的压缩变换 $\Psi_{\boldsymbol{\alpha}}:\pi\to\pi$. 因此平面 π 上的压缩变换 $\Psi_{\boldsymbol{\alpha}}:\pi\to\pi$ 可以延拓成空间中的压缩变换 $\overline{\Psi}_{\boldsymbol{\alpha}}:E^3\to E^3$.

例 5.2.3.4　设固定平面 π 上一条直线 L. 设 $\Upsilon_L:\pi\to\pi$ 是以直线 L 为反射轴的反射变换. 在空间 E^3 中过直线 L 作平面 $\overline{\pi}$ 满足平面 $\overline{\pi}$ 垂直于平面 π. 定义空间中反射变换 $\overline{\Upsilon}_{\overline{\pi}}:E^3\to E^3$, 它以平面 $\overline{\pi}$ 为反射面.

容易证明空间的反射变换 $\overline{\Upsilon}_{\overline{\pi}}:E^3\to E^3$ 在平面 π 上的限制就是平面 π 上的反射变换 $\Upsilon_L:\pi\to\pi$. 因此平面 π 上的反射变换 $\Upsilon_L:\pi\to\pi$ 可以延拓成空间中的反射变换.

更一般地, 我们下面性质.

定理 5.2.3.5　对于平面 π 上的任意仿射变换 $f:\pi\to\pi$, 都存在空间中一个仿射变换 $F:E^3\to E^3$, 满足平面 π 是空间仿射变换 F 的不变平面, 并且空间仿射变换 F 在平面 π 上的限制 $F_\pi:\pi\to\pi$ 等于平面 π 上的仿射变换 $f:\pi\to\pi$.

证明　利用仿射变换的分解定理, 平面上的仿射变换都可以分解为一个等距变换和两个正压缩交换的乘积. 而平面上的等距变换又可以分解为有限个平面上轴反射的乘积. 这样平面的仿射变换都可以分解为有限个平面上轴反射和平面上的压缩变换的乘积. 由例 5.2.3.3 和例 5.2.3.4 的结论就可以证明定理 5.2.3.5. □

推论 5.2.3.1　对于平面 π 上的任意等距变换 $f:\pi\to\pi$, 都存在空间中一个等距变换 $F:E^3\to E^3$, 满足平面 π 是空间等距变换 F 的不变平面, 并且空间等距变换 F 在平面 π 上的限制 $F_\pi:\pi\to\pi$ 等于平面 π 上的等距变换 $f:\pi\to\pi$.

5.2.4　仿射变换的变积系数

空间中的仿射变换将直线段映成直线段, 但它改变直线段的长度, 从而改变图形的面积和体积. 在空间中的相似变换下, 线段的长度是成比例变化的, 从而图形的面积或体积也是成比例变化的. 下面定理表明, 在空间仿射变换下, 图形的体积是成比例变化的.

定理 5.2.4.1　在同一空间仿射变换 $f:E^3\to E^3$ 下, 空间中不同的几何体的体积是成比例变化的. 即存在由变换 f 决定的正常数 λ, 使得任意几何体 S 的像 $f(S)$ 的体积是 S 的体积的 λ 倍.

证明 利用仿射变换的分解定理, 仿射变换 f 可以写成 $f = T_3 \circ T_2 \circ T_1 \circ g$, 其中 T_3, T_2, T_1 是正压缩变换, 设它们的压缩系数分别是 $\lambda_3, \lambda_2, \lambda_1$, g 是等距变换. 用 $V(S)$ 表示几何体 S 的体积, 则 $V(f(S)) = V(T_3 \circ T_2 \circ T_1 \circ g(S)) = \lambda_3 V(T_2 \circ T_1 \circ g(S)) = \lambda_3\lambda_2\lambda_1 V(S)$. 显然数 $\lambda_3\lambda_2\lambda_1$ 是与几何体 S 无关的常数. □

定理 5.2.4.1 中常数 λ 称为仿射变换 f 的**变积系数**. 如果 f 是等距变换, 则它的变积系数是 1. 如果 f 是相似变换, 并且它的相似比是 λ, 则它的变积系数是 λ^3. 同样地, 平面上的仿射变换也有相应的结论.

定理 5.2.4.2 在同一平面仿射变换 $f: \pi \to \pi$ 下, 平面上不同图形的面积是成比例变化的. 即存在由变换 f 决定的正常数 λ, 使得任意图形 S 的像 $f(S)$ 的面积是 S 的面积的 λ 倍.

例 5.2.4.1 证明: 椭圆的任意一对共轭直径将椭圆分成四块面积相等的部分.

证明 设 S 是平面 π 上一个椭圆, l_1, l_2 是它的一对共轭直径. 则存在平面 π 上的仿射变换 f 使得 $f(S)$ 是平面 π 上的一个圆. 从而 $f(l_1), f(l_2)$ 是圆 $f(S)$ 的一对共轭直径. 又圆的共轭直径是互相垂直的, 故 $f(l_1), f(l_2)$ 将圆 $f(S)$ 分成四块面积相等的部分. 这样 l_1, l_2 将 S 分成四块面积相等的部分. □

习 题 5.2

1. 设 $f: E^3 \to E^3$ 是空间中的仿射变换, π 是空间中的一张平面, 点 A 和点 B 是平面 π 外的两点. 证明: 点 A 和点 B 在平面 π 的两侧的充分必要条件是点 $f(A)$ 和点 $f(B)$ 在平面 π 的两侧.

2. 设 $f: \pi \to \pi$ 是平面上的仿射变换, l 是平面上的一条直线, 点 A 和点 B 是直线 l 外的两点. 证明: 点 A 和 B 在直线 l 的同侧的充分必要条件是点 $f(A)$ 和 $f(B)$ 在直线 l 的同侧.

3. 设 $f: E^3 \to E^3$ 是空间中的位似变换, 位似中心为点 O, 位似系数为 k. 证明: 位似变换 f 决定的向量变换 $\overline{f}: \mathbf{R}^3 \to \mathbf{R}^3$ 是数乘变换, 即 $\overline{f}(\boldsymbol{\alpha}) = k\boldsymbol{\alpha}$.

4. 设 $f: \pi \to \pi$ 是平面 π 上的旋转变换, 旋转中心是点 O, 转角为 θ. 证明: 旋转变换 f 决定的向量变换 $\overline{f}: \mathbf{R}^2 \to \mathbf{R}^2$ 是正交变换, 即存在向量空间的一组单位正交基 $\boldsymbol{e}_1, \boldsymbol{e}_2$, 使得向量变换在此基下的矩阵为

$$\begin{pmatrix} \cos\theta & -\sin\theta \\ \sin\theta & \cos\theta \end{pmatrix}.$$

5. 设 $f:\pi\to\pi$ 是平面 π 上的仿射变换, 平面上三角形 $\triangle ABC$ 的重心为点 O. 证明: 点 $f(O)$ 为三角形 $\triangle f(A)f(B)f(C)$.

6. 设平面 π 上的线段 AB 和 CD 的长度相等, 位置不同. 请构造平面 π 上的等距变换 f, 满足 $f(A)=C$, $f(B)=D$, 并且说明有几个这样的等距变换?

7. 设平面 π 上有四个不同的点 A,B,C,D, 请构造平面 π 上的相似变换 f, 满足 $f(A)=C$, $f(B)=D$, 并且说明有几个这样的相似变换?

8. 设 A,B,C,E,F,G 是平面 π 上六个点, 当这六个点满足下面条件时, 问是否存在平面上仿射变换 $f:\pi\to\pi$ 满足 $f(A)=E$, $f(B)=F$, $f(C)=G$, 并说明理由.

(1) 六点 A,B,C,E,F,G 共线;

(2) 三点 A,B,C 共线, 三点 E,F,G 不共线;

(3) 三点 A,B,C 共线, 三点 E,F,G 共线;

(4) 三点 A,B,C 不共线, 三点 E,F,G 共线;

(5) 三点 A,B,C 共圆, 三点 E,F,G 共圆;

(6) 三点 A,B,C 共圆, 三点 E,F,G 不共圆;

(7) 三点 A,B,C 不共圆, 三点 E,F,G 共圆;

(8) 三点 A,B,C 不共圆, 三点 E,F,G 不共圆.

9. 设 A,B,C,D,E,F,G,H 是空间中八个点, 当这八个点满足下面条件时, 问是否存在空间中仿射变换 $f:E^3\to E^3$ 满足 $f(A)=E$, $f(B)=F$, $f(C)=G, f(D)=H$, 并说明理由.

(1) 四点 A,B,C,D 共面, 四点 E,F,G,H 不共面;

(2) 四点 A,B,C,D 共面, 四点 E,F,G,H 共面;

(3) 四点 A,B,C,D 不共线, 四点 E,F,G,H 不共线;

(4) 四点 A,B,C,D 不共线, 四点 E,F,G,H 共线;

(5) 四点 A,B,C,D 不共球面, 四点 E,F,G,H 不共球面;

(6) 四点 A,B,C,D 不共球面, 四点 E,F,G,H 共球面;

(7) 四点 A,B,C,D 共球面, 四点 E,F,G,H 共球面;

(8) 四点 A,B,C,D 共球面, 四点 E,F,G,H 不共球面.

10. 设 $ABCD$ 空间中的一个四面体. 证明: 四面体 $ABCD$ 存在内切椭球面.

11. 设 $\triangle ABC$ 平面上的一个三角形. 证明: 三角形 $\triangle ABC$ 存在内切椭圆.

12. 证明: 空间中的相似变换可以分解为一个位似变换和一个等距变换的乘积.

13. 证明: 空间中任何仿射变换都可以分解为两个正压缩和一个相似变换的乘积; 平面上的任何仿射变换都可以分解为一个正压缩和一个相似变换的乘积.

14. 对于平面上两个梯形, 存在平面上的仿射变换 f, 将其中一个梯形映成另一个梯形的充分必要条件是什么?

15. 设 $f: E^3 \to E^3$ 是空间中的一个可逆变换, 如果 f 将空间中的共面点组映成共面点组. 证明: $f: E^3 \to E^3$ 是空间中的仿射变换.

16. 尺规作图, 用尺规画出下面图形在某个平面仿射变换下的像:

(1) 平行四边形 $ABCD$ 在平面仿射变换 f 下, 给出其中三个顶点的像, 用尺规画出第四个顶点的像.

(2) 正六边形 $ABCDEF$ 在平面仿射变换 f 下, 给出其中三个相邻顶点的像, 用尺规画出其余三个顶点的像.

(3) 正五边形 $ABCDE$ 在平面仿射变换 f 下, 给出其中三个顶点的像, 用尺规画出其余两个顶点的像.

17. 在三角形 $\triangle ABC$ 的三边上各取点 D, E, F, 满足单比

$$(A, B, D) = (B, C, E) = (C, A, F),$$

证明: 三角形 $\triangle ABC$ 的重心与三角形 $\triangle DEF$ 的重心重合.

18. 证明: 椭圆上存在一个内接三角形, 满足椭圆在其每个顶点处的切线都平行于它的对边; 并且, 当取定椭圆上一个点时, 以它为顶点的这样的三角形只有一个.

19. 证明: 空间中保持几何体的体积不变的所有仿射变换构成一个变换群.

20. 求出下面平面上仿射变换的变积系数: 位似变换、错切变换、压缩变换.

21. 证明: 平面上任意凸四边形存在内切椭圆.

22. 证明: 如果一个仿射变换 f 满足下列条件之一, 则 f 是相似变换.

(1) f 把某一个三角形映为与之相似的三角形;

(2) f 保持角度;

(3) f 保持垂直关系;

(4) f 将某一个圆映为圆.

23. 设直线 l 是仿射变换 f 的不变直线, 点 A 不在直线 l 上. 证明:

(1) 如果向量 $\overrightarrow{Af(A)}//l$, 则对于任意一点 P, 都有 $\overrightarrow{Af(A)}//l$;

(2) 如果点 A 和点 $f(A)$ 在同一侧, 则对于任意一点 P, 点 P 和点 $f(P)$ 在同一侧.

5.3 欧氏几何和仿射几何

5.3.1 欧氏几何简介

根据德国数学家克莱因在 1872 年的演讲《埃尔朗根纲领》(Erlangen Program) 观点, 几何学可以根据不同变换群进行分类, 即, 每一种几何学主要研究图形在相应的变换群下的不变性质. 研究图形在仿射变换群下的不变性质的几何学称为仿射几何. 研究图形在等距变换群下的不变性质的几何学称为欧氏几何.

欧氏几何是最古老的几何学之一, 早在古希腊就有完整的研究. 欧几里得所著的《几何原本》(译名) 是古希腊几何学的一部集大成的代表作. 中学阶段所学的平面几何和空间立体几何都属于欧氏几何的范畴. 本节不去详述欧氏几何的历史, 而是简介一下三维 (二维) 欧氏几何的主要研究内容.

三维欧氏几何是研究三维欧氏空间 E^3 中的图形在等距变换群 $\mathrm{Iso}(E^3)$ 下不变的性质和不变量的几何. 三维欧氏几何可以简单记为 $\left(E^3, \mathrm{Iso}(E^3)\right)$. 同理, 二维欧氏几何记为 $(\pi, \mathrm{Iso}(\pi))$. 图形在等距变换下保持不变性质中有的是图形的**度量性质**, 有的是图形的**仿射性质**.

所谓图形的度量性质, 是与距离相关联的几何性质, 该性质在等距变换下是不变的, 而在仿射变换下是会改变的. 这样图形的度量性质主要包含: 距离、面积、体积、夹角等. 有些几何概念也由度量的性质来刻画, 这些概念称为度量概念, 例如, 等边三角形、正 n 边形、正 n 面体、圆、球面、直角三角形、轴对称、面对称、三角形的重心等. 这些度量概念只在等距变换下不变, 而在仿射变换下是不会保持的.

所谓仿射性质是指该性质不仅在等距变换下是不变的, 而且在仿射变换下也是不变的. 例如, 点的共线、点的共面、直线的平行与相交、面的平行与相交、中心对称、线段的单比等. 有些几何概念也由仿射性质来刻画, 这些概念称为仿射概念, 例如, 平行四边形、梯形、平行六面体、椭圆、椭球面、中心对称等.

定义 5.3.1.1 设 S_1, S_2 是空间中两个图形, 如果存在一个等距变换 $f: E^3 \to E^3$ 满足 $f(S_1) = S_2$, 则称 S_1 和 S_2 是**全等**的.

同样可以定义平面上的两个图形的全等概念. 图形的全等是 E^3 中或平面上的所有图形的集合中的一个等价关系, 即它满足下面三条性质.

(1) 自反性: 即任意图形和自己是全等的;

(2) 对称性: 即如果图形 S_1 和 S_2 是**全等**的, 则图形 S_2 和 S_1 是**全等**的;

(3) 传递性: 即如果图形 S_1 和 S_2 是**全等**的, 图形 S_2 和 S_3 是**全等**的 (仿射

全等的), 则图形 S_1 和 S_3 是全等的.

利用这个等价关系, 可以对空间中或平面上的所有图形构成的集合进行分类. 把互相全等的图形分归为同一类, 于是空间中或平面上的所有几何图形分成了许多类, 这些类称为**度量等价类**.

对于平面上的一个图形 C, 将平面上所有与图形 C 全等的图形组成的度量等价类记为 $[C]$. 于是平面上图形的度量等价类有下面性质:

(1) 图形 C_1 和图形 C_2 是全等的充要条件是 $[C_1]=[C_2]$;

(2) 给定平面上两个度量等价类 $[C_1],[C_2]$, 则要么 $[C_1]=[C_2]$, 要么 $[C_1]\cap[C_2]=\varnothing$.

三维 (二维) 欧氏几何的重要问题之一是给出空间 E^3 中或平面上的所有图形构成的集合中的所有度量等价类. 要解决这个问题, 关键是给出判断两个图形全等的充要条件. 在中学, 学习了空间中或平面上多面体或多边形全等的充要条件, 例如两个三角形全等的判定定理. 当然对于任意两个图形, 试图给出一个统一的简单的充要条件去判定这两个图形全等是相当困难的. 利用第 3 章的内容, 平面上的二次曲线和空间中的二次曲面构成的集合中能够给出全部度量等价类.

设 S 是空间中二次曲面, 由第 3 章结论, 存在某个直角坐标系 $I[O;\boldsymbol{e}_1,\boldsymbol{e}_2,\boldsymbol{e}_3]$, 使得二次曲面 S 的方程为 14 种标准方程之一.

命题 5.3.1.1 空间中两个二次曲面全等的充要条件是它们在直角坐标系下的标准方程相同.

证明 在空间中给定两个二次曲面 S_1,S_2, 如果它们是全等的, 则存在空间中等距变换 $f:E^3\to E^3$ 使得 $f(S_1)=S_2$. 设二次曲面 S_1 在空间直角坐标系 $I[O;\boldsymbol{e}_1,\boldsymbol{e}_2,\boldsymbol{e}_3]$ 下的方程为 $F(x,y,z)=0$, 则二次曲面 $f(S_1)$ 在空间直角坐标系 $I'[f(O);\overline{f}(\boldsymbol{e}_1),\overline{f}(\boldsymbol{e}_2),\overline{f}(\boldsymbol{e}_3)]$ 下的方程也是 $F(x,y,z)=0$. 既然 $f(S_1)=S_2$, 所以二次曲面 S_2 在空间直角坐标系 $I'[f(O);\overline{f}(\boldsymbol{e}_1),\overline{f}(\boldsymbol{e}_2),\overline{f}(\boldsymbol{e}_3)]$ 下的方程也为 $F(x,y,z)=0$. 从而利用坐标的旋转和平移, 存在空间直角坐标系 $I''[O';\boldsymbol{e}_1',\boldsymbol{e}_2',\boldsymbol{e}_3']$, 使得 $f(S_1)=S_2$ 的方程在空间直角坐标系 $I''[O';\boldsymbol{e}_1',\boldsymbol{e}_2',\boldsymbol{e}_3']$ 下为标准方程. 从而二次曲面 S_1,S_2 的标准方程相同.

反之, 如果二次曲面 S_1,S_2 的标准方程相同. 设二次曲面 S_1 在空间直角坐标系 $I[O;\boldsymbol{e}_1,\boldsymbol{e}_2,\boldsymbol{e}_3]$ 下的方程为标准方程, 二次曲面 S_2 在空间直角坐标系 $I'[O';\boldsymbol{e}_1',\boldsymbol{e}_2',\boldsymbol{e}_3']$ 下的方程为标准方程, 它们的标准方程是相同的. 由等距变换的基本定理, 存在空间中的等距变换 $f:E^3\to E^3$ 满足

$$f(O)=O',\quad \overline{f}(\boldsymbol{e}_1)=\boldsymbol{e}_1',\quad \overline{f}(\boldsymbol{e}_2)=\boldsymbol{e}_2',\quad \overline{f}(\boldsymbol{e}_3)=\boldsymbol{e}_3',$$

即等距变换 $f: E^3 \to E^3$ 将直角坐标系 $I[O;\boldsymbol{e}_1,\boldsymbol{e}_2,\boldsymbol{e}_3]$ 映成直角坐标系 $I'[O';\boldsymbol{e}_1',\boldsymbol{e}_2',\boldsymbol{e}_3']$. 既然像的方程是一样的, 故 $f(S_1)=S_2$. 于是二次曲面 S_1,S_2 全等. □

对于每一种标准方程, 又带有参数, 于是知道二次曲面有无穷多度量等价类. 同时二次曲面的仿射特征和度量特征在等距变换下都是不变的. 当等距变换 $f: E^3 \to E^3$ 将二次曲面 S 映成二次曲面 $f(S)$ 时, 有下面结论:

(1) 二次曲面 S 的中心的像为二次曲面 $f(S)$ 的中心;

(2) 若向量 $\boldsymbol{\alpha}$ 为二次曲面 S 的渐近方向, 则向量 $\overline{f}(\boldsymbol{\alpha})$ 为二次曲面 $f(S)$ 的渐近方向;

(3) 若平面 π 是二次曲面 S 的共轭于方向 $\boldsymbol{\alpha}$ 的直径面, 则 $f(\pi)$ 是二次曲面 $f(S)$ 的共轭于方向 $\overline{f}(\boldsymbol{\alpha})$ 的直径面;

(4) 若向量 $\boldsymbol{\alpha}$ 为二次曲面 S 的主方向, 则向量 $\overline{f}(\boldsymbol{\alpha})$ 为二次曲面 $f(S)$ 的主方向;

(5) 若平面 π 是二次曲面 S 的对称平面, 则平面 $f(\pi)$ 是二次曲面 $f(S)$ 的对称平面;

(6) 若平面 π 是二次曲面 S 的切平面, 则平面 $f(\pi)$ 是二次曲面 $f(S)$ 的切平面.

设 C 是平面上二次曲线, 则存在某个直角坐标系 $I[O;\boldsymbol{e}_1,\boldsymbol{e}_2]$, 使得二次曲线 C 的方程为 7 种标准方程之一.

(1) $\dfrac{x'^2}{a^2}+\dfrac{y'^2}{b^2}=1$; (2) $\dfrac{x'^2}{a^2}+\dfrac{y'^2}{b^2}=-1$; (3) $\dfrac{x'^2}{a^2}+\dfrac{y'^2}{b^2}=0$; (4) $\dfrac{x'^2}{a^2}-\dfrac{y'^2}{b^2}=\pm 1$; (5) $\dfrac{x'^2}{a^2}-\dfrac{y'^2}{b^2}=0$; (6) $x'^2=2py'$; (7) $x'^2=d$.

命题 5.3.1.2 平面上两个二次曲线全等的充要条件是它们在直角坐标系下的标准方程相同.

该命题的证明同空间中二次曲面的情形类似. 利用该命题得到平面上二次曲线有无穷多度量等价类. 同时二次曲线的仿射特征和度量特征在等距变换下都是不变的. 当等距变换 $f:\pi\to\pi$ 将二次曲线 C 映成二次曲线 $f(C)$ 时, 我们有:

(1) 二次曲线 C 的中心的像为二次曲线 $f(C)$ 的中心;

(2) 若向量 $\boldsymbol{\alpha}$ 为二次曲线 C 的渐近方向, 则向量 $\overline{f}(\boldsymbol{\alpha})$ 为二次曲线 $f(C)$ 的渐近方向;

(3) 若直线 l 是二次曲面 C 的共轭于方向 $\boldsymbol{\alpha}$ 的直径, 则 $f(l)$ 是二次曲线 $f(C)$ 的共轭于方向 $\overline{f}(\boldsymbol{\alpha})$ 的直径;

(4) 若向量 $\boldsymbol{\alpha}$ 为二次曲线 C 的主方向, 则向量 $\overline{f}(\boldsymbol{\alpha})$ 为二次曲线 $f(C)$ 的主方向;

(5) 若直线 l 是二次曲线 C 的对称轴, 则直线 $f(l)$ 是二次曲线 $f(C)$ 的对称轴;

(6) 若直线 l 是二次曲线 C 的切线, 则直线 $f(l)$ 是二次曲线 $f(C)$ 的切线.

对于一般的曲线或曲面全等的充要条件, 解析几何很难给出. 在以后的课程微分几何里会给出一般光滑曲线或曲面的全等的充要条件.

5.3.2 仿射几何简介

三维仿射几何是研究三维仿射空间 E^3 中的图形在仿射变换群 $\mathrm{Aff}(E^3)$ 下不变的性质和不变量的几何. 三维仿射几何可以简单记为 $\left(E^3, \mathrm{Aff}(E^3)\right)$. 同理二维仿射几何也简单记为 $(\pi, \mathrm{Aff}(\pi))$. 在仿射几何里图形的度量性质是没有意义的.

定义 5.3.2.1 设 S_1, S_2 是空间中两个图形, 如果存在一个仿射变换 $f: E^3 \to E^3$ 满足 $f(S_1) = S_2$, 则称 S_1 和 S_2 是**仿射全等**的.

空间中图形的仿射全等是 E^3 中所有图形的集合中的一个等价关系, 利用这个等价关系, 可以对空间中所有图形构成的集合进行分类. 把空间中互相仿射全等的图形归为同一类, 于是空间中的所有几何图形分成了许多类, 这些类称为**仿射等价类**. 由于全等的两个图形一定是仿射全等的, 但仿射全等的两个图形未必是全等的. 因此图形的仿射等价类比度量等价类更广泛, 即每一个度量等价类都包含在一个仿射等价类中, 反之, 每一个仿射等价类是许多度量等价类的并集.

三维仿射几何的首要问题之一是给出空间 E^3 中的所有图形构成的集合的所有仿射等价类. 解决这个问题的关键是给出判断两个图形仿射全等的充要条件. 当然对于任意两个图形, 试图给出一个统一的简单的充要条件去判定这两个图形仿射全等是相当困难的. 利用第 3 章的内容, 可以解决平面上的二次曲线和空间中的二次曲面的仿射等价类问题.

在第 3 章, 对于空间中的二次曲面, 存在空间中的某个仿射坐标系, 使得二次曲面的方程成为如下 14 种仿射标准方程:

(1) $x^2+y^2+z^2=1$; (2) $x^2+y^2+z^2=0$; (3) $x^2+y^2-z^2=1$;

(4) $x^2+y^2-z^2=-1$; (5) $x^2+y^2-z^2=0$; (6) $x^2+y^2=z$;

(7) $x^2-y^2=z$; (8) $x^2+y^2=1$; (9) $x^2+y^2=0$;

(10) $x^2-y^2=1$; (11) $x^2-y^2=0$; (12) $x^2=y$;

(13) $x^2=1$; (14) $x^2=0$.

命题 5.3.2.1 空间中两个二次曲面仿射全等的充要条件是这两个二次曲面具有相同的仿射标准方程.

证明 在空间中给定两个二次曲面 S_1, S_2, 如果它们是仿射全等的, 则存在空

间中仿射变换 $f: E^3 \to E^3$ 使得 $f(S_1) = S_2$. 设二次曲面 S_1 在空间仿射坐标系 $I[O; \boldsymbol{e}_1, \boldsymbol{e}_2, \boldsymbol{e}_3]$ 下的方程为 $F(x, y, z) = 0$, 则二次曲面 $f(S_1)$ 在空间仿射坐标系 $I'[f(O); \overline{f}(\boldsymbol{e}_1), \overline{f}(\boldsymbol{e}_2), \overline{f}(\boldsymbol{e}_3)]$ 下的方程为 $F(x, y, z) = 0$. 既然 $f(S_1) = S_2$, 所以二次曲面 S_2 在空间仿射坐标系 $I'[f(O); \overline{f}(\boldsymbol{e}_1), \overline{f}(\boldsymbol{e}_2), \overline{f}(\boldsymbol{e}_3)]$ 下的方程也为 $F(x, y, z) = 0$. 从而存在空间仿射坐标系 $I''[O'; \boldsymbol{e}'_1, \boldsymbol{e}'_2, \boldsymbol{e}'_3]$, 使得 $f(S_1) = S_2$ 的方程在空间仿射坐标系 $I''[O'; \boldsymbol{e}'_1, \boldsymbol{e}'_2, \boldsymbol{e}'_3]$ 下为仿射标准方程. 从而二次曲面 S_1, S_2 的仿射标准方程相同.

反之, 如果二次曲面 S_1, S_2 的仿射标准方程相同. 设二次曲面 S_1 在空间仿射坐标系 $I[O; \boldsymbol{e}_1, \boldsymbol{e}_2, \boldsymbol{e}_3]$ 下的方程为仿射标准方程, 二次曲面 S_2 在空间仿射坐标系 $I'[O'; \boldsymbol{e}'_1, \boldsymbol{e}'_2, \boldsymbol{e}'_3]$ 下的方程为仿射标准方程, 它们仿射标准方程是相同的. 由仿射变换的基本定理, 存在空间中的仿射变换 $f: E^3 \to E^3$ 满足

$$f(O) = O', \quad \overline{f}(\boldsymbol{e}_1) = \boldsymbol{e}'_1, \quad \overline{f}(\boldsymbol{e}_2) = \boldsymbol{e}'_2, \quad \overline{f}(\boldsymbol{e}_3) = \boldsymbol{e}'_3.$$

即仿射变换 $f: E^3 \to E^3$ 将仿射坐标系 $I[O; \boldsymbol{e}_1, \boldsymbol{e}_2, \boldsymbol{e}_3]$ 映成仿射坐标系 $I'[O'; \boldsymbol{e}'_1, \boldsymbol{e}'_2, \boldsymbol{e}'_3]$. 既然像的方程是一样的, 故 $f(S_1) = S_2$. 于是二次曲面 S_1, S_2 仿射全等. □

利用该命题和二次曲面的仿射标准方程的分类结果, 我们得到二次曲面的仿射等价类的分类结果.

定理 5.3.2.1 空间中的二次曲面的仿射等价类只有 14 类.

这样空间中所有的椭球面都是仿射全等的, 它们都仿射全等于单位球面. 同样地, 所有的二次锥面都是仿射全等的; 所有的单叶双曲面都是仿射全等的; 所有的双叶双曲面都是仿射全等的; 所有的椭圆柱面都是仿射全等的; 所有的椭圆抛物面都是仿射全等的; 等等. 同时二次曲面的仿射特征在仿射变换下是不变的, 但度量特征在仿射变换下是会变化的.

定理 5.3.2.2 设 S 是一个二次曲面, 在空间中的仿射变换 $f: E^3 \to E^3$ 下的像 $f(S)$, 则下面结论成立:

(1) 二次曲面 S 的中心的像为二次曲面 $f(S)$ 的中心;

(2) 若向量 $\boldsymbol{\alpha}$ 为二次曲面 S 的渐近方向, 则向量 $\overline{f}(\boldsymbol{\alpha})$ 为二次曲面 $f(S)$ 的渐近方向;

(3) 若平面 π 是二次曲面 S 的共轭于方向 $\boldsymbol{\alpha}$ 的直径面, 则 $f(\pi)$ 是二次曲面 $f(S)$ 的共轭于方向 $\overline{f}(\boldsymbol{\alpha})$ 的直径面;

(4) 若平面 π 是二次曲面 S 的切平面, 则平面 $f(\pi)$ 是二次曲面 $f(S)$ 的切平面.

同样可以定义平面上的仿射全等. 类似地对于平面上二次曲线, 在第 3 章, 我们知道存在平面上的某个仿射坐标系, 使得二次曲线的方程成为如下 7 种仿射标准方程:

(1) $x^2+y^2=1$; (2) $x^2+y^2=0$; (3) $x^2-y^2=1$; (4) $x^2-y^2=0$;

(5) $x^2=y$; (6) $x^2=1$; (7) $x^2=0$.

命题 5.3.2.2 平面上两个二次曲线仿射全等的充要条件是这两个二次曲线具有相同的仿射标准方程.

定理 5.3.2.3 平面上的二次曲线的仿射等价类只有 7 类.

这样平面的所有椭圆都是仿射全等的, 它们都仿射全等于单位圆; 平面上所有的双曲线都是仿射全等的; 平面上所有的抛物线都是仿射全等的; 等等.

二次曲线的仿射特征明显在仿射变换下是不变的, 但度量特征在仿射变换下是会改变的.

设 Γ 是一个二次曲线, $f(\Gamma)$ 是在平面的仿射变换 $f:\pi\to\pi$ 下的像, 则我们有下面结论:

(1) 二次曲线 Γ 的中心 (如果存在) 在 f 下的像是 $f(\Gamma)$ 的中心;

(2) 如果向量 $\boldsymbol{\alpha}$ 是二次曲线 Γ 的渐近方向, 则 $f(\boldsymbol{\alpha})$ 是 $f(\Gamma)$ 的渐近方向;

(3) 如果向量 $\boldsymbol{\alpha},\boldsymbol{\beta}$ 的方向关于二次曲线 Γ 的共轭, 则 $f(\boldsymbol{\alpha}),f(\boldsymbol{\beta})$ 关于 $f(\Gamma)$ 共轭;

(4) 如果直线 l_1,l_2 是二次曲线 Γ 的一对共轭直径, 则直线 $f(l_1),f(l_2)$ 是二次曲线 $f(\Gamma)$ 的一对共轭直径;

(5) 如果直线 L 是二次曲线 Γ 的切线, 则 $f(L)$ 是二次曲线 $f(\Gamma)$ 的切线.

5.3.3 仿射映射与等距映射

第 1 章定义了两个平面之间的中心投影映射, 它将一个平面上的直线映成另一个平面上的直线, 因此它是保持直线的. 它是一个可逆映射, 但不是仿射变换. 本节将仿射变换概念推广到高维仿射空间之间的仿射映射.

定义 5.3.3.1 设 E^n 是 n 维仿射空间, $\overline{E}^m$ 是 m 维仿射空间, $f:E^n\to\overline{E}^m$ 是它们之间的映射, 如果 f 将仿射空间 E^n 中的共线点组映成仿射空间 $\overline{E}^m$ 中的共线点组, 则称映射 $f:E^n\to\overline{E}^m$ 为**保线映射**. 如果保线映射 $f:E^n\to\overline{E}^m$ 是可逆的, 则称 $f:E^n\to\overline{E}^m$ 为仿射空间 E^n 到仿射空间 $\overline{E}^m$ 的**仿射映射**.

定理 5.3.3.1 设 $f:E^n\to\overline{E}^m$ 是仿射空间 E^n 到仿射空间 $\overline{E}^m$ 的仿射映射, 则 $n=m$. 并且 f 将仿射空间 E^n 中的直线映成仿射空间 $\overline{E}^m$ 中的直线, 同时保持直线的平行性.

证明　设 Π 是仿射空间 E^n 中的超平面, 由于 f 是保线映射, 故 $f(\Pi)$ 在仿射空间 $\overline{E}^m$ 中的某个仿射子空间 Π' 中, 即 $f(\Pi) \subseteq \Pi'$. 如果 $f(\Pi) \neq \Pi'$, 在 $\Pi' \backslash f(\Pi)$ 中取点 Q. 设 $P = f^{-1}(Q) \in E^n$, 并且设仿射空间 E^n 中经过点 P 且平行于超平面 Π 的直线为 l. 则 $f(l)$ 在仿射空间 $\overline{E}^m$ 中的某个直线 l' 中. 对于仿射空间 E^n 中任一点 p, 如果 $p \notin l$, 则在超平面 Π 中存在一点 q, 满足 p, q, P 三点共线. 既然 $f(q), f(P) \in \Pi'$, 所以 $f(p) \in \Pi'$. 如果 $p \in l$, 则 $f(p) \in l'$. 这样 $f(E^n) \subseteq \Pi' \cup l'$, 另一方面 $\Pi' \cup l'$ 是仿射空间 $\overline{E}^m$ 的真子集, 这与仿射映射 f 是满射矛盾. 这样 $f(\Pi) = \Pi'$. 于是仿射映射 f 在超平面 Π 得到仿射空间 Π 到仿射空间 Π' 的仿射映射 $f|_{\Pi} : \Pi \to \Pi'$. 利用递归的方法得到: 仿射映射 f 将仿射空间 E^n 中的各种维数的仿射子空间映成仿射空间 $\overline{E}^m$ 中的相同维数的仿射子空间, 于是 $n = m$. 特别地, 仿射映射 f 将仿射空间 E^n 中的直线映成仿射空间 $\overline{E}^m$ 中的直线, 同时保持直线的平行性. □

定义 5.3.3.2　设 E^n 是 n 维仿射空间, $\overline{E}^m$ 是 m 维仿射空间, 如果它们之间存在仿射映射 $f : E^n \to \overline{E}^m$, 则仿射空间 E^n 与仿射空间 $\overline{E}^m$ 是**仿射同构的**. 称仿射映射 $f : E^n \to \overline{E}^m$ 为**仿射同构映射**.

定理 5.3.3.2　n 维仿射空间 E^n 和 m 维仿射空间 $\overline{E}^m$ 仿射同构的充要条件是 $n = m$.

定义 5.3.3.3　设 E^n 是 n 维欧氏空间, $\overline{E}^m$ 是 m 维欧氏空间, $f : E^n \to \overline{E}^m$ 是它们之间的映射, 如果对于欧氏空间 E^n 中任意两点 A, B, 都有

$$d(A, B) = d(f(A), f(B)),$$

则称映射 $f : E^n \to \overline{E}^m$ 为**等距映射**.

定理 5.3.3.3　设 $f : E^n \to \overline{E}^m$ 是欧氏空间 E^n 到欧氏空间 $\overline{E}^m$ 的等距映射, 则 $n = m$, 并且 f 是仿射映射.

证明　既然 f 保持两个点的距离, 故 f 将欧氏空间 E^n 中的直线映成欧氏空间 $\overline{E}^m$ 中的直线. 同理可证 f 将欧氏空间 E^n 中的仿射子空间映成欧氏空间 $\overline{E}^m$ 中的同维数的仿射子空间, 故 $n = m$, 同时 f 是仿射映射. □

定义 5.3.3.4　设 E^n 是 n 维欧氏空间, $\overline{E}^m$ 是 m 维欧氏空间, 如果它们之间存在等距映射 $f : E^n \to \overline{E}^m$, 则称欧氏空间 E^n 与欧氏空间 $\overline{E}^m$ 是**同构的**. 称等距映射 $f : E^n \to \overline{E}^m$ 为**等距同构映射**.

定理 5.3.3.4　n 维欧氏空间 E^n 和 m 维欧氏空间 $\overline{E}^m$ 等距同构的充要条件是 $n = m$.

习 题 5.3

1. 判断下面概念是仿射概念还是度量概念.

(1) 三角形的外心; (2) 三角形的垂心; (3) 菱形;

(4) 梯形; (5) 长方形; (6) 等轴双曲线;

(7) 旋转单叶双曲面; (8) 圆锥面; (9) 柱面;

(10) 立方体.

2. 判断下面图形的性质是仿射性质还是度量性质.

(1) 中心对称; (2) 轴对称; (3) 三点共线;

(4) 四点共面; (5) 三点共圆; (6) 四点共球面;

(7) 两直线平行; (8) 三条直线共点; (9) 三角形的内接椭圆.

3. 设 $ABCD$ 是一个椭圆的内接平行四边形, 证明: 向量 $\overrightarrow{AB}$ 和向量 $\overrightarrow{CD}$ 所代表的直线方向关于此椭圆相互共轭.

4. 证明: 双曲线两条渐近线之间的切线线段的中点是切点.

5. 证明: 在椭圆的所有内接平行四边形中, 当对角线在一对共轭直径上时, 面积达到最大值 $2ab$(其中 a, b 为椭圆的长短半轴).

6. 证明: 梯形 $ABCD$ ($AB//CD$, 并且 AB 比 CD 长) 存在外接椭圆, 该外接椭圆满足它的中心就是 AB 的中点.

7. 证明: 平面上的梯形有无穷多个仿射等价类.

8. 证明: 空间中的平行六面体都仿射等价.

9. 证明: 椭球面中存在内接平行六面体.

10. 证明: 平行六面体中存在内切椭球面.

11. 证明: 椭圆的过共轭直径与椭圆的交点的切线构成的平行四边形的面积是一个常数.

12. 证明: 双曲线的一条切线和它的渐近线确定的三角形的面积是一个常数.

13. 证明: 两个椭圆相似的充要条件是它们的离心率相等.

14. 设 A, B 是抛物线上的两点, 过 A, B 的抛物线的两条切线相交于 C 点, 又点 D 是线段 AB 的中点. 证明: CD 平行于抛物线的对称轴.

15. 设 Γ 是一条椭圆, 直线 l_1 和直线 l_2 是它的一对共轭直径. 证明: 存在平面上的仿射变换 f, 满足 $f(\Gamma) = \Gamma$, 并且 $f(l_1), f(l_2)$ 是椭圆的两条对称轴.

16. 设 Γ 是一条抛物线, 点 O 是它的顶点, 点 A 是抛物线上的任意一点. 证明: 存在平面上的仿射变换 f, 满足 $f(\Gamma) = \Gamma$, 并且 $f(A) = O$.

17. 设 Γ 是一条双曲线, 直线 l_1 和直线 l_2 是它的一对共轭直径. 证明: 存在平面上的仿射变换 f, 满足 $f(\Gamma)=\Gamma$, 并且 $f(l_1), f(l_2)$ 是双曲线的两条对称轴.

18. 设 Γ 是一条椭圆, 点 A, B 是它上面的任意两点. 证明: 存在平面上的仿射变换 f, 满足 $f(\Gamma)=\Gamma$, 并且 $f(A)=B$.

19. 设 Γ 是一条抛物线, 点 A, B 是它上面的任意两点. 证明: 存在平面上的仿射变换 f, 满足 $f(\Gamma)=\Gamma$, 并且 $f(A)=B$.

20. 设 Γ 是一条双曲线, 点 A, B 是它上面的任意两点. 证明: 存在平面上的仿射变换 f, 满足 $f(\Gamma)=\Gamma$, 并且 $f(A)=B$.

21. 设 S 是空间中椭球面, 点 A, B 是椭球面上的任意两点. 证明: 存在空间中的仿射变换 f, 满足 $f(S)=S$, 并且 $f(A)=B$.

22. 设 S 是空间中单叶双曲面, 点 A, B 是单叶双曲面上的任意两点. 证明: 存在空间中的仿射变换 f, 满足 $f(S)=S$, 并且 $f(A)=B$.

23. 设 S 是空间中双叶双曲面, 点 A, B 是双叶双曲面上的任意两点. 证明: 存在空间中的仿射变换 f, 满足 $f(S)=S$, 并且 $f(A)=B$.

24. 设 S 是空间中椭球面, Γ 是一个锥面, 并且椭球面 S 内切于锥面 Γ. 证明: 切点在同一张平面上.

5.4 变换的坐标解析式

5.4.1 仿射变换和等距变换的坐标解析式

在仿射空间上建立仿射坐标系后, 可以利用点的坐标来研究仿射变换. 设 $f: E^3 \to E^3$ 是空间中的一个变换. 在空间仿射坐标系 $I[O; \boldsymbol{e}_1, \boldsymbol{e}_2, \boldsymbol{e}_3]$ 下, 点 p 和它的像点 $f(p)$ 都有一个坐标, 分别设为 (x, y, z) 和 $(\overline{x}, \overline{y}, \overline{z})$. 这样变换 f 对应到三元函数组:

$$\left\{\begin{array}{l}\overline{x}=f_1(x, y, z),\\ \overline{y}=f_2(x, y, z),\\ \overline{z}=f_3(x, y, z),\end{array}\right. \tag{5.4.1}$$

其中 $f_1(x, y, z), f_2(x, y, z), f_3(x, y, z)$ 是三个三元函数. 该函数组称为变换 $f: E^3 \to E^3$ 在仿射坐标系 $I[O; \boldsymbol{e}_1, \boldsymbol{e}_2, \boldsymbol{e}_3]$ 下的**解析式**.

例 5.4.1.1 空间中平移变换 $P_{\boldsymbol{\alpha}}: E^3 \to E^3$ 在仿射坐标系 $I[O; \boldsymbol{e}_1, \boldsymbol{e}_2, \boldsymbol{e}_3]$ 下的解析式是

$$\begin{cases} \overline{x} = x + a, \\ \overline{y} = y + b, \\ \overline{z} = z + c, \end{cases}$$ 其中 (a, b, c) 是平移向量 $\boldsymbol{\alpha}$ 在 $I[O; \boldsymbol{e}_1, \boldsymbol{e}_2, \boldsymbol{e}_3]$ 下的坐标.

设空间中的变换 $f : E^3 \to E^3$ 在仿射坐标系 $I[O; \boldsymbol{e}_1, \boldsymbol{e}_2, \boldsymbol{e}_3]$ 下的解析式是 (5.4.1) 式. 如果函数 $f_1(x, y, z), f_2(x, y, z), f_3(x, y, z)$ 是光滑函数, 则解析式的 Jacobi 矩阵是

$$\boldsymbol{\Phi} = \begin{pmatrix} \dfrac{\partial f_1(x,y,z)}{\partial x} & \dfrac{\partial f_1(x,y,z)}{\partial y} & \dfrac{\partial f_1(x,y,z)}{\partial z} \\ \dfrac{\partial f_2(x,y,z)}{\partial x} & \dfrac{\partial f_2(x,y,z)}{\partial y} & \dfrac{\partial f_2(x,y,z)}{\partial z} \\ \dfrac{\partial f_3(x,y,z)}{\partial x} & \dfrac{\partial f_3(x,y,z)}{\partial y} & \dfrac{\partial f_3(x,y,z)}{\partial z} \end{pmatrix},$$

它是 E^3 上的一个矩阵函数. 利用偏导数的链式法则, 可以证明该矩阵有如下性质.

定理 5.4.1.1 设空间中的变换 $f : E^3 \to E^3$ 在仿射坐标系 $I[O; \boldsymbol{e}_1, \boldsymbol{e}_2, \boldsymbol{e}_3]$ 下的 Jacobi 矩阵是 $\boldsymbol{\Phi}$, 在仿射坐标系 $I'[O; \boldsymbol{e}'_1, \boldsymbol{e}'_2, \boldsymbol{e}'_3]$ 下的 Jacobi 矩阵是 $\boldsymbol{\Phi}'$. 如果仿射坐标系 $I[O; \boldsymbol{e}_1, \boldsymbol{e}_2, \boldsymbol{e}_3]$ 到仿射坐标系 $I'[O; \boldsymbol{e}'_1, \boldsymbol{e}'_2, \boldsymbol{e}'_3]$ 的过渡矩阵是 $\boldsymbol{H}$, 则

$$\boldsymbol{\Phi}' = \boldsymbol{H}^{-1} \boldsymbol{\Phi} \boldsymbol{H}.$$

在空间中任意一点 p 处的 Jacobi 矩阵 $\boldsymbol{\Phi}(p)$ 定义了向量空间 $\mathbf{R}^3$ 上的一个线性变换

$$df_p : \mathbf{R}^3 \to \mathbf{R}^3, \quad df_p(\boldsymbol{\alpha}) = \boldsymbol{\Phi}(p)\boldsymbol{\alpha}.$$

设点 p 在 $I[O; \boldsymbol{e}_1, \boldsymbol{e}_2, \boldsymbol{e}_3]$ 下的坐标为 (x_p, y_p, z_p), 在点 p 处的 Jacobi 矩阵为

$$\boldsymbol{\Phi}(p) = \begin{pmatrix} \left.\dfrac{\partial f_1(x,y,z)}{\partial x}\right|_p & \left.\dfrac{\partial f_1(x,y,z)}{\partial y}\right|_p & \left.\dfrac{\partial f_1(x,y,z)}{\partial z}\right|_p \\ \left.\dfrac{\partial f_2(x,y,z)}{\partial x}\right|_p & \left.\dfrac{\partial f_2(x,y,z)}{\partial y}\right|_p & \left.\dfrac{\partial f_2(x,y,z)}{\partial z}\right|_p \\ \left.\dfrac{\partial f_3(x,y,z)}{\partial x}\right|_p & \left.\dfrac{\partial f_3(x,y,z)}{\partial y}\right|_p & \left.\dfrac{\partial f_3(x,y,z)}{\partial z}\right|_p \end{pmatrix} = \begin{pmatrix} a_{11} & a_{12} & a_{13} \\ a_{21} & a_{22} & a_{23} \\ a_{31} & a_{32} & a_{33} \end{pmatrix}.$$

则在点 p 处的线性变换 $df_p : \mathbf{R}^3 \to \mathbf{R}^3$ 定义为: 任意向量 $\boldsymbol{\alpha} \in \mathbf{R}^3$, 设它在基 $\boldsymbol{e}_1, \boldsymbol{e}_2, \boldsymbol{e}_3$ 下的坐标为 (x, y, z), 则 $df_p(\boldsymbol{\alpha})$ 在基 $\boldsymbol{e}_1, \boldsymbol{e}_2, \boldsymbol{e}_3$ 下的坐标 (x', y', z') 是

$$df_p(\boldsymbol{\alpha}) = \begin{pmatrix} x' \\ y' \\ z' \end{pmatrix} = \boldsymbol{\Phi} \begin{pmatrix} x \\ y \\ z \end{pmatrix} = \begin{pmatrix} a_{11} & a_{12} & a_{13} \\ a_{21} & a_{22} & a_{23} \\ a_{31} & a_{32} & a_{33} \end{pmatrix} \begin{pmatrix} x \\ y \\ z \end{pmatrix}.$$

变换 f 在仿射坐标系 $I[O;\boldsymbol{e}_1,\boldsymbol{e}_2,\boldsymbol{e}_3]$ 的解析式是依赖于仿射坐标系 $I[O;\boldsymbol{e}_1,\boldsymbol{e}_2,\boldsymbol{e}_3]$ 的选择, 从而它的 Jacobi 矩阵也是不一样的. 但它决定的线性变换 $df_p:\mathbf{R}^3\to\mathbf{R}^3$ 是一样的, 即线性变换 $df_p:\mathbf{R}^3\to\mathbf{R}^3$ 不依赖于仿射坐标系的选择. 由定理 5.4.1.1, 既然线性变换在不同基下的矩阵是相似的, 故它们决定的线性变换是同一个线性变换.

定义 5.4.1.1　空间中的变换 $f:E^3\to E^3$ 在点 p 决定的唯一的线性变换 $df_p:\mathbf{R}^3\to\mathbf{R}^3$ 称为变换在点 p 处的**切变换**.

几何上, 空间中变换 f 的切变换 df_p 意义如下: 过 p 点的向量 $\boldsymbol{\alpha}$ 可以看成经过点 p 的某个光滑曲线 C 在点 p 处的切向量, 设像曲线 $f(C)$ 在点 $f(p)$ 的切向量是 $\boldsymbol{\beta}$, 则 $\boldsymbol{\beta}=df_p(\boldsymbol{\alpha})$. Jacobi 矩阵就是切变换在一个基下的矩阵.

设 $f:E^3\to E^3$ 是空间中一个仿射变换, $I[O;\boldsymbol{e}_1,\boldsymbol{e}_2,\boldsymbol{e}_3]$ 是一个空间仿射坐标系, 则 $I'[f(O);\overline{f}(\boldsymbol{e}_1),\overline{f}(\boldsymbol{e}_2),\overline{f}(\boldsymbol{e}_3)]$ 也是空间中仿射坐标系. 假设仿射坐标系 $I[O;\boldsymbol{e}_1,\boldsymbol{e}_2,\boldsymbol{e}_3]$ 到仿射坐标系 $I'[f(O);\overline{f}(\boldsymbol{e}_1),\overline{f}(\boldsymbol{e}_2),\overline{f}(\boldsymbol{e}_3)]$ 的过渡矩阵是

$$\boldsymbol{H}=\begin{pmatrix}a_{11}&a_{12}&a_{13}\\a_{21}&a_{22}&a_{23}\\a_{31}&a_{32}&a_{33}\end{pmatrix}.$$

设点 p 在 $I[O;\boldsymbol{e}_1,\boldsymbol{e}_2,\boldsymbol{e}_3]$ 下的坐标是 (x,y,z), 则 $f(p)$ 在 $I'[f(O);\overline{f}(\boldsymbol{e}_1),\overline{f}(\boldsymbol{e}_2),\overline{f}(\boldsymbol{e}_3)]$ 下的坐标也是 (x,y,z). 设像点 $f(p)$ 在 $I[O;\boldsymbol{e}_1,\boldsymbol{e}_2,\boldsymbol{e}_3]$ 下的坐标是 $(\overline{x},\overline{y},\overline{z})$, $f(O)$ 在 $I[O;\boldsymbol{e}_1,\boldsymbol{e}_2,\boldsymbol{e}_3]$ 下的坐标是 (a,b,c), 则由第 3 章坐标变换公式, 仿射变换 $f:E^3\to E^3$ 在仿射坐标系 $I[O;\boldsymbol{e}_1,\boldsymbol{e}_2,\boldsymbol{e}_3]$ 下的解析式为

$$\begin{pmatrix}\overline{x}\\\overline{y}\\\overline{z}\end{pmatrix}=\begin{pmatrix}a_{11}&a_{12}&a_{13}\\a_{21}&a_{22}&a_{23}\\a_{31}&a_{32}&a_{33}\end{pmatrix}\begin{pmatrix}x\\y\\z\end{pmatrix}+\begin{pmatrix}a\\b\\c\end{pmatrix}$$

或

$$\begin{cases}\overline{x}=a_{11}x+a_{12}y+a_{13}z+a,\\\overline{y}=a_{21}x+a_{22}y+a_{23}z+b,\\\overline{z}=a_{31}x+a_{32}y+a_{33}z+c,\end{cases}$$

这样它的 Jacobi 矩阵是

$$\boldsymbol{\Phi}=\begin{pmatrix}\dfrac{\partial f_1(x,y,z)}{\partial x} & \dfrac{\partial f_1(x,y,z)}{\partial y} & \dfrac{\partial f_1(x,y,z)}{\partial z}\\ \dfrac{\partial f_2(x,y,z)}{\partial x} & \dfrac{\partial f_2(x,y,z)}{\partial y} & \dfrac{\partial f_2(x,y,z)}{\partial z}\\ \dfrac{\partial f_3(x,y,z)}{\partial x} & \dfrac{\partial f_3(x,y,z)}{\partial y} & \dfrac{\partial f_3(x,y,z)}{\partial z}\end{pmatrix}=\begin{pmatrix}a_{11} & a_{12} & a_{13}\\ a_{21} & a_{22} & a_{23}\\ a_{31} & a_{32} & a_{33}\end{pmatrix}=\boldsymbol{H},$$

这样仿射变换 f 在仿射坐标系 $I[O;\boldsymbol{e}_1,\boldsymbol{e}_2,\boldsymbol{e}_3]$ 下解析式的 Jacobi 矩阵都是矩阵 $\boldsymbol{H}$, 它是一个常数矩阵. 因此在不同点的切变换是同一个线性变换.

定义 5.4.1.2 设 $f:E^3\to E^3$ 是空间中一个仿射变换, $I[O;\boldsymbol{e}_1,\boldsymbol{e}_2,\boldsymbol{e}_3]$ 是一个空间仿射坐标系. 设仿射坐标系 $I[O;\boldsymbol{e}_1,\boldsymbol{e}_2,\boldsymbol{e}_3]$ 到仿射坐标系 $I'[f(O);\overline{f}(\boldsymbol{e}_1),\overline{f}(\boldsymbol{e}_2),\overline{f}(\boldsymbol{e}_3)]$ 的过渡矩阵是 $\boldsymbol{H}$, 则称矩阵 $\boldsymbol{H}$ 为仿射变换 f 在仿射坐标系 $I[O;\boldsymbol{e}_1,\boldsymbol{e}_2,\boldsymbol{e}_3]$ 下的**变换矩阵**.

这样仿射变换的 Jacobi 矩阵就是它的变换矩阵, 于是仿射变换的切变换就是仿射变换决定的向量变换.

定理 5.4.1.2 空间中仿射变换 $f:E^3\to E^3$ 的切变换 $df_p:\mathbf{R}^3\to\mathbf{R}^3$ 是该仿射变换决定的向量变换 $\overline{f}$, 即 $df_p=\overline{f}$. 仿射变换 f 在仿射坐标系 $I[O;\boldsymbol{e}_1,\boldsymbol{e}_2,\boldsymbol{e}_3]$ 下的 Jacobi 矩阵等于仿射变换 f 在仿射坐标系 $I[O;\boldsymbol{e}_1,\boldsymbol{e}_2,\boldsymbol{e}_3]$ 下的变换矩阵.

设 $f:E^3\to E^3$ 是空间中一个仿射变换, 在仿射坐标系 $I[O;\boldsymbol{e}_1,\boldsymbol{e}_2,\boldsymbol{e}_3]$ 下的变换矩阵是

$$\boldsymbol{H}=\begin{pmatrix}a_{11} & a_{12} & a_{13}\\ a_{21} & a_{22} & a_{23}\\ a_{31} & a_{32} & a_{33}\end{pmatrix}.$$

设 $f(O)$ 在 $I[O;\boldsymbol{e}_1,\boldsymbol{e}_2,\boldsymbol{e}_3]$ 下的坐标为 (a,b,c). 则 f 在 $I[O;\boldsymbol{e}_1,\boldsymbol{e}_2,\boldsymbol{e}_3]$ 下的解析式为

$$f(p)=\begin{pmatrix}\bar{x}\\ \bar{y}\\ \bar{z}\end{pmatrix}=\begin{pmatrix}a_{11} & a_{12} & a_{13}\\ a_{21} & a_{22} & a_{23}\\ a_{31} & a_{32} & a_{33}\end{pmatrix}\begin{pmatrix}x\\ y\\ z\end{pmatrix}+\begin{pmatrix}a\\ b\\ c\end{pmatrix}$$

或

$$f(p)=\boldsymbol{H}\begin{pmatrix}x\\ y\\ z\end{pmatrix}+\begin{pmatrix}a\\ b\\ c\end{pmatrix},$$

其中点 p 在 $I[O;\boldsymbol{e}_1,\boldsymbol{e}_2,\boldsymbol{e}_3]$ 下的坐标为 (x,y,z).

仿射变换的切变换或者它的向量变换 $df_p=\overline{f}:\mathbf{R}^3\to\mathbf{R}^3$ 在 $I[O;\boldsymbol{e}_1,\boldsymbol{e}_2,\boldsymbol{e}_3]$ 下的解析式为

$$f(\boldsymbol{\alpha})=f\left(\begin{pmatrix}x\\y\\z\end{pmatrix}\right)=\begin{pmatrix}a_{11}&a_{12}&a_{13}\\a_{21}&a_{22}&a_{23}\\a_{31}&a_{32}&a_{33}\end{pmatrix}\begin{pmatrix}x\\y\\z\end{pmatrix}\quad\text{或}\quad f(\boldsymbol{\alpha})=\boldsymbol{H}\begin{pmatrix}x\\y\\z\end{pmatrix},$$

其中向量 $\boldsymbol{\alpha}$ 在 $I[O;\boldsymbol{e}_1,\boldsymbol{e}_2,\boldsymbol{e}_3]$ 下坐标为 (x,y,z).

推论 5.4.1.1 设 $\boldsymbol{H}$ 是一个三阶可逆矩阵, 任意取定空间中一个仿射坐标系 $I[O;\boldsymbol{e}_1,\boldsymbol{e}_2,\boldsymbol{e}_3]$ 和一个点 p, 并且 p 在 $I[O;\boldsymbol{e}_1,\boldsymbol{e}_2,\boldsymbol{e}_3]$ 下的坐标是 (a,b,c). 则在空间中存在唯一的仿射变换 $f:E^3\to E^3$ 满足它在仿射坐标系 $I[O;\boldsymbol{e}_1,\boldsymbol{e}_2,\boldsymbol{e}_3]$ 下的变换矩阵是 $\boldsymbol{H}$, 并且 $f(O)=p$.

推论 5.4.1.2 设 $f:E^3\to E^3$ 是空间中一个仿射变换, 在直角坐标系 $I[O;\boldsymbol{e}_1,\boldsymbol{e}_2,\boldsymbol{e}_3]$ 下的变换矩阵是 $\boldsymbol{H}$, 则 f 是等距变换的充分必要条件是 $\boldsymbol{H}$ 是正交矩阵.

上面关于空间中仿射变换的结论对平面上仿射变换也成立, 下面给出平面上仿射变换的相应的结论, 其证明是类似的.

设 $f:\pi\to\pi$ 是平面上的一个变换. 如果在平面上建立仿射坐标系 $I[O;\boldsymbol{e}_1,\boldsymbol{e}_2]$, 则点 p 和它的像点 $f(p)$ 都有一个坐标, 设分别为 (x,y) 和 $(\overline{x},\overline{y})$. 这样变换 f 对应两个多元函数:

$$\begin{cases}\overline{x}=f_1(x,y),\\ \overline{y}=f_2(x,y),\end{cases}\quad \text{其中 } f_1(x,y),f_2(x,y) \text{ 是二元函数.}$$

该方程称为变换 $f:\pi\to\pi$ 在仿射坐标系 $I[O;\boldsymbol{e}_1,\boldsymbol{e}_2]$ 下的**解析式**.

如果函数 $f_1(x,y),f_2(x,y)$ 是光滑函数, 则解析式的 Jacobi 矩阵

$$\boldsymbol{\Phi}=\begin{pmatrix}\dfrac{\partial f_1(x,y)}{\partial x}&\dfrac{\partial f_1(x,y)}{\partial y}\\ \dfrac{\partial f_2(x,y)}{\partial x}&\dfrac{\partial f_2(x,y)}{\partial y}\end{pmatrix},$$

它是矩阵函数. 在平面每一点 p 处, Jacobi 矩阵定义了向量空间 $\mathbf{R}^2$ 上一个线性变换 $df_p:\mathbf{R}^2\to\mathbf{R}^2$. 设点 p 在 $I[O;\boldsymbol{e}_1,\boldsymbol{e}_2]$ 下的坐标为 (x_p,y_p), 则在点 p 处的线性变换 $df_p:\mathbf{R}^2\to\mathbf{R}^2$ 定义为: 任意向量 $\boldsymbol{\alpha}\in\mathbf{R}^2$, 设它在基 $\boldsymbol{e}_1,\boldsymbol{e}_2$ 下的坐标为

(x, y), 则 $df_p(\boldsymbol{\alpha})$ 在基 $\boldsymbol{e}_1, \boldsymbol{e}_2$ 下的坐标是 (x', y'), 则

$$\begin{pmatrix} x' \\ y' \end{pmatrix} = \begin{pmatrix} \left.\dfrac{\partial f_1(x,y)}{\partial x}\right|_p & \left.\dfrac{\partial f_1(x,y)}{\partial y}\right|_p \\ \left.\dfrac{\partial f_2(x,y)}{\partial x}\right|_p & \left.\dfrac{\partial f_2(x,y)}{\partial y}\right|_p \end{pmatrix} \begin{pmatrix} x \\ y \end{pmatrix}.$$

定理 5.4.1.3 设平面上的变换 $f: \pi \to \pi$ 在仿射坐标系 $I[O; \boldsymbol{e}_1, \boldsymbol{e}_2]$ 下的 Jacobi 矩阵是 $\boldsymbol{\Phi}$, 在仿射坐标系 $I'[O; \boldsymbol{e}'_1, \boldsymbol{e}'_2]$ 下的 Jacobi 矩阵是 $\boldsymbol{\Phi}'$. 如果仿射坐标 $I[O; \boldsymbol{e}_1, \boldsymbol{e}_2]$ 系到仿射坐标系 $I'[O; \boldsymbol{e}'_1, \boldsymbol{e}'_2]$ 的过渡矩阵是 $\boldsymbol{H}$, 则 $\boldsymbol{\Phi}' = \boldsymbol{H}^{-1}\boldsymbol{\Phi}\boldsymbol{H}$.

定义 5.4.1.3 平面上的变换 $f: \pi \to \pi$ 在点 p 处决定的唯一的线性变换 $df_p: \mathbf{R}^2 \to \mathbf{R}^2$ 称为变换在点 p 处的**切变换**.

设 $f: \pi \to \pi$ 是平面上的一个仿射变换, $I[O; \boldsymbol{e}_1, \boldsymbol{e}_2]$ 是平面上一个仿射坐标系, 则 $I'[f(O); \overline{f}(\boldsymbol{e}_1), \overline{f}(\boldsymbol{e}_2)]$ 也是平面上的一个仿射坐标系. 假设仿射坐标系 $I[O; \boldsymbol{e}_1, \boldsymbol{e}_2]$ 到仿射坐标系 $I'[f(O); \overline{f}(\boldsymbol{e}_1), \overline{f}(\boldsymbol{e}_2)]$ 的过渡矩阵是

$$\boldsymbol{H} = \begin{pmatrix} a_{11} & a_{12} \\ a_{21} & a_{22} \end{pmatrix}.$$

设点 p 在 $I[O; \boldsymbol{e}_1, \boldsymbol{e}_2]$ 下的坐标是 (x, y), 则 $f(p)$ 在 $I'[f(O); \overline{f}(\boldsymbol{e}_1), \overline{f}(\boldsymbol{e}_2)]$ 下的坐标也是 (x, y). 假设像点 $f(p)$ 在 $I[O; \boldsymbol{e}_1, \boldsymbol{e}_2]$ 下的坐标是 $(\overline{x}, \overline{y})$, $f(O)$ 在 $I[O; \boldsymbol{e}_1, \boldsymbol{e}_2]$ 下的坐标是 (a, b), 则仿射变换 $f: \pi \to \pi$ 在仿射坐标系 $I[O; \boldsymbol{e}_1, \boldsymbol{e}_2]$ 下的解析式为

$$\begin{pmatrix} \overline{x} \\ \overline{y} \end{pmatrix} = \begin{pmatrix} a_{11} & a_{12} \\ a_{21} & a_{11} \end{pmatrix} \begin{pmatrix} x \\ y \end{pmatrix} + \begin{pmatrix} a \\ b \end{pmatrix} \quad \text{或} \quad \begin{cases} \overline{x} = a_{11}x + a_{12}y + a, \\ \overline{y} = a_{21}x + a_{22}y + b, \end{cases}$$

这样在不同点处, 仿射变换 f 在仿射坐标系 $I[O; \boldsymbol{e}_1, \boldsymbol{e}_2]$ 下解析式的 Jacobi 矩阵都是矩阵 $\boldsymbol{H}$. 这样 Jacobi 矩阵是一个常数矩阵.

定义 5.4.1.4 设 $f: \pi \to \pi$ 是平面上一个仿射变换, $I[O; \boldsymbol{e}_1, \boldsymbol{e}_2]$ 是一个平面上仿射坐标系. 设仿射坐标系 $I[O; \boldsymbol{e}_1, \boldsymbol{e}_2]$ 到仿射坐标系 $I'[f(O); \overline{f}(\boldsymbol{e}_1), \overline{f}(\boldsymbol{e}_2)]$ 的过渡矩阵是 $\boldsymbol{H}$, 则称矩阵 $\boldsymbol{H}$ 为仿射变换 f 在仿射坐标系 $I[O; \boldsymbol{e}_1, \boldsymbol{e}_2]$ 下的**变换矩阵**.

定理 5.4.1.4 平面上仿射变换 $f: \pi \to \pi$ 的切变换 $df_p: \mathbf{R}^2 \to \mathbf{R}^2$ 是该仿射变换决定的向量变换 $df_p = \overline{f}$.

推论 5.4.1.3 设 $\boldsymbol{H}$ 是一个二阶可逆矩阵, 任意取定平面上一个仿射坐标系 $I[O; \boldsymbol{e}_1, \boldsymbol{e}_2]$ 和一点 p, 并且 p 在 $I[O; \boldsymbol{e}_1, \boldsymbol{e}_2]$ 下的坐标是 (a, b). 则在平面上存在唯

一的仿射变换 $f:\pi\to\pi$ 满足它在仿射坐标系 $I[O;\boldsymbol{e}_1,\boldsymbol{e}_2]$ 下的变换矩阵是 $\boldsymbol{H}$, 并且 $f(O)=p$.

推论 5.4.1.4 设 $f:\pi\to\pi$ 是平面上的一个仿射变换, 在直角坐标系 $I[O;\boldsymbol{e}_1,\boldsymbol{e}_2]$ 下的变换矩阵是 $\boldsymbol{H}$, 则 f 是等距变换的充分必要条件是 $\boldsymbol{H}$ 是正交矩阵.

下面给出一些常见仿射变换的解析式.

例 5.4.1.2 设 $\Upsilon_O:E^3\to E^3$ 是空间的位似变换, 它的位似中心为 O, 位似系数为 k. 设仿射坐标系 $I[O;\boldsymbol{e}_1,\boldsymbol{e}_2,\boldsymbol{e}_3]$ 的原点是位似中心. 则位似变换 $\Upsilon_O:E^3\to E^3$ 在 $I[O;\boldsymbol{e}_1,\boldsymbol{e}_2,\boldsymbol{e}_3]$ 中的变换矩阵为数量矩阵 $k\boldsymbol{I}$, 于是位似变换 Υ_O 在 $I[O;\boldsymbol{e}_1,\boldsymbol{e}_2,\boldsymbol{e}_3]$ 中的解析式为

$$\begin{cases}\overline{x}=kx,\\ \overline{y}=ky,\\ \overline{z}=kz,\end{cases}\quad\text{或}\quad\begin{pmatrix}\overline{x}\\ \overline{y}\\ \overline{z}\end{pmatrix}=\begin{pmatrix}k&0&0\\0&k&0\\0&0&k\end{pmatrix}\begin{pmatrix}x\\y\\z\end{pmatrix}.$$

类似地, 对于平面上的位似变换 $\Upsilon_O:\pi\to\pi$, 它的位似中心为 O, 位似系数为 k. 位似变换 $\Upsilon_O:\pi\to\pi$ 在 $I[O;\boldsymbol{e}_1,\boldsymbol{e}_2]$ 中的变换矩阵为数量矩阵 $k\boldsymbol{I}$, 于是位似变换 Υ_O 在 $I[O;\boldsymbol{e}_1,\boldsymbol{e}_2]$ 中的解析式为

$$\begin{cases}\overline{x}=kx,\\ \overline{y}=ky.\end{cases}$$

例 5.4.1.3 设 $\Upsilon_\theta:E^3\to E^3$ 为空间中的旋转变换, 旋转轴为直线 L, 旋转角为 θ. 设空间直角坐标系 $I[O;\boldsymbol{e}_1,\boldsymbol{e}_2,\boldsymbol{e}_3]$ 的原点在直线 L 上, 坐标向量 $\boldsymbol{e}_1$ 平行直线 L, 并且使得右手系旋转时 $\boldsymbol{e}_1$ 方向旋转角为 θ. 则 $\Upsilon_\theta:E^3\to E^3$ 在 $I[O;\boldsymbol{e}_1,\boldsymbol{e}_2,\boldsymbol{e}_3]$ 中的变换矩阵为

$$\boldsymbol{H}=\begin{pmatrix}1&0&0\\0&\cos\theta&-\sin\theta\\0&\sin\theta&\cos\theta\end{pmatrix}.$$

于是旋转变换 $\Upsilon_\theta:E^3\to E^3$ 在 $I[O;\boldsymbol{e}_1,\boldsymbol{e}_2,\boldsymbol{e}_3]$ 中的解析式为

$$\begin{cases}\overline{x}=x,\\ \overline{y}=\cos\theta y-\sin\theta z,\\ \overline{z}=\sin\theta y+\cos\theta z,\end{cases}\quad\text{或}\quad\Upsilon_\theta(x,y,z)=(x,\cos\theta y-\sin\theta z,\sin\theta y+\cos\theta z).$$

设平面上的旋转变换 $R_\theta:\pi\to\pi$ 的旋转中心为 O, 则 R_θ 在平面上直角坐标系 $I[O;\boldsymbol{e}_1,\boldsymbol{e}_2]$ 下的变换矩阵为

$$\boldsymbol{H}=\begin{pmatrix}\cos\theta & -\sin\theta\\ \sin\theta & \cos\theta\end{pmatrix},$$

于是旋转变换 $R_\theta:\pi\to\pi$ 在 $I[O;\boldsymbol{e}_1,\boldsymbol{e}_2]$ 中的解析式为

$$\begin{cases}\overline{x}=\cos\theta x-\sin\theta y,\\ \overline{y}=\sin\theta x+\cos\theta y,\end{cases}\quad \text{或}\quad \Upsilon_\theta(x,y)=(\cos\theta x-\sin\theta y,\sin\theta x+\cos\theta y).$$

5.4.2 图形在仿射变换下像的方程

设空间中的曲面 S 在仿射坐标系 $I[O;\boldsymbol{e}_1,\boldsymbol{e}_2,\boldsymbol{e}_3]$ 中的方程为 $F(x,y,z)=0$. 则求曲面 S 在仿射变换 f 下像 $f(S)$ 的方程的方法是: 利用仿射变换 f 在仿射坐标系 I 下的解析式反解出 x,y,z 用 $\overline{x},\overline{y},\overline{z}$ 表示的函数式, 代入 $F(x,y,z)=0$, 就得到 $f(S)$ 在 I 中的方程.

例 5.4.2.1 已知在空间仿射坐标系 I 中, 仿射变换 f 在 $I[O;\boldsymbol{e}_1,\boldsymbol{e}_2,\boldsymbol{e}_3]$ 下的解析式为

$$\begin{cases}\overline{x}=x-y-z+1,\\ \overline{y}=x+2y+z+2,\\ \overline{z}=-x+y-z+3,\end{cases}$$

求平面 $\pi:2x+y+2z-1=0$ 在仿射变换 f 下的像 $f(\pi)$ 的方程.

解 方法一. 从仿射变换的解析式得到

$$x=\frac{1}{2}\overline{x}+\frac{1}{3}\overline{y}-\frac{1}{6}\overline{z}-\frac{2}{3},\quad y=\frac{1}{3}\overline{y}+\frac{1}{3}\overline{z}-\frac{5}{3},\quad z=-\frac{1}{2}\overline{x}-\frac{1}{2}\overline{z}+2,$$

代入平面 π 的方程:

$$2\left(\frac{1}{2}\overline{x}+\frac{1}{3}\overline{y}-\frac{1}{6}\overline{z}-\frac{2}{3}\right)+\left(\frac{1}{3}\overline{y}+\frac{1}{3}\overline{z}-\frac{5}{3}\right)+2\left(-\frac{1}{2}\overline{x}-\frac{1}{2}\overline{z}+2\right)-1=0,$$

整理后得到 $\overline{y}-\overline{z}=0$. 所以像 $f(\pi)$ 的方程为 $y-z=0$.

方法二. 设 $f(\pi)$ 的方程为 $Ax+By+Cz+D=0$, 从仿射变换的解析式得平面 π 的方程为

$$A(x-y-z+1)+B(x+2y+z+2)+C(-x+y-z+3)+D=0,$$

它与 $\pi: 2x+y+2z-1=0$ 是同解方程, 故

$$\frac{A+B-C}{2}=-A+2B+C=\frac{-A+B-C}{2}=\frac{A+2B+3C+D}{-1},$$

解得 $A=D=0, B+C=0$, 所以像 $f(\pi)$ 的方程为 $y-z=0$.

方法三. 在平面 $\pi: 2x+y+2z-1=0$ 上任意取不共线的三点 $\left(\frac{1}{2},0,0\right)$, $(0,1,0)$, $\left(0,0,\frac{1}{2}\right)$. 由仿射变换的解析式得到像平面 $f(\pi)$ 上三点 $\left(\frac{3}{2},\frac{5}{2},\frac{5}{2}\right)$, $(0,4,4)$, $\left(\frac{1}{2},\frac{5}{2},\frac{5}{2}\right)$. 由平面的三点式得到像平面的方程为 $y-z=0$. □

设平面中的曲线 Γ 在仿射坐标系 I 中的方程为 $F(x,y)=0$. 求曲线 Γ 在仿射变换 f 下像 $f(\Gamma)$ 的方程的方法为: 利用仿射变换 f 在 I 下的解析式反解出 x,y 用 $\overline{x},\overline{y}$ 表示的函数式, 代入 $F(x,y)=0$, 就得到 $f(\Gamma)$ 在 I 中的方程.

例 5.4.2.2 在平面仿射坐标系 I 中, 平面仿射变换 f 将直线 $x+y-1=0$ 映成直线 $2x+y-2=0$, 将直线 $x+2y=0$ 映成直线 $x+y+1=0$, 把点 $(1,1)$ 映成点 $(2,3)$. 求仿射变换 f 在 I 中的解析式.

解 假设仿射变换 f 在 I 中的解析式为

$$\begin{cases} \overline{x}=a_{11}x+a_{12}y+a, \\ \overline{y}=a_{21}x+a_{22}y+b. \end{cases}$$

由于仿射变换 f 将直线 $x+y-1=0$ 映成直线 $2x+y-2=0$, 从而直线

$$2(a_{11}x+a_{12}y+a)+a_{21}x+a_{22}y+b-2=0$$

就是直线 $x+y-1=0$. 于是

$$2a_{11}+a_{21}=2a_{12}+a_{22}=-(2a+b-2). \tag{5.4.2}$$

同理由仿射变换将直线 $x+2y=0$ 映成直线 $x+y+1=0$ 得到

$$2a_{11}+2a_{21}=a_{12}+a_{22}, \quad a+b+1=0. \tag{5.4.3}$$

由仿射变换把点 $(1,1)$ 映成点 $(2,3)$ 得到

$$a_{11}+a_{12}+a=2, \quad a_{21}+a_{22}+b=3. \tag{5.4.4}$$

由上面方程 (5.4.2)—(5.4.4) 解得

$$a_{11}=3,\quad a_{12}=1,\quad a=-2,\quad a_{21}=-1,\quad a_{22}=3,\quad b=1.$$

所以仿射变换 f 在 I 中的解析式为

$$\begin{cases}\overline{x}=3x+y-2,\\ \overline{y}=-x+3y+1.\end{cases}$$ □

设空间中的点 p 是仿射变换 f 的不动点, 即 $f(p)=p$, 设 p 在 $I[O;\boldsymbol{e}_1,\boldsymbol{e}_2,\boldsymbol{e}_3]$ 下的坐标为 (x_0,y_0,z_0), 则

$$\begin{cases}(a_{11}-1)x_0+a_{12}y_0+a_{13}z_0+a=0,\\ a_{21}x_0+(a_{22}-1)y_0+a_{23}z_0+b=0,\\ a_{31}x_0+a_{32}y_0+(a_{33}-1)z_0+c=0,\end{cases}$$

或

$$\begin{pmatrix}a_{11}-1 & a_{12} & a_{13}\\ a_{21} & a_{22}-1 & a_{23}\\ a_{31} & a_{32} & a_{33}-1\end{pmatrix}\begin{pmatrix}x_0\\ y_0\\ z_0\end{pmatrix}=\begin{pmatrix}-a\\ -b\\ -c\end{pmatrix}.$$

这样当

$$\begin{vmatrix}a_{11}-1 & a_{12} & a_{13}\\ a_{21} & a_{22}-1 & a_{23}\\ a_{31} & a_{32} & a_{33}-1\end{vmatrix}\neq 0,$$

即当变换矩阵的特征值不是 1 时, 仿射变换 f 有唯一不动点.

当

$$\begin{vmatrix}a_{11}-1 & a_{12} & a_{13}\\ a_{21} & a_{22}-1 & a_{23}\\ a_{31} & a_{32} & a_{33}-1\end{vmatrix}=0,$$

即当 1 是变换矩阵的特征值时, 仿射变换 f 有无穷多不动点或者没有不动点. 当有无穷多不动点时, 则这些不动点构成一张平面或一条直线.

设平面上的点 P 是平面上仿射变换 f 的不动点, 它在 $I[O;\boldsymbol{e}_1,\boldsymbol{e}_2]$ 下的坐标为 (x_0,y_0), 则

$$\begin{cases}(a_{11}-1)x_0+a_{12}y_0+a=0,\\ a_{21}x_0+(a_{22}-1)y_0+b=0,\end{cases}\quad \text{或}\quad \begin{pmatrix}a_{11}-1 & a_{12}\\ a_{21} & a_{22}-1\end{pmatrix}\begin{pmatrix}x_0\\ y_0\end{pmatrix}=\begin{pmatrix}-a\\ -b\end{pmatrix}.$$

这样当

$$\begin{vmatrix} a_{11}-1 & a_{12} \\ a_{21} & a_{22}-1 \end{vmatrix} \neq 0,$$

即当变换矩阵的特征值不是 1 时, 仿射变换 f 有唯一不动点. 当

$$\begin{vmatrix} a_{11}-1 & a_{12} \\ a_{21} & a_{22}-1 \end{vmatrix} = 0,$$

即当 1 是变换矩阵的特征值时, 仿射变换 f 有无穷多不动点或者没有不动点. 当有无穷多不动点时, 则这些不动点构成一条直线, 该直线的方程是

$$(a_{11}-1)x_0 + a_{12}y_0 + a = 0 \quad \text{或} \quad a_{21}x_0 + (a_{22}-1)y_0 + b = 0.$$

仿射变换的不变直线或不变平面与仿射变换的特征向量有密切的关系.

定义 5.4.2.1　设 $f: E^3 \to E^3$ 是空间中的一个仿射变换, 它决定的向量变换为 $\overline{f}: \mathbf{R}^3 \to \mathbf{R}^3$. 如果非零向量 $\boldsymbol{\alpha}$ 与 $\overline{f}(\boldsymbol{\alpha})$ 是平行的, 即存在唯一的实数 λ 满足 $\overline{f}(\boldsymbol{\alpha}) = \lambda\boldsymbol{\alpha}$, 则称向量 $\boldsymbol{\alpha}$ 是仿射变换 f 的**特征向量**, 实数 λ 为仿射变换 f 关于特征向量 $\boldsymbol{\alpha}$ 的**特征值**.

例 5.4.2.3　设 $f: E^3 \to E^3$ 是空间中的压缩变换, 压缩面是 π, 压缩方向是非零向量 $\boldsymbol{\alpha}$, 压缩系数是 k. 则非零向量 $\boldsymbol{\alpha}$ 是该压缩变换的特征向量, 对应的特征值是 k.

设仿射变换 $f: E^3 \to E^3$ 在仿射坐标系 $I[O; \boldsymbol{e}_1, \boldsymbol{e}_2, \boldsymbol{e}_3]$ 下的变换矩阵是 $\boldsymbol{H}$. 仿射变换的切变换或者它的向量变换 $df_p = \overline{f}: \mathbf{R}^3 \to \mathbf{R}^3$ 在 $I[O; \boldsymbol{e}_1, \boldsymbol{e}_2, \boldsymbol{e}_3]$ 下的解析式为

$$\begin{pmatrix} x' \\ y' \\ z' \end{pmatrix} = \boldsymbol{H} \begin{pmatrix} x \\ y \\ z \end{pmatrix},$$

其中向量 $\boldsymbol{\alpha}$ 在 $I[O; \boldsymbol{e}_1, \boldsymbol{e}_2, \boldsymbol{e}_3]$ 下的坐标为 (x, y, z), $f(\boldsymbol{\alpha})$ 在 $I[O; \boldsymbol{e}_1, \boldsymbol{e}_2, \boldsymbol{e}_3]$ 下的坐标为 (x', y', z'). 于是变换矩阵 $\boldsymbol{H}$ 的特征向量和特征值就是仿射变换 f 决定的向量变换 $\overline{f}: \mathbf{R}^3 \to \mathbf{R}^3$ 的特征值和特征向量. 由于它的特征多项式 $|t\boldsymbol{I} - \boldsymbol{H}| = 0$ 是一个实系数的三次多项式, 故至少有一个实根. 从而仿射变换 f 至少有一个特征值.

定理 5.4.2.1　设非零向量 $\boldsymbol{\alpha}$ 是仿射变换 $f: E^3 \to E^3$ 的一个特征向量. 如果空间中的一点 P 满足向量 $\overrightarrow{Pf(P)}$ 与 $\boldsymbol{\alpha}$ 上平行, 则经过点 P 以向量 $\boldsymbol{\alpha}$ 为方向的直线是仿射变换 f 的不变直线.

证明 设特征向量 $\boldsymbol{\alpha}$ 对应的特征值为 λ, 即 $\overline{f}(\boldsymbol{\alpha})=\lambda\boldsymbol{\alpha}$. 设经过点 P 以向量 $\boldsymbol{\alpha}$ 为方向的直线为 L, 并且 $\overrightarrow{Pf(P)}=k\boldsymbol{\alpha}$. 对于直线 L 上任意一点 $Q\in L$, 则存在一个实数 l 使得 $\overrightarrow{PQ}=l\boldsymbol{\alpha}$. 由于 $\overline{f}(\overrightarrow{PQ})=\overline{f}(l\boldsymbol{\alpha})=l\overline{f}(\boldsymbol{\alpha})=l\lambda\boldsymbol{\alpha}$, 这样

$$l\lambda\boldsymbol{\alpha}=\overline{f}(\overrightarrow{PQ})=\overrightarrow{f(P)f(Q)}=\overrightarrow{f(P)P}+\overrightarrow{Pf(Q)}=-k\boldsymbol{\alpha}+\overrightarrow{Pf(Q)},$$

从而 $\overrightarrow{Pf(Q)}=l\lambda\boldsymbol{\alpha}+k\boldsymbol{\alpha}=(l\lambda+k)\boldsymbol{\alpha}$. 所以 $f(Q)\in L$. 从而 $f(L)=L$. □

定义 5.4.2.2 设 $f:\pi\to\pi$ 是平面上的一个仿射变换, 它决定的向量变换为 $\overline{f}:\mathbf{R}^2\to\mathbf{R}^2$. 如果平面上非零向量 $\boldsymbol{\alpha}$ 与 $\overline{f}(\boldsymbol{\alpha})$ 是平行的, 即存在唯一的实数 λ 满足 $\overline{f}(\boldsymbol{\alpha})=\lambda\boldsymbol{\alpha}$, 则称向量 $\boldsymbol{\alpha}$ 是仿射变换 f 的**特征向量**, 实数 λ 为仿射变换 f 关于特征向量 $\boldsymbol{\alpha}$ 的**特征值**.

注意 平面仿射变换有可能没有特征向量. 类似定理 5.4.2.1, 对于平面上的仿射变换, 我们有下面结论.

定理 5.4.2.2 设非零向量 $\boldsymbol{\alpha}$ 是平面仿射变换 $f:\pi\to\pi$ 的一个特征向量. 如果平面中的一点 P 满足向量 $\overrightarrow{Pf(P)}$ 与 $\boldsymbol{\alpha}$ 平行, 则经过点 P 以向量 $\boldsymbol{\alpha}$ 为方向的直线是仿射变换 f 的不变直线.

5.4.3 仿射变换的变换矩阵的性质

设 $f:E^3\to E^3$ 是空间中的一个仿射变换, 在仿射坐标系 $I[O;\boldsymbol{e}_1,\boldsymbol{e}_2,\boldsymbol{e}_3]$ 下的变换矩阵是 $\boldsymbol{H}$, 则仿射变换 f 决定的向量变换 $\overline{f}$ 在基 $\boldsymbol{e}_1,\boldsymbol{e}_2,\boldsymbol{e}_3$ 下的矩阵是 $\boldsymbol{H}$. 既然向量变换 $\overline{f}$ 是一个可逆的线性变换, 因此仿射变换的变换的性质都来源于线性变换矩阵的性质.

性质 5.4.3.1 仿射变换在一个仿射坐标系下的矩阵是一个可逆矩阵.

既然仿射变换所决定的向量变换 $\overline{f}$ 是一个可逆的线性变换, 因此它的矩阵是可逆的.

性质 5.4.3.2 如果仿射变换 f,g 在仿射坐标系 I 中的变换矩阵分别为 $\boldsymbol{A}$ 和 $\boldsymbol{B}$, 则仿射变换 $f\circ g$ 在仿射坐标系 I 中的变换矩阵为 $\boldsymbol{AB}$.

证明 设仿射坐标系为 $I[O;\boldsymbol{e}_1,\boldsymbol{e}_2,\boldsymbol{e}_3]$, 由条件得到

$$(f(\boldsymbol{e}_1),f(\boldsymbol{e}_2),f(\boldsymbol{e}_3))=(\boldsymbol{e}_1,\boldsymbol{e}_2,\boldsymbol{e}_3)\boldsymbol{A},\quad (g(\boldsymbol{e}_1),g(\boldsymbol{e}_2),g(\boldsymbol{e}_3))=(\boldsymbol{e}_1,\boldsymbol{e}_2,\boldsymbol{e}_3)\boldsymbol{B}.$$

所以

$$(f\circ g(\boldsymbol{e}_1),f\circ g(\boldsymbol{e}_2),f\circ g(\boldsymbol{e}_3))=f(g(\boldsymbol{e}_1),g(\boldsymbol{e}_2),g(\boldsymbol{e}_3))$$

$$=f[(\boldsymbol{e}_1,\boldsymbol{e}_2,\boldsymbol{e}_3)B]=f(\boldsymbol{e}_1,\boldsymbol{e}_2,\boldsymbol{e}_3)B=(f(\boldsymbol{e}_1),f(\boldsymbol{e}_2),f(\boldsymbol{e}_3))B=(\boldsymbol{e}_1,\boldsymbol{e}_2,\boldsymbol{e}_3)\boldsymbol{AB},$$

于是 $f\circ g$ 在仿射坐标系 I 中的变换矩阵为 $\boldsymbol{AB}$. □

性质 5.4.3.3　如果仿射变换 f 在仿射坐标系 I 中的变换矩阵为 $\boldsymbol{A}$, 则它的逆 f^{-1} 在仿射坐标系 I 中的变换矩阵为 $\boldsymbol{A}^{-1}$.

该性质可以利用恒等变换的矩阵是单位矩阵和性质 5.4.3.2 得到.

例 5.4.3.1　设仿射变换 f 在仿射坐标系 I 中的解析式为

$$f(p)=\boldsymbol{A}\begin{pmatrix}x\\y\\z\end{pmatrix}+\begin{pmatrix}a_1\\b_1\\c_1\end{pmatrix},$$

设仿射变换 g 在仿射坐标系 I 中的解析式为

$$g(p)=\boldsymbol{B}\begin{pmatrix}x\\y\\z\end{pmatrix}+\begin{pmatrix}a_2\\b_2\\c_2\end{pmatrix},$$

则 $f\circ g$ 在仿射坐标系 I 中的解析式为

$$\begin{aligned}f\circ g(p)=f(g(p))=f&\left(\boldsymbol{B}\begin{pmatrix}x\\y\\z\end{pmatrix}+\begin{pmatrix}a_2\\b_2\\c_2\end{pmatrix}\right)\\
=\boldsymbol{A}&\left(\boldsymbol{B}\begin{pmatrix}x\\y\\z\end{pmatrix}+\begin{pmatrix}a_2\\b_2\\c_2\end{pmatrix}\right)+\begin{pmatrix}a_1\\b_1\\c_1\end{pmatrix}\\
=\boldsymbol{AB}&\begin{pmatrix}x\\y\\z\end{pmatrix}+\boldsymbol{A}\begin{pmatrix}a_2\\b_2\\c_2\end{pmatrix}+\begin{pmatrix}a_1\\b_1\\c_1\end{pmatrix}.\end{aligned}$$

从这个例子也可以看出 $f\circ g$ 在仿射坐标系 I 中的变换矩阵为 $\boldsymbol{AB}$. 由定理 5.4.1.1, 有下面性质.

命题 5.4.3.1　设仿射变换 f 在仿射坐标系 $I[O;\boldsymbol{e}_1,\boldsymbol{e}_2,\boldsymbol{e}_3]$ 下的变换矩阵是 $\boldsymbol{H}$, 在仿射坐标系 $I'[O';\boldsymbol{e}_1',\boldsymbol{e}_2',\boldsymbol{e}_3']$ 下的变换矩阵是 $\boldsymbol{H}_1$, 并且仿射坐标系 $I[O;\boldsymbol{e}_1,\boldsymbol{e}_2,\boldsymbol{e}_3]$ 到仿射坐标系 $I'[O';\boldsymbol{e}_1',\boldsymbol{e}_2',\boldsymbol{e}_3']$ 的过渡矩阵是 $\boldsymbol{K}$. 则 $\boldsymbol{H}_1=\boldsymbol{K}^{-1}\boldsymbol{HK}$.

这样仿射变换 f 在 $I[O;\boldsymbol{e}_1,\boldsymbol{e}_2,\boldsymbol{e}_3]$ 下的变换矩阵的行列式是不依赖于仿射坐标系的选择的, 事实上, 我们有下面结论.

定理 5.4.3.1 设 $f: E^3 \to E^3$ 是空间中一个仿射变换, 在仿射坐标系 $I[O; \boldsymbol{e}_1, \boldsymbol{e}_2, \boldsymbol{e}_3]$ 下的变换矩阵是 $\boldsymbol{H}$, 则变换矩阵 $\boldsymbol{H}$ 的行列式的绝对值等于仿射变换 f 的变积系数.

证明 将仿射坐标系 $I[O; \boldsymbol{e}_1, \boldsymbol{e}_2, \boldsymbol{e}_3]$ 的三个坐标向量的起点移到原点 O, 以坐标向量构成一个空间四面体 S, 它的体积为 $|(\boldsymbol{e}_1 \times \boldsymbol{e}_2) \cdot \boldsymbol{e}_3| = |(\boldsymbol{e}_1, \boldsymbol{e}_2, \boldsymbol{e}_3)|$. 它的像 $f(S)$ 的体积是 $|(f(\boldsymbol{e}_1) \times f(\boldsymbol{e}_2)) \cdot f(\boldsymbol{e}_3)| = |(f(\boldsymbol{e}_1), f(\boldsymbol{e}_2), f(\boldsymbol{e}_3))|$. 由第 1 章混合积我们容易得到

$$\frac{|(\boldsymbol{e}_1, \boldsymbol{e}_2, \boldsymbol{e}_3)|}{|(f(\boldsymbol{e}_1), f(\boldsymbol{e}_2), f(\boldsymbol{e}_3))|} = ||\boldsymbol{H}||,$$

故变换矩阵 $\boldsymbol{H}$ 的行列式的绝对值等于仿射变换 f 的变积系数. □

$|f|$ 的符号反映了仿射坐标系 $I[O; \boldsymbol{e}_1, \boldsymbol{e}_2, \boldsymbol{e}_3]$ 与 $I'[f(O); \overline{f}(\boldsymbol{e}_1), \overline{f}(\boldsymbol{e}_2), \overline{f}(\boldsymbol{e}_3)]$ 的定向关系. 如果 $|f| > 0$, 则仿射坐标系 $I[O; \boldsymbol{e}_1, \boldsymbol{e}_2, \boldsymbol{e}_3]$ 与 $I'[f(O); \overline{f}(\boldsymbol{e}_1), \overline{f}(\boldsymbol{e}_2), \overline{f}(\boldsymbol{e}_3)]$ 有相同的定向. 即仿射坐标系 $I[O; \boldsymbol{e}_1, \boldsymbol{e}_2, \boldsymbol{e}_3]$ 与 $I'[f(O); \overline{f}(\boldsymbol{e}_1), \overline{f}(\boldsymbol{e}_2), \overline{f}(\boldsymbol{e}_3)]$ 同时为右手系或同时为左手系. 此时称仿射变换 $f: E^3 \to E^3$ 为**第一类仿射变换**. 如果 $|f| < 0$, 则仿射坐标系 $I[O; \boldsymbol{e}_1, \boldsymbol{e}_2, \boldsymbol{e}_3]$ 与 $I'[f(O); \overline{f}(\boldsymbol{e}_1), \overline{f}(\boldsymbol{e}_2), \overline{f}(\boldsymbol{e}_3)]$ 有相反的定向, 即如果仿射坐标系 $I[O; \boldsymbol{e}_1, \boldsymbol{e}_2, \boldsymbol{e}_3]$ 是右 (左) 手系, 则 $I'[f(O); \overline{f}(\boldsymbol{e}_1), \overline{f}(\boldsymbol{e}_2), \overline{f}(\boldsymbol{e}_3)]$ 是为左 (右) 手系. 此时称仿射变换 $f: E^3 \to E^3$ 为**第二类仿射变换**.

对于平面上的仿射变换的变换矩阵, 有类似性质 5.4.3.1—性质 5.4.3.3 和下面命题.

命题 5.4.3.2 设平面仿射变换 f 在仿射坐标系 $I[O; \boldsymbol{e}_1, \boldsymbol{e}_2]$ 下的变换矩阵是 $\boldsymbol{H}$, 在仿射坐标系 $I'[O'; \boldsymbol{e}'_1, \boldsymbol{e}'_2]$ 下的变换矩阵是 $\boldsymbol{H}_1$, 并且仿射坐标系 $I[O; \boldsymbol{e}_1, \boldsymbol{e}_2]$ 到仿射坐标系 $I'[O'; \boldsymbol{e}'_1, \boldsymbol{e}'_2]$ 的过渡矩阵是 $\boldsymbol{K}$. 则 $\boldsymbol{H}_1 = \boldsymbol{K}^{-1}\boldsymbol{H}\boldsymbol{K}$.

定理 5.4.3.2 设 $f: \pi \to \pi$ 是平面上的一个仿射变换, 在仿射坐标系 $I[O; \boldsymbol{e}_1, \boldsymbol{e}_2]$ 下的变换矩阵是 $\boldsymbol{H}$, 则变换矩阵 $\boldsymbol{H}$ 的行列式的绝对值等于仿射变换 f 的变积系数.

$|f|$ 的符号反映了仿射坐标系 $I[O; \boldsymbol{e}_1, \boldsymbol{e}_2]$ 与 $I'[f(O); \overline{f}(\boldsymbol{e}_1), \overline{f}(\boldsymbol{e}_2)]$ 的定向关系. 如果 $|f| > 0$, 则仿射坐标系 $I[O; \boldsymbol{e}_1, \boldsymbol{e}_2]$ 与 $I'[f(O); \overline{f}(\boldsymbol{e}_1), \overline{f}(\boldsymbol{e}_2)]$ 有相同的定向. 此时称仿射变换 $f: \pi \to \pi$ 为**第一类仿射变换**. 如果 $|f| < 0$, 则仿射坐标系 $I[O; \boldsymbol{e}_1, \boldsymbol{e}_2]$ 与 $I'[f(O); \overline{f}(\boldsymbol{e}_1), \overline{f}(\boldsymbol{e}_2)]$ 有相反的定向. 此时称仿射变换 $f: \pi \to \pi$ 为**第二类仿射变换**.

下面考虑等距变换的变换矩阵. 设 $f: E^3 \to E^3$ 是空间中的一个等距变换, 在直角坐标系 $I[O; \boldsymbol{e}_1, \boldsymbol{e}_2, \boldsymbol{e}_3]$ 下的变换矩阵是正交矩阵 $\boldsymbol{H}$, 则 $|\boldsymbol{H}| = \pm 1$.

(1) 第一类等距变换, 即 $|\boldsymbol{H}|=1$. 由于 $\boldsymbol{H}$ 是三阶矩阵, 以及

$$|\boldsymbol{I}-\boldsymbol{H}|=|\boldsymbol{H}^{\mathrm{T}}\boldsymbol{H}-\boldsymbol{H}|=|(\boldsymbol{H}^{\mathrm{T}}-\boldsymbol{I})\boldsymbol{H}|=|\boldsymbol{H}^{\mathrm{T}}-\boldsymbol{I}^{\mathrm{T}}||\boldsymbol{H}|=|\boldsymbol{H}-\boldsymbol{I}|,$$

故 $|\boldsymbol{I}-\boldsymbol{H}|=0$, 即 1 是 $\boldsymbol{H}$ 的特征值, 设其对应的单位特征向量为 $\boldsymbol{\beta}$. 将 $\boldsymbol{\beta}$ 延拓成 $\mathbf{R}^3$ 的单位正交基 $\boldsymbol{\beta},\boldsymbol{\beta}_1,\boldsymbol{\beta}_2$. 则等距变换 $f: E^3\to E^3$ 在直角坐标系 $I'[O;\boldsymbol{\beta},\boldsymbol{\beta}_1,\boldsymbol{\beta}_2]$ 的矩阵 $\boldsymbol{H}_1$ 是如下形式:

$$\boldsymbol{H}=\begin{pmatrix}1&0&0\\0&a_{11}&a_{12}\\0&a_{21}&a_{22}\end{pmatrix}=\begin{pmatrix}1&0\\0&\overline{\boldsymbol{H}}\end{pmatrix}.$$

这样 $\overline{\boldsymbol{H}}$ 是二阶正交矩阵, 并且 $|\overline{\boldsymbol{H}}|=1$, 故有

$$\overline{\boldsymbol{H}}=\begin{pmatrix}\cos\theta&-\sin\theta\\\sin\theta&\cos\theta\end{pmatrix},\quad 0\leqslant\theta\leqslant 360^\circ.$$

由于 $|\boldsymbol{H}|=1$, 如果等距变换有不动点, 则它有无穷多不动点. 如果等距变换不是恒等变换, 则无穷多不动点构成一条直线, 该直线的方向为特征向量 $\boldsymbol{\beta}$ 所决定的方向. 设 P 是它的一个不动点. 构造新的空间直角坐标系 $I''[P;\boldsymbol{\beta},\boldsymbol{\beta}_1,\boldsymbol{\beta}_2]$, 则等距变换在 $I''[P;\boldsymbol{\beta},\boldsymbol{\beta}_1,\boldsymbol{\beta}_2]$ 下的解析式为

$$\begin{pmatrix}\overline{x}\\\overline{y}\\\overline{z}\end{pmatrix}=\begin{pmatrix}1&0&0\\0&\cos\theta&-\sin\theta\\0&\sin\theta&\cos\theta\end{pmatrix}\begin{pmatrix}x\\y\\z\end{pmatrix}.$$

它是空间中的旋转变换.

如果等距变换没有不动点, 则存在一个平移变换满足它与该等距变换的乘积有不动点. 类似上面证明可以得到该等距变换为空间中的螺旋旋转变换.

定理 5.4.3.3　空间中第一类等距变换或是空间中的旋转变换, 或是螺旋旋转变换, 或是平移变换.

(2) 第二类等距变换, 即 $|\boldsymbol{H}|=-1$. 由于 $\boldsymbol{H}$ 是三阶矩阵, 以及

$$|\boldsymbol{I}+\boldsymbol{H}|=|\boldsymbol{H}^{\mathrm{T}}\boldsymbol{H}+\boldsymbol{H}|=|(\boldsymbol{H}^{\mathrm{T}}+\boldsymbol{I})\boldsymbol{H}|=|\boldsymbol{H}^{\mathrm{T}}+\boldsymbol{I}^{\mathrm{T}}||\boldsymbol{H}|=-|\boldsymbol{H}+\boldsymbol{I}|,$$

故 $|\boldsymbol{I}+\boldsymbol{H}|=0$, 即 -1 是 $\boldsymbol{H}$ 的特征值, 设其对应的单位特征向量为 $\boldsymbol{\beta}$. 将 $\boldsymbol{\beta}$ 延拓成 $\mathbf{R}^3$ 的单位正交基 $\boldsymbol{\beta},\boldsymbol{\beta}_1,\boldsymbol{\beta}_2$. 则等距变换 $f: E^3\to E^3$ 在直角坐标系

$I'[O;\boldsymbol{\beta},\boldsymbol{\beta}_1,\boldsymbol{\beta}_2]$ 的矩阵 $\boldsymbol{H}_1$ 是如下形式:

$$\boldsymbol{H}=\begin{pmatrix}-1&0&0\\0&a_{11}&a_{12}\\0&a_{21}&a_{22}\end{pmatrix}=\begin{pmatrix}-1&0\\0&\overline{\boldsymbol{H}}\end{pmatrix}.$$

这样 $\overline{\boldsymbol{H}}$ 是二阶正交矩阵, 并且 $|\overline{\boldsymbol{H}}|=-1$, 故有

$$\overline{\boldsymbol{H}}=\begin{pmatrix}\cos\theta&\sin\theta\\\sin\theta&-\cos\theta\end{pmatrix},\quad 0\leqslant\theta\leqslant 360^\circ.$$

类似 (1) 的情况讨论过程, 我们得到下面结论.

定理 5.4.3.4 空间中第二类等距变换或是空间中的反射变换, 或是反射变换与旋转变换的乘积, 或是反射变换与平移变换的乘积.

下面讨论平面上的等距变换. 设 $f:\pi\to\pi$ 是平面上的一个等距变换, 在平面直角坐标系 $I[O;\boldsymbol{e}_1,\boldsymbol{e}_2]$ 下的变换矩阵是正交矩阵 $\boldsymbol{H}$, 则 $|\boldsymbol{H}|=\pm1$.

情形 1 第一类等距变换, 即 $|\boldsymbol{H}|=1$, 故 $\boldsymbol{H}$ 有下面形式:

$$\boldsymbol{H}=\begin{pmatrix}\cos\theta&-\sin\theta\\\sin\theta&\cos\theta\end{pmatrix},\quad 0\leqslant\theta\leqslant 360^\circ.$$

如果 $\theta=0$, 则 $f:\pi\to\pi$ 在 $I[O;\boldsymbol{e}_1,\boldsymbol{e}_2]$ 中的解析式为 $\begin{cases}\overline{x}=x+a,\\\overline{y}=y+b,\end{cases}$ 此时 $f:\pi\to\pi$ 是一个平移变换.

如果 $0<\theta<360^\circ$, 则

$$|\boldsymbol{I}-\boldsymbol{H}|=\begin{vmatrix}1-\cos\theta&\sin\theta\\-\sin\theta&1-\cos\theta\end{vmatrix}=(1-\cos\theta)^2+\sin^2\theta>0,$$

所以等距变换 $f:\pi\to\pi$ 有一个不动点 p, 构造新的直角坐标系 $I'[p;\boldsymbol{e}_1,\boldsymbol{e}_2]$, 则等距变换 $f:\pi\to\pi$ 在 $I'[p;\boldsymbol{e}_1,\boldsymbol{e}_2]$ 中的解析式为

$$\begin{cases}\overline{x}=\cos\theta x-\sin\theta y,\\\overline{y}=\sin\theta x+\cos\theta y,\end{cases}$$

此时 $f:\pi\to\pi$ 是一个旋转变换.

定理 5.4.3.5 平面上第一类等距变换或旋转变换, 或是平移变换.

情形 2 第二类等距变换, 即 $|\boldsymbol{H}|=-1$, 故 $\boldsymbol{H}$ 有下面形式:

$$\boldsymbol{H}=\begin{pmatrix}\cos\theta & \sin\theta\\ \sin\theta & -\cos\theta\end{pmatrix},\quad 0\leqslant\theta\leqslant 360^\circ.$$

由于

$$|\boldsymbol{H}\pm\boldsymbol{I}|=\begin{vmatrix}\cos\theta\pm1 & \sin\theta\\ \sin\theta & -\cos\theta\pm1\end{vmatrix}=0,$$

故 $f:\pi\to\pi$ 有特征值 1 和 -1, 它们的单位特征向量分别为 $\boldsymbol{e}_1',\boldsymbol{e}_2'$. 构造新的直角坐标系 $I[O;\boldsymbol{e}_1',\boldsymbol{e}_2']$, 于是 $f:\pi\to\pi$ 在 $I[O;\boldsymbol{e}_1',\boldsymbol{e}_2']$ 下的解析式为

$$\begin{cases}\overline{x}=x+a,\\ \overline{y}=-y+b,\end{cases}$$

它是反射变换与一个平移变换的乘积. 于是我们得到下面结论.

定理 5.4.3.6 平面上第二类等距变换或反射变换, 或是反射变换与平移变换的乘积.

最后要指出的是仿射变换在仿射坐标系下的解析式和点的仿射坐标的坐标变换公式形式上一样的, 但本质上是不一样的.

习 题 5.4

1. 设 $f:\pi\to\pi$ 是平面上的一个压缩变换, 建立仿射坐标系 $I[O;\boldsymbol{e}_1,\boldsymbol{e}_2]$, 满足 $\boldsymbol{e}_1$ 平行于压缩轴, $\boldsymbol{e}_2$ 为压缩向量. 求出 $f:\pi\to\pi$ 在仿射坐标系 $I[O;\boldsymbol{e}_1,\boldsymbol{e}_2]$ 下的解析式.

2. 设 I_1 和 I_2 是空间中两个仿射坐标系, 它们分别被仿射变换 $f:E^3\to E^3$ 映成仿射坐标系 I_1' 和 I_2'. 证明: I_1 到 I_2 的过渡矩阵与 I_1' 到 I_2' 的过渡矩阵相同.

3. 设 $f:E^3\to E^3$ 是空间中的仿射变换, $I[O;\boldsymbol{e}_1,\boldsymbol{e}_2,\boldsymbol{e}_3]$ 是空间中的仿射坐标系. 仿射变换将仿射坐标系 $I[O;\boldsymbol{e}_1,\boldsymbol{e}_2,\boldsymbol{e}_3]$ 映成 $I'[O';\boldsymbol{e}_1',\boldsymbol{e}_2',\boldsymbol{e}_3']$. 证明: 仿射变换 f 在仿射坐标系 I 中的变换矩阵就是仿射变换 f 在仿射坐标系 I' 中的变换矩阵.

4. 设 $f:E^3\to E^3$ 和 $g:E^3\to E^3$ 是空间中两个仿射变换, 设它们在仿射坐标系 I 中的变换矩阵分别是 $\boldsymbol{A}$ 和 $\boldsymbol{B}$. 证明: 仿射变换 $f\circ g$ 在仿射坐标系 I 中的变换矩阵为 $\boldsymbol{AB}$.

5. 设仿射变换 $f: E^3 \to E^3$ 在仿射坐标系 $I[O;\boldsymbol{e}_1,\boldsymbol{e}_2,\boldsymbol{e}_3]$ 中的仿射变换为 $\boldsymbol{A}$. 证明: 它的逆变换 f^{-1} 在仿射坐标系 $I[O;\boldsymbol{e}_1,\boldsymbol{e}_2,\boldsymbol{e}_3]$ 中的仿射变换为 $\boldsymbol{A}^{-1}$.

6. 在平面仿射坐标系中, 仿射变换 f 的解析式为

$$\begin{cases} \overline{x} = x + 2y + 2, \\ \overline{y} = 3x - y + 1. \end{cases}$$

(1) 求出二次曲线 $2x^2 + y^2 + 2xy - x + y + 1 = 0$ 的像的方程;

(2) 求出二次曲线 $x^2 + 2y^2 + 2xy - 2x + y + 3 = 0$ 的原像的方程.

7. 在平面直角坐标系 $I[O;\boldsymbol{e}_1,\boldsymbol{e}_2]$ 中, 给定二次曲线的方程 $x^2 + y^2 + 4xy - 2x + 2y = 0$. 若将该二次曲线绕原点旋转 60° 得到新的二次曲线, 求新的二次曲线的方程.

8. 在空间直角坐标系 $I[O;\boldsymbol{e}_1,\boldsymbol{e}_2,\boldsymbol{e}_3]$ 中, 给定二次曲面的方程 $2x^2+y^2+xy-2xz+yz=0$. 若将该二次曲面绕直线 $x=y=z$ 旋转 60° 得到新的二次曲面, 求新的二次曲面的方程.

9. 在平面仿射坐标系 $I[O;\boldsymbol{e}_1,\boldsymbol{e}_2]$ 中, 给出下列点的坐标:

$$A(1,0), \quad B(0,-1), \quad C(2,1), \quad D(1,2), \quad E(2,-1), \quad F(-2,3).$$

(1) 求平面上的仿射变换 $f:\pi \to \pi$ 满足 $f(A)=D, f(B)=E, f(C)=F$;

(2) 求平面上的仿射变换 $f:\pi \to \pi$ 满足 $f(D)=A, f(E)=C, f(F)=B$.

10. 求满足下列条件的平面上的仿射变换 $f:\pi \to \pi$.

(1) 将直线 $x=0$ 映成直线 $3x-2y-3=0$, 将直线 $x-y=0$ 映成直线 $x-1=0$, 将直线 $y=1$ 映成直线 $4x-y-9=0$;

(2) 将直线 $2x-y=0$ 映成直线 $x-1=0$, 将直线 $x+2y-1=0$ 映成直线 $y+1=0$, 将点 $(0,1)$ 映成点 $(-1,8)$.

11. 已知平面仿射变换 $f:\pi \to \pi$ 在仿射坐标系 $I[O;\boldsymbol{e}_1,\boldsymbol{e}_2]$ 中的解析式为

$$\begin{cases} \overline{x} = -2x + 3y - 1, \\ \overline{y} = 4x - y + 3, \end{cases}$$

仿射坐标系 $I'[O';\boldsymbol{e}_1',\boldsymbol{e}_2']$ 的原点 O' 在 $I[O;\boldsymbol{e}_1,\boldsymbol{e}_2]$ 中的坐标为 $(4,5)$, 两个坐标向量在 I 中的坐标为 $\boldsymbol{e}_1'=(2,3)$, $\boldsymbol{e}_2'=(1,2)$, 求出 f 在 $I'[O';\boldsymbol{e}_1',\boldsymbol{e}_2']$ 中的解析式.

12. 求出下列平面上仿射变换的不变直线:

(1) 压缩变换; (2) 平移变换; (3) 反射变换; (4) 位似变换.

13. 求出空间中的仿射变换 $f: E^3 \to E^3$, 满足三张平面 $\pi_1: x+y-1=0$, $\pi_2: y+z=0$, $\pi_3: x+z+1=0$ 都是它的不变平面, 并且将点 $(0,0,1)$ 映成点 $(1,1,1)$.

14. 求满足下列条件的平面上的仿射变换 $f: \pi \to \pi$.

(1) 直线 $3x+2y-1=0$ 和直线 $x+2y+1=0$ 是它的不变直线, 并且将点 $(0,0)$ 映成 $(1,1)$;

(2) 直线 $x-y-1=0$ 它的不变直线, 并且将直线 $5x+y+6=0$ 映成直线 $x+y+4=0$, 将点 $(1,1)$ 映成 $(-11,-5)$.

15. 如果直线 L 是仿射变换 f 的一条不变直线, 证明:

(1) 平行直线 L 的向量都是仿射变换 f 的特征向量, 并且它们对应的特征值 λ 相同;

(2) 当特征值 λ 不等于 1 时, 直线 L 上有仿射变换 f 的一个不动点;

(3) 如果仿射变换 f 有不在直线 L 上的不动点, 则存在过此点的一条不动直线.

16. 证明: 如果仿射变换 f 只有一个不动点, 则它的每一条不变直线都经过该不动点.

17. 证明: 如果仿射变换 f 有两个不同不动点, 则连接这两个不动点的直线是仿射变换 f 的不动直线.

18. 证明: 如果空间中的仿射变换 f 有三个不共线的不动点, 则经过这三个不动点的平面是仿射变换 f 的不动平面.

19. 已知下列平面仿射变换在一个仿射坐标系中的解析式, 求出它的不变直线.

(1) $\begin{cases} \overline{x}=x+3y-1, \\ \overline{y}=4x-y+3; \end{cases}$ (2) $\begin{cases} \overline{x}=x+2y, \\ \overline{y}=4x+3y; \end{cases}$ (3) $\begin{cases} \overline{x}=2x+4y-1, \\ \overline{y}=3x+3y-3. \end{cases}$

20. 在一个平面仿射坐标系 $I[O;\boldsymbol{e}_1,\boldsymbol{e}_2]$ 中, 平面上的仿射变换 f 的解析式为

$$\begin{cases} \overline{x}=4x+y-5, \\ \overline{y}=2x+3y+2, \end{cases}$$

(1) 求出仿射变换 f 的不动点和特征向量;

(2) 求出仿射变换 f 的变积系数;

(3) 作新的坐标系 $I'[O';\boldsymbol{e}_1',\boldsymbol{e}_2']$, 其中原点 O' 为 f 的不动点, 坐标向量 $\boldsymbol{e}_1',\boldsymbol{e}_2'$ 为 f 的特征向量, 求出仿射变换 f 在新的坐标系 $I'[O';\boldsymbol{e}_1',\boldsymbol{e}_2']$ 中的解析式.

21. 在一个平面仿射坐标系 $I[O;\boldsymbol{e}_1,\boldsymbol{e}_2]$ 中, 平面上的仿射变换 f,g 的解析式分别为

$$f:\begin{cases}\overline{x}=2x+3y-1,\\ \overline{y}=x-y+3,\end{cases}\qquad g:\begin{cases}\overline{x}=x+3y+2,\\ \overline{y}=x-5y-4.\end{cases}$$

(1) 求出仿射变换 $f\circ g$ 的不动点和不变直线;

(2) 求出仿射变换 $g\circ f$ 的不动点和不变直线.

22. 已知仿射变换 f 在仿射坐标系 $I[O;\boldsymbol{e}_1,\boldsymbol{e}_2]$ 中的解析式为

$$\begin{cases}\overline{x}=x+2y,\\ \overline{y}=4x+3y.\end{cases}$$

(1) 求出仿射变换 f 的不变直线;

(2) 以仿射变换 f 的两条不变直线为新的坐标轴建立仿射坐标系 I', 求出仿射变换 f 在 I' 中的解析式.

23. 设仿射变换 f 是平面上第二类仿射变换, 没有不动点, 变积系数为 3, 一个仿射坐标系 I 的坐标向量 $\boldsymbol{e}_1$ 是 f 的特征向量, 其特征值为 1.

(1) 求出仿射变换 f 在 I 中的解析式;

(2) 求出 f 的不变直线在 I 中的方程.

24. 已知仿射变换 f 在仿射坐标系 $I[O;\boldsymbol{e}_1,\boldsymbol{e}_2]$ 中的解析式为

$$\begin{cases}\overline{x}=x\cos\theta-y\dfrac{a\sin\theta}{b},\\ \overline{y}=x\dfrac{a\sin\theta}{b}+y\cos\theta,\end{cases}$$

(1) 证明: 椭圆 $\dfrac{x^2}{a^2}+\dfrac{y^2}{b^2}=1$ 在仿射变换 f 下的像就是它自己;

(2) 证明: 椭圆上任意点都不是 f 的不动点.

25. 在平面直角坐标系下, 判断下面等距变换是什么等距变换, 并求出其特征(例如旋转中心, 反射轴, 平移向量).

(1) $\begin{cases}\overline{x}=\dfrac{1}{2}x-\dfrac{\sqrt{3}}{2}y+3,\\ \overline{y}=\dfrac{\sqrt{3}}{2}x+\dfrac{1}{2}y-1;\end{cases}$ (2) $\begin{cases}\overline{x}=\dfrac{12}{13}x+\dfrac{5}{13}y-1,\\ \overline{y}=\dfrac{5}{13}x-\dfrac{12}{13}y-4;\end{cases}$

(3) $\begin{cases}\overline{x}=\dfrac{4}{5}x-\dfrac{3}{5}y+1,\\ \overline{y}=-\dfrac{3}{5}x-\dfrac{4}{5}y-2.\end{cases}$

26. 已知仿射变换 f 在仿射坐标系 $I[O;\boldsymbol{e}_1,\boldsymbol{e}_2]$ 中的解析式为

$$\begin{cases}\overline{x}=a_{11}x+a_{12}y+a,\\ \overline{y}=a_{21}x+a_{22}y+b,\end{cases}$$

已知 f 有特征值为 1.

(1) 证明: 如果 f 只有一条不动直线, 则该不动直线的方程为 $(a_{11}-1)x+a_{12}y+a=0$;

(2) 证明: 如果 f 存在两条不同的不动直线, 则仿射变换是恒等变换.

27. 设 Γ_1,Γ_2 是平面上两个不同椭圆, 如果存在平面上的仿射变换 $f:\pi\to\pi$ 满足 $f(\Gamma_1),f(\Gamma_2)$ 是平面上两个圆, 证明: 椭圆 Γ_1 和椭圆 Γ_2 的离心率相等.

28. 设椭球面 S_1 是二次柱面 S_2 的内切椭球面, 证明: S_1 与 S_2 的切点在一张平面上.

29. 设 $f:E^3\to E^3$ 是空间中的第二类等距变换, 如果 f 存在不动点, 证明: 仿射变换 f 存在不动平面.

30. 设 $f:E^3\to E^3$ 是空间中的第一类等距变换, 如果 f 存在不动点, 证明: 仿射变换 f 存在不动直线.

5.5* 对称、线性变换和群的基本概念

5.4.4 图形的对称与变换群的轨道

本节主要补充一些图形的对称与变换群的一些常见概念. 现实空间中的图形都是被理解成欧氏空间中的图形, 因而图形有大小等度量概念, 因而图形的对称性在直观上是指图形在某个等距变换下是不变的.

例 5.5.1.1 设 S 为平面 π 上以点 O 为圆心, 半径为 r 的圆周. 设 $\triangle ABC$ 是平面 π 上以点 O 为中心, 边长为 1 的等边三角形. 设 $R_\theta:\pi\to\pi$ 表示平面 π 上以点 O 为旋转中心, θ 为旋转角的旋转变换. 则 $G_1=\{R_\theta|0\leqslant\theta\leqslant 360^\circ\}$, $G_2=\{R_0,R_{120^\circ},R_{240^\circ}\}$ 是平面上的两个变换群, 都是平面上等距群 $\mathrm{Iso}(E^3)$ 的子群. 明显 $G_1=\{R_\theta|0\leqslant\theta\leqslant 360^\circ\}$ 也可以看成圆周 S 上的变换群, $G_2=\{R_0,R_{120^\circ},R_{240^\circ}\}$ 可以看成等边三角形 $\triangle ABC$ 上的变换群. 这两个子群的大小可以反映了上面两个图形的对称性大小, G_1 有无穷多元素, 而 G_2 只有三个元素.

数学上, 图形的对称性是这一直观概念的推广.

定义 5.5.1.1 设 $f:S\to S$ 是集合 S 上的一个可逆变换, 则称集合 S 具有变换 f **对称**.

$T(S)$ 表示集合 S 上所有的可逆变换构成的集合. 任意集合均具有恒等变换 id 的对称, 因此 $T(S)$ 是非空的. 集合 S 的对称性的大小完全取决于集合 $T(S)$ 的大小. 一个非空集合的对称性往往是非常多的, 在几何里主要研究一些具有特定几何含义的对称性, 即研究 $T(S)$ 中具有某些特定含义的元素构成的子集. 例如集合 S 还具有特殊的结构, 一般地我们主要研究 $T(S)$ 中保持这种结构不变的子集. 例如集合 S 有拓扑结构, 则主要研究 S 中图形在保持空间拓扑结构不变的变换群的作用下的不变性质, 粗略地说也就是研究图形在连续变换下不变的性质. 欧氏空间是拓扑空间, 以及欧氏空间中的图形都是拓扑空间. 对于欧氏空间, 如果考虑其上的连续变换群 (或拓扑变换群), 则平面上的所有的多边形都是拓扑等价的; 空间中所有的凸多面体面都是拓扑等价. 因此平面上所有的多边形是一个拓扑等价类, 这个类中有个拓扑性质, 即平面上多边形的边数和顶点数是相等的. 空间中所有的凸多面体面也是一个拓扑等价类, 这个类有个拓扑性质: 设 Σ 是空间一个凸的多面体, 假设 Σ 有 n 个面, 有 l 条棱, 有 m 个顶点, 则拓扑不变的性质是 $n-l+m=2$. 这些结果将在以后的拓扑学中详细给出.

定义 5.5.1.2 设 G 是空间仿射变换群 $\mathrm{Aff}(E^3)$ 的子群, 空间中任意取定一点 P, 则点集 $G_P=\{f(P)|f\in G\}$ 称为子群 G 经过点 P 的**轨道**.

定义 5.5.1.3 设 S 是空间中图形, 如果存在空间仿射变换群 $\mathrm{Aff}(E^3)$ 的子群 G, 满足 $S=G_P$, 则称图形 S 是仿射齐性的. 如果存在空间等距变换群 $\mathrm{Iso}(E^3)$ 的子群 G, 满足 $S=G_P$, 则称图形 S 是等距齐性的.

齐性图形是具有最大对称性的图形. 等距齐性的图形一定是仿射齐性的, 反之不然. 对于一个等距齐性的图形, 其上每一点处的度量性质都是一样的, 同样对于一个仿射齐性的图形, 其上每一点处的仿射性质都是一样的.

例 5.5.1.2 平面上的圆周和直线是等距齐性图形, 同样地, 空间中的球面和平面都是等距齐性图形.

定理 5.5.1.1 空间 E^3 中的图形 S 是仿射齐性的 (等距齐性的) 的充分必要条件是: 对于任意两点 $P,Q\in S$, 存在仿射变换群 $\mathrm{Aff}(E^3)$(等距变换群 $\mathrm{Iso}(E^3)$) 中一个元素 f 满足:

(1) $f(S)=S$; (2) $f(P)=Q$.

证明 只对仿射齐性图形进行证明, 等距齐性是类似证明的. 设图形 S 是仿射齐性, 则存在仿射变换群 $\mathrm{Aff}(E^3)$ 的子群 G, 满足 $S=G_P$. 这样对于任意点 $P_1\in S$, 都存在子群 G 中的元素 f_1 满足 $P_1=f_1(P)$. 这样对于 G 中任意元素 f, 我们都有 $f(S)=S$.

对于任意两点 $P_1,P_2\in S$, 存在 f_1,f_2 满足 $P_1=f_1(P),P_2=f_2(P)$, 这样

$P_1 = f_1 f_2^{-1}(P_2)$ 并且 $f_1 f_2^{-1}(S) = S$. 显然 $f_1 f_2^{-1} \in G \subset \mathrm{Aff}(E^3)$.

反之, 如果空间中图形 S 满足对于任意两点 $P, Q \in S$, 存在仿射变换群 $\mathrm{Aff}(E^3)$(等距变换群 $\mathrm{Iso}(E^3)$) 中一个元素 f 满足: ① $f(S) = S$; ② $f(P) = Q$. 我们定义 $\mathrm{Aff}(E^3)$ 的子群: $G = \{f \in \mathrm{Aff}(E^3) | f(\mathrm{S}) = S\}$. 容易证明 G 是 $\mathrm{Aff}(E^3)$ 的子群.

任意点 $P \in S$, 得到子群 G 经过点 P 的轨道 G_P, 下面证明 $S = G_P$.

任意取点 $Q \in G_P$, 存在仿射变换 f 满足① $f(S) = S$; ② $f(P) = Q$.

故 $Q \in S$, 这样 $G_P \subset S$. 同理得到 $S \subset G_P$. 这样 $S = G_P$. 这样图形 S 是仿射齐性的. □

利用习题 5.3 中第 14 题到第 21 题结果, 我们有下面结论.

例 5.5.1.3　平面上的椭圆、双曲线和抛物线都是仿射齐性的. 同样地, 空间中的椭球面、双曲面和抛物面都是仿射齐性曲面.

一般地椭圆不是等距齐性曲线, 但圆周是等距齐性的. 同样地, 空间中的椭球面不是等距齐性曲面, 空间中的球面是等距齐性曲面. 直观上的对称都是等距变换群下对称, 因此圆周或空间中的球面很容易看出它们的对称性. 下面给出平面上的正多边形和空间中的正多面体的对称性质.

设 S 是平面 π 上凸 n 边形, 如果它的每个边的长度都相等, 则 S 称为**正 n 边形**. 设 S 是平面 π 上以点 O 为中心, 边长为 r 的正 n 边形 $(n \geqslant 3)$. 则正 n 边形具有很多直观上的对称性. 令 $\theta = \dfrac{360^\circ}{n}$. 设 $R_\theta : \pi \to \pi$ 表示平面 π 上以点 O 为旋转中心, θ 为旋转角的旋转变换. 则正 n 边形 S 是具有 R_θ 对称的, 这样也是具有 $R_\theta^2 = R_\theta \circ R_\theta$ 对称的.

令 $G_1 = \{R_\theta, R_\theta^2, R_\theta^3, \cdots, R_\theta^n\}$. 则 G_1 是一个有 n 个元素的有限群. 明显正 n 边形 S 在 G_1 作用下是不变的, 即任意 $f \in G_1$, 都有 $f(S) = S$. 但正 n 边形 S 不是等距齐性曲线, 这是因为正 n 边形 S 的顶点与它的非顶点是不一样的. 而在等距齐性曲线上的任意两点在等距对称下都是一样的.

设 A 是正 n 边形 S 的一个顶点, 连接 A, O 的直线为 L, 则直线 L 也是正 n 边形 S 的一条对称轴. 设 $\Upsilon_L : \pi \to \pi$ 表示平面上以直线 L 为反射轴的反射变换, 则正 n 边形 S 具有 Υ_L 对称.

令 $G_2 = \{R_\theta, R_\theta^2, R_\theta^3, \cdots, R_\theta^n, R_\theta \circ \Upsilon_L, R_\theta^2 \circ \Upsilon_L, R_\theta^3 \circ \Upsilon_L, \cdots, R_\theta^n \circ \Upsilon_L\}$, 则 G_2 是一个有 $2n$ 个元素的有限群. 明显正 n 边形 S 在 G_2 作用下是不变的, 即任意 $f \in G_2$, 都有 $f(S) = S$.

设 Λ 是空间中的凸 n 面体, 如果 Λ 满足每个面都是正多边形, 并且任意两个面都是全等的正多边形, 则 Λ 称为**正多面体**.

命题 5.5.1.1 空间中只有 5 种正多面体, 它们是:

(1) 正四面体: 四个面, 每个面都是等边三角形;

(2) 正六面体 (立方体): 六个面, 每个面都是正方形 (正四边形);

(3) 正八面体: 八个面, 每个面都是等边三角形;

(4) 正十二面体: 十二个面, 每个面都是正五边形;

(5) 正二十面体: 二十个面, 每个面都是等边三角形.

证明 设正 n 面体有 n 个面, 有 l 条棱, 有 m 个顶点, 则 $n-l+m=2$. 由于是正多面体, 故所有的面都是全等的正多边形, 每个顶点处有相同的棱相交于该顶点. 进一步假设它的每个面都是正 k 边形, 并且在每个顶点有 r 条棱. 这样我们有 $nk=2l$, $mr=2l$.

第一式中出现系数 2 是由于每个棱介于两个面上, 第二式中出现系数 2 是由于每个棱经过两个顶点. 这样我们有

$$\frac{2l}{k}-l+\frac{2l}{r}=2, \quad 即 \quad \frac{1}{k}+\frac{1}{r}=\frac{1}{2}+\frac{1}{l}.$$

由于多边形至少有 3 个边, 多面体每个顶点处至少有 3 个面, 故 $k\geqslant 3, r\geqslant 3$. 如果 $k>3, r>3$, 则 $\frac{1}{k}+\frac{1}{r}\leqslant\frac{1}{4}+\frac{1}{4}=\frac{1}{2}$, 这与 $\frac{1}{k}+\frac{1}{r}=\frac{1}{2}+\frac{1}{l}$ 矛盾. 故 k,r 中至少有一个为 3.

情形 1 $k=3$. 由 $\frac{1}{3}+\frac{1}{r}=\frac{1}{2}+\frac{1}{l}$ 得到正数解, $r=3,4,5$. 从而得到 $n=4,8,20$. 它们正好是正四面体、正八面体、正二十面体.

情形 2 $r=3$. 由 $\frac{1}{3}+\frac{1}{r}=\frac{1}{2}+\frac{1}{l}$ 得到正数解, $k=3,4,5$. 从而得到 $n=4,6,12$. 它们正好是正四面体、正六面体、正十二面体. □

命题 5.5.1.1 显示空间中不存在任意面数的正多面体, 这与平面上存在任意边数的正多边形不同. 这在几何上表明空间结构的相互牵制性, 在代数上是由于旋转群 $\mathrm{SO}(n)$ 的有限旋转子群是有限的. 事实每一个正多面体都有一个等距变换 $\mathrm{Iso}(E^3)$ 的子群在其上作用. 这些子群都是有限个元素的子群. 关于 $\mathrm{Iso}(E^3)$ 的代数结构参见群论课程.

5.4.5 向量空间中的线性变换

本节主要是回顾一些本书用到的线性变换的结论. 一些简单结论就不给出证明.

定义 5.5.2.1 设 $f:\mathbf{R}^n\to\mathbf{R}^n$ 是 n 维实向量空间上的变换, 如果它满足

(1) 任意向量 $\boldsymbol{\alpha}, \boldsymbol{\beta} \in \mathbf{R}^n$, 都有 $f(\boldsymbol{\alpha}+\boldsymbol{\beta}) = f(\boldsymbol{\alpha}) + f(\boldsymbol{\beta})$;

(2) 任意向量 $\boldsymbol{\alpha} \in \mathbf{R}^n$ 和任意实数 k, 都有 $f(k\boldsymbol{\alpha}) = kf(\boldsymbol{\alpha})$,

则变换 f 称为 $\mathbf{R}^n$ 上的一个**线性变换**.

明显向量空间中的恒等变换 $\mathrm{id}: \mathbf{R}^n \to \mathbf{R}^n$ 是一个线性变换.

例 5.5.2.1 设 $\boldsymbol{A}$ 是一个 n 阶方阵, 实向量空间 $\mathbf{R}^n$ 中的向量 $\boldsymbol{\alpha}$ 表示为 $\boldsymbol{\alpha} = (x_1, x_2, \cdots, x_n)$. 定义实向量空间 $\mathbf{R}^n$ 上的变换 $f: \mathbf{R}^n \to \mathbf{R}^n$ 如下: 对任意向量 $\boldsymbol{\alpha} \in \mathbf{R}^n$, 规定 $f(\boldsymbol{\alpha}) = \boldsymbol{\alpha}\boldsymbol{A}$, 则 $f: \mathbf{R}^n \to \mathbf{R}^n$ 是一个线性变换.

定理 5.5.2.1 设 $\boldsymbol{\alpha}_1, \boldsymbol{\alpha}_2, \cdots, \boldsymbol{\alpha}_n$ 是 n 维实向量空间 $\mathbf{R}^n$ 上的一个基, $\boldsymbol{\beta}_1, \boldsymbol{\beta}_2, \cdots, \boldsymbol{\beta}_n$ 是 $\mathbf{R}^n$ 上的任意一组向量. 则 $\mathbf{R}^n$ 上存在唯一的线性变换 $f: \mathbf{R}^n \to \mathbf{R}^n$ 满足

$$f(\boldsymbol{\alpha}_1) = \boldsymbol{\beta}_1, f(\boldsymbol{\alpha}_2) = \boldsymbol{\beta}_2, \cdots, f(\boldsymbol{\alpha}_n) = \boldsymbol{\beta}_n.$$

证明 定义 $\mathbf{R}^n$ 上线性变换 $f: \mathbf{R}^n \to \mathbf{R}^n$ 如下: 对任意向量 $\boldsymbol{\alpha} \in \mathbf{R}^n$, 设它在基 $\boldsymbol{\alpha}_1, \boldsymbol{\alpha}_2, \cdots, \boldsymbol{\alpha}_n$ 的坐标是 $(x_1, x_2, \cdots, x_n)^{\mathrm{T}}$, 即 $\boldsymbol{\alpha} = x_1\boldsymbol{\alpha}_1 + x_2\boldsymbol{\alpha}_2 + \cdots + x_n\boldsymbol{\alpha}_n$, 规定

$$f(\boldsymbol{\alpha}) = x_1\boldsymbol{\beta}_1 + x_2\boldsymbol{\beta}_2 + \cdots + x_n\boldsymbol{\beta}_n.$$

下证它是 $\mathbf{R}^n$ 上的线性变换:

(1) 对任意向量 $\boldsymbol{\alpha}, \boldsymbol{\beta} \in \mathbf{R}^n$, $\boldsymbol{\alpha} = x_1\boldsymbol{\alpha}_1 + x_2\boldsymbol{\alpha}_2 + \cdots + x_n\boldsymbol{\alpha}_n$, $\boldsymbol{\beta} = y_1\boldsymbol{\alpha}_1 + y_2\boldsymbol{\alpha}_2 + \cdots + y_n\boldsymbol{\alpha}_n$, 则 $f(\boldsymbol{\alpha}+\boldsymbol{\beta}) = (x_1+y_1)\boldsymbol{\beta}_1 + \cdots + (x_n+y_n)\boldsymbol{\beta}_n = f(\boldsymbol{\alpha}) + f(\boldsymbol{\beta})$.

(2) 任意向量 $\boldsymbol{\alpha} \in \mathbf{R}^n$, $\boldsymbol{\alpha} = x_1\boldsymbol{\alpha}_1 + \cdots + x_n\boldsymbol{\alpha}_n$, 则 $f(k\boldsymbol{\alpha}) = kx_1\boldsymbol{\beta}_1 + \cdots + kx_n\boldsymbol{\beta}_n = kf(\boldsymbol{\alpha})$.

故 $f: \mathbf{R}^n \to \mathbf{R}^n$ 是 $\mathbf{R}^n$ 上的线性变换, 并且它满足 $f(\boldsymbol{\alpha}_1) = \boldsymbol{\beta}_1, f(\boldsymbol{\alpha}_2) = \boldsymbol{\beta}_2, \cdots, f(\boldsymbol{\alpha}_n) = \boldsymbol{\beta}_n$.

下证满足条件的线性变换是唯一的.

设 $f: \mathbf{R}^n \to \mathbf{R}^n$ 是满足条件的线性变换, 则对任意向量 $\boldsymbol{\alpha} \in \mathbf{R}^n$, $\boldsymbol{\alpha} = x_1\boldsymbol{\alpha}_1 + x_2\boldsymbol{\alpha}_2 + \cdots + x_n\boldsymbol{\alpha}_n$,

$$f(\boldsymbol{\alpha}) = f(x_1\boldsymbol{\alpha}_1 + \cdots + x_n\boldsymbol{\alpha}_n) = x_1 f(\boldsymbol{\alpha}_1) + \cdots + x_n f(\boldsymbol{\alpha}_n) = x_1\boldsymbol{\beta}_1 + \cdots + x_n\boldsymbol{\beta}_n,$$

$\boldsymbol{\alpha}$ 的像完全由它的坐标决定, 故满足条件的线性变换是唯一的. □

该定理表明向量空间上的线性变换完全由在一组基上的像决定, 因此线性变换在一组基下的像是比较重要的. 设 $\boldsymbol{\alpha}_1, \boldsymbol{\alpha}_2, \cdots, \boldsymbol{\alpha}_n$ 是 n 维实向量空间 $\mathbf{R}^n$ 上的一组基, $f: \mathbf{R}^n \to \mathbf{R}^n$ 是 $\mathbf{R}^n$ 上的线性变换. 则向量组 $f(\boldsymbol{\alpha}_1), f(\boldsymbol{\alpha}_2), \cdots, f(\boldsymbol{\alpha}_n)$

可以由基线性表示, 设

$$\begin{cases} f(\boldsymbol{\alpha}_1)=a_{11}\boldsymbol{\alpha}_1+a_{21}\boldsymbol{\alpha}_2+\cdots+a_{n1}\boldsymbol{\alpha}_n, \\ f(\boldsymbol{\alpha}_2)=a_{12}\boldsymbol{\alpha}_1+a_{22}\boldsymbol{\alpha}_2+\cdots+a_{n2}\boldsymbol{\alpha}_n, \\ \qquad\qquad\cdots\cdots \\ f(\boldsymbol{\alpha}_n)=a_{1n}\boldsymbol{\alpha}_1+a_{2n}\boldsymbol{\alpha}_2+\cdots+a_{nn}\boldsymbol{\alpha}_n. \end{cases}$$

设 $\boldsymbol{A}=\begin{pmatrix} a_{11} & a_{12} & \cdots & a_{1n} \\ a_{21} & a_{22} & \cdots & a_{2n} \\ \vdots & \vdots & & \vdots \\ a_{n1} & a_{n2} & \cdots & a_{nn} \end{pmatrix}$. 将上式写成矩阵形式:

$$(f(\boldsymbol{\alpha}_1),f(\boldsymbol{\alpha}_2),\cdots,f(\boldsymbol{\alpha}_n))=(\boldsymbol{\alpha}_1,\boldsymbol{\alpha}_2,\cdots,\boldsymbol{\alpha}_n)\boldsymbol{A}.$$

设向量 $\boldsymbol{\alpha}\in\mathbf{R}^n$ 在基 $\boldsymbol{\alpha}_1,\boldsymbol{\alpha}_2,\cdots,\boldsymbol{\alpha}_n$ 的坐标是 $(x_1,x_2,\cdots,x_n)^{\mathrm{T}}$, 则它的像 $f(\boldsymbol{\alpha})$ 在此基下的坐标是 $((x_1,x_2,\cdots,x_n)\boldsymbol{A})^{\mathrm{T}}$.

定义 5.5.2.2 矩阵 $\boldsymbol{A}$ 称为线性变换 $f:\mathbf{R}^n\to\mathbf{R}^n$ 在基 $\boldsymbol{\alpha}_1,\boldsymbol{\alpha}_2,\cdots,\boldsymbol{\alpha}_n$ 下的矩阵.

性质 5.5.2.1 恒等变换 $\mathrm{id}:\mathbf{R}^n\to\mathbf{R}^n$ 在任意基 $\boldsymbol{\alpha}_1,\boldsymbol{\alpha}_2,\cdots,\boldsymbol{\alpha}_n$ 下的矩阵是单位矩阵.

例 5.5.2.2 任意给定一个方阵 $\boldsymbol{A}$, 在向量空间 $\mathbf{R}^n$ 取定一个基 $\boldsymbol{\alpha}_1,\boldsymbol{\alpha}_2,\cdots,\boldsymbol{\alpha}_n$, 定义向量空间上的线性变换 $f:\mathbf{R}^n\to\mathbf{R}^n$ 满足 $(f(\boldsymbol{\alpha}_1),f(\boldsymbol{\alpha}_2),\cdots,f(\boldsymbol{\alpha}_n))=(\boldsymbol{\alpha}_1,\boldsymbol{\alpha}_2,\cdots,\boldsymbol{\alpha}_n)\boldsymbol{A}$. 则线性变换 $f:\mathbf{R}^n\to\mathbf{R}^n$ 在此基 $\boldsymbol{\alpha}_1,\boldsymbol{\alpha}_2,\cdots,\boldsymbol{\alpha}_n$ 下的矩阵为 $\boldsymbol{A}$.

性质 5.5.2.2 设线性变换 $f,g:\mathbf{R}^n\to\mathbf{R}^n$ 在基 $\boldsymbol{\alpha}_1,\boldsymbol{\alpha}_2,\cdots,\boldsymbol{\alpha}_n$ 下的矩阵分别为 $\boldsymbol{A}$ 和 $\boldsymbol{B}$, 则它们的乘积 $f\circ g$ 在基 $\boldsymbol{\alpha}_1,\boldsymbol{\alpha}_2,\cdots,\boldsymbol{\alpha}_n$ 下的矩阵为 $\boldsymbol{AB}$.

证明 由条件可知

$$(f(\boldsymbol{\alpha}_1),f(\boldsymbol{\alpha}_2),\cdots,f(\boldsymbol{\alpha}_n))=(\boldsymbol{\alpha}_1,\boldsymbol{\alpha}_2,\cdots,\boldsymbol{\alpha}_n)\boldsymbol{A},$$

$$(g(\boldsymbol{\alpha}_1),g(\boldsymbol{\alpha}_2),\cdots,g(\boldsymbol{\alpha}_n))=(\boldsymbol{\alpha}_1,\boldsymbol{\alpha}_2,\cdots,\boldsymbol{\alpha}_n)\boldsymbol{B}.$$

所以

$$(f\circ g(\boldsymbol{\alpha}_1),f\circ g(\boldsymbol{\alpha}_2),\cdots,f\circ g(\boldsymbol{\alpha}_n))=f(g(\boldsymbol{\alpha}_1),g(\boldsymbol{\alpha}_2),\cdots,g(\boldsymbol{\alpha}_n))$$

$$=f[(\boldsymbol{\alpha}_1,\boldsymbol{\alpha}_2,\cdots,\boldsymbol{\alpha}_n)\boldsymbol{B}]=(f(\boldsymbol{\alpha}_1),f(\boldsymbol{\alpha}_2),\cdots,f(\boldsymbol{\alpha}_n))\boldsymbol{B}=(\boldsymbol{\alpha}_1,\boldsymbol{\alpha}_2,\cdots,\boldsymbol{\alpha}_n)\boldsymbol{AB}.$$

所以 $f\circ g$ 在基 $\boldsymbol{\alpha}_1,\boldsymbol{\alpha}_2,\cdots,\boldsymbol{\alpha}_n$ 下的矩阵为 $\boldsymbol{AB}$. □

性质 5.5.2.3　设线性变换 $f:\mathbf{R}^n\to\mathbf{R}^n$ 在基 $\boldsymbol{\alpha}_1,\boldsymbol{\alpha}_2,\cdots,\boldsymbol{\alpha}_n$ 下的矩阵为 $\boldsymbol{A}$, 则线性变换 f 是可逆线性变换的充分必要条件是矩阵 $\boldsymbol{A}$ 是可逆矩阵.

证明　设线性变换 f 是可逆的, 则 $f\circ f^{-1}=\mathrm{id}$, 设逆变换 f^{-1} 在基 $\boldsymbol{\alpha}_1,\boldsymbol{\alpha}_2,\cdots,\boldsymbol{\alpha}_n$ 下的矩阵为 $\boldsymbol{B}$, 则 $\boldsymbol{AB}=\boldsymbol{I}$ 为单位矩阵, 于是矩阵 $\boldsymbol{A}$ 是可逆矩阵. 反之, 如果矩阵 $\boldsymbol{A}$ 是可逆矩阵, 利用例 5.5.2.2 构造线性变换 $g:\mathbf{R}^n\to\mathbf{R}^n$ 使得它在基下的矩阵为 $\boldsymbol{A}^{-1}$, 则 $f\circ g$ 在基下的矩阵为单位矩阵. 于是 $f\circ g$ 是恒等变换, 于是线性变换 f 是可逆线性变换. □

定理 5.5.2.2　设 $\boldsymbol{\alpha}_1,\boldsymbol{\alpha}_2,\cdots,\boldsymbol{\alpha}_n$ 和 $\boldsymbol{\beta}_1,\boldsymbol{\beta}_2,\cdots,\boldsymbol{\beta}_n$ 是 n 维实向量空间 $\mathbf{R}^n$ 上的两个基, $f:\mathbf{R}^n\to\mathbf{R}^n$ 是 $\mathbf{R}^n$ 上的线性变换. 基 $\boldsymbol{\alpha}_1,\boldsymbol{\alpha}_2,\cdots,\boldsymbol{\alpha}_n$ 到基 $\boldsymbol{\beta}_1,\boldsymbol{\beta}_2,\cdots,\boldsymbol{\beta}_n$ 的过渡矩阵是 $\boldsymbol{P}$. 设线性变换 f 在基 $\boldsymbol{\alpha}_1,\boldsymbol{\alpha}_2,\cdots,\boldsymbol{\alpha}_n$ 和基 $\boldsymbol{\beta}_1,\boldsymbol{\beta}_2,\cdots,\boldsymbol{\beta}_n$ 下的矩阵分别是 $\boldsymbol{A},\boldsymbol{B}$, 则 $\boldsymbol{B}=\boldsymbol{P}^{-1}\boldsymbol{AP}$.

证明　利用条件可知

$$(f(\boldsymbol{\alpha}_1),f(\boldsymbol{\alpha}_2),\cdots,f(\boldsymbol{\alpha}_n))=(\boldsymbol{\alpha}_1,\boldsymbol{\alpha}_2,\cdots,\boldsymbol{\alpha}_n)\boldsymbol{A},$$

$$(f(\boldsymbol{\beta}_1),f(\boldsymbol{\beta}_2),\cdots,f(\boldsymbol{\beta}_n))=(\boldsymbol{\beta}_1,\boldsymbol{\beta}_2,\cdots,\boldsymbol{\beta}_n)\boldsymbol{B},$$

$$(\boldsymbol{\beta}_1,\boldsymbol{\beta}_2,\cdots,\boldsymbol{\beta}_n)=(\boldsymbol{\alpha}_1,\boldsymbol{\alpha}_2,\cdots,\boldsymbol{\alpha}_n)\boldsymbol{P}.$$

于是

$$(f(\boldsymbol{\beta}_1),f(\boldsymbol{\beta}_2),\cdots,f(\boldsymbol{\beta}_n))=(\boldsymbol{\beta}_1,\boldsymbol{\beta}_2,\cdots,\boldsymbol{\beta}_n)\boldsymbol{B}=(\boldsymbol{\alpha}_1,\boldsymbol{\alpha}_2,\cdots,\boldsymbol{\alpha}_n)\boldsymbol{PB},$$

又

$$\begin{aligned}(f(\boldsymbol{\beta}_1),f(\boldsymbol{\beta}_2),\cdots,f(\boldsymbol{\beta}_n))&=f(\boldsymbol{\beta}_1,\boldsymbol{\beta}_2,\cdots,\boldsymbol{\beta}_n)=f[(\boldsymbol{\alpha}_1,\boldsymbol{\alpha}_2,\cdots,\boldsymbol{\alpha}_n)\boldsymbol{P}]\\&=(f(\boldsymbol{\alpha}_1),f(\boldsymbol{\alpha}_2),\cdots,f(\boldsymbol{\alpha}_n))\boldsymbol{P}=(\boldsymbol{\alpha}_1,\boldsymbol{\alpha}_2,\cdots,\boldsymbol{\alpha}_n)\boldsymbol{AP}.\end{aligned}$$

所以 $\boldsymbol{PB}=\boldsymbol{AP}$, 即 $\boldsymbol{B}=\boldsymbol{P}^{-1}\boldsymbol{AP}$. □

向量空间上的线性变换在一组基下对应一个矩阵, 反之一个矩阵在一组基下又可以定义唯一的线性变换. 定理 5.5.2.2 表明, 在两个不同基下, 两个不同矩阵定义的线性变换是同一个线性变换的充分必要条件是这两个矩阵是相似的, 即

$$\boldsymbol{B}=\boldsymbol{P}^{-1}\boldsymbol{AP}.$$

定义 5.5.2.3　设 $f:\mathbf{R}^n\to\mathbf{R}^n$ 是一个线性变换, 定义 $\mathrm{Ker}f=\{\boldsymbol{\alpha}\in\mathbf{R}^n|f(\boldsymbol{\alpha})=\mathbf{0}\}$, 称 $\mathrm{Ker}f$ 为线性变换 f 的**核**. 定义 $\mathrm{Im}f=\{f(\boldsymbol{\alpha})|\boldsymbol{\alpha}\in\mathbf{R}^n\}$, 称 $\mathrm{Im}f$ 为线性变换 f 的**像**.

定理 5.5.2.3 设 $f:\mathbf{R}^n\to\mathbf{R}^n$ 是一个线性变换, 则下面说法等价:

(1) $f:\mathbf{R}^n\to\mathbf{R}^n$ 是单射 ($\Leftrightarrow \mathrm{Ker}f=\{\mathbf{0}\}$);

(2) $f:\mathbf{R}^n\to\mathbf{R}^n$ 是满射 ($\Leftrightarrow \mathrm{Im}f=\mathbf{R}^n$).

下面设 $\mathbf{R}^n$ 是 n 维欧氏空间, 用 $\langle,\rangle$ 表示其上的内积.

定义 5.5.2.4 设 $f:\mathbf{R}^n\to\mathbf{R}^n$ 是欧氏空间 $\mathbf{R}^n$ 上的一个变换, 如果对任意向量 $\boldsymbol{\alpha}\in\mathbf{R}^n$, 都有 $|f(\boldsymbol{\alpha})|=|\boldsymbol{\alpha}|$ 成立, 则 f 是欧氏空间中的一个等距变换.

命题 5.5.2.1 设 $f:\mathbf{R}^n\to\mathbf{R}^n$ 是欧氏空间 $\mathbf{R}^n$ 上的一个等距变换, 则 f 是一个可逆的线性变换.

证明 任意向量 $\boldsymbol{\alpha},\boldsymbol{\beta}\in\mathbf{R}^n$, 则 $|f(\boldsymbol{\alpha})|^2=|\boldsymbol{\alpha}|^2, |f(\boldsymbol{\beta})|^2=|\boldsymbol{\beta}|^2$,

$$
\begin{aligned}
&|f(\boldsymbol{\alpha}+\boldsymbol{\beta})-f(\boldsymbol{\alpha})-f(\boldsymbol{\beta})|^2\\
=&|f(\boldsymbol{\alpha}+\boldsymbol{\beta})|^2-2\langle f(\boldsymbol{\alpha}+\boldsymbol{\beta}),f(\boldsymbol{\alpha})+f(\boldsymbol{\beta})\rangle+|f(\boldsymbol{\alpha})+f(\boldsymbol{\beta})|^2\\
=&|\boldsymbol{\alpha}+\boldsymbol{\beta}|^2-2\langle f(\boldsymbol{\alpha}+\boldsymbol{\beta}),f(\boldsymbol{\alpha})\rangle-2\langle f(\boldsymbol{\alpha}+\boldsymbol{\beta}),f(\boldsymbol{\beta})\rangle+|f(\boldsymbol{\alpha})+f(\boldsymbol{\beta})|^2\\
=&|\boldsymbol{\alpha}+\boldsymbol{\beta}|^2-2\langle\boldsymbol{\alpha}+\boldsymbol{\beta},\boldsymbol{\alpha}\rangle-2\langle\boldsymbol{\alpha}+\boldsymbol{\beta},\boldsymbol{\beta}\rangle+|f(\boldsymbol{\alpha})|^2+2\langle f(\boldsymbol{\alpha}),f(\boldsymbol{\beta})\rangle+|f(\boldsymbol{\beta})|^2\\
=&|\boldsymbol{\alpha}+\boldsymbol{\beta}|^2-2\langle\boldsymbol{\alpha}+\boldsymbol{\beta},\boldsymbol{\alpha}+\boldsymbol{\beta}\rangle+|\boldsymbol{\alpha}+\boldsymbol{\beta}|^2=0.
\end{aligned}
$$

这样 $f(\boldsymbol{\alpha}+\boldsymbol{\beta})=f(\boldsymbol{\alpha})+f(\boldsymbol{\beta})$.

类似地可以证明: 对于任意实数 k, $f(k\boldsymbol{\alpha})=kf(\boldsymbol{\alpha})$. 因此 f 是一个线性变换.

如果 $f(\boldsymbol{\alpha})=\mathbf{0}$, 由于 $|\boldsymbol{\alpha}|^2=|f(\boldsymbol{\alpha})|^2=0$, 故 $\boldsymbol{\alpha}=\mathbf{0}$, 即 $\mathrm{Ker}f=\{\mathbf{0}\}$. 因此 f 是可逆的. □

命题 5.5.2.2 设 $f:\mathbf{R}^n\to\mathbf{R}^n$ 是欧氏空间 $\mathbf{R}^n$ 上的一个变换, 则 f 是欧氏空间中的一个等距变换的充要条件是对于任意向量 $\boldsymbol{\alpha},\boldsymbol{\beta}\in\mathbf{R}^n$, 都有

$$\langle f(\boldsymbol{\alpha}),f(\boldsymbol{\beta})\rangle=\langle\boldsymbol{\alpha},\boldsymbol{\beta}\rangle.$$

证明 充分性是显然的, 下面证明必要性. 设 f 是欧氏空间中的一个等距变换. 由命题 5.5.2.1 知道, f 是欧氏空间中的线性变换, 即对于任意向量 $\boldsymbol{\alpha},\boldsymbol{\beta}\in\mathbf{R}^n$, $f(\boldsymbol{\alpha}+\boldsymbol{\beta})=f(\boldsymbol{\alpha})+f(\boldsymbol{\beta})$. 于是

$$|f(\boldsymbol{\alpha}+\boldsymbol{\beta})|^2=|f(\boldsymbol{\alpha})+f(\boldsymbol{\beta})|^2=|f(\boldsymbol{\alpha})|^2+|f(\boldsymbol{\beta})|^2+2\langle f(\boldsymbol{\alpha}),f(\boldsymbol{\beta})\rangle,$$

$$|f(\boldsymbol{\alpha}+\boldsymbol{\beta})|^2=|\boldsymbol{\alpha}+\boldsymbol{\beta}|^2=|\boldsymbol{\alpha}|^2+|\boldsymbol{\beta}|^2+2\langle\boldsymbol{\alpha},\boldsymbol{\beta}\rangle,$$

所以 $\langle f(\boldsymbol{\alpha}),f(\boldsymbol{\beta})\rangle=\langle\boldsymbol{\alpha},\boldsymbol{\beta}\rangle$. □

定理 5.5.2.4 设 $f:\mathbf{R}^n\to\mathbf{R}^n$ 是欧氏空间 $\mathbf{R}^n$ 上的一个线性变换, 则下面命题等价:

(1) $f:\mathbf{R}^n\to\mathbf{R}^n$ 是欧氏空间 $\mathbf{R}^n$ 上的一个等距变换;

(2) f 将 $\mathbf{R}^n$ 上的一个标准正交基映成标准正交基;

(3) f 在一个标准正交基下的矩阵是正交矩阵.

证明　(1) $\Rightarrow$ (2) 是显然的. (2) $\Rightarrow$ (3), 设 $(\boldsymbol{e}_1,\boldsymbol{e}_2,\cdots,\boldsymbol{e}_n)$ 是 $\mathbf{R}^n$ 上的一个标准正交基, $(f(\boldsymbol{e}_1),f(\boldsymbol{e}_2),\cdots,f(\boldsymbol{e}_n))=(\boldsymbol{e}_1,\boldsymbol{e}_2,\cdots,\boldsymbol{e}_n)\boldsymbol{A}$, 由于 $(f(\boldsymbol{e}_1),f(\boldsymbol{e}_2),\cdots,f(\boldsymbol{e}_n))$ 是标准正交基, 所以

$$\begin{pmatrix} f(\boldsymbol{e}_1)\\ f(\boldsymbol{e}_2)\\ \vdots\\ f(\boldsymbol{e}_n)\end{pmatrix}(f(\boldsymbol{e}_1),f(\boldsymbol{e}_2),\cdots,f(\boldsymbol{e}_n))=\boldsymbol{I},$$

所以

$$((\boldsymbol{e}_1,\boldsymbol{e}_2,\cdots,\boldsymbol{e}_n)\boldsymbol{A})^{\mathrm{T}}(\boldsymbol{e}_1,\boldsymbol{e}_2,\cdots,\boldsymbol{e}_n)\boldsymbol{A}=\boldsymbol{I}.$$

又

$$\begin{aligned}((\boldsymbol{e}_1,\boldsymbol{e}_2,\cdots,\boldsymbol{e}_n)\boldsymbol{A})^{\mathrm{T}}(\boldsymbol{e}_1,\boldsymbol{e}_2,\cdots,\boldsymbol{e}_n)\boldsymbol{A}&=\boldsymbol{A}^{\mathrm{T}}\begin{pmatrix}\boldsymbol{e}_1\\ \boldsymbol{e}_2\\ \vdots\\ \boldsymbol{e}_n\end{pmatrix}(\boldsymbol{e}_1,\ \boldsymbol{e}_2,\ \cdots,\ \boldsymbol{e}_n)\boldsymbol{A}\\ &=\boldsymbol{A}^{\mathrm{T}}\boldsymbol{A}.\end{aligned}$$

所以 $\boldsymbol{A}^{\mathrm{T}}\boldsymbol{A}=\boldsymbol{I}$, 于是 f 在一个标准正交基下的矩阵是正交矩阵.

(3) $\Rightarrow$ (1), 设 $(\boldsymbol{e}_1,\boldsymbol{e}_2,\cdots,\boldsymbol{e}_n)$ 是 $\mathbf{R}^n$ 上的一个标准正交基,

$$(f(\boldsymbol{e}_1),f(\boldsymbol{e}_2),\cdots,f(\boldsymbol{e}_n))=(\boldsymbol{e}_1,\boldsymbol{e}_2,\cdots,\boldsymbol{e}_n)\boldsymbol{A},$$

其中矩阵 $\boldsymbol{A}$ 是正交矩阵.

设任意两个向量 $\boldsymbol{\alpha},\boldsymbol{\beta}$, 它们在标准正交基 $(\boldsymbol{e}_1,\boldsymbol{e}_2,\cdots,\boldsymbol{e}_n)$ 下的坐标分别为 $(x_1,x_2,\cdots,x_n)$ 和 $(y_1,y_2,\cdots,y_n)$. 则

$$\langle\boldsymbol{\alpha},\boldsymbol{\beta}\rangle=x_1y_1+x_2y_2+\cdots+x_ny_n.$$

$$f(\boldsymbol{\alpha})=f(x_1\boldsymbol{e}_1+x_2\boldsymbol{e}_2+\cdots+x_n\boldsymbol{e}_n)=(x_1,x_2,\cdots,x_n)\begin{pmatrix} f(\boldsymbol{e}_1)\\ f(\boldsymbol{e}_2)\\ \vdots\\ f(\boldsymbol{e}_n)\end{pmatrix},$$

$$f(\boldsymbol{\beta})=f\left(y_1\boldsymbol{e}_1+y_2\boldsymbol{e}_2+\cdots+y_n\boldsymbol{e}_n\right)=(y_1,y_2,\cdots,y_n)\begin{pmatrix}f(\boldsymbol{e}_1)\\f(\boldsymbol{e}_2)\\\vdots\\f(\boldsymbol{e}_n)\end{pmatrix},$$

所以

$$\langle f(\boldsymbol{\alpha}),f(\boldsymbol{\beta})\rangle=(x_1,x_2,\cdots,x_n)\begin{pmatrix}f(\boldsymbol{e}_1)\\f(\boldsymbol{e}_2)\\\vdots\\f(\boldsymbol{e}_n)\end{pmatrix}(f(\boldsymbol{e}_1),f(\boldsymbol{e}_2),\cdots,f(\boldsymbol{e}_2))\begin{pmatrix}y_1\\y_2\\\vdots\\y_n\end{pmatrix}$$

$$=(x_1,x_2,\cdots,x_n)\boldsymbol{A}^{\mathrm{T}}\boldsymbol{A}\begin{pmatrix}y_1\\y_2\\\vdots\\y_n\end{pmatrix}=x_1y_1+x_2y_2+\cdots+x_ny_n,$$

所以 $\langle f(\boldsymbol{\alpha}),f(\boldsymbol{\beta})\rangle=\langle\boldsymbol{\alpha},\boldsymbol{\beta}\rangle$.

综上我们得到 (1) $\Rightarrow$ (2) $\Rightarrow$ (3) $\Rightarrow$ (1), 即它们是等价的. □

5.4.6 群与子群的简介

设 X 是一个非空集合. 从 X 的笛卡儿积 $X\times X$ 到 X 的一个任意映射 $\sigma: X\times X\to X$ 称为集合 X 上的一个**二元运算**. 这样, 任意元素 $a,b\in X$, 有序对 (a,b) 对应于 X 中唯一确定的元素 $\sigma(a,b)$, 有时将它简写为 ab.

设集合 X 是一个具有二元运算的集合. 如果集合 X 中存在元素 $e\in X$ 满足: 对任意元素 $a\in X$, 都有 $ea=ae=a$, 则元素 e 称为集合 X 中关于运算 σ 的**单位元**.

设集合 X 是一个具有二元运算的集合, 并且具有单位元 e. 给定集合 X 中一个元素 $a\in X$, 如果存在一个元素 $b\in X$ 满足 $ba=ab=e$, 则称元素 a 是**可逆元**, 元素 b 称为元素 a 的**逆元**, 记为 a^{-1}.

定义 5.5.3.1 设 G 是一个非空集合, G 上定义了一个二元运算 $(x,y)\to xy$. 如果下面条件成立:

(1) 二元运算满足结合律: 任意 $a,b,c\in G$, 都有 $(ab)c=a(bc)$.

(2) G 有单位元 e: 对于任意元素 $a\in X$, 都有 $ea=ae=a$.

(3) G 中任意元素都有逆元: 对于任意元素 $a\in X$, 都有 a^{-1} 存在.

则集合 G 带上它的二元运算 xy 称为一个**群**.

例 5.5.3.1　设 V 是实数域上的向量空间, 则 V 带上向量的加法运算构成一个群.

例 5.5.3.2　设集合 $\mathrm{GL}_n(R)$ 表示所有的 n 阶可逆实方阵, 则 $\mathrm{GL}_n(R)$ 带上矩阵的乘法运算构成一个群. 该群称为一般线性群.

例 5.5.3.3　设 S 是一个非空集合. $T(S)$ 表示集合 S 上所有的可逆变换构成的集合, 则 $T(S)$ 带上变换的乘积运算构成一个群.

定义 5.5.3.2　设 G 是一个群, H 是 G 的非空子集, 如果满足:

(1) 任意元素 $a, b \in H$, 都有 $ab \in H$;

(2) 任意元素 $a \in H$, 都有 $a^{-1} \in H$,

则子集 H 称为 G 的**子群**.

显然地, 子群 H 关于群 G 的二元运算也构成一个群.

例 5.5.3.4　设 V 是实数域上的向量空间, 则 V 带上向量的加法运算构成一个群. 设 W 是 V 的子空间, 则 W 是 V 的子群.

例 5.5.3.5　设集合 $\mathrm{GL}_n(R)$ 是一般线性群. 它有下面比较典型的子群:

(1) 特殊线性群 $\mathrm{SL}_n(R) = \{\boldsymbol{A} \in \mathrm{GL}_n(R) | \det(\boldsymbol{A}) = 1\}$;

(2) 正交群 $\mathrm{O}(n) = \{\boldsymbol{A} \in \mathrm{GL}_n(R) | \boldsymbol{A}^{\mathrm{T}}\boldsymbol{A} = \boldsymbol{I}\}$;

(3) 特殊正交群 $\mathrm{SO}(n) = \{\boldsymbol{A} \in O(n) | \det(\boldsymbol{A}) = 1\}$.

例 5.5.3.6　空间中仿射变换群 $\mathrm{Aff}(E^3)$ 和空间中等距变换群 $\mathrm{Iso}(E^3)$ 都是 $T(E^3)$ 的子群.

例 5.5.3.7　设 $\mathbf{R}$ 是全体实数带上数的加法运算构成的群. 设 $\mathbf{R}^+$ 是全体正实数构成的集合, $\mathbf{R}^+$ 带上数的乘法运算构成一个群. 但 $\mathbf{R}^+$ 不是 $\mathbf{R}$ 的子群.

第 6 章 射影几何初步

射影几何是历史比较久远的几何学之一, 射影几何的起源可以追溯到古希腊的几何学家研究的透视图法, 到 19 世纪, 射影几何成为一个独立的几何分支. 根据德国数学家克莱因的演讲《埃尔朗根纲领》, 射影几何是研究图形的在射影变换群下不变性质的几何. 射影变换群是最大保持直线的变换群, 仿射变换群是它的子群. 射影几何研究的图形是射影空间中的图形, 射影空间不是一个仿射空间, 它上面是没有整体的仿射坐标系, 在局部上可以建立仿射坐标系. 事实上射影空间是由有限个仿射空间片粘贴而成的, 因此仿射空间中的图形可以嵌入到射影空间中, 于是可以研究现实空间中图形的射影性质, 即射影变换群下不变的性质. 射影几何在代数、微分几何和代数几何等诸多数学领域有着广泛的应用.

本章主要给出二维射影几何的基本内容的介绍, 主要包括射影平面、射影变换群、交比、射影坐标、二次曲线的射影等价类等内容. 这些内容很容易推广到高维射影几何中. 因此在本章最后一节对高维射影空间以及它上面的射影变换群作一些初步介绍.

6.1 射影平面与射影变换群

6.1.1 射影平面

射影平面是二维射影几何演绎的几何空间, 它不是一个仿射空间, 而是仿射平面的推广. 为了引入射影平面的概念, 先介绍平面之间的中心投影映射. 平面上的仿射变换是平面上保持直线不变的可逆变换. 如果只强调保持直线不变, 而对变换的可逆性加以弱化, 在平面上可以利用中心投影映射构造出大量的保持直线不变的非仿射变换. 这些保持直线不变的变换不是仿射平面上的变换, 而是射影平面上的可逆变换.

设空间中平面 π 和平面 $\overline{\pi}$ 是两张相交平面. 在空间中取定不在平面 π 和 $\overline{\pi}$ 上的一点 O.

如图 6.1.1, 对于平面 π 上任意一点 P, 设连接 O, P 的直线交平面 $\overline{\pi}$ 于点 $\overline{P}$. 定义平面 π 和平面 $\overline{\pi}$ 一个对应 Λ_O 如下: 平面 π 上任意一点 P 对应于平面 $\overline{\pi}$ 的

点 $\overline{P}$, 即

$$\Lambda_O : \pi \to \overline{\pi}, \quad \Lambda_O(P) = \overline{P}.$$

对应 Λ_O 称为以点 O 为中心的平面 π 到平面 $\overline{\pi}$ 的**中心投影**.

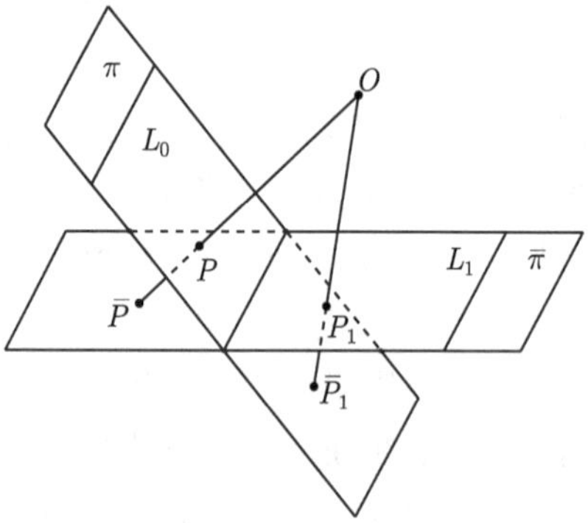

图 6.1.1

中心投影不是平面 π 到平面 $\overline{\pi}$ 的映射. 事实上, 当直线 OP 和平面 $\overline{\pi}$ 平行时, 点 P 就没有像点. 如果过点 O 作平行于 $\overline{\pi}$ 的平面, 设它交平面 π 于直线 L_0, 则直线 L_0 上的点在中心投影 Λ_O 下没有像点. 如果用 $\pi \backslash L_0$ 表示平面 π 上的不在直线 L_0 上的点的集合, 则中心投影只在 $\pi \backslash L_0$ 上的点有定义. 另一方面, 中心投影也不是满射. 如果过点 O 作平行于 π 的平面, 设它交平面 $\overline{\pi}$ 于直线 L_1, 则直线 L_1 上的点在中心投影 Λ_O 下没有原像点. 这样中心投影 Λ_O 事实上是从点集 $\pi \backslash L_0$ 到点集 $\pi \backslash L_1$ 的映射, 并且中心投影 $\Lambda_O : \pi \backslash L_0 \to \overline{\pi} \backslash L_1$ 是一一映射.

中心投影把平面 π 上的共线点组映成平面 $\overline{\pi}$ 上的共线点组. 事实上, 对于平面 π 的一条直线 L, 设 L' 是直线 L 和点 O 决定的平面和平面 $\overline{\pi}$ 的交线, 则直线 L 上的点 (只要不在 L_0 上) 在中心投影下的像都在直线 L' 上.

如果点 O_1 是空间中不在平面 π 和 $\overline{\pi}$ 上的另一点, 则有中心投影 $\Lambda_{O_1} : \overline{\pi} \to \pi$. 从而得到平面 π 到自己 π 的对应 $\phi = \Lambda_{O_1} \circ \Lambda_O : \pi \to \pi$, 它将平面 π 上的共线点组变为共线点组, 于是对应 ϕ 将平面 L 上的直线映成直线, 即它具有保直线的性质. 但对应 ϕ 不是平面 π 上的变换, 因为平面 π 有些点没法定义像点. 显然利用此方法构造的平面上保持直线不变的对应很多, 这些对应不是平面上的仿射变换.

中心投影并不保持单比. 如图 6.1.2, 设 A, B, C 是平面 π 上的共线的三点, 它所在直线不平行于直线 L, 记 $\Lambda_O(A) = A', \Lambda_O(B) = B', \Lambda_O(C) = C'$, 则 A, B, C 三点所在直线与 A', B', C' 所在直线是相交的, 从而单比 $(A, B, C) \neq (A', B', C')$.

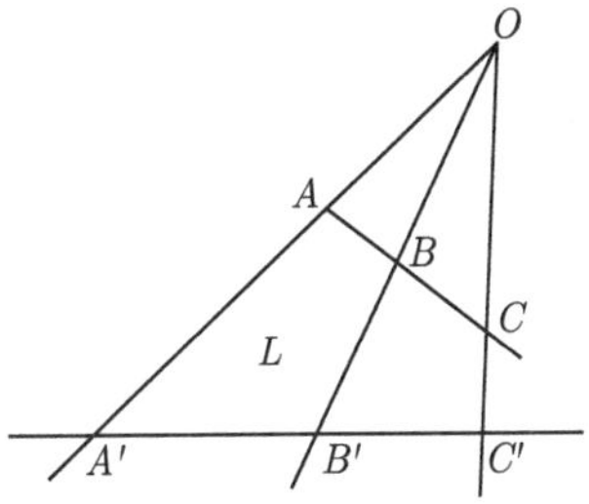

图 6.1.2

中心投影也不保持直线的平行性. 设平面 π 上的两个相交直线 l_1, l_2 的交点在直线 L_0 上, 则在中心投影下, 直线 l_1, l_2 的像 l'_1, l'_2 是没有交点的, 即 $l'_1 // l'_2$.

为了弥补中心投影不是平面上映射不足, 就需要在平面 π 和平面 $\overline{\pi}$ 上各自增加一条直线, 使得直线 L_0 的点在中心投影下有定义, 同时直线 L_1 的点在中心投影下有原像. 从而使得中心投影成为一一映射. 现在将仿射平面 π 增加一条直线: 把平面上直线方向作为新的点, 称为**无穷远点**. 根据此定义, 平行直线相交于无穷远点. 所有的无穷远点构成一条直线称为无穷远直线, 记为 L_∞. 仿射平面 π 加上无穷远直线的点集称为平面 π 的**扩大平面**, 记为 π_+. 则 $\pi_+ = \pi \cup L_\infty$.

中心投影 $\Lambda_O : \pi \backslash L_0 \to \overline{\pi} \backslash L_1$ 是一一映射. 现在在扩大平面上扩充定义中心投影 $\Lambda_O : \pi_+ \to \overline{\pi}_+$ 如下: 任意 L_0 上的点 P, 则直线 OP 平行于平面 $\overline{\pi}$, 故它的方向是 $\overline{\pi}_+$ 的无穷远点 q_∞, 则定义 $\Lambda_O(P) = q_\infty$. 扩大平面 π_+ 上任意无穷远点 P_∞, 则它是平面 π 上的一条直线的方向, 设该直线方向为非零向量 $\boldsymbol{\alpha}$, 设过点 O 且平行于方向 $\boldsymbol{\alpha}$ 的直线交平面 $\overline{\pi}$ 于点 q, 则定义 $\Lambda_O(P_\infty) = q$. 这样映射 $\Lambda_O : \pi_+ \to \overline{\pi}_+$ 是一一映射, 并且把共线点组映成共线点组. 它的逆映射就是同中心的中心投影 $\Lambda_O : \overline{\pi}_+ \to \pi_+$.

扩大平面 π_+ 中原仿射平面 π 上的点称为**普通点**. 扩大平面 π_+ 有了与普通点 (仿射平面 π 上的点) 不一样的**无穷远点**, 它上面的直线概念就有了变化. 在仿射平面 π 上的直线是两端无限延伸, 而在扩大平面 π_+ 上的直线是封闭的, 两端延伸相交于同一个无穷远点 (同一个直线方向). 同时还有无穷远直线. 因此我们将扩大平面的直线称为**线**.

在扩大平面 π_+ 上, 点与线的关系有了新的内涵:

(1) 两点决定一条线, 两个点可以都是普通点, 也可以都是无穷远点, 也可以是普通点与无穷远点. 两个无穷远点决定无穷远直线.

(2) 两条直线相交于一点. 两条平行直线相交于无穷远点. 因此在扩大平面上, 没有平行的概念.

上面 (1) 和 (2) 表明, 在扩大平面 π_+ 上点与线的关系是对称的. 点在线上和线经过点是相互的, 统称为**点和线的关联关系**.

在扩大平面 π_+ 上, 直线的平行的概念是没有意义的, 因为任意两条直线都相交. 除此以外, 在扩大平面上的一条直线不能分割扩大平面. 仿射平面是不一样的, 因为仿射平面上的一条直线将仿射平面分割成两部分.

为了更直观地理解扩大平面这一几何空间, 我们引入空间中的线把概念. 空间中取定点 O, 把空间中所有经过点 O 的直线构成的集合称为以点 O 为中心的**直线把**, 记为 $\Lambda(O)$.

$\Lambda(O)$ 中的元素是直线, 而直线完全由它的方向决定, 即 $\Lambda(O)$ 中的点是空间中某个直线的方向. 直线把 $\Lambda(O)$ 与扩大平面 π_+ 存在一一对应

$$\Psi : \pi_+ \to \Lambda(O),$$

定义为: 任意 π_+ 的点 P, 如果点 P 是普通点, 则规定 $\Psi(P)$ 为连接 O, P 的直线, 如果点 P 是无穷远点, 则它是平面 π 上一个直线的方向, 则规定 $\Psi(P)$ 为该直线的方向决定的直线. 称 $\Psi : \pi_+ \to \Lambda(O)$ 为**射影映射**.

直观上看, 扩大平面 π_+ 等同于直线把 $\Lambda(O)$. 在扩大平面 π_+ 上, 普通点沿着平面 π 上一条直线向着无穷远点运动时, 我们在直线把 $\Lambda(O)$ 上就能想出其运动过程, 平面 π 上一条直线在射影映射下的像就是经过点 O 的一张平面, 因此, 点沿着平面 π 上一条直线向着无穷远点运动在射影映射下相当于经过点 O 的一张平面中一条直线绕点 O 旋转到平行于平面 π 的直线.

在直线把 $\Lambda(O)$ 中, 有线的结构和点线关联关系. 直线把 $\Lambda(O)$ 中落在同一张平面中的直线的集合称为直线把 $\Lambda(O)$ 中的一条**线**. 这样 $\Lambda(O)$ 中的线就是空间中经过点 O 的一张平面. 因此在直线把 $\Lambda(O)$ 中点线的关联关系就是普通意义下的直线与平面的关系.

定义 6.1.1.1　设 Π 是一个点集, 并且规定一些子集为线. 如果存在从点集 Π 到直线把 $\Lambda(O)$ 的一一映射 Ψ, 并且 Ψ 满足:

(1) 将点集 Π 中的线映成直线把 $\Lambda(O)$ 中的线;

(2) 保持点线关联关系不变.

则称点集 Π 是一个**射影平面**.

射影平面的定义本身并没有把射影平面规定成一个具体的几何空间实体. 扩大平面 π_+ 和直线把 $\Lambda(O)$ 之间存在一个一一映射 Ψ, 它将 π_+ 中的线映成 $\Lambda(O)$ 中的线, 同时保持点线的关联关系不变. 因此扩大平面和直线把都是射影平面模型, 除此以外, 还有许多射影平面模型, 这些射影平面模型在不同的研究领域中出

现. 在射影几何学里, 主要关心的是与点、线概念以及点线关联关系有关的问题, 而不同的射影平面模型之间有着保持点线以及点线关联关系的一一映射, 所以从射影几何学的角度, 这些射影平面是没有区别的. 经常以扩大平面和直线把作为射影平面来研究射影几何学, 这样仿射空间中的图形可以看成射影平面中的图形, 从而可以利用射影几何学研究这些图形的射影性质.

需要指出的是, 在射影平面上, 点与点的地位是一样的, 没有所谓的正常点与不正常点之分. 只是在具体射影平面模型的构建中, 需要用到具体的点时, 可能不同点的具体含义不一样, 但这种具体含义一般不是射影几何中的概念. 例如在扩大平面 π_+ 中, 它的点就有普通点与无穷远点之分, 但这种区分, 是从仿射平面 π 上使用仿射几何的观点去看的, 它不是一个射影几何中的几何概念.

6.1.2 射影变换群

二维射影几何研究的图形是射影平面中的图形, 射影平面毫无疑问是射影几何中最重要的概念之一, 另一个最重要概念便是射影平面上的射影变换和射影变换群.

定义 6.1.2.1 射影平面上的一个可逆变换 ϕ, 如果 ϕ 将共线点组变为共线点组, 则变换 ϕ 称为射影平面上的一个**射影变换**.

明显射影平面上的恒等变换是一个射影变换.

例 6.1.2.1 如图 6.1.3, 设两个扩大平面 $\pi_+,\overline{\pi}_+$ 是仿射平面 $\pi,\overline{\pi}$ 分别添加无穷直线得到的, 并且仿射平面 $\pi,\overline{\pi}$ 相交于直线 L. 取定不在这两个平面上的空间中两点 O_1,O_2. 对于这两个点, 得到中心投影映射 $\Lambda_{O_1}:\pi_+\to\overline{\pi}_+$ 和 $\Lambda_{O_2}:\overline{\pi}_+\to\pi_+$. 则 $\phi=\Lambda_{O_2}\circ\Lambda_{O_1}:\pi_+\to\pi_+$ 是射影平面 π_+ 上的射影变换. 直线 L 是它的不动直线.

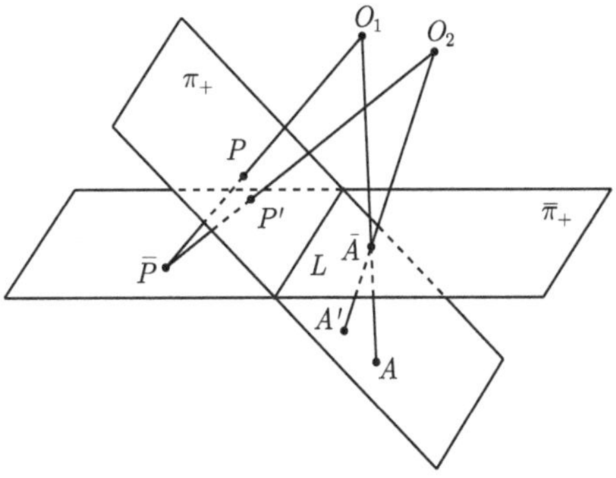

图 6.1.3

如果两点 O_1,O_2 的连线平行于直线 L. 则经过 O_1,O_2 两点可以作平行于平

面 $\overline{\pi}$ 的平面 π_0, 设平面 π_0 交平面 π 于直线 L_0. 则射影变换 $\phi = \Lambda_{O_2} \circ \Lambda_{O_1} : \pi_+ \to \pi_+$ 将线 L_0 变为无穷远直线 L_∞, 将 L_∞ 变为 L_0. 这样得到下面结论.

命题 6.1.2.1 设 L_0 是扩大平面 π_+ 上一条直线, 则存在空间中两点 O_1, O_2, 使得射影变换 $\phi = \Lambda_{O_2} \circ \Lambda_{O_1} : \pi_+ \to \pi_+$ 将线 L_0 变为无穷远直线 L_∞, 将 L_∞ 变为 L_0.

考虑射影平面的直线把 $\Lambda(O)$ 模型. 设 $f : E^3 \to E^3$ 是空间中一个仿射变换, 并且直线把中心 O 是它的不动点, 即 $f(O) = O$. 定义直线把 $\Lambda(O)$ 上的变换 $\phi_f : \Lambda(O) \to \Lambda(O)$, 任意点 $l \in \Lambda(O)$, $\phi_f(l) = f(l)$.

命题 6.1.2.2 设 $f : E^3 \to E^3$ 是空间中一个仿射变换, 并且 $f(O) = O$. 则定义的直线把 $\Lambda(O)$ 上的变换 $\phi_f : \Lambda(O) \to \Lambda(O)$, $l \to f(l)$ 是一个射影变换. 该射影变换称为由仿射变换 $f : E^3 \to E^3$ 诱导在直线把上的射影变换 ϕ_f.

证明 由于 $f : E^3 \to E^3$ 是可逆的, 故 $\phi_f : \Lambda(O) \to \Lambda(O)$ 是可逆的. 由于空间仿射变换将空间中的平面变为空间中的平面, 即 $\phi_f : \Lambda(O) \to \Lambda(O)$ 将直线把中的共线点组变为共线点组, 故 $\phi_f : \Lambda(O) \to \Lambda(O)$ 是一个射影变换. □

性质 6.1.2.1 射影变换的乘积还是射影变换.

该性质从射影变换的定义可以直接推出.

性质 6.1.2.2 射影变换将不共线的三点变为不共线的三点.

证明 设 $f : \Pi \to \Pi$ 是射影平面上的射影变换, A, B, C 是射影平面 Π 上不共线的三点. 由于射影变换是单射, 故 $f(A), f(B), f(C)$ 是三个不同的点. 反设 $f(A), f(B), f(C)$ 共线, 它们都在线 L 上. 由于 f 将共线点组变为共线点组, 故连接 A, B 两点的线上的点 P 的像 $f(P)$ 均在线 L 上. 同理连接 B, C 两点或 A, C 两点的线上的点 P 的像 $f(P)$ 也均在线 L 上. 任取射影平面上不在上述线 (连接 A, B, C 中任意两点的线) 上的点 P, 则过点 P 作直线交上述直线中任意两条, 设交点为 E, F, 既然 $f(E), f(F)$ 在线 L 上, 故 $f(P)$ 在线 L 上. 这样 $f(P) \subset L$, 从而 $f(\Pi) \subseteq L$, 这与 f 是满射矛盾. 故 $f(A), f(B), f(C)$ 不共线. □

既然射影变换是可逆的, 则由性质 6.1.2.2 得到下面性质.

性质 6.1.2.3 射影变换的逆变换也是射影变换. 射影变换将线变为线.

由于性质 6.1.2.1 和性质 6.1.2.3, 我们有下面结论.

定理 6.1.2.1 射影平面上射影变换的全体构成一个变换群, 称为**射影变换群**.

同仿射几何一样, 二维射影几何学主要研究射影平面上的图形在射影变换群下不变的性质. 在射影变换下图形不变的性质称为图形的**射影性质**. 由于射影变换将共线点组变为共线点组, 因此点的共线性是射影性质. 两线相交、三线共点、曲线的切线等都是射影性质. 但长度、角度、面积等度量性质不是射影性质. 直线的平行性、三点的单比等仿射性质也不是射影性质.

考虑射影平面的扩大平面 π_+ 模型. 设 $f:\pi\to\pi$ 是仿射平面 π 上的一个仿射变换, 定义扩大平面 π_+ 上的一个变换 $\phi_f:\pi_+\to\pi_+$, 它的定义如下: 任意扩大平面 π_+ 上的点 P, 如果点 P 是普通点, 则规定 $\phi_f(P)=f(P)$; 如果点 P 是无穷远点, 则它由非零向量 $\boldsymbol{\alpha}$ 决定的方向向量, 规定 $\phi_f(P)$ 为由向量 $\overline{f}(\boldsymbol{\alpha})$ 决定的无穷远点. 这里 $\overline{f}$ 表示由仿射变换决定的向量变换. 可以证明: 当 P 是无穷远点, $\phi_f(P)$ 的定义与向量 $\boldsymbol{\alpha}$ 选择无关. 事实上, 假设向量 $\boldsymbol{\alpha},\boldsymbol{\beta}$ 都决定了无穷远点, 则存在一个不等于零的实数 k, 使得 $\boldsymbol{\alpha}=k\boldsymbol{\beta}$. 又向量变换 $\overline{f}$ 是线性变换, 故 $f(\boldsymbol{\alpha})=kf(\boldsymbol{\beta})$, 即 $f(\boldsymbol{\alpha}),f(\boldsymbol{\beta})$ 也决定同一个无穷远点.

命题 6.1.2.3 设 f 是仿射平面 π 上的一个仿射变换, 则按上面方式定义的扩大平面 π_+ 上的变换 $\phi_f:\pi_+\to\pi_+$ 是一个射影变换.

证明 变换 $\phi_f:\pi_+\to\pi_+$ 将扩大平面 π_+ 上的普通点变为普通点, 将无穷远点变为无穷远点. 由于仿射变换 f 和它决定的向量变换 $\overline{f}$ 都是可逆变换. 所以变换 $\phi_f:\pi_+\to\pi_+$ 是可逆变换.

设 A,B,C 是扩大平面 π_+ 上共线的三点. 如果 A,B,C 有两个无穷远点, 既然三点共线, 故三点都是无穷远点. 这样 $\phi_f(A),\phi_f(B),\phi_f(C)$ 也都是无穷远点, 则它们共线.

如果 A,B,C 中有一个无穷远点 A, 两个普通点 B,C. 既然三点共线, 则无穷远点 A 是连接 B,C 两个点直线的方向. 既然 f 是仿射平面 π 上的一个仿射变换, 所以无穷远点 $\phi_f(A)$ 是连接 $\phi_f(B),\phi_f(C)$ 两个点直线的方向, 从而 $\phi_f(A),\phi_f(B),\phi_f(C)$ 共线.

如果 A,B,C 都是普通点, 则 $\phi_f(A)=f(A),\phi_f(B)=f(B),\phi_f(C)=f(C)$, 又 f 是仿射变换, 这样 $\phi_f(A),\phi_f(B),\phi_f(C)$ 共线. 既然变换 $\phi_f:\pi_+\to\pi_+$ 是可逆变换, 并且将共线三点变为共线三点, 所以是射影变换. □

定义 6.1.2.2 设 f 是仿射平面 π 上的一个仿射变换, 则按上面方式定义的射影变换 $\phi_f:\pi_+\to\pi_+$ 称为由仿射变换 f 决定的**仿射-射影变换**.

定理 6.1.2.2 设 $\phi:\pi_+\to\pi_+$ 是一个射影变换, 如果 ϕ 将普通点变为普通点, 将无穷远点变为无穷远点, 则存在仿射平面上的仿射变换 f, 使得它决定的仿射-射影变换 $\phi_f=\phi$.

证明 既然射影变换 $\phi:\pi_+\to\pi_+$ 将普通点变为普通点, 则它在仿射平面 π 上的限制 $\phi|_\pi$ 是仿射平面 π 上的仿射变换. 即它的仿射-射影变换 $\phi_f=\phi$. □

这样仿射平面上的仿射变换可以扩充成扩大平面上的射影变换. 事实上, 射影变换有下面分解方式.

定理 6.1.2.3　设 $\phi:\pi_+\to\pi_+$ 是一个射影变换, 则存在两个中心投影 $\Lambda_{O_1},\Lambda_{O_2}$ 和仿射-射影变换 ϕ_f, 使得 $\phi=\Lambda_{O_2}\circ\Lambda_{O_1}\circ\phi_f$.

证明　设 l_∞ 是扩大平面 π_+ 的无穷远直线. 设它的像 $\phi(l_\infty)$ 是直线 l_0. 则存在两个中心投影 $\Lambda_{O_1},\Lambda_{O_2}$ 使得它们的乘积为扩大平面 π_+ 上的射影变换, 并且 $\Lambda_{O_1}\circ\Lambda_{O_2}(l_0)=l_\infty$. 则射影变换 $\phi:\pi_+\to\pi_+$ 与射影变换 $\Lambda_{O_1}\circ\Lambda_{O_2}$ 的乘积是射影变换, 并且 $\Lambda_{O_1}\circ\Lambda_{O_2}\circ\phi(l_\infty)=l_\infty$. 即射影变换 $\Lambda_{O_1}\circ\Lambda_{O_2}\circ\phi:\pi_+\to\pi_+$ 将无穷远点变为无穷远点, 普通点变为普通点. 由定理 6.1.2.2, 它是仿射平面上的仿射变换决定的仿射-射影变换, 即 $\Lambda_{O_1}\circ\Lambda_{O_2}\circ\phi=\phi_f$. 从而 $\phi=\Lambda_{O_2}\circ\Lambda_{O_1}\circ\phi_f$.　□

最后, 作为射影变换的应用, 利用射影变换证明两个很经典的几何定理.

定理 6.1.2.4(德萨格 (Desargues) 定理)　如果平面上两个三角形的对应顶点的连线 (有三条) 交于一点, 则它们的对应边的交点 (有三个) 共线.

证明　如图 6.1.4, 三角形 $\triangle A_1B_1C_1$ 与三角形 $\triangle A_2B_2C_2$ 的对应顶点连线交于点 O. 边 A_1C_1 与边 A_2C_2 交于点 E, 边 B_1C_1 与边 B_2C_2 交于点 F, 边 A_1B_1 与边 A_2B_2 交于点 D. 这些条件都是在射影变换下不变的. 下面将平面嵌入到扩大平面 π_+ 中, 考虑扩大平面 π_+ 上的射影变换 $\phi:\pi_+\to\pi_+$, 它将直线 EF 变为无穷远直线. 则三角形 $\triangle A_1B_1C_1$ 与 $\triangle A_2B_2C_2$ 在射影变换下的像仍记为 $\triangle A_1B_1C_1$ 和 $\triangle A_2B_2C_2$, 它们顶点的连线的交点仍记为 O. 则像的图像如图 6.1.5.

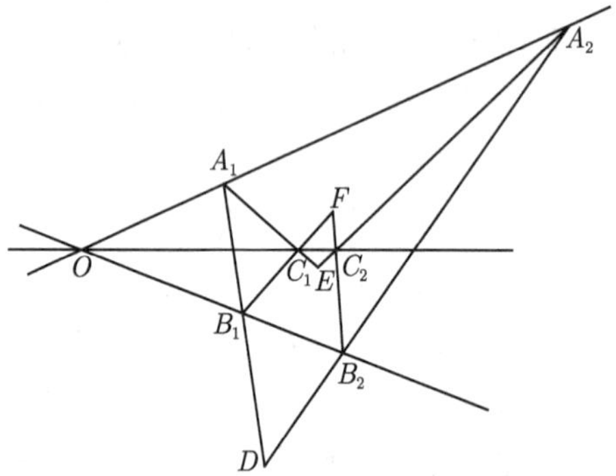

图 6.1.4

因此德萨格定理内容是: 三角形 $\triangle A_1B_1C_1$ 与三角形 $\triangle A_2B_2C_2$ 的对应顶点连线交于点 O. 边 A_1C_1 与边 A_2C_2 平行, 边 B_1C_1 与 B_2C_2 边平行, 证明: 边 A_1B_1 与边 A_2B_2 也平行.

既然边 A_1C_1 与边 A_2C_2 平行, 则 $\dfrac{OA_1}{OA_2}=\dfrac{OC_1}{OC_2}$. 既然边 B_1C_1 与边 B_2C_2 平

行, 则 $\dfrac{OB_1}{OB_2}=\dfrac{OC_1}{OC_2}$.

这样有 $\dfrac{OB_1}{OB_2}=\dfrac{OA_1}{OA_2}$, 边 A_1B_1 与边 A_2B_2 也平行. 从而德萨格定理得证. □

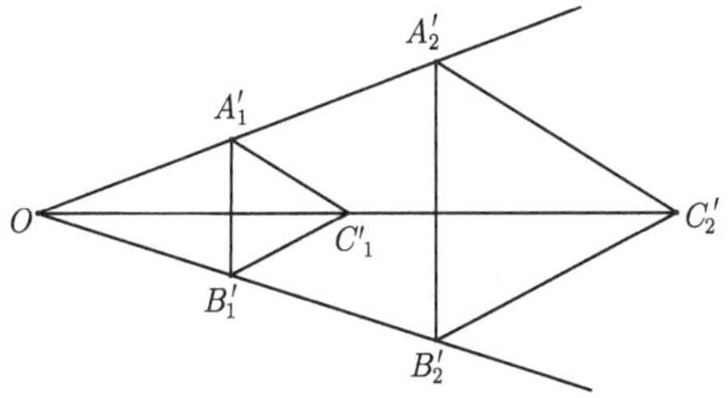

图 6.1.5

定理 6.1.2.5(帕普斯 (Pappus) 定理) 设平面两个共线点组 A_1, B_1, C_1 和 A_2, B_2, C_2 满足: 连线 A_1B_2 与连线 A_2B_1 交于点 E, 连线 A_1C_2 与连线 A_2C_1 交于点 F, 连线 B_1C_2 与连线 B_2C_1 交于点 D. 则三点 E, F, D 共线. 如图 6.1.6.

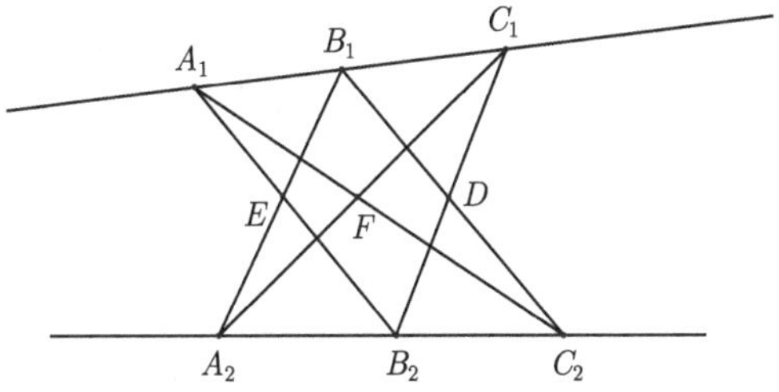

图 6.1.6

证明 将平面嵌入到扩大平面 π_+ 中, 考虑扩大平面 π_+ 上射影变换 $\phi:\pi_+\to\pi_+$, 它将直线 EF 变为无穷远直线. 共线点组 A_1, B_1, C_1 与 A_2, B_2, C_2 在射影变换下的像仍记为 A_1, B_1, C_1 和 A_2, B_2, C_2. 则帕普斯定理叙述为设平面两个共线点组 A_1, B_1, C_1 和 A_2, B_2, C_2 满足: 连线 A_1B_2 与连线 A_2B_1 平行, 连线 A_1C_2 与连线 A_2C_1 平行, 证明连线 B_1C_2 与连线 B_2C_1 也平行.

如图 6.1.7, 如果共线点组 A_1, B_1, C_1 所在直线与共线点组 A_2, B_2, C_2 所在直线交于点 O. 既然连线 A_1B_2 与连线 A_2B_1 平行, 则 $\dfrac{OA_1}{OB_2}=\dfrac{OB_1}{OA_2}$. 连线 A_1C_2 与连线 A_2C_1 平行, 则 $\dfrac{OA_1}{OC_2}=\dfrac{OC_1}{OA_2}$. 这样有 $\dfrac{OC_1}{OB_2}=\dfrac{OB_1}{OC_2}$, 从而连线 B_1C_2 与连线 B_2C_1 也平行.

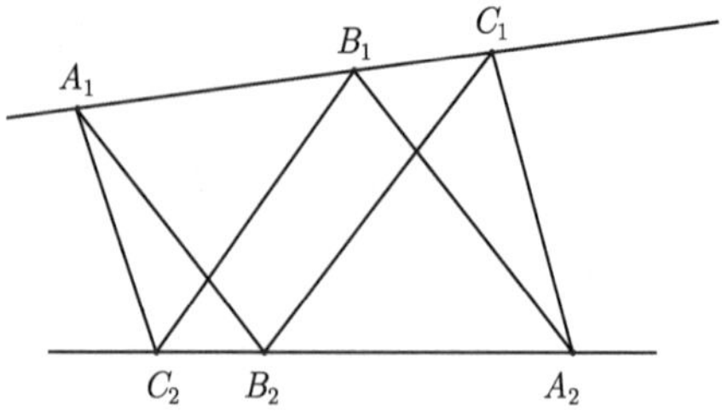

图 6.1.7

如果共线点组 A_1, B_1, C_1 所在直线与共线点组 A_2, B_2, C_2 所在直线平行, 则利用平行四边形性质也能证明连线 B_1C_2 与连线 B_2C_1 也平行. 既然帕普斯定理的条件和结论都在射影变换下不变, 从而证明了帕普斯定理. □

习　题　6.1

1. 设 S^2 是空间中一个球面, 现将球面 S^2 上一对对经点 (即直径的两个端点) 看成一个元素. 设 Ω 为球面 S^2 上对经点为元素的全体构成的集合. 现在在集合 Ω 定义线的概念: 把在球面 S^2 的每个大圆上的那些对经点构成 Ω 的子集称为 Ω 中的线. 说明具有这样的线结构的集合 Ω 是一个射影平面.

2. 在射影平面上, 给定三个不共线的点 A, B, C. 证明: 三线 AB, BC, AC 不共点.

3. 设平面上直线 l 和直线 l' 相交于点 Q, 点 O_1, O_2 和 Q 共线. 过点 O_1 的两条直线分别和直线 l 相交于 A_1, B_1, 和直线 l' 相交于 A_1', B_1'. 过点 O_2 的两条直线分别和直线 l 相交于 A_2, B_2, 和 l' 相交于 A_2', B_2'. 设 A_1B_1' 和 $A_1'B_1$ 相交于点 G, A_2B_2' 和 $A_2'B_2$ 相交于点 H. 证明: 三点 Q, G, H 共线 (图 6.1.8).

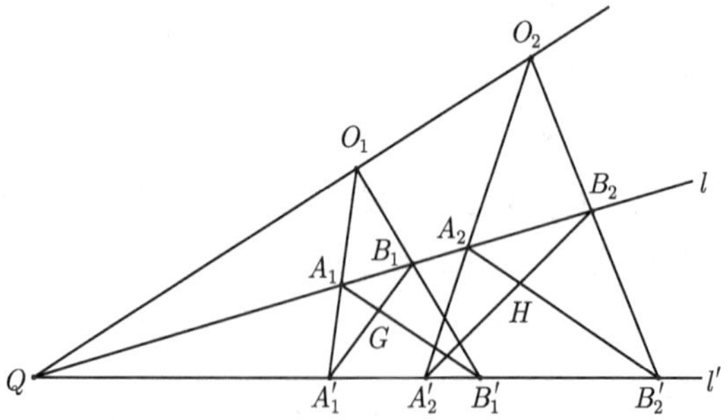

图 6.1.8

4. 设平面上直线 l 和直线 l' 相交于点 Q, 点 O 不在直线 l 和直线 l' 上. 过

点 O 的三条直线依次与直线 l 和直线 l' 相交 A, D; B, E; C, F. 设 AE 和 BD 相交于点 M; BF 和 CE 相交于点 N. 证明: 三点 M, N, Q 共线 (图 6.1.9).

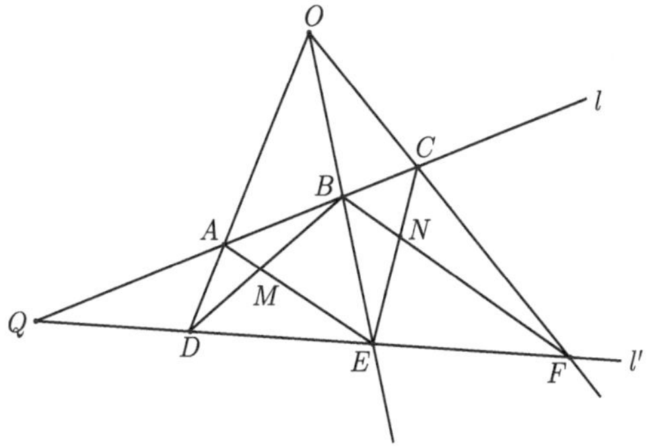

图 6.1.9

5. 在仿射平面上给定一点 Q 和两条直线 L_1 和 L_2. 已知直线 L_1 和 L_2 相交于一个不可能到达的点 M(非常远). 使用直尺作出连接点 Q 和 M 的直线.

6. 设射影平面上四点 A, B, C, D 满足其中任意三点不共线, 则称四点为一般位置的四点. 证明: 射影变换将一般位置的四点映成一般位置的四点.

7. 设扩大平面上四点 A, B, C, D 是一般位置的四点, 并且都是普通点. 证明: 存在射影变换将四边形 $ABCD$ 变为平行四边形.

8. 设直线 L_1, L_2, L_3, L_4 是扩大平面 π_+ 上任意四个不同的直线, 并且都不是无穷远直线. 证明: 存在射影变换 $f : \pi_+ \to \pi_+$ 满足 $f(L_1) = L_3, f(L_2) = L_4$.

9. 设 $f : \pi_+ \to \pi_+$ 是扩大平面上的射影变换, 如果无穷直线 L_∞ 是 f 的不动直线, 即无穷远直线上的点是 f 的不动点. 证明: 射影变换 $f : \pi_+ \to \pi_+$ 要么是平移变换决定的仿射-射影变换, 要么是位似变换决定的仿射-射影变换.

10. 设 $f : \pi_+ \to \pi_+$ 是扩大平面上的射影变换, 如果存在两个直线是 f 的不动直线, 证明: 射影变换 $f : \pi_+ \to \pi_+$ 是恒等变换.

11. 设 $f : \pi_+ \to \pi_+$ 是扩大平面上的射影变换, 在下面条件下, 判断它是不是仿射-射影变换, 说明理由.

(1) f 将仿射平面 π 上一个平行四边形映成 π 上的平行四边形;

(2) 平面 π 上存在不共线的三点是 f 的不动点;

(3) f 将仿射平面 π 上一个梯形映成 π 上的梯形;

(4) f 将仿射平面 π 上一个三角形映成 π 上的三角形.

12. 设 $f : E^3 \to E^3$ 是空间中的位似变换, 位似中心是点 O. 证明: 由位似变换 f 诱导在直线把 $\Lambda(O)$ 上的射影变换 ϕ_f 是恒等变换.

13. 设 $f: E^3 \to E^3$ 和 $g: E^3 \to E^3$ 是空间中的两个仿射变换 O. 问: 仿射变换 f 和 g 满足什么条件时, 它们诱导在直线把 $\Lambda(O)$ 上的射影变换是相等的, 即 $\phi_f = \phi_g$.

14. 设 $f: E^3 \to E^3$ 和 $g: E^3 \to E^3$ 是空间中的两个仿射变换 O. 问: 仿射变换 f 和 g 满足什么条件时, 它们诱导在直线把 $\Lambda(O)$ 上的射影变换是可以交换的, 即 $\phi_f \circ \phi_g = \phi_g \circ \phi_f$.

15. 设直线 L 是扩大平面上的一条普通直线, P, Q 是直线 L 上两个点, 试构造扩大平面上的射影变换 $f: \pi_+ \to \pi_+$, 使得直线 L 上只有 P, Q 两点是 $f: \pi_+ \to \pi_+$ 的不动点, 其余都不是不动点.

16. 给定扩大平面上的三个不同的点 A, B, C, 试构造扩大平面上的非恒等变换的射影变换 $f: \pi_+ \to \pi_+$, 使得点 A, B, C 是射影变换 $f: \pi_+ \to \pi_+$ 的不动点.

17. 在扩大平面的仿射平面上给出下列图形的性质和概念, 问哪些性质或概念是射影性质?

(1) 三条直线共线; (2) 三条直线两两平行;

(3) 梯形; (4) 凸四边形;

(5) 平行四边形; (6) 三角形的重心;

(7) 椭圆; (8) 椭圆的切线;

(9) 椭圆的直径.

18. 设平面上两条直线 L_1 和 L_2 相交于点 O, 给定与点 O 共线的两个点 E, F. 平面上一条动直线 L 经过另一定点 M, 分别交直线 L_1 和 L_2 于点 A, B. 证明: 直线 EA 和直线 FB 的交点的轨迹是一条直线.

6.2 射影坐标

6.2.1 射影坐标系

为了用解析的方法研究二维射影几何学中的问题, 就需要在射影平面上建立坐标系. 坐标系的实质是建立几何空间中点与有序数对的一一对应关系. 射影平面不是仿射空间, 是多个仿射平面粘贴而成, 因此射影平面上不存在整体的仿射坐标系, 但可以建立三个局部的仿射坐标系, 这种方式处理几何图形时就需要考虑局部坐标系之间的变换关系, 这是比较麻烦的. 对于射影平面, 还可以建立齐次坐标避开这种麻烦. 但齐次坐标不是仿射坐标, 将其非齐次化后得到的就是仿射坐标.

首先考虑直线把 $\Lambda(O)$ 的射影平面模型, 其上的点是一条直线, 它完全由直线的方向决定, 即直线的线向决定. 这样直线把中的点与空间中的线向是一一对应的. 而空间中的非零向量 $\boldsymbol{\alpha}$ 可以决定一个线向. 设在空间中取定一个仿射坐标系 $I[O;\boldsymbol{e}_1,\boldsymbol{e}_2,\boldsymbol{e}_3]$, 非零向量 $\boldsymbol{\alpha}$ 的坐标是 (x,y,z), 则它的三联比 $\langle x,y,z\rangle = x:y:z$ 决定一个线向. 事实上, 即对任意的非零数 k, 都有 $\langle x,y,z\rangle = \langle kx,ky,kz\rangle$. 称非零向量 $\boldsymbol{\alpha}$ 的坐标 (x,y,z) 为直线把 $\Lambda(O)$ 中的点的**齐次坐标**. 三联比 $\langle x,y,z\rangle$ 称为**射影坐标**.

直线把中点的齐次坐标 (x,y,z) 不是真正意义上的坐标, 因为这种坐标对应不是一一对应. 直线把 $\Lambda(O)$ 中点的射影坐标 $\langle x,y,z\rangle$(即三联比) 与点一一对应, 它是直线把中点的坐标. 如果存在直线把 $\Lambda(O)$ 中每一个点与三联比 $\langle x,y,z\rangle$ 的一个一一对应关系, 就称这种对应关系是直线把 $\Lambda(O)$ 上的一个**射影坐标系**.

于是空间中的任意仿射坐标系 $I[O;\boldsymbol{e}_1,\boldsymbol{e}_2,\boldsymbol{e}_3]$ 都可以得到直线把 $\Lambda(O)$ 上的一个射影坐标系. 但这样的射影坐标系有一个缺陷, 就是依赖于空间仿射坐标系 $I[O;\boldsymbol{e}_1,\boldsymbol{e}_2,\boldsymbol{e}_3]$, 空间仿射坐标系需要三个坐标向量, 但向量不是直线把中的概念, 因此这种坐标系不能平移到别的射影平面模型中去. 另一方面, 对于不等于零的实数 k, 且 $k\neq 1$, 仿射坐标系 $I[O;\boldsymbol{e}_1,\boldsymbol{e}_2,\boldsymbol{e}_3]$ 和 $I[O;k\boldsymbol{e}_1,k\boldsymbol{e}_2,k\boldsymbol{e}_3]$ 是两个不同的空间仿射坐标系, 但是它们得到直线把 $\Lambda(O)$ 上的相同的射影坐标系. 下面在直线把上建立一种射影坐标系, 这种射影坐标系只依赖直线把上的对象, 同时使得通过射影平面间的射影映射可以平移到别的射影平面模型中.

定义 6.2.1.1 取定直线把 $\Lambda(O)$ 中的四个点 l_1,l_2,l_3,l_4, 满足其中任意三个点都不共线, 即经过点 O 的四条直线, 其中任意三条直线均不共面 (这样的点组称为一般位置点组). 再取定空间中非零向量 $\boldsymbol{e}_4$ 作为直线 l_4 的方向向量, 即 $\boldsymbol{e}_4//l_4$, 并且满足 $\boldsymbol{e}_4$ 可以分解为分别平行于 l_1,l_2,l_3 的三个向量 $\boldsymbol{e}_1,\boldsymbol{e}_2,\boldsymbol{e}_3$ 之和, 即 $\boldsymbol{e}_4=\boldsymbol{e}_1+\boldsymbol{e}_2+\boldsymbol{e}_3$. 于是得到空间仿射坐标系 $[O;\boldsymbol{e}_1,\boldsymbol{e}_2,\boldsymbol{e}_3]$. 利用该空间仿射坐标系得到直线把 $\Lambda(O)$ 上的一个射影坐标系. 这个仿射坐标系与向量 $\boldsymbol{e}_4$ 的选择无关. 因为当 $\boldsymbol{e}_4$ 改变时, 只是在原向量上乘上一个非零的常数, 从而 $\boldsymbol{e}_1,\boldsymbol{e}_2,\boldsymbol{e}_3$ 中每一个向量都乘以该常数. 这样该射影坐标系完全由这一般位置的四点 l_1,l_2,l_3,l_4 所决定. 称该射影坐标系是由 l_1,l_2,l_3,l_4 决定的**射影坐标系**, 记为 $[l_1,l_2,l_3,l_4]$. 把 l_1,l_2,l_3,l_4 一起称为该射影坐标系的**射影标架**. 这一般位置的四点 l_1,l_2,l_3,l_4 称为射影坐标系的**基本点**, 其中 l_4 称为**单位点**. 直线把 $\Lambda(O)$ 中每一条直线 l 的任意一个方向向量 $\boldsymbol{\alpha}$ 在 $[O;\boldsymbol{e}_1,\boldsymbol{e}_2,\boldsymbol{e}_3]$ 下的坐标 (x,y,z) 称为点 l 在射影坐标系 $[l_1,l_2,l_3,l_4]$ 中的**齐次射影坐标, 简称齐次坐标**, 它的三联比 $\langle x,y,z\rangle$ 称为点 l 在射影坐标系 $[l_1,l_2,l_3,l_4]$ 中的**射影坐标**.

这样在射影坐标系 $[l_1, l_2, l_3, l_4]$ 下, 基本点 l_1, l_2, l_3, l_4 的射影坐标依次是

$$\langle 1,0,0\rangle, \quad \langle 0,1,0\rangle, \quad \langle 0,0,1\rangle, \quad \langle 1,1,1\rangle.$$

设直线把 $\Lambda(O)$ 中有射影坐标系 $[l_1, l_2, l_3, l_4]$. 直线把 $\Lambda(O)$ 中两个不同点 P_1, P_2 在此射影坐标系中的齐次坐标是 (p_1, p_2, p_3), (q_1, q_2, q_3). 点 $M(x_1, x_2, x_3)$ 在线 L_1L_2 上的充分必要条件是: 直线把 $\Lambda(O)$ 中直线 OP_1, OP_2, OM 三线共面. 从而存在不全为零的实数 s, t, 使得

$$(x_1, x_2, x_3) = s(p_1, p_2, p_3) + t(q_1, q_2, q_3),$$

即

$$\begin{vmatrix} x_1 & x_2 & x_3 \\ p_1 & p_2 & p_3 \\ q_1 & q_2 & q_3 \end{vmatrix} = 0.$$

展开得到

$$ax_1 + bx_2 + cx_3 = 0, \tag{6.2.1}$$

其中 $a = \begin{vmatrix} p_2 & p_3 \\ q_2 & q_3 \end{vmatrix}$, $b = \begin{vmatrix} p_3 & p_1 \\ q_3 & q_1 \end{vmatrix}$, $c = \begin{vmatrix} p_1 & p_2 \\ q_1 & q_2 \end{vmatrix}$.

这样直线把 $\Lambda(O)$ 中的线的方程式 (6.2.1), 它完全由三联比 $\langle a, b, c\rangle$ 决定. 称三联比 $\langle a, b, c\rangle$ 为**线** P_1P_2 **在射影坐标系** $[l_1, l_2, l_3, l_4]$ **的射影坐标**. 相应地 (a, b, c) 称为**线** P_1P_2 **的齐次坐标**.

在直线把 $\Lambda(O)$ 上取定射影坐标系 $[l_1, l_2, l_3, l_4]$ 后, 线也有坐标. 从齐次坐标来看, 点和线的地位是对等的. 这反映到点与线的关联关系: 点在线上、线经过点. 设点 P 的齐次坐标是 (x, y, z), 线 L 的齐次坐标是 (a, b, c). 则点 P 与线 L 是关联的充分必要条件是

$$ax + by + cz = 0. \tag{6.2.2}$$

如果固定线的齐次坐标 (a, b, c), 它所表示的线记为 L_0, 则上面方程 (6.2.2) 表示在线 L_0 上所有点所满足的方程. 如果固定点的齐次坐标 (x, y, z), 它所表示的点记为 P_0, 则上面方程 (6.2.2) 表示经过点 P_0 的所有线的方程.

下面两个结论也说明点线的对等性, 其证明是容易得到的.

(1) 如果三个点的齐次坐标是 (x_1, y_1, z_1), $(x_2, y_2, z_2), (x_3, y_3, z_3)$, 则这三点共线的充分必要条件是 $\begin{vmatrix} x_1 & y_1 & z_1 \\ x_2 & y_2 & z_2 \\ x_3 & y_3 & z_3 \end{vmatrix} = 0.$

(2) 如果三条线的齐次坐标是 (a_1, b_1, c_1), $(a_2, b_2, c_2), (a_3, b_3, c_3)$, 则这三点共线的充分必要条件是 $\begin{vmatrix} a_1 & b_1 & c_1 \\ a_2 & b_2 & c_2 \\ a_3 & b_3 & c_3 \end{vmatrix} = 0.$

(3) 设两条直线的齐次坐标分别为 (p_1, p_2, p_3), (q_1, q_2, q_3), 则它们的交点的齐次坐标为 $\left(\begin{vmatrix} p_2 & p_3 \\ q_2 & q_3 \end{vmatrix}, \begin{vmatrix} p_3 & p_1 \\ q_3 & q_1 \end{vmatrix}, \begin{vmatrix} p_1 & p_2 \\ q_1 & q_2 \end{vmatrix} \right).$

下面在扩大平面 π_+ 上建立射影坐标系. 在空间中取不在平面 π 上的点 O, 于是直线把 $\Lambda(O)$ 与扩大平面 π_+ 之间存在射影映射 $\Psi : \pi_+ \to \Lambda(O)$, 利用这射影映射我们可以将直线把 $\Lambda(O)$ 上的射影坐标系变为扩大平面上的射影坐标系.

命题 6.2.1.1 设 $[l_1, l_2, l_3, l_4]$ 是直线把 $\Lambda(O)$ 的一个射影坐标系. 设 $f : E^3 \to E^3$ 是空间中一个仿射变换, $f(O) = O'$, $f(l_1) = l'_1, f(l_2) = l'_2, f(l_3) = l'_3, f(l_4) = l'_4$. 则有

(1) 直线 l'_1, l'_2, l'_3, l'_4 也处于一般位置;

(2) 任意点 $l \in \Lambda(O)$ 在射影坐标系 $[l_1, l_2, l_3, l_4]$ 中的坐标和点 $f(l) = l' \in \Lambda(f(O))$ 在射影坐标系 $[l'_1, l'_2, l'_3, l'_4]$ 中的坐标相同.

证明 (1) 由于空间中仿射变换将共面直线映为共面直线, 将不共面直线映为不共面直线. 既然四条直线 l_1, l_2, l_3, l_4 中任意三条都不共面, 则它的像 l'_1, l'_2, l'_3, l'_4 中任意三条也不共面, 即它们处于一般位置.

(2) 直线把 $\Lambda(O)$ 的射影坐标系 $[l_1, l_2, l_3, l_4]$ 决定空间一个仿射坐标系如下: 取定 l_4 的方向向量 $\boldsymbol{e}_4$, 分别取 l_1, l_2, l_3 的方向向量 $\boldsymbol{e}_1, \boldsymbol{e}_2, \boldsymbol{e}_3$ 满足 $\boldsymbol{e}_4 = \boldsymbol{e}_1 + \boldsymbol{e}_2 + \boldsymbol{e}_3$. 于是得到空间的一个仿射坐标系 $I[O; \boldsymbol{e}_1, \boldsymbol{e}_2, \boldsymbol{e}_3]$. 记 $\overline{f}(\boldsymbol{e}_1) = \boldsymbol{e}'_1, \overline{f}(\boldsymbol{e}_2) = \boldsymbol{e}'_2, \overline{f}(\boldsymbol{e}_3) = \boldsymbol{e}'_3, \overline{f}(\boldsymbol{e}_4) = \boldsymbol{e}'_4$, 所以直线 $f(l_1) = l'_1$, $f(l_2) = l'_2, f(l_3) = l'_3, f(l_4) = l'_4$ 的方向向量分别为 $\boldsymbol{e}'_1$, $\boldsymbol{e}'_2$, $\boldsymbol{e}'_3$, $\boldsymbol{e}'_4$, 并且满足关系式

$$\boldsymbol{e}'_4 = \boldsymbol{e}'_1 + \boldsymbol{e}'_2 + \boldsymbol{e}'_3.$$

这样直线把 $\Lambda(f(O))$ 的射影坐标系 $[l'_1, l'_2, l'_3, l'_4]$ 决定一个仿射坐标系$\boldsymbol{I}'[O'; \boldsymbol{e}'_1, \boldsymbol{e}'_2, \boldsymbol{e}'_3]$. 任意点 $l \in \Lambda(O)$, 取它的方向向量 $\boldsymbol{\alpha}$. 则 $\overline{f}(\boldsymbol{\alpha})$ 是点 $f(l) \in \Lambda(f(O))$ 的方

向向量. 由于 $\boldsymbol{\alpha}$ 在 $\boldsymbol{I}[O;\boldsymbol{e}_1,\boldsymbol{e}_2,\boldsymbol{e}_3]$ 中的坐标与 $\overline{f}(\boldsymbol{\alpha})$ 在 $\boldsymbol{I}'[O',\boldsymbol{e}_1',\boldsymbol{e}_2',\boldsymbol{e}_3']$ 中的坐标相同, 故点 $l\in\Lambda(O)$ 在射影坐标系 $[l_1,l_2,l_3,l_4]$ 中的坐标和 $\Lambda(f(O))$ 中的点 l' 在射影坐标系 $[l_1',l_2',l_3',l_4']$ 中的坐标相同. □

上面命题说明扩大平面的这种射影坐标系与直线把 $\Lambda(O)$ 的中心 O 的选择无关.

定义 6.2.1.2 设 A_1,A_2,A_3,A_4 是扩大平面 π_+ 上处于一般位置的四点 (即任意三点不共线). 在空间中取不在平面 π 上的点 O. 对于扩大平面上任意一点 P, 将线 OP 在射影坐标系 $[OA_1,OA_2,OA_3,OA_4]$ 中的齐次坐标 (x,y,z) 称为点 P 在扩大平面 π_+ 由 A_1,A_2,A_3,A_4 所决定的**齐次射影坐标**, 这样得到扩大平面上的**射影坐标系**, 记为 $[A_1,A_2,A_3,A_4]$. 点组 A_1,A_2,A_3,A_4 称为该**射影标架**. 四点 A_1,A_2,A_3,A_4 都称为该射影坐标系的**基本点**, 其中 A_4 称为**单位点**.

同样地, 在扩大平面上建立了射影坐标系后, 不仅点有坐标, 线也有坐标. 并且在直线把中射影坐标所有性质, 对于在扩大平面上的射影坐标也都成立.

设 $[A_1,A_2,A_3,A_4]$ 为扩大平面 π_+ 上的一个射影坐标系, 基本点 A_1,A_2,A_3,A_4 的齐次坐标分别是 $(1,0,0)$, $(0,1,0)$, $(0,0,1)$, $(1,1,1)$.

扩大平面 π_+ 上的射影坐标系也可以由平面 π 上的仿射坐标系得到. 设 $I[O_0;\boldsymbol{e}_1,\boldsymbol{e}_2]$ 是平面 π 上的一个仿射坐标系. 记 A_1,A_2 分别是仿射坐标系 I 的两个坐标向量 $\boldsymbol{e}_1,\boldsymbol{e}_2$ 所代表的无穷远点. A_4 是平面上仿射坐标为 $(1,1)$ 的点. 则 A_1,A_2,O_0,A_4 是处于一般位置的四点, 它们决定了扩大平面 π_+ 上的一个射影坐标系 J, 称为由仿射坐标系 I 决定的**仿射-射影坐标系**, 记为 I-J.

设 I-J 是扩大平面上的仿射-射影坐标系. 在空间中取不在平面 π 上的点 O_0, 设 l_1,l_2,l_3,l_4 依次是点 A_1,A_2,O_0,A_4 在射影映射 $\Psi:\pi_+\to\Lambda(O)$ 下的像. 记 $\boldsymbol{e}_4=\overrightarrow{OA_4},\boldsymbol{e}_3=\overrightarrow{OO_0}$. 则 $\boldsymbol{e}_4=\boldsymbol{e}_1+\boldsymbol{e}_2+\boldsymbol{e}_3$. 从而射影坐标系 $[l_1,l_2,l_3,l_4]$ 决定 $\Lambda(O)$ 中的齐次射影坐标就是仿射坐标系 $I[O;\boldsymbol{e}_1,\boldsymbol{e}_2,\boldsymbol{e}_3]$ 所决定的坐标.

设点 P 是扩大平面 π_+ 上的普通点, 它在 I 中的仿射坐标为 (x,y), 则向量 $\overrightarrow{OP}$ 是线 OP 的方向向量, 并且

$$\overrightarrow{OP}=\overrightarrow{OO_0}+\overrightarrow{O_0P}=x\boldsymbol{e}_1+y\boldsymbol{e}_2+\boldsymbol{e}_3.$$

这样点 P 在 I-J 中的齐次射影坐标是 $(x,y,1)$.

设点 P 是扩大平面 π_+ 上的无穷远点, 它由非零向量 $\boldsymbol{\alpha}=(x,y)$ 代表的线向. 则向量 $\boldsymbol{\alpha}$ 是线 OP 的方向向量, 又 $\boldsymbol{\alpha}=x\boldsymbol{e}_1+y\boldsymbol{e}_2$. 故点 P 在 I-J 中的齐次射影坐标是 $(x,y,0)$.

这样, 在扩大平面 π_+ 的仿射-射影坐标系 I-J 下, 普通点与无穷远点在坐标

上有着明显区别: 就看第三个坐标分量是否为零. 但在一般的射影坐标系下, 不能用点的第三坐标分量是否为零来判定点是否为无穷远点.

例 6.2.1.1 利用射影坐标证明德萨格定理.

证明 如图 6.2.1, 设直线 l_1, l_2, l_3 相交于点 P, 三角形 $\triangle ABC$ 和 $\triangle A'B'C'$ 的顶点分别在这三条直线上, 不妨假设 A, B, C 都不与点 P 重合 (否则德萨格定理成立), 于是 A, B, C, P 是处于一般位置的四点组. 以 $[A, B, C, P]$ 为标架建立射影坐标系, 则 A, B, C, P 在此射影坐标系下的齐次坐标为 $A(1,0,0), B(0,1,0), C(0,0,1), P(1,1,1)$. $\triangle ABC$ 的三边所在的线的齐次坐标为 $AB(0,0,1), BC(1,0,0), AC(0,1,0)$.

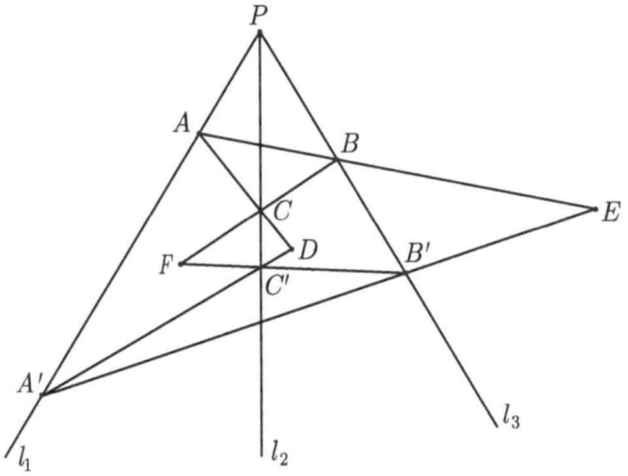

图 6.2.1

由于 A' 和 A 与 P 共线, 故设其齐次坐标为 $A'(x,1,1)$; B' 和 B 与 P 共线, 故设其齐次坐标为 $B'(1,y,1)$; C' 和 C 与 P 共线, 故设其齐次坐标为 $C'(1,1,z)$. 所以 $\triangle A'B'C'$ 三边所在线的齐次坐标为

$$A'B'(1-y, 1-x, xy-1), \quad B'C'(yz-1, 1-z, 1-y), \quad A'C'(1-z, xz-1, 1-x).$$

这样 AB 与 $A'B'$ 的交点 E 的齐次坐标为 $E(x-1, 1-y, 0)$; BC 与 $B'C'$ 的交点 F 的齐次坐标为 $F(0, y-1, 1-z)$; AC 与 $A'C'$ 的交点 D 的齐次坐标为 $D(1-x, 0, z-1)$.

由于 $\begin{vmatrix} x-1 & 0 & 1-x \\ 1-y & y-1 & 0 \\ 0 & 1-z & z-1 \end{vmatrix} = 0$, 因此 E, F, D 共线. □

6.2.2 射影坐标变换

设直线把 $\Lambda(O)$ 有两个射影坐标系: $J[l_1,l_2,l_3,l_4]$ 和 $J'[l_1',l_2',l_3',l_4']$.

命题 6.2.2.1 设 $J[l_1,l_2,l_3,l_4]$ 和 $J'[l_1',l_2',l_3',l_4']$ 是直线把 $\Lambda(O)$ 的两个射影坐标系, 设点 P 在这两个射影坐标系下的坐标依次是 (x,y,z) 和 (x',y',z').

(1) 存在三阶可逆矩阵 $\boldsymbol{H}$, 满足 $\langle(x,y,z)^{\mathrm{T}}\rangle=\langle\boldsymbol{H}(x',y',z')^{\mathrm{T}}\rangle$, 其中 $(x,y,z)^{\mathrm{T}}$ 表示矩阵的转置.

(2) 对于每一点都满足上述关系的三阶矩阵 $\boldsymbol{H}$ 是不唯一的, 它们之间相差一个非零常数倍.

证明 (1) 设射影坐标系分别由仿射标架 $I[O;\boldsymbol{e}_1,\boldsymbol{e}_2,\boldsymbol{e}_3]$ 和 $I'[O';\boldsymbol{e}_1',\boldsymbol{e}_2',\boldsymbol{e}_3']$ 所决定. 设 $\boldsymbol{H}$ 是仿射坐标系 $I[O;\boldsymbol{e}_1,\boldsymbol{e}_2,\boldsymbol{e}_3]$ 到仿射坐标系 $I'[O';\boldsymbol{e}_1',\boldsymbol{e}_2',\boldsymbol{e}_3']$ 的过渡矩阵. 则向量 $\boldsymbol{\alpha}=x\boldsymbol{e}_1+y\boldsymbol{e}_2+z\boldsymbol{e}_3$ 和向量 $k\boldsymbol{\alpha}'=x'\boldsymbol{e}_1'+y'\boldsymbol{e}_2'+z'\boldsymbol{e}_3'$ 都是直线 OP 的方向向量. 而 $\boldsymbol{\alpha}$ 和 $\boldsymbol{\alpha}'$ 在仿射坐标系 I 中分别是 (x,y,z) 和 $\boldsymbol{H}(x',y',z')$, 它们之间相差一个非零常数倍, 故 $\langle(x,y,z)^{\mathrm{T}}\rangle=\langle\boldsymbol{H}(x',y',z')^{\mathrm{T}}\rangle$.

(2) 设射影坐标系 $J[l_1,l_2,l_3,l_4]$ 和 $J'[l_1',l_2',l_3',l_4']$ 分别由仿射标架 $I[O;\boldsymbol{e}_1,\boldsymbol{e}_2,\boldsymbol{e}_3]$ 和 $I'[O';\boldsymbol{e}_1',\boldsymbol{e}_2',\boldsymbol{e}_3']$ 所决定, 三阶矩阵 $\boldsymbol{H}$ 是仿射坐标系 $I[O;\boldsymbol{e}_1,\boldsymbol{e}_2,\boldsymbol{e}_3]$ 到 $I'[O';\boldsymbol{e}_1',\boldsymbol{e}_2',\boldsymbol{e}_3']$ 的过渡矩阵. 而射影坐标系 $J[l_1,l_2,l_3,l_4]$ 和 $J'[l_1',l_2',l_3',l_4']$ 也可以分别由仿射标架 $I_1[O;k\boldsymbol{e}_1,k\boldsymbol{e}_2,k\boldsymbol{e}_3]$ 和 $I_1'[O';t\boldsymbol{e}_1',t\boldsymbol{e}_2',t\boldsymbol{e}_3']$ 所决定, 其中常数 t,k 非零. 这样仿射坐标系 $I_1[O;k\boldsymbol{e}_1,k\boldsymbol{e}_2,k\boldsymbol{e}_3]$ 到仿射坐标系 $I_1'[O';t\boldsymbol{e}_1',t\boldsymbol{e}_2',t\boldsymbol{e}_3']$ 的过渡矩阵是 $\dfrac{t}{k}\boldsymbol{H}$. 这样 (2) 成立. □

定义 6.2.2.1 命题 6.2.2.1 中满足条件的三阶矩阵 $\boldsymbol{H}$ 称为射影坐标系 $J[l_1,l_2,l_3,l_4]$ 到 $J'[l_1',l_2',l_3',l_4']$ 的**过渡矩阵**. 公式 $\langle(x,y,z)^{\mathrm{T}}\rangle=\langle\boldsymbol{H}(x',y',z')^{\mathrm{T}}\rangle$ 称为从射影坐标系 J 到射影坐标系 J' 的**点的射影坐标变换公式**.

射影坐标系间的过渡矩阵虽然不唯一, 但它们之间只差一个非零常数倍. 另外命题 6.2.2.1 中给出的是直线把中点的射影坐标变换公式, 该公式对射影平面的射影坐标系都成立. 下面给出求过渡矩阵的方法, 以扩大平面上的过渡矩阵为例. 设扩大平面上两个射影坐标系 $J[A_1,A_2,A_3,A_4]$ 和 $J'[A_1',A_2',A_3',A_4']$. 设三阶矩阵 $\boldsymbol{H}$ 是射影坐标系 J 到 J' 的过渡矩阵. 设点 A_1',A_2',A_3',A_4' 在 J 中的坐标为 (用向量表示)

$$\boldsymbol{\alpha}_1=(x_1,y_1,z_1),\quad \boldsymbol{\alpha}_2=(x_2,y_2,z_2),\quad \boldsymbol{\alpha}_3=(x_3,y_3,z_3),\quad \boldsymbol{\alpha}_4=(x_4,y_4,z_4).$$

因为 A_1',A_2',A_3' 不共线, 所以 $\boldsymbol{\alpha}_1$, $\boldsymbol{\alpha}_2$, $\boldsymbol{\alpha}_3$ 线性无关, 从而 $\boldsymbol{\alpha}_4$ 可以用它们唯一表示, 即

$$\boldsymbol{\alpha}_4=c_1\boldsymbol{\alpha}_1+c_2\boldsymbol{\alpha}_2+c_3\boldsymbol{\alpha}_3.$$

以 $c_1\boldsymbol{\alpha}_1, c_2\boldsymbol{\alpha}_2, c_3\boldsymbol{\alpha}_3$ 为列向量, 构造 3 阶矩阵

$$\boldsymbol{H}_0=(c_1\boldsymbol{\alpha}_1, c_2\boldsymbol{\alpha}_2, c_3\boldsymbol{\alpha}_3).$$

下面证明它就是过渡矩阵. 设三阶矩阵 $\boldsymbol{H}$ 是射影坐标系 J 到 J' 的过渡矩阵. 则

$$\langle (x,y,z)^{\mathrm{T}}\rangle=\langle \boldsymbol{H}(x',y',z')^{\mathrm{T}}\rangle.$$

由于 A_1', A_2', A_3' 在 J' 中的齐次坐标分别为 $(1,0,0)$, $(0,1,0)$, $(0,0,1)$. 所以 A_1' 在 J 中的齐次坐标为 $\langle (x,y,z)^{\mathrm{T}}\rangle=\langle \boldsymbol{H}(1,0,0)^{\mathrm{T}}\rangle=\langle \boldsymbol{\eta}_1\rangle$, 所以 $\boldsymbol{\alpha}_1//\boldsymbol{\eta}_1$. 同理得到

$$\boldsymbol{\alpha}_2//\boldsymbol{\eta}_2,\quad \boldsymbol{\alpha}_3//\eta_3,\quad \boldsymbol{\alpha}_4//(\boldsymbol{\eta}_1+\boldsymbol{\eta}_2+\boldsymbol{\eta}_3).$$

设 $\boldsymbol{\eta}_1=k_1\boldsymbol{\alpha}_1$, $\boldsymbol{\eta}_2=k_2\boldsymbol{\alpha}_2$, $\boldsymbol{\eta}_3=k_3\boldsymbol{\alpha}_3$, $\boldsymbol{\eta}_1+\boldsymbol{\eta}_2+\boldsymbol{\eta}_3=k\boldsymbol{\alpha}_4$. 由于

$$k_1\boldsymbol{\alpha}_1+k_2\boldsymbol{\alpha}_2+k_3\boldsymbol{\alpha}_3=\boldsymbol{\eta}_1+\boldsymbol{\eta}_2+\boldsymbol{\eta}_3=k\boldsymbol{\alpha}_4=k(c_1\boldsymbol{\alpha}_1+c_2\boldsymbol{\alpha}_2+c_3\boldsymbol{\alpha}_3),$$

并且 $\boldsymbol{\alpha}_1$, $\boldsymbol{\alpha}_2$, $\boldsymbol{\alpha}_3$ 线性无关. 所以 $k_1=kc_1$, $k_2=kc_2$, $k_3=kc_3$. 于是

$$\boldsymbol{H}=(\boldsymbol{\eta}_1,\boldsymbol{\eta}_2,\boldsymbol{\eta}_3)=(kc_1\boldsymbol{\alpha}_1,kc_2\boldsymbol{\alpha}_2,kc_3\boldsymbol{\alpha}_3)=k(c_1\boldsymbol{\alpha}_1,c_2\boldsymbol{\alpha}_2,c_3\boldsymbol{\alpha}_3)=k\boldsymbol{H}_0.$$

例 6.2.2.1 设扩大平面 π_+ 上有射影坐标系 J 和射影坐标系 J', 已知 J' 的四个基本点在 J 中的齐次坐标依次是 $(1,-1,2),(2,0,1),(-1,2,4),(1,-1,0)$. 求 J 到 J' 的一个过渡矩阵.

解 设 $\boldsymbol{\alpha}_1=(1,-1,2),\boldsymbol{\alpha}_2=(2,0,1),\boldsymbol{\alpha}_3=(-1,2,4),\boldsymbol{\alpha}_4=(1,-1,0)$. 则 $\boldsymbol{\alpha}_4=\dfrac{7}{15}\boldsymbol{\alpha}_1+\dfrac{2}{15}\boldsymbol{\alpha}_2-\dfrac{4}{15}\boldsymbol{\alpha}_3$. 则

$$\boldsymbol{H}=\left(\frac{7}{15}\boldsymbol{\alpha}_1,\frac{2}{15}\boldsymbol{\alpha}_2,-\frac{4}{15}\boldsymbol{\alpha}_3\right)=\frac{1}{15}\begin{pmatrix}7&4&4\\-7&0&-8\\14&2&-16\end{pmatrix}$$

是 J 到 J' 的一个过渡矩阵. □

定义 6.2.2.2 设 $J[A_1,A_2,A_3,A_4]$ 是射影平面上的一个射影坐标系, 对于不在线 A_1A_2 上的点 P, 它的齐次坐标是 (x_1,x_2,x_3), 令 $x=\dfrac{x_1}{x_3}, y=\dfrac{x_2}{x_3}$. 则称 (x,y) 是点 P 的**非齐次坐标**.

设 $J'[A_1',A_2',A_3',A_4']$ 是另一个射影坐标系, 对于既不在线 A_1A_2 上, 也不在线 $A_1'A_2'$ 上的点 P, 设它在射影坐标系 J 和 J' 的坐标依次是 (x_1,x_2,x_3) 和

(x_1',x_2',x_3'), 它的非齐次坐标是 (x,y) 和 (x',y'), 则

$$x=\frac{x_1}{x_3},\quad y=\frac{x_2}{x_3};\quad x'=\frac{x_1'}{x_3'},\quad y'=\frac{x_2'}{x_3'}.$$

设 J 到 J' 的过渡矩阵

$$\boldsymbol{H}=\begin{pmatrix} a_{11} & a_{12} & a_{13}\\ a_{21} & a_{22} & a_{23}\\ a_{31} & a_{32} & a_{33}\end{pmatrix}.$$

既然 $\langle(x_1,x_2,x_3)^{\mathrm{T}}\rangle=\langle H(x_1',x_2',x_3')^{\mathrm{T}}\rangle$, 这样有

$$\begin{cases} x=\dfrac{a_{11}x'+a_{12}y'+a_{13}}{a_{31}x'+a_{32}y'+a_{33}},\\[2mm] y=\dfrac{a_{21}x'+a_{22}y'+a_{23}}{a_{31}x'+a_{32}y'+a_{33}},\end{cases}$$

这是**点的非齐次坐标变换公式**.

于是点 P 在射影坐标系 $J[A_1,A_2,A_3,A_4]$ 下的非齐次坐标 (x,y) 可以用它在射影坐标系 $J'[A_1',A_2',A_3',A_4']$ 中的非齐次坐标 (x',y') 的分式线性函数来给出.

下面讨论射影平面中线的坐标的变换公式. 设 $\boldsymbol{H}$ 是射影坐标系 J 到射影坐标系 J' 的一个过渡矩阵. 线 L 在 J 中的齐次坐标是 (a,b,c), 则在 J' 中坐标为 (x',y',z') 的点在线 L 上的充分必要条件是

$$(a,b,c)\boldsymbol{H}(x',y',z')^{\mathrm{T}}=0.$$

从而 $(a,b,c)\boldsymbol{H}$ 就是线 L 在 J' 中的坐标. 如果设线 L 在 J' 中的齐次坐标为 (a',b',c'), 则有

$$(a',b',c')=(a,b,c)\boldsymbol{H}.$$

这就是从射影坐标系 J 到射影坐标系 J' 的**线的齐次坐标变换公式**.

射影坐标变换的过渡矩阵与仿射坐标变换的过渡矩阵有相同的性质: 如果 J_1,J_2,J_3 是射影平面上三个射影坐标系. 并且 J_1 到 J_2 的过渡矩阵为 $\boldsymbol{H}_1$, J_2 到 J_3 的过渡矩阵为 $\boldsymbol{H}_2$, 则

(1) 从 J_1 到 J_3 的过渡矩阵为 $\boldsymbol{H}_1\boldsymbol{H}_2$;

(2) 从 J_2 到 J_1 的过渡矩阵为 $\boldsymbol{H}_1^{-1}$.

这些性质用类似仿射坐标系的过渡矩阵的相应性质的证明思路可以证明.

习 题 6.2

1. 给定平面 π 上一个梯形 $ABCD$, 在扩大平面 π_+ 上建立射影坐标系 $[A,B,C,D]$, 在此射影坐标系下,

(1) 求出梯形四条边和两条对角线所在线的齐次坐标;

(2) 求出两条对角线交点的齐次坐标;

(3) 求出 AB 线与 CD 线的交点和 AD 线与 BC 线的交点的齐次坐标.

2. 在射影平面上给定四点 A,B,C,D, 在一个射影坐标系下, 它们的齐次坐标分别为

$$(1,2,1),\quad (2,1,0),\quad (1,0,1),\quad (0,1,1).$$

(1) 求出线 AB, 线 AD, 线 BC, 线 BD 的齐次坐标;

(2) 判断 A,B,C,D 有没有共线的三点.

3. 在平面 π 上给定一个仿射坐标系 $I[O;\boldsymbol{e}_1,\boldsymbol{e}_2]$, 给出平面 π 上在仿射坐标系 $I[O;\boldsymbol{e}_1,\boldsymbol{e}_2]$ 下的直线方程为: $x-y+1=0$, $2x-y+1=0$, $x-y=0$, $x+1=0$.

设由 $I[O;\boldsymbol{e}_1,\boldsymbol{e}_2]$ 决定在扩大平面 π_+ 的仿射-射影坐标系 J. 求出这些直线在仿射-射影坐标系 J 下的方程, 并且求出这些直线上面的无穷远点的齐次坐标.

4. 在射影平面的射影坐标系 J 下, 给出下面三条直线的方程, 判断它们是否共点, 并求出交点的齐次坐标.

(1) $x_1-x_2+x_3=0$, $2x_1-x_2-x_3=0$, $x_2-2x_3=0$;

(2) $2x_1-3x_2+4x_3=0$, $2x_1+2x_2+x_3=0$, $x_1+x_2-2x_3=0$;

(3) $x_1+2x_2+2x_3=0$, $x_1-4x_2-2x_3=0$, $x_1-2x_2+x_3=0$;

(4) $x_1+x_3=0$, $x_1-x_2-4x_3=0$, $x_2-2x_3=0$.

5. 在射影平面 Π 的射影坐标系 $J[A_1,A_2,A_3,A_4]$ 下, 两点的齐次坐标 $A(1,2,-1)$, $B(0,1,2)$. 求出连接 A, B 的线的方程.

6. 在射影平面 Π 的射影坐标系 $J[A_1,A_2,A_3,A_4]$ 下, 设线 L_1,L_2,L_3 的方程依次为

$$x_1+x_2-x_3=0,\quad 2x_1-x_2+x_3=0,\quad x_1-2x_3=0,\quad x_1-2x_2+3x_3=0.$$

设线 L_1 和 L_2 的交点为 A, 线 L_3 和 L_4 的交点为 B. 求出连接 A, B 的线的方程.

7. 在射影平面上, 求从射影坐标系 $J[A_1,A_2,A_3,A_4]$ 到射影坐标系 $J'[A_3,A_1,A_4,A_2]$ 的过渡矩阵.

8. 设 $J[A_1,A_2,A_3,A_4]$ 是射影平面上的射影坐标系, 射影平面上给定五点

$$B_1(4,-2,3),\quad B_2(5,2,0),\quad B_3(1,3,-2),\quad B_4(1,1,0),\quad M(1,1,-1).$$

(1) 证明: 点 B_1,B_2,B_3,B_4 是处于一般位置的点;

(2) 求出从射影坐标系 $J[A_1,A_2,A_3,A_4]$ 到射影坐标系 $J'[B_1,B_2,B_3,B_4]$ 的过渡矩阵.

(3) 求出点 $M(1,1,-1)$ 在射影坐标系 $J'[B_1,B_2,B_3,B_4]$ 下的齐次坐标.

9. 设 J 是射影平面上一个射影坐标系, 已知射影平面另一个射影坐标系 $J'[A_1,A_2,A_3,A_4]$ 的四基本点 $A_1(4,-2,3),A_2(5,2,0),A_3(1,3,-2),A_4(1,1,0)$.

(1) 求出从 J 到 J' 的过渡矩阵;

(2) 已知点 P 在 J 中的齐次坐标为 $(1,2,1)$, 求点 P 在 J' 中的齐次坐标;

(3) 已知点 P 在 J' 中的齐次坐标为 $(-2,1,3)$, 求点 P 在 J 中的齐次坐标;

(4) 已知线 l 在 J 中的齐次坐标为 $(1,2,1)$, 求线 l 在 J' 中的齐次坐标;

(5) 已知线 l 在 J 中的方程为 $x_1+x_2+2x_3=0$, 求线 l 在 J' 中的方程;

(6) 已知线 l 在 J' 中的方程为 $2x_1-x_2+x_3=0$, 求线 l 在 J 中的方程.

10. 设射影平面上两个射影坐标系 J,J', 并且从射影坐标系 $J[A_1,A_2,A_3,A_4]$ 到射影坐标系 $J'[B_1,B_2,B_3,B_4]$ 的过渡矩阵为

$$\boldsymbol{H}=\begin{pmatrix}2&0&1\\1&1&1\\2&2&0\end{pmatrix}.$$

求出点 B_1,B_2,B_3,B_4 在射影坐标系 $J[A_1,A_2,A_3,A_4]$ 下的齐次坐标.

11. 在射影平面的射影坐标系 J 下, 给出四条直线的方程分别为

$$l_1:x_1+x_2+x_3=0,\quad l_2:x_1+x_2-4x_3=0,\quad l_3:x_1-x_2+2x_3=0,\quad l_4:x_2-x_3=0.$$

已知这四条直线在射影坐标系 J' 下的齐次坐标分别是

$$l_1:(1,2,1),\quad l_2:(0,1,1),\quad l_3:(2,1,1),\quad l_4:(1,2,2).$$

求出射影坐标系 J 到 J' 的过渡矩阵.

12. 设射影平面上两个射影坐标系 J,J', 从射影坐标系 J 到射影坐标系 J' 的过渡矩阵为

$$\boldsymbol{H}=\begin{pmatrix}1&1&2\\1&3&1\\2&4&1\end{pmatrix}.$$

求出点的齐次坐标满足该点在两个射影坐标系 J, J' 齐次坐标相同.

6.3 射影映射和射影变换的基本定理

6.3.1 射影映射的基本定理

射影平面的具体模型很多, 它们之间的保线映射是射影变换的推广.

定义 6.3.1.1 从一个射影平面 Π 到另一个射影平面 Π' 的可逆映射 $\phi:\Pi\to\Pi'$, 如果 ϕ 将共线点组映成共线点组, 就称 $\phi:\Pi\to\Pi'$ 是一个**射影映射**.

例 6.3.1.1 设 $\Lambda_O:\pi_+\to\pi'_+$ 是扩大平面间的中心投影, 中心投影 $\Lambda_O:\pi_+\to\pi'_+$ 是一个射影映射.

例 6.3.1.2 设空间中两个平面 π 和 π' 平行, 向量 $\boldsymbol{\alpha}$ 不平行于平面 π, 则平行投影 $\Gamma_{\boldsymbol{\alpha}}:\pi\to\pi'$ 可以唯一扩充为扩大平面之间的射影映射, 仍记为 $\Gamma_{\boldsymbol{\alpha}}:\pi_+\to\pi'_+$, 设 π_+ 的无穷远点 P_∞ 的方向向量为 $\boldsymbol{\beta}$, 则它在射影映射 $\Gamma_{\boldsymbol{\alpha}}:\pi_+\to\pi'_+$ 的像是方向向量为 $\boldsymbol{\beta}$ 的 π'_+ 上的无穷远点 P'_∞.

例 6.3.1.3 设 $f:\pi\to\pi'$ 是空间中两个平面 π 和 π' 之间的仿射映射, 则仿射映射 $f:\pi\to\pi'$ 可以唯一扩充为扩大平面之间的射影映射, 记为 $\phi_f:\pi_+\to\pi'_+$, 定义如下: 任意取 π_+ 一点 P, 如果点 P 是普通点, 则它的像点 $\phi_f(P)=f(P)$; 如果点 P 是无穷远点, 取非零向量 $\boldsymbol{\alpha}$ 为它的方向向量, 则它的像点 $\phi_f(P)$ 为 π'_+ 中方向向量为 $\overline{f}(\boldsymbol{\alpha})$ 的无穷远点. 明显 $\phi_f:\pi_+\to\pi'_+$ 是一个射影映射, 称为由仿射映射 $f:\pi\to\pi'$ 决定的射影映射.

例 6.3.1.4 设 $f:E^3\to E^3$ 是空间中一个仿射变换, 取定一点 O, 记 $O_1=f(O)$. 定义直线把 $\Lambda(O)$ 到直线把 $\Lambda(O_1)$ 的映射 $\phi:\Lambda(O)\to\Lambda(O_1)$ 如下: 对于任意 $l\in\Lambda(O)$, 则 $f(l)$ 是经过点 O_1 的直线, 即 $f(l)\in\Lambda(O_1)$, 这样我们定义 $\phi(l)=f(l)$. 由于仿射变换将共面的三条直线映成共面的三条直线, 且仿射变换是可逆的. 这样 $\phi:\Lambda(O)\to\Lambda(O_1)$ 是一个射影映射, 我们称它为由仿射变换 $f:E^3\to E^3$ 决定的射影映射, 记为 $\phi=\phi_f$.

射影映射具有与射影变换相类似的性质, 其证明也类似于射影变换相应性质的证明过程, 下面列出射影映射的一些性质.

性质 6.3.1.1 射影映射的乘积是射影映射. 即如果 $\phi_1:\Pi_1\to\Pi_2, \phi_2:\Pi_2\to\Pi_3$ 是射影平面间的射影映射, 则 $\phi_2\circ\phi_1:\Pi_1\to\Pi_3$ 是一个射影映射.

这样有限个中心投影的乘积是一个射影映射.

性质 6.3.1.2 射影映射将不共线的三点映成不共线的三点. 从而射影映射将线映成线.

性质 6.3.1.3　射影映射的逆映射是射影映射, 并且射影映射将线映成线.

性质 6.3.1.4　射影映射将处于一般位置的四点映成处于一般位置的四点.

定义 6.3.1.2　如果存在射影平面 Π 到另一个射影平面 Π' 的射影映射 $\phi:\Pi\to\Pi'$, 则称射影平面 Π 和射影平面 Π' 是**射影同构的**. 映射 $\phi:\Pi\to\Pi'$ 称为**同构映射**.

从射影平面的定义知道:

定理 6.3.1.1　所有的射影平面模型都是射影同构的.

定理 6.3.1.2　设 $\phi:\Pi\to\Pi'$ 是射影平面 Π 到另一个射影平面 Π' 的射影映射, 如果 $f:\Pi\to\Pi$ 是射影平面 Π 上的射影变换, 则 $\phi\circ f\circ\phi^{-1}:\Pi'\to\Pi'$ 是射影平面 Π' 上的射影变换.

证明　明显 $\phi\circ f\circ\phi^{-1}:\Pi'\to\Pi'$ 是可逆变换. 由于三个映射 ϕ,f,ϕ^{-1} 都是将共线点组映成共线点组, 故 $\phi\circ f\circ\phi^{-1}:\Pi'\to\Pi'$ 将共线点组映成共线点组, 于是它是射影变换. □

从同构的角度看, 所有的射影平面都是一样的, 有关的射影性质的命题在所有的射影平面中都有一样的陈述方式. 射影变换可以看成一个射影平面上的自同构. 因此射影平面上的点是平等的, 射影平面上的任意一条线都可以看成无穷远线. 由于射影平面去掉无穷远线的点集就是仿射平面. 这样我们有下面的定理.

定理 6.3.1.3　设 $\phi:\Pi\to\Pi'$ 是射影平面 Π 到另一个射影平面 Π' 的射影映射, 则存在射影平面 Π 到扩大平面的射影映射 $\varphi_1:\Pi\to\pi_+$ 和射影平面 Π' 到扩大平面的射影映射 $\varphi_2:\Pi'\to\pi_+$ 以及仿射变换 $f:\pi\to\pi$, 满足 $\phi=\varphi_2^{-1}\circ\phi_f\circ\varphi_1:\Pi\to\Pi'$, 其中射影变换 $\phi_f:\pi_+\to\pi_+$ 是由仿射变换 $f:\pi\to\pi$ 决定的射影变换.

证明　取定射影平面内 Π 的一条线 L, 则 $\phi(L)$ 是 Π' 中一条线. 则存在射影同构映射 $\varphi_1:\Pi\to\pi_+$ 满足: $\varphi_1(L)$ 是扩大平面 π_+ 的无穷远点并且 $\varphi_1(\Pi\backslash L)=\pi$. 同理存在射影同构映射 $\varphi_2:\Pi'\to\pi_+$ 满足: $\varphi_2\circ\phi(L)$ 是扩大平面 π_+ 的无穷远点并且 $\varphi_2\circ\phi(\Pi\backslash L)=\pi$. 这样 $\varphi_2\circ\phi\circ\varphi_1^{-1}:\pi_+\to\pi_+$ 是一个射影变换, 并且它将无穷远线映成无穷远线, 将普通点映成普通点, 故它在平面 π 的限制是一个仿射变换, 记该仿射变换为 $f:\pi\to\pi$. 从而射影变换 $\varphi_2\circ\phi\circ\varphi_1^{-1}:\pi_+\to\pi_+$ 是由仿射变换决定的, 即 $\varphi_2\circ\phi\circ\varphi_1^{-1}=\phi_f$. 故 $\phi=\varphi_2^{-1}\circ\phi_f\circ\varphi_1$. □

命题 6.3.1.1　设 $J[A_1,A_2,A_3,A_4]$ 是射影平面 Π 上的一个射影坐标系, $\phi:\Pi\to\Pi'$ 是从射影平面 Π 到射影平面 Π' 的一个射影映射, 则 $J'[\phi(A_1),\phi(A_2),\phi(A_3),\phi(A_4)]$ 是射影平面 Π' 上的一个射影坐标系, 它称为射影坐标系 $J[A_1,A_2,A_3,A_4]$ 在射影映射 ϕ 下的像, 记为 $J'=\phi(J)$.

该命题的证明直接来自于射影映射的定义.

设 $J[A_1, A_2, A_3, A_4]$ 是射影平面 Π 上的一个射影坐标系, $J'[A_1', A_2', A_3', A_4']$ 是射影平面 Π' 上的一个射影坐标系. 定义射影映射 $\phi : \Pi \to \Pi'$ 如下: 对于射影平面 Π 上任意一点 P, 设它在 $J[A_1, A_2, A_3, A_4]$ 下的齐次坐标为 (x, y, z), 则定义它的像点 $\phi(P) \in \Pi'$ 为在射影坐标系 $J'[A_1', A_2', A_3', A_4']$ 下齐次坐标为 (x, y, z) 的点. 则该映射满足下面性质:

(1) 由于齐次坐标对应唯一的射影坐标, 这样上面定义的映射 $\phi : \Pi \to \Pi'$ 是可逆映射.

(2) 由于射影平面中线在任意射影坐标系中的方程都是齐次三元一次方程 $ax + by + cz = 0$. 故上面定义的变换是将共线点组映为共线点组. 于是有下面结论.

命题 6.3.1.2 上面定义的映射 $\phi : \Pi \to \Pi'$ 是一个射影映射.

命题 6.3.1.3 设 J 和 J' 是扩大平面 π_+ 和扩大平面 π_+' 上分别由仿射坐标系 $I[O; \boldsymbol{e}_1, \boldsymbol{e}_2]$ 和 $I'[O'; \boldsymbol{e}_1', \boldsymbol{e}_2']$ 决定的两个仿射-射影坐标系, $\phi : \pi_+ \to \pi_+'$ 是一个射影映射, 如果它满足 $J' = \phi(J)$, 则

(1) 射影映射 $\phi : \pi_+ \to \pi_+'$ 是由仿射映射 $\phi|_\pi : \pi \to \pi$ 决定的射影映射;

(2) 仿射映射 $\phi|_\pi : \pi \to \pi'$ 将仿射坐标系 $I[O; \boldsymbol{e}_1, \boldsymbol{e}_2]$ 映为 $I'[O'; \boldsymbol{e}_1', \boldsymbol{e}_2']$;

(3) 这样的射影映射 $\phi : \pi_+ \to \pi_+'$ 是唯一.

证明 设 J 和 J' 的射影标架分别是 $[A_1, A_2, O, A_4]$ 和 $[A_1', A_2', O', A_4']$. 其中 A_1, A_2 和 A_1', A_2' 分别是扩大平面 π_+ 和 π_+' 上的无穷远点.

(1) 由于 $\phi(A_1) = A_1'$, $\phi(A_2) = A_2'$, 故射影映射 $\phi : \pi_+ \to \pi_+'$ 将无穷远线映成无穷远线. 这样射影映射 $\phi : \pi_+ \to \pi_+'$ 是由仿射映射 $\phi|_\pi : \pi \to \pi'$ 决定的射影映射.

(2) 设仿射映射 $f = \phi|_\pi : \pi \to \pi'$. 则 $\overline{f}(\boldsymbol{e}_1) = c_1\boldsymbol{e}_1', \overline{f}(\boldsymbol{e}_2) = c_2\boldsymbol{e}_2'$. 由于 $f(O) = O'$, $f(A_4) = A_4'$. 这样 $\overline{f}(\overrightarrow{OA_4}) = \overrightarrow{O'A_4'}$. 从而

$$c_1\boldsymbol{e}_1' + c_2\boldsymbol{e}_2' = \overline{f}(\boldsymbol{e}_1 + \boldsymbol{e}_2) = \overline{f}(\overrightarrow{OA_4}) = \overrightarrow{O'A_4'} = \boldsymbol{e}_1' + \boldsymbol{e}_2',$$

故 $\overline{f}(\boldsymbol{e}_1) = \boldsymbol{e}_1', \overline{f}(\boldsymbol{e}_2) = \boldsymbol{e}_2'$. 这样 $\phi|_\pi : \pi \to \pi'$ 将仿射坐标系 $I[O; \boldsymbol{e}_1, \boldsymbol{e}_2]$ 映为 $I'[O'; \boldsymbol{e}_1', \boldsymbol{e}_2']$.

(3) 由于满足条件的仿射映射 $\phi|_\pi : \pi \to \pi'$ 是唯一的, 故射影映射 $\phi : \pi_+ \to \pi_+'$ 唯一. □

命题 6.3.1.4 设 J 和 J' 分别是射影平面 Π 和射影平面 Π' 上的射影坐标系, 则存在唯一射影映射 $\phi : \Pi \to \Pi'$ 满足将射影坐标系 J 映成 J', 即 $J' = \phi(J)$.

证明 在同构意义下, 只需要考虑扩大平面上的情形. 设 J 和 J' 是扩大平面 π_+ 和扩大平面 π'_+ 上分别由仿射坐标系 $I[O;\boldsymbol{e}_1,\boldsymbol{e}_2]$ 和 $I'[O';\boldsymbol{e}'_1,\boldsymbol{e}'_2]$ 决定的两个仿射-射影坐标系. 则由命题 6.3.1.3 可知, 满足条件的射影映射 $\phi:\Pi\to\Pi'$ 唯一. □

定理 6.3.1.4 设 $J[A_1,A_2,A_3,A_4]$ 是射影平面 Π 上的一个射影坐标系, $\phi:\Pi\to\Pi'$ 是从射影平面 Π 到射影平面 Π' 的一个射影映射, 对于射影平面 Π 上任意一点 P, 它在 J 中的齐次坐标是 (x,y,z), 则 $\phi(P)$ 在 $J'[\phi(A_1),\phi(A_2),\phi(A_3),\phi(A_4)]$ 下的齐次坐标也是 (x,y,z).

证明 既然 $J'[\phi(A_1),\phi(A_2),\phi(A_3),\phi(A_4)]$ 是射影平面 Π' 的射影坐标系, 由命题 6.3.1.1, 存在射影映射 $\phi':\Pi\to\Pi'$ 满足对于射影平面 Π 上任意一点 P, 它在 J 中的齐次坐标是 (x,y,z), 则 $\phi'(P)$ 在 $J'[\phi(A_1),\phi(A_2),\phi(A_3),\phi(A_4)]$ 下的齐次坐标也是 (x,y,z). 由命题 6.3.1.4, 得到 $\phi'=\phi$. □

定理 6.3.1.5(射影映射的基本定理) 设 A_1,A_2,A_3,A_4 是射影平面 Π 上的一般位置的四点, A'_1,A'_2,A'_3,A'_4 是射影平面 Π' 上的一般位置的四点. 则存在唯一的射影映射 $\phi:\Pi\to\Pi'$ 满足

$$A'_1=\phi(A_1),\quad A'_2=\phi(A_2),\quad A'_3=\phi(A_3),\quad A'_4=\phi(A_4).$$

证明 存在性由命题 6.3.1.1 得到. 唯一性由命题 6.3.1.4 得到. □

定理 6.3.1.6 (射影映射的坐标变换公式) 设 $\phi:\Pi\to\Pi'$ 是从射影平面 Π 到射影平面 Π' 的一个射影映射. 在射影平面 Π 上取定射影坐标系 $J[A_1,A_2,A_3,A_4]$, 在射影平面 Π' 上取定射影坐标系 $J'[A'_1,A'_2,A'_3,A'_4]$. 设 $\boldsymbol{H}=\begin{pmatrix}a_{11}&a_{12}&a_{13}\\a_{21}&a_{22}&a_{23}\\a_{31}&a_{32}&a_{33}\end{pmatrix}$ 是射影平面 Π' 上从射影坐标系 $J'[A'_1,A'_2,A'_3,A'_4]$ 到射影坐标系 $\overline{J}[\phi(A_1),\phi(A_2),\phi(A_3),\phi(A_4)]$ 的一个过渡矩阵. 对于射影平面 Π 上任意一点 P, 它在射影坐标系 $J[A_1,A_2,A_3,A_4]$ 下的齐次坐标是 (x,y,z), 设它的像点 $\phi(P)$ 在射影坐标系 $J'[A'_1,A'_2,A'_3,A'_4]$ 下的齐次坐标是 (x',y',z'), 则

$$\rho\begin{pmatrix}x'\\y'\\z'\end{pmatrix}=\begin{pmatrix}a_{11}&a_{12}&a_{13}\\a_{21}&a_{22}&a_{23}\\a_{31}&a_{32}&a_{33}\end{pmatrix}\begin{pmatrix}x\\y\\z\end{pmatrix},\quad \text{其中 } \rho \text{ 是非零常数}, \tag{6.3.1}$$

该式称为射影映射 $\phi:\Pi\to\Pi'$ 关于射影坐标系 J 和 J' 的**坐标变换公式**.

反之, 如果一个映射 $\phi:\Pi\to\Pi'$ 关于射影坐标系 J 和 J' 的坐标变换公式是 (6.3.1), 其中系数矩阵是非退化矩阵, 则映射 $\phi:\Pi\to\Pi'$ 是一个射影映射.

证明 由于点 P 在射影坐标系 $J[A_1,A_2,A_3,A_4]$ 下的齐次坐标是 (x,y,z) 等于 $\phi(P)$ 在射影坐标系 $\overline{J}[\phi(A_1),\phi(A_2),\phi(A_3),\phi(A_4)]$ 下的齐次坐标. 又 $\boldsymbol{H}=\begin{pmatrix}a_{11}&a_{12}&a_{13}\\a_{21}&a_{22}&a_{23}\\a_{31}&a_{32}&a_{33}\end{pmatrix}$ 是射影平面 Π' 上从射影坐标系 $J'[A_1',A_2',A_3',A_4']$ 到射影坐标系 $\overline{J}[\phi(A_1),\phi(A_2),\phi(A_3),\phi(A_4)]$ 的一个过渡矩阵. 利用点的齐次坐标的变换公式我们证明了 (6.3.1) 式成立.

反之, 如果一个映射 $\phi:\Pi\to\Pi'$ 关于射影坐标系 J 和 J' 的坐标变换公式是 (6.3.1). 由于系数矩阵是非退化的, 故映射 $\phi:\Pi\to\Pi'$ 是可逆映射. 任意取定射影平面 Π 中一条线 L, 它在射影坐标系 $J[A_1,A_2,A_3,A_4]$ 下的方程是 $ax+by+cz=0$, 即 $\begin{pmatrix}a,b,c\end{pmatrix}\begin{pmatrix}x\\y\\z\end{pmatrix}=0.$

而 (6.3.1) 式可以写成 $\begin{pmatrix}a_{11}&a_{12}&a_{13}\\a_{21}&a_{22}&a_{23}\\a_{31}&a_{32}&a_{33}\end{pmatrix}^{-1}\begin{pmatrix}x'\\y'\\z'\end{pmatrix}=\rho^{-1}\begin{pmatrix}x\\y\\z\end{pmatrix}$, 所以

$$\begin{pmatrix}a,b,c,\end{pmatrix}\begin{pmatrix}a_{11}&a_{12}&a_{13}\\a_{21}&a_{22}&a_{23}\\a_{31}&a_{32}&a_{33}\end{pmatrix}^{-1}\begin{pmatrix}x'\\y'\\z'\end{pmatrix}=\rho^{-1}\begin{pmatrix}a,b,c\end{pmatrix}\begin{pmatrix}x\\y\\z\end{pmatrix}=0.$$

它是线 L 在映射 $\phi:\Pi\to\Pi'$ 下的像所满足的方程, 它是一个齐次三元一次方程, 所以 $\phi(L)$ 也是一条线. 于是映射 $\phi:\Pi\to\Pi'$ 是一个射影映射. □

定理 6.3.1.7 取定空间中两个点 O_1,O_2, 设 $\phi:\Lambda(O_1)\to\Lambda(O_2)$ 是一个射影映射, 则存在空间中仿射变换 $f:E^3\to E^3$ 使得 $\phi=\phi_f$.

证明 设 $\phi:\Lambda(O_1)\to\Lambda(O_2)$ 是一个射影映射, 在直线把 $\Lambda(O_1)$ 和 $\Lambda(O_2)$ 分别取定射影坐标系 $J[l_1,l_2,l_3,l_4]$ 和 $J'[l_1',l_2',l_3',l_4']$, 则射影映射 $\phi:\Lambda(O_1)\to\Lambda(O_2)$ 的坐标变换公式为

$$\rho\begin{pmatrix}x'\\y'\\z'\end{pmatrix}=\begin{pmatrix}a_{11}&a_{12}&a_{13}\\a_{21}&a_{22}&a_{23}\\a_{31}&a_{32}&a_{33}\end{pmatrix}\begin{pmatrix}x\\y\\z\end{pmatrix}.$$

现在构造空间仿射变换 $f : E^3 \to E^3$ 如下: 设 $I[O_1;\boldsymbol{e}_1,\boldsymbol{e}_2,\boldsymbol{e}_3]$ 是由射影坐标系 $J[l_1,l_2,l_3,l_4]$ 决定的一个仿射坐标系, $I'[O_2;\boldsymbol{e}_1',\boldsymbol{e}_2',\boldsymbol{e}_3']$ 是由射影坐标系 $J'[l_1',l_2',l_3',l_4']$ 决定的一个仿射坐标系. 定义仿射变换 $f : E^3 \to E^3$ 关于仿射坐标系 $I[O_1;\boldsymbol{e}_1,\boldsymbol{e}_2,\boldsymbol{e}_3]$ 和 $I'[O_2;\boldsymbol{e}_1',\boldsymbol{e}_2',\boldsymbol{e}_3']$ 的坐标变换公式为

$$\begin{pmatrix}x'\\y'\\z'\end{pmatrix}=\begin{pmatrix}a_{11}&a_{12}&a_{13}\\a_{21}&a_{22}&a_{23}\\a_{31}&a_{32}&a_{33}\end{pmatrix}\begin{pmatrix}x\\y\\z\end{pmatrix}+\begin{pmatrix}d_1\\d_2\\d_3\end{pmatrix},$$

其中 O_2 在 $I[O_1;\boldsymbol{e}_1,\boldsymbol{e}_2,\boldsymbol{e}_3]$ 下的坐标是 $\begin{pmatrix}d_1\\d_2\\d_3\end{pmatrix}$. 这样 $\phi=\phi_f$. □

6.3.2　射影变换基本定理和变换公式

射影变换是特殊的射影映射, 因此有类似射影映射的性质和结论.

定理 6.3.2.1(射影变换的基本定理)　设 A_1,A_2,A_3,A_4 和 A_1',A_2',A_3',A_4' 是射影平面 Π 上两个处于一般位置的四点组. 则存在唯一的射影变换 $\phi:\Pi\to\Pi$ 满足

$$A_1'=\phi(A_1),\quad A_2'=\phi(A_2),\quad A_3'=\phi(A_3),\quad A_4'=\phi(A_4).$$

定理 6.3.2.2(射影映射的坐标变换公式)　设 $\phi:\Pi\to\Pi$ 是射影平面 Π 上的一个射影映射. 在射影平面 Π 上取定射影坐标系 $J[A_1,A_2,A_3,A_4]$, 记 $J'=\phi(J)$. 设 $\boldsymbol{H}=\begin{pmatrix}a_{11}&a_{12}&a_{13}\\a_{21}&a_{22}&a_{23}\\a_{31}&a_{32}&a_{33}\end{pmatrix}$ 是射影坐标系 $J[A_1,A_2,A_3,A_4]$ 到 $J'=\phi(J)$ 的一个过渡矩阵. 对于射影平面 Π 上任意一点 P, 它在射影坐标系 $J[A_1,A_2,A_3,A_4]$ 下的齐次坐标是 (x,y,z), 设它的像 $\phi(P)$ 在射影坐标系 $J[A_1,A_2,A_3,A_4]$ 下的齐次坐标是 (x',y',z'), 则

$$\rho\begin{pmatrix}x'\\y'\\z'\end{pmatrix}=\begin{pmatrix}a_{11}&a_{12}&a_{13}\\a_{21}&a_{22}&a_{23}\\a_{31}&a_{32}&a_{33}\end{pmatrix}\begin{pmatrix}x\\y\\z\end{pmatrix},\quad \text{其中 } \rho \text{ 是非零数,} \tag{6.3.2}$$

即 $\langle (x',y',z')^{\mathrm{T}}\rangle = \langle \boldsymbol{H}(x,y,z)^{\mathrm{T}}\rangle$, 该式称为射影变换 $\phi:\Pi\to\Pi$ 关于射影坐标系 J 的**坐标变换公式**.

反之, 如果一个变换 $\phi:\Pi\to\Pi$ 关于射影坐标系 J 的坐标变换公式是 (6.3.2), 其中系数矩阵是非退化矩阵, 则映射 $\phi:\Pi\to\Pi$ 是一个射影映射.

同理, 设线 l 在射影坐标系 $J[A_1,A_2,A_3,A_4]$ 下的齐次坐标是 (a,b,c), 设它的像 $\phi(l)$ 在射影坐标系 $J[A_1,A_2,A_3,A_4]$ 下的齐次坐标是 (a',b',c'), 则

$$\rho(a,b,c)=(a',b',c')\begin{pmatrix} a_{11} & a_{12} & a_{13}\\ a_{21} & a_{22} & a_{23}\\ a_{31} & a_{32} & a_{33}\end{pmatrix},\quad \text{其中 } \rho \text{ 是非零数.}$$

即 $\langle (a,b,c)\rangle = \langle (a',b',c')\boldsymbol{H}\rangle$.

定义 6.3.2.1　定理 6.3.2.2 中出现的矩阵 $\boldsymbol{H}$ 称为射影变换 $\phi:\Pi\to\Pi$ 在射影坐标系 $J[A_1,A_2,A_3,A_4]$ 下的**变换矩阵**.

仿射变换的变换矩阵所具有的性质对于射影映射的变换矩阵也是成立的, 其证明类似.

(1) 如果 $\boldsymbol{H}$ 是射影变换 $\phi:\Pi\to\Pi$ 在射影坐标系 $J[A_1,A_2,A_3,A_4]$ 下的变换矩阵, 则 $\boldsymbol{H}^{-1}$ 是射影变换 ϕ^{-1} 在射影坐标系 J 下的变换矩阵.

(2) 如果 $\boldsymbol{H}_1$ 和 $\boldsymbol{H}_2$ 分别是射影变换 ϕ_1 和 ϕ_2 在射影坐标系 J 下的变换矩阵. 则 $\boldsymbol{H}_1\circ\boldsymbol{H}_2$ 是射影变换 $\phi_1\circ\phi_2$ 在射影坐标系 J 下的变换矩阵.

(3) 如果 $\boldsymbol{H}$ 是射影变换 $\phi:\Pi\to\Pi$ 在射影坐标系 J 下的变换矩阵. 矩阵 $\boldsymbol{G}$ 是从射影坐标系 J 到射影坐标系 J' 的过渡矩阵, 则 $\phi:\Pi\to\Pi$ 在射影坐标系 J' 下的变换矩阵是 $\boldsymbol{G}^{-1}\boldsymbol{H}\boldsymbol{G}$.

例 6.3.2.1　设 J 是射影平面 Π 上的一个射影坐标系. 设 $A(1,0,1),B(2,1,1),C(3,-1,0),D(3,5,2),A'(-1,0,3),B'(1,1,3),C'(2,3,8),D'(2,1,-2)$ 是射影平面上八个点. 求射影平面上射影变换 $\phi:\Pi\to\Pi$ 满足 $A'=\phi(A),B'=\phi(B),C'=\phi(C),D'=\phi(D)$.

解　设 $\phi:\Pi\to\Pi$ 的坐标变换公式为 $\rho\begin{pmatrix} x'\\ y'\\ z'\end{pmatrix}=\begin{pmatrix} a_{11} & a_{12} & a_{13}\\ a_{21} & a_{22} & a_{23}\\ a_{31} & a_{32} & a_{33}\end{pmatrix}\begin{pmatrix} x\\ y\\ z\end{pmatrix}$,

则由已知得

$$\begin{pmatrix} -\rho_1 & \rho_2 & 2\rho_3 & 2\rho_4 \\ 0 & \rho_2 & 3\rho_3 & \rho_4 \\ 3\rho_1 & 3\rho_2 & 8\rho_3 & -2\rho_4 \end{pmatrix} = \begin{pmatrix} a_{11} & a_{12} & a_{13} \\ a_{21} & a_{22} & a_{23} \\ a_{31} & a_{32} & a_{33} \end{pmatrix} \begin{pmatrix} 1 & 2 & 3 & 3 \\ 0 & 1 & -1 & 5 \\ 1 & 1 & 0 & 2 \end{pmatrix},$$

由两边矩阵的第一行得到

$$\begin{cases} a_{11} + a_{13} = -\rho_1, \\ 2a_{11} + a_{12} + a_{13} = \rho_2, \\ 3a_{11} - a_{12} = 2\rho_3, \\ 3a_{11} + 5a_{12} + 2a_{13} = 2\rho_4, \end{cases}$$

该方程可以得到 $\rho_1 + 2\rho_2 - \rho_3 - \rho_4 = 0$.

同理由第二和第三行可以得到

$$\begin{cases} 4\rho_2 - 3\rho_3 - \rho_4 = 0, \\ 3\rho_1 - 6\rho_2 + 4\rho_3 - \rho_4 = 0, \end{cases}$$

联立上面式子我们得到方程组

$$\begin{cases} \rho_1 + 2\rho_2 - \rho_3 - \rho_4 = 0, \\ 4\rho_2 - 3\rho_3 - \rho_4 = 0, \\ 3\rho_1 - 6\rho_2 + 4\rho_3 - \rho_4 = 0, \end{cases}$$

该方程组解得 $\rho_1 = \frac{3}{4}\rho_4, \rho_2 = -\frac{1}{8}\rho_4, \rho_3 = -\frac{1}{2}\rho_4$, 这样

$$\rho_4 \begin{pmatrix} -\frac{3}{4} & -\frac{1}{8} & -1 & 2 \\ 0 & -\frac{1}{8} & -\frac{3}{2} & 1 \\ \frac{9}{4} & -\frac{3}{8} & -4 & -2 \end{pmatrix} = \begin{pmatrix} a_{11} & a_{12} & a_{13} \\ a_{21} & a_{22} & a_{23} \\ a_{31} & a_{32} & a_{33} \end{pmatrix} \begin{pmatrix} 1 & 2 & 3 & 3 \\ 0 & 1 & -1 & 5 \\ 1 & 1 & 0 & 2 \end{pmatrix},$$

适当取 ρ_4 的值, 将上面矩阵方程改写为 9 个未知数 12 个方程的方程组, 解得

$$\begin{pmatrix} a_{11} & a_{12} & a_{13} \\ a_{21} & a_{22} & a_{23} \\ a_{31} & a_{32} & a_{33} \end{pmatrix} = \begin{pmatrix} -3 & 23 & -21 \\ -13 & 9 & 13 \\ -53 & -31 & 125 \end{pmatrix}.$$

所以射影变换 $\phi:\Pi\to\Pi$ 的坐标变换公式是

$$\rho\begin{pmatrix}x'\\y'\\z'\end{pmatrix}=\begin{pmatrix}-3&23&-21\\-13&9&13\\-53&-31&125\end{pmatrix}\begin{pmatrix}x\\y\\z\end{pmatrix}.\qquad\square$$

例 6.3.2.2 设 $f:\pi\to\pi$ 是平面 π 上的仿射变换, 在仿射坐标 $I[O;\boldsymbol{e}_1,\boldsymbol{e}_2]$ 下的变换公式为

$$\begin{cases}x'=a_{11}x+a_{12}y+b_1,\\y'=a_{21}x+a_{22}y+b_2.\end{cases}$$

设 $\phi_f:\pi_+\to\pi_+$ 是由 f 决定的仿射-射影变换. 求 ϕ_f 在 $I[O;\boldsymbol{e}_1,\boldsymbol{e}_2]$ 决定的仿射-射影坐标系 I-J 下的变换公式.

解 设仿射-射影坐标系 I-J 的基本点是 A_1,A_2,O,A_4. 由于

$$\overline{f}(\boldsymbol{e}_1)=a_{11}\boldsymbol{e}_1+a_{21}\boldsymbol{e}_2,\quad \overline{f}(\boldsymbol{e}_2)=a_{12}\boldsymbol{e}_1+a_{22}\boldsymbol{e}_2.$$

因此 $\phi_f(A_1)$ 在 I-J 下的齐次坐标为 $(a_{11},a_{21},0)$, $\phi_f(A_2)$ 在 I-J 下的齐次坐标为 $(a_{12},a_{22},0)$.

由于 $f(O)$ 在 I 中的坐标为 (b_1,b_2), 因此 $\phi_f(O)$ 在 I-J 下的齐次坐标为 $(b_1,b_1,1)$.

由于 $f(A_4)$ 在 I 中的坐标为 $(a_{11}+a_{12}+b_1,a_{21}+a_{22}+b_2)$, 因此 $\phi_f(A_4)$ 在 I-J 下的齐次坐标为 $(a_{11}+a_{12}+b_1,a_{21}+a_{22}+b_1,1)$.

令

$$\boldsymbol{\alpha}_1=(a_{11},a_{21},0),\quad \boldsymbol{\alpha}_2=(a_{12},a_{22},0),\quad \boldsymbol{\alpha}_3=(b_1,b_1,1),$$

$$\boldsymbol{\alpha}_4=(a_{11}+a_{12}+b_1,a_{21}+a_{22}+b_1,1).$$

则 $\boldsymbol{\alpha}_4=\boldsymbol{\alpha}_1+\boldsymbol{\alpha}_2+\boldsymbol{\alpha}_3$,

所以射影坐标系 I-J 到 $\phi_f(I$-$J)$ 的一个过渡矩阵为

$$\boldsymbol{H}=\begin{pmatrix}a_{11}&a_{12}&b_1\\a_{21}&a_{22}&b_2\\0&0&1\end{pmatrix}.$$

从而 ϕ_f 在 $I[O;\boldsymbol{e}_1,\boldsymbol{e}_2]$ 决定的仿射-射影坐标系 I-J 下的变换公式是

$$\rho\begin{pmatrix} x' \\ y' \\ z' \end{pmatrix} = \begin{pmatrix} a_{11} & a_{12} & b_1 \\ a_{21} & a_{22} & b_2 \\ 0 & 0 & 1 \end{pmatrix}\begin{pmatrix} x \\ y \\ z \end{pmatrix}. \qquad \square$$

6.3.3 交比

单比是仿射变换群的一个重要的不变量, 但是它在中心投影下是会改变的, 因此它不是射影性质. 在射影几何学中代替单比的概念的是交比的概念. 为了引入交比概念, 下面考察中心投影下线段的长度发生怎样的变化.

如图 6.3.1, 设平面 π 和平面 $\overline{\pi}$ 相交于直线 l, 点 O 是空间中不在平面 π 和平面 $\overline{\pi}$ 上的点. 在中心投影 $\Lambda_O : \pi_+ \to \overline{\pi}_+$ 下, 平面 π 中的线段 AB 的像记为 $A'B'$. 设 h 和 h' 分别是点 O 到直线 AB 和直线 $A'B'$ 的距离, 则由三角形面积, $\dfrac{S_{OAB}}{S_{O'A'B'}} = \dfrac{|OA||OB|\sin L_{AOB}}{|OA'||OB'|\sin L_{AOB}} = \dfrac{|OA||OB|}{|OA'||OB'|}$, 从而 $|A'B'| = |AB|\dfrac{|OA'||OB'|h}{|OA||OB|h'}$.

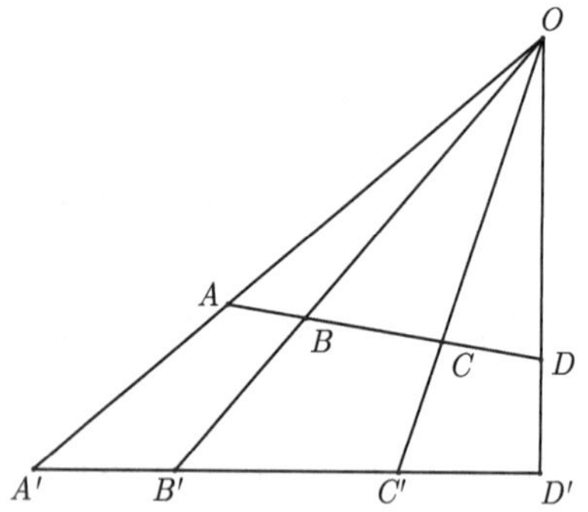

图 6.3.1

于是, 如果 A, B, C 是平面 π 上共线的三点, 它的像为 A', B', C', 则由上式得到

$$\frac{|A'C'|}{|B'C'|} = \frac{|AC|[(|OA'||OC'|/(|OA||OC|)]h/h'}{|BC|[(|OB'||OC'|/(|OB||OC|)]h/h'} = \frac{|AC|}{|BC|}\cdot\frac{|OA|/|OA'|}{|OB|/|OB'|}.$$

这就是单比的变化. 如果设 D 是共线三点 A, B, C 所在直线上另一点. 则我们有

$$\frac{|A'C'|}{|B'C'|}\cdot\frac{|B'D'|}{|A'D'|} = \frac{|AC|}{|BC|}\cdot\frac{|BD|}{|AD|}.$$

表达式 $\dfrac{|AC|}{|BC|}\cdot\dfrac{|BD|}{|AD|}$ 称为共线四点 A, B, C, D 的**交比**. 这样交比在中心投影下是不变的.

上面定义四点的交比依赖于线段的长度, 在射影平面中没有长度的概念, 因此上面定义交比的方式在射影平面上是不合适的. 下面给出扩大平面 π_+ 和直线把 $\Lambda(O)$ 定义共线四点的交比的定义.

设 $\boldsymbol{\alpha}_1, \boldsymbol{\alpha}_2, \boldsymbol{\alpha}_3, \boldsymbol{\alpha}_4$ 是空间中 4 个共面向量, 并且它们中任意两个都不共线. 这样的四个共面向量称为一般位置的共面向量. 这样 $\boldsymbol{\alpha}_1, \boldsymbol{\alpha}_2$ 是该平面向量空间的一个基, 则存在分解式

$$\boldsymbol{\alpha}_3 = a_1\boldsymbol{\alpha}_1 + b_1\boldsymbol{\alpha}_2, \quad \boldsymbol{\alpha}_4 = a_2\boldsymbol{\alpha}_1 + b_2\boldsymbol{\alpha}_2.$$

由于任意两点都不共线, 故 a_1, b_1, a_2, b_2 都不等于零.

定义 6.3.3.1 系数的比值 $\dfrac{a_2b_1}{a_1b_2}$ 称为一般位置四向量 $\boldsymbol{\alpha}_1, \boldsymbol{\alpha}_2, \boldsymbol{\alpha}_3, \boldsymbol{\alpha}_4$ 的**交比**, 记为

$$(\boldsymbol{\alpha}_1, \boldsymbol{\alpha}_2; \boldsymbol{\alpha}_3, \boldsymbol{\alpha}_4), \quad 即 \quad (\boldsymbol{\alpha}_1, \boldsymbol{\alpha}_2; \boldsymbol{\alpha}_3, \boldsymbol{\alpha}_4) = \frac{a_2b_1}{a_1b_2}.$$

四个向量的交比与四个向量的顺序有关, 但顺序不同的交比之间有下面关系.

性质 6.3.3.1 (1) $(\boldsymbol{\alpha}_1, \boldsymbol{\alpha}_2; \boldsymbol{\alpha}_4, \boldsymbol{\alpha}_3) = (\boldsymbol{\alpha}_2, \boldsymbol{\alpha}_1; \boldsymbol{\alpha}_3, \boldsymbol{\alpha}_4) = (\boldsymbol{\alpha}_1, \boldsymbol{\alpha}_2; \boldsymbol{\alpha}_3, \boldsymbol{\alpha}_4)^{-1}$;

(2) $(\boldsymbol{\alpha}_1, \boldsymbol{\alpha}_2; \boldsymbol{\alpha}_3, \boldsymbol{\alpha}_4)+(\boldsymbol{\alpha}_1, \boldsymbol{\alpha}_3; \boldsymbol{\alpha}_2, \boldsymbol{\alpha}_4)=1$, $(\boldsymbol{\alpha}_1, \boldsymbol{\alpha}_2; \boldsymbol{\alpha}_3, \boldsymbol{\alpha}_4)=(\boldsymbol{\alpha}_3, \boldsymbol{\alpha}_4; \boldsymbol{\alpha}_1, \boldsymbol{\alpha}_2)$.

证明 设 $\boldsymbol{\alpha}_3 = a_1\boldsymbol{\alpha}_1 + b_1\boldsymbol{\alpha}_2$, $\boldsymbol{\alpha}_4 = a_2\boldsymbol{\alpha}_1 + b_2\boldsymbol{\alpha}_2$, 则 $(\boldsymbol{\alpha}_1, \boldsymbol{\alpha}_2; \boldsymbol{\alpha}_3, \boldsymbol{\alpha}_4) = \dfrac{a_1b_2}{a_2b_1}$, 从而 (1) 成立.

既然 a_1, b_1, a_2, b_2 都不等于零, 故

$$\boldsymbol{\alpha}_2 = \frac{-a_1}{b_1}\boldsymbol{\alpha}_1 + \frac{1}{b_1}\boldsymbol{\alpha}_3, \quad \boldsymbol{\alpha}_4 = \frac{a_2b_1 - a_1b_2}{b_1}\boldsymbol{\alpha}_1 + \frac{b_2}{b_1}\boldsymbol{\alpha}_3.$$

这样

$$(\boldsymbol{\alpha}_1, \boldsymbol{\alpha}_3; \boldsymbol{\alpha}_2, \boldsymbol{\alpha}_4) = \frac{b_2a_1 - b_1a_2}{b_2a_1} = 1 - (\boldsymbol{\alpha}_1, \boldsymbol{\alpha}_2; \boldsymbol{\alpha}_3, \boldsymbol{\alpha}_4),$$

$$(\boldsymbol{\alpha}_3, \boldsymbol{\alpha}_4; \boldsymbol{\alpha}_1, \boldsymbol{\alpha}_2) = 1 - (\boldsymbol{\alpha}_3, \boldsymbol{\alpha}_1; \boldsymbol{\alpha}_4, \boldsymbol{\alpha}_2) = 1 - (\boldsymbol{\alpha}_1, \boldsymbol{\alpha}_3; \boldsymbol{\alpha}_2, \boldsymbol{\alpha}_4) = (\boldsymbol{\alpha}_1, \boldsymbol{\alpha}_2; \boldsymbol{\alpha}_3, \boldsymbol{\alpha}_4).$$

□

性质 6.3.3.2 设 $\boldsymbol{\alpha}_1, \boldsymbol{\alpha}_2, \boldsymbol{\alpha}_3, \boldsymbol{\alpha}_4$ 是空间中 4 个一般位置的平面向量, k_1, k_2, k_3, k_4 是任意四个非零实数, 则 $(k_1\boldsymbol{\alpha}_1, k_2\boldsymbol{\alpha}_2; k_3\boldsymbol{\alpha}_3, k_4\boldsymbol{\alpha}_4) = (\boldsymbol{\alpha}_1, \boldsymbol{\alpha}_2; \boldsymbol{\alpha}_3, \boldsymbol{\alpha}_4)$.

证明 设 $\boldsymbol{\alpha}_3 = a_1\boldsymbol{\alpha}_1 + b_1\boldsymbol{\alpha}_2$, $\boldsymbol{\alpha}_4 = a_2\boldsymbol{\alpha}_1 + b_2\boldsymbol{\alpha}_2$, 则

$$k_3\boldsymbol{\alpha}_3 = \frac{k_3}{k_1}a_1k_1\boldsymbol{\alpha}_1 + \frac{k_3}{k_2}b_1k_2\boldsymbol{\alpha}_2 , \quad k_4\boldsymbol{\alpha}_4 = \frac{k_4}{k_1}a_2k_1\boldsymbol{\alpha}_1 + \frac{k_4}{k_2}b_2k_2\boldsymbol{\alpha}_2.$$

这样 $(k_1\boldsymbol{\alpha}_1, k_2\boldsymbol{\alpha}_2; k_3\boldsymbol{\alpha}_3, k_4\boldsymbol{\alpha}_4) = \dfrac{a_2b_1}{a_1b_2} = (\boldsymbol{\alpha}_1, \boldsymbol{\alpha}_2; \boldsymbol{\alpha}_3, \boldsymbol{\alpha}_4)$. □

性质 6.3.3.3　设 $f: \mathbf{R}^3 \to \mathbf{R}^3$ 是一个可逆的线性变换, $\boldsymbol{\alpha}_1, \boldsymbol{\alpha}_2, \boldsymbol{\alpha}_3, \boldsymbol{\alpha}_4$ 是空间中 4 个一般位置的平面向量, 则 $(f(\boldsymbol{\alpha}_1), f(\boldsymbol{\alpha}_2); f(\boldsymbol{\alpha}_3), f(\boldsymbol{\alpha}_4)) = (\boldsymbol{\alpha}_1, \boldsymbol{\alpha}_2; \boldsymbol{\alpha}_3, \boldsymbol{\alpha}_4)$.

证明　设 $\boldsymbol{\alpha}_3 = a_1\boldsymbol{\alpha}_1 + b_1\boldsymbol{\alpha}_2$, $\boldsymbol{\alpha}_4 = a_2\boldsymbol{\alpha}_1 + b_2\boldsymbol{\alpha}_2$, 则

$$f(\boldsymbol{\alpha}_3) = a_1 f(\boldsymbol{\alpha}_1) + b_1 f(\boldsymbol{\alpha}_2)\ , \quad f(\boldsymbol{\alpha}_4) = a_2 f(\boldsymbol{\alpha}_1) + b_2 f(\boldsymbol{\alpha}_2).$$

这样 $(f(\boldsymbol{\alpha}_1), f(\boldsymbol{\alpha}_2); f(\boldsymbol{\alpha}_3), f(\boldsymbol{\alpha}_4)) = (\boldsymbol{\alpha}_1, \boldsymbol{\alpha}_2; \boldsymbol{\alpha}_3, \boldsymbol{\alpha}_4)$. □

性质 6.3.3.2 表明向量的交比只与向量的方向有关, 这可以定义直线把中四点的交比.

定义 6.3.3.2　设 l_1, l_2, l_3, l_4 是直线把 $\Lambda(O)$ 中共线的四点, $\boldsymbol{\alpha}_1, \boldsymbol{\alpha}_2, \boldsymbol{\alpha}_3, \boldsymbol{\alpha}_4$ 分别是直线 l_1, l_2, l_3, l_4 的方向向量. 定义共线四点 l_1, l_2, l_3, l_4 的交比为

$$(l_1, l_2; l_3, l_4) = (\boldsymbol{\alpha}_1, \boldsymbol{\alpha}_2; \boldsymbol{\alpha}_3, \boldsymbol{\alpha}_4).$$

由定理 6.3.2.2 和性质 6.3.3.3 得到下面定理.

定理 6.3.3.1　设 l_1, l_2, l_3, l_4 是直线把 $\Lambda(O)$ 中共线的四点, $f: \Lambda(O) \to \Lambda(O)$ 是直线把上的射影变换, 则 $(f(l_1), f(l_2); f(l_3), f(l_4)) = (l_1, l_2; l_3, l_4)$.

这样直线把的交比是一个射影不变量.

命题 6.3.3.1　设 A_1, A_2, A_3, A_4 是扩大平面 π_+ 上共线的四点, O 是空间中不在平面 π 上的点. 则交比 $(OA_1, OA_2; OA_3, OA_4)$ 和点 O 的选择无关.

证明　设点 O 和 O' 是两个不在平面 π 上的点. 则空间中存在保持平面 π 上的任意点不动, 并且将点 O 映成点 O' 的仿射变换, 从而存在射影映射 $f: \Lambda(O) \to \Lambda(O')$ 使得

$$f(OA_1) = O'A_1, \quad f(OA_2) = O'A_2, \quad f(OA_3) = O'A_3, \quad f(OA_4) = O'A_4,$$

这样 $(OA_1, OA_2; OA_3, OA_4) = (O'A_1, O'A_2; O'A_3, O'A_4)$. □

定义 6.3.3.3　设 A_1, A_2, A_3, A_4 是扩大平面 π_+ 上共线的四点, O 是空间和 A_1, A_2, A_3, A_4 不共线的点. 则规定四点 A_1, A_2, A_3, A_4 的交比为

$$(A_1, A_2; A_3, A_4) = (OA_1, OA_2; OA_3, OA_4).$$

利用定理 6.3.3.1, 也可以证明下面定理.

定理 6.3.3.2　设 A_1, A_2, A_3, A_4 是扩大平面 π_+ 上共线的四点, $f: \pi_+ \to \pi_+$ 是扩大平面上的射影变换, 则 $(f(A_1), f(A_2); f(A_3), f(A_4)) = (A_1, A_2; A_3, A_4)$.

这样扩大平面上的交比是射影变换下的不变量. 下面给出单比与交比之间的关系. 注意单比在射影变换下是会变化的. 设在射影平面上取定射影坐标系后, 共线四点 A_1, A_2, A_3, A_4 的齐次坐标分别是

$$(x_1, y_1, z_1), \quad (x_2, y_2, z_2), \quad (x_3, y_3, z_3), \quad (x_4, y_4, z_4).$$

则由于点 A_3, A_4 在点 A_1, A_2 决定的直线上. 故有

$$(x_3, y_3, z_3) = s_1(x_1, y_1, z_1) + t_1(x_2, y_2, z_2), \quad (x_4, y_4, z_4) = s_2(x_1, y_1, z_1) + t_2(x_2, y_2, z_2).$$

这样 $(A_1, A_2; A_3, A_4) = \dfrac{s_2 t_1}{s_1 t_2}$.

命题 6.3.3.2 设 A_1, A_2, A_3, A_4 是扩大平面 π_+ 上共线的四点, 并且它们都是普通点. 设 (A_1, A_2, A_3) 表示共线的普通点的单比. 则

$$(A_1, A_2; A_3, A_4) = \frac{(A_1, A_2, A_3)}{(A_1, A_2, A_4)}.$$

证明 在平面上取定点 O, 它与这四点不共线, 则 $(A_1, A_2; A_3, A_4) = (\overrightarrow{OA_1}, \overrightarrow{OA_2}; \overrightarrow{OA_3}, \overrightarrow{OA_4})$, 设 $\overrightarrow{OA_3} = s_1\overrightarrow{OA_1} + t_1\overrightarrow{OA_2}$, $\overrightarrow{OA_4} = s_2\overrightarrow{OA_1} + t_2\overrightarrow{OA_2}$, 则

$$(A_1, A_2, A_3) = \frac{t_1}{s_1}, \quad (A_1, A_2, A_4) = \frac{t_2}{s_2},$$

因此 $(A_1, A_2; A_3, A_4) = (\overrightarrow{OA_1}, \overrightarrow{OA_2}; \overrightarrow{OA_3}, \overrightarrow{OA_4}) = \dfrac{s_2 t_1}{s_1 t_2} = \dfrac{(A_1, A_2, A_3)}{(A_1, A_2, A_4)}$. □

命题 6.3.3.3 设 A_1, A_2, A_3 是扩大平面 π_+ 上普通直线 L 上的任意三点, A_4 是线 L 上的无穷远点. 则 $(A_1, A_2; A_3, A_4) = -(A_1, A_2, A_3)$.

证明 在平面上取定点 O, 它与这四点不共线, 则 $(A_1, A_2; A_3, A_4) = (\overrightarrow{OA_1}, \overrightarrow{OA_2}; \overrightarrow{OA_3}, \overrightarrow{OA_4})$, 由于线 OA_1 的方向是 $\overrightarrow{A_1A_2}$. 故可以设 $\overrightarrow{OA_3} = s_1\overrightarrow{OA_1} + t_1\overrightarrow{OA_2}$, $\overrightarrow{OA_4} = -\overrightarrow{OA_1} + \overrightarrow{OA_2}$, 则

$$(A_1, A_2; A_3, A_4) = (\overrightarrow{OA_1}, \overrightarrow{OA_2}; \overrightarrow{OA_3}, \overrightarrow{OA_4}) = \frac{-t_1}{s_1} = -(A_1, A_2, A_3). \qquad \square$$

一般射影平面上的共点的四线也能定义交比. 为此先证明下面命题.

命题 6.3.3.4 设 $\pi_1, \pi_2, \pi_3, \pi_4$ 是空间中四张经过直线 L 的不同平面, 平面 π 与直线 L 相交, 并且平面 π 分别交 $\pi_1, \pi_2, \pi_3, \pi_4$ 于直线 l_1, l_2, l_3, l_4. 则交比 $(l_1, l_2; l_3, l_4)$ 与平面的选择无关.

证明 设平面 π' 分别交 $\pi_1, \pi_2, \pi_3, \pi_4$ 于直线 l_1', l_2', l_3', l_4'.

如果 $\pi//\pi'$, 则 $l_1//l_1', l_2//l_2', l_3//l_3', l_4//l_4'$, 这样 $(l_1', l_2'; l_3', l_4') = (l_1, l_2; l_3, l_4)$.

如果 π 不平行于 π', 设 $\varphi: \pi \to \pi'$ 是从 π 到 π' 的平行于直线 L 的平行投影, 明显有 $\varphi(l_1) = l_1', \varphi(l_2) = l_2', \varphi(l_3) = l_3', \varphi(l_4) = l_4'$. 既然平行投影是平面之间的仿射映射, 而共线的交比是仿射映射下的不变量. 故 $(l_1', l_2'; l_3', l_4') = (l_1, l_2; l_3, l_4)$.

□

定义 6.3.3.4 设 $\pi_1, \pi_2, \pi_3, \pi_4$ 是空间中共轴的四张平面. 取一张与轴线相交的平面 π, 平面 π 交平面 $\pi_1, \pi_2, \pi_3, \pi_4$ 分别于直线 l_1, l_2, l_3, l_4. 规定四张共轴平面 $\pi_1, \pi_2, \pi_3, \pi_4$ 的**交比** $(\pi_1, \pi_2; \pi_3, \pi_4) = (l_1, l_2; l_3, l_4)$.

定义 6.3.3.5 设 $\pi_1, \pi_2, \pi_3, \pi_4$ 是直线把 $\Lambda(O)$ 的 4 条共点的线, 也就是空间的 4 张共轴的平面. 规定四条共点线 $\pi_1, \pi_2, \pi_3, \pi_4$ 的**交比**为这共轴四张平面的交比.

从直线把中的点的交比和线的交比的定义可以得到这两类交比有协调性, 即

(1) 设 l_1, l_2, l_3, l_4 是直线把 $\Lambda(O)$ 的 4 个共线点, 点 L 是和它们不共线的点, 并且分别与点 l_1, l_2, l_3, l_4 连线为 $\pi_1, \pi_2, \pi_3, \pi_4$, 则 $(l_1, l_2; l_3, l_4) = (\pi_1, \pi_2; \pi_3, \pi_4)$.

(2) 设 $\pi_1, \pi_2, \pi_3, \pi_4$ 是直线把 $\Lambda(O)$ 的 4 个共点线, 线 π 是和它们不共点, 并且分别与线 $\pi_1, \pi_2, \pi_3, \pi_4$ 连线为 l_1, l_2, l_3, l_4, 则 $(\pi_1, \pi_2; \pi_3, \pi_4) = (l_1, l_2; l_3, l_4)$.

对于扩大平面 π_+ 上的共点的线, 也可以定义其交比. 设 L 是扩大平面上一条线, 点 O 是空间中不在平面 π 上的点. 记 OL 是点 O 和线 L 决定的平面. 如果线 L 是无穷远线, 则 OL 是经过点 O 且平行于 π 的平面.

命题 6.3.3.5 设 l_1, l_2, l_3, l_4 是扩大平面 π_+ 的 4 个共点的线, O 是空间中不在平面 π 上的点. 则交比 $(Ol_1, Ol_2; Ol_3, Ol_4)$ 和点 O 的选择无关.

证明 设点 O' 是空间中不在平面 π 上的另一点. 设 $\varphi: E^3 \to E^3$ 是空间中的仿射变换, 满足平面 π 上的点都是 φ 的不动点并且 $\varphi(O) = O'$. 这样 $\varphi(Ol_i) = O'l_i$, $i = 1, 2, 3, 4$. 于是我们有 $(Ol_1, Ol_2; Ol_3, Ol_4) = (O'l_1, O'l_2; O'l_3, O'l_4)$. 即交比与点 O 的选择无关. □

定义 6.3.3.6 设 l_1, l_2, l_3, l_4 是扩大平面 π_+ 的 4 个共点线, O 是空间中不在平面 π 上的点. 则共点四线 l_1, l_2, l_3, l_4 的**交比**规定为 $(l_1, l_2; l_3, l_4) = (Ol_1, Ol_2; Ol_3, Ol_4)$.

命题 6.3.3.6 设 l_1, l_2, l_3, l_4 是扩大平面 π_+ 的 4 个共点线, 线 L 分别交 l_1, l_2, l_3, l_4 于点 A_1, A_2, A_3, A_4, 则 $(l_1, l_2; l_3, l_4) = (A_1, A_2; A_3, A_4)$.

证明 取空间中不在平面 π 上的点 O, 则 $(l_1, l_2; l_3, l_4) = (Ol_1, Ol_2; Ol_3, Ol_4)$. 由于平面 OL 分别交平面 Ol_1, Ol_2, Ol_3, Ol_4 于直线 OA_1, OA_2, OA_3, OA_4, 于是

$$(Ol_1, Ol_2; Ol_3, Ol_4) = (OA_1, OA_2; OA_3, OA_4).$$

而 $(OA_1, OA_2; OA_3, OA_4) = (A_1, A_2; A_3, A_4)$. 这样 $(l_1, l_2; l_3, l_4) = (A_1, A_2; A_3, A_4)$. □

命题 6.3.3.6 表明在扩大平面上点与线的交比的协调性. 利用交比的定义和性质, 容易证明交比在射影映射下不变.

定理 6.3.3.3 设 $\varphi: \Pi \to \Pi'$ 是射影平面 Π 到射影平面 Π' 的射影映射. A_1, A_2, A_3, A_4 是射影平面 Π 上共线的四点, 则

$$(\varphi(A_1), \varphi(A_2); \varphi(A_3), \varphi(A_4)) = (A_1, A_2; A_3, A_4).$$

取定射影平面 Π 上的射影坐标系 $J[A_1, A_2, A_3, A_4]$, 设 P, Q 是 Π 上的两点, 它们齐次坐标分别是 $(x_1, y_1, z_1), (x_2, y_2, z_2)$, 则经过 P, Q 的线 L 的齐次坐标是

$$\left(\begin{vmatrix} y_1 & y_2 \\ z_1 & z_1 \end{vmatrix}, \begin{vmatrix} z_1 & z_2 \\ x_1 & x_1 \end{vmatrix}, \begin{vmatrix} x_1 & x_2 \\ y_1 & y_1 \end{vmatrix} \right).$$

线 L 上的点的齐次坐标的一般形式是 $s(x_1, y_1, z_1) + t(x_2, y_2, z_2)$.

设射影平面 Π 上共线四点 A, B, C, D 的齐次坐标分别是

$$(a_1, a_2, a_3), \quad (b_1, b_2, b_3), \quad (c_1, c_2, c_3), \quad (d_1, d_2, d_3).$$

设

$$(c_1, c_2, c_3) = s_1(a_1, a_2, a_3) + t_1(b_1, b_2, b_3), \ (d_1, d_2, d_3) = s_2(a_1, a_2, a_3) + t_2(b_1, b_2, b_3),$$

则 $(A, B; C, D) = \dfrac{s_2 t_1}{t_2 s_1}$.

例 6.3.3.1 设在射影平面上的一个射影坐标系 J 中, 共线四点的齐次坐标分别为

$$A_1(1, -2, 3), \quad A_2(2, 2, 1), \quad A_3(3, 0, 4), \quad A_4(5, 2, 5).$$

求交比 $(A_1, A_2; A_3, A_4)$.

解 根据四点齐次坐标, 解得

$$(3, 0, 4) = (1, -2, 3) + (2, 2, 1), \quad (5, 2, 5) = (1, -2, 3) + 2(2, 2, 1).$$

所以 $(A_1, A_2; A_3, A_4) = \dfrac{1}{2}$. □

例 6.3.3.2 设在射影平面 Π 上的射影坐标系 $J[A_1, A_2, A_3, A_4]$ 中, 共线的三点 A, B, C 的齐次坐标分别是 $(1, 2, 5)$, $(1, 0, 3)$, $(-1, 2, -1)$. 求点 D 满足 A, B, C, D 共线并且 $(A, B; C, D) = 2$.

解 设点 D 的齐次坐标为 $s(1,2,5)+t(1,0,3)$. 由于 $(-1,2,-1)=(1,2,5)-2(1,0,3)$, 故 $2=(A,B;C,D)=\dfrac{-2s}{t}$. 这样取 $s=1,t=-1$. 所以点 D 的齐次坐标为 $(0,2,2)$. □

例 6.3.3.3 设点 O 是扩大平面 π_+ 上的一个普通点, l_1,l_2,l_3,l_4 是经过点 O 的四条不同的直线, 用 $\langle l_1,l_2\rangle$ 表示直线 l_1 绕点 O 旋转到直线 l_2 的角度. 证明:

$$(l_1,l_2;l_3,l_4)=\frac{\sin\langle l_1,l_3\rangle\sin\langle l_4,l_2\rangle}{\sin\langle l_3,l_2\rangle\sin\langle l_1,l_4\rangle}.$$

证明 在平面 π 作不经过点 O 的直线 L, 它交直线 l_1,l_2,l_3,l_4 分别于点 A,B,C,D. 则 $(l_1,l_2;l_3,l_4)=(A,B;C,D)$.

设点 O 到直线 L 的距离为 d, 则

$$AC=\frac{|OA||OC|\sin\langle l_1,l_3\rangle}{d},\quad CB=\frac{|OB||OC|\sin\langle l_3,l_2\rangle}{d},$$

$$AD=\frac{|OA||OD|\sin\langle l_1,l_4\rangle}{d},\quad DB=\frac{|OD||OC|\sin\langle l_4,l_2\rangle}{d}.$$

这样 $(l_1,l_2;l_3,l_4)=(A,B;C,D)=\dfrac{(A,B,C)}{(A,B,D)}=\dfrac{AC\cdot DB}{CB\cdot AD}=\dfrac{\sin\langle l_1,l_3\rangle\sin\langle l_4,l_2\rangle}{\sin\langle l_3,l_2\rangle\sin\langle l_1,l_4\rangle}$. □

6.3.4 调和点列和调和线束

在仿射平面里, 直线上的一点就能分隔两个点, 但在射影平面里, 线上一点分能分隔两点的, 必须用两个点去分隔两个点. 如果将 A_1,A_2 看成两个基点, A_3,A_4 看成分点. 则交比的符号反映了这种分隔关系. 如图 6.3.2.

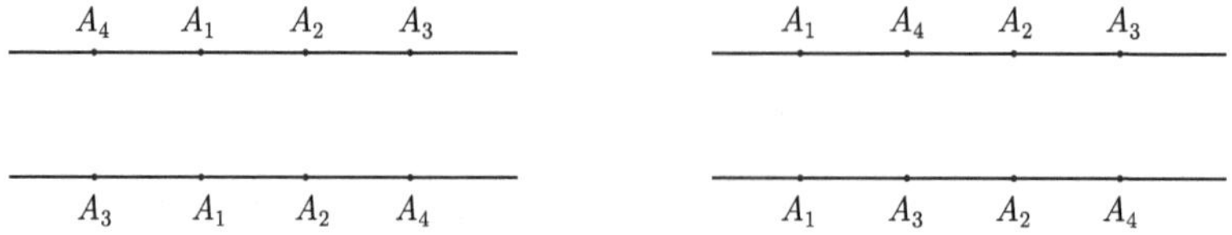

图 6.3.2

(1) 如果 $(A_1,A_2;A_3,A_4)>0$, 则 A_3,A_4 不能分隔 A_1,A_2;

(2) 如果 $(A_1,A_2;A_3,A_4)<0$, 则 A_3,A_4 分隔 A_1,A_2;

(3) 如果 $(A_1,A_2;A_3,A_4)=0$, 则点 A_1 与点 A_3 重合或点 A_2 与点 A_4 重合.

定义 6.3.4.1 设 A, B, C, D 是射影平面 Π 上共线的四点, 如果 $(A, B; C, D) = -1$, 则称 A, B, C, D 四点为**调和点列**. 设 l_1, l_2, l_3, l_4 是射影平面 Π 上共点的四条线, 如果 $(l_1, l_2; l_3, l_4) = -1$, 则称 l_1, l_2, l_3, l_4 四线为**调和线束**.

根据交比与点的顺序的关系, 当点列 A, B, C, D 是调和点列时, 点列 B, A, C, D, 点列 A, B, D, C, 点列 B, A, D, C 和点列 C, D, A, B 都是调和点列. 这说明调和性与点偶 A, B 和点偶 C, D 的顺序无关, 是点偶 A, B 和点偶 C, D 的一种关系.

给定线 L 上不同的三点 A, B, C 和数 k (可以是 ∞), 则在线 L 上存在唯一的点 D, 使得 $(A, B; C, D) = k$. 这样线上不同的三点决定了线上的一个坐标系, 线上每一点与交比一一对应. 当 $k = -1$ 时, 点 D 称为 A, B, C 的**第四调和点**.

例 6.3.4.1 设 A, B, C 是扩大平面 π_+ 上共线的三个普通点. 求出 A, B, C 的第四调和点.

解 如果 C 是 A, B 两点连线的中点, 则 $(A, B, C) = 1$. 如果 $(A, B; C, D) = -1$, 则我们有 $(A, B, D) = -1$. 从而 A, B, C 的第四调和点 D 是无穷远点.

如果 C 不是 A, B 两点连线的中点, 则 A, B, C 的第四调和点 D 是一个普通点. 由于

$$(A, B, C) = -(A, B, D).$$

图 6.3.3 给出第四调和点 D 的作图法.

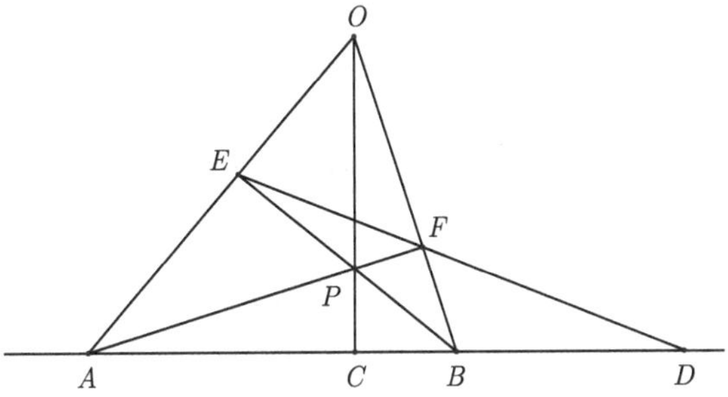

图 6.3.3

设 A, B, C 所在直线为 L, 任意取不在直线 L 上的一点 O, 在线段 OC 上取一点 P, 设 E 是线 PB 和线 OA 的交点, F 是线 PA 和线 OB 的交点. 则连接 E, F 的线与直线 L 的交点就是 A, B, C 的第四调和点 D. 下面证明点 D 是第四调和点.

$$(A, B; C, D) = (OA, OB; OC, OD) = (E, F; H, D) = (PE, PF; PH, PD)$$

$$= (B, A; C, D) = (A, B; C, D)^{-1}.$$

这样 $(A, B; C, D)^2 = 1$, 因为 A, B, C, D 是不同的四点, 故 $(A, B; C, D) \neq 1$. 因此 $(A, B; C, D) = -1$. □

同样, 任意共点的三条直线, 它们的第四调和线存在唯一. 设 l_1, l_2, l_3 是经过点 O 的三条直线. 如果 l_3 是直线 l_1, l_2 所夹的角的角平分线, 则 l_1, l_2, l_3 的第四调和线是直线 l_1, l_2 所夹的另一角的角平分线. 如图 6.3.4.

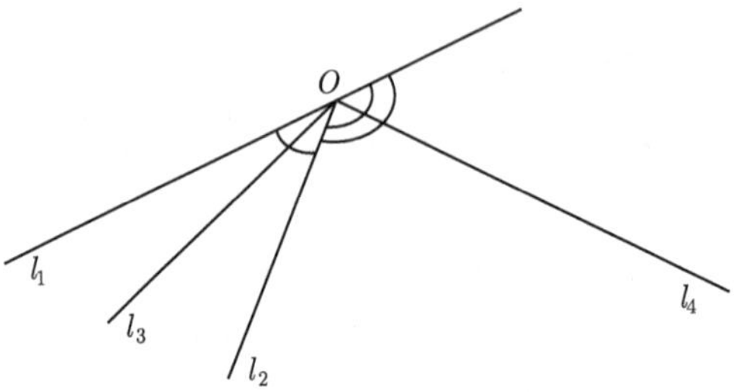

图 6.3.4

6.3.5 对偶原理

在射影平面上点和线的地位是对等的, 比如点有齐次坐标, 线也有齐次坐标. 共线四点可以定义交比射影不变量, 共点的四线也可以定义交比射影不变量. 同时在射影平面上点和线的相互关系也有完全的对称性, 即它们在逻辑上处于平等的地位. 把射影平面上点和线的这种平等的关系称为**对偶关系**.

如果把一个几何图形中点换成线, 线换成点, 则得到另一种图形, 称它为原图形的**对偶图形**. 例如调和点列的对偶图形是调和线束.

设 Ξ 是射影平面上关于点和线的射影性质的一个命题, 那么把此命题中的点都改写成线, 把线都改写成点, 并且保持点线关联关系不变, 则得到命题 Ξ', 它称为原命题 Ξ 的**对偶命题**.

例 6.3.5.1 命题: 射影平面上三点共线的充分必要条件是它们的齐次坐标组成的三阶行列式等于零. 它的对偶命题: 射影平面上三线共点的充分必要条件是它们的齐次坐标组成的三阶行列式等于零.

例 6.3.5.2 德萨格定理: 在射影平面上, 如果两个三角形的对应顶点的连线共点, 则它们的对应边的交点共线. 它的对偶命题是德萨格的逆定理: 在射影平面上, 如果两个三角形的对应边的交点共线, 则它们的对应顶点的连线共点.

对偶原理 在射影几何学中, 一个命题成立, 则它的对偶命题也成立.

对偶原理的逻辑依据是射影平面上点线的对偶关系. 如果在射影平面上建立射影坐标系, 则点和线的齐次坐标在形式上是一致的, 利用齐次坐标去判断共点线和共线点的关联关系在代数关系式中也是一致的, 这两种一致性使得用齐次坐标来证明一个命题和证明它的对偶命题时, 在代数上是完全一样的.

另外, 存在射影平面上的点集到线集的保持关联关系的一一映射. 例如在直线把 $\Lambda(O)$ 中, 任意一点 $l \in \Lambda(O)$, 它是经过点 O 的一条直线, 则经过点 O 并且以直线 l 为法线的平面是唯一的, 记该平面为 π. 则直线把 $\Lambda(O)$ 中点集到线集的映射 φ 规定为 $\varphi(l) = \pi$. 明显映射 φ 保持关联关系. 当射影平面上有了一个从点集到线集的保持关联关系的一一映射 φ 后, 对于一个命题, 通过映射 φ, 将共点线与共线点互换, 即得到对偶命题. 由于映射 φ 是保持关联关系的, 因此原命题与它的对偶命题具有相同的真假性.

对偶原理是射影几何学中一个很深刻的思想, 对于它的严格证明属于公理法射影几何学的范围. 本书就不展开讲述. 事实上, 表达互相对偶的两个命题的代数关系是完全一样的.

习 题 6.3

1. 设 $\phi : \Pi_1 \to \Pi_2$ 是从射影平面 Π_1 到射影平面 Π_2 的射影映射. 证明: 射影映射 ϕ 的逆映射是射影映射, 并且射影映射将线映成线.

2. 设 $\phi : \Pi_1 \to \Pi_2$ 是从射影平面 Π_1 到射影平面 Π_2 的射影映射. 证明: 射影映射 ϕ 将处于一般位置的四点映成处于一般位置的四点.

3. 设 $\varphi : \pi_+ \to \overline{\pi}_+$ 从扩大平面 π_+ 到扩大平面 $\overline{\pi}_+$ 的射影映射, 并且满足 φ 将扩大平面 π_+ 上的无穷远直线 l_∞ 映成扩大平面 $\overline{\pi}_+$ 中的无穷直线 $\overline{l}_\infty$. 证明: 存在仿射平面 π 到仿射平面 $\overline{\pi}$ 的仿射映射 $f : \pi \to \overline{\pi}$, 使得射影映射 φ 是由仿射映射 f 决定的射影映射, 即 $\varphi = \phi_f$.

4. 设射影平面 Π 上有两个射影坐标系 $J_1[A_1, A_2, A_3, A_4]$ 和$J_2[B_1, B_2, B_3, B_4]$, 射影变换 φ 把射影坐标系 $J_1[A_1, A_2, A_3, A_4]$ 映成射影坐标系 $J_2[B_1, B_2, B_3, B_4]$. 已知在某个射影坐标系 J 中, 射影坐标系 $J_1[A_1, A_2, A_3, A_4]$ 和 $J_2[B_1, B_2, B_3, B_4]$ 的基本点的齐次坐标分别是

$$A_1(1,0,1), \quad A_2(2,1,1), \quad A_3(3,-1,0), \quad A_4(3,5,2);$$

$$B_1(-1,0,3), \quad B_2(1,1,3), \quad B_3(2,3,8), \quad B_4(2,1,-2).$$

(1) 求出射影变换 φ 在射影坐标系 J 中的变换矩阵;

(2) 求出射影变换 φ 在射影坐标系 J_2 中的变换矩阵.

5. 在射影平面上, 取定射影坐标系 $J[A_1, A_2, A_3, A_4]$. 求出把四点 $B_1(1,0,1)$, $B_2(2,0,1)$, $B_3(0,1,1)$, $B_4(0,2,1)$ 依次映成基本点 A_1, A_2, A_3, A_4 的射影变换在 J 中的坐标变换公式.

6. 在射影坐标系 J 中, 求出依次把点 $A(0,1,1)$, $B(1,0,1)$, $C(1,1,0)$ 映成点 $D(1,0,0)$, $E(0,1,0)$, $F(0,0,1)$ 的射影变换在 J 中的变换矩阵的一般形式.

7. 在射影坐标系 J 中, 给出四条直线 $L_i: a_ix_1+b_ix_2+c_ix_3=0$, $i=1,2,3,4$, 以及四条直线

$$l_1: x_1+x_2=0, \quad l_2: x_2+x_3=0, \quad l_3: x_1+x_3=0, \quad l_4: x_1+x_2+x_3=0.$$

(1) 给出四条直线 L_1, L_2, L_3, L_4 处于一般位置的充要条件;

(2) 设射影变换 φ 满足 $\varphi(l_1)=L_1, \varphi(l_2)=L_2, \varphi(l_3)=L_3, \varphi(l_4)=L_4$, 求出 φ 在 J 中的变换矩阵.

8. 设在射影坐标系 $J[A_1, A_2, A_3, A_4]$ 中, 点 A_1, A_2, A_3 是射影变换 φ 的不动点. 证明: 射影变换 φ 在 $J[A_1, A_2, A_3, A_4]$ 下的坐标变换公式为

$$\rho\begin{pmatrix} x' \\ y' \\ z' \end{pmatrix} = \begin{pmatrix} a & 0 & 0 \\ 0 & b & 0 \\ 0 & 0 & c \end{pmatrix}\begin{pmatrix} x \\ y \\ z \end{pmatrix},$$

其中 a, b, c 是任意非零实数.

9. 在射影平面上, 射影变换 φ 在射影坐标系 J 中的坐标变换公式为

$$\rho\begin{pmatrix} x' \\ y' \\ z' \end{pmatrix} = \begin{pmatrix} 0 & 1 & 1 \\ -1 & 2 & 1 \\ -2 & 2 & 3 \end{pmatrix}\begin{pmatrix} x \\ y \\ z \end{pmatrix},$$

求出射影变换 φ 的不动点坐标和不变直线方程.

10. 在射影平面上, 任意给定两条不同直线 L_1, L_2. 证明: 如果 L_1, L_2 是射影变换 φ 的不动直线, 则射影变换 φ 是恒等变换.

11. 在射影平面上, 给定四边形 $ABCD$ 和四边形 $EFHG$. 问: 存在多少个不同射影变换将四边形 $ABCD$ 映成四边形 $EFHG$? 存在多少个不同非恒等变换的射影变换将四边形 $ABCD$ 映成自己?

12. 在射影平面上, 给定三角形 ABC 和三角形 DEF. 问: 存在多少个不同射影变换将三角形 ABC 映成三角形 DEF?

13. 在射影平面上, 给定三条直线 L_1, L_2, L_3 和三条直线 l_1, l_2, l_3, 问: 存在多少个不同射影变换 φ 满足 $\varphi(l_1) = L_1, \varphi(l_2) = L_2, \varphi(l_3) = L_3$?

14. 在仿射平面 π 上, 给定平行四边形 $ABCD$ 和四点 E, F, H, G, 并且 E, F, G 不共线, 且满足 $\overrightarrow{EH} = s\overrightarrow{EF} + t\overrightarrow{EG}$.

(1) 系数 s, t 满足什么条件时扩大平面 π_+ 存在射影变换 φ, 满足 φ 将点 A, B, C, D 依次映成点 E, F, H, G. 说明其理由.

(2) 为了上面 (1) 中的射影变换 φ 是仿射-射影变换, 对于系数 s, t 还需要什么条件?

15. 设 l_1, l_2, l_3, l_4 是平面上两两不平行的四条直线, 并且 $[l_1, l_2; l_3, l_4] = 9$. 求出下面的交比:

(1) $[l_4, l_3; l_2, l_1]$; (2)$[l_4, l_2; l_1, l_3]$; (3)$[l_4, l_1; l_2, l_3]$; (4)$[l_2, l_4; l_1, l_3]$.

16. 在射影平面的某个射影坐标系 J 中, 给定共线四点的齐次坐标

$$A_1(2, 1, -1), \quad A_2(1, -1, 1), \quad A_3(1, 0, 0), \quad A_4(1, 5, -5).$$

求出交比 $[A_1, A_2; A_3, A_4]$ 和 $[A_1, A_4; A_3, A_1]$.

17. 在射影平面的某个射影坐标系 J 中, 给定共线四点和它们的交比 $[A_1, A_2; A_3, A_4] = 2$, 已知其中三点的齐次坐标为 $A_1(1, 1, 1)$, $A_2(1, -1, 1)$, $A_3(1, 0, 1)$. 求出点 A_4 的齐次坐标.

18. 在射影平面的某个射影坐标系 J 中, 共线三点 A, B, C 的齐次坐标分别是

$$A(2, 5, 1), \quad B(0, 3, 1), \quad C(a, -1, -1).$$

(1) 求出参数 a; (2) 求点 D 的齐次坐标, 使得 $[A, B; C, D] = 4$.

19. 在仿射平面的某个仿射坐标系中, 给出四个点的坐标分别是

$$A(2, -4), \quad B(-4, 5), \quad C(4, -7), \quad D(0, -1).$$

(1) 证明: 四点 A, B, C, D 共线;

(2) 求出它们的交比 $[A, B; C, D]$.

20. 设 A, B, C, D, E 是射影平面上两两不同的共线五点. 证明:

$$[A, B; C, D] \cdot [A, B; D, E] = [A, B; C, E].$$

21. 在射影平面的某个射影坐标系 J 中, 给出共点的三条线的齐次坐标分别为

$$l_1(1, 4, 1), \quad l_2(0, -1, t), \quad l_3(2, 3, -3).$$

(1) 求出参数 t;

(2) 求出一条线 l_4 的齐次坐标, 使得交比 $[l_1, l_2; l_3, l_4] = 5$.

22. 在射影平面的某个射影坐标系 J 中, 给出五个点的齐次坐标分别为

$$P(3,-3,1), \quad A(1,0,0), \quad B(0,1,0), \quad C(0,0,1), \quad D(1,-1,1).$$

求出线 PA, PB, PC, PD 的交比 $[PA, PB; PC, PD]$.

23. 在射影平面的某个射影坐标系 J 中, 给出四条线的齐次坐标分别为

$$l_1(3,-4,1), \quad l_2(5,-1,2), \quad l_3(0,1,1), \quad l_4(-1,1,0).$$

设线 l_1, l_2 的交点为点 A, 线 l_3, l_4 的交点为点 B, 线 l 是点 A, B 的连线.

(1) 求出线 l 的齐次坐标;

(2) 计算线 l_1, l_2, l 的第四调和线.

24. 在射影平面的某个射影坐标系 J 中, 给定共线四点的齐次坐标

$$A(3,-4,1), \quad B(4,-3,-1), \quad C(2,3,1), \quad D(3,2,1).$$

(1) 求出线 AB 和线 CD 的交点 E 的齐次坐标;

(2) 求出线 CD 上的点 F, 使得交比 $[C, D; E, F] = 2$.

25. 在射影平面的射影坐标系 $J[A_1, A_2, A_3, A_4]$ 中, 给定点 O 的齐次坐标为 $O(2,1,3)$. 求出线的交比 $[OA_1, OA_2; OA_3, OA_4]$.

26. 在欧氏平面 π 上, 给定一个圆 C 和圆上四个不同的点 A, B, C, D.

(1) 证明: 四点与圆周上任意第五点 O 的连线的交比 $[OA, OB; OC, OD] = k$ 是常数, 与点 O 在圆周上的位置无关.

(2) 如果点 O 不在圆周上, 证明: 交比 $[OA, OB; OC, OD] \neq k$.

27. 设 $A, B, C, Q_1, Q_2, Q_3, P_1, P_2, P_3$ 是射影平面上的九个不同点, 其中 A, B, Q_1, P_1 共线, B, C, Q_2, P_2 共线, A, C, Q_3, P_3 共线. 设交比

$$[A, B; Q_1, P_1] = a, \quad [B, C; Q_2, P_2] = b, \quad [A, C; Q_3, P_3] = c.$$

(1) 如果三线 AQ_2, BQ_3, CQ_1 共线, 证明: 三点 P_1, P_2, P_3 共线的充要条件是 $abc = -1$;

(2) 如果三线 AQ_2, BQ_3, CQ_1 共线, 证明: 三线 CP_1, AP_2, BP_3 共点的充要条件是 $abc = 1$;

(3) 如果三点 Q_1, Q_2, Q_3 共线, 证明: 三点 P_1, P_2, P_3 共线的充要条件是 $abc=1$;

(4) 如果三点 Q_1,Q_2,Q_3 共线, 证明: 三线 CP_1,AP_2,BP_3 共点的充要条件是 $abc=-1$.

28. 设扩大平面 π_+ 上三条共点 P 的线 l_1,l_2,l_3.

(1) 如果点 P 是普通点, 使用作图法画出 l_1,l_2,l_3 的第四调和线 l_4;

(2) 如果点 P 是无穷远点, l_1,l_2,l_3 都是普通直线, 使用作图法画出 l_1,l_2,l_3 的第四调和线 l_4;

(3) 如果线 l_3 是无穷远线, 使用作图法画出 l_1,l_2,l_3 的第四调和线 l_4.

29. 设 A_1,A_2,A_3 是仿射平面上共线的三个不同点, 它们所在的直线为 l, A_3 不是线段 A_1A_2 的中点. 又设 l_1,l_2,l_3 是依次经过点 A_1,A_2,A_3 的三条平行直线, 但它们都不与直线 l 平行. 取定直线 l_3 上一点 D. 记点 B 为直线 DA_2 与直线 l_1 的交点, 点 C 为直线 DA_1 与直线 l_2 的交点. 证明: 直线 BC 与直线 l 的交点就是点 A_1,A_2,A_3 的第四调和点.

30. 写出德萨格定理的对偶命题.

31. 在射影平面的某个射影坐标系 J 中, 给定三条不同线的齐次坐标分别是

$$l_1(a_1,b_1,c_1),\quad l_2(a_2,b_2,c_2),\quad l_3(a_3,b_3,c_3).$$

(1) 证明: l_1,l_2,l_3 共点的充要条件是存在不全为零的实数 s,t 满足 $c_i=sa_i+tb_i, i=1,2,3$.

(2) 写出上面命题的对偶命题.

32. 给定射影平面 Π 上的一个点 A 和一条线 L, 并且 $A\notin L$. 设射影平面 Π 上的点变换 $\sigma:\Pi\to\Pi$ 满足点 A 和线 L 的点都是 σ 的不动点. 并且对于射影平面上其他每一个点 P, 点变换 σ 将点 P 映成线 AP 上的点 P', 满足 $(A,P_0,P,P')=a$, 其中 P_0 是线 AP 与线 L 的交点, a 是不等于 $0,1$ 的常数. 证明: $\sigma:\Pi\to\Pi$ 是射影变换. 此时 σ 称为透射, 点 A 为透射中心, 线 L 称为透射轴.

6.4 二维射影几何与二次曲线

6.4.1 二维射影几何学简介

二维射影几何学主要是射影平面上图形的射影性质. 所谓图形的射影性质就是图形在射影变换下不变的性质. 图形的射影性质是比图形的度量性质和仿射性质更加基本的几何性质, 主要包含点线的关联性、点列的共线、线束的共点、共线点的交比等.

定义 6.4.1.1　设 Γ 和 Γ' 是射影平面 Π 上的两个图形, 如果存在一个射影变换 $f:\Pi\to\Pi$, 使得 $f(\Gamma)=\Gamma'$, 则称图形 Γ 和 Γ' 是**射影等价的**.

同度量等价、仿射等价一样, 射影等价也是一种图形的集合中的一个等价关系, 即满足

(1) 自反性, 即任意图形和自己是射影等价的;

(2) 对称性, 即如果图形 Γ 和 Γ' 是射影等价的, 则图形 Γ' 和 Γ 也是射影等价的;

(3) 传递性, 即如果图形 Γ_1 和 Γ_2 是射影等价的, 图形 Γ_2 和 Γ_3 是射影等价的, 则图形 Γ_1 和 Γ_3 也是射影等价的.

利用这个等价关系, 可以对射影平面上的几何图形的集合进行分类. 把互相射影等价的图形放在同一类, 于是射影平面上的全体几何图形分解成许多类, 这些类称为**射影等价类**. 仿射平面可以嵌入到扩大平面中, 因此普通平面上的几何图形可以纳入到射影几何学中加以研究. 由射影变换的基本定理知道, 平面上任意两个四边形都是射影等价的. 自然平面两个三角形也是射影等价的. 而平面上任意两个四边形未必是仿射等价的. 平面上的一个仿射变换都可以得到一个扩大平面上的射影变换, 这样平面上的射影变换比仿射变换多, 因此图形可以射影等价, 但未必是仿射等价的.

射影几何学中的基本问题之一是给出射影空间中图形的射影等价类. 下面给出射影空间中所有的二次曲线的射影等价类.

取定射影平面上的射影坐标系, 则射影平面上的任意点对应唯一的射影坐标, 从而射影平面上的图形具有方程, 即图形上的点的坐标满足的方程. 由于射影坐标是用齐次坐标表示的, 故图形的方程一定是齐次方程. 设图形的方程为 $F(x,y,z)=0$, 如果点 p 的齐次坐标 (x,y,z) 满足方程, 则对于任意不等于零的数 k, 坐标 (kx,ky,kz) 也满足该方程. 反之, 一个齐次方程在取定射影坐标系的射影平面上对应一个几何图形, 即图形是以满足此齐次方程的三联比为坐标的全体点的集合.

定义 6.4.1.2　设 $J[A_1,A_2,A_3,A_4]$ 是射影平面上的射影坐标系, 二次齐次方程

$$F(x,y,z)=a_{11}x^2+a_{22}y^2+a_{33}z^2+2a_{12}xy+2a_{13}yz+2a_{23}yz=0 \tag{6.4.1}$$

的图形 Γ 称为**射影平面上的二次曲线**.

对于非零常数 k, 二次方程

$$kF(x,y,z)=ka_{11}x^2+ka_{22}y^2+ka_{33}z^2+2ka_{12}xy+2ka_{13}yz+2ka_{23}yz=0$$

的图形也是 Γ. 因此二次曲线的方程是不唯一的. 这样二次曲线的方程的系数实质只有 5 个, 一般来讲, 要确定一个二次曲线方程, 需要知道它的 5 个条件.

同仿射几何中二次曲线的定义一样, 射影平面上的二次曲线的定义虽然利用射影坐标系定义, 但它是不依赖射影坐标系的选择的, 即如果射影平面的一个图形在某个射影坐标系是二次曲线, 则该图形在任意射影坐标系中均是二次曲线.

射影平面上的二次曲线是在射影变换下不变的, 即如果射影平面的一个图形 Γ 在某个射影坐标系是二次曲线, 并且 φ 是射影平面上一个射影变换, 则 $\varphi(\Gamma)$ 在该射影坐标系也是二次曲线.

如果 $J[A_1, A_2, A_3, A_4]$ 是扩大平面 π_+ 上的一个仿射-射影坐标系 I-J, 我们先看二次曲线

$$\Gamma : a_{11}x^2 + a_{22}y^2 + a_{33}z^2 + 2a_{12}xy + 2a_{13}xz + 2a_{23}yz = 0$$

的普通点构成的图形. 普通点的射影齐次坐标为 $(x, y, 1)$, 它在仿射坐标系 I 的仿射坐标为 (x, y). 则二次曲线 Γ 的普通点所满足的方程为

$$\Gamma_0 : a_{11}x^2 + a_{22}y^2 + 2a_{12}xy + 2a_{13}x + 2a_{23}y + a_{33} = 0.$$

如果 a_{11}, a_{22}, a_{12} 不全为零, 则二次曲线的普通点构成的图形 Γ_0 是仿射平面 π 上的普通二次曲线.

如果 $a_{11} = a_{22} = a_{12} = 0$, 则二次曲线 Γ 的普通点构成的图形 Γ_0 所满足的方程为 $2a_{13}x + 2a_{23}y + a_{33} = 0$, 它是仿射平面 π 上的直线.

无穷远点的射影齐次坐标为 $(x, y, 0)$, 故二次曲线 Γ 的无穷远点所满足的方程为

$$a_{11}x^2 + a_{22}y^2 + 2a_{12}xy = 0.$$

它代表了二次曲线上普通点构成图形的一个渐近方向.

如果 a_{11}, a_{22}, a_{12} 不全为零, 则二次曲线 Γ 的无穷远点是二次曲线 Γ_0 的渐近方向.

如果 $a_{11} = a_{22} = a_{12} = 0$, 则二次曲线 Γ 的无穷远点的全体就是无穷远线.

这样扩大平面上的二次曲线的图形 Γ 有两种类型: 第一种就是普通二次曲线再加上它的渐近方向所代表的无穷远点; 第二种就是齐次坐标为 $(2a_{13}, 2a_{23}, a_{33})$ 的线和无穷远线构成. 所以扩大平面上的二次曲线并不全是由普通仿射平面上的二次曲线 “扩大” 而得到的.

下面确定射影平面上的二次曲线的射影等价类. 将二次曲线的二次方程用矩阵表示:

$$a_{11}x^2 + a_{22}y^2 + a_{33}z^2 + 2a_{12}xy + 2a_{13}xz + 2a_{23}yz$$

$$= (x,y,z)\begin{pmatrix} a_{11} & a_{12} & a_{13} \\ a_{21} & a_{22} & a_{23} \\ a_{31} & a_{32} & a_{33} \end{pmatrix}\begin{pmatrix} x \\ y \\ z \end{pmatrix}.$$

记 $\boldsymbol{X}=(x,y,z)^{\mathrm{T}}$, $\boldsymbol{A}=\begin{pmatrix} a_{11} & a_{12} & a_{13} \\ a_{21} & a_{22} & a_{23} \\ a_{31} & a_{32} & a_{33} \end{pmatrix}$, 则二次方程可以简单记为 $\boldsymbol{X}^{\mathrm{T}}\boldsymbol{A}\boldsymbol{X}=0$.

矩阵 $\boldsymbol{A}$ 是一个对称矩阵, 它完全由二次曲线方程的系数决定, 称 $\boldsymbol{A}$ 为二次曲线 Γ 在射影坐标系 J 中的**矩阵**.

由于二次曲线的方程不唯一, 可以相差一个非零常数, 因此二次曲线的矩阵也是不唯一的, 它们可以相差一个非零常数倍. 另外二次曲线的矩阵的定义依赖于射影坐标系的选取, 但在不同的射影坐标系下, 二次曲线的矩阵之间是一个合同关系.

命题 6.4.1.1 如果 J 和 J' 是射影平面 Π 上两个射影坐标系, 并且射影坐标系 J 到 J' 的过渡矩阵为 $\boldsymbol{H}$. 设矩阵 $\boldsymbol{A}$ 是二次曲线 Γ 在射影坐标系 J 中的矩阵, 则矩阵 $\boldsymbol{H}^{\mathrm{T}}\boldsymbol{A}\boldsymbol{H}$ 是二次曲线 Γ 在射影坐标系 J' 中的矩阵.

证明 设射影平面上一点 P 在 J 中的齐次坐标为 (x,y,z), 在 J' 中的坐标为 (x',y',z'), 则

$$\rho(x,y,z)^{\mathrm{T}} = \boldsymbol{H}(x',y',z')^{\mathrm{T}}.$$

设点 P 在二次曲线 Γ 上, 则 $\boldsymbol{X}^{\mathrm{T}}\boldsymbol{A}\boldsymbol{X}=0$. 从而 $\boldsymbol{X}'^{\mathrm{T}}\boldsymbol{H}^{\mathrm{T}}\boldsymbol{A}\boldsymbol{H}\boldsymbol{X}'=0$, 故矩阵 $\boldsymbol{H}^{\mathrm{T}}\boldsymbol{A}\boldsymbol{H}$ 是二次曲线 Γ 在射影坐标系 J' 中的矩阵. □

定义 6.4.1.3 设二次曲线 Γ 在某个射影坐标系下的矩阵是 $\boldsymbol{A}$. 如果矩阵 $\boldsymbol{A}$ 是非奇异的, 则称二次曲线为**非退化的**, 否则称为**退化的**.

命题 6.4.1.2 如果两条二次曲线 Γ_1 和 Γ_2 在射影坐标系 J 中的矩阵分别是 $\boldsymbol{A}_1$ 和 $\boldsymbol{A}_2$, 则二次曲线 Γ_1 和 Γ_2 射影等价的充分必要条件是 $\boldsymbol{A}_1$ 和 $\pm\boldsymbol{A}_2$ 合同.

证明 设 $f:\Pi\to\Pi$ 是一个射影变换, 记 $\Gamma_1'=f(\Gamma_1)$, $J'=f(J)$. 由于 $\boldsymbol{A}_1$ 是 Γ_1 在 J 中的矩阵, 故 $\boldsymbol{A}_1$ 是 Γ_1' 也在 J' 中的矩阵. 设 $\boldsymbol{H}$ 是从 J 到 J' 的过渡矩阵. 由命题 6.4.1.1 知道, $(\boldsymbol{H}^{-1})^{\mathrm{T}}\boldsymbol{A}_1\boldsymbol{H}^{-1}$ 也是 Γ_1' 在 J 中的矩阵. 由于二次曲线在射影坐标系中的矩阵相差一个非零常数倍, 所以 Γ_1 和 Γ_2 射影等价的充分必要条件是 $\boldsymbol{A}_1$ 和 $k\boldsymbol{A}_2$ 合同, 其中 k 是一个非零常数. 即当 $k>0$ 时, $k\boldsymbol{A}_2$ 合同于 $\boldsymbol{A}_2$; 当 $k<0$ 时, $k\boldsymbol{A}_2$ 合同于 $-\boldsymbol{A}_2$. □

根据高等代数中对称矩阵的合同分类, 三阶实对称矩阵的合同等价类共有 10 个, 它们分别合同于下面 10 个矩阵:

$$(1)\begin{pmatrix}1&0&0\\0&1&0\\0&0&1\end{pmatrix};\quad(2)\begin{pmatrix}-1&0&0\\0&1&0\\0&0&1\end{pmatrix};\quad(3)\begin{pmatrix}-1&0&0\\0&-1&0\\0&0&1\end{pmatrix};$$

$$(4)\begin{pmatrix}-1&0&0\\0&-1&0\\0&0&-1\end{pmatrix};\quad(5)\begin{pmatrix}1&0&0\\0&1&0\\0&0&0\end{pmatrix};\quad(6)\begin{pmatrix}-1&0&0\\0&1&0\\0&0&0\end{pmatrix};$$

$$(7)\begin{pmatrix}-1&0&0\\0&-1&0\\0&0&0\end{pmatrix};\quad(8)\begin{pmatrix}1&0&0\\0&0&0\\0&0&0\end{pmatrix};$$

$$(9)\begin{pmatrix}-1&0&0\\0&0&0\\0&0&0\end{pmatrix};\quad(10)\begin{pmatrix}0&0&0\\0&0&0\\0&0&0\end{pmatrix}.$$

其中 (10) 是零矩阵, 它不是二次曲线的矩阵. (1) 和 (4) 表示的二次曲线的是空集; (2) 和 (3) 表示的二次曲线的方程相差一个非零倍数, 故它们的二次曲线是射影等价的. 同理, (5) 和 (7) 表示的二次曲线是射影等价的, (8) 和 (9) 表示的二次曲线是射影等价的. 因此射影平面上的二次曲线只有 4 个等价类:

(1) $x^2+y^2-z^2=0$, 圆锥曲线 (也称非退化二次曲线);

(2) $x^2+y^2=0$, 一点;

(3) $x^2-y^2=0$, 两条直线;

(4) $x^2=0$, 一条直线.

容易看出, (1) 类中的二次曲线是欧氏平面上椭圆、双曲线和抛物线加上它们渐近方向 (如果存在的话) 所对应的无穷远点; (3) 类中是一对相交直线; (4) 类中看成一对重合直线.

定理 6.4.1.1 射影平面上所有二次曲线分成上述四个射影等价类.

平面上椭圆、双曲线和抛物线都是射影等价的. 事实上, 在中心投影下, 椭圆、双曲线和抛物线是可以互相变化的, 例如椭圆通过中心投影可以变为抛物线, 也可以变为双曲线.

如图 6.4.1: 设空间中的圆锥面为 S, 锥顶点为 O, 椭圆是平面 π_0 与圆锥面 S 的交线, 抛物线是平面 π_1 与圆锥面 S 的交线, 双曲线是平面 π_2 与圆锥面 S 的交线. 以圆锥面 S 的顶点 O 为中心的从扩大平面 π_{0+} 到扩大平面 π_{1+} 的中心投影将椭圆映成抛物线, 以圆锥面 S 的顶点 O 为中心的从扩大平面 π_{0+} 到扩大平面 π_{2+} 的中心投影将椭圆映成双曲线.

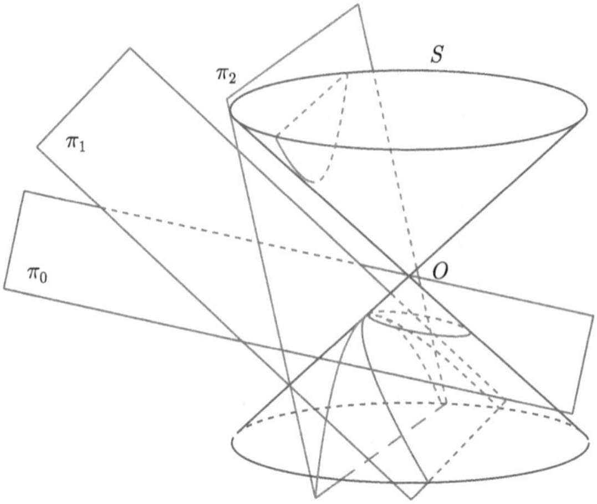

图 6.4.1

6.4.2　二次曲线的切线

由于射影变换将射影平面上的线映成线, 故射影变换将二次曲线的切线映成二次曲线的切线. 因此二次曲线的切线是一个射影性质.

定义 6.4.2.1　在射影平面上, 如果线 L 与二次曲线 Γ 有相重合的两个交点 P, 或线 L 整个在二次曲线 Γ 上, 则称线 L 是二次曲线 Γ 的一条**切线**, 交点 P 称为切线 L 的**切点**.

切线是射影变换不变的, 设线 L 是二次曲线 Γ 的一条切线, 切点为 P. 设 $f:\Pi\to\Pi$ 是一个射影变换, 则线 $f(L)$ 是二次曲线 $f(\Gamma)$ 的一条切线, 切点为 $f(P)$.

普通平面上的抛物线作为扩大平面上的二次曲线, 凡是和它的对称轴平行的直线都不是抛物线的切线, 因为它和抛物线除了一个普通交点外, 还有一个无穷远点的交点. 而扩大平面上的无穷远线是抛物线的切线. 双曲线的平行于渐近线且不是渐近线的直线也不是双曲线的切线, 但双曲线的渐近线是双曲线的切线.

设射影平面上有射影坐标系 $J[A_1,A_2,A_3,A_4]$, 设二次曲线 Γ 的方程是

$$F(x,y,z)=\boldsymbol{X}^{\mathrm{T}}\boldsymbol{A}\boldsymbol{X}=0.$$

经过点 $P(p_1,p_2,p_3)$ 和点 $Q(q_1,q_2,q_3)$ 的线的参数方程为 $s(p_1,p_2,p_3)+t(q_1,q_2,q_3)$, 参数 s,t 不全为零. 下面考虑二次曲线 Γ 与线 PQ 的相交情况.

将线 PQ 上的点的齐次坐标代入二次曲线 Γ 方程, 得到

$$[s(p_1,p_2,p_3)+t(q_1,q_2,q_3)]\boldsymbol{A}\left[s\begin{pmatrix}p_1\\p_2\\p_3\end{pmatrix}+t\begin{pmatrix}q_1\\q_2\\q_3\end{pmatrix}\right]=0.$$

即

$$s^2F(p_1,p_2,p_3)+t^2F(q_1,q_2,q_3)+2st\overline{F}(p_1,p_2,p_3;q_1,q_2,q_3)=0, \tag{6.4.2}$$

其中 $\overline{F}(p_1,p_2,p_3;q_1,q_2,q_3)=(p_1,p_2,p_3)\boldsymbol{A}\begin{pmatrix}q_1\\q_2\\q_3\end{pmatrix}$.

如果 $F(p_1,p_2,p_3)=F(q_1,q_2,q_3)=\overline{F}(p_1,p_2,p_3;q_1,q_2,q_3)=0$, 则整个线 PQ 都在二次曲线 Γ 上.

如果 $F(p_1,p_2,p_3),F(q_1,q_2,q_3),\overline{F}(p_1,p_2,p_3;q_1,q_2,q_3)$ 不全为零, 则由 (6.4.2) 式可以确定二次曲线 Γ 与线 PQ 的交点情况: 两个不同的交点; 两个相重合的交点; 无交点.

现在假设线 L 是二次曲线 Γ 的切线, 切点为点 P. 在线 L 上任意取一点 $Q(\neq P)$, 设它们的齐次坐标分别是 $P(p_1,p_2,p_3)$ 和 $Q(q_1,q_2,q_3)$. 这样

$$[\overline{F}(p_1,p_2,p_3;q_1,q_2,q_3)]^2-F(p_1,p_2,p_3)F(q_1,q_2,q_3)=0.$$

由于切点 P 在二次曲线上, 故 $F(p_1,p_2,p_3)=0$, 从而 $\overline{F}(p_1,p_2,p_3;q_1,q_2,q_3)=0$, 它是切线上任意点 $Q(q_1,q_2,q_3)$ 满足的方程. 这样切线上的点 (x_1,x_2,x_3) 满足下面方程:

$$(p_1,p_2,p_3)\boldsymbol{A}\begin{pmatrix}x_1\\x_2\\x_3\end{pmatrix}=0. \tag{6.4.3}$$

如果 $(p_1,p_2,p_3)\boldsymbol{A}\neq\boldsymbol{0}$, 则方程 (6.4.3) 是一个一次齐次方程, 它就是切线 L 的方程.

如果 $(p_1,p_2,p_3)\boldsymbol{A}=\boldsymbol{0}$, 则扩大平面上任意一点的齐次坐标都满足 (6.4.3), 这意味着扩大平面上任意一点与点 P 的连线都是二次曲线 Γ 的切线.

定义 6.4.2.2 如果二次曲线 Γ 上的点 $P(p_1,p_2,p_3)$ 满足 $(p_1,p_2,p_3)\boldsymbol{A}=\boldsymbol{0}$, 则称点 P 是二次曲线的**奇点**.

可以证明奇点的定义是不依赖于射影坐标系的选择, 并且二次曲线的奇点是一个射影性质, 即在射影变换下是不变的. 椭圆、双曲线和抛物线是没有奇点的. 显然非退化二次曲线是没有奇点的.

命题 6.4.2.1 设二次曲线 Γ 在某个射影坐标系下的矩阵是 $\boldsymbol{A}$. 如果二次曲线 Γ 上的点 $P(p_1,p_2,p_3)$ 不是奇点, 则经过点 $P(p_1,p_2,p_3)$ 的切线为

$$(p_1,p_2,p_3)\boldsymbol{A}\begin{pmatrix} x_1 \\ x_2 \\ x_3 \end{pmatrix}=0.$$

6.4.3 共轭与配极映射

圆锥曲线即非退化二次曲线, 它提供了射影平面上点集合到线集合的保持关联关系的一一映射, 即配极映射. 配极映射使得以点为元素的几何图形转变为以线为元素的几何图形, 同时也可以使得以线为元素的几何图形转变为以点为元素的几何图形. 这是对偶原理的一个例子.

定义 6.4.3.1 设 Γ 是一条圆锥曲线, 它在射影坐标系 J 下的矩阵是 $\boldsymbol{A}$. 设射影平面上两个点 P,Q, 它们在 J 中的齐次坐标分别是 (p_1,p_2,p_3) 和 (q_1,q_2,q_3), 如果 $(p_1,p_2,p_3)\boldsymbol{A}\begin{pmatrix} q_1 \\ q_2 \\ q_3 \end{pmatrix}=0$, 则称点 P,Q 关于圆锥曲线 Γ **调和共轭**.

调和共轭的定义是通过在射影坐标系下圆锥曲线的矩阵 $\boldsymbol{A}$, 以及两个点的坐标来定义的. 但实际上两个点的调和共轭关系是不依赖于射影坐标系的选取的, 完全由圆锥曲线和两个点的位置决定. 事实上, 设 J' 是射影平面上的另一个射影坐标系, $\boldsymbol{H}$ 是从 J 到 J' 的过渡矩阵, 则圆锥曲线 Γ 在 J' 中的矩阵是 $\boldsymbol{H}^{\mathrm{T}}\boldsymbol{A}\boldsymbol{H}$, P,Q 在 J' 中的齐次坐标分别是 $(p_1,p_2,p_3)(\boldsymbol{H}^{-1})^{\mathrm{T}}$ 和 $(q_1,q_2,q_3)(\boldsymbol{H}^{-1})^{\mathrm{T}}$. 于是

$$(p_1,p_2,p_3)(\boldsymbol{H}^{-1})^{\mathrm{T}}(\boldsymbol{H}^{\mathrm{T}}\boldsymbol{A}\boldsymbol{H})\boldsymbol{H}^{-1}\begin{pmatrix} q_1 \\ q_2 \\ q_3 \end{pmatrix}=(p_1,p_2,p_3)\boldsymbol{A}\begin{pmatrix} q_1 \\ q_2 \\ q_3 \end{pmatrix}=0.$$

即两个点的调和共轭关系与射影坐标系的选取无关. 根据该定义, 如果一个点和它自己关于圆锥曲线 Γ 是调和共轭的, 则这点一定在圆锥曲线上. 同时两个点关于圆锥曲线调和共轭是对称的, 即如果点 P,Q 关于圆锥曲线 Γ 是调和共轭的, 则 Q,P 关于 Γ 也是调和共轭的.

下面定理说明两个点的调和共轭关系是射影性质.

定理 6.4.3.1 设 $f:\Pi\to\Pi$ 是射影平面上的一个射影变换, Γ 是射影平面上的一条圆锥曲线. 如果射影平面上两点 P,Q 关于圆锥曲线 Γ 是调和共轭的, 则 $f(P),f(Q)$ 是关于圆锥曲线 $f(\Gamma)$ 是调和共轭的.

下面命题说明了调和共轭的两个点的几何意义.

命题 6.4.3.1 如果两个不同的点 P,Q 都不在圆锥曲线 Γ 上, 并且它们的连线和圆锥曲线 Γ 相交于 E,F 两点, 则 P,Q 关于圆锥曲线 Γ 是调和共轭的充分必要条件是 P,Q,E,F 为调和点列, 即 $(P,Q;E,F)=-1$.

证明 设在射影坐标系 J 下, 圆锥曲线 Γ 的矩阵是 $\boldsymbol{A}$, P,Q 的齐次坐标分别是 (p_1,p_2,p_3) 和 (q_1,q_2,q_3). 则 P,Q 连线的参数方程为 $s(p_1,p_2,p_3)+t(q_1,q_2,q_3)$. 既然 P,Q 都不在圆锥曲线 Γ 上, 故可以假设 E,F 两点的齐次坐标分别为 $k_1(p_1,p_2,p_3)+(q_1,q_2,q_3)$ 和 $k_2(p_1,p_2,p_3)+(q_1,q_2,q_3)$. 这样四点的交比

$$(P,Q;E,F)=\frac{k_2}{k_1}.$$

因为 E,F 均在圆锥曲线 Γ 上, 所以

$$[k_i(p_1,p_2,p_3)+(q_1,q_2,q_3)]\boldsymbol{A}\left(k_i\begin{pmatrix}p_1\\p_2\\p_3\end{pmatrix}+\begin{pmatrix}q_1\\q_2\\q_3\end{pmatrix}\right)=0,\quad i=1,2.$$

即 k_1,k_2 是下面关于 t 的二次方程

$$(p_1,p_2,p_3)\boldsymbol{A}\begin{pmatrix}p_1\\p_2\\p_3\end{pmatrix}t^2+2(p_1,p_2,p_3)\boldsymbol{A}\begin{pmatrix}q_1\\q_2\\q_3\end{pmatrix}t+(q_1,q_2,q_3)\boldsymbol{A}\begin{pmatrix}q_1\\q_2\\q_3\end{pmatrix}=0$$

的两个解.

于是 P,Q 关于圆锥曲线 Γ 是调和共轭的充分必要条件是

$$(p_1,p_2,p_3)\boldsymbol{A}\begin{pmatrix}q_1\\q_2\\q_3\end{pmatrix}=0,$$

即两个根 $k_1+k_2=0$, 从而 $(P,Q;E,F)=-1$. □

如果圆锥曲线 Γ 是扩大平面上的圆锥曲线, 并且在普通平面上的部分是一条中心型二次曲线, 即椭圆或双曲线. 则上面命题可以得到: 圆锥曲线的中心与每一个无穷远点都是关于圆锥曲线调和共轭.

当射影平面上取定一个圆锥曲线 Γ 后, 可以定义射影平面上点集合到全体线集合之间的一一映射. 对于射影平面上的每一点 P, 全部和点 P 关于圆锥曲线 Γ 调和共轭的点构成一条线. 事实上, 在射影平面上取定射影坐标系 J, 设圆锥曲线 Γ 在 J 中的矩阵是 $\boldsymbol{A}$, 点 P 在 J 中的齐次坐标为 (p_1, p_2, p_3). 设点 Q 和 P 是关于 Γ 调和共轭的, 即

$$(p_1, p_2, p_3)\boldsymbol{A}\begin{pmatrix} q_1 \\ q_2 \\ q_3 \end{pmatrix} = 0.$$

这说明点 Q 在以 $(p_1, p_2, p_3)\boldsymbol{A}$ 为齐次坐标的线上, 于是, 全部和点 P 关于圆锥曲线 Γ 调和共轭的点构成一条线.

定义 6.4.3.2　称全部和点 P 关于圆锥曲线 Γ 调和共轭的点构成的线为点 P 关于圆锥曲线 Γ 的**极线**, 记为 $\Gamma(P)$.

从点 P 到极线 $\Gamma(P)$ 的对应是射影平面上的点集合到线集合的一个映射. 从定义可以看出, 该映射是一个单射. 下面说明该映射也是满映射. 设圆锥曲线 Γ 在射影坐标系的矩阵为 $\boldsymbol{A}$, 在射影平面上任意取线 L, 设它在射影坐标系下的齐次坐标为 (a, b, c), 则它就是齐次坐标为 $(a, b, c)\boldsymbol{A}^{-1}$ 的点的极线. 我们把这个点 P 称为线 L 关于 Γ 的**极点**.

定义 6.4.3.3　设 Γ 是射影平面上的圆锥曲线, 定义射影平面上点的集合和线的集合之间的一一对应 τ: 点 P 对应到它的极线 $\Gamma(P)$. 称 τ 为射影平面上的**配极映射**.

命题 6.4.3.2　点 P 的极线 $\Gamma(P)$ 上任意点 Q 的极线 $\Gamma(Q)$ 都经过点 P.

证明　设点 P 的齐次坐标为 (p_1, p_2, p_3), 则它的极线 $\Gamma(P)$ 的齐次坐标为 $(p_1, p_2, p_3)\boldsymbol{A}$.

现在在极线上任意取一点 Q, 设它的齐次坐标为 (q_1, q_2, q_3), 则

$$(p_1, p_2, p_3)\boldsymbol{A}\begin{pmatrix} q_1 \\ q_2 \\ q_3 \end{pmatrix} = 0, \quad \text{它等价于 } (q_1, q_2, q_3)\boldsymbol{A}\begin{pmatrix} p_1 \\ p_2 \\ p_3 \end{pmatrix} = 0,$$

这表明点 P 在点 Q 的极线 $\Gamma(Q)$ 上. □

从极线的定义和命题 6.4.3.2 容易得到下面推论.

推论 6.4.3.1　点 P 在点 Q 的极线 $\Gamma(Q)$ 上的充分必要条件是点 Q 在点 P 的极线 $\Gamma(P)$ 上.

推论 6.4.3.2　两点连线的极点是这两点的极线的交点; 两条线交点的极线是这两条线的极点的连线.

推论 6.4.3.3　共线点的极线共点, 共点线的极点共线.

从而, 推论 6.4.3.3 表明配极映射是保持点线的关联关系的.

命题 6.4.3.3　点 P 在自己的极线 $\Gamma(P)$ 上的充分必要条件是点 P 在圆锥曲线 Γ 上.

证明　点 P 在自己的极线 $\Gamma(P)$ 上的充分必要条件是

$$(p_1,p_2,p_3)\boldsymbol{A}\begin{pmatrix}p_1\\p_2\\p_3\end{pmatrix}=0,\quad \text{即}\quad P\in\Gamma. \qquad \square$$

从这个命题可以得到, 圆锥曲线上两个不同点不会关于圆锥曲线是调和共轭的.

如果点 P 是圆锥曲线上的一点, 则它的极线就是经过该点的切线.

如果点 P 是圆锥曲线外部的点, 即存在经过该点的线, 它与圆锥曲线没有交点. 则它的极线与圆锥曲线有两个交点, 设交点为 Q_1,Q_2, 则 Q_1,Q_2 处的极线 $\Gamma(Q_1),\Gamma(Q_2)$ 就是过点 P 的圆锥曲线的两条切线.

如果点 P 是圆锥曲线内部的点, 即任意经过该点的线, 它与圆锥曲线有两个交点. 则它的极线与圆锥曲线没有交点.

例 6.4.3.1　设 A,B,C,D 是圆锥曲线 Γ 上的四个不同点, 设线 AB 和线 CD 交于 E 点, 线 AD 和线 BC 交于 F 点, 线 AC 和线 BD 交于 G 点 (图 6.4.2). 证明: 点 E,F,G 两两关于 Γ 是调和共轭的.

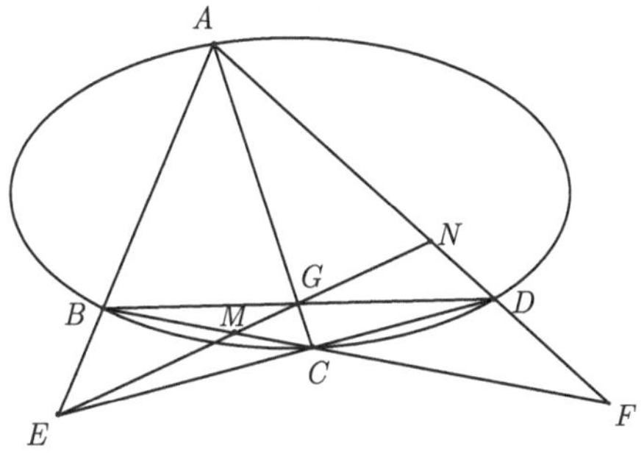

图 6.4.2

证明　既然 A,B,C,D 是圆锥曲线 Γ 上的四个不同点, 故它们任意三点都

不共线. 在射影平面上建立射影坐标系 $J[A,B,C,D]$. 则 A,B,C,D 的齐次坐标分别是

$$(1,0,0),\quad (0,1,0),\quad (0,0,1),\quad (1,1,1).$$

点 E,F,G 的齐次坐标分别是 $(1,1,0)$, $(0,1,1)$, $(1,0,1)$.

设圆锥曲线在 J 下的方程为

$$a_{11}x^2+a_{22}y^2+a_{33}z^2+2a_{12}xy+2a_{13}xz+2a_{23}yz=0.$$

则 $a_{11}=a_{22}=a_{33}=0$, $a_{12}+a_{13}+a_{23}=0$. 这样圆锥曲线在 J 下的矩阵为

$$\boldsymbol{A}=\begin{pmatrix} 0 & a_{12} & a_{13} \\ a_{21} & 0 & a_{23} \\ a_{31} & a_{32} & 0 \end{pmatrix}.$$

则

$$(1,1,0)\boldsymbol{A}\begin{pmatrix} 0 \\ 1 \\ 1 \end{pmatrix}=(0,1,1)\boldsymbol{A}\begin{pmatrix} 1 \\ 0 \\ 1 \end{pmatrix}=(1,0,1)\boldsymbol{A}\begin{pmatrix} 1 \\ 1 \\ 0 \end{pmatrix}=0.$$

所以点 E,F,H 两两关于 Γ 是调和共轭的. □

从这个例子可以知道, $\Gamma(E)$ 是线 FH, $\Gamma(F)$ 是线 EH, $\Gamma(H)$ 是线 EF.

6.4.4 几个重要定理

定理 6.4.4.1(斯坦纳 (Steiner) 定理) 设 A,B,C,D 是圆锥曲线 Γ 上四个不同点, 则对于圆锥曲线 Γ 上任意一点 P, 它与 A,B,C,D 四点的连线的交比 $(PA,PB;PC,PD)$ 是与点 P 无关的常数 (如果点 P 是 A,B,C,D 中的某一点, 则连线用圆锥曲线在该点的切线代替). 如图 6.4.3.

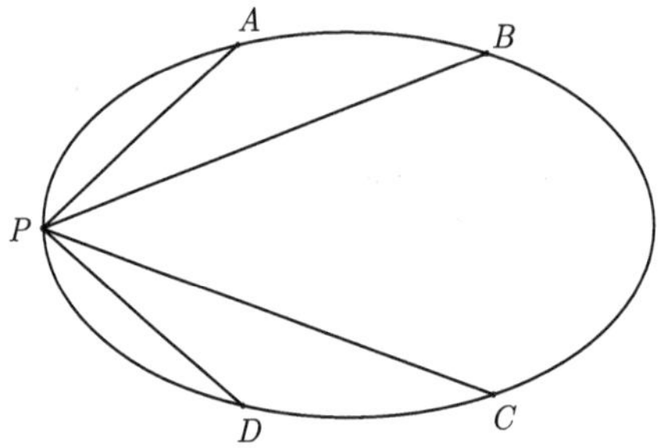

图 6.4.3

证明 由于 A,B,C,D 是圆锥曲线上不同的四点，故 A,B,C,D 处于一般位置. 因此有射影坐标系 $J[A,B,C,D]$, 于是圆锥曲线在 J 下方程为 $a_{12}xy+a_{13}xz+a_{23}yz=0$, 并且系数满足 $a_{12}+a_{13}+a_{23}=0$. 它在 J 下的矩阵为 $\boldsymbol{A}=\begin{pmatrix}0 & a_{12} & a_{13}\\ a_{21} & 0 & a_{23}\\ a_{31} & a_{32} & 0\end{pmatrix}$, 既然 $\boldsymbol{A}$ 是非退化的，所以 $a_{12}a_{13}a_{23}\neq 0$. 因此我们可以假设 $a_{12}=a-1$, $a_{13}=-a$, $a_{23}=1$, $a\neq 0,1$. 所以圆锥曲线 Γ 在 J 下的方程是 $(a-1)xy-axz+yz=0$.

该式等价于 $a=\dfrac{y(x-z)}{x(y-z)}$. 则 A,B,C,D 的齐次坐标分别是

$$(1,0,0),\quad (0,1,0),\quad (0,0,1),\quad (1,1,1).$$

设点 P 在 J 下的齐次坐标是 (x,y,z). 则线 PA,PB,PC,PD 在 J 下的齐次坐标分别是

$$(0,-z,y),\quad (z,0,-x),\quad (-y,x,0),\quad (z-y,x-z,y-x).$$

既然

$$-z(-y,x,0)=x(0,-z,y)-y(z,0,-x),$$

$$-z(z-y,x-z,y-x)=(x-z)(0,-z,y)+(y-z)(z,0,-x),$$

所以 $(PA,PB;PC,PD)=\dfrac{y(x-z)}{x(y-z)}=a$.

当点 P 趋于点 D 时，$(PA,PB;PC,PD)=a$ 总是常数. 而割线 PD 趋于过 D 的切线 PT, 于是经过取极限就得到 $(PA,PB;PC,PD)=a$. □

利用该定义可以得到：点 Q 在二次曲线 Γ 上的充分必要条件是

$$(QA,QB;QC,QD)=(PA,PB;PC,PD).$$

定理 6.4.4.2(帕斯卡 (Pascal) 定理) 圆锥曲线的任意内接六边形 (其顶点是两两不同的) 的三对对边的交点共线.

证明 设 $ABCDEF$ 是圆锥曲线的一个内接六边形 (图 6.4.4), 它的三对对边为 AB 与 DE; CD 与 FA; BC 与 EF. 设它们的交点分别是 P,Q,R.

再设 AF 与 DE 的交点为 G, CD 与 EF 的交点为 H. 连接 P,Q 的线记为 l. 设线 BC 与线 l 交于 O. 则

$$(E,H;O,F)=(QE,QC;l,AF)=(E,D;P,G)=(AE,AD;AB,AF)$$
$$=(CE,CD;CB,CF)=(E,H,R,F).$$

这样 $O=R$. □

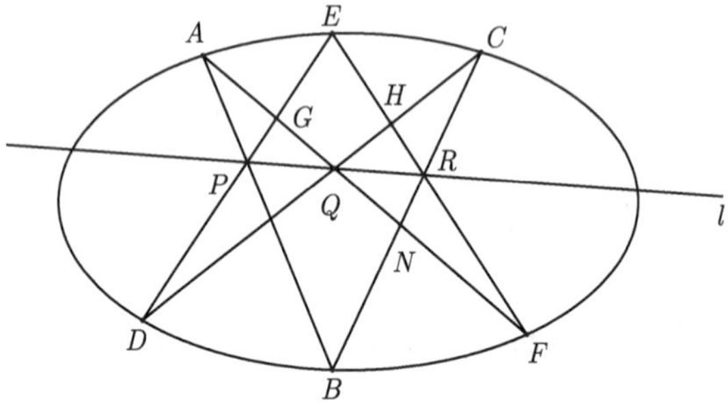

图 6.4.4

从上面证明过程可以看出, 圆锥曲线上的六边形的顶点顺序可以任意, 因此可以产生不同的三对对边, 帕斯卡定理仍成立. 即使对于同一个六边形, 可以选择不同的三对对边, 帕斯卡定理仍成立. 下面定理是帕斯卡定理的对偶命题.

定理 6.4.4.3(布利昂雄 (Brianchon) 定理)　连接圆锥曲线的外切六边形的对顶点所成的三条线共点 (图 6.4.5).

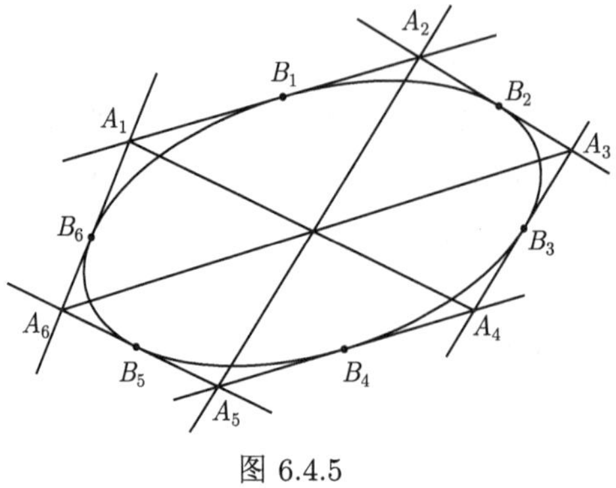

图 6.4.5

习 题 6.4

1. 在射影平面的射影坐标系 J 下, 已知一个二次曲线经过下面给出的五个点:

$$A(1,-1,0),\quad B(2,0,1),\quad C(0,2,-1),\quad D(1,4,-2),\quad E(2,3,-2).$$

求出二次曲线的方程.

2. 在射影平面的射影坐标系 J 下, 如果一个二次曲线经过射影标架的四个基本点, 证明: 二次曲线的方程为 $axy+byz+cxz=0$ 的形式, 并且 $a+b+c=0$. 进一步, 如果该二次曲线是圆锥曲线, 则 $abc\neq 0$.

3. 在射影平面的射影坐标系 J 下, 一个二次曲线经过射影标架的四个基本点和点 $(3,2,3)$, 求出该二次曲线的方程.

4. 在射影平面的射影坐标系 J 下, 一个二次曲线经过 $A(1,0,1)$, $B(0,1,1)$, $C(0,-1,1)$ 三点, 并且有切线 $l_1: x_1-x_3=0$ 和切线 $l_2: -x_2+x_3=0$. 求出二次曲线的方程.

5. 在射影平面的射影坐标系 J 下, 一个二次曲线经过 $A(2,1,0)$, $B(0,2,1)$, $C(0,0,1)$ 三点, 并且经过 A 点的切线的齐次坐标为 $(1,-2,2)$, 经过 B 点的切线的齐次坐标为 $(0,1,-2)$. 求出二次曲线的方程.

6. 在射影平面的射影坐标系 $J[A,B,C,D]$ 下, 一条二次曲线经过 A,B,C 三点, 并且点 A 处的切线是 AD, 点 B 处的切线是 BD. 求出二次曲线的方程.

7. 在射影平面的射影坐标系 J 下, 二次曲线 $S: x^2-y^2+z^2-2xy-4xz=0$. 求出点 $A(0,1,-2), B(1,2,1)$ 关于该二次曲线的极线.

8. 在射影平面的射影坐标系 J 下, 二次曲线 $S: 3x^2-2y^2+z^2-2xy+2xz-2yz=0$. 线 l 的齐次坐标为 $(1,1,2)$. 求出点 P 的齐次坐标使得 $\Gamma(P)=l$.

9. 证明: 不在二次曲线 S 上的每个无穷远点的极线是共轭于此无穷远点所对应的方向的直径.

10. 在扩大平面 π_+ 的仿射-射影坐标系 I-J 下, 二次曲线 S 的方程为

$$a_{11}x^2+a_{22}y^2+2a_{12}xy+2b_1xz+2b_2yz+cz^2=0.$$

证明: 平面 π 上两个方向 (m,n), (m',n') 是二次曲线 S 的一对共轭方向的充要条件是这两个方向 (m,n), (m',n') 作为无穷远点是二次曲线的一对共轭点.

11. 证明: 平面上的非退化二次曲线的中心 (若存在的话) 的极线是无穷远直线.

12. 证明: 双曲线上的无穷远点的极线是渐近线.

13. 证明: 抛物线上的无穷远点的极线是无穷远直线.

14. 证明: 圆锥曲线的焦点的极线是它的准线.

15. 设 S 是平面 π 上的一条椭圆或双曲线, 点 O 是它的中心. 点 A, B 是二次曲线 S 上的两点, 点 Q 是 AB 的中点. 点 P 是极线 $\Gamma(A)$ 和极线 $\Gamma(B)$ 的交点. 证明: O, P, Q 共线.

16. 设 S 是平面 π 上的一条圆锥曲线, 点 A, B, C, D 都在圆锥曲线 S 上, 并且 $AB//CD$. 设点 M, N 分别是线段 AB 和线段 CD 的中点. 又设点 P 是极线 $\Gamma(A)$ 和极线 $\Gamma(B)$ 的交点, 点 Q 是极线 $\Gamma(C)$ 和极线 $\Gamma(D)$ 的交点. 直线 AC, BD 相交于点 E, 直线 AD, BC 相交于点 F. 证明: M, N, P, Q, E, F 六点共线.

17. 给定平面上的一个椭圆, 证明: 如果椭圆的一个内接凸六边形有两对对边平行, 则它的第三对对边也平行.

18. 设一个凸六边形三对对边平行, 证明: 该凸六边形内接于一个二次曲面.

19. 对于非退化二次曲线 S, 它定义的配极变换 σ: 它把点 $P(x, y, z)$ 对应于点 P 的极线 $l(a, b, c)$, 其公式为

$$\begin{pmatrix} a \\ b \\ c \end{pmatrix} = \rho \begin{pmatrix} 2 & 0 & 1 \\ 0 & 1 & 1 \\ -1 & 1 & 0 \end{pmatrix} \begin{pmatrix} x \\ y \\ z \end{pmatrix}, \quad \rho \neq 0.$$

(1) 求直线 $x + y - z = 0$ 的极点;

(2) 求出自共轭点的轨迹 (若一个点 P 的极线 $\Gamma(P)$ 经过点 P, 则称点 P 是关于二次曲线 S 为**自共轭点**. 由此容易得到, 非退化二次曲线的自共轭点的轨迹就是二次曲线本身).

20. 证明: 对于射影平面上任给一般位置的五个点 (即其中任意三点不共线), 有且仅有一条二次曲线经过它们.

21. 对于圆锥曲线的任意内接三角形, 作每个顶点处的切线和对边的交点, 证明: 这三个交点共线.

22. 设 $ABCD$ 是圆锥曲线的内接四边形, 设点 M 是极线 $\Gamma(A)$ 和极线 $\Gamma(C)$ 的交点, 点 N 是极线 $\Gamma(B)$ 和极线 $\Gamma(D)$ 的交点. 点 P 是直线 AB 和直线 CD 的交点, 点 Q 是直线 AD 和直线 BC 的交点. 证明: M, N, P, Q 共线.

23. 在射影平面的射影坐标系 J 下, 二次曲线 S 的方程为 $\sum\limits_{i,j=1}^{3} a_{ij}x_ix_j = 0$, 即

$$a_{11}x_1^2 + a_{22}x_2^2 + a_{33}x_3^2 + 2a_{12}x_1x_2 + 2a_{13}x_1x_3 + 2a_{23}x_2x_3 = 0.$$

证明: 过点 (y_1, y_2, y_3) 作二次曲线 S 的两条切线的方程可以写为

$$\left(\sum_{i,j=1}^{3} a_{ij}x_ix_j\right)\left(\sum_{i,j=1}^{3} a_{ij}y_iy_j\right)-\left(\sum_{i,j=1}^{3} a_{ij}x_iy_j\right)^2=0.$$

24. 设 S 是平面 π 上的一条圆锥曲线, 用直尺作出下列图形,

(1) 点 P 不在二次曲线 S 上, 作出点 P 的极线;

(2) 作出线的极点;

(3) 作出经过点 P 的二次曲线的切线.

25. 设射影平面上五点 A, B, C, D, E 是二次曲线 S 上的五点. 如果四边形 $ABCD$ 的三对对边的交点都不在点 E 的极线 $\Gamma(E)$ 上, 证明: 存在另一个二次曲线 S' 满足

(1) 四边形 $ABCD$ 是二次曲线 S' 的内接四边形;

(2) 极线 $\Gamma(E)$ 是二次曲线 S' 的一条切线.

6.5* 高维射影几何学简介

前面章节我们已简单介绍了二维射影几何学, 它的中心地位的概念是射影平面和它上面的射影变换群. 本节对一般射影几何学做一个初步的介绍. 射影几何学主要研究一般射影空间中的图形在射影变换群下不变的性质和不变量. 因此它的中心地位的概念是射影空间和它上的射影变换群. 扩大平面和直线把是两种不同方式定义的二维射影空间的实例. 一般维数的射影空间的定义也可以沿用这两种方式. 扩大平面定义的射影空间可以理解为一个点集, 它带有某些可分离的子集 (可称为射影子空间), 它们服从一些自然的公理或者关联关系, 这种定义的方式很容易公理化. 直线把定义的射影空间更容易代数化. 下面利用后者方式去定义一般的射影空间.

定义 6.5.0.1 设 V 是数域 $\boldsymbol{K}$ 上的一个向量空间. 向量空间 V 中全体一维子空间的集合称为数域 $\boldsymbol{K}$ 上的**射影空间**. 记为 $P(V)$. 如果 V 是一个 $n+1$ 维向量空间, 则称 $P(V)$ 是数域 $\boldsymbol{K}$ 上的 n 维射影空间, 简记为 P^n 或 KP^n. 如果 U 是 V 的一个 $m+1$ 维向量子空间, 那么 V 中所有包含在 U 中的一维子空间的全体组成集合 $P(U)$ 称为射影空间 $P(V)$ 的 m 维**射影子空间**.

当 $m+1=n$ 时, $P(U)$ 称为**射影超平面**. 一个二维向量子空间 U 得到一个射影空间中的**射影直线** $P(U)$; 一个三维向量子空间 U 得到射影空间中的一个**射影平面** $P(U)$.

设 U, W 是 V 的两个向量子空间, 如果 $U \subset W$, 那么 $P(U) \subset P(W)$. 如果 $P(U) \subset P(W)$, 则称射影子空间 $P(U)$ 属于 $P(W)$, 或者称 $P(U)$ **关联**于 $P(W)$.

当 $n = 2$, P^2 就是前面的射影平面. 在几何上, 经常考虑实数域和复数域上的 n 维射影空间, 它们分别称为实射影空间和复射影空间, 分别记为 RP^n 和 CP^n.

设 KP^n 是数域 $\mathbf{K}$ 上向量空间 V 生成的 n 维射影空间, KP^n 中的一个点就是 V 中的一个一维子空间. 设 $\boldsymbol{\alpha}$ 是 V 中的一个非零向量, 由 $\boldsymbol{\alpha}$ 张成的一维子空间 $\{\lambda\boldsymbol{\alpha}|\lambda \in \mathbf{K}\}$, 记为 $\overline{\boldsymbol{\alpha}}$. 这样对于 KP^n 中的一个点 x, 均存在 V 中的一个非零向量 $\boldsymbol{\alpha}$, 使得 $x = \overline{\boldsymbol{\alpha}}$. 明显如果 $\overline{\boldsymbol{\alpha}} = \overline{\boldsymbol{\beta}}$, 则存在非零数 k 满足 $\boldsymbol{\alpha} = k\boldsymbol{\beta}$. 从定义容易证明下面的性质.

性质 6.5.0.1　(1) 经过射影空间 $P(V)$ 中任何两个不同的点有且仅有一条直线.

(2) 设 $P(U), P(W)$ 是两个射影子空间, 则 $P(U) \cap P(W) = P(U \cap W)$.

定义 6.5.0.2　设 $f: KP^n \to KP^n$ 是 n 维射影空间上的一个可逆变换, 如果它将射影空间中的共线点组映成共线点组, 则称变换 $f: KP^n \to KP^n$ 是射影空间上的**射影变换**.

明显, 射影空间上的恒等变换是射影变换. 同二维射影平面上的射影变换一样的证明思路, 我们容易证明下面的射影变换的性质.

性质 6.5.0.2　(1) 射影变换的乘积还是射影变换;

(2) 射影变换把不共线的三点映成不共线的三点;

(3) 射影变换将 m 维射影子空间映成 m 维射影子空间, 特别地, 射影变换将直线映成直线;

(4) 射影变换的逆变换是射影变换.

该性质说明射影空间上全体射影变换构成射影空间上的一个变换群.

定义 6.5.0.3　射影空间 KP^n 中所有的射影变换构成一个群, 称为**射影变换群**, 记为 $\mathrm{PGL}(V)$.

射影几何学是研究射影空间 KP^n 中的图形在射影变换群 $\mathrm{PGL}(V)$ 的不变性质和不变量的几何学. 常用的射影空间是 n 维实射影空间和 n 维复射影空间, 它们的射影变换群分别记为 $\mathrm{PGL}_n(R)$ 或 $\mathrm{PGL}_n(C)$.

设 $\varphi: V \to V$ 是 V 上的一个非退化线性变换, 则 φ 将 V 中的一个一维子空间映成一个一维子空间, 它可以构造射影变换的例子.

例 6.5.0.1　设 $\varphi: V \to V$ 是 V 上的一个非退化线性变换. 构造射影空间 KP^n 上的射影变换, 记为 $\overline{\varphi}: KP^n \to KP^n$, 它定义为: 对于 KP^n 中任意点 $\overline{\boldsymbol{\alpha}}$, $\overline{\varphi}(\overline{\boldsymbol{\alpha}}) = \overline{\varphi(\boldsymbol{\alpha})}$. 我们称 $\overline{\varphi}: KP^n \to KP^n$ 是由线性变换 $\varphi: V \to V$ 诱导的射影

变换.

命题 6.5.0.1 设 $\varphi_1, \varphi_2 : V \to V$ 是两个非退化的线性变换, $\overline{\varphi_1} = \overline{\varphi_2}$ 成立的充分必要条件是存在非零常数 k 满足 $\varphi_1 = k\varphi_2$.

证明 如果存在非零常数 k 满足 $\varphi_1 = k\varphi_2$. 则对于 $P(V)$ 中任意一点 $\overline{\boldsymbol{\alpha}}$, 我们有 $\overline{\varphi_1}(\overline{\boldsymbol{\alpha}}) = \overline{k\varphi_2}(\overline{\boldsymbol{\alpha}}) = \overline{k\varphi_2(\boldsymbol{\alpha})} = \overline{\varphi_2(\boldsymbol{\alpha})}$. 所以 $\overline{\varphi_1} = \overline{\varphi_2}$.

如果 $\overline{\varphi_1} = \overline{\varphi_2}$. 则对于任意非零向量 $\boldsymbol{\alpha}$, 有 $\overline{\varphi_1}(\overline{\boldsymbol{\alpha}}) = \overline{\varphi_2}(\overline{\boldsymbol{\alpha}})$, 即 $\overline{\varphi_1(\boldsymbol{\alpha})} = \overline{\varphi_2(\boldsymbol{\alpha})}$. 所以存在一个由非零向量 $\boldsymbol{\alpha}$ 决定的数 $k_{\boldsymbol{\alpha}}$ 使得 $\varphi_2(\boldsymbol{\alpha}) = k_{\boldsymbol{\alpha}}\varphi_1(\boldsymbol{\alpha})$.

设向量 $\boldsymbol{\alpha}, \boldsymbol{\beta}$ 线性相关, 不妨设 $\boldsymbol{\alpha} = \lambda\boldsymbol{\beta}$. 则有

$$\varphi_2(\boldsymbol{\alpha}) = k_{\boldsymbol{\alpha}}\varphi_1(\boldsymbol{\alpha}) = k_{\boldsymbol{\alpha}}\varphi_1(\lambda\boldsymbol{\beta}) = \lambda k_{\boldsymbol{\alpha}}\varphi_1(\boldsymbol{\beta}), \varphi_2(\boldsymbol{\alpha}) = \varphi_2(\lambda\boldsymbol{\beta}) = \lambda\varphi_2(\boldsymbol{\beta}) = \lambda k_{\boldsymbol{\beta}}\varphi_1(\boldsymbol{\beta}).$$

这样 $k_{\boldsymbol{\alpha}} = k_{\boldsymbol{\beta}}$.

如果 $\boldsymbol{\alpha}, \boldsymbol{\beta}$ 线性无关, 那么 $\varphi_1(\boldsymbol{\alpha}), \varphi_1(\boldsymbol{\beta})$ 也是线性无关的.

$$\varphi_2(\boldsymbol{\alpha} + \boldsymbol{\beta}) = k_{\boldsymbol{\alpha}+\boldsymbol{\beta}}\varphi_1(\boldsymbol{\alpha} + \boldsymbol{\beta}) = k_{\boldsymbol{\alpha}+\boldsymbol{\beta}}\varphi_1(\boldsymbol{\alpha}) + k_{\boldsymbol{\alpha}+\boldsymbol{\beta}}\varphi_1(\boldsymbol{\beta}),$$

$$\varphi_2(\boldsymbol{\alpha} + \boldsymbol{\beta}) = \varphi_2(\boldsymbol{\alpha}) + \varphi_2(\boldsymbol{\beta}) = k_{\boldsymbol{\alpha}}\varphi_1(\boldsymbol{\alpha}) + k_{\boldsymbol{\beta}}\varphi_1(\boldsymbol{\beta}).$$

既然 $\varphi_1(\boldsymbol{\alpha}), \varphi_1(\boldsymbol{\beta})$ 线性无关, 利用上面两个式子得到 $k_{\boldsymbol{\alpha}} = k_{\boldsymbol{\beta}} = k_{\boldsymbol{\alpha}+\boldsymbol{\beta}}$. 这说明 $k_{\boldsymbol{\alpha}}$ 是一个不依赖向量 $\boldsymbol{\alpha}$ 的常数, 即存在非零常数 k 满足 $\varphi_1 = k\varphi_2$. □

定理 6.5.0.1 设 $f : KP^n \to KP^n$ 是射影空间上的射影变换, 则存在非退化线性变换 $\varphi : V \to V$ 满足 $f = \overline{\varphi}$.

定理 6.5.0.1 的证明同定理 6.3.1.7 证明思路一样, 有兴趣的读者可以补证之.

定义 6.5.0.4 n 维射影空间 KP^n 中的 $n+2$ 点组成的点组 $A_0, A_1, \cdots, A_{n+1}$ 称为处于**一般位置**, 如果点组中任意 $n+1$ 点都不在一个射影超平面上.

定理 6.5.0.2(射影几何基本定理) 设 $A_0, A_1, \cdots, A_{n+1}$ 和 $B_0, B_1, \cdots, B_{n+1}$ 是 n 维射影空间 KP^n 中处于一般位置的两个点组. 则存在唯一的射影变换 $f : KP^n \to KP^n$ 满足

$$f(A_0) = B_0, \quad f(A_1) = B_1, \quad \cdots, \quad f(A_{n+1}) = B_{n+1}.$$

证明 取向量组 $\boldsymbol{\alpha}_0, \boldsymbol{\alpha}_1, \cdots, \boldsymbol{\alpha}_{n+1}$ 使得它们张成的一维子空间分别是

$$A_0 = \overline{\boldsymbol{\alpha}_0}, \quad A_1 = \overline{\boldsymbol{\alpha}_1}, \quad \cdots, \quad A_{n+1} = \overline{\boldsymbol{\alpha}_{n+1}}.$$

取向量组 $\boldsymbol{\beta}_0, \boldsymbol{\beta}_1, \cdots, \boldsymbol{\beta}_{n+1}$ 使得它们张成的一维子空间分别是 $B_0, B_1, \cdots, B_{n+1}$. 既然它们处于一般位置, 故向量组 $\boldsymbol{\alpha}_0, \boldsymbol{\alpha}_1, \cdots, \boldsymbol{\alpha}_{n+1}$ 中任意 $n+1$ 个向量均线性

无关, 同样向量组 $\boldsymbol{\beta}_0,\boldsymbol{\beta}_1,\cdots,\boldsymbol{\beta}_{n+1}$ 中任意 $n+1$ 个向量均线性无关. 这样存在唯一的非退化线性变换 $\varphi:V\to V$ 满足

$$\varphi(\boldsymbol{\alpha}_1)=\boldsymbol{\beta}_1,\quad \varphi(\boldsymbol{\alpha}_2)=\boldsymbol{\beta}_2,\quad \cdots,\quad \varphi(\boldsymbol{\alpha}_{n+1})=\boldsymbol{\beta}_{n+1}.$$

设 $\boldsymbol{\alpha}_0=k_1\boldsymbol{\alpha}_1+\cdots+k_{n+1}\boldsymbol{\alpha}_{n+1}$, $\boldsymbol{\beta}_0=l_1\boldsymbol{\beta}_1+\cdots+l_{n+1}\boldsymbol{\beta}_{n+1}$, 既然向量组 $\boldsymbol{\alpha}_0,\boldsymbol{\alpha}_1,\cdots,\boldsymbol{\alpha}_{n+1}$ 中任意 $n+1$ 个向量均线性无关, 所以 $k_1k_2\cdots k_{n+1}\neq 0$. 同样 $l_1l_2\cdots l_{n+1}\neq 0$.

令 $\lambda_1=\dfrac{l_1}{k_1},\lambda_2=\dfrac{l_2}{k_2},\cdots,\lambda_{n+1}=\dfrac{l_{n+1}}{k_{n+1}}$. 同样 $\lambda_1\lambda_2\cdots\lambda_{n+1}\neq 0$.

这样存在唯一的非退化线性变换 $\phi:V\to V$ 满足

$$\phi(\boldsymbol{\beta}_1)=\lambda_1\boldsymbol{\beta}_1,\quad \phi(\boldsymbol{\beta}_2)=\lambda_2\boldsymbol{\beta}_2,\quad \cdots,\quad \phi(\boldsymbol{\beta}_{n+1})=\lambda_{n+1}\boldsymbol{\beta}_{n+1}.$$

那么线性变换 $\phi\circ\varphi:V\to V$ 满足

$$\phi\circ\varphi(\boldsymbol{\alpha}_1)=\lambda_1\boldsymbol{\beta}_1,\quad \phi\circ\varphi(\boldsymbol{\alpha}_2)=\lambda_2\boldsymbol{\beta}_2,\quad \cdots,\quad \phi\circ\varphi(\boldsymbol{\alpha}_{n+1})=\lambda_{n+1}\boldsymbol{\beta}_{n+1},$$

由于 $\varphi(\boldsymbol{\alpha}_0)=\varphi(k_1\boldsymbol{\alpha}_1+\cdots+k_{n+1}\boldsymbol{\alpha}_{n+1})=k_1\boldsymbol{\beta}_1+\cdots+k_{n+1}\boldsymbol{\beta}_{n+1}$, 故

$$\phi\circ\varphi(\boldsymbol{\alpha}_0)=\phi\circ\varphi(k_1\boldsymbol{\alpha}_1+\cdots+k_{n+1}\boldsymbol{\alpha}_{n+1})=l_1\boldsymbol{\beta}_1+\cdots+l_{n+1}\boldsymbol{\beta}_{n+1}=\boldsymbol{\beta}_0,$$

从而

$$\overline{\phi\circ\varphi}\,(A_0)=B_0,\quad \overline{\phi\circ\varphi}\,(A_1)=B_1,\quad \cdots,\quad \overline{\phi\circ\varphi}\,(A_{n+1})=B_{n+1}.$$

令 $f=\overline{\phi\circ\varphi}$ 即可说明定理的存在性. 下面证明唯一性.

设射影变换 $f_1,f_2:KP^n\to KP^n$ 满足

$$f_1(A_0)=B_0,\quad f_1(A_1)=B_1,\quad \cdots,\quad f_1(A_{n+1})=B_{n+1},$$

$$f_2(A_0)=B_0,\quad f_2(A_1)=B_1,\quad \cdots,f_2(A_{n+1})=B_{n+1}.$$

设非退化线性变换 $\varphi_1,\varphi_2:V\to V$ 满足 $f_1=\overline{\varphi_1},f_2=\overline{\varphi_2}$. 由此得到

$$\varphi_1(\boldsymbol{\alpha}_0)=\lambda_0\varphi_2(\boldsymbol{\alpha}_0),\quad \varphi_1(\boldsymbol{\alpha}_1)=\lambda_1\varphi_2(\boldsymbol{\alpha}_1),\quad \cdots,\quad \varphi_1(\boldsymbol{\alpha}_{n+1})=\lambda_{n+1}\varphi_2(\boldsymbol{\alpha}_{n+1}).$$

设 $\boldsymbol{\alpha}_0=k_1\boldsymbol{\alpha}_1+\cdots+k_{n+1}\boldsymbol{\alpha}_{n+1}$, 则 $k_1k_2\cdots k_{n+1}\neq 0$.

$$\begin{aligned}\varphi_1(\boldsymbol{\alpha}_0)&=\varphi_1(k_1\boldsymbol{\alpha}_1+\cdots+k_{n+1}\boldsymbol{\alpha}_{n+1})=k_1\varphi_1(\boldsymbol{\alpha}_1)+\cdots+k_{n+1}\varphi_1(\boldsymbol{\alpha}_{n+1})\\&=k_1\lambda_1\varphi_2(\boldsymbol{\alpha}_1)+\cdots+k_{n+1}\lambda_{n+1}\varphi_2(\boldsymbol{\alpha}_{n+1}),\end{aligned}$$

另一方面,

$$\varphi_1(\boldsymbol{\alpha}_0)=\lambda_0\varphi_2(k_1\boldsymbol{\alpha}_1+\cdots+k_{n+1}\boldsymbol{\alpha}_{n+1})=\lambda_0k_1\varphi_2(\boldsymbol{\alpha}_1)+\cdots+\lambda_0k_{n+1}\varphi_2(\boldsymbol{\alpha}_{n+1}),$$

所以

$$k_1(\lambda_1-\lambda_0)\varphi_2(\boldsymbol{\alpha}_1)+\cdots+k_{n+1}(\lambda_{n+1}-\lambda_0)\varphi_2(\boldsymbol{\alpha}_{n+1})=\mathbf{0}.$$

既然 $\varphi_2(\boldsymbol{\alpha}_1),\cdots,\varphi_2(\boldsymbol{\alpha}_{n+1})$ 线性无关和 $k_1k_2\cdots k_{n+1}\neq 0$, 所以 $\lambda_1-\lambda_0=0,\cdots,\lambda_{n+1}-\lambda_0=0$, 即 $\lambda_0=\lambda_1=\cdots=\lambda_{n+1}$. 从而 $\varphi_1=\lambda_0\varphi_2: V\to V$, 即 $f_1=\overline{\varphi_1}=f_2=\overline{\varphi_2}$. 这样唯一性证完. □

该定理可以得到下面两个推论.

推论 6.5.0.1 设 $P(U_1),P(U_2)$ 是 n 维射影空间 KP^n 中的两个 m 维射影子空间, 则存在射影变换 $f:KP^n\to KP^n$ 满足 $P(U_1)=f(P(U_2))$.

推论 6.5.0.2 设 A_0,A_1,A_2 和 B_0,B_1,B_2 是射影直线 P^1 上的两个三点组. 则存在唯一的射影变换 $f:P^1\to P^1$ 满足 $f(A_0)=B_0,f(A_1)=B_1,f(A_2)=B_2$.

在射影几何里, 一个很重要的不变量是共线四点的交比. 在实射影空间 RP^n 中, 取线 $P^1=P(U)$ 上四个不同的点 A_1,A_2,A_3,A_4. 则存在四个向量 $\boldsymbol{\alpha}_1,\boldsymbol{\alpha}_2,\boldsymbol{\alpha}_3,\boldsymbol{\alpha}_4$ 使得 $A_1=\overline{\boldsymbol{\alpha}_1},A_2=\overline{\boldsymbol{\alpha}_2},A_3=\overline{\boldsymbol{\alpha}_3},A_4=\overline{\boldsymbol{\alpha}_4}$, 同时四个向量中两两线性无关. 所以四个中任意两个均可以作为子空间 U 的基. 设子空间 U 的基 $\{\boldsymbol{\alpha}_1,\boldsymbol{\alpha}_2\}$ 到基 $\{\boldsymbol{\alpha}_3,\boldsymbol{\alpha}_4\}$ 的过渡矩阵为

$$\left(\frac{\boldsymbol{\alpha}_3,\boldsymbol{\alpha}_4}{\boldsymbol{\alpha}_1,\boldsymbol{\alpha}_2}\right)=\begin{pmatrix}a&c\\b&d\end{pmatrix}.$$

即 $\boldsymbol{\alpha}_3=a\boldsymbol{\alpha}_1+b\boldsymbol{\alpha}_2$, $\boldsymbol{\alpha}_4=c\boldsymbol{\alpha}_1+d\boldsymbol{\alpha}_2$, 或 $(\boldsymbol{\alpha}_3,\boldsymbol{\alpha}_4)=(\boldsymbol{\alpha}_1,\boldsymbol{\alpha}_2)\begin{pmatrix}a&c\\b&d\end{pmatrix}$.

定义 6.5.0.5 $[A_1,A_2;A_3,A_4]=\left|\left(\dfrac{\boldsymbol{\alpha}_1,\boldsymbol{\alpha}_3}{\boldsymbol{\alpha}_1,\boldsymbol{\alpha}_4}\right)\right|\cdot\left|\left(\dfrac{\boldsymbol{\alpha}_2,\boldsymbol{\alpha}_3}{\boldsymbol{\alpha}_2,\boldsymbol{\alpha}_4}\right)\right|^{-1}$ 称为共线四点 A_1,A_2,A_3,A_4 的**交比**.

定理 6.5.0.3 在射影空间 RP^n 中取线 $P^1=P(U)$ 上四个不同的点 A_1,A_2,A_3,A_4. 则交比 $[A_1,A_2;A_3,A_4]$ 不依赖于向量 $\boldsymbol{\alpha}_1,\boldsymbol{\alpha}_2,\boldsymbol{\alpha}_3,\boldsymbol{\alpha}_4$ 的选择, 只与点 A_1,A_2,A_3,A_4 位置有关.

该命题的证明同射影平面上的交比定义证明一样.

定理 6.5.0.4 设 $f:RP^n\to RP^n$ 是一个射影变换, A_1,A_2,A_3,A_4 是 RP^n 中共线的四点. 则 $f(A_1),f(A_2),f(A_3),f(A_4)$ 也是共线的四点, 并且它们的交比

是相等的, 即

$$[A_1, A_2; A_3, A_4] = [f(A_1), f(A_2); f(A_3), f(A_4)].$$

该定理的证明利用射影变换是某个线性变换诱导而成, 再结合定理 6.5.0.3 得到证明.

定理 6.5.0.5 在射影直线 $P^1 = P(U)$ 上固定三个不同的点 A_1, A_2, A_3. 则射影直线上任意一点 P 都可以由交比 $[A_1, A_2; A_3, P]$ 唯一确定.

该定理直接来自于交比的定义, 注意交比的值可以取 ∞.

定理 6.5.0.6 设 A_1, A_2, A_3, A_4 和 B_1, B_2, B_3, B_4 是 RP^n 中两个共线的四点组, 则存在射影变换 $f: RP^n \to RP^n$ 满足 $f(A_1) = B_1, f(A_2) = B_2, f(A_3) = B_3, f(A_4) = B_4$ 的充分必要条件是 $[A_1, A_2; A_3, A_4] = [B_1, B_2; B_3, B_4]$.

证明 必要性是显然的, 即存在射影变换 $f: RP^n \to RP^n$ 满足条件, 显然交比相等.

下证充分性, 设 $[A_1, A_2; A_3, A_4] = [B_1, B_2; B_3, B_4]$. 对于点 A_1, A_2, A_3, 射影空间中存在 $n-1$ 点 $\overline{A}_1, \cdots, \overline{A}_{n-1}$ 使得 $A_1, A_2, A_3, \overline{A}_1, \cdots, \overline{A}_{n-1}$ 为处于一般位置的 $n+2$ 个点的点组. 同理, 存在射影空间中 $n-1$ 点 $\overline{B}_1, \cdots, \overline{B}_{n-1}$ 使得 $B_1, B_2, B_3, \overline{B}_1, \cdots, \overline{B}_{n-1}$ 为处于一般位置的 $n+2$ 个点的点组. 这样由射影几何的基本定理知道, 存在唯一的射影变换 $f: RP^n \to RP^n$ 满足

$$f(A_1)=B_1, \quad f(A_2)=B_2, \quad f(A_3)=B_3, \quad f(\overline{A}_1)=\overline{B}_1, \quad \cdots, \quad f(\overline{A}_{n-1})=\overline{B}_{n-1}.$$

由于 A_1, A_2, A_3, A_4 共线, B_1, B_2, B_3, B_4 共线, 所以 $f(A_4) = Q_4$ 为 B_1, B_2, B_3, B_4 所在线上的一点. 又

$$[B_1, B_2; B_3, B_4]=[A_1, A_2; A_3, A_4]=[f(A_1), f(A_2); f(A_3), f(A_4)]=[B_1, B_2; B_3, Q_4],$$

所以 $f(A_4) = Q_4 = B_4$. 所以 $f(A_1) = B_1, f(A_2) = B_2, f(A_3) = B_3, f(A_4) = B_4$.

□

定义 6.5.0.6 设 Γ 和 Γ' 是射影空间 KP^n 上的两个图形, 如果存在一个射影变换 $f: KP^n \to KP^n$, 使得 $f(\Gamma) = \Gamma'$, 则称图形 Γ 和 Γ' 是**射影等价的**.

射影等价是射影空间中的图形的集合中的一个等价关系. 即满足

(1) 自反性, 即任意图形和自己是射影等价的;

(2) 对称性, 即如果图形 Γ 和 Γ' 是射影等价的, 则图形 Γ' 和 Γ 也是射影等价;

(3) 传递性, 即如果图形 Γ_1 和 Γ_2 是射影等价的, 图形 Γ_2 和 Γ_3 是射影等价的, 则图形 Γ_1 和 Γ_3 也是射影等价的.

利用这个等价关系, 可以对射影空间中的几何图形的集合进行分类. 把互相射影等价的图形放在同一类, 于是射影空间中的全体几何图形分解成许多类, 这些类称为**射影等价类**.

射影几何学中的基本问题之一给出图形的射影等价类. 由于空间中的图形很复杂, 意图给出所有图形的完全射影等价分类是很难的. 除此之外, 射影几何中还有许多重要的问题, 我们在此不作展开. 另外, 射影几何中的研究方法也对其他数学学科产生了深刻的影响, 尤其是代数学科.

参考文献

丘维声. 2015. 高等代数 (上、下册)[M]. 北京: 高等教育出版社.

丘维声. 2015. 解析几何 [M]. 3 版. 北京: 北京大学出版社.

吴光磊, 丁石孙, 姜伯驹, 等. 1961. 解析几何 [M]. 北京: 高等教育出版社.

尤承业. 2004. 解析几何 [M]. 北京: 北京大学出版社.